湖北省公益学术著作出版专项资金

Hubei Special Funds for Academic and Public-interest Publications

水泥与混凝土科学技术5000问

（第6卷）

熟料煅烧操作及耐火材料

林宗寿　编著

武汉理工大学出版社

·武汉·

内 容 提 要

　　本书是《水泥与混凝土科学技术5000问》的第6卷,主要介绍了熟料煅烧操作及耐火材料的相关知识,具体内容包括:水泥熟料预分解窑系统的煅烧操作,煤粉制备与燃烧器的调节,熟料煅烧过程中异常情况的处理,烘窑、点火及停窑的操作,耐火材料及其使用与维护等。本书共有条目541条,以问答的形式解答了在相关领域生产和科研中的多发问题和常见问题,内容丰富实用。

　　本书可供水泥行业的生产、科研、设计单位的管理人员、技术人员和岗位操作人员阅读参考,也可作为高等学校无机非金属材料工程专业、硅酸盐工程专业的教学和参考用书。

图书在版编目(CIP)数据

熟料煅烧操作及耐火材料/林宗寿编著.—武汉:武汉理工大学出版社,2021.8
(水泥与混凝土科学技术5000问)
ISBN 978-7-5629-6386-8

Ⅰ.①熟… Ⅱ.①林… Ⅲ.①熟料烧结-问题解答 ②耐火材料-问题解答 Ⅳ.①TQ172.6-44 ②TQ175.79-44

中国版本图书馆 CIP 数据核字(2021)第 039984 号

项目负责人:余海燕　彭佳佳	责 任 编 辑:张莉娟
责 任 校 对:余士龙	版 面 设 计:正风图文

出 版 发 行:武汉理工大学出版社
社　　　　址:武汉市洪山区珞狮路 122 号
邮　　　　编:430070
网　　　　址:http://www.wutp.com.cn
经　　　　销:各地新华书店
印　　　　刷:武汉市金港彩印有限公司
开　　　　本:880×1230　1/16
印　　　　张:27.75
字　　　　数:928 千字
版　　　　次:2021 年 8 月第 1 版
印　　　　次:2021 年 8 月第 1 次印刷
印　　　　数:1000 册
定　　　　价:199.00 元

前　　言

　　水泥与混凝土工业是国民经济发展、生产建设和人民生活不可缺少的基础原材料工业。近20年来，我国水泥与混凝土工业取得了长足的进步：已从单纯的数量增长型转向质量效益增长型；从技术装备落后型转向技术装备先进型；从劳动密集型转向投资密集型；从管理粗放型转向管理集约型；从资源浪费型转向资源节约型；从满足国内市场需求型转向面向国内外两个市场需求型。但是，我国水泥与混凝土工业发展的同时也面临着产能过剩、企业竞争环境恶劣等挑战。在这一背景下，水泥与混凝土企业如何应对国内外市场的残酷竞争？毋庸置疑，最重要的是苦练内功，切实提高和稳定水泥与混凝土产品的质量，降低生产成本。

　　在水泥与混凝土的生产过程中，岗位工人和生产管理人员经常会遇到一些急需解决的疑难问题。大家普遍反映需要一套内容全面、简明实用、针对性强的水泥与混凝土技术参考书。"传道、授业、解惑"，自古以来就是教师的天职。20多年前，本人便开始搜集资料，潜心学习和整理国内外专家、学者的研究成果，特别是水泥厂生产过程中一些宝贵的实践经验，并结合自己在水泥科研、教学及水泥技术服务实践中的体会，汲取营养，已在10多年前编著出版了一套《水泥十万个为什么》技术丛书。由于近10多年来，我国水泥与混凝土工业又取得了显著的发展，一些新技术、新工艺、新设备、新标准不断涌现，因此其内容亟待更新和扩充。

　　《水泥与混凝土科学技术5000问》丛书，是在《水泥十万个为什么》的基础上扩充和改编而成：删除了原书中立窑、湿法回转窑等许多落后技术的内容；补充了近10年来水泥与混凝土工业的新技术、新设备、新工艺和新成果；对水泥与混凝土的相关标准和规范全部进行了更新修改，并大幅度扩充了混凝土和砂浆的内容。

　　本丛书共分10卷：第1卷《水泥品种、工艺设计及原燃料》，主要介绍水泥发展史、水泥品种、水泥厂工艺设计及水泥的原料和燃料等；第2卷《水泥与熟料化学》，主要介绍熟料率值、生料配料、熟料矿物、熟料岩相结构、熟料性能、水泥水化与硬化、水泥组成与性能、水泥细度与性能、水泥石结构与性能、石膏与混合材等；第3卷《破碎、烘干、均化、输送及环保》，主要介绍原料破碎、物料烘干、输送设备、原料预均化、生料均化库、各类除尘设备、噪声防治和废弃物协同处置等；第4卷《粉磨工艺与设备》，主要介绍粉磨工艺、球磨设备与操作、立磨、辊压机、选粉机等；第5卷《熟料煅烧设备》，主要介绍预热预分解系统、回转窑、冷却机、余热发电与利用、燃烧器与火焰、煤粉及制备过程等；第6卷《熟料煅烧操作及耐火材料》，主要介绍水泥熟料预分解窑系统的煅烧操作、煤粉制备与燃烧器的调节、熟料煅烧过程中异常情况的处理、烘窑点火及停窑的操作、耐火材料及其使用与维护等；第7卷《化验室基本知识及操作》，主要介绍化验室管理、化学分析、物理检验和生产控制等；第8卷《计量、包装、安全及其他》，主要介绍计量与给料、包装与散装、安全生产、风机、电机与设备安装等；第9卷《混凝土原料、配合比、性能及种类》，主要介绍混凝土基础知识、混凝土的组成材料、外加剂、配合比设计、混凝土的性能和特种混凝土等；第10卷《混凝土施工、病害处理及砂浆》，主要介绍混凝土施工与质量控制、混凝土病害预防与处理、砂浆品种与配比、砂浆性能、生产及施工等。

　　本丛书采用问答的形式，力求做到删繁就简、深入浅出、内容全面、突出实用，既可系统阅读，也可需要什么看什么，具有较强的指导性和可操作性，很好地解决了岗位操作工看得懂、用得上的问题。本丛书中共有条目5300余条，1000万余字，基本囊括了水泥与混凝土生产及研究工作中的多发问题、常见问题，同时，对水泥与混凝土领域的最新技术和理论研究成果也进行了介绍。本丛书可作为水泥与混凝土行业管理人员、技术人员和岗位操作工,高等院校、职业院校无机非金属材料工程专业、硅酸盐工程专业师生及水泥科研人员阅读和参考的系列工具书。

编写这样一部大型丛书,仅凭一己之力是很难完成的。在丛书编写过程中,我们参阅了部分专家学者的研究成果和国内大型水泥生产企业总结的生产实践经验,并与部分参考文献的作者取得了联系,得到了热情的鼓励和大力的支持;对于未能直接联系到的作者,我们在引用其成果时也都进行了明确的标注,希望与这部分同行、专家就推动水泥与混凝土科学技术的繁荣和发展进行直接的交流探讨。在此,我对原作者们的工作表示诚挚的谢意和崇高的敬意。

本丛书的编写过程中,得到了我妻子刘顺妮教授极大的鼓励和帮助,在此表示衷心的感谢。

由于本人水平有限,书中纰漏在所难免,恳请广大读者和专家提出批评并不吝赐教,以便再版时修正。

林宗寿

2019 年 3 月于武汉

目 录

熟料煅烧操作

Clinker calcination operation

1.1 预热预分解系统

1.1.1 分解炉操作注意事项

（1）分解炉气流特点与控制调节

分解炉采用的是旋流（三次风）与喷腾流（窑）形成的复合流，兼具纯旋流与纯喷腾流的特点，二者强度的合理配合强化了物料的分散，若三次风管阀门损坏和失效，不能正常调节，使窑、炉用风比例失调，则会造成煤粉不完全燃烧，未燃烧的煤粉到分解炉五级筒（C_5 筒，后文中均以字母和数字的组合形式表示，不再以文字说明）内燃烧，造成温度倒挂现象。

（2）炉温控制

分解炉内煤粉的燃烧反应速率要比 $CaCO_3$ 的分解反应速率慢，分解炉内 $CaCO_3$ 的分解反应速率主要取决于炉温（在 850 ℃ 左右，生料在炉内需停留 3～5 s），因此，要想提高入窑分解率，必须合理控制好炉温。

（3）风、煤、料合理匹配

分解炉内要保持风、煤、料的合理匹配，不能出现大风、大料的变化，否则，喷悬作用发挥不出来，引起燃料分布不均或物料混合不均，影响燃料燃烧、气料热交换及分解炉内温度场的均匀分布，导致炉容有效利用率不高，旋风筒两列温差（C_5 筒下料管）相差较大，严重时可引起局部高温和窑内结皮堵塞，甚至引起塌料，使窑内热工制度不稳定，窑内结大蛋。

（4）分解炉用煤调节控制

预分解窑的发热能力来源于两个热源，即窑头和分解炉，对物料的预烧主要由分解炉完成，熟料的烧结主要由回转窑决定。因此，在操作中必须做到以炉为基础，前后兼顾，炉窑协调，确保预分解窑系统热工制度的合理与稳定。调节分解炉的喂煤量，控制分解炉出口温度在 870～900 ℃，确保炉内料气的温度范围，保证入窑生料的分解率。

影响煤粉充分燃烧的因素有以下几个方面：一是炉内的气体温度；二是炉内含氧量；三是煤粉细度。因此，要确保煤粉充分燃烧，一要提高燃烧的温度；二要保证炉内的风量；三要控制煤粉的细度。在燃烧完全的条件下，通过分解炉加减煤的操作，控制分解炉出口气体温度。如果加煤过量，分解炉内燃烧不完全，煤粉就会带入 C_5 筒内燃烧，形成局部高温，使物料发黏并堆积在筒体锥部，积累到一定程度会造成旋风筒下料管堵塞。如果加煤过少，炉内分解用热不够，导致分解炉炉温下降，分解率低，窑热负荷增加，熟料质量下降。

1.1.2 如何掌握分解炉给煤点火的时间

分解炉给煤点火的基本条件就是分解炉内应该在有足够氧气的条件下，具备煤粉燃烧的温度。但由于不同的操作习惯，对于不同形式的分解炉，应有不同的方法使炉内具备点火温度。

在线分解炉的升温方式比较容易，只要窑尾的废气达到 800 ℃ 以上，分解炉给煤都会着火（如果是用无烟煤，可能会困难些）。这里也有两种方法，一种是未下生料前就点燃分解炉，此时三次风温是室温；另一种是等到算冷机有热料后，三次风温在 400 ℃ 以上时再点火，这就需要先按预热器窑投料。另一种方法似乎更保险，但从投料到正常使用时间间隔较长，而且窑的转速无法提上去，窑皮不易挂牢。现在大多数操作人员已经不用这种方法。

有些生产线在分解炉点火时，因为燃料燃烧不好，使煤粉在预热器内燃烧而造成烧结性堵塞，于是有人提出低温投料可避免堵塞的方法。这种方法是指分解炉无须等到具备分解温度时才投料,从而避免在预热器内集结未燃烧完全的煤粉,减少烧结性堵塞的可能,但入窑的生料无法分解。

对于离线分解炉,则要根据不同炉型区别对待。RSP型炉等炉型,只要将分解炉通往上一级预热器的锁风阀吊起,即可使来自窑尾的热废气部分短路通过分解炉,从而使分解炉温度升高,创造了点火条件。那种低于窑尾高度的沸腾型分解炉,则只能先投料,依靠经过预热后的生料粉将炉内温度提高,然后再给煤,为后续的投料创造分解条件。这类分解炉的操作需要格外注意对投料量与炉底风压的控制,否则会发生压炉,使分解炉点火失败。

但无论如何都不应将分解炉点火时间置于窑尾高温风机启动之后。

[摘自:谢克平.新型干法水泥生产问答千例(操作篇).北京:化学工业出版社,2009.]

1.1.3 RSP型炉如何进行冷态点火

在线型预分解窑由于炉与窑尾相通,在开窑初期,炽热的窑尾废气通过炉体可以起到预热作用,同时,当窑尾废气达到一定的温度后,向炉内喷煤很快就能着火。离线型炉在冷态下点火相对较难,主要原因是炉体本身不与窑尾相连。以RSP型炉为例,窑尾缩口与混合室相通,可以将窑尾废气预热,而分解炉本身不在废气的流动方向上,而且距离窑尾较远,因此得不到预热。入炉三次风由于在开窑初期无法提供热风,煤粉达不到燃点而着火困难,因此,能否研究出一种方法让炉子尽快着火以缩短投料时间,对于增加产量、降低能耗具有一定的意义。

当窑大修过后,烘窑升温后有一个最佳投料时间。由于窑体蓄热不足,投料过早,易跑生料,对挂窑皮及窑衬有不利的影响;投料过迟,则浪费能耗。对于RSP型炉来说,能否引燃煤粉、点燃分解炉显得至关重要。

为此,赵华安等直接用火把点燃分解炉,并取得了较好的效果。具体做法是:待烘窑升温后,将分解炉上一级旋风筒的排灰阀吊起(图1.1),窑尾废气一部分短路进入分解炉内,使炉体得到预热,由于一般情况下烘窑时间都较长,分解炉内火砖蓄积了相当一部分热量,达到投料要求的时候,关闭三次风阀,往炉内喷入适量煤粉,用火把引燃煤粉,形成火焰后,开启三次风阀,直接投料即可。此法的优点是:在投料前点好炉,无须再烧预热器窑,分解炉投料较早,保证了入窑生料得到分解,窑况较稳、产量较高,窑皮质量好。缺点是:对炉体需进行长时间的预热;对于长时间的临时停窑,三次风温较低的情况下重新开窑,分解炉的投料时间仍过长;点炉人员与操作人员配合要好。

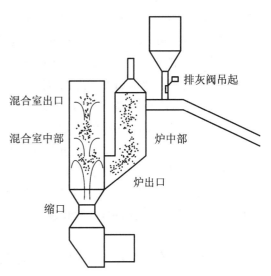

混合室出口
混合室中部
缩口
排灰阀吊起
炉中部
炉出口

图1.1 分解炉结构示意

因此,对RSP型炉又进行了改进。首先,窑尾温度要达到600 ℃以上,即废气温度必须超过煤粉燃点,此时,窑体及混合室已蓄积了一定的热量(蓄积的热量越多,点炉时的爆燃现象就越少),此时关闭入炉三次风阀,开启后排风机,将系统调成微负压状态。这一步很关键,负压过小,窑尾缩口风速过慢,废气(其中包含过剩的氧气)与煤粉热交换不佳,燃烧后产生的废气也不能及时排出系统,这将大大延迟着火时间,有时根本就不能着火(有时炉中温度达400 ℃,但就是达不到燃点形成火焰),很多点火失败的原因皆在于此;负压过大,被带走的热量就多,相应的煤粉喷入量就大,系统内会出现较大的爆燃现象,窑况不稳,一部分未燃尽的煤粉还会被带入上一级的旋风筒内,增加了堵塞的危险,着火时间也会延长。据经验可知,混合室出口压力在 $-20\sim-10$ Pa,C_1 筒出口压力在 -300 Pa左右为宜,这时可以喷入煤粉。煤粉加入的原则是:系统抽风大,可以适量多一点,否则就要少一点;此时混合室中部和出口温度急剧上升,而分解炉中部和下部温度没有显著变化,这时必须要让混合室出口温度达到 850 ℃以上,此时分解炉就会自下而上地升高温度,最终引燃煤粉形成火焰,此后可转入正常操作。在这个过程中可能会出现轻微的爆燃现象,这是正常现象,整个过程持续 5～15 min。采用此种方法,无须用人工火把引燃,操作方便、快捷,但对技术要求较高。

要使炉子着火形成火焰,除了前面提到的用风问题,混合室的温升也很重要。初期,混合室空间内只有火星,温度较低,煤粉从分解炉进入混合室后在缩口与高温废气相遇并开始燃烧,从 600 ℃急剧升到 800 ℃后,形成一个巨大、均匀且稳定的火源,在分解炉出口处热量开始逆着煤粉流动方向传播,当火焰传播的速度超过了煤粉下落的速度时,分解炉中、上部瞬间着火,形成火焰。

以上方法适用于挥发分、热值正常的煤粉,对于品质较差的煤粉,还可以采取带料点火法。对于预热好的窑,按照正常操作程序先拉起一部分风,投入较小的料,估计料快到分解炉时下入煤粉,生料经过几级旋风筒的预热,已接近煤粉的燃点,煤料混合后进入混合室,被窑尾来的高速热气流冲散产生喷腾效应,煤粉迅速燃烧,混合室温度上升,最终反向引燃分解炉。采用此种方法,生料的分解速度很快,但是必然有一部分未分解的生料进入窑内,操作员应及早采取措施。

1.1.4 离线型分解窑如何快速点炉

相关学者根据其从事水泥回转窑调试工作的经验,提供了离线型分解窑快速、有效点炉的方法,可供大家参考。

离线型分解窑投料和点炉可同时进行,可不考虑三次风温的影响,便可顺利快速点炉。因为在没有采用分解炉时,由于物料分解率低,所以产量也就很低,一般只有正常产量的 1/3,三次风温也就自然较低。另外,有的熟料用的是单筒冷却机来进行冷却,所以三次风温就很难达到点炉时所需的温度。一般三次风温小于 300 ℃时点炉困难,甚至点不着,即使是算冷机,也得 SP 窑运行很长时间才能提高三次风温,严重影响熟料产量和质量,而且 SP 窑运行操作也较困难。下面就如何投料、点炉提出一些建议。

在没有投料升温时,烟室和五级预热器温度达到煤粉燃点时,就可适量开启三次风阀 20%～30%(不可开大,否则预热器温度会降低),同时,适量地给分解炉加煤以提高预热器温度。

随着窑内温度的提高,引风被逐步拉大,当 C_1 筒内负压达到 -2550 Pa 时,便可投料,分料点炉。分料点炉时,C_4 筒内温度控制在 750 ℃左右,C_1 筒内负压在 -2500 Pa,开始的投料量应是正常料量的 1/3,分料开始为 50%,不应太大,以防止压炉或压床,但分料过小不易燃烧(因过的料为热源),三次风管阀门可据窑内通风状况将其逐步开大。

经过分料后,炉内温度开始上升,分料量也可以适量加大一点,但必须保证物料能顺利带走,加料量变化要小,防止压床或压炉,一般经过 30 min 分料,炉温可升到正常温度,这时,可逐步拉风加料,快速进入正常操作。

点炉时的注意事项有:点炉时必须将电收尘器关掉,给煤量开始时不可过大;控制 C_1 筒内温度,不可过高,防止烧坏设备;分料时,C_4 筒内温度不可太低,一般控制在 750 ℃左右,这样料和煤粉混合后,可在炉内顺利燃烧;点炉时,风不宜拉得过大,因为三次风温过大会影响点炉时间,造成 C_1 筒内过高,只要物料能从炉内带入 C_5 筒内便可。

1.1.5 如何调节与控制分解炉的温度

在炉中、上部,炉温主要受燃烧速度的影响,炉下部及出口气体温度主要受燃料及料粉加料量的影响,也受燃烧速度的影响,因此,调节炉内温度应主要从这两个方面考虑。

(1)调节燃料喂入量

在通风基本不变时,改变燃料喂入量;在完全燃烧的条件下,改变炉的发热量;在喂料量相同时,则改变物料的分解率。一般来说,加入燃料愈多,物料分解率愈高;否则相反。燃料喂入过多或过少,对分解炉出口气体温度的影响亦是明显的,喂入燃料过多,分解用热量有余,则出炉气体温度必定升高。相反,喂入燃料过少,分解用热量不够,则炉内物料吸收气体显热而使出炉气温下降。所以,调节燃料喂入量主要是通过调节物料分解率及出炉气体温度来实现的。

然而调节燃料量,不能明显地调节分解炉中、上部的温度。这有两方面的原因:一是因为在炉中、上部气流中,原有燃料浓度较高,多加(或减少)部分燃料对燃烧速度影响不是很大;二是温度对分解吸热速度的影响大。随着炉内温度的升高,燃料分解速度加快,吸热量增大,抑制温度的升高;相反,温度若降低,燃料分解速度也降低,吸热量减小,减缓炉温的下降。

例如,在一般生产条件下,炉内分解温度可达 850 ℃,当分解温度升高 10 ℃时,分解吸热速度将增加 30%;当分解温度升高 50 ℃时,分解吸热速度将增加 1.7 倍。如果燃烧放热速度没有成倍增加,要从 850 ℃ 升至 900 ℃ 是难以达到的。同理,炉内分解温度从 850 ℃ 下降至 830 ℃,将使分解吸热速度减慢为原来的 60%,阻止分解温度的下降。所以,分解炉内的分解温度(气流温度与之相近)在正常情况下是不会有大幅度变动的,要大幅度调节它也是不太容易实现的。

表 1.1 所示为分解炉中部某区域(设炉气中 CO_2 含量为 15%)分解温度变化与分解吸热速度变化的关系。

表 1.1 分解炉中部某区域分解温度变化与分解吸热速度变化的关系

平衡分解温度(℃)	平衡分解 CO_2 分压 (kPa)	物料分解 CO_2 与气流中 CO_2 分压差 Δp (kPa)	分解吸热速度之比(以 850 ℃ 为 100%)(%)	平衡分解温度(℃)	平衡分解 CO_2 分压 (kPa)	物料分解 CO_2 与气流中 CO_2 分压差 Δp (kPa)	分解吸热速度之比(以 850 ℃ 为 100%)(%)
800	19.7	4.53	16	850	43.0	28.0	100
810	22.6	7.46	27	860	50.6	35.4	127
820	25.6	10.4	37	870	58.2	43.0	154
				880	69.9	54.8	196
830	32.0	16.8	60	890	80.2	65.0	232
840	37.4	22.2	80	900	89.9	74.7	267

(2)调节燃烧速度

分解炉中的分解温度(以及中、上部气温)可通过改变燃料的燃烧速度来调节,一般条件下调节因素如下:

① 煤粉的质量及细度

煤粉的燃烧速度比一般条件下燃油的燃烧速度要缓慢。煤的质量好、挥发分高、煤粉粒度小,有利于燃烧速度的提高。

② 气流中燃料及氧气的浓度影响

燃料加得多,燃烧反应表面积大,氧浓度高,有利于燃烧速度的提高;否则相反。分解炉中的旋风效应或喷腾效应对炉内煤粉浓度有很大的影响,从而对炉内总的燃烧速度有巨大影响。

③ 燃料与一、二次风的配合

燃料与气流的相对速度大,有利于 O_2 向燃料表面的扩散及燃料表面 CO_2 的排除,从而有利于加快燃料燃烧速度。因此,燃料的喂入方式,喷出速度,一、二次风速的大小及温度,气流紊流程度,过剩空气系数的大小,均能影响燃料的燃烧速度。

(3)通风量及加煤量影响

当入炉物料、燃料不变时,通风量的改变将影响燃烧速度。正常操作下,当通风量减小时,引起不完全燃烧,燃烧速度减慢,总的发热能力降低。当通风量过大时,过剩空气增加,烟气带走的热量增多,会导致燃料分解速度的降低及炉中、下部温度下降。如果炉后系统漏风大,则会使炉后温度降低。

加料量的多少,对炉中部温度的影响不如对炉下部及出口温度的影响大。加料量多、分解吸热多,使炉温下降。料粉粒度细,也能小范围降低炉中部的温度;粒度愈细,分解吸热速度愈快,会使平衡分解温度降下来。但加料量一般不作为炉温调节的手段。

1.1.6 RSP型分解炉温度异常是何原因,应如何处理

(1)分解炉中部温度偏高

炉中部温度偏高往往与煤粉质量、三次风温关系密切,含水率小、细度小的煤粉入炉后,在温度较高的三次风中迅速燃烧,使炉中温度高于正常值。

三次风温为800 ℃左右时,若三次风阀开度过大,则此时高速喷出的煤粉与高温纯净的助燃空气相遇,产生强烈的湍流。由于气体旋转进入分解炉内,在炉中部形成低于周围介质的负压区,轴向压力差使周围介质向煤粉喷嘴的根部回流,加热煤粉与空气的混合物,使煤粉的燃烧状态恰如一个多风道喷煤管所喷出的煤粉那样高效燃烧,致使炉中温度偏高。据相关资料介绍,每当三次风温升高70 ℃,煤粉燃烧速率会提高一倍,可见温度对加速煤粉燃烧具有重要作用。

喂料量过小,炉中温度快速升高,且分解炉出口温度也随之快速升高,此时应快速减煤,并增加喂料量,不然就会因系统超温而使预热器堵塞。随着出料量的增加,应逐渐增加喂煤量使温度正常,在此变化过程中操作人员一定要细心操作,稳定好系统的热工制度。

喂煤量过大时,分解炉出口温度升高,此时应及时减煤,稳定系统温度。

(2)分解炉中部、出口温度高

当分解炉中部及出口温度过高时,应适当减小喂煤量,如温度还是过高,且分解炉中部及出口温度仍有上升趋势,可判断为预热器堵塞,应及时停煤、停料。

适当减小喂煤量后温度趋于正常,但随后温度又上升,此时应开启清堵装置。系统有塌料产生且喂煤量较正常时有所减小,且锥体负压减小,此时可判断为系统堵塞,应停料处理。

系统喂煤不稳定,也是导致分解炉中部及出口温度高的原因之一。应加强操作人员的责任心,细心调整,并且尽快改善系统喂煤的不稳定。

系统断料或喂料量过小,应及时喂料或增大喂料量,此过程中应及时减煤,以防预热器超温堵塞。

产生喂料系统的不稳定现象时,要尽快地处理好,操作一定要细心,如喂料量波动过大导致系统极不稳定时应停窑处理。

(3)分解炉出口温度高、入窑物料温度高

煤粉质量是导致分解炉出口温度高、入窑物料温度高的主要原因之一。

煤粉含水率大、细度小,在炉内不能快速燃烧,导致炉内产生后燃现象,出口温度高、入窑物料温度高,应及时调整。

煤粉热值较高,但挥发分含量低(14%左右),悬浮状态下着火温度在600 ℃左右,反应活性差,炉内燃尽率较低,会造成较严重的不完全燃烧,故出现分解炉出口温度高、入窑物料温度偏高。此时应尽可能地降低煤粉细度(参考值为5%~7%)。

1.1.7 预分解窑系统中分解炉的调控

(1)分解炉的调控目标

在预分解窑系统中,生料的碳酸钙分解反应是在分解炉中完成的。在各类分解炉中,热生料中碳酸钙几乎完全分解(分解率为85%~95%),而且分解炉的耗煤量占整个窑系统耗煤量的一半以上(为50%~60%)。在预分解窑系统中,入窑生料表观分解率主要取决于分解炉,受窑的影响很小,所以,从操

作角度看,在预分解窑系统内,窑尾废气温度对其影响不大。所以,分解炉的调控目标为:尽量分解更多的生料,而且生料分解率尽量稳定。

(2)分解炉温度的调控

在回转窑操作过程中,熟料 f-CaO 含量(或立升重)决定了烧成带温度目标(控制参数),通过调整窑头燃烧器的喂煤量使烧成带温度持续接近目标值。

同样,在预分解系统内,碳酸钙表观分解率决定了分解炉温度(控制参数),通过调整分解炉的喂煤量(控制变量)使分解炉温度持续接近目标值。

在预分解系统内,一般情况下理想的碳酸钙表观分解率约为 90%,即出分解炉生料温度(或分解炉出口废气温度)为 870~890 ℃。虽然分解炉内温度升高能够实现更高的碳酸钙表观分解率,但是温度超过 900 ℃ 时则开始产生低熔点液相,会在分解炉内形成堆积物,气体流动受到限制;在靠近燃料给料点的地方,情况更是如此。所以,一般情况下分解炉温度超过 900 ℃ 时既不可行,也不理想。

从操作观点看(不考虑设计瓶颈,如烧成带热负荷、窑尾空气速度等,这些因素也会产生影响),要确定合适的分解炉温度和碳酸钙表观分解率,应遵守如下基本规则:

① 分解炉温度越高,碳酸钙表观分解率越稳定,所以,回转窑操作随之越稳定,但是,由于分解炉和预热器出口温度升高,预分解窑系统的热效率会减小。

② 分解炉温度越低,碳酸钙表观分解率越不稳定,而且碳酸钙表观分解率受到分解炉燃料和生料喂料量及生料性质波动的影响越大。

由图 1.2、图 1.3、图 1.4 可见,在分解炉中,碳酸钙分解率越高,则分解炉温度的波动越大;碳酸钙分解率越低,则分解炉温度的波动越小。所以,若碳酸钙分解率太高,则难以控制分解炉温度。

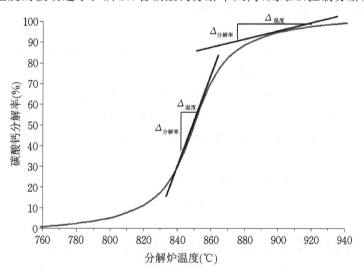

图 1.2　分解炉温度与碳酸钙分解率的关系

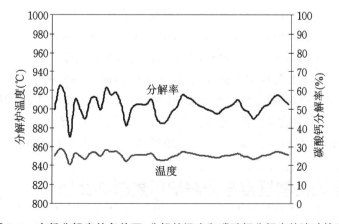

图 1.3　在低分解率的条件下,分解炉温度和碳酸钙分解率的波动情况

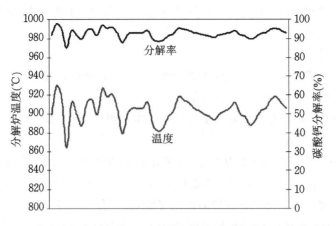

图 1.4　在高分解率的条件下,分解炉温度和碳酸钙分解率的波动情况

（3）分解炉出口废气含氧量的调控

调整窑内通风量可以实现对窑尾处废气含氧量的控制;同样,调整分解炉通风量也可以实现对分解炉出口处废气含氧量的控制。

分解炉出口废气中的含氧量的典型标准值为 1.5％～2.5％,可以通过调整分解炉通风量(例如通过窑尾高温风机)来调整含氧量。对窑尾高温风机进行调整也会影响窑的排风量,所以,若对窑尾高温风机做出任何调整,一般情况下也应对三次风管阀门开度做出调整,以保持窑通风量不变。

1.1.8　窑和分解炉通风量应如何合理分配

窑和分解炉通风量的分配是通过窑尾缩口和三次风管阀门开度来实现的。正常生产情况下,废气出口含氧量在窑尾为 2.5％～3.0％,在分解炉出口为 1.5％～2.5％。

如果窑尾气体含氧量偏高,说明窑内通风量偏大。其现象是窑头、窑尾负压比较大,窑内火焰较长,窑尾温度较高;分解炉用煤量增加时炉温上不去,而且还有所下降。出现这种情况时,在喂料量不变的情况下,应开大三次风管阀门开度。与此同时,相应增加分解炉用煤量,有利于提高入窑生料碳酸钙的分解率。

如果窑尾含氧量偏低,窑头负压小,窑头加煤温度上不去,说明窑内通风量小,炉内通风量大,这时应当关小三次风管阀门开度,需要时增加窑内用煤量,减小分解炉用煤量。

1.1.9　预分解窑操作中应根据什么分配窑和分解炉的用煤量

分解炉的用煤量主要是根据入窑生料分解率、预分解窑预热器 C_5 筒和 C_1 筒出口气体温度来进行调节的。如果风量分配合理,但分解炉温度低,入窑生料分解率低,C_5 筒和 C_1 筒出口气体温度低,则说明分解炉用煤量过少。如果分解炉用煤量过多,则预分解窑系统温度偏高,热耗增加,甚至会出现分解炉内煤粉燃尽率低,煤粉到 C_5 筒内继续燃烧,致使分解炉内产生结皮或堵塞。

预分解窑用煤量的大小主要是根据生料喂料量、入窑生料碳酸钙分解率、熟料立升重和游离氧化钙含量来确定的。窑用煤量偏小,烧成带温度会偏低,生料烧不熟,熟料立升重低,则 f-CaO 含量高;窑用煤量过大,窑尾废气带入分解炉的热量过高,势必会减少分解炉用煤量,致使入窑生料分解率降低,分解炉不能发挥应有的作用,同时窑的热负荷高,耐火砖寿命短,窑运转率低,从而降低回转窑的生产能力。

1.1.10　预分解窑如何掌握窑与分解炉用燃料的比例

预分解窑、分解炉用燃料的比例应采取以下原则:

（1）窑尾及出分解炉的气体温度都不应高于正常值；

（2）在通风合理的情况下，窑尾和分解炉出口废气中的含氧量应保持在合适的范围内，应尽量避免一氧化碳的出现；

（3）在温度、通风允许的情况下，尽量提高分解炉用燃料的比例。

这些原则易于理解，多数也能得到贯彻，但也有不少人存在一些模糊认识，在遇到问题时不能很好地处理。

模糊认识之一：窑尾至分解炉间的区域温度偏高、结皮严重，操作人员认为是分解炉加入过多燃料引起的，因而在操作上总是减少分解炉的燃料，而后增加窑用燃料，结果此区域温度进一步升高，结皮更加严重，窑况进一步恶化。实际上，除了窑气、炉气分开的双系列窑的外分解窑外，上述情况主要是窑用燃料过多引起的。分解炉是一种高效热交换器，在分解炉内加入过多燃料，废气温度既不会过高且炉内物料又能获得较高的分解率。但如果把本应加到分解炉的燃料加到窑内，则入窑物料的分解率必然低下，从而增加窑的负担。由于窑内热交换效率低，为了保证熟料的正常煅烧，就需在窑内再加燃料，但受燃烧空间和热交换效率的限制，窑尾至分解炉间的区域温度必然过高。而这一区域又正好是"料稀区"，且物料易在此区域部分角落产生循环，易造成严重结皮。物料在完全分解之前其本身温度不会超过当时的平衡温度（一般为 850 ℃左右），所以在分解炉内适当多加燃料既不会引起上述区域的废气温度过高，也不会引起入窑物料温度过高，只有在炉内物料分散不好、分布不均的情况下才会造成炉内及其出口废气温度过高。因此，当窑尾及其上升管道温度高时，不能简单认为是分解炉内燃料加多了，而应认真分析原因，采取正确的操作方法。通常只要逐步减少窑用燃料，同时将其减少量的一部分增加到分解炉内，情况就会逐渐好转。

模糊认识之二：认为烧成温度低、熟料欠烧是窑用燃料少造成的。即使当窑的燃烧能力已到达极限时，仍会增加窑内燃料用量，结果造成窑头温度进一步降低，窑尾系统温度则过高。这一错误的操作方法还会引起窑内产生还原气氛，造成系统结皮严重，结长厚窑皮甚至结圈。窑内通风及燃烧能力是有一定限度的，在燃烧空气无富余的情况下，增加燃料不仅不会提高窑头温度反而会降低温度。但有些操作人员一遇到窑头温度低就增加窑头燃料，尤其是在喂料量不多、燃烧空气不富余的情况下，仍往窑内添加燃料。窑用燃料的增加有一个最简单的原则，即只要窑尾废气中有一氧化碳存在，则在调整系统状态使一氧化碳消失之前，不应该增加窑用燃料。所以，如遇到窑头温度低的情况，应该首先分析其原因，如燃烧空气不足，应设法增加通风量；如风机已开到极限，则应分析下料量是否太大，三次风闸板是否未调整好，窑内是否结圈，并进行适当的调整和处理。如入窑分解率低，则应增加分解炉燃料而非窑头燃料；如冷却机效率低、二次风温低，则应对冷却机进行处理。

总之，要具体情况具体分析，不能一味地增加窑头用燃料。

1.1.11 分解炉出口负压异常是何原因，应如何处理

（1）分解炉出口负压增大

当系统风量增大或是系统喂料量增大时，整个系统的风量或阻力均有所增大，所以分解炉出口负压也随之增大。

当进入末级筒水平管道风速不够、管道内衬脱落时，导致管道内的阻力增大，因而分解炉出口负压增大。出现此状况时系统的预分解能力降低，产量和质量均有所下降，此时应及时诊断原因，并采取措施以降低管道阻力，恢复系统的预分解能力。

当三次风管阀门开度过小时，系统阻力增大，相应地，分解炉出口负压也随之上升。

窑系统或分解炉系统某处阻力增大，如分解炉结皮、窑内结圈、结大料球、窑尾缩口严重结皮等，都会使系统的阻力增大，相应地，分解炉出口负压也随之上升。

（2）分解炉出口负压减小

因末级筒内筒脱落或末级筒排灰阀损坏，导致系统内串风严重，整个窑、炉内风产生短路，因而使分解炉出口风量减小、负压减小。出现此种状况时，末级筒的上一级筒极易发生堵塞现象，导致末级筒的内循环加重，系统的产量和质量受到影响，此时应尽快查找原因，恢复系统正常工况。

当分解炉以上的旋风筒发生堵塞时，分解炉及末级筒的物料浓度骤减，阻力减小，所以分解炉出口负压减小。

因三次风管阀门开度的增大，导致系统阻力减小，因而分解炉出口负压减小。

当分解炉及窑头断煤时也可导致系统的阻力下降，分解炉出口负压减小。

1.1.12　如何平衡调节回转窑和分解炉的风量

预分解窑系统在正常运行状况下，窑路和炉路气体流量应同时满足喂入燃料的燃烧需求。窑尾高温风机排出的风量、风压一定时，若两者不平衡将会导致以下结果：一种情况是窑风过大，三次风量不足，致使烧成温度降低，高温带后移，窑尾温度及负压升高，三次风温、风速均降低，炉内煤粉燃烧不完全，易导致系统温度倒置，黏结堵塞。另一种情况是窑内通风不足，三次风量过量，致使烧成还原气氛浓重、尾温低，窑尾有害组分富集而堵塞，通风陷入恶性循环。因此，根据窑系统的生产情况，及时有效地调节好回转窑和分解炉的风量平衡显得很重要。

目前，较常用的调节方式为窑尾缩口采用固定式，三次风管上设置调节阀。控制技术的关键点：一是根据窑生产设计能力和窑尾通过的工况气体流量来确定窑尾缩口截面面积（宜以实际风速≥25 m/s 为基准）；二是三次风管调节阀全开时，窑路通风阻力大于炉路，即窑内风量不足；三是三次风管调节阀关至风管截面的 50% 以上时，炉路风量达不到正常值，即生产中调节阀应开至 50% 以上，以避免系统产生过大的阻力损失；四是分析判断时要综合考虑窑炉用煤量，窑尾温度、负压，入炉三次风温、风压，窑内煅烧状况，炉出口温度和压力的稳定性，以及窑系统是否存在塌料等。

1.1.13　入分解炉三次风温异常是何原因，应如何处理

（1）三次风温过高

物料在煅烧过程中成分发生变化，硅酸率过高，导致熟料结粒细小，冷却机热交换效率提高，二次风温提高，则三次风温随之提高。

由于窑系统阻力增大，如窑尾烟室严重结皮，窑内结大料球等，使窑内通风严重受阻，从而加大了三次风管的风量，提高了三次风温，此时伴有窑尾负压增大、三次风负压增大等现象。

（2）三次风温过低

物料在煅烧过程中成分发生变化，硅酸率过低，物料中熔剂矿物过多，物料易结大块，熟料结粒过大，物料表面积减小，冷却中热交换效率降低，从而降低了二次风温、三次风温。

由于三次风管内阻力发生变化（如管道内衬料脱落，堆积在管道中），且因某处风速不够或管道漏风造成管道内严重结料，使三次风管风量减小，从而使三次风温下降。

窑门罩漏风过大，导致二次风不能很好地供给，从而降低三次风温。

冷却机系统出现问题，使物料的冷却效率大大降低，从而使二次风温、三次风温下降。

1.1.14　分解炉的燃烧速度慢会有哪些现象

有时生产中会碰到这样的现象：物料分解率高达 90% 以上，但分解炉的出口温度要高于炉中温度 40 ℃以上，尤其是在燃烧挥发分较低的无烟煤时。由于燃烧速度慢，导致仍有部分燃料不能在炉内燃

烧,大量的热量未在炉内放出,既会使上一级预热器温度比分解炉温度高,出现温度倒置现象,使一级筒出口温度升高,增加热料、热耗,也会直接影响到下一级预热器温度与窑尾温度升得过高,造成如下后果:

(1)垂直上升烟道结皮严重,还会使窑尾部分的窑衬上结挂较厚的窑皮,甚至成圈。如果不及时改变这种非正常状态,后窑口向外倒料,就会迫使窑采取止料停窑处理。

(2)迫使窑头加不上煤,使分解炉的用煤量由60%提高到70%,从而阻碍了窑系统产量的提高。遇到这种现象时,如果不认真分析,往往会归咎于窑头煤粉燃烧不完全。

[摘自:谢克平.新型干法水泥生产问答千例(操作篇).北京:化学工业出版社,2009.]

1.1.15　如何判断预热器内筒挂片脱落

预分解窑预热器内筒(C_4、C_5内筒)通常采用组合挂片式耐热钢内筒(图1.5),更换操作灵活、简便,且内筒寿命长(由于各企业的工艺操作水平和原燃料的来源和成分不同而不尽相同,C_4内筒一般能使用2~3年;C_5内筒一般能使用1~2年),降低了内筒损耗和维修费。

图1.5　组合挂片式耐热钢内筒

但在实际生产中,窑尾预热器系统的C_5、C_4级挂片式内筒经常会发生挂片大量脱落的情况,不仅会导致停产,而且散落的挂片常常堆积在预热器底部很难取出,对企业的正常生产和经济效益都会造成很大的影响。如能及时判断预热器内筒挂片脱落,就可及时避免预热器的堵塞,在最短的时间内捞出或排出挂片,恢复窑的正常生产。

预热器内筒挂片脱落时,中控室操作参数会显示该旋风筒锥体负压大幅降低。如某厂C_5内筒挂片脱落时,该旋风筒锥体负压突然下降,对锥体进行人工反吹也未见负压上升。现场观察C_5下料管翻板重锤动作灵活,能感觉到有料下来,预热器各级温度正常。用6m长的6分镀锌钢管接上橡胶管通入压缩空气后对锥体捣料口进行吹捣,明显感觉到锥体内有很多不规则的钢板(捣到结皮上能感觉到钢管前方有些软,而捣到脱落的内筒挂片上能感觉到钢管前方有些硬),由此确认C_5内筒挂片已大量脱落。

1.1.16　如何防止MFC分解炉发生压炉事故

离线式MFC分解炉在投料与运行时应避免压炉事故发生,因为必须中断炉的正常运行,立即停止向炉内喂料,减料并改为预热器窑运行,打开炉下放灰阀将炉内物料排出清理后,才能重新恢复分解炉的使用。清理排灰时因物料温度很高,必须十分重视操作人员的安全。

导致压炉事故的发生有如下几种原因:

(1)入炉投料量与流化床室压力不匹配,破坏了炉内的流化状态。下料量过大、分料阀故障、喷嘴脱落,入炉的各管道积料或结皮受堵等都可使炉内的流化状态发生改变。

(2) 炉内温度过高,导致局部高温烧结、物料发黏,甚至会堵塞流化喷嘴,这主要是喂煤量及喂煤时间掌握不当所致。

(3) 结皮或积料在处理时落入分解炉内,无法被流化风带起。

[摘自:谢克平.新型干法水泥生产问答千例(操作篇).北京:化学工业出版社,2009.]

1.1.17 停窑检修时应如何进行预热器及分解炉的检查

(1) 检查旋风筒及分解炉内有无掉砖或异物,内筒是否完好;检查水平管道内有无掉砖、结料,结料过多时应及时清理;检查上升管道内有无掉砖;检查导流板、撒料板是否完好。当连续停窑 24 h(两次以上)时,最易出现系统内掉砖现象。

(2) 检查各排灰阀轴承的润滑情况,必要时应进行清洗、加油;检查各排灰阀阀面是否完好,如出现阀面磨损严重或严重变形等情况,应及时进行更换。

(3) 检查分解炉燃烧器是否完好,如发现有磨损严重或变形时应予以更换。

(4) 检查三次风管阀门是否开关灵活,其开度大小是否与中控室对应,阀面是否完整;检查三次风管内有无掉砖、结料等异常状况。

(5) 检查窑尾缩口、烟室、下料舌头有无结皮现象,如有结皮应及时进行清理。

(6) 系统检修结束后应彻底检查系统各部位是否畅通,有无异物,排灰阀是否活动灵活;检查结束后应关闭所有的观察孔及人孔门,做好系统的密封工作。

(7) 清理好工作现场的环境卫生,完善系统照明。

1.1.18 如何加速回转窑与分解炉内的煤粉燃烧速度

煤粉燃烧有两个连续过程:即挥发分的挥发和燃烧,以及残余焦炭的燃烧。一般煤粉燃尽时间定义为焦炭颗粒燃尽所需的时间。

煤粉颗粒加热挥发后,一般在较低的温度下即可与周围空气混合并迅速起火燃烧。在其达到燃点后,在 0.1 s 内即可烧完,余下的则为疏松的焦炭颗粒。焦炭燃尽时间与其孔隙率、细度、氧气分压、温度等有密切关系。

在回转窑内,燃烧是由扩散控制的,故煤的挥发分高低对燃烧速率的影响不太明显。但是在分解炉温度较低的情况下,燃烧是受化学反应速率控制的,挥发分不同的煤粉之间存在明显差异,因此,对窑、炉燃烧器及燃烧环境的要求有所差别。一般来说,回转窑内煤粉燃尽时间与煤粉粒径平方成正比,而在分解炉内仅与煤粉粒径成正比,因此窑内使用低挥发分煤粉时,对煤粉的细度影响相对较大。同时,火焰长度主要取决于燃烧器的推力,即

燃烧器推力=一次空气动量(kg/s)×燃烧器出口风速(m/s)

当加大燃烧器推力时,火焰缩短,温度升高(尤其是在使用低挥发分煤粉时),这些就是研发新型多通道燃烧器的重要作用。近年来,不但窑头,并且分解炉亦采用新型多通道燃烧器。

对分解炉来说,在使用低挥发分燃料(无烟煤、石油焦等)时,一是要力求燃料入炉后迅速起火燃烧,二是保证燃料在炉区完全燃烧。因此,相应的措施主要有:一是采用新型多通道燃烧器;二是在燃料喷入区内力求加速,与炽热气流混合,提高该区温度;三是扩大炉区容积以保证燃料完全燃烧。当采用离线炉或半离线炉时,燃料入炉后能在空气中点火起燃,但三次风温较低。采用同线炉时,由于三次风与窑烟气混合,含氧量相对较低,但三次风与高温窑气混合后,燃料起燃环境温度比离线炉或半离线炉高很多。焦炭颗粒受温度影响较大,如果再将生料入炉下料点适当提高,给燃料留出在较高环境温度下起火燃烧的空间,则不失为一项有力的措施。

1.1.19　使用空气炮有何利弊

空气炮的优势：

（1）防止预热器内结皮性堵塞，但对其他烧结、沉降、异物等性质的堵塞不起作用，并且仍有不使用空气炮的预热器系统，仅用压缩空气喷吹，同样可以正常运行。

（2）对堆积物料有冲散作用，可以防止某些位置的物料堵塞，如防止箅冷机"堆雪人"等。

空气炮的劣势：

（1）需要消耗大量压缩空气，因此耗费大量电能。如果有 15 台空气炮同时运行，就相当于一台 20 m³ 空压机 24 h 连续运转，每小时耗电 80 kW·h；

（2）大量压缩冷空气进入热工系统时，会吸收大量热，提高热耗；

（3）虽然近年来空气炮的价格有所降低，但一套预热器系统也要为此投资 50 万元以上；

（4）利用压缩空气的冲力时，一定要考虑振动所带来的副作用是否会振裂系统原有的浇注料而脱落。

1.1.20　生产前如何做好预热器及分解炉系统的检查与准备工作

（1）对预热器所有管道尺寸与设计图纸进行对照检查，如有出入应及时修正。

（2）检查系统内有无杂物，重点检查各级筒的下料管道及水平管道。

（3）逐个卸下或打开系统中的每一个排灰阀，检查阀板与下料管内壁之间是否留有一定的膨胀量，并检查排灰阀的密封状况，之后对每个排灰阀轴承进行清洗加油，检查及调整排灰阀的灵活程度及配重（配重调整也可在投料生产后进行）。

（4）检查预热器中所有的耐火砖及浇注料砌筑是否完整、合理、牢固。

（5）检查分解炉燃烧器是否安装到位。

（6）检查三次风管进出口、管道中有无杂物，三次风管阀门调整是否灵活，开度与中控室是否对应。

（7）检查每级筒中的内筒及导流板安装是否牢固。

（8）检查各级筒中的撒料板是否装配齐全，并且调整到合适位置（新窑以插入 2/3 为宜），以后根据实际情况逐个调整。

（9）投料生产前必须将除一级旋风筒之外的所有旋风筒的循环吹堵系统安装到位，检查是否配有自动与手动功能，并且根据实际情况设计安装安全的清堵工作面（特别是三级、四级、五级旋风筒），清堵工具准备齐全，其中包括气用橡胶管、镀锌管或无缝钢管、铁丝，每级筒配有相应的气管接口，并装有快开阀。

（10）系统中所有的检测装置（测温、测压、气体检测装置）安装到位，并在生产前校对完毕，确保其精度。

（11）预热器系统照明及时安装到位。

（12）检查系统的安全防护措施是否到位，楼梯、栏杆是否焊接牢固，各吊装孔是否密闭，各危险场所是否有警示标志等。

（13）系统内所有项目检查完毕且确认无误后，对系统进行首次密封，主要包括关闭所有人孔门、小方孔、一级筒的大气入口门，对所有的明显漏风点进行密封，包括对测温、测压装置的密封；在烘窑过程中实施二次密封，可根据烟气的漏出部位判断漏风点，并用适量的耐火泥或黏性物料进行密封。

（14）在烘窑之前将预热器所有的排灰阀敞开并用绳索固定，将三次风管阀门开度调整为全开。

1.1.21 预热器、分解炉堵塞时的现象、原因和处理方法

（1）现象

① 气体温度急剧上升

堵塞时悬浮在气流中的生料量大大减少,生料和热气体不能有效地进行热交换,整个系统的气体温度将会上升,尤其是它下面一级的旋风筒,由于没有生料进入,气体温度将会骤然上升。

② 气体压力不稳

将要发生堵塞的部位负压值很不稳定。堵塞后,该部位负压值为零,而堵塞部位以上的负压值则明显升高。

③ 排灰阀被堵后阀杆停止摆动并有冒灰现象。

（2）原因

造成预热器系统堵塞的原因有很多,也很复杂,其包含工艺问题、原燃料质量和性能问题、操作人员的操作方法和责任心问题等。因此,日常生产中要勤检查、勤记录,这样可通过对堵塞前兆进行分析研究,找出堵塞的原因,为以后生产中防止和处理堵塞提供重要依据。

① 系统局部高温造成结皮堵塞

由于喂料量和喂煤量的不均匀,系统料量和煤量忽多忽少,或由于煤粉分散度不好,窑和分解炉内煤粉燃烧不完全便进入到预热器内产生二次燃烧等都会造成预热器系统局部温度过高,使物料黏附在旋风筒壁面上而形成结皮。点火初期或开、停窑太频繁,煤粉在窑和分解炉内燃烧不完全,一部分进入到预热器内附着在旋风筒锥体或小料管壁面上,当温度升高时,煤粉着火燃烧形成局部高温。煤灰的掺入又会降低黏附温度,从而更容易形成结皮堵塞。

② 有害成分造成结皮堵塞

当原燃料中有害成分较高时,大量的碱会从烧成带挥发,与 Cl^- 和 SO_2 等发生反应并随气流进入预热器系统,温度降低后以硫酸盐或氯化碱的形态冷凝在生料颗粒表面,通过多次挥发循环和富集,其含量将会成倍增加,而 KCl、NaCl、K_2SO_4 和 Na_2SO_4 的熔点较低,分别为 768 ℃、801 ℃、1074 ℃ 和 884 ℃,当它们混合在一起时其共熔点将会更低。这些冷凝下来的物质黏附在预热器、分解炉和它们的连接管道内形成结皮。若处理不及时继续循环黏附,将导致预热器系统的结皮堵塞。

③ 系统漏风造成堵塞

预热器系统有外漏风和内漏风两种形式。所谓外漏风,是指周围大气在系统负压作用下,从排灰阀、下料管连接法兰等处漏入旋风筒。而当排灰阀烧坏变形或配重太轻时,下一级旋风筒进口管道内的气体直接经下料管通过排灰阀由锥体出料口进入旋风筒内,这样的漏风称为内漏风。

旋风筒锥体内气体和生料的气流随远离旋风筒进口而逐渐减弱。尤其是锥体底部,气流的旋转半径小,极易受上述两种形式的漏风干扰,使已经与气流分离的生料产生较大的逆向飞扬,降低旋风筒的收尘效果,增加系统的循环负荷。漏风严重时,锥体出料口处向上气流浮力较大,生料无法排放。当旋风筒内的生料达到足够量时,生料重力超过浮力,大股生料突然沉落而产生严重塌料。塌落的生料分散状态不好,很容易在旋风筒出料口、排灰阀、下料管等处造成堵塞。

④ 机械故障造成堵塞

旋风筒、分解炉顶盖砖或浇注料镶砌不牢而垮落;内筒(预热器挂片)或撒料板烧坏脱落;排风阀不灵活或阀板烧坏、变形、卡死等机械故障都使得排料不畅而造成系统严重堵塞。

⑤ 工艺设计不合理或耐火衬料砌筑不佳造成堵塞

旋风筒进口水平管道过长、锥体或下料管角度过小,以及耐火衬料砌筑不平整等都容易产生积料或使料流不畅而导致堵塞。

（3）处理方法

① 立即停料,分解炉止煤,大幅度降低窑速和用煤量。

② 检查预热器系统温度和压力等操作记录,分析、判断异常数据,并立即赴现场察看,找出堵塞的部位。

③ 适当加大废气风机排风,打开清灰孔或人孔门进行试探性的检查和清理。在捅堵过程中,应有专人指挥,要避开捅堵口的正面位置,以免高温生料突然下塌冲出捅料口造成人员灼伤。捅堵时可利用压缩空气进行吹扫,堵塞严重时可采取压缩空气"打水炮"的办法清理。完成捅堵后应关闭各处门、孔,利用旋风筒锥体的吹扫装置进行较长时间的吹扫,清除剩余堆积或黏附在内壁的生料。

④ 在捅堵过程中,严禁在窑头、冷却机看火孔,严禁在其他冒灰的地方站立或检查,防止预热器堵料突然塌料伤人。

（4）措施

① 开窑点火前检查旋风筒、下料管道内是否有异物,确保内部衬料完好、牢固,排灰阀活动灵活、配重合适。

② 严把原燃料质量关,确保入窑生料的均匀性,率值应符合配料要求,煤粉细度和含水率应符合质量要求。煤粉要采用气力输送,不能用螺旋输送机直接喂入分解炉。

③ 操作人员要加强责任心,不断提高操作水平。

1.1.22 预热器旋风筒锥体负压异常是何原因,应如何处理

在正常情况下,旋风筒锥体负压总是稳定在一个范围之内,一旦负压出现异常,说明旋风筒内的工况也发生变化。

当锥体负压突然减小或为正压时,伴随分解炉温度及出口温度的快速升高,系统负压略有减小,此时可判定为锥体积料堵塞,此种现象发生在分解炉以上的旋风筒中。

当最下级旋风筒锥体负压突然减小时,分解炉的温度并未发生变化,但入窑物料温度突然下降(物料测温点在排灰阀以下),可判定为末级筒堵塞。

当分解炉以上旋风筒出现此种状况时,应及时开启预热器的吹堵装置,有针对性地进行吹堵,若出现系统塌料现象,则表明积料已得到清理,此后分解炉的温度渐渐趋于正常。如果生产较短时间后,系统操作正常,旋风筒锥体负压又出现异常,应及时停料、停煤,仔细检查旋风筒锥体,如发现堵塞应及时进行清理。

当末级筒锥体负压出现异常且料温降低时,应立即开启吹堵装置并随后检查末级筒排灰阀的动作状况,若排灰阀不动作,应用手去感觉排灰阀是否在下料,确认因排灰阀不下料而造成堵塞时应立即停止生料喂料,停止向分解炉喂煤,并清理堵塞。末级筒在投料的初期出现锥体负压,应特别注意排灰阀的动作状况,投料时应派专人进行检查。

1.1.23 预热器为什么会出现塌料现象

所谓塌料,是指预热器内的物料不能均衡地按照设计的运动路线向下入窑,而是成股地入窑,反映在窑头经常会有成股热气流喷出,窑尾等处的压力与温度都会变动。由于预热器系列设计技术已相当成熟,塌料已经不再是通病,但如果处理不当,这种现象仍是对窑的热工制度的重大威胁,因此必须防止。

引起塌料的具体原因有如下几点:

（1）系统加料不稳或用风不稳,包括风机失控的丢转、生料库下料成股、操作的调节幅度过大等各种可能,使料量与风量不匹配。

（2）预热器及其连接管道的设计尺寸与形状不合理,或经过使用后变大,当料量累积到一定程度时,

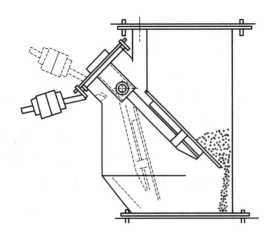

图 1.6 微动型闪动阀结构示意

使系统内存料的位置集中下移。

（3）物料进入某一级预热器或窑尾烟室时,分散不好,风速偏小,不能被成功托起分散。

（4）系统设备有所变化或全系统风量平衡出现问题时,如当预热器内筒挂片有部分脱落,或闪动阀（图 1.6）动作不灵活时,物料被迫分股向下运动。

［摘自:谢克平.新型干法水泥生产问答千例（操作篇）.北京:化学工业出版社,2009.］

1.1.24 预分解窑、预热器堵料是何原因,应如何处理

当中控室显示旋风筒锥部正压和下级旋风筒出口温度急剧升高、现场翻板锁风阀不闪动等时,即可判断预热器发生了堵料,其主要原因如下。

（1）局部温度过高造成的结皮堵塞

预分解系统温度过高而导致结皮的因素较多,其中最主要的因素是料量忽大忽小、煤粉在窑内和分解炉内燃烧不完全而进入预热器内二次燃烧、系统操作不稳定等造成预分解系统局部温度过高,导致的黏聚性物质黏附在预热器系统的内壁上而形成结皮。

在点火初期,由于煤粉在窑和分解炉内燃烧不完全,一部分进入到预热器内附在锥体和下料管壁上,当温度升高时,煤粉着火形成局部高温。导致煤粉进入预热器内的渠道有三个:其一是由分解炉至末级旋风筒,再由上升管道上移;其二是由分解炉经次末级旋风筒下料管失灵的翻板阀向上窜;其三是因窑内煤粉燃烧不完全被带至窑尾,和窑尾废气一起进入预热器内。这种不完全燃烧的煤粉掺入,能降低黏附温度,再加上局部高温,很容易形成高温结皮堵塞。

片面地强调提高入窑分解率以降低窑的热负荷,可能导致分解炉用煤量过大,造成炉内温度过高,甚至导致物料出现液相。对于旋流室炉,例如 RSP 型分解炉的旋流室因炉内物料切线运动速率较快,离心力较大,很容易导致熔融物黏附在炉壁上,形成炉内结皮;过量的煤粉在炉内来不及完全燃烧时,可被带至末级旋风筒内形成二次燃烧,导致末级旋风筒锥体及下料管局部温度过高,结皮堵塞。

喂料量忽大忽小时,很容易打乱预热器、分解炉和窑的正常工作。由于操作控制滞后,有时加减煤不及时,跟不上喂料量的变化,甚至出现短期断料时也不能及时减煤,因此很容易因料少而导致系统温度过高,造成结皮堵塞。

（2）有害元素及回灰造成的结皮堵塞

当原燃料中的钾、钠、氯、硫含量高时,大量的碱便会从烧成带挥发出来进入气相。碱在气相中与 Cl^- 和二氧化硫等发生反应,随气流一同进入预分解系统,温度降低后,以硫酸盐或氯化物的形态冷凝在原料上。在 $K_2SO_4 + Na_2SO_4 + CaSO_4$ 混合物中,在较低温度下（800 ℃左右）即可出现熔融相,造成固体颗粒的固结。

有害杂质通过多次挥发、循环富集,加剧了它们在高温时挥发、在低温时凝聚的过程。这些冷凝下来的物料黏附在预热器、分解炉及连接管道内形成结皮,若处理不及时,继续循环黏附,将导致预分解系统结皮堵塞。

电收尘器、增湿塔收集下来的物料含有较多已高温物化反应的料粉,有害杂质较多,若处理不当,也易结皮。

(3)预分解系统漏风造成的堵塞

预分解系统的漏风是预分解窑的一大克星,系统漏风不仅降低了旋风筒的分离效率,增加热耗,而且还是造成预热器系统堵塞的一个重要原因。预热器系统的漏风可分为内漏风和外漏风。

① 内漏风造成的堵塞

当旋风筒的排灰阀(也称锁风阀)因烧坏或失灵时,下一级旋风筒的热气流会经过下料管通过排灰阀漏入上一级旋风筒内。这种通过下料管排灰阀由下一级旋风筒漏入上一级旋风筒的漏风称为内漏风。它不但能降低旋风筒的分离效率,增加循环负荷,也是短路、塌料、堵塞的原因之一。这是因为:下一级旋风筒气体从下料管内经过时,会使预热器收集下来的物料重新上升,在预热器内造成循环。由于下料口处风速较大(达 40 m/s),气流浮力较大,没有相当数量的料子就不会向下沉落。一旦料子收集得过多就具备了沉落的条件,便有一大股物料经过排灰阀落下,造成下料不均、分散状态不好,易使下料管堵塞(因下料管内径较小),若处理不及时,将堵至预热器锥体,且清堵相当困难。

② 外漏风造成的堵塞

所谓外漏风,是指从预分解系统外漏入预热器内的冷空气。它主要是从各级旋风筒的检查门、下料管排灰阀轴、各连接管道的法兰、预热器顶盖和各测量点等处漏入,其中以从预热器检查门、锥体底部法兰及下料口处的法兰漏风影响最大。

预热器内气流运动情况复杂,加上粉体粒度分布范围广,使其物料运动情况更加复杂。若预分解系统密封不好,漏入冷风,将影响物料在预热器内的运动轨迹,可能造成物料在下料口处堆积,导致预分解系统堵塞。

在预热器锥体底部及下料口处负压较大,容易产生严重的漏风,而该处气体和物料的旋流随远离进风口而逐渐减弱,很容易受到漏风的干扰,使已经与气流分离的物料产生较大的逆向飞扬,导致分离效果恶化。漏风严重时,几乎整个预热器锥体部分全部是这种"膨起"的状态,只有极少一部分物料能排入旋风筒下面的集灰斗内,因而容易导致堵塞。

此外,当燃料不完全燃烧时,如与漏风中的氧气结合重新燃烧,发生局部高温结皮,或漏入冷风、降低温度,导致结皮塌落,卡死下料管或排灰阀,均会造成堵塞。

(4)机械故障造成的堵塞

造成预热器系统堵塞的另一个原因是外来异物的机械性堵塞。如预分解系统的检查门砖镶砌不牢而垮落;旋风筒顶盖、分解炉顶盖及内筒衬料剥落;旋风筒内筒或撒料板烧坏掉落;排灰阀板烧坏或转动不灵活;检修时有耐火砖或钢铁件等落入预热器内未清理出来等。这些异物在开窑后或生产中容易堵塞下料管或锥体,造成预热器的机械性堵塞。

有两种性质的掉砖:其一是在开窑前关闭检查门用砖封闭时,或是在打开检查门处理堵塞时不慎将砖掉入预热器内,或因检查门封闭不严、砌砖不牢,旋风筒锥体负压较大将砖吸入预热器内;其二是在正常生产中发生的衬料剥落或掉砖。掉砖的部位通常是预热器平行管道的分料墙、进出口管道和站墙、预热器顶盖及内筒衬料等处。其主要原因有系统热工制度不稳、冷热交替较频繁;未留好膨胀缝;顶盖漏风;内筒因高温变形而导致内衬开裂,或在处理结皮时导致内衬同物料结皮一起落入预热器内。

旋风筒掉入内筒后被烧损剩下的残片也会造成预热器机械性堵塞。当该级旋风筒并列两个时,若其中一个内筒烧扁,通过该筒的风和料减少,造成风、料分布不均,则并列的另一个旋风筒通过的风和料会相应增大,并导致堵塞。掉入内筒造成堵塞主要发生在最末两级旋风筒,并以末级筒最为严重。

此外,排灰阀自身结构不好,高温时易变形、配重不当、转动不灵,有时也会发生机械性卡死,进而堵死下料管。

（5）操作不当造成的堵塞

由于操作人员对预分解窑的工艺及操作特点不熟悉、不熟练，责任心不强或未遵守操作规程，因操作不当或失误而造成堵塞。

① 投料不及时

当分解炉点火燃料已正常燃烧并达到投料温度（900 ℃）时，一定要及时投料，否则易造成因预分解系统温度过高而结皮堵塞。

② 下料量与窑速不同步

当窑运转不正常、热工制度不稳而需慢转窑时，若减料不及时，很容易因喂料量与窑速不同步而造成物料在窑尾烟室堆积，这时即使回转窑仍在运转，但堆积在窑尾的物料不能够很快地输送出去，也易在烟室与窑连接处形成棚料，造成烟室及上一级预热器堵塞。

③ 排风量过大或过小

当排风量过大时，固气比降低，气流温度升高，易形成由疏松到坚实的层状覆盖物，造成结皮堵塞。当排风量过小时，风速降低，难以使料团冲散，易形成塌料堵塞或水平管道堵塞。

④ 窑、炉风量分配比例不当

由于操作人员对窑尾缩口闸板开度和入分解炉三次风管闸板开度调节不当，导致窑、炉风量分配不合理，若窑尾缩口或分解炉入口风速过低或过高，容易造成物料在预分解系统内形成结皮、棚料或塌料，堵塞预热器。

⑤ 开（停）窑时排风量过小

因故需止料停窑时，排风量不能大幅度减小，若大幅度减小，易造成物料因风速过低而沉积在水平管道内。重新开窑投料时，开始排风量也小，堆积在水平管道内的物料不能被顺利地带走，随着下料量的不断增加，堆积的物料越来越多，严重时将导致系统堵塞。

⑥ 窑、炉操作不协调

回转窑和分解炉的操作未能前后兼顾，仅片面强调窑内通风或系统负压，两者协调得不好，很容易造成高温结皮、积料、棚料、塌料而堵塞预热器。

⑦ 操作人员责任心不强

由于预热器的自动吹风及温度、压力仪表失灵，操作人员未能手动喷吹并定时巡回检查、活动各级排灰阀。当预热器出现异常时，未能及时发现和处理，导致系统堵塞。

（6）设计不合理易造成的堵塞

系统工艺设计要为正常生产创造有利条件，某些部位设计不合理，易发生系统堵塞。例如：

① 预热器系统水平连接管道过长或连接管道角度过小；

② 各级预热器的进风口高宽比较小；

③ 预热器锥体的角度较小；

④ 预热器内筒过长；

⑤ 预热器砌内衬时，锥体底部留有容积仓；

⑥ 电收尘器及增湿塔回灰不能均匀地掺入新鲜生料等。

（7）清堵处理及安全防护

① 原则

a. 劳动保护用品穿戴规范。

b. 要有组织，统一指挥。

c. 先检查，后清理。

② 顺序

a. 现场人员与中控联系，使系统处于负压，便于清料。

b. 断空气炮电源,并挂上警告牌,将进气阀关闭,打开排气阀。

c. 清料前先判断堵塞情况,再由上而下清理,严禁多点同时清料。

③ 注意事项

a. 清料前应判断物料的流动性,温度越低,其流动性越好。

b. 开门前应观察周围环境,观察好人员撤离路线,弄清物料、气流从门内喷出后的方向及可能发生的改变情况。

c. 先用长 1.5 m 以上铁丝或绳子绑好清料孔门,人站在门背后方,再用长 1.5 m 以上的杆子捣掉门扣,拉开人孔门或清料孔门。

d. 尽量不打开靠近楼梯口处的门,若必须打开,应做好防护标识。

e. 清料时,人应站在清料口侧面观察周围环境,清料杆不能挡住撤离人员的路线,防止外溢的物料、气流反射伤到人员和周围设备。

f. 清料时若需放水炮或空气炮,要严格按操作规程执行。

g. 清料时禁止窑头、冷却机、裙板机地坑有工人作业。

h. 清料时严禁人员单独上预热器,必要时应与清料指挥者取得联系。

i. 下料溜子开孔时应注意风向,孔越小越好。

j. 清料结束再关好所有门后方可恢复空气炮。

k. 劳保用品穿戴:长筒劳保鞋、长手套。

1.1.25　预热器系统产生塌料后应如何操作　

通常,预分解窑喂料量达到设计能力 80% 以上后,塌料现象就很少出现。但由于操作不当、喂料量时多时少、预热器系统水平段太长时,塌料又无法避免。

当预分解系统出现较大塌料时,首先应在窑头加煤,以提高烧成带温度,等待塌料的到来;当加煤不足以将来料烧成熟料时,应及时降低窑速。严重时还应减料并适当减少分解炉用煤量,以确保窑内物料的烧成,随着烧成带温度的回升,慢慢增加窑速和喂煤量、喂料量,使系统达到原有的正常运行状态。

但要注意,降低窑速会加大窑的烧成热负荷,增加热耗,从而缩短耐火砖的使用周期,而且窑的运行状态转变为正常所需要的时间长。如果塌料量不大,完全可以不减慢窑速,这批料的出窑熟料虽不合格,但这样对生产总体损失是最小的。按照这种操作方式,恢复正常运行的时间只需 10 min。如果是打慢窑,这批料不仅无法煅烧合格,而且至少耗时 30 min 以上,影响熟料的产量及更多熟料的质量。当然,如果塌料严重,不得不大幅度降低窑速至 1 r/min 以内,此时更重要的是投料量要大幅度降低,降为正常量的1/3左右,而且也应减料操作在前,打慢窑速的操作在后,避免有大量物料在窑内堆积。

当塌料量很少时,由于预分解窑窑速快,窑内物料负荷率小,一般不采取任何措施,也不会对窑有较大的影响。

1.1.26　如何消除预热器的塌料现象　

塌料是风与料的配合不当所致,应该有针对性地采取具体措施:如应该消除预热器内任何位置有存料的可能;改善撒料装置;调整闪动阀;系统用风稳定等。但这些措施大多需要停窑后处理,而且处理后的效果又有待运转时检验。经验丰富者可能修改一次就能奏效;如果缺乏经验则要反复进行数次。

在操作中遇到塌料时,首先应迅速根据各级预热器负压的变化来判断产生塌料的位置,并估计塌料量的大小与持续时间;然后根据小塌料与大塌料之分,分别采取不同的对策,大塌料与窑内掉大量窑皮有相似的操作方法,只是前者要求操作者的反应比后者要更快。

无论塌料量是大是小,关小窑头排风机是出于对算冷机电收尘的保护,如果进电收尘的温度高于

300 ℃以上,就会使极板严重变形,使电场无法正常工作。

[摘自:谢克平.新型干法水泥生产问答千例(操作篇).北京:化学工业出版社,2009.]

1.1.27 解决五级旋风预热器三级筒堵塞的一次实践

对于五级旋风预热器来说,预热系统内容易堵塞的部位主要有 C_4 筒、垂直烟道、C_5 筒锥体及下料管、窑尾烟室缩口和窑尾斜坡等处,但某厂的三级筒却经常发生堵塞,经过多次总结,认为主要有以下几点原因。

(1)三级筒堵塞的原因分析

① 分解炉供煤不稳定。由于从窑头位置用罗茨风机向分解炉内供煤,管路长、阻力大,而螺旋泵的锁风存在问题,一小部分煤风通过螺旋泵向上经双管绞刀进入贮煤小仓。仓、双管绞刀、螺旋泵的送煤量发生变化,使分解炉内的煤流非常不稳定,导致系统温度变化大,高温位置发生变化,特别是突然间煤量增大,大量未燃尽的煤分为两路,一路经五级筒入窑,另一路经四级筒上升到三级筒,并在三级筒内燃烧,导致系统温度升高,结皮堵塞。

② 设备因素导致供煤不稳定。为了减少煤的输送造成的不稳定影响,操作人员尽量减少调节煤量的次数。分解炉内若长时间处在燃料过量的状态时,反而导致系统温度下降。这种判断的失误,也可造成三级筒的堵塞。

③ 当系统处在稳定状态下,若窑速、塌料、系统温度略低,或者窑内温度发生变化、掉窑皮,以上几种情况中的任一种都可以导致窑前结粒的改变、冷却机供风的改变。预热器系统的供煤量虽然不变,但温度随着冷却机箅下压力的上升而快速升高,从而造成三级筒的堵塞。

(2)防止三级筒堵塞的措施

通过以上几种堵塞前的现象分析和三级筒堵塞时的物料清理,发现造成堵塞的原因主要是煤。针对这种情况采取了以下防堵措施。

① 设备改造

螺旋泵本身具有一定的锁风能力,针对罗茨风机 29.9 kPa 的压力采取了加重压盖、减小叶片和壳体的间隙、变螺距等措施来加强锁风的能力,同时改造放气箱内的结构和放气管道。使窜过螺旋泵的气体不进入双管绞刀下煤管道内,使双管绞刀由水平输送变为 10°角爬坡输送,增加双管绞刀的填充率,加强双管绞刀的锁风,保证分解炉供煤小仓内煤层的稳定,虽然做了大量的改进工作,但收效不明显。由于螺旋泵的叶片间隙的减小,又没有采用耐磨材料,磨损量增大,只能保证半个月稳定,从而加大了维修量。为了能彻底改变分解炉供煤的不稳定,更换了螺旋泵,使用了增加计量转子秤,从根本上解决了因分解炉供煤不稳定所导致的三级筒堵塞现象。

② 加强工艺操作

三级筒堵塞现象与操作有一定的关系,特别在一些波动的窑况下,三级筒堵塞的概率增大。针对这种情况,可采取合适的操作手段来减少三级筒的堵塞。

第一,稳定预热器系统的各参数,特别是四级筒出口气体温度控制在 730 ℃±10 ℃,该参数的控制保证了预热器系统工作状况的稳定,并且物料预烧状况较好,物料表观分解率达 90%～92%。

第二,合理调节分解炉用煤量。分解炉用煤量占总用煤量的 55%～60%,一方面参照计量数据,另一方面参照分解炉送煤时的罗茨风机电流,做到用煤合理。

第三,稳定窑速,提高快转率。由于预热器系统的塌料,导致物料在窑内运动的速度和物料量改变,窑前来料的突然变化,改变了冷却机的风量和二、三次风温,窑内燃烧条件发生变化,煤粉扩散燃烧能力下降,使正常的预热器系统参数被破坏。若预热器系统供煤不变,各级旋风筒温度快速上升,分解炉被迫减煤,这时的预热器系统温度变化增大,入窑物料表观分解率也发生变化,造成了恶性循环,窑速一时难以提升。所以,在预热器系统有塌料现象时应及时调整窑速,从 3.2 r/min 降到 2.8 r/min,减少窑头用煤量,物料运动到窑前对煤粉燃烧的影响也就降低了,从而达到良性循环,杜绝了因窑前煤粉的燃烧条件改变而后移所造成的三级筒堵塞。

第四,稳定箅下压力,根据窑前来料的变化将压力稳定在 2.5 kPa,既保证了熟料料层厚度,又保证了冷却效果,并且二、三次风温的稳定,又为煤粉的燃烧提供了良好的条件。

通过对分解炉煤粉输送的改造,工艺操作的加强,三级筒堵塞的问题得到了彻底解决,将三级筒堵塞引起的工艺故障时间降为零。

1.1.28 如何调整压缩空气防堵吹扫装置的吹扫时间

在预热器系统中,每级旋风筒根据其位置、内部温度和物料性能的不同,一般都设有 1～3 圈压缩空气防堵吹扫装置。空气压力一般控制在 0.6～0.8 MPa。系统正常运行时,由计算机定时进行自动吹扫,吹扫时间可以根据需要人为设定,一般每隔 20 min 左右,整个系统自动轮流吹扫一遍,每级旋风筒吹扫3～5 s。当预热器系统压力波动较大或频繁出现塌料等异常情况时,随时可以缩短吹扫时间间隔,甚至可以定在某一级旋风筒上进行较长时间的连续吹扫。当无异常情况时,不应采取这种吹扫方法,因为吹入大量冷空气将会破坏系统正常的热工制度,降低热效率,增加系统热耗。

1.1.29 预分解窑因故障停料,重新投料时五级筒为何易堵塞

某预分解窑厂五级筒很少发生堵塞,但有一次因生产中设备故障而停料。设备故障解决后,在投料生产时发生了堵塞,原因是五级筒排灰阀打不开,入窑物料温度下降。

(1) 原因分析

① 投料前点炉时,有大量未燃烧的煤粉被五级筒收集,富集在五级筒排灰阀处燃烧并形成结块,而防堵高压气清扫不到这里,导致投料堵塞。

② 投料时料量小,进入分解炉的高温段时,表面熔融物黏性较大,通过五级筒排灰阀时,其黏结成团使排灰阀打不开,导致五级筒堵塞。

③ 风、煤、料配合不好,投料时送风量大,将五级筒水平管道的物料运速加快,使料量突然增大,在排灰阀处受压而难以通过,造成堵塞。

(2) 预防措施

① 正常生产过程中,因设备等原因必须停料时,停料后应马上停止向分解炉供煤。

② 待一级筒出口温度上升时减风,减风速度参考送料罗茨风机电流和一级筒出口压力,每次减风时一级筒出口压力只能下降 0.5 kPa。

③ 应注意五级筒下料管入窑物料温度的变化,下降后反弹即为正常。

④ 加强对五级筒下料管的检查,确保下料管的畅通。

1.1.30 如何正确使用与维护预热器系统的吹扫装置

预热器系统各级旋风筒的下部锥体及下料管的排灰阀处,大部分设有防堵吹扫装置,其目的是为了防止这些部位因内径较小、负压较大、物料分散不均易造成堵塞而设置的。防堵吹扫装置吹进的冷风,因对系统热工性能影响较大而不能一直使用,它只是在刚点火投料时用得较为频繁,正常生产后可根据实际情况每隔 10～30 min 开通吹堵装置一次,或者停用。

在吹堵过程中某些易堵塞筒的电磁阀使用频率较高,所以要定期对电磁阀的动作情况进行现场检查,如出现问题要及时更换电磁阀。有时旋风筒堵塞需要在现场处理,但因吹堵装置需在中控室操作,给处理堵塞带来很大不便,所以吹堵装置应配有中控室远程控制和现场的手动控制两种控制方式。

吹堵装置压缩空气的压力大小对吹堵实施效率起到决定性的作用,所以应保持压缩空气的压力在 0.6～0.8 MPa 之间。

当发现自动吹堵装置不能有效地对旋风筒内的堵塞进行清理时,应及时停料、停煤,对旋风筒内的堵塞实行人工清理。清理前应及时预备好清堵工具:包括铁丝、镀锌管或无缝钢管、气用橡胶管等,用铁丝将镀锌管与橡胶管、压缩空气接口捆扎牢固,选择安全的清堵工作面。

1.1.31 处理预热器堵塞有哪几种方法

根据不同的堵塞类型,采取的方法则不相同。

烧结性堵塞是最难处理的,需要用风钻或人工钢钎逐块敲打,必要时要在旋风筒外将钢板及耐火衬料切割出清理孔洞,清完后再补焊上。

结皮一般可用空气炮清理,严重时需要止料后使用专用高压水枪清理。

对于其余因堵塞而在预热器内存有的生料,均可用风管清吹或用"水炮"清除。处理时最重要的是确保操作人员的安全,切忌用炸药、雷管等野蛮作业方法,这样不但对操作人员的安全没有保证,也会对设备及炉衬造成破坏。

[摘自:谢克平. 新型干法水泥生产问答千例(操作篇). 北京:化学工业出版社,2009.]

1.1.32 如何用"水炮"清理预热器堵塞

"水炮"是一种既安全又高效的清堵方法,简单而可靠。

具体做法是:在用于清堵通风的管道软管前加上通水的三通,在管子插入堵料之后,在未通入压缩空气之前,先将软管部分弯成 U 形,在 U 形弯处打开水阀加入少量水,水量一定不能流出 U 形弯处,然后关闭水阀,打开高压空气。此时,少量水被高压空气吹入高温物料中,形成巨大蒸汽,堵塞的生料会顺着闪动阀卸出。

操作时一定要注意两点:一是管子插入堵料的位置要偏深一些;二是要将预热器外部的管子绑牢在可靠位置上,防止管子在放"水炮"时弹出来伤人。

[摘自:谢克平. 新型干法水泥生产问答千例(操作篇). 北京:化学工业出版社,2009.]

1.1.33 如何预防预热器堵塞

预热器堵塞是新型干法窑的常见故障,防止预热器堵塞有以下几个措施:

(1)如何预防结皮性堵塞

① 投料与止料时操作迅速。使用生料循环通路的三通阀,保证投、止料时快速、敏捷。

② 使用含 ZrO_2 和 SiC 的耐火砖或浇注料。在易结皮的位置使用抗结皮浇注料,可以降低结皮的概率,即使有结皮出现,也容易脱落及处理。现在不少窑尾缩口已采用了这一特种浇注料。同时,下料管道及上升管道的耐火材料表面应当光滑。

③ 在易结皮的卸料锥体处使用空气炮。空气炮应安装在易出现结皮的位置,清扫频率要根据需要来定。如果结皮不严重,可以用人工每班清理一至两次即可。

④ 注意关键部位的漏风。窑尾和低位预热器的热物料特别容易在低温处,尤其是在漏风点处凝结成结皮。因此,在窑喂料端密封处、预热器锁风阀及低位预热器上应尽量防止漏风点的存在。同时,保持耐火隔热层有效,避免对热表面的不必要冷却。

(2)如何预防烧结性堵塞

① 防止燃煤的不完全燃烧。包括窑头及分解炉两处用煤,特别是在刚点火时,煤粉燃烧条件不好,

燃料未完全燃烧,因而在四、五级预热器中继续燃烧,现场打开捅灰孔可见到未燃尽的火星。

② 仪表数值可靠。各处配置的温度、压力仪表应保证数值可靠,尤其是窑尾、五级预热器出口、一级预热器出口等处的温度、压力表,应当是绝对可靠的。常有因仪表数据失真,误导操作而发生预热器堵塞的情况。

③ 防止分解炉温度过高及生料分解率过高的现象。

④ 系统有不正常现象时,尤其是预热器内已有存料时,必要时应止料检查,不应盲目继续加煤使其烧结。

⑤ 严密观察各级预热器的负压及温度变化,做到相互印证。

(3)如何预防沉降性堵塞

① 消除塌料原因。现在的预热器设计可完全杜绝塌料现象的发生。如果有塌料现象发生,应从预热器结构上找原因。另外,加料时应先增加相应的用风量,而且一次加料量不应超过正常喂料量的1/3,否则不但工艺难以稳定,而且也有造成沉降性堵塞的可能。

② 重视闪动锁风阀的密封性能。如果发现阀门的杠杆没有任何闪动,甚至没有颤动,则表明有漏风现象。

③ 严密观察系统用风量的变化。不论是风机特性曲线,还是管道特性曲线,都不要有使风机无端改变工作点的可能。如果系统改造后经常发生堵塞,首先应考虑系统用风的合理性,避免风机因拉风不足或争风使系统产生"零压区"。

(4)如何预防异物性堵塞

① 在处理结皮等操作时,严禁将垃圾或杂物直接投入预热器内。

② 操作时不慎将长钢管等铁质工具掉入旋风筒内,应立即通知中控室操作人员,并在掉入的下一级闪动阀处注意观察,必要时止料,在此处取出。

③ 观察闪动阀的动作是否异常,如有异物卡住,一定要及时止料处理。

④ 当内筒等配件烧蚀严重时,应及时更换。

1.1.34 各级预热器出口温度、压力显示对操作有何价值

正常运行时,二、三、四级预热器的温度与压力参数并不是观察重点,但它们仍有如下参考价值:

(1)能反映相关各级预热器内各装置,包括内筒、闪动阀、撒料板、人孔门及衬砖等的正常情况。如内筒变形、闪动阀漏风、撒料板撒料不均、人孔门漏风、衬砖损坏都会引起该级预热器出口温度与压力的变化。

(2)能反映预热器内物料积存与堵塞状态。一旦发生堵塞,相应温度与压力就会发生变化,若发现得不及时,就会造成重大损失。

(3)能反映操作中的变动情况,投料量、喂煤量与用风量的变化都会引起各级预热器出口温度与压力的改变。

[摘自:谢克平.新型干法水泥生产问答千例(操作篇).北京:化学工业出版社,2009.]

1.1.35 控制一级预热器出口温度有什么意义

一级预热器出口温度就是废气离开预热器系统时的温度。控制一级预热器出口温度有如下意义:

(1)该温度越低,表明在排出同样体积废气时,从系统中带走的热量越少。它是降低单位熟料热耗的重要标志之一。

(2)在下料量不变时,是全系统用风量的重要参考数据,也是预热器热交换水平的标志。如果发现一级预热器出口温度偏高,说明预热器内有漏风、短路或内筒损坏等问题存在。

(3)为后面的废气处理任务的完成——增湿与收尘创造理想条件。可以减少增湿水量,而且随着气体温度的降低,废气量减少使风机及收尘的负荷减轻。

由此可知,该温度值越低,此时预热器系统的热交换效率就越高,预热器出口的废气中所含物料的浓度就低。

目前国内的先进水平是:四级预热器系列出口温度为 360 ℃左右,五级预热器系列出口温度为 320 ℃左右,但对于效率不甚理想的系统,相应温度相差 40 ℃以上。先进的五级预热器系列,其出口温度已达到 300 ℃以下。

[摘自:谢克平.新型干法水泥生产问答千例(操作篇).北京:化学工业出版社,2009.]

1.1.36 如何降低一级预热器出口温度

(1) 提高各级预热器连接管道的热交换水平。设计时要选择正确的管道直径与长度,管道风速以 18 m/s 为宜,风速过高使物料停留时间过短,风速过低则难以支撑物料以悬浮状态随气流向上运动。当装备定型后,操作中要注意系统总用风量适宜,停窑检查时要注意物料进入管道的撒料效果。

(2) 提高各级旋风筒的选粉效率。设计时选用高选粉效率及低阻力的旋风筒,特别是提高一级预热器的选粉效率。LV 公司开发的专利旋风筒技术,顶部的螺旋形是它的特点之一,用它改造现有的一级预热器会有明显效果。停窑时,应重视内筒的检查与及时更换,否则不仅选粉效率差,而且还容易使旋风筒堵塞。

(3) 凡是影响各级预热器温度、分解炉温度,甚至窑尾温度的因素都会对一级预热器出口温度有间接的影响。比如,要求煤粉尽量在分解炉的下游部位燃尽,没有 CO 存在;注意撒料板与闪动阀的结构及损坏情况等。

(4) 关注两个(或四个)一级预热器出口温度的均衡性。两个一级预热器出口温度不应相差 20 ℃以上;否则说明两个出口连接管道阻力不均,使得气流分布不平衡。物料在较高出口温度的旋风筒中气料分离度不会高,应该利用停窑间隙予以修正。

(5) 对生料的粒径组成也应有新的概念要求,粒径过小的组分要尽量减少。

[摘自:谢克平.新型干法水泥生产问答千例(操作篇).北京:化学工业出版社,2009.]

1.1.37 一级预热器出口温度低就一定表示系统热耗低吗

在实际生产中,有不可忽视的三种因素可使一级预热器出口温度值偏低,但这些因素并未导致其热耗降低。

(1) 总排风量过高。因为单位熟料所用空气过多,这时温度偏低不是由于真正的气料热交换效率高,也不是因为物料与废气的分离效果好。这种情况下系统不但热耗不会低,电耗还会更高。

(2) 系统散热过高。一级预热器的旋风筒不做保温时,与做好保温的旋风筒相比,同样的出口温度,其热耗会高很多,此时不能被出口温度低这种假象所迷惑。

(3) 漏风量过大。预热器漏风不仅会增加总排风量,而且随着漏风点位置的不同,还会造成更恶劣的后果。

[摘自:谢克平.新型干法水泥生产问答千例(操作篇).北京:化学工业出版社,2009.]

1.1.38 预热器一级筒温度异常是何原因,应如何处理

(1) 一级筒温度过高

在正常生产过程中,一级筒温度是整个系统中最为稳定的温度之一。一级筒温度过高一般是生料喂料量过小或断料所造成的,只有稳定生料喂料量,一级筒温度才能趋于稳定。

系统风量过大也是导致一级筒温度过高的原因之一。只有平衡好生料喂料量与风量之间的关系,一

级筒温度才能稳定。

预热器系统中撒料板脱落或安装不合理、排灰阀配重锤过轻、排灰阀长期磨损使阀板破损、旋风筒内筒磨损严重或脱落等,使旋风筒分离效率降低、物料与高温气体热交换效率降低,导致系统热损失增大,从而导致一级筒温度升高。

(2)一级筒温度过低

一级筒温度过低正好与前者相反,生料喂料量过大是导致一级筒温度降低的最主要因素之一。每台预热器都有一定的悬浮预热的能力,一旦超出它的预热能力,势必会使物料在预热器中换热不充分,降低物料的入窑分解率,使回转窑窑内的负担加重,影响窑系统的优质高产。所以,一定要控制好喂料量的稳定性。

系统风量过小,高温气体不能有效地在各级筒之间均衡分配,适当地提高系统风量,便可使一级筒温度趋于正常值。

1.1.39　如何调整预热器排灰阀的配重　

预热器各旋风筒的下料管中部都设有排灰阀(也称锁风阀),它的作用是将上一级旋风筒收集的物料均匀地撒入下一级旋风筒的管道中,并防止气流在下料管短路而降低传热效率。各排灰阀的转动灵活程度很重要,若排灰阀的配重较大,易造成料小时不转动,料大时转动。大股物料落下,造成下料不稳、分散状态不好,易形成严重的短路现象;若排灰阀的配重较轻,则起不到锁风作用,造成关闭不严,形成内漏风。

在正常生产中应通过调整排灰阀的配重来保持排灰阀转动灵活并时刻处于微微颤动的状态。在进行排灰阀配重调整时,首先将阀杆用力按到最低位置(即关闭),然后放手,排灰阀应自动回复一段距离,然后再回到最低位置,此时排灰阀配重较为合理。

1.1.40　如何控制各级旋风筒及窑尾负压和温度　

(1)C_5筒进口温度控制

C_5筒进口温度(分解炉出口)能充分反映分解炉内燃料燃烧得是否充分,以及物料在炉内的吸热分解情况。正常生产时,C_5筒进口温度一般控制在860 ℃±20 ℃,但在具体操作中则根据入窑生料的化学成分分别进行相应控制,最高不可超过920 ℃。应确保入窑生料分解率在90%～95%,入窑物料温度不低于820 ℃,以便于减轻窑的热负荷,充分发挥窑外分解窑的优点。

(2)各级旋风筒出口温度和窑尾气体温度的控制

从节能降耗考虑,C_1筒出口废气温度越低越好,一般控制C_1筒出口废气温度在330 ℃±10 ℃。当出现喂料中断或减少、某级旋风筒或管道堵塞、煤量与风量超过喂料量的需要等情况,都会导致C_1筒出口温度升高,应及时查明原因,做出适当的调整。

当C_1筒出口温度一直偏低时,应结合系统漏风情况及其他几级旋风筒的温度酌情处理,而窑尾温度同烧成带温度一起表示窑内各带热力分配情况。正常生产时,窑尾温度控制在1000 ℃±30 ℃,当窑尾温度超过上限值时,易引起结皮、堵料。

其他各级旋风筒进出口温度应严格控制在指标范围内,切忌出现温度倒挂或局部偏高现象。

(3)窑尾负压

窑尾负压是反映窑内通风状况和窑内物料运动状况的参数。当窑尾负压上升时,则窑内很可能长厚,窑皮甚至结圈或结大蛋,使窑内通风阻力增大。此时,应从物料的化学成分和操作入手,消除结圈和大蛋使窑恢复正常。当窑尾负压较低时,表明窑内通风良好;但当窑尾负压下降较多时,应分析高温风机拉风是否足够,或窑头、窑尾密封是否完好等(正常生产时,高温风机进口阀全开,用转速调节风量)。窑尾负压也是判断窑尾斜坡、烟室、缩口是否有结皮积料的主要参数。

（4）C_1 筒出口及各级旋风筒负压

当 C_1 筒出口负压增大时,检查旋风筒是否堵塞、温度是否过高而导致物料成团或塌料,检查测压管处是否有结皮积料,或排风是否过大等;当 C_1 筒出口负压下降时,应检查喂料是否正常及各级旋风筒是否漏风、窜风等,应检查冷风阀是否关闭、系统拉风量是否过少,并相应调节风机转速。C_2、C_3、C_4、C_5 级旋风筒锥体负压反映了各级旋风筒锥体的通风状态,当旋风筒发生黏结堵塞时,锥体下部负压下降,最后降为零,此时应开启锥体环吹或人工用压缩空气对此处锥体清吹、摇下料管上锁风翻板阀,如仍然为零,则止料清堵。在实际操作中,每个锥体负压都有一个波动范围,当超过此设定范围时,应及时分析原因并采取措施。

（5）高温风机出口负压

在窑和生料磨同时运行时,该处负压主要指示系统风量平衡情况。该处负压较目标值增大时,应关小系统排风机的阀门或降低其转速;反之,则应开大系统排风机的阀门或提高其转速。当系统排风机发生故障时,严禁开窑。

（6）系统 CO 含量

电除尘器进口气体中 CO 含量过高,说明窑系统燃料燃烧不完全,热耗增大,电收尘器长时间在高浓度 CO 下工作,极易引起燃烧爆炸,因此,应设定电收尘器进口气体中 CO 含量超限（0.8%）时电场自动跳闸,此时严禁强行开启电收尘器,必须待报警解除后方可开启。当 CO 含量超标时,要及时对风、煤、料,一、二次风的配合,分解炉煤粉着火情况,喂煤波动及喂料波动等进行判断分析,找出原因并调整操作。

（7）增湿塔的出口温度

此温度的控制是根据入塔含尘气流温度的高低来对应地调整水压大小和喷头数量,并定时检查喷头雾化效果,使其出口温度控制在规定范围。当温度过低时,电除尘器容易结露,同时也易造成增湿塔的湿底和塔底螺旋输送机卡死堵塞;当温度过高时,则高温粉尘电阻率高,致使电收尘器收尘效果不好,从而造成污染,所以要严格控制。

1.1.41 预热器系统的撒料板有何作用,应如何调节

撒料板一般都置于旋风筒下料管的底部（这种团状或股状物料不能被气流带起而直接落入旋风筒中造成短路）,它可将团状或股状物料撒开,使物料均匀分散地进入下一级旋风筒进口管道的气流中。

在预热器系统中,气流与均匀分散物料间的传热主要是在管道内进行的。一般情况下,旋风筒进出口气体温差多在 20 ℃ 左右,旋风筒的出口物料温度比出口气体温度低 10 ℃ 左右。这说明在旋风筒中物料与气体的热交换很少。因此撒料板将物料撒开程度的好坏,决定了生料受热面积的大小,直接影响热交换效率。

撒料板角度太小,则物料分散效果不好;反之,则极易被烧坏,而且大股物料下塌时,由于管路截面面积较小,容易产生堵塞,所以,生产调试期间应反复调整其角度。与此同时,注意观察各级旋风筒进出口温差,直至调到最佳位置。

1.1.42 预热器系统排灰阀平衡杆的角度应如何调整

预热器系统中每级旋风筒的下料管都设有排灰阀。一般情况下,排灰阀摆动的频率越高,进入下一级旋风筒进气管道中的物料越均匀,气流短路的可能性就越小。排灰阀摆动的灵活程度主要取决于排灰阀平衡杆的角度及其配重。

根据经验,排灰阀平衡杆的位置应在水平线以下,与水平线之间的夹角小于 30°（最好能调到 15° 左右）。

因为这时平衡杆和配重的重心线位移变化很小,而且随阀板开度增大,上述重心和阀板传动轴间距同时增大。力矩增大,阀板复位所需时间缩短,排灰阀摆动的灵活程度则可以提高。至于配重,在冷态时初调,调到用手指轻轻一抬平衡杆就起来,一松手平衡杆就复位;在热态时,只需对个别排灰阀作微小调整即可。

1.1.43　预热器预分解系统日常检查与维护应包括哪些方面

(1) 正常生产过程中排灰阀的状况;

(2) 系统的密封状况;

(3) 分解炉、旋风筒及连接管道壳体有无异常(如夜间观察壳体是否因内衬脱落而起红);

(4) 各旋风筒的吹堵装置是否动作灵活(电磁阀),吹堵气压是否达到标准(>6 kPa);

(5) 人工清堵工具是否准备妥当;

(6) 系统测温、测压装置是否稳定可靠;

(7) 分解炉燃烧器燃烧时有无异常;

(8) 三次风阀动作是否灵活;

(9) 系统安全防护措施是否完备。

1.1.44　预热器预分解系统日常外部巡查有何意义

在生产过程中对预热器及分解炉系统的外部检查是必不可少的,当窑系统工况突然发生改变时,很有可能是预热器及分解炉系统出现问题,主要表现为预热器水平管道掉砖(夜间检查水平管道壳体有出红现象,白天表现为壳体的严重凹陷),分解炉炉顶烧红,分解炉喂煤入炉口管道烧红,各级旋风筒及连接管道有异常出红现象等。及时检查系统存在的问题,能够在系统工艺状况产生异常时,有针对性地做出科学的判断,为提高整个窑系统的运转效率提供重要的参考依据。

1.1.45　日常管理时为何要检查三次风管阀门动作的灵活性

预分解窑系统三次风管阀门的调整能够合理地平衡窑内与分解炉内的用风,在实际生产过程中中控室显示阀门的开度大小往往与现场不符,给操作员的调节带来不便。在正常情况下可通过阀门开度大小与三次风负压的对应关系来调节,但这只是经验的判断。所以在日常生产管理中,应定期检查现场与中控室显示的阀门开度大小是否一致,如果出现异常应尽快找出原因使之恢复。

1.1.46　三次风管闸阀漏风有哪些不利影响

大多数三次风管的闸阀不仅材质不过关、寿命不长、升降调节困难,而且与四周框架间最容易漏风。这种漏风的不利影响有:

(1) 严重降低三次风进入分解炉的温度(根据漏风程度可降低 30～50 ℃),影响煤粉的燃烧速度并增加热耗;

(2) 增加窑尾高温风机的负荷,使窑的排风能力增大;

(3) 使三次风所挟带的粉尘因此处风速的突然变化而堆积在闸板下方,更加剧了三次风管通风的困难;

(4) 当点火时,高温风机尚未开启,此处会向外冒烟,成为环境污染源。

为此,应建议闸阀表面的混凝土要光滑,可采取类似窑尾石墨密封的方法予以解决。

[摘自:谢克平.新型干法水泥生产问答千例(操作篇).北京:化学工业出版社,2009.]

1.1.47 增湿塔应如何调节和控制

增湿塔的作用是对出预热器的含尘废气进行增湿降温,降低废气中粉尘的电阻率,提高电收尘器的收尘效率。

对于带五级预热器的系统来说,正常操作情况下,C_1 筒出口废气温度为 320～350 ℃,出增湿塔的气体温度一般控制在 120～150 ℃,这时废气中粉尘的电阻率可降至 1010 Ω·cm 以下。满足这一要求的单位熟料喷水量为 0.18～0.22 t/m³。实际生产操作中,不仅要控制喷水量,还要经常检查喷嘴的雾化情况,这项工作经常被忽视,所以螺旋输送机常被堵死,给操作人员带来困难。

一般情况下,在窑点火升温或窑停止喂料期间,增湿塔不喷水,也不必开启电收尘器。因为此时系统中粉尘量不大,更重要的是在上述两种情况下,燃煤燃烧不稳定,不完全燃烧产生的 CO 浓度比较高,不利于电收尘器的安全运行。假如这时预热器出口废气温度过高,则可以打开冷风阀以保护高温风机和电收尘器极板。但投料后,当预热器出口废气温度达 300 ℃以上时,增湿塔应该投入运行,对预热器废气进行增湿降温。

增湿塔腐蚀原因及处理方法如下所述。

(1) 故障现象

增湿塔在水泥厂一般为永久性设施,其壳体一般是普通碳钢板焊接结构,通常不易被腐蚀。但也有例外,在特定工况条件和气氛下,年腐蚀速率大于 1 mm 的增湿塔壳体、塔身上部钢板腐蚀成洞、塔底锥体及出口铰刀严重腐蚀等故障现象也时有发生。

(2) 原因分析

根据调查分析,增湿塔壳体的腐蚀主要是水分、高温、腐蚀性气体在塔内综合作用的结果。窑尾废气中有硫、氯、碱等有害成分,它们进入增湿塔后,遇水形成亚硫酸、硫酸、盐酸等腐蚀性液体,并与粉尘黏结在一起,形成一层泥浆状的"高温强腐蚀膏"吸附在塔体内表面,在碳钢表面形成典型的电化学腐蚀,腐蚀产物主要有 Fe_2O_3、$FeSO_4$、$FeCl_2$,腐蚀过程由表及里,逐渐向钢板内部渗透,导致钢板穿孔,有时还可能造成增湿塔筒体爆裂等事故。

据调查,水分从塔顶喷入后,经过塔身 1/6～1/5 高度后才完全汽化,这个区域是腐蚀最严重的。从塔顶算起,塔身 1/4 高度以下区域腐蚀较轻微,但到达底部锥体及出口铰刀时腐蚀又逐渐严重,这是因为:

① 底部锥体 L 部分保湿材料脱落,以致烟气容易在此结露;

② 底部锥体蚀洞及铰刀处漏进一部分外界冷空气,加剧了烟气在此处的结露;特别是在冬季,腐蚀最严重;

③ 上部塔壳壁上的泥浆掉落到底部,使底部锥体及出口铰刀严重腐蚀。

(3) 处理方法

增湿塔的腐蚀问题,要从工艺条件、设备操作、保温材料及壳体材料选择上进行综合治理。

① 改进配料方案,降低原、燃料中有害组分的含量,进而减少窑尾废气中有害成分的含量,或者通过旁路放风等措施,减少有害成分在预热器、增湿塔中的富集,减轻增湿塔腐蚀。

② 对于腐蚀严重的增湿塔上部、底部壳体,要进行定期更换;对于局部蚀洞,可采用挖补的办法加以修复。更换后的壳体钢板材质要与原壳体相同或相近。

③ 为提高增湿塔使用寿命,可在易腐蚀部位进行防蚀处理,具体方法是:

a. 对增湿塔壳体内表面进行清理后,在金属表面进行喷砂预处理。

b. 在增湿塔壳体内表面的高温区,采用耐蚀性能达到 A 级(即无任何锈蚀现象)的无机耐热防腐涂料 S_z、有机耐热防腐涂料 GAD-GA 等进行喷涂后,再施加一层 H_6 耐热有机硅涂料作为涂层的面漆。

c. 在增湿塔壳体内表面的中温区,采用耐蚀性能达到 A 级的无机耐热防腐涂料 S_z 等进行喷涂后,再施加一层有机硅自干涂料作为涂层面漆。

④ 改进喷嘴布置方式、改善雾化效果，也可减轻增湿塔上部壳体的腐蚀程度。

1.1.48　回转窑增湿塔爆裂的原因及处理方法

事故表现：某厂五级预热器窑生产线增湿塔安装在预热器框架之外，短短几个月内发生了两次爆裂事故。发生爆裂前，生产正常；准备提高窑产量时，增湿塔就爆裂了。伴随一声巨响，增湿塔筒体上部冒出一股浓烟，上部保温层被撕裂多处，筒体几处开裂，裂纹沿环向焊缝延伸，断裂处焊缝未能全部熔焊，重新焊补并加固后仍未能避开爆裂。

(1) 原因分析

增湿塔在爆裂过程中释放出来的巨大能量和负压操作下产生的大量烟尘喷出，说明在增湿塔内部发生了可燃物爆燃（即爆炸）事件。

从烟气成分看，增湿塔上部的烟气与电收尘内的烟气基本上是一样的，只是增湿塔上部烟气未掺入增湿的水蒸气。正因为这样，增湿塔烟气内可燃性气体的含量要比电收尘器内的烟气高。加上增湿塔内有可能积存一些煤粉，当增湿塔塔底漏风或增湿塔气体形成较大湍流时，这些煤粉就有可能被空气带起来并与烟气形成混合物。当窑内热工制度紊乱时，混合物浓度就可能达到爆燃极限浓度。

增湿塔上部气体温度高达 300～400 ℃，当烟气与增湿塔壁高速冲撞和摩擦时，就有可能形成火花；也不排除极少量未燃尽的炙热的煤粒夹杂在 300～400 ℃的烟气中，并可充当火种。火花、火种遇到已达爆燃极限浓度的烟气时，必然会发生可燃物的爆燃。可燃物爆燃时释放的能量大，但在增湿塔负压条件下其压力较低，因而一般不会使直径较小的热风管道爆裂，却有可能将直径较大的增湿塔薄弱部位炸裂开来。实际上，增湿塔上部筒体长期承受 300～400 ℃高温气体的冲刷，强度有所降低，如果焊接筒体时存在缺陷，则强度不大的爆燃也足以导致增湿塔壳体沿着焊缝爆裂。

(2) 处理方法

① 增湿塔爆裂后的抢修

a. 停窑，检查爆裂情况。

b. 对开裂部分进行焊补，注意焊补质量要高。

c. 采取适当加固措施，如在增湿塔上部用钢筋、角钢等加强，可防止金属内部应力造成的增湿塔壳体断裂。

d. 对于进入增湿塔的烟气管道，要详加检测，并重新进行工艺设计，即要在增湿塔入口处设置一段长径比大于 4($H/D>4$)的直管道，以防高温烟气对增湿塔的冲刷和增湿塔内产生湍流。

如因现场条件限制，增湿塔入口管道长径比小于 3，应设置气体导流装置，并考虑在入口管道上增设喷头，使高温气体及其携带的物料颗粒、煤粒温度降至爆燃温度以下。

② 增湿塔爆裂事故的预防

a. 稳定窑内热工制度。

b. 稳定喂煤、喂料流量，防止较高浓度的可燃性气体的形成。

c. 提高系统的控制水平，对煤粉的细度和含水率进行有效控制，严防煤粉不完全燃烧和滞后燃烧，以及在增湿塔内部富集。

1.1.49　如何调试增湿塔

(1) 空载试运转可按各单机分步进行，应满足下列要求：

① 轴承温升应符合说明书的规定。

② 运转平稳，螺旋不得与机壳相碰。

③ 电动翻板阀运转平稳，闭合严密。

④ 风机运转平稳，管路不得有漏风现象。

⑤ 水泵运转正常,供水系统无漏水、渗水现象。

⑥ 确认供水管铁锈水排净后,对喷嘴进行雾化效果检查。将喷嘴拿出,打开外流阀观察成雾情况,若雾化好,再徐徐打开内流阀并观察,若雾化仍较好,便为合格;若雾化不好,则拆下喷嘴进行清洗,重复检查。

⑦ 检查并记录各传动电机的电流。

⑧ 检查并坚固各部件连接螺栓。

(2) 空载试运转合格后,方可进行荷载试运转(配合建设单位),应满足以下要求:

① 各结合部应密封良好,不得漏风、漏灰、漏油和漏水。

② 各监视、检测仪表及控制系统应灵敏,运转正常。

③ 增湿塔出口,初始设定温度190 ℃,稳定后,逐渐按 5 ℃递减,观察收尘情况,直至满足收尘要求后,最终确定出口温度设定值,一般为 120～150 ℃。

1.1.50 如何判断系统用风在合理范围之内

(1) 通过热工标定判断。可以计算 C₁ 筒出口总排风量为(标准状态)1.4～1.5 m³/kg 熟料,这在国内已属先进水平。此时,标定的热料单位热耗上限不会超过 3135～3344 kJ/kg。

(2) 通过运行中出现的情况判断。系统参数在合理范围内时,没有诸如预热器塌料、窑头出现正压冒灰、C₁ 筒出口温度高、C₁ 筒出口负压高、C₁ 筒出口含氧量过高、高温风机自身振动或轴承高温等异常情况。

(3) 利用窑尾废气分析的数据来计算过剩空气量。

当废气中无 CO 时,对于烟煤,有:

$$过剩空气量(\%) = \frac{100 w(\mathrm{O_2})}{21 - w(\mathrm{O_2})} \times 0.96 \times 100$$

当废气中 O₂ 含量<1%时,会有微量 CO 存在:

$$过剩空气含量(\%) = \frac{189 \times [2w(\mathrm{O_2}) - w(\mathrm{CO})]}{w(\mathrm{N_2}) - 189[2w(\mathrm{O_2}) - w(\mathrm{CO})]} \times 100$$

式中 $w(\mathrm{O_2})$——烟气中的 O₂ 含量;

$w(\mathrm{N_2})$——烟气中的 N₂ 含量;

$w(\mathrm{CO})$——烟气中的 CO 含量。

1.1.51 系统用风过大有什么不利影响

(1) 造成熟料热耗急剧上升。由于所有进窑的空气都要被燃料加热到它所经过位置的温度,因此用风越多,加热多余的空气的热粒就越高。与此同时,随着用风量的增加,空气在系统内的风速越大,热交换的时间越短,排出预热器的废气温度也就越高。因此,在满足用风任务的条件下,所用风量越小越好。国际上预分解窑一级筒出口总排风量的先进水平为每千克熟料 1.24 m³(标准状态)。

(2) 窑的系统温度分布后移。随着高温风机的抽力增加,窑头火焰拉长,窑前温度偏低;反之,窑尾温度及一级筒出口温度都会升高。如果窑系统负压过大,在点火阶段,窑头火焰容易脱火,分解炉也难以点着。

(3) 随着废气排放量和粉尘量的增加,窑尾收尘器的负荷加大,且很容易造成排放超标。

(4) 风机本身的电耗增大。

[摘自:谢克平.新型干法水泥生产问答千例(操作篇).北京:化学工业出版社,2009.]

1.1.52　系统用风量过小的损失有哪些

（1）排风量不足会减小二、三次风用量，不能充分利用熟料冷却热，箅冷机排热增加。用风量不足时，前后燃料都有燃烧不完全的可能，不仅浪费燃料，而且产生 CO，污染环境，威胁人身安全。

（2）总排风量小使得风速降低，没有足够的风速使物料悬浮，轻者导致物料局部沉降容易塌料，重者造成预热器的沉降性堵塞，因为气流所能挟带的粉尘量是与气体体积的立方成正比的。除了给出需要控制最高气流速度的位置外，特别要注意三次风管及煤粉输送所要控制的最低风速分别是 25 m/s、20 m/s。

（3）由于生料中石灰石分解产生大量 CO_2，它也成为排风量的组成部分，因此总排风量不足，同样会制约窑的喂料量，客观上也增大了单位热料的热耗、电耗。

1.1.53　预分解窑系统所配风机是如何分工的

从箅冷机到预热器废气的排出全过程中，一般都有十余台风机为同一系统服务。认清这些风机的作用及相互关系对窑的正确操作有着非常实际的意义。

窑尾高温风机负责自箅冷机高温段、窑门罩、窑至一级预热器，直到风机入口处系统负压的形成，并负责将废气送至生料立磨内。

生料立磨循环风机负责满足立磨工作的负压要求，并根据立磨的烘干气体的温度与湿度，将立磨废气一部分返回立磨，另一部分鼓入窑尾收尘器内。

窑尾收尘风机负责为进入窑尾收尘器的废气排放形成负压。

窑头收尘风机负责为箅冷机中低温段余风的排出提供所需要的负压。

箅冷机高温风段 2～4 台风机，负责高温段熟料冷却，成为二、三次风的风源。

箅冷机中、低温风段 6～8 台风机，负责中、低温段熟料冷却，成为煤磨与余热发电所用的风源。

煤磨排风机负责从箅冷机内抽取煤磨所需要的热风，并使煤磨系统形成负压。

［摘自：谢克平.新型干法水泥生产问答千例（操作篇）.北京：化学工业出版社，2009.］

1.1.54　预分解窑中系统用风的作用是什么

在预分解窑系统内，风的主要作用如下：

（1）以一定的风速提供燃料燃烧所需要的空气，并有一定的空气富余量。不同燃料有不同的计算方法。

（2）保证物料在系统各个位置既不会有存料及塌料，也能有足够适宜的热交换与反应时间。因此，窑及预热器系统内几个主要位置需要控制的最高气流速度是：窑头罩为 6 m/s，烧成带（1450 ℃）为 9.5 m/s，喂料端断面（1000 ℃）为 13 m/s，窑尾垂直上升管道为 24 m/s，预热器气体管道为 18 m/s。最低气流速度应不低于以上数值的 90%。

这些数值是设计系统各处容积断面尺寸的重要依据，但在建设完成后，它就是操作中用风的控制目标。欲证实各处风速的实际数值，不仅可以通过断面面积与实际用风量的计算来验证，也可以从现场测定或实际运行的情况来判断。

（3）承担着传热介质的作用。燃料燃烧所产生的热大多与周围的气体进行热交换，然后将热传给它所包围的粉料中。在预热器及分解炉中，空气就成为最基本的传热媒介。

（4）在预热器中起到将粗、细粉分离的选粉作用。这就意味着要利用空气运动方向的改变来完成此任务。

（5）作为风煤料之间的搅拌动力。无论是在分解炉内，还是在窑头的燃烧器喂煤，都要充分利用不同途径与不同风速相互搅拌，以加速燃烧与传热。为此，人们在设计风速与风向上都有意识地发挥这种特性。

[摘自：谢克平.新型干法水泥生产问答千例(操作篇).北京:化学工业出版社,2009.]

1.1.55 预分解窑系统中如何形成风，风的质量应如何衡量

使空气流动的动力有两类：一类是靠风机消耗电能所产生；另一类是靠海拔高度或空气温度差异等改变空气密度所产生的静压压差，使空气由稠密区向稀薄区流动。这两种产生动力的方式在水泥装备中都有应用，但前者居多，尤其是需要正压时的鼓风，只有风机才能完成。

对风的作用进行分析，其质量应该有三大参数进行描述：风压、风量与风温。

风压由几何压头（高差）、静压头（势能）、动压头（速度动能）、阻力压头（克服输送阻力）四项组成。

风量则是单位时间通过系统某断面的标准体积量。

风温则是空气的实际温度，它表明空气所具有的热焓。

用途不同，系统所侧重的要求也就不同。如系统用风更重视风压的高低，希望风量尽量少用；二次风则更重视风温与风量，而不要求风压，篦冷机冷却用风则更强调在风压一定时对风量的控制。更重要的是，这三个衡量风质量的参数之间是互相影响、密不可分的，所以，在选择参数时必须综合考虑。

[摘自：谢克平.新型干法水泥生产问答千例(操作篇).北京:化学工业出版社,2009.]

1.1.56 操作中如何降低单位熟料的空气消耗量

在具体操作中，建议遵循如下几个原则：

① 始终保持一级预热器出口温度在一定水平，不同工艺线由于预热器的级数及特性不同会有所差异，但每条工艺线基本是定值。如果在喂料量一定时，三个台班此值有差异，就反映各个台班用风不同，三个台班应该统一操作，使其控制在低值。

② 需要加料时要相应加风，减料时则需要减风，在没有漏风等变化又不改变喂料量时，一般不应改变用风。当超过设计产量运行时，管道风速势必提高较多，此时空气消耗量会降低；当预热器运行数年之后，要注意管道及旋风筒内的空间相对变大，如果产量不能提高，单位熟料的窑气消耗量就会增加。

③ 正确使用窑尾及 C_1 筒出口的废气成分分析仪，确保含氧量及一氧化碳含量均在较低范围。氧过量，说明用风过大，如果用风减小后出现塌料现象，则应在停窑时找出管道或预热器某部位断面过大的具体位置，并加以修整。一氧化碳过量，则表明燃料燃烧不好，或是用风过小，或是风与煤粉混合不均匀，此时也应找出影响风、煤粉混合不均匀的因素，并加以解决，而不是一味地增加风量。

④ 一次风量尽量少用，篦冷机用风也不是越大越好，应以入窑二次风温最高为目标。

⑤ 采用变频技术合理控制系统用风，准确控制系统窑尾高温风机的风压与风量。

⑥ 系统漏风系数应该降至最小，不用无效的空气炮。

[摘自：谢克平.新型干法水泥生产问答千例(操作篇).北京:化学工业出版社,2009.]

1.1.57 预分解窑系统关键位置气流温度宜控制在什么范围

预分解窑系统的风、燃料、生料应按比例控制，使系统在最佳状态下稳定地运转。其主要标志之一是系统温度分布的合理性与稳定性，它主要反映在几个关键位置的气流温度上。

（1）烧成带气流实际温度：1600～1800 ℃；

（2）窑尾烟气温度：950～1100 ℃；

（3）分解炉上、中部气温：820～880 ℃；

（4）分解炉下部或出口的气温：＜900 ℃；

（5）C_1 筒出口气温：350 ℃左右。

1.1.58 如何控制和调节预分解窑系统的通风

在窑、炉燃料用量及喂料量合理的情况下向燃料提供适当的燃烧空气是系统通风的控制原则。一般是以窑尾、分解炉和预热器出口的废气成分为主要依据对系统通风进行控制，这三个部位的含氧量一般应分别控制在 2%、2%～3%、3%～4%，同时应尽量避免 CO 的出现。控制方法主要有调节主排风机转速（或风管阀门开度）、调节三次风闸板开度等，通过调节一次风量、冷却机鼓（排）风量和旁路风量等也可调整系统通风情况。

当有旁路系统的窑外分解窑时，需降低旁路废气中 CO 含量时，不是增加旁路量而是相反，结果造成窑尾废气中 CO 进一步增加，窑内还原气氛进一步加剧，窑况进一步恶化。旁路内的 CO 一般来自窑尾（只有当分解炉烧油而油嘴又结焦滴油时，或分解炉烧煤而煤由于喂入不均塌料时旁路 CO 才会来自分解炉），而且旁路废气取样装置一般都安装在旁路混合室之后，所以其 CO 含量值比起窑尾中的要小得多。当旁路废气中存在 CO 时，说明窑尾废气中 CO 含量更多，这时应采取包括增加旁路放风量在内的调整措施，而不应该减少旁路放风量。

1.1.59 预分解窑关键位置的温度对生产有何影响

（1）烧成温度

一般烧成带物料温度需达到 1300～1400 ℃ 才能顺利地进行烧结反应，烧成带后面物料的化学反应速率与温度密切相关，温度愈高，反应速率愈快，所以烧成带的燃烧温度一般宜保持在 1600～1800 ℃，但是燃烧温度也不能过高，以防物料结大块或过烧，尤其要防止烧坏烧成带窑皮及窑衬。

（2）窑尾烟气温度

窑尾烟气温度一般控制在 950～1100 ℃。因入窑料温达 850 ℃ 左右，如果窑尾温度低，将使窑末段失去有效作用，且窑尾温度过低将使窑内平均温度降低，不利于窑内传热及物料化学反应的发生。同时，窑尾温度低，限制了窑内通风及窑的发热能力，影响高温带长度，也减少了在预热器（及分解炉）中可传给物料的热量；但是尾温过高时，往往容易引起窑尾烟室内及上升管道结皮或堵塞。所以，一般应根据原料成分、工厂的具体情况进行控制。

对于窑气入分解炉的流程来说，希望利用窑气中的热量来加热和分解物料，所以要求在不引起烟道系统结皮、堵塞的条件下，提高窑气温度至 1100～1150 ℃，这时 1 m^3 窑气能提供 250～420kJ 的热量给物料。如果窑气入炉温度为 900 ℃，出炉时温度仍为 900 ℃，则无热量可提供给物料。

窑气入分解炉后，在强烈吸热条件下，温度很快会降下来。如果窑气入炉温度升高，加入分解炉的燃料应予以调整，以防出炉温度过高。

（3）分解炉的温度

分解炉内温度是受分解反应的平衡分解温度制约的，它与燃烧条件及分解条件有关。对于烧煤分解炉，在物料均匀分散悬浮、迅速分解吸热的条件下，物料温度一般在 820～850 ℃，气流温度略高于物料温度 20～50 ℃。这是因为炉气中 CO_2 浓度为 20%～28%，与之平衡的 $CaCO_3$ 分解温度为 800～820 ℃，实际分解炉温度只要略高于平衡分解温度，分解反应就能很快进行。然而，平衡分解温度会在较小的范围内波动，其高低由燃烧放热速率与分解吸热速率来决定。

根据生产实践，分解炉内气流及物料的温度适宜范围如表 1.2 所示。

表 1.2 分解炉内气流及物料温度适宜范围

部位	气温(℃)	料温(℃)	温度趋势	部位	气温(℃)	料温(℃)	温度趋势
炉上部	约850	820	上升	炉下部	850~900	880	开始下降
炉中部	约880	850	稳定	炉出口	850~900	870	下降

（4）分解炉出口温度

分解炉出口温度一般宜为850～900℃。出炉气温过高，说明燃料加入过多或燃烧过慢，可能引起系统物料过热结皮，甚至堵塞；出炉气温过低，说明分解炉下部燃料已经燃烧完，而物料分解还在继续进行，依靠吸收气流显热进行分解，但分解炉下部分解速率锐减，不能充分发挥炉下部容积以及四级旋风筒的部分分解效能。

（5）一级旋风筒出口气体温度

一级旋风筒出口气体温度一般为350℃左右。出口气温的高低，反映了携出窑炉系统热量的多少，它在整个熟料热耗中占有很大的比重。因此，出口废气温度愈高，熟料热耗愈大。出口废气温度过高，还会影响排风机、电收尘器的安全运转，所以必须控制好。

1.1.60 预分解窑系统负压异常是何原因

在正常生产过程中系统负压是比较稳定的，如果系统出现问题，则系统负压也会相应产生变化。

（1）系统负压增大

当生料喂料量增加时，系统阻力增大，系统负压也随之增大，这是一个较为正常的变化过程。

当预热器系统水平管道内严重结料时，管道内阻力增大，系统负压增大。产生此状况的原因有：系统设计不合理，水平管道内风速较小；煤粉燃烧不完全，导致水平管道内结皮；管道内衬料脱落，使通风受阻，从而使系统负压增大。

窑尾缩口严重结皮。产生此状况的原因有：生料中的有害成分在窑尾大量富集；窑尾温度过高，液相量过早形成；煤粉质量差导致煤粉的后燃等，造成窑尾的严重结皮，使系统阻力增大，负压升高。

窑内结大料球、严重结圈、严重的长厚窑皮也会导致系统负压的升高。在正常生产过程中，将三次风管阀门调整过小是导致系统负压增大的最主要原因之一。

（2）系统负压减小

系统负压减小说明系统的某一处阻力突然减小，主要原因有：

三次风管阀门开度增大，入炉风量阻力减小，从而使系统负压减小。

生料喂料量减小，或因均化库放料故障、喂料系统故障而引起的生料断料，使预热器中的物料浓度减小，因而系统阻力减小，系统负压随之减小。

分解炉喂煤量的减小或断煤导致系统阻力发生变化，使系统负压减小。

窑尾生料磨系统开机，导致进入后排风机的风量突然短路，使高温风机的出口阻力增大，从而使系统负压减小。

在系统检修后，因预热器某级人孔门没有关闭，造成风量由人孔门短路，从而降低系统负压。

由于高温风机本身性能发生变化，使实际风量减小，系统负压随之减小，此时高温风机的电流也相应减小。

当分解炉以上某级旋风筒发生堵塞，物料在预热器内的分布发生变化，使得系统阻力减小，负压随之减小。

当预热器中某级旋风筒，特别是四级、五级旋风筒的内筒脱落，造成系统的管道阻力减小，致使负压减小。

1.1.61 烟道尺寸变化引起的窑况异常分析

（1）出现的问题

某公司窑产量为 2500 t/d 的生产线，窑尾采用五级预热器和 KDS 型分解炉，回转窑规格为 φ4 m×60 m。该线于 2013 年 3 月 8 日开始检修，检修后于 3 月 21 日投料。投料后窑系统频繁塌料，分解炉和预热器负压偏大，烟室负压和温度偏低，窑电流低，分解炉出口温度不稳定，出窑熟料中黄心料较多，熟料质量差，窑产量提不上去。检修前后操作参数对比见表 1.3。

表 1.3　检修前后操作参数对比

时间	窑产量(t/d)	f-CaO 合格率(%)	C₄ 筒出口		分解炉出口		烟室		高温风机转速(r/min)	三次风压(Pa)	窑电流(A)
			压力(Pa)	温度(℃)	压力(Pa)	温度(℃)	压力(Pa)	温度(℃)			
检修前	2558	92	−5200~ −5000	315~ 320	−900~ −800	860~ 870	−250~ −200	1020~ 1070	810	−850~ −750	300~ 400
检修后高温风机提速前	2300	84	−5400~ −5300	340~ 350	−1200~ 1000	890~ 900	−230~ −200	900~ 950	835	−1050~ 950	200~ 300
检修后高温风机提速后	2550	92	−5600~ −5500	330~ 340	−1200~ 1000	870~ 890	−300~ −200	1000~ 1050	880	−1050~ −950	300~ 400

（2）分析及调整

① 最初怀疑是上升烟道结皮引起的窑况异常，检查后发现烟道几乎没有结皮和积料。

② 怀疑分解炉内塌料，将上、下分布的两个 C₄ 筒下料管的分料比例调整为 5:5，调整后系统负压变化不大，分解炉中部温度上升，分解炉出口温度略有上升。

③ C₃ 筒和 C₄ 筒的下料翻板阀锁风不严，为此加重了翻板阀配重，但没有效果。

④ 由于烟室温度低，怀疑窑头用煤不够，于是加大窑头用煤量，结果导致黄心料增多，烟室温度升不上去，窑电流更低。

⑤ 燃烧器位置最初定位在（−20，−20），略为偏料。燃烧器偏料时，物料在翻滚过程中易将火焰压住，导致煤粉不完全燃烧，火焰偏短。因此，调整燃烧器位置，分别定位在（0，0）和（+20，+20），但均未能改善窑况。

⑥ 最终认为主要问题在于窑内通风差，对此先后采取了两个措施。首先，将三次风管阀门开度由 60% 关小至 50%，窑电流上升至 240~310 A，但预热器负压更大，分解炉出口温度下降且难以提高，特别是降到 860 ℃ 以下时，长时间升不起来，此时窑电流又开始下降，如不及时采取措施，将会跑生料，只有减料才能提高分解炉出口温度。于是又采取了加大系统拉风的措施，将高温风机转速由 835 r/min 提高到 880 r/min，窑速从 3.2 r/min 提高到 3.6 r/min，调整后的生产情况见表 1.3。

高温风机提速后出现了以下问题：

① C₁ 筒出口负压升高到 −5600 Pa，引起 C₄ 筒至 C₁ 筒的温度均较检修前升高 10~20 ℃，增加了 C₃ 筒和 C₄ 筒出口积料的可能性，需要每隔 2 h 对其进行人工吹扫。

② 窑产量提至 2550 t/d，由于废气温度上升，熟料标准煤耗仅下降了 2 kg/t，并增加了预热器系统漏风的可能性，需要加强对系统漏风的监控。

③ 因提高了高温风机的转速，风机电流由 77 A 升至 84 A，振动亦从 2.2 mm/s 增至 4.6 mm/s，熟料的工序电耗由 33.5 kW·h/t 上升到 34.2 kW·h/t，对设备的长期安全稳定运转有一定的影响。

为此，我们对检修的项目进行了全面分析，发现在上升烟道的施工中改变了烟道的截面面积。烟道总长度为 1.8 m，此次更换长度至 0.8 m，施工过程中为了便于灌料，将此处做成了下窄上宽的喇叭口

(图 1.7),导致烟道的有效通风面积从 2.83 m² 变成了 2.27 m²,从而引起预热器负压过高、窑内通风不足、窑尾烟室温度偏低等现象,这是此次窑况异常的根本原因。

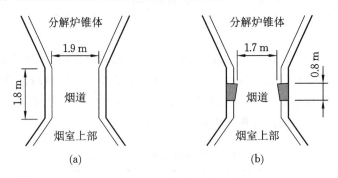

图 1.7　检修前后烟道尺寸

(a)检修前;(b)检修后

　　如果要进一步优化窑系统的各项指标,必须恢复上升烟道的尺寸,但由于需要停窑施工的时间较长,因此,可等到下次检修时再进行恢复。

　　总之,在窑系统的检修过程中可能会有意或无意地改变系统的重要参数,致使检修后的操作过程变得异常被动,难以及时改善系统不正常的局面,使熟料的产(质)量受到较大影响。建议窑系统检修过程中对上升烟道和翻板阀等重要工艺配置进行重点监控,烟道的尺寸不得有偏差,在浇注完后最好将模拆除,再次测量并确认尺寸。

1.1.62　烟室温度增加对出窑熟料温度的影响

　　烟室温度是反映熟料煅烧过程中的一个重要参数,涵盖了窑内火焰形状、火焰温度、通风量等重要信息。一般来讲,烟室温度控制在 1050~1100 ℃ 以内,但是现在很多企业的水泥窑烟室温度非常高,甚至达到了1300 ℃。烟室温度高非常容易引起窑尾结皮、结圈,甚至发生漏料、结球,也间接反映了熟料煅烧效率低、生产热耗高等问题。

　　一般来说,烟室温度高有以下几个原因:

　　(1)在头煤和二次风温不变的情况下,火焰长,热量释放不集中;

　　(2)在头煤和二次风温不变的情况下,窑内通风量大,高温区后移,也会影响熟料煅烧效率;

　　(3)二次风温不变而头煤量增加或热值增加,由热量守恒定律可知,烟室温度必然增大;

　　(4)头煤不变而二次风温增加,由热量守恒定律可知,烟室温度必然增大(这种情况下熟料煅烧效率高);

　　(5)回转窑不变,而窑尾煤粉后燃,或者煤粉、生活垃圾等直接掉入烟室,将引起烟室温度增加等。

　　以下讨论烟室温度增加后,出窑熟料温度会降低多少,二次风温进而会降低多少。

　　(1)为什么在头煤和二次风温不变的情况下,火焰偏长会引起烟室温度增加?

　　由于释放的热量是一定的,火焰偏长就会导致在需要高温的位置(如 C_3S 形成区域)释放的热量不够,温度达不到要求;在不需要很高温度的位置(如 C_2S 形成区域)释放的热量过多,温度降不下来,因此导致烟室温度增加。这种情况下往往需要添加头煤,熟料煅烧效率自然低。

　　(2)那么烟室温度增加为什么会降低出窑熟料温度,进而降低二次风温呢?

　　原因是热量是守恒的。在输入相同热量的时候(即二次风带入的热量和 C_5 筒入窑带入的热量),输出的热量也是相同的,也就是说,当烟室带走的热量增加后,出窑熟料带走的热量必然会降低。那么出窑熟料带走的热量会减少多少呢?通过对回转窑内热量进行求解,表 1.4 展示了在其他条件都不变的情况下不同烟室温度对应的出窑熟料温度及其变化。

表 1.4 不同烟室温度对应的出窑熟料温度及其变化

烟室温度(℃)	出窑熟料温度(℃)	温度降低(℃)
1100	1415	—
1150	1396	19
1200	1376	39
1250	1356	59
1300	1335	80

也就是说,当烟室温度由 1100 ℃增加到 1200 ℃时,出窑熟料温度降低了约 40 ℃,考虑二次风与熟料的换热,可以近似认为二次风温会降低约 30 ℃(考虑空气与熟料比热容的差异),二次风温的降低会进一步降低火焰温度(同时会降低烟室温度约 10 ℃),从而不得不再次增加头煤量以保证火焰有最高温度(此时烟室温度会再次增加到 1200 ℃),从而形成一个新的平衡。

当烟室温度由 1100 ℃增加到 1300 ℃时,出窑熟料温度会降低 80 ℃,二次风温会降低 60 ℃以上,从而严重影响火焰温度,此时应增加大量头煤以保证火焰温度,从而再次形成一个平衡。

1.1.63 烟室异常时产生 CO 的原因及处理方法

(1)问题及其观察

某公司有一条窑产量为 5000 t/d 的熟料生产线,窑头使用三通道喷煤管。窑系统于 2013 年 3 月 1 日投料,运转两个月后(至 2013 年 5 月初)出现烟室频繁冒 CO 的现象,致使窑系统产量下降(由 5000 t/d 降到 4800 t/d)。3 月 1 日投料前,标定燃烧器为偏左、偏料各 4 cm,三次风挡板完好;在正常运转的 2 个月中,系统运行稳定,熟料产(质)量较好;另一公司的原煤由汽车运输进厂,基本上全是混搭煤,其煤灰成分变化比较大,但热值、挥发分保持比较稳定。

经观察发现,进入 5 月后,因为环境温度上升等原因致使算冷机风机负荷下降较多,直接表现为风机电流下降,头排风机转速由 34 Hz 左右下降到 27 Hz 左右,致使烟室断续出现 CO,严重影响了窑系统的稳定运行。

烟室出现 CO 时,二次风温由 1100 ℃下降至 800～900 ℃,被迫减煤减产(头煤减少 1～1.5 t/h,减产幅度在 60 t/h)。但从系统参数变化看,窑头罩的负压控制没有变;通过喂料量、高温风机转速、预热器出口压力、温度等综合判断,系统通风量基本没有变化;从筒体扫描仪看,窑长 24 m,烧成带筒体温度正常,窑内无结圈,不存在窑内长厚窑皮影响通风的问题;现场清理烟室时,发现烟室处很干净,结皮很少且很容易清理,缩口处也没有结皮,因此也基本可以排除烟室结皮对窑内的影响。

(2)原因分析与处理

烟室产生 CO 即代表窑内存在煤粉不完全燃烧现象,因煤粉细度、含水率稳定,且依经验判断其头煤使用量也不多,系统风量没有大的变化,故最初判断是进厂原煤的燃烧特性变差所致,加上该公司所用的三通道喷煤管对煤质的适应性较差,进而导致煤粉燃烧速度慢、火焰温度降低,窑系统产量达到一定值时即烧不住,窑内温度降低,进而产生 CO 使温度进一步降低,造成系统大幅减产。

为证实此判断,该厂引进一批高热值、高挥发分的优质烟煤,其入窑煤粉挥发分为 30.53%,灰分为 16.00%。使用该优质煤后,窑产量提高至日常产量 52000 t/d 左右,但烟室频现 CO 的问题依旧存在。因此,可以排除煤粉质量导致的烟室频现 CO 这一可能性。

请相关专家到厂进行问题处理,确认故障原因:算冷机风机风量下降,致使入算冷机的总风量降低,虽然调整头排风机转速可以保证入窑的总风量基本不变,但入窑二次风温在 1050 ℃左右,较以前的 1100 ℃有所降低,且燃烧器位置未作相应的调整,不利于窑内煤粉的快速燃烧和完全燃烧。

在此正确判断的基础上,进行如下调整操作:

一是略加大系统用风,以保证煤粉燃烧需求;

二是提高窑速,尽量减少窑内负荷;

三是将燃烧器由原来的偏下 4 cm 逐步上调至水平,尽量为煤粉的燃烧提供空间,以确保煤粉的燃尽率。其中,燃烧器位置的调整是系统问题得以解决的关键。

(3)总结

① 本次异常窑况的处理,最终问题在于算冷机的风量,解决办法是降低窑内填充率、调整喷煤管的端面位置。

② 在生产控制中,系统状态良好时的一些控制参数不要轻易进行调整。如窑头喷煤管位置的调整一般遵循略偏料的原则,因火焰靠近物料,有利于传热,且可使火焰不伤害窑皮甚至耐火砖。

1.1.64 窑尾烟室负压异常的原因及解决措施

预分解窑的窑尾烟室压力,可以反映出窑系统的拉风、窑内的通风、双系列旋风筒分料、烟室的结皮及窑头煤粉的燃烧等状况,因此,某公司窑产量为 5000 t/d 的生产线烟室气体分扩仪不能正常使用时,中控室操作员通过窑尾烟室压力的高低来分析和调整回转窑的控制参数。

1)烟室负压低的原因及解决措施

(1)电气方面

① 变送器量程不符

现象:烟室负压现场显示低,在 -450 Pa 左右,而中控显示正常,为 -560 Pa。

原因:烟室压力变送器量程为 800 Pa,比 DCS 工程师站的仪表量程(为 1000 Pa)小 200 Pa。

措施:将现场和工程师站变送器统一成量程相同的仪表,并清理负压管结皮及堵塞料,确保现场烟室压力显示准确。

② 隔离器故障

现象:中控显示烟室负压低且波动分别为 -150 Pa、-230 Pa 和 -360 Pa,而现场显示正常。

原因:烟室压力信号隔离器故障。

措施:更换新信号隔离器。

③ PLC 模块通道故障

现象:中控显示烟室负压低且波动,分别为 -220 Pa、-350 Pa 和 -390 Pa,而现场显示正常。

原因:烟室压力 PLC 模块通道故障。

措施:替换该 PLC 模块通道或整个模块。

(2)烟室负压管堵塞

现象:现场和中控显示烟室负压显示都很低,为 -130 Pa 左右。

原因:负压管道被异物堵塞或管口被结皮堵塞。

措施:开启负压管反吹阀门进行反吹,如果反吹不透,用 $\phi 10$ mm 钢筋对负压管进行清堵。

(3)系统拉风量小

现象:窑头火焰受逼(火焰比正常时短),窑尾温度低,烟室温度在 980 ℃ 左右。

原因:系统总拉风量小,C_1 筒出口压力为 -4450 Pa,三次风量大,三次风管温度在 930 ℃ 左右,压力为 -880 Pa,窑内相对通风量小。

措施:适当增大高温风机转速,适当调小三次风阀板开度,风阀开度调整为 70%~77%,这样就能适当增大窑内通风量。

(4)窑内填充率低

现象:窑内阻力小、通风好,二次风温低至 990 ℃,相对高温风机拉风正常,窑电流低(为 750 A,正常为950 A左右)。

原因:窑速4.1 r/min,相对偏离,窑内料层薄,窑皮薄或掉窑皮多,窑内填充率低。

措施:适当慢窑,由4.1 r/min降低至3.9 r/min,提高二次风温至990 ℃～1080 ℃。

(5)窑尾漏风

现象:窑尾温度低(980 ℃),高温风机相应拉风量增大,C_1筒出口压力为−5550 Pa。

原因:窑尾密封不严,石墨块有5块磨损严重,漏风量大。

措施:加强窑尾密封,有停窑机会时将磨损石墨块及时更换,杜绝窑尾漏风现象。

(6)一次风调节不当

现象:火焰喷射有力。

原因:一次风压和风量过大,风压为27780 Pa,相对增加了窑内通风量。

措施:根据日常操作经验,适当调节一、二次风的配比。

2)烟室负压高的原因及解决措施

(1)电气方面

与烟室负压低的原因类似,都是由于现场与中控的变送器量程不符、隔离器故障和PLC模块通道故障而造成现场或中控显示烟室负压高,因此,对仪表、模块进行相应更换即可。

(2)烟室结皮

① 系统拉风最大

现象:烟室负压高出正常值,显示为−800 Pa,窑尾温度显示为1280 ℃,结皮较多。

原因:因工况变化或操作原因,相对系统拉风量大,C_1筒出口压力为−5650 Pa,三次风量小,三次风管温度830 ℃,三次风管压力为−680 Pa,窑内通风量偏大。

措施:现场勤清理结皮,适当降低高温风机转速;适当调大三次风阀板开度(68%→72%)。

② 煤粉质量影响

现象:烟室负压高出正常值,显示为−800 Pa,窑尾温度高,显示为1250 ℃,结皮较多。

原因:煤粉细度粗(5.0%)和含水率高(3%),燃烧滞后。

措施:现场勤清理结皮,控制煤粉细度不大于4.0%、含水率不大于1.8%。

③ 一次风调节不当

现象:火焰喷射有力,窑尾温度高,显示为1250 ℃,二次风温低,显示为1000 ℃。

原因:一次风压为−27780 Pa,较高,燃烧器内、外风开度大,一次风量过大。

措施:现场勤清理结皮,根据日常操作经验适当调节一、二次风的配比。

④ MgO含量高

现象:烟室温度正常,结皮严重,负压偏高,为−700 Pa。

原因:原料配料不当,造成生料中MgO含量为2.4%,液相的过早出现导致烟室结皮。

措施:加大原料预配料工作,控制生料中MgO含量不大于1.8%,适当提高熟料配料方案中的KH值及SM值,减少液相黏度和总量,防止液量的过早出现。

(3)分解炉缩口结皮

现象:烟室负压高出正常值,显示为−800 Pa,窑尾温度高,显示为1250 ℃,分解炉缩口结皮较多。

原因:首先,受到煤粉质量和MgO含量高的影响;其次,系统拉风量大,C_1筒出口压力为−5650 Pa,三次风量小,三次风温为830 ℃,三次风压为−680 Pa,窑内通风量偏大。

措施:除保证煤粉品质和MgO含量合格外,降低高温风机拉风量,适当开大三次风,将阀板开度由68%调整为72%,勤清理分解炉缩口的结皮。

(4)分解炉掉结皮

现象:烟室负压突然高出正常值,显示为−880 Pa。

原因:分解炉结皮大块掉入烟室斜坡上,减小了烟室通风面积。

措施:中控及时打烟室空气炮,将结皮大块入窑,如果打空气炮无效,在现场迅速用水枪进行清理或用接风管进行吹扫清理。

(5)热工制度不合理

现象:烟室负压高出正常值,显示为－800 Pa,烟室未结皮,窑头火焰过长,窑尾烟室温度高,显示为1250 ℃。

原因:高温风机转速高,三次风量小,入窑煤粉燃烧滞后,不完全燃烧的煤粉被带入烟室继续燃烧,使烟室温度升高。

措施:适当降低高温风机转速,缩短窑前火焰,适当提高二次风温(由 1080 ℃ 提高至 1150 ℃)。

(6)"飞砂"严重

现象:烟室负压高出正常值,显示为－800 Pa,现场检查烟室未结皮。

原因:物料窑前煅烧不佳,熟料中 SM 值偏离(为 3.0),窑前"飞砂"现象严重,算冷机料层薄或有"空洞"现象。

措施:调整热工制度,加强熟料煅烧,降低熟料中 SM 值至 2.9,适当控制算冷机料层厚度,避免出现"空洞"现象,减少窑内"飞砂"现象。

以上汇总了窑尾烟室压力出现的不正常现象及解决措施,操作员通过对烟室压力值的分析,采取了相应的有效措施,合理调整了各相关运行参数,稳定窑况,确保了回转窑优质、高产、安全、平稳地运行。

1.2　煤、燃烧器及火焰

1.2.1　煤粉在回转窑内的燃烧过程

煤粉在回转窑内燃烧的过程比较复杂。煤粉在燃烧时,不但要向窑尾运动,而且在燃烧过程中,还要进行传热,这几个过程相互影响。煤粉以分散状态喷入窑内高温带处,正常生产时高温带温度很高,煤粉易着火燃烧。当开窑点火时,必须在窑内堆置木柴、废油、棉纱等易燃物,点火后使其温度达到煤粉的着火温度,再喷进煤粉进行燃烧。

煤粉受热后首先被干燥,将所含 1%～2% 的水分排出。温度升到 450～500 ℃ 时,煤粉的挥发分开始逸出,在 700～800 ℃ 时全部逸出(煤粉中水分和挥发分逸出后剩下的是固定炭粒和灰分),当挥发分遇到炽热的空气时便着火燃烧,生成气态 CO_2 和 H_2O,它们包围在剩下的固定炭粒周围。除了要有足够的温度外,还必须待空气中的氧气通过包围在固定炭粒周围的气膜,与固定炭粒接触后才能燃烧。显然,固定炭粒的燃烧是很缓慢的,它的燃烧速度与气体扩散速度有很大关系,所以加强气流扰动,以增加气体扩散速度,将大大加速固定炭粒的燃烧。

影响气体向固定炭粒内部扩散的主要因素如下:一是颗粒表面气体的压力与流速,表面气压大、流速快,则容易向内部扩散;二是焦炭颗粒的透气性,挥发分燃烧后的焦炭颗粒是多孔的,这些孔的存在使炭粒表面积增大,特别是穿透性的气孔,能使氧气进入颗粒的内部。焦炭颗粒表面积的大小,还与煤粉的细度有关,煤粉越粗,比表面积越小,孔深且不易穿透,氧气向孔内扩散困难,因此要求炭粒不宜过大。焦炭颗粒的气孔率,与其灰分、水分、挥发分含量有关,水分蒸发,挥发分和表面炭粒燃烧后,保存下来的是一个多孔的灰分层,这种灰分层对空气中的氧气向颗粒内部扩散将产生很大的阻力,当灰分层厚度和密度增加时,氧气的通过量和炭粒的燃烧量都会减少,其燃烧速度也会降低。而灰分层的厚度和密度与炭粒的大小和灰分含量有关,因此,煤粉过粗和灰分含量高对燃烧是不利的。

1.2.2 预分解窑煤粉制备系统如何进行试生产

从煤粉制备系统带料试车到90%负荷或正常连续生产之前,为试生产阶段。本阶段从设备上讲,是从轻负荷到正常负荷的"跑合"过程,也是检验设备制造、安装质量,解决问题的过程。从人员上讲,是操作员、岗位工、巡检工熟悉、提高的过程,以下重点介绍试生产程序、注意事项、安全运转的要求。

(1)带料试车安排

由于煤粉易燃、易爆,易产生有害气体CO,需粉磨一定量的石灰石填充管道、溜子、固定设备的积灰区。在煤磨装球前,一仓先加入2~3 t的干燥石灰石,粒度小于25 mm,然后加入钢球,使整个系统运转30 min后停磨,稍后暂停系统各设备,将落入煤粉仓的石灰石粉排空,即可进入喂煤试车。

煤磨的研磨体装载量应随各试车阶段逐渐增加,一般情况下,先装30%研磨体运转24 h后,再装到60%研磨体运转72 h,然后再装到90%研磨体运转240 h,最后装到100%进行长期运转。

(2)试生产中的注意事项

① 在试生产中,不允许磨机长时间空转,以免钢球砸坏衬板。一般在非饱磨情况下,开磨时应在10 min内喂入原煤。

② 试生产时,随时注意衬板有无松动、螺栓孔是否漏灰。停机后,要勤检查,并紧固螺栓。

③ 磨机带球停车时,由于仓内钢球自重作用,磨体会在短时间内正反向摆动,此时不能启动磨机。

④ 注意检查润滑油站过滤器中的杂质,判断润滑点的润滑状况,油温、轴瓦温温升过快时,应停车检查。

⑤ 当磨机主电机停车后,为防止磨机热筒体变形拉损轴瓦,需慢转翻磨,直至筒体完全冷却。翻磨间隔一般是20~30 min,翻磨时应转180°。若长时间停磨,还需倒出钢球。

⑥ 在冬季,需冷却水的设备,停冷却水后应排空筒体内滞留水,必要时应用压缩空气吹干,以防冻裂。

⑦ 进入设备内部检查时,需充分通风后方可入内,同时外面要有人随时联系,以免发生人员伤亡事故。

⑧ 系统管道连接法兰处有煤粉外逸时,应及时堵塞密封并清理外漏煤粉,以免自燃或产生有害易燃气体。进入车间内需施焊,明火作业时,应清扫四周,确保无煤粉堆积现象。

⑨ 煤磨带料试车的安排应考虑烧成系统,尽量减少煤粉在仓内的储存时间。一般煤粉在储存2 d后,内部温度升高,甚至在接触新鲜空气后,立即遇明火燃烧。

1.2.3 预分解窑喂煤有何特点和要求

(1)分解炉的燃烧特点及喂煤要求

分解炉内燃料与物料是以悬浮态混合在一起的,煤粉燃烧放出的热量立即被物料吸收,分解炉内的燃烧速度直接影响着分解炉的发热能力和炉内的温度,从而影响物料的分解率,燃烧速度快,放热快,分解率将增大;反之,分解率将减小。

另外,影响煤粉充分燃烧的因素有以下几个方面:一是炉内的气体温度,二是炉内含氧量,三是煤粉细度。因此,在操作上,一要提高燃烧的温度,二要保证炉内的风量,三要控制煤粉的细度。

在燃烧完全的条件下,通过分解炉加减煤的操作来控制分解炉出口气体温度。如加煤量过大,分解炉内燃烧不完全,煤粉就会带入C_5筒燃烧形成局部高温,极易造成下料管结皮、堵塞。另外,烟室、分解炉温度过高、物料分解率高,将导致液相提前出现,易造成结后圈、结大球等不良现象。如果分解率过高,甚至与窑的长径比不相适应时,将导致过渡带延长,新生态CaO和贝利特再结晶形成粗大结构,降低表面活性和晶格的活性,阻碍阿利特结晶的形成,严重时造成熟料过烧而产生"黏散料"。相反,如果加煤量过小,分解用热不够,导致分解炉气温下降、物料分解率低,从而使窑热负荷增加,极易造成生烧料。

因此,在操作中要避免上述两种情况发生,杜绝大加煤、大减煤,以免造成气料热交换差,破坏整个热工制度。

（2）窑内的燃烧特点及喂煤要求

通常,预分解窑因入窑物料 $CaCO_3$ 已有 85%~95% 分解,故窑内分解吸热要求较低。窑内燃烧放出热量的主要用途有:一是满足熟料煅烧温度要求,二是弥补筒体表面散热损失,三是补偿熟料形成所需的热量,四是剩余部分由烟气带入预热器。

因此,在操作上要合理调节窑头喂煤,确保火焰的热力强度。当窑头喂煤量过大时,产生不完全燃烧,形成还原气氛,使熟料中的 Fe^{3+} 还原成 Fe^{2+},从而产生黄心料、过烧料。另外,大量未燃尽的煤被风吹至窑尾燃烧,造成窑尾烟室温度过高,导致窑尾烟室缩口、斜坡结皮,减少窑内通风。而且过高的烧成温度极易局部烧坏窑皮甚至窑衬,影响窑的长期安全运行。当窑头喂煤量偏少时,造成烧成温度偏低,熟料烧结性差,f-CaO 含量升高。所以,应合理调节窑头喂煤,并结合煤质、窑皮情况,窑功率曲线,入窑生料率值等因素的变化,合理调节燃烧器的内流风、外流风,以及燃烧器的位置和入窑深度,确保火焰的合适形状和热力强度。

1.2.4　预分解窑使用无烟煤时应采用哪些工艺技术措施

一般煤粉燃烧的顺序都是预热干燥、挥发物析出燃烧、固定碳燃烧三个阶段。烟煤由于挥发分含量高,燃烧过程中挥发出的气体薄膜 CH_4、CO、C_2H_2,在较低温度下着火燃烧,煤粒由于挥发物的析出而形成许多孔隙,表面的空气向内扩散与固定碳接触,在挥发分燃烧形成的高温下固定碳被快速点燃,因此烟煤的着火温度低,燃尽时间较短。无烟煤的挥发分含量较低,固定碳的含量较高,因此固定碳要在 800 ℃以上才能着火燃烧,少量的挥发分即使着火燃烧所释放出的热量也不足以将结构致密的煤粉颗粒加热到固定碳着火的温度。因此,无烟煤的燃烧特性主要取决于煤粉中固定碳的燃烧,因而无烟煤比烟煤着火温度高、燃尽时间长。

研究和试验结果表明,普通烟煤着火温度为 450~600 ℃,无烟煤的着火温度为 650~800 ℃,平均比普通烟煤高出 150~200 ℃。煤的燃尽时间与反应类型、助燃空气温度、煤的种类、煤粉细度、过剩空气量等有关。在高温气体中,煤粉燃烧主要由扩散控制,无烟煤挥发分的高低对燃烧速度影响不太明显,煤粉的燃烧速度与煤粉的粒径平方成反比,与氧气分压成正比,与煤粉和高温助燃气体混合程度及温度高低有关。在中等温度范围内,燃烧主要是由化学反应速率控制的,因而高挥发分煤和无烟煤的燃烧反应速率之间存在明显的差异。差热分析中无烟煤的燃尽时间是烟煤的 1~1.5 倍,循环流化床试验中无烟煤的燃尽时间约是烟煤的 1.75 倍,悬浮燃尽试验中无烟煤的燃尽时间约是烟煤的 3 倍。生产和试验表明,无烟煤细度的变化对其着火温度、燃尽时间的影响较大,煤粉越粗,其着火温度与燃尽温度越高、燃尽时间越长。因此,预分解窑用无烟煤作为燃料应当从提高煤粉细度、提高助燃空气温度、提高助燃空气中的氧气分压着手。

为保证无烟煤在回转窑和分解炉内正常着火和燃烧,应采取如下工艺技术措施:

（1）采用大推力、短火焰型多通道煤粉燃烧器

燃烧时一次风量的正面效应是补氧助燃,但负面效应是一次风量过多则热效应下降。由于无烟煤燃烧需要较高的窑内焰面温度,所以要尽量减少一次风量,利用喷煤管外净风高速形成的负压卷吸从冷却机来的二次风补氧。一次风量要降低,推力大小取决于单位时间内喷煤管的风速,风速越高,推力越大,火焰就越短。短火焰可以形成温度集中的高温度区,有利于无烟煤的着火;大推力、高风速形成的负压可卷吸二次热风对炭粒进行快速补氧,有利于炭粒的快速燃尽,提高对流换热率;同时,短火焰将无烟煤仅有的一点挥发物相对集中,有利于无烟煤的着火。综合高温焰区、高补氧区、高煤粉浓度区,可解决无烟煤着火和快速燃尽两大难题。

（2）降低煤粉细度，保证入窑、入分解炉煤粉成分的稳定性

煤粉粒度越细，比表面积越大，则与氧气的接触面积增大，燃烧反应速率就越大，因此，降低煤粉细度是保证无烟煤着火和快速燃尽的有效手段。粉磨无烟煤常用的系统是采用两级粗粉分离器、旋风收尘器与收尘器组成的风扫磨系统，但通过第二级粗粉分离器来调节的入窑煤粉细度并不准确，同时要求粗粉分离器具有较高的分离效率，整个系统的控制、操作、管理都较为复杂。目前，通过优化风扫煤磨系统，采用高效煤粉动态选粉机，提高了分离效率，易于调节煤粉成品细度，减轻磨机负荷，提高磨机粉磨效率，有效控制入窑、入分解炉的煤粉细度，保证窑头煤粉细度控制在 80 μm 筛筛余小于 5%，入分解炉煤粉细度控制在 80 μm 筛筛余小于 3%。

煤粉计量的准确性和稳定性是确保窑、炉长期正常运行的重要因素，煤粉计量系统要具备"两个特性、一个基础"。"两个特性"即短期稳定性和长期稳定性，"一个基础"即系统易于调整、维修。短期精度是决定燃烧器火焰形状和影响窑操作的一个重要因素，有了精确的短期喂料，就具备了控制窑内少量过剩空气的条件，因此要加热的空气总量可以降低到最小限度，热平衡更好，同时不会产生 CO。短期稳定性使窑具有更好的热工平衡，长期稳定性可使窑产生良好的经济效益。

同时，为了减小煤粉成分的波动，设矩形预均化堆场对原煤实行预均化，采用侧式悬臂堆料机堆料、桥式刮板取料机端面取料，均化效果为 10，充分保证煤粉成分的稳定性。

（3）保证提供较高的二、三次风温

要使无烟煤在窑头和分解炉内正常着火和燃烧，必须保证入窑二次风和入分解炉三次风具有较高的温度。采用第三代或第四代空气梁算冷机，有利于料层内的气固换热，特别是能有效控制红细料的"红河"现象，增大了热能回收，提高了入窑二次风温度；同时，配合采用大窑门罩，三次风从大窑门罩抽取可获得较高的三次风温（>800 ℃），使窑、炉焰面温度提高，较高的二、三次风温对窑、炉内无烟煤的着火和燃尽起着强有力的支持作用。

（4）采用离线型分解炉，优化分解炉的结构

无烟煤在分解炉内的燃烧，受炉内燃烧气氛和燃烧温度的影响极大。由于在线型分解炉有窑尾烟气进入炉内，虽然窑尾烟气温度很高，但其中的含氧量偏低，通常只有 12%～14%，对无烟煤粉的燃烧极为不利。离线型分解炉系统在无烟煤燃烧系统广泛使用，如改进型的 RSP 分解炉、基于 MFC 原理改进的 DD 炉等在工程上得到了成功的使用。改进型 RSP 分解炉由预燃室（涡流燃烧室 SB 和涡流分解室 SC）和混合室 MC 组成，预燃室所需热风全部由高温三次风供给，无烟煤粉在分解室中是在纯空气的高温环境下燃烧，有利于快速着火和燃尽，提高了料气停留时间比，延长了煤粉在炉内的停留时间，使煤粉能在分解室内完全燃烧。在分解炉的结构方面，煤粉和炉内气体有较高的相对运动速度和混合程度，促进燃烧反应扩散，有利于煤粉快速燃烧，提高煤粉燃尽率。

1.2.5　预分解窑煤粉制备系统试生产前应做好哪些准备工作

煤粉制备系统对操作人员的素质及设备质量要求较高，应做好包括人员、物资、技术、安全等方面试生产前的准备工作。

（1）岗位技术培训

煤粉制备系统通常采用中央控制室集中控制，操作人员不仅要在计算机屏幕上控制各设备、调整各运行参数，还应了解当前的屏幕生产状态与现场实际是如何对应的，并利用屏幕所给的信息判断各设备运行状态，有异常时应迅速反应。因此，操作人员应熟读操作说明书和主机设备说明书，了解设计意图，掌握操作要领。

该系统各岗位工和巡检工应熟悉工艺流程，应接受过现场安全教育，有一定的设备维护经验。

车间内应有明确的岗位责任制度和安全生产制度，以及正确的操作制度。

（2）设备空负荷试运转

机电设备安装后的空载试运转包括单机试车和联动试车。单机试车是对机电设备制造、安装质量的初次检验,要求按照有关标准进行和验收,进行时应记录空载电流、温升、振动等情况,以备带负荷试车对比用。单机试车由厂方、监理方、设备安装方组织进行。联动试车是检验系统内各设备的开停是否按设计联锁开停,有故障时能否自动保护设备,有紧急情况时能否按安全要求紧急停车。联动试车由厂家统一组织,由设备安装、监理、设计等配合进行,岗位工、巡检工、操作人员等应进入岗位参加联动试车。

① 试车前的准备

a. 设备各润滑点按规定加油,油量、牌号正确,油路畅通,油压、油温正常。

b. 确认需水冷的设备水路畅通,流量合适,无渗漏。

c. 设备内部清扫检查,应无杂物,关好检查孔、清扫孔,做好各孔的密封。

d. 各管道阀门(电动、手动)现场用红油漆注明开关位置、方向等,并检查开关的灵活性。现场位置指示与中控室显示一致。

e. 现场的仪表检查。做到仪表指示正确,与中控室显示一致。

f. 设备紧固检查。如磨机的衬板螺栓、磨门螺栓、基础地脚螺栓等不能有松动部位,有传动连杆等易松部位时都要进行严格的检查。

② 试车后的确认事项

a. 设备转向、转速正确;空载电流、振动、轴承温升、噪声等符合有关规定。

b. 润滑系统、水冷系统工作正常,各点压力、温度、流量正常。

c. 机旁与中控室的关系,控制符合设计要求。

d. 各阀门开度指示应做到现场指示、中控室指示与机械装置三者位置一致,且运转灵活。

e. 各工艺测点、设备监控点的温度、压力指示应做到现场指示与中控室指示一致,并确保一次传感器给出的信号不失真。

f. 确认 PC 系统控制、联锁关系符合工艺要求、设备保护要求,紧急停车及联锁准确可靠。

g. 确认 PC 系统指示故障点、报警信号等可靠。

1.2.6 煤质对预分解窑煅烧有何影响

煤的挥发分低,着火温度低;煤的挥发分高,着火温度高,燃烧速度快。

煤的灰分高,热值低,容易造成燃烧不完全,导致预分解系统结皮堵塞;煤灰熔点较低,掺入量过多会使窑内的煅烧温度降低,易造成烧成带长厚窑皮。

煤中的硫和生料中的 R_2O(其中 R 代表碱金属)一起考虑。除了控制单项含量外,还要控制硫碱比在 0.6~0.8 范围内。含硫量高的煤在燃烧中生成 SO_2,不仅会腐蚀耐火材料、污染大气,并且在预分解系统内循环富集,与生料中的 R_2O 化合生成硫酸碱、钙明矾石、二次硫酸钙及无水硫酸钙等低熔点矿物,并且与尚未反应的方解石、石英等组分黏结,导致预分解系统结皮堵塞,严重时将会结圈、结蛋。

实践证明,煤的不完全燃烧是导致窑内结圈、结蛋的主要原因。

1.2.7 预分解窑 100%烧无烟煤的操作技术

福建龙岩春驰水泥有限公司窑产量为 1000 t/d 的预分解窑,是国内首条新建的新型干法水泥生产线100%烧无烟煤生产工程项目。喷煤管选用了 NC-311 四风道喷煤管;分解炉选用了二级离线喷腾管道式 MSP 分解炉;预热器系统采用了五级旋风预热器系统,其中 C_1 筒设有 2 个并列的高柱长内旋风筒。该线于 2001 年 5 月 8 日点火,2002 年 1 月实现 100%烧无烟煤生产,月产熟料 $2.74×10^4$ t,熟料(ISO)3 d 平均强度为 31.2 MPa,28 d 平均强度为 58.5 MPa,主要生产指标均达到或超过设计要求。以下是该公司预分解窑100％烧无烟煤生产的技术要点和操作经验。

（1）必须熟悉无烟煤的燃烧特性

无烟煤与烟煤相比，燃点高、着火慢、燃尽时间长。无烟煤着火，首先是挥发分（主要是煤炭中的可燃气体）在较低温度时析出，并很快与周围的空气混合，在500 ℃左右着火燃烧。挥发分的燃烧使环境温度升高，达到炭粒着火温度（600～800 ℃）。福建龙岩春驰水泥有限公司所用的无烟煤工业分析见表1.5。

表 1.5　无烟煤工业分析

使用时间	灰分（％）	挥发分（％）	热值（kJ/kg）
2002 年 5 月至今	24～25	3.78±0.5	23692
2001 年 11 月—2002 年 4 月	26.1	4.0±0.5	22823
2001 年 9 月—2001 年 11 月	28～31.2	6.0～8.0	≤22279

注：煤的含水率均为 1.0％。

从无烟煤的燃烧特性上，得出两点启示：

① 在窑养火期，二次风温低于600 ℃时，分解炉应停止喷煤保温，并减少一次风用量，改变内外风比例，使窑头煤粉尽量在窑前端燃烧，窑头罩为微负压或微正压。

② 点窑初期，最重要的是提高二次风温，应把窑前端烧亮（二次风温在400 ℃以上）再喷煤，以避免长厚窑皮的过早形成而影响窑系统热工制度的稳定，为回转窑长期稳定运行奠定基础。要达到烧亮窑前端，有两种办法可采用：一是在窑炉点火初期，以烟煤（热值22 990 kJ/kg，挥发分25％左右）为主；二是窑头多架木柴1～2 t，在距窑口3～6 m处，以"井"字形架设1.5 m高木柴垛，并淋上柴油。点火时先喷油，将窑头二次风温提高到400 ℃后再开始喷煤。此时要注意，系统排风量不要太大，以免把窑前端好不容易积累的热量抽走了，从而导致窑炉点火失败；同时，二次风量要小，调整内外风使煤粉落在火堆上，送煤风也可以节省一些。

（2）四风道喷煤管的使用

该厂选用的四风道喷煤管，头部外圈有多个小圆空点和喷射孔，高速（可达120～150 m/s）轴流风喷出后，在其周围产生卷吸作用，卷吸的高温二次风加速了无烟煤的燃烧。四风道喷煤管的使用水平，对回转窑的正常生产具有举足轻重的作用。

第一，四风道喷煤管发挥其作用的一个重要条件是二次风温应大于800 ℃，若二次风温低于这个温度，则会出现黑火头较长、高温段后移并易结后圈。一旦后圈形成，必将造成系统热工制度波动，给生产带来严重的"后遗症"。因此，在窑、炉点火初期和分解炉投料初期，用风量应适当，以尽快提高二次风温。这是操作的关键，可避免长厚窑皮的形成，这是确保回转窑长期稳定运行的前提。

第二，在正常生产过程中，随着投料量的变化，合理调整一次风量和内外风比例，使四风道喷煤管卷吸尽可能多的高温二次风（大于800 ℃），每台班移动四风道喷煤管一次（移动距离0.3～0.5 m），预防长厚窑皮和前后结圈的形成和发展，保证窑、炉内通风良好，这是回转窑长期稳定运行的可靠保障。

（3）窑炉操作

从冷窑点火到分解炉成功投料，时间越短，无烟煤在各级预热器和分解炉出口处的沉积量就越少，正常投料后对生产的负面影响也越小。因此，尽量把整个过程缩短在16 h内，即用两个台班时间，实现从冷窑点火到100％烧无烟煤，再到分解炉的成功投料生产。

① 窑炉点火

首先，应认真检查喷油系统和窑、炉喷煤系统及生料输送系统是否正常，检查木柴架设位置和用量是否满足点火要求，这是最基本的准备。其次，应重点检查预热器各级的漏风情况（除紧急阀门或C₁筒检修孔门外，其余部位都应密封或关闭），包括其他相关车间的排风机运行情况。窑点火时，先点燃柴堆并观察火焰是否向窑尾方向飘。若火焰强烈飘向窑尾，则应减小排风量；当柴堆着火落架时开始喷油，当窑罩内温度上升到400 ℃左右时开始喷煤，此时应调整一次风量及内外风比例，使煤粉落在火堆上，同时应控制加煤量,以不吹灭喷油火焰为宜,通常以 0.8 t/h 的喷煤量开始,递增量为 0.1 t/h(当尾温不再升高时,增加喷煤量)。

② 分解炉投料

分解炉投料要具备两个基本条件:一是二次风温至少在 600 ℃ 以上(三次风温在 500 ℃ 以上)。要达到这一条件,物料在窑内要有一定的填充率。但刚开始投料时,窑内很难煅烧较多生料,因此最初投料量以 25 t/h 起步,并控制好预热器各级温度在正常范围,调节一次风量及内外风比例,尽量使煤粉在烧成带燃烧。二是窑尾温度应控制在 1000 ℃±50 ℃ 的正常范围。当从窑尾来的生料能正常结粒,投料量逐步增加时,二次风温会逐步上升,这为成功投入分解炉做好了充足的热量保证。

分解炉投料时要沉着、冷静。当窑尾温度达到 850 ℃ 以上时,先启动高温风机拉风(控制风量以保证点燃分解炉期间窑头负压在微正压或 0~40 Pa 之内),并增加窑头喂煤量。然后,迅速开启三次风管高温闸阀,点燃分解炉,喷油,喷入较细无烟煤(以 1.0 t/h 起步)。最初生料投料量为 25 t/h,窑速 1.4 r/min,调整上、下分料阀,使 70% 的生料入分解炉,30% 的生料入烟室。而且入炉生料量是炉底部和炉下部各为 50%,此时三次风温较低,无烟煤无法点燃,故喷煤量不要太多。1.0 t/h 的煤量和预热的高温生料混合,在各级预热器助燃即可。1 h 后,三次风温上升到 300 ℃ 时,再增加分解炉喷煤量,每次增加 0.1 t/h,操作时应注意:

a. 要及时调整窑头喂煤量,应保证在点燃分解炉期间窑尾温度在 1000 ℃±50 ℃ 范围内;同时力争增加投料量,并加快窑速至 1.2~1.5 r/min,使 1 h 之后有烧成的熟料源源不断地到达窑头,以进一步提升二次风温。

b. 若分解炉塌料较多,应适当减少上分料阀入分解炉的开度,同时小幅减小投料量。但投料量不应低于烧 SP 窑的投料量(25 t/h),或可不减少投料量,仅小幅调整上分料阀开度即可。若塌料发生时,入口负压下降至 −120 Pa 以下,而分解炉出口负压迅速上升至 −1300 Pa 以上,则应立即减少上分料阀开度,待分解炉压力正常后再增加上分料阀开度。随着分解炉内温度的升高,煤粉的自燃能力也随之提高(在 O_2 浓度环境和温度条件具备的情况下,无烟煤的温度每上升 70 ℃,燃烧速度将加快 1 倍),塌料现象会越来越少,直至消失。

c. 随着分解炉的成功投料,窑尾温度、C_5 筒出口等处温度都将上升,甚至超过正常工艺值,这时应逐渐减少窑头喷煤量,窑炉用煤量逐渐向 35:65 的比例过渡。

③ 操作参数控制范围

确定合理的操作参数是保证窑系统长期稳定运行的关键,各厂应根据本厂烧成系统的工艺状况、原燃料状况等制定合理的工艺操作参数值。

福建龙岩春驰水泥有限公司窑系统主要工艺参数见表 1.6,另外,喷煤管一次风量、内外风比例及其位置应调整合理。

表 1.6　福建龙岩春驰水泥有限公司窑系统主要工艺参数

项　　目	工 艺 参 数
窑尾温度(℃)	1000±50
C_5 筒出口温度(℃)	830~860
分解炉出口温度(℃)	<920(一般为 860±10)
窑筒体表面温度(℃)	≤320
窑、炉用煤量比	35:65(不能较长时间失衡)
分解率(%)	90 左右
相邻分解率波动(%)	<5

（4）常见故障及其分析

① 窑内来料不均

窑内来料时多时少，二次风温、三次风温相应波动较大，分解炉温度多次超过 900 ℃或长期较低，被迫较大幅度地加减分解炉喂煤量，从而引起系统周期性波动，严重影响到系统的长期稳定运行。这主要是回转窑点火操作不当引起的，如点火初期，窑头黑火头过长而使无烟煤靠后燃烧、长厚窑皮过早形成，在正常生产过程中，会导致液相过早产生，较多分解不完全的生料窜入临界区，形成松散的厚圈并引起系统热工制度波动，造成窑内来料不均。

② 分解炉塌料和预热器 C_3 筒、C_4 筒堵塞

分解炉出口温度有持续超高现象（持续超过 920 ℃达 5 min 以上），鹅颈管及分解炉出口与烟室接口处结皮，有效内径减小，分解炉托不起正常料量而常引起塌料，并引起 C_4 筒锥部负压波动较大，下料不畅，易在 C_4 筒锥底积料而引起系统堵塞。造成分解炉出口温度超高的原因主要有：分解炉喂煤量不稳或分解炉系统送煤不畅而导致炉内供热不稳定；正常生产时，上分料阀到烟室的管道密封不严、窜料较多，导致入分解炉的生料量不稳定。

1.2.8 预分解窑煅烧劣质煤有何不利影响，应如何解决

预分解窑煅烧劣质煤通常会给生产带来一些不利的影响，主要表现如下：

（1）产生飞砂料

由于劣质煤灰分高，挥发分低，着火温度高，燃烧速度慢，导致窑头煤粉的燃烧速度慢、火焰热力强度低、窑烧成带温度低，容易造成熟料欠烧、结粒细小而产生飞砂料。

（2）窑内易结圈

由于劣质燃煤中 SO_3、R_2O 等有害物质含量较高，这些有害物质在窑内循环富集，容易在窑后部结成硫碱圈，在分解炉锥部及窑尾上升烟道结皮。窑结圈或上升烟道结皮后，导致窑内通风不良，对煅烧极为不利，对窑产量影响极大。

（3）熟料冷却，二、三次风温低

出窑熟料经常有飞砂料或料坨，加剧了冷却机热端炽热熟料层在箅床上的分布不均，"吹穿"及"红河"现象严重，导致热回收效率差，二、三次风温低。窑头得不到高温空气助燃，烧成带温度难以提高，熟料煅烧质量得不到保证；同时，高温熟料进入冷却机二段也未完全冷却，出冷却机的废气温度和熟料温度往往偏高。

（4）对窑尾风机能力要求增大

使用劣质煤一方面需提高空气过剩系数来帮助煤粉燃烧，另一方面用煤量增大产生的废气量也增多，总体通风量需求加大，因此，对窑尾 ID 风机的要求较高。

（5）分解炉与 C_5 筒温度倒挂

预分解窑使用劣质煤，由于劣质煤易燃性指数和燃尽度低，出炉气流中有大量未燃尽的炭粒形成的雪花在 C_5 筒继续燃烧，结果导致分解炉出口温度低（约 860 ℃），C_5 筒出口温度高（至 940 ℃），C_5 筒下部料温甚至高于上部出口温度，容易堵料，而且加剧了窑系统通风不足的矛盾。

（6）窑皮稳定性差

使用劣质煤会导致窑内通风不良，二、三次风温波动，造成窑头火焰波动，并且大量煤灰沉降，烧成带的温度和长度大范围波动，对窑皮影响大（窑皮长落快、厚薄不均）。烧成带后部和过渡带的窑皮更是消长频繁，时有时无，对窑衬损害极大。

针对以上问题，可采取以下几点措施：

（1）更换窑头燃烧器

可采用高推力的四风道煤粉燃烧器，降低一次风用量，增加对高温二次风的利用，提高系统热效率；

增加煤粉与燃烧空气的混合,提高燃烧速度;增强燃烧器推力,加强对二次风的卷吸作用,提高火焰温度;增加对各通道风量、风速的调节手段,使火焰形状和温度场按需要灵活控制。

(2)冷却机改造

改造熟料冷却机,减小熟料料层阻力变化对熟料冷却的影响;采用"空气梁",根据算床上阻力变化调整冷却风量;采用高压风机鼓风,减少冷却空气量,增大气固相对速率及接触面积,提高换热效率,消除"吹穿"和"红河"现象,以达到提高二、三次风温的目的。

(3)调整配料方案

采用"高硅酸率、中石灰饱和系数、较低铝氧率"的配料方案。采用较低铝氧率,有利于降低熟料液相黏度,促进熟料烧成,稳定窑皮;采用高硅酸率,可以有效地减少窑内结圈,提高熟料强度;采用中石灰饱和系数,在高硅酸率情况下,不但可满足熟料质量的要求,使熟料易烧性适中,而且适当降低碳酸盐含量,对降低分解炉的压力有利,有助于降低预热器系统温度。

(4)加强系统堵漏

为解决窑尾风机能力不足的问题,应加强系统堵漏,防止系统漏风。可从降低预热器风温、堵塞系统漏风、及时清理窑尾斜坡和上升烟道结皮三个方面来满足正常通风需要。

(5)窑尾下料斜坡、上升烟道和分解炉锥部采用抗结皮浇注料,以减少结皮

在关键位置增大捅料孔,及时用高压水枪清理结皮,高压水枪的水喷射到高温的结皮里,瞬间产生大量水蒸气,产生膨胀爆破作用,使结皮散裂塌落。

(6)稳定生料成分

使用劣质煤的窑内工况稳定性相对稍弱,化验室生料配料和中控室窑操作应紧密配合,稳定生料成分,提高生料易烧性,改善熟料结粒,促进回收高温的二、三次空气以促进改善窑况。

(7)及时处理窑内结圈

一旦窑内结圈,可采用冷热交替法,即暂停分解炉喂煤 10 min,再立即足量喂煤,如此冷热反复几次,结圈即能垮掉。或者采用较长时间的低温冷烧法,也能较有效地处理结圈。

(8)控制煤粉细度,提高煤粉燃烧速度

实践证明,提高煤粉细度可较大幅度地提高煤粉的燃烧速度,劣质煤燃烧速度慢的劣势可以得到弱化。

(9)加强窑的操作,稳定热工制度

采用劣质煤煅烧预分解窑,应加强窑的操作,稳定窑的热工制度。系统温度整体控制应比使用优质煤时稍高,通常目标值为窑尾温度 1100 ℃左右,窑头罩风温 950 ℃左右,三次风温 860 ℃左右,分解炉出口温度为 900 ℃左右,C_5 筒顶部温度为 910 ℃左右,C_1 筒出口温度为 350 ℃左右。

1.2.9 预分解窑系统喂煤不稳定是何原因

连续、准确、稳定地对回转窑(包括分解炉)进行喂煤,是稳定窑的热工制度、降低煤耗、提高熟料产(质)量、保证设备安全和连续稳定运转的关键因素。因此,给煤计量控制装置必须具有稳定、准确、可靠、动作迅速等特性。由于煤粉流动性好,锁风要求较高,极易结露、起拱、塌库等,导致流量计量控制较为困难,影响窑的工况。目前,我国水泥企业的煤粉计量和定量控制中,双管螺旋输送机的应用较为普遍,其技术和设备都较为陈旧落后,不能满足长期连续、均匀、稳定的喂煤要求。新建或改建厂在入窑煤粉给料计量设计中应用了调速定量给料秤、冲击式固体流量计、转子秤、失重秤等,基本满足了入窑煤粉的计量控制。

1.2.10 回转窑加减煤为何要及时

回转窑煅烧熟料的热源是靠一、二次风和煤粉的合理使用。当一、二次风量充足,而又可以根据需要

进行调配时,烧成带的温度可用加、减煤来调整。温度高要减煤,温度低要加煤(随着煤量、窑尾温度的变化,一、二次风量大小也要相应地调整),才能保持烧成带一定的温度,适应煅烧物料的需要;否则,该加煤时不加,该减煤时不减,温度上下波动,会烧坏窑皮或出废品。所以,一定要及时加、减煤,使火力波动小,窑的快转率高,才能保证优质高产。

1.2.11　预分解窑如何合理匹配风、煤、料和窑速

煤取决于风,风取决于料,窑速取决于窑内物料的煅烧状况,这是适合于任何一种回转窑煅烧工艺的规律,但对预分解窑来说具有更重要的意义,它是降低废气和不完全燃烧热损失,达到产量高、质量好的关键。因此,必须通过调整操作手段来使风、煤、料和窑速合理匹配。

(1) 风的分配

对于预分解窑,风不仅要为煤粉燃烧提供足够的氧气,而且要使物料在预热器中充分悬浮。正常操作中分解炉和窑头用风的合理分配可通过调整窑尾缩口及三次风阀门开度来实现。现阶段窑尾缩口的大小已基本固定,只能从三次风阀门开度来调节。如果调整不当,风量的分配不合理,易出现塌料、窜料,降低入窑碳酸钙分解率,加重回转窑的热负荷,影响熟料的产(质)量。

若窑尾温度、混合室温度偏低,分解炉上部温度、斜坡温度偏高,窑尾含氧量低而混合室出口含氧量高时,说明窑内用风量小,分解炉用风量大,此时应关小三次风阀门开度,使混合室出口含氧量为2%~3%。

若窑尾、混合室温度偏高,而分解炉温度低,混合室出口和窑尾含氧量相差不大,且窑内火焰较长,窑头、窑尾负压较大时,说明窑内通风量过大,而分解炉用风量小,此时应调节相应的阀门开度,调整窑内通风量。

若预热器内物料悬浮不好,出现塌料、窜料,并且窑头产生回火时,说明窑尾缩口喷腾风速不够,此时应适当增大系统排风,提高窑尾缩口喷腾风速。

(2) 煤的比例

预分解窑是前后两把火,即两处喂煤,存在着窑前加煤与分解炉加煤的比例问题。分解炉喂煤量应根据预热器及分解炉温度的合理分布来确定。如果喂煤量过少,将使炉温偏低,出炉物料分解率降低;若喂煤量过多,将使炉后系统温度偏高,热耗增加,甚至引起系统结皮堵塞。窑头用煤量应根据入窑生料量及烧成温度来确定。若窑头用煤量过少,容易造成烧成温度偏低,熟料立升重偏低,f-CaO含量升高,影响熟料质量;若窑头用煤量过大,将导致分解炉加不进煤,入窑物料分解率低,增大窑的热负荷,发挥不了预分解窑的功效。

窑、炉喂煤量的合理分配,可使烧成热耗最低,熟料质量最佳。通常,带三次风管的预分解窑窑用煤比例占总用煤量的40%~45%时最为理想。若分解炉喂煤量采用炉温自动调节时,其温度测点应选择在温度变化幅度不大的地方,即分解炉的下部或混合室出口,温度调节范围控制在较小范围内。窑的用煤量也不要大幅度变动,若预热器出现塌料、窜料时,应及时将分解炉喂煤转换成手动操作,并适当减少分解炉的用煤量,加大窑头用煤量,以保证窑内物料正常煅烧,使之尽快恢复正常。在开始点火投料时,分解炉应采用手动控制,这时窑头用煤量将超过分解炉的用煤量,随着系统温度的上升及喂料量的增加,将逐渐增加分解炉的用煤量,待喂料量、各处温度及压力正常时,即可换成自动控制。

(3) 窑速和喂料量相适应

窑速应与窑内的生料量相适应。入窑的料多,窑速就相应变快,若料多而窑速慢,则窑内料层增厚,易导致窑尾漏料,在窑尾烟道结皮。窑速慢时,物料在窑内停留时间较长,料层较厚,喷煤嘴喷出的煤易落入料层内,造成煤粉燃烧不完全,易结大块和结圈,影响熟料质量。因此,正常操作时应保证薄料快转,保持窑速和喂料量相适应。

（4）风、煤、料和窑速的兼顾调整

风、煤、料和窑速四者之间既互相联系又互相制约，若其中之一调整不当将打乱整个系统的热工制度。风、煤、料和窑速四者之间的配合，不但量上要合理，而且要注意配合质量，使煤粉燃烧快、物料吸热快、窑速最适当，能充分发挥预分解窑的优点。这就要求通过合理的调整来保证风、煤、料混合均匀并与窑速相适应，使物料分散、悬浮状态良好、煤粉燃烧完全，薄料快转，优质、高产、低消耗。

1.2.12 如何实现风、煤、料三者间的动态平衡

1）系统风量的控制要求和优化

（1）系统总风量的控制要求

掌握用风的原理是降低能耗的一个重要因素，也是提高生产效率最为重要的操作手段。风量控制的主要依据是保证窑、炉煤粉的完全燃烧，合理用风。

① 可根据窑头负压、各级旋风筒进出口温度、压力和高温风机转速及其电流的变化情况，结合电收尘器进口 CO 含量来判断风量是否足够，以此来调节总风量和算冷机用风量。一般新型干法窑气料比较合理的范围为 1.4～1.6 kg 空气/kg 物料。

② 正常生产情况下，高温风机排风量决定了预热器及分解炉各部位的风速、窑、炉用风总量和系统空气过剩系数。空气过剩系数 α 是燃烧过程中的一个重要参数，可以判断窑、炉的用风量或煤粉和空气用量的比例情况，空气过剩量愈多，加热空气的耗热量越多，热效率将随着空气过剩量的增加而下降，造成热耗升高。一般窑尾烟气中含氧量控制在 1.0%～1.5%，分解炉出口烟气含氧量控制在 3.0% 之内，C_1 筒出口烟气含氧量控制在 4%～5%，同时应尽量避免 CO 的出现，保证窑尾电收尘器进口 CO 含量不大于 0.15%。

③ 系统总风量和窑、炉用风匹配具有相对稳定性，但在系统出现如结蛋、结圈、黏结堵塞等工艺故障时，各部位风量将发生改变，需要及时地根据变化情况进行调节。

④ 一般在投料初期或喂料量偏低时，为保证有足够的风量使物料悬浮，要求适当加大空气过剩量，提高气固比，可不必考虑风煤的配合比例。投料前可将 C_1 筒出口负压拉至 −3500～−2800 Pa，投料后无须过多地调整，即可满足逐步加产的用风要求。在投料量正常的状况下，主要以消耗的煤粉充分燃烧所需空气量为基础，也就是要尽可能提高窑、炉头尾煤的完全燃尽率，空气过剩量不需要过大。

（2）窑头操作用风的控制要求

窑头操作用风控制的好坏与否在一定程度上影响到窑系统能否长期稳定地安全运转，通过控制窑头用风量，可灵活调节窑内火焰形状、火焰强度、窑皮状况、煅烧性能等。窑内用风又分为一次风和二次风，一次风的主要作用是提供煤粉挥发分的燃烧，二次风主要通过系统拉风和三次风来调节。

① 通过调节一次风速和二次风量的大小，可达到合适的火焰长度与形状，调整火焰长度就是调整合适的窑皮长度（即烧成带长度），所以火焰长度要适中，不可过长，否则窑前温度降低，对物料适应性变差；火焰也不可太短，否则高温带过于集中，会冲刷窑皮和损伤窑衬，因此窑内火焰形状必须与窑断面面积相适应，实际生产中要求火焰顺畅有力，燃烧器一般定位与窑中心线平行。

② 低温的一次风量占入窑空气量的比例不宜过多，一次风量小，可以增加高温二次风的入窑量。根据相关文献资料可知，当一次风量增加到总空气量的 10% 时，废气温度将上升 4 ℃，相应热耗将增加58.5 kJ/kg。但在实际生产中也不能过分降低一次风的用量，一次风量过低会影响煤粉着火的燃烧需要，应根据煤质状况进行相应调节。对于挥发分低的煤，应采用较低的一次风量；对于挥发分高的煤，一次风量不宜过小，否则会使化学和机械不完全燃烧、损失增加。

目前国内新型干法窑设计，窑头送煤风和一次净风总量大多占窑内燃烧空气总量的 8%～15%。

③ 窑内操作用风控制是否合理，可通过以下几个方面判断：一是可通过现场观察窑尾烟室是否存在煤粉未燃尽的火花，物料是否发黏、易结皮，缩口负压是否稳定、是否产生黄心熟料等，如果存在上述现

象,说明窑内通风不足,煤粉存在不完全燃烧现象,风量偏低。二是可通过观察窑前实际煅烧状况来判断窑内通风是否适宜。具体判断如下:从窑前看,如果窑前温度偏低、黑火头长、窑内火焰长,烧成带筒体温度偏低而窑尾温度显著升高时,用筒体扫描仪判断窑皮长度超过窑内径的6倍时,说明窑内通风量过大、三次风量偏小。如果窑前温度偏高、黑火头较短、火焰粗短而不顺、窑头有憋火现象,窑皮短、窑筒体温度前高后低时,说明窑内通风不足,应加大通风量。三是可通过中控室操作参数如窑尾烟室温度和负压判断窑内通风量。如果窑尾烟室温度偏低、负压小,说明窑内通风不足,三次风量相对过量;若窑尾烟室温度高、负压增大,说明窑内通风过大,窑内烧成带有后移现象。

（3）预分解系统用风控制要求

预分解系统的用风要求相对较高,所需风量需保证物料悬浮状态良好,分解充分,炉内煤粉能够完全燃烧。若系统用风量过低,预热器内物料悬浮不好,达不到充分热交换的目的,容易导致塌料、窜料等现象;若系统用风量过高,不仅系统阻力变大、电耗增加,而且出口废气量增大,也会导致系统热耗增加。

（4）窑、炉用风量的平衡

可根据窑、炉内煤粉燃烧情况,调节好风的分配问题,使窑内通风和三次风量相匹配,窑、炉用风量过大或过小均会造成预分解窑的煅烧能力与预烧能力失去平衡,影响系统产(质)量。在操作中,若三次风量过小,分解炉供风量不足,用煤量与供风量不匹配,造成煤粉后燃,C_5筒出口温度与分解炉出口温度易形成"倒挂",会使入窑生料分解率降低,增加窑的热负荷,还会使分解炉煤粉燃烧不完全,燃烧后移造成结皮堵塞现象;若三次风量过大,窑内通风量降低,煤粉燃烧气氛变差,会影响熟料烧成。合理的窑、炉用风,能提高入窑生料分解率,减轻窑的负荷,提高窑速,有利于熟料的煅烧,还会促进三次风温、二次风温的上升,提高窑系统的热利用率,优化热工制度。

在正常生产中,通过调节入分解炉三次风管阀门的开度来调节窑内通风和三次风量。若操作用风控制不当,易造成窑内结圈、结球、长厚窑皮、预热器堵塞等工艺故障,严重影响系统熟料产量。因此,根据窑系统生产情况,及时有效地调节好回转窑和分解炉风量显得尤为重要。

2）窑炉系统用煤量的控制要求

（1）煤质要求

目前,煤耗成本占新型干法窑整个熟料生产成本的50%以上,热耗已经成为提高水泥厂竞争力的关键因素。煤质的好坏直接影响水泥企业熟料产(质)量及综合效益。各水泥生产企业应根据地域限制来合理定位用煤标准,并严格按定位基准进行采购,保证窑的产(质)量,降低消耗,最大限度地降低制造成本。

煤粉灰分的变化,会使掺入到熟料中的煤灰发生改变,引起熟料的化学成分和率值变化,从而影响熟料强度。通过数据对比发现,煤灰每变化1%,熟料变化约0.008,可见煤质变化对熟料质量的影响。煤的挥发分低,着火温度低;煤的挥发分高,着火温度高,燃烧速度快。煤的灰分高、热值低,容易造成不完全燃烧,预分解系统易结皮堵塞;煤灰掺量过多,窑内的煅烧温度降低,烧成带易长厚窑皮。实践证明,煤的不完全燃烧是导致窑内结圈、结蛋的主要原因之一。

新型干法窑煤粉的用量控制,应首先满足熟料煅烧的热耗要求。熟料标准煤耗一般控制在110～120 kg/t熟料,当燃煤灰分在20%～30%之间波动时,其熟料煤灰掺入量通常在5%～8%之间波动。因此,在实际配料控制过程中,应根据煤灰的变化和掺入量相应调整原料配比,最大限度地平衡因煤灰掺入引起的成分波动。

（2）窑头用煤量的控制

窑头用煤量的大小主要是根据生料喂料量、入窑生料$CaCO_3$分解率、熟料立升重和f-CaO含量来确定。用煤量少,烧成带温度偏低,生料烧不透,熟料立升重低,f-CaO含量高;用煤量过多,窑尾废气带入分解炉的热量过高,势必会减少分解炉用煤量,致使入窑生料分解率降低,分解炉不能发挥应有的作用;同时,窑的热负荷升高,耐火砖寿命缩短,窑运转率降低,从而导致窑系统的生产能力大幅度降低。因此,头煤用量的确定,在窑尾上升烟道不结皮,窑内不结圈、结蛋的情况下,应尽可能提高烧成带温度。

（3）分解炉用煤控制要求

由于分解炉在预热器系统中的特殊性，为充分发挥其作用，应尽量增大分解炉喂煤量，其比例应达到窑、炉总煤量的 55％以上，使入窑生料分解率达 90％以上，以减轻窑的热负荷。为保证分解炉的高分解率，一方面要控制煤粉细度和含水率在合理范围之内，煤粉细度对着火温度和燃烧时间影响很大，提高煤粉细度，也就是增加煤粉中固定碳的比表面积，可使其与空气接触面积增大，有利于提高煤粉的燃烧速度；煤粉含水率过高时，将吸收窑内的热量成为水蒸气，会使窑的热耗升高，熟料的台时产量降低；另一方面要控制三次风温在 750 ℃以上，这样就为煤粉的燃烧创造了有利的条件。

分解炉用煤量的大小，主要根据分解炉出口、C_5 筒和 C_1 筒出口气体温度进行调节。如果风量分配合理，但分解炉温度低，入窑生料分解率低，C_5 筒和 C_1 筒出口气体温度低，说明分解炉用煤量过少。如果分解炉用煤量过多，则预分解系统温度偏高，热耗增加，甚至出现分解炉内煤粉不完全燃烧，煤粉到 C_5 筒后或在系统内继续燃烧，易导致预分解系统内产生结皮或堵塞。

（4）窑炉用煤比例的控制

在熟料煅烧过程中，炉煤的作用是完成物料分解，窑煤的作用是将分解后的生料煅烧成熟料，总耗煤量一般取决于入窑生料的成分和喂料量，以最少的燃料消耗煅烧出优质的熟料是降低能耗、节约成本的关键环节。一般情况下，窑、炉用煤比例取决于窑的转速、长径比 L/D 及燃料的特性等，通常控制在（40％～45％）：（60％～55％）比较理想。生产规模越大，分解炉用煤量也应按高比例控制。

3）喂料量的控制要求

喂料量的控制原则是：根据生料的率值、细度、易烧性，同时结合煤质和窑内煅烧状况，合理调整喂料量的大小。

（1）稳定喂料量是稳定热工制度的前提

"窑稳需料稳，料不稳则窑不稳"。没有稳定的喂料量，窑内物料煅烧状况及热工参数就不能达到稳定。喂料量不稳定将导致窑系统参数和热工制度的不稳定。当喂料量波动频繁且超过 5％时，窑系统难以操作，造成热工系统紊乱、出窑熟料质量波动、强度降低。

（2）配料方案合理

合理的配料方案，就是合理匹配熟料中石灰饱和系数（KH）、硅酸率（SM）、铝氧率（IM）这三个率值，应根据本公司原燃料和煅烧系统的特点，配出易于煅烧的生料成分，使熟料优质、高产。新型干法窑对入窑生料成分的稳定性提出了严格的要求，一般要求入窑生料的 KH 标准偏差要小于 0.02，最好能小于 0.015。

（3）遵循"薄料快转"制度

正确认识窑的喂料量、窑的负荷填充率与窑速的关系，让窑速与喂料量同步增加或减少，保持窑的填充率稳定。当系统正常运行时，窑速一般应控制在 3.5～4.0 r/min，这是预分解窑的重要特性之一。在同样的喂料量情况下，窑速快，窑内料层薄，生料与热气体之间的热交换好，物料受热均匀，进入烧成带的物料预烧就好，如果遇到垮圈、掉窑皮或小塌料，窑内热工制度略有变化时，少量增加喂煤量，系统很快就能恢复正常；若窑速太慢，窑内物料层就厚，物料与热气体的热交换差，预烧不好，热工制度稍有变化，极易跑生料，在这种情况下即使增加喂煤量，因窑内料层厚，烧成带温度回升缓慢，容易造成顶火逼烧，产生黄心熟料，熟料中 f-CaO 含量也随之升高。同时，大量未燃尽的煤粉落入料层造成不完全燃烧，容易出现结蛋、结圈和箅冷机"堆雪人"现象。

4）风、煤、料的合理匹配和操作要求

窑炉的操作过程中，关键是控制风、煤、料的平衡。原则上以"料定煤，煤定风"，也就是说，用煤量的多少取决于喂料量，系统用风量的大小取决于用煤量，而喂料量又取决于风、煤配合下的煅烧状况，三者相互关联、相互制约。新型干法窑监测控制参数和手段全面且连续，供操作人员参考和判断的数据多，具体操作中如何使窑、炉稳定在最佳状态、如何实现动态平衡，是对操作人员和管理人员操作经验、操作水平、综合判断能力的检验。

在生产操作过程中,风、煤、料的调整主要通过窑、炉系统各点温度、压力、电流、含氧量、CO 含量等参数并结合生料和熟料率值、熟料强度、f-CaO 含量等进行综合判断来调整喂料量、喂煤量及各处用风量的大小。在喂料量一定的情况下,煤多风少,易造成煤粉燃烧不完全。若未燃烧完全的煤粉到后系统燃烧,窑内易结圈、结蛋,长厚窑皮,还原气氛浓,熟料伴有黄心,f-CaO 含量升高,预分解系统易发生结皮堵塞,熟料热耗升高。煤少风多,则窑内温度低、电流小,窑内飞砂大,易跑生料,熟料立升重低、f-CaO 含量升高,预分解系统温度偏低,生料预烧不好,入窑分解率不高,不能发挥预分解系统的作用。

综上所述,风、煤、料的匹配关系比较复杂,既相互关联,又互相制约,但可通过全面监控、准确判断、科学管理、及时调整来实现三者间的动态平衡,从细节入手,提高风、煤、料的操作控制水平,确保窑、炉系统热工制度稳定,以实现新型干法水泥窑连续稳定、优质高产。

1.2.13 回转窑使用劣质煤时应如何控制烧成温度

劣质煤的特点是灰分高、燃烧速度慢、发热量低。使用劣质煤煅烧熟料时,黑火头长,窑内温度低,不易烧起来,而且易结圈。

长期使用劣质煤时,首先应根据煤的成分改变配料,采用易烧的方案,并改进喷煤系统,加速煤风混合,加快燃烧速度。在条件允许的情况下,可把煤粉磨得细些,提高一、二次风温度。

除上述条件外,关键问题还在于火工如何改变操作参数,满足煅烧劣质煤的需要。使用劣质煤时,在不致使窑尾温度过低的情况下,应关小排风,尾温比正常控制低 5 ℃,以保持较集中的火焰和一定的烧成带热力强度,以弥补煤质不好而产生的黑火头长、热力分散的缺陷。在煅烧过程中,烧成带温度应偏上限控制。使用劣质煤时,预打小慢车的作用更为显著,要好好地加以运用。只要加强操作,采取各种相应措施,采用劣质煤是可以烧出高标号水泥熟料的。

1.2.14 预分解窑煤磨系统正常生产时应如何操作

(1)中控室操作

① 磨机刚开启时,煤磨操作人员应根据系统各处温度和压力数值,确认系统运行是否正常。

② 原煤喂料要求做到连续、稳定,防止饱磨或空磨运行,煤磨岗位人员要确保原煤仓的煤量。

③ 煤磨操作人员应根据磨机运行情况,确保各煤粉仓内保持一定的料位。

④ 严格控制各处温度,严禁超温,严密注视各处压力变化。

⑤ 根据化验室质量通知,及时调整磨机的通风量和原煤下料量。

(2)系统设备巡检

① 各煤粉管道内不允许出现煤粉堆积现象。

② 磨机运行时,附近应无人。

③ 检查各轴承的润滑情况,其油温不能大于 55 ℃。

④ 在磨机运行状态下严禁打开任何部件。

⑤ 若在系统运行过程中发现可燃物来源,应及时处理。

⑥ 检查系统各排风机、电动机、减速机运行是否正常。

⑦ 冷却水管道要畅通且不能漏水。

⑧ 管道及接合处应严密不漏风。

⑨ 勤听磨音,并与中控室人员勤联系,根据磨音情况掌握磨内粉磨状况。

1.2.15 预分解窑煤磨系统的开机顺序通常是什么

(1)磨机润滑油站的启动及冷却水的开启;磨机主轴承油泵的启动;调节润滑油站的油温在 10～

40 ℃;开启冷却水并调整到合适的状态。

（2）启动防爆收尘器,将收尘器微机控制柜投入使用;启动细粉分离器电动锁风阀。

（3）煤磨离心风机启动前进口阀门全关闭;确认管道各阀门位置正确,磨头热风阀门全关闭、磨头冷风阀门全打开。

（4）启动煤粉离心风机,逐渐开大煤粉离心风机进口阀门开度,使磨头负压在 $-0.5\sim-0.4$ kPa 范围内。

（5）煤粉输送设备的启动,以物料流动方向为准,逆行依次开启系统相关设备。

（6）启动磨机;启动磨头圆盘喂料机(原煤仓内应有足够的原煤)。

1.2.16 预分解窑煤磨系统的停机顺序通常是什么

（1）停圆盘喂料机。

（2）将磨头热风阀全关闭,冷风阀全打开。

（3）根据磨音以及系统负压、磨机压差显示值来确认磨内煤粉已走完,此时即可停磨机。

（4）煤粉离心风机在磨机停机后继续运行约 10 min,抽空系统残存的煤粉后停机,并密切注意各部位的温度、压力情况。

（5）煤粉离心风机停机 10 min 后,停防爆收尘器。

（6）关闭细粉分离器电动锁风阀。

（7）依系统顺流方向,依次停系统输送设备。

（8）根据情况关闭供水、供气总阀。

（9）若长期停机,烧成系统超过 3 d 不开机,应将成品煤粉仓中的煤粉和原煤仓中的原煤卸空,防止其自燃。

1.2.17 预分解窑煤磨系统应在何种情况下停磨

（1）圆盘喂料机跳闸。先关闭热风阀,打开冷风阀,使煤磨出口气体温度保持在 65 ℃ 以下,根据故障排除时间长短,判断是否要停磨。

（2）煤磨主电机突然跳闸。应立即断料,并迅速关闭磨头热风,打开冷风,联系有关人员检查故障。

（3）磨机堵塞。磨音低、沉闷,磨头负压减小,可能是原煤含水率过大或喂料量过大造成的。处理方法:应及时减少喂料量或停料,并且加大系统通风量,提高磨内风温、风速。

（4）当发生事故时应紧急停磨。

（5）当冷却系统发生故障或轴承温度过高时,应及时停磨。

（6）当人孔盖板发生裂纹或磨体有裂纹时,应停磨。

（7）当传动装置及其支承部件未正常振动时,或当衬板或人孔盖板螺栓松动时,应停磨。

1.2.18 应如何处理预分解窑煤磨系统常见故障

（1）磨机在运转时若衬板脱落,必须立即停磨,并及时更换衬板,否则钢球会击坏筒体。

（2）磨机主轴承中回油温度超过 50 ℃ 时必须停机检查原因,并处理。

（3）齿轮在运转中有冲击声时必须停机进行检查并处理。

（4）若突然断电,应立即将电动机的开关断开并通知有关人员,以免来电时出现故障。

（5）若发现磨机基础有裂纹和下沉时,必须停机检查。

（6）若煤粉细度过大时,首先应判断磨机的通风量是否合适、磨内物料量是否适当,若二者皆正常,可调节粗粉分离器,待磨机检修时,再重新调整钢球级配。

(7)煤粉水分大时,可适当加大热风量,增加出磨温度。

(8)磨内压差增大,并在磨头及磨尾有煤粉漏出时,说明磨机已饱磨,此时应及时减小喂料量,严重时应断料数分钟。待磨内压差正常,磨头、磨尾无漏料现象时方可重新喂料,在断料前,应将热风阀关小,以防磨内超温。

(9)粗粉分离器回粉管堵塞,主要是由于磨内研磨能力不足,其现象是粗粉分离器上、下负压压差显著增大。处理方法:首先应清理堵塞,然后再查明堵塞原因并处理。

1.2.19　生产前应如何做好煤粉制备系统的检查与准备工作

(1)因窑系统未正常生产,所以应在磨头增设热风炉,为烘干煤粉提供必要的热源。

(2)在所有单机试车及联动试车完成之后,可进行带负载试车(加入研磨体),带负载试车应分级进行,研磨体的装载量应按33%、50%、66%、100%逐级进行。

(3)带料试运行。因为煤粉是易燃物,所以试运行前可用石灰石代替原煤进行粉磨试运行。

(4)原煤的带料运行。在带料试运行前应对系统进行仔细检查。

冷却水的检查:认真检查,确认用水点供水是否正常,确认各冷却水(包括系统冷却水的用点、磨机主轴承用冷却水、磨机减速润滑油站用冷却水、主排风机用冷却水)进口阀门的打开位置,调整出口阀门,使流量达到所需要的值,根据环境温度、冷却水温度来控制润滑油油温,一般不超过40%。

确定各单机设备空载运转良好、密封良好,为防止正常运转时粉尘逸出,确保系统有关阀门、闸板等设备动作灵活,各防爆、消防器材备齐。

确认系统设备内无任何杂物,特别是各煤粉仓内。

系统各动态设备润滑油的检查:提升机上、下托轴轴承的检查;螺旋输送机各油杯及机头、机尾轴承的检查;主排风机轴承及联轴器的检查;煤磨主轴承,主减速机、煤磨润滑油泵、各电动机、各减速机的轴承检查。

防爆收尘器的检查:整体密封性检查,泄压阀、检修门及连接处不得有任何漏风现象;各机械运动部分的动作要灵活、到位,反吹风机旋转方向正确,脉动阀与壳体之间不得有摩擦现象;电磁气阀的动作是否到位;微机控制柜与其控制的清灰、卸灰机构工作是否正常。

压缩空气供气系统检查:确认煤磨储气罐进气阀关闭,排出积水后再打开;确认通往煤磨防爆收尘器的压缩空气管网阀门开度在合适位置;确认进入气缸的压缩空气阀门打开;确认空压机站供气准备完毕。

煤磨润滑系统的检查:确认油箱内的润滑油量在合适位置;确认油路系统的阀门开度正确;确认系统各润滑装置的油压合适、润滑状况良好,以及返油量正常、不漏油;确认油泵内无杂音,无异常振动;确认润滑油质量是否符合要求;确认润滑油油温是否正常。

煤磨内各种衬板的检查及螺栓的检查:检查磨内衬板是否符合要求;检查衬板螺栓及各种地脚螺栓是否牢固。

确认原煤仓的料位在适当位置,原煤输送设备能正常运行;确认所有电机完好,运转方向正确。

系统自动化仪表检查:确认所有温度、压力测量仪表准确显示;确认所有温度、压力测点位置合适,仪表无损坏。

1.2.20　预分解窑如何煅烧高硫煤

硫酸碱是低共熔矿物,会增加液相量,而且液相黏度小。使用高硫煤(硫含量大于3%)容易在窑内产生结皮、结圈、结大块、起飞砂等现象,严重的会使预热器发生堵塞,回转窑长厚窑皮、结圈,影响生产,很难处理。特别是碱、氯等有害成分均较高,熟料中MgO含量也较高的情况下,更容易发生上述情况,对生产影响很大。所以,大多数厂家不使用高硫煤作为干法回转窑的燃煤,一般控制原煤中全硫含量在2.0%以下,有些厂家控制得更低。

如果无法避免使用高硫煤,可采用以下几个措施:燃煤全硫含量可放宽到7.0%,熟料中SO_3含量可高达3%,且能正常煅烧合格熟料。

(1) 生料配制

为了减少硫的影响,防止结圈与长厚窑皮,通常有两种配料方案:第一种是采用高硅酸率配料。由于高硅酸率配料的液相量少,不易结圈与长厚窑皮,但这种方案的生料易烧性较差,操作困难,熟料质量波动大,不稳定,而且飞砂料大,有时窑上烧不住,采用多用头煤强烧,不仅对烧成带窑衬不利,而且窑尾温度高反而会导致长后圈。第二种是采用高铝氧率配料,由于硅酸率不高,生料易烧性较好,熟料质量较稳定,同时由于液相黏度增大,飞砂料也较少。可见采用第二种更好。所以,当硫含量高时,宜采用中石灰饱和系数、中低硅酸率、高铝氧率的配料方案较为合适,即 KH 值为 0.90 ± 0.02,SM 值为 2.5 ± 0.1,IM 值为 2.0 ± 0.1。但要注意,如果熟料中 MgO 含量高时(不小于3.0%),必须提高熟料的 SM 值,否则液相量太大会严重影响窑的煅烧和熟料的产(质)量。

(2) 适当缩短火焰长度,控制分解炉与烟室的温度

采用高硫煤作为燃煤时,为了减少结皮堵塞,应适当降低窑尾烟室和分解炉出口温度。将分解炉与烟室温度控制得比正常值偏低些,通常烟室温度宜控制在 $950\sim1050$ ℃,分解炉出口温度宜控制在 $860\sim880$ ℃。为了达到此目的,窑的发热量不可太大,但为了不降低烧成带的温度,应适当缩短火焰长度,调整燃烧器,增加内风比例,减少外风比例。燃烧器的位置尽可能保证物料料面受热均衡,避免造成局部过热。

(3) 加快窑的转速,减少熟料在烧成带的停留时间

硫主要来源于燃料,也有部分来源于原料。硫在窑头和分解炉内燃烧生成 SO_2,被碱性氧化物和 CaO 吸收,生成硫酸盐。硫酸盐在窑的高温带分解释放出 SO_2,随窑气到达窑尾或预热器,遇低温冷凝又被吸收生成硫酸盐,形成硫循环,如图1.8所示。

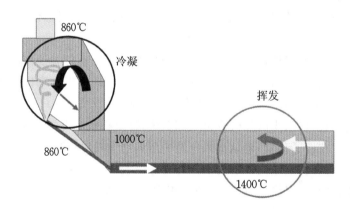

图 1.8　预分解窑内硫循环示意图

所生成的硫酸盐可形成几种复硫酸盐,其熔融温度较低($600\sim900$ ℃),与液相和物料夹杂在一起,黏附在耐火砖表面,形成结皮堵塞,严重影响窑的煅烧。通常,入窑热生料中 SO_3 含量是熟料中的 $2\sim6$ 倍,其比值大小主要取决于物料中的硫碱比和煅烧温度,以及高温下的停留时间。

为了减少硫在回转窑内的循环富集,应减少熟料中硫的挥发率,所以应减少熟料在烧成带的停留时间,短焰快烧。加快回转窑的转速,控制回转窑的转速在 3.8 r/min 以上,使其高速运行。

(4) 降低熟料烧成温度

硫的挥发受温度的影响很大,窑内温度达到1220 ℃以上时 $CaSO_4$ 开始分解,因此降低烧成温度、缩短熟料在高温下的停留时间,是减少硫酸盐分解的重要措施之一。

为了降低烧成温度,可提高生料的易烧性,磨细生料,降低 SM 值,避免熟料过烧,适当提高熟料 f-CaO 的控制指标。

（5）加强窑内通风，避免产生还原气氛

窑内会发生如下反应：

$$CaSO_4 + C \longrightarrow CaO + SO_2 + CO$$

$$K_2SO_4 + C \longrightarrow K_2O + SO_2 + CO$$

由于 $CaSO_4$ 在还原气氛中非常容易分解，挥发率大大增加，所以应尽量避免窑内出现还原气氛，加强窑内通风。应将烟室缩口适当放大，以增大窑的通风。硫含量高时，窑尾废气的含氧量应控制在 2.5% 左右。

为避免煤粉出现局部不完全燃烧，煤粒沉积到物料表面与其中的 $CaSO_4$ 作用，应严格控制入窑煤粉的筛余。

（6）减少窑灰的循环

提高五级筒的分离效率，尽可能使窑的回灰不入窑，作为水泥混合材使用。

（7）加强窑的操作，定期清理结皮

根据入窑生料率值来控制窑的生产，提前考虑变化因素，尽量避免窑的波动。加强窑筒体温度测试，及时通过火焰位置和长度处理副窑皮。煅烧过程中，应加强结皮的清理，每 8 h 清理 2 次烟室结皮，分解炉鹅颈管每 12 h 清理结皮 1 次。

1.2.21 窑头燃烧器应该如何调节

调节燃烧器的目的就是既改变燃烧速度又改变火焰形状，两者有着密不可分的联系，一般有如下手段：

（1）调整一次风的总量与压力，保证喷煤管有足够大的推力。所谓喷煤管推力 M，是一次风量 m 大小与一次风速 v 的乘积，即 $M = mv$。

其中，一次风量 m 既可以按每秒鼓入窑内的空气质量表示，也可用一次风量占入窑总空气量的百分数表示，该数值不应过大。因此，若想提高喷煤管推力 M，只能提高一次风速 v，这就要求风机具备一定风压的同时，喷煤管口径要受到限制。相对于传统回转窑所用的喷煤管口径偏大、出口风速偏小、一次风量偏大而言，这正是预分解窑改善燃烧状态的优势之一。有合理推力的喷煤管不但使火焰控制合理，高温区适当，能延长窑衬料运转周期、提高熟料质量，而且还能降低一次风量，大大降低热耗。根据经验数据可知，一次风量比例每降 1%，可以降低熟料热耗 84 kJ/kg。当然，喷煤管的推力并不是越大越好，出口风速在 400 m/s 左右时不仅不易提高，而且也不应再提高，否则，不但火焰形状不好，还会使 NO_x 含量增加。

（2）调整煤管的内径、改变出口风速，是改变煤管推力的补充措施。现在的多风道煤管大多有此功能，但这种调节范围有限，随着管道的阻力不断增加，风机的能力最终将无法适应。

（3）调整内外风的比例。内风是旋流风，使火焰变短变粗；外风是轴流风，使火焰变细变长。一般喷煤管伸入窑内时，需要加大内风；喷煤管拉出窑口时，需要加大外风。但是这并非是固定规律，还要视具体情况而定。

［摘自：谢克平.新型干法水泥生产问答千例（操作篇）.北京：化学工业出版社，2009.］

1.2.22 如何用四风道燃烧器调节火焰

根据各风道的作用，在调节各风道用风时，应按如下顺序判断和操作：

（1）首先根据煤的品种，调整一次风量及风压的大小，即确定总净风量的大小。建议采取变频器改变风机转速的办法调节，不仅可以节约电耗，而且更有利于调节风量时减少风压损失。

（2）根据对火焰出口风速的要求，可以调整内外风道的断面面积。断面面积减小，风速提高，适用于燃烧速度慢的煤质。

（3）根据火焰形状的要求及喷煤管在窑内的位置来调节内外风比例。火焰形状细而长时要加大内风，减少外风；反之，则加大外风，减少内风。

如果是一台净风风机，内外风的调节是同时进行的，在一次净风总量不变的情况下此消彼长。如果内外风各有一台风机，则可以分别调节，但要注意一次风总量改变对火焰形状的影响。

（4）根据喷煤管出口回流气流的大小来调节中心风量。此风量过小起不到作用，过大则不利于煤粉与空气的充分混合。

（5）煤管在窑内的位置改变，有利于点火及止料时的调节，更有利于运转时保护窑皮与处理结圈的要求。一般的煤管设计要有沿窑轴向 1 m 的移动范围。

在调整时，操作者还要充分考虑二次风温与风量对火焰的影响，以及二、三次风量比例的影响。总之，调整火焰是各种因素综合变化的结果，任何一项操作都会对原有操作产生影响。

［摘自：谢克平.新型干法水泥生产问答千例（操作篇）.北京：化学工业出版社，2009.］

1.2.23　窑头燃烧器伸入窑内的位置应如何控制

在传统回转窑型中，移动喷煤管位置是重要的操作手段之一。当筒体某段或某片位置温度过高时，或窑后部结圈时，都需要轴向移动喷煤管位置，作为补挂窑皮、烧结圈的措施。对于预分解窑，由于有了较平整的窑皮，这种手段已经弱化，但必要时仍然是需要的，尤其是对于直径为 3 m 左右的窑，大球及结圈形成得比较频繁，应该充分利用这种操作。为此，应该满足如下要求：

（1）做好基础工作。在喷煤管的支架上约 1 m 长能移动的范围内，按 1 cm 间隔用油漆画出鲜明的刻度，以标明喷煤管轴向移动的位置，便于记录喷煤管现有位置及移动量，使三个台班的操作人员都明确喷煤管的变动情况。

（2）统一各台班操作。喷煤管位置的移动应该由技术人员统一部署。对各台班喷煤管移动后窑皮或结圈的变化，要及时观察总结，以便有效地采取对策。

（3）移动喷煤管时要与多风道的内外风调整配合。

［摘自：谢克平.新型干法水泥生产问答千例（操作篇）.北京：化学工业出版社，2009.］

1.2.24　喷煤嘴前端面进入窑出料口内过多有何不利影响

如果喷煤嘴进入窑出料口过多会造成以下影响：

（1）一次风对二次风的挟带作用减少，不利于再循环火焰的形成；

（2）增加窑的冷却带，降低熟料冷却速度，使熟料的阿利特结晶易转型为贝利特结晶，或贝利特结晶自身发生晶型转换，不利于提高熟料质量；

（3）降低熟料进入箅冷机的温度，意味着降低了二、三次风温，不利于降低热耗；

（4）喷煤嘴端头上部容易形成熟料堆积的"蜡烛"，也易被上部掉落的熟料砸坏外浇注料。

［摘自：谢克平.新型干法水泥生产问答千例（操作篇）.北京：化学工业出版社，2009.］

1.2.25　喷煤嘴前端面位于窑出料口之外有何不利影响

如果喷煤嘴伸入窑出料口过少，甚至在窑口外的窑门罩内，又会造成以下影响：

（1）喷煤嘴不易形成稳定的喷射性火焰，受窑门罩二、三次风的走向影响较大；

（2）火焰的着火点不易连续，会上下跳动，不安全；

（3）出窑熟料温度过高,算冷机容易出现堆"雪人"现象。

综上所述,对于使用算冷机的窑,喷煤嘴端面应当伸在窑口护板处,即进窑口端面 5～30 cm 的范围内。

如果窑的冷却设备是单筒冷却机,或是带有一段算板的复合式冷却机,由于熟料的冷却能力不足,煤管端部只能更多地伸入窑内,因而系统就会有煤管在内的各种弊病。

［摘自：谢克平. 新型干法水泥生产问答千例（操作篇）. 北京：化学工业出版社,2009.］

1.2.26 如何确定喷煤管轴线与窑轴向中心线的相对位置

正常运行时喷煤管的轴线就是窑的轴向中心线。

大多数窑的操作者习惯将喷煤管轴线平行地偏移料面 2～5 cm,即根据窑的旋转方向,向第三或第四象限偏移,而且有的还将喷煤管方向倾斜地对准物料,与窑的轴向中心线形成一个夹角。这种传统回转窑的做法,对于预分解窑的传热效果而言,已经没有任何积极作用;相反,这种位置使喷出的火焰根部易受物料干扰,形状不完整,不仅影响对二次风的挟带,还容易产生还原气氛,易形成前结圈及"雪人",或加剧硫在窑内的循环,产生结皮或预热器堵塞,所生成的熟料对水泥强度和凝结时间都有不利影响。

窑运行时应该尽量避免调整喷煤管的角度,因为凭经验调整的角度,很难保证火焰不扫窑皮。使喷煤管的轴线与窑的中心线形成上下夹角或左右夹角,都有可能使火焰伤及窑皮,不利于窑砖寿命,应当尽快纠正。

［摘自：谢克平. 新型干法水泥生产问答千例（操作篇）. 北京：化学工业出版社,2009.］

1.2.27 何为短焰急烧

短焰急烧是回转窑内火焰较短、高温集中的一种煅烧操作。它通常是由于原料预烧不良,燃煤挥发分含量过低及受设备条件的限制等原因,迫使烧成带缩短,提高火焰温度而急速完成熟料的煅烧过程。由于物料在烧成带停留时间太短,受热不匀,熟料矿物晶体大小不一,晶形不规则,分布不匀,f-CaO 含量往往较高而影响熟料质量。这种煅烧高温集中,易烧坏窑皮及衬料,对窑的长期安全运转也不利。

1.2.28 何为回转窑的"正常火""大火"和"小火"

所谓"正常火",就是恰当的烧成温度。一般来说,"正常火"在窑内有以下特征:

（1）窑内的火焰发亮,形状完整、平稳有力,且有一定的长度。

（2）物料呈微白色,火点处的物料翻滚灵活,熟料结粒细小、均齐,且有一定的立升重。

（3）"黑影"稳定在一定的位置,高温区和"黑影"的界线不太明显。

（4）窑皮的颜色和物料的颜色基本一致。

所谓"大火",就是烧成温度过高。一般来说,"大火"时火焰发白刺眼,火点处的物料随窑壁带得较高,翻滚不够灵活,熟料结粒粗,有时甚至结块。若火过大时,会使烧成带的物料烧结成团,不能随窑壁带上翻滚,形成"流火",严重影响窑皮及衬料。

所谓"小火",就是烧成温度过低。"小火"时,火焰发红,"黑影"移向窑头,严重时后面的生料像水一样往前面涌来。

由于操作人员的辨色能力及看火镜深浅度不同,对火的大小判断会有差别,所以应使用深浅度一致的看火镜。同时,应根据物料的不同耐火度来控制不同火色,以防止不良后果的产生。

1.2.29 "蜡烛"的危害性是什么,应如何防止

所谓"蜡烛",是指在喷煤管前端上方,由高温熟料细粉逐渐黏在煤管外壁的浇注料上形成类似蜡烛的柱状熟料料堆。这些熟料细粉有相当一部分是由于喷煤管上方存在着气流的回流区而带上来的。

"蜡烛"不但会使煤管前端上方增加不平衡的立升重,易使喷煤管变弯,降低煤管外的浇注料保护层寿命,而且它不断地长大,将会与旋转的窑口刮碰,威胁窑的安全运行。

"蜡烛"形成的机理,与箅冷机内"雪人"的形成机理类似,只是形成的位置不同。如果喷煤管伸入窑内多一些,"雪人"现象就会减轻,但"蜡烛"现象就会变得严重。防止"蜡烛"的形成有以下几点办法:

(1)煅烧的熟料细粉不要过多,这与配料及烧成都有关;

(2)正确控制喷煤管进出位置,尤其不要伸入窑内过多,必要时可以适当拉出;

(3)尽量减少窑头部位的漏风量;

(4)必要时在窑门侧面开孔,由人工清理。

[摘自:谢克平.新型干法水泥生产问答千例(操作篇).北京:化学工业出版社,2009.]

1.2.30 用空气炮清理"蜡烛"可行吗

有些生产线的喷煤管上方"蜡烛"现象较为严重,于是将空气炮管道平行架设在喷煤管上方,用浇注料与喷煤管浇注在一起,试图借助压缩空气定时喷打来处理不断上长的"蜡烛"。遗憾的是,这不仅不能将"蜡烛"及时消除,无法代替人工处理,而且还会有如下不良影响:

(1)压缩风管很难保持完好。因为窑门罩处的负压不高,当压缩空气停止喷吹时,窑内的高温热风会进入风管,使其很快烧蚀。

(2)对喷煤管上的浇注料寿命有严重的影响。因为压缩风管与喷煤管都被同一浇注料包裹保护,但压缩空气每一次的喷吹,都会对浇注料产生一次振动,反复振动会导致浇注料产生裂纹,热气会顺着裂缝烧蚀浇注料的扒钉,使扒钉与喷煤管脱开,容易造成浇注料整体脱落,如果未能及时处理,喷煤管在短时间内会被烧毁。

[摘自:谢克平.新型干法水泥生产问答千例(操作篇).北京:化学工业出版社,2009.]

1.2.31 在现场巡检中如何对转子秤进行维护

(1)为减少送煤风对转子秤出口耐磨套的磨损,可将一部分煤风从风机出口直接通过旁路管道接至送煤管道的入口而不经过秤体。因此,要根据送煤量的改变来调节管道上的闸阀,控制旁路风量,不可过大(小于30%)或过小。

(2)每台班定时对所有压缩空气储气罐及煤粉仓助流系统的油水分离器进行放水(特别是窑尾),以免水分随压缩空气吹入仓内。

(3)各气动闸板都只能处于全开或全关位置,不得半开或半关。

(4)保证秤体收尘管道畅通,收尘效果有效。

(5)定期检查助流管道,重点检查电磁阀、单向阀及过滤片,防止只有压力而不通气的现象。

(6)保持秤体表面清洁,保证称重部位活动灵活、无卡死现象。当发现转子秤有异物卡住时,不能用工具强制转动皮带轮等传动位置;更不能用重锤等金属硬物敲击秤体和传动部分,而是找到异物取出后再运行。

[摘自:谢克平.新型干法水泥生产问答千例(操作篇).北京:化学工业出版社,2009.]

1.2.32　在中控室操作时应如何保持转子秤的准确性

为了减少对秤体转子与密封板的磨损,操作中应做到以下几点:

(1) 不允许在送煤风机未开机的情况下先启动转子秤,也不允许在转子秤未停机的情况下先停送煤风机。

(2) 为计量精度及使用寿命,转子秤不应该在超量程条件下运行。但在使用中,往往由于煤的热值较低,保证喂煤量变化较大,再加上提高产量或热耗过高等因素,很多秤在其超负荷情况下运转,转子的转速过高,加快了秤的磨损,计量便不准确。因此,应稳定煤质,并降低煤耗。如果发生超量程喂煤时,应找出办法减少喂煤量,确保转子电动机的转速不能大于 2000 r/min,即不得高于额定转速。

(3) 启动转子秤时的设定值不要高于 1 t/h,每次喂煤量的调整量不得超过 0.5 t/h。

(4) 确保煤粉含水率在 1.5% 以下,减少仓内煤粉结皮及结块的可能性。

(5) 控制窑尾煤粉仓仓重不低于 35 t,尽量避免由于入仓煤粉落差过大而造成的下煤不稳。

[摘自:谢克平.新型干法水泥生产问答千例(操作篇).北京:化学工业出版社,2009.]

1.3　回转窑

1.3.1　窑操的任务是什么

作为窑操,其根本任务应以保证烧成系统的均衡稳定生产为中心,调整其他子项系统的操作;应以保持优化合理的煅烧制度为主,力求充分发挥窑的煅烧能力,根据原燃料及设备状况适时调整各项参数,在保证熟料质量的前提下,最大限度地提高窑的运转率。

作为窑操,对"抓两头,保重点,求稳定,创全优"的操作思路要有清晰的认识,并能灵活运用。所谓"抓两头",就是重点抓好窑尾预热系统和窑头熟料烧成两大环节,前后兼顾、协调运转;所谓"保重点",就是要重点保证系统喂煤、喂料设备的安全正常运行,为熟料烧成的"动平衡"创造条件;所谓"求稳定",就是在参数调整的过程中,适时适量,小调渐调,通过及时地调整来克服大的波动,维持热工制度的基本稳定;所谓"创全优",就是要通过一段时间的操作,认真总结,结合现场热工标定等测试工作,总结出适合本厂的实际系统操作参数,即优化参数,使窑的操作最优化。

预分解窑系统的操作必须满足如下基本要求:

(1) 任何时候都应保证设备和人员安全;

(2) 熟料质量稳定、优良;

(3) 操作流畅、稳定;

(4) 达到最大热交换效率;

(5) 达到最大产量。

水泥生产也已进入到计算机时代,中央控制室掌握了整个生产工艺流程,窑操这个岗位也会被计算机所代替,这是今后水泥生产的必然方向,不过根据我国情况,水泥生产全部实现电子化还需相当长的时间,窑操仍不失为一个重要岗位。

1.3.2　对预分解窑看火操作的具体要求是什么

(1) 作为一名回转窑操作员,首先要学会看火。要看火焰形状、黑火头长短、火焰亮度,以及是否顺畅有力;要看熟料结粒、带料高度和翻滚情况,以及后面来料的多少;要看烧成带窑皮的平整度和窑皮的厚度等。

(2)操作预分解窑要坚持前后兼顾,要把预分解系统情况与窑头烧成带情况结合起来考虑,要提高快转率。在操作上,要严防大起大落、顶火逼烧,严禁跑生料或停窑烧。

(3)监视窑和预分解系统的温度和压力变化,废气中 O_2 和 CO 含量变化,以及全系统热工制度的变化。要确保燃料的完全燃烧,减少黄心料,尽量使熟料结粒细小、均齐。

(4)严格控制熟料 f-CaO 含量低于 1.5%,使熟料立升重波动范围在 ±50 g/L 以内。

(5)在确保熟料产(质)量的前提下,保持适当的废气温度,缩小波动范围,降低燃料消耗。

(6)确保烧成带窑皮完整坚固、厚薄均匀。操作时要努力保护好窑衬,延长安全运转周期。

1.3.3 回转窑如何看火

回转窑看火应注意观察以下几个方面。

(1)来料大小

观察来料大小,是从火焰下边微偏没料边,顺物料滚动时的边缘往里看,可以看到火红的熟料后边有暗灰色的物质在不断滚动,看火工把它叫作"生料"或"黑影"。正常情况下,黑影逐渐前移,前后宽窄一致、薄厚均匀,经常在火焰前中部流动。当黑影在火焰高温部分由黑变成火红时,生料即烧成熟料。

物料由小变大时,料层增厚,前窄后宽,黑影位置不断前移,火焰回缩。物料由大变小时,料层减薄,黑影后退,火焰伸长,火色发亮,黑影在火焰前部流动,甚至看不到。

(2)物料的颜色、结粒、翻滚情况和提升高度

通过看火孔观察窑内,从前圈到生熟料交界处为止的熟料和烧成带空间火焰的颜色为粉红色。熟料颗粒均匀细小,$5\sim20$ mm 的小颗粒占 80% 以上,部分鸡蛋、核桃大小的料块掺杂在均匀的小颗粒中,翻滚灵活,进冷却机微有灰尘扬起,对看火清晰度无任何影响。从副看火孔观察,熟料顺窑壁带起,稍高于煤管,采用矿化剂或熟料中熔煤成分含量高时,则被窑壁带起得更高些。在熟料成分不变的情况下,熟料被窑壁带起得愈高,说明烧成带温度愈高;否则相反。干法窑结粒较粗,似核桃、鸡蛋大小的料块较多。

(3)火焰形状、颜色和下煤量

正常煅烧时,火焰顺畅,活泼有力,前部白亮,中部呈粉白,后部发黑(黑火头),理想的形状近似毛笔头,长度适中、完整稳定,无回风,无局部高温,不散不软,不涮窑皮,便于操作控制。干法、半干法窑或带箅冷机的窑,煤粉一般燃烧快,黑火头短,烧成带靠近窑头,火的颜色比湿法窑的亮,结粒也比湿法窑的粗。

下煤量正常时,黑火头浓淡适宜,煤粉燃烧完全,无流煤现象。下煤量少时,黑火头发黄,火焰长飘无力;下煤量多时,黑火头浓黑,严重时出现流煤现象,火"咚咚"发响。

(4)风煤配合

风煤配合恰当时,火焰完整顺畅,活泼有力,不涮窑皮。煤多、一次风量小时,火焰发红,黑火头长而浓,软而无力,起火慢,燃烧不完全,严重时掉落煤粒,甚至煤粉刚吹出煤嘴就掉下来,熟料表面出现蓝火焰。若火焰长而无力,不断回缩,说明排风量大;相反,火焰短而集中发死,严重时窑内发浑,冷却带和火点处充满白气,则说明排风量小。

(5)窑尾温度

窑尾废气温度简称尾温。尾温因窑型不同,生产方法不同,各厂条件不同,影响因素很多,但波动范围控制得愈小愈好,湿法厂一般控制在 $\pm(5\sim10)$ ℃,干法和半干法可比湿法稍大一点,一般在 $\pm(10\sim25)$ ℃,控制尾温的主要方法是增大或减少排风量(一次风不变的条件下,增、减排风也就是增、减二次风)。尾温是表明热工是否稳定、下料是否正常的主要标志,看尾温的变化即能预测下料和来料情况,保证尾温稳定即能保证预烧稳定、煅烧正常,所以看火工必须做到看一次火,观察一次尾温,如遇有波动,更

应勤看,注意变化,及时调整,确保尾温控制在±(5~10)℃范围内。

1.3.4 回转窑"十看"操作法的内容

"十看"操作法是看火工人总结出来的一套比较全面合理的看火操作方法。它包括以下十个方面的内容:

(1)看"黑影"。要求看清"黑影"和稳住"黑影"位置,维持一定的烧成温度,控制来料均匀,提高窑快转率。

(2)看熟料的提升高度和翻滚情况,判断烧成带的温度是否适当。当烧成温度正常时,物料随窑灵活地翻滚,提升高度也适当;温度过高时,熟料提升得高,而且成片地向下翻滚。

(3)看熟料粒度,要求熟料颗粒细小、均齐。当熟料粒度变粗,火焰发白时,表示窑内温度升高,应酌情减煤。

(4)看火焰的颜色。正常的火焰颜色是微白色的,此时,熟料的颗粒细小、均齐并有一定的立升重。当火焰发白时,表示烧成温度过高,应减煤;当火色带红时,表示温度低,应加煤。物料的耐火程度不同,控制的火色也应不同。即物料较耐火时,火色应控制得比较白;否则反之。

(5)观察来料多少,切实掌握来料变化情况,便于及时而又准确地加、减煤粉,以控制烧成带温度。在生料进入烧成带时,若火焰缩短,则表示物料由少增多,这时应适当加煤。若后面的火色发红,在烧成带的料也不多,则应逐渐加煤;如果加煤后,后面的火色很快发白,说明温度升高,则应及时减煤。当后段发亮,火焰伸长,"黑影"走远或没有加煤,火色转亮,物料又翻滚得快时,表示来料减少,应及时减煤。

(6)看风煤。在正常操作中,如果风煤配合适当,则火焰保持平稳,形状完整,分布均匀,活泼有力。当煤多风少时,则火焰细长无力;若煤少风多时,则火焰混乱且不集中。若一、二次风温高时,则火焰短;当一、二次风温低时,火焰则长。煤风管靠外时,火焰短;煤风管靠内时,火焰就长。应根据具体情况使风、煤配合合理,保证煤粉燃烧完全和火焰形状良好。

(7)看烟色。通过烟囱废气的颜色判断窑内燃烧情况和烧成的好坏。如果烟色是白色,表示窑内燃烧完全;如果是黑烟、乌烟,说明煤粉没有完全燃烧。这时,应及时减煤或适当打小慢车。当烟色浓且发黄时,说明窑内有结圈的可能。

(8)观察废气温度,要求尽可能稳定废气温度,使其波动范围愈小愈好。若废气温度有所上升或下降,应及时调整风煤,并注意窑内是否有结圈。

(9)观察窑皮,要求操作中控制窑皮平整、厚度适中,以保证窑的安全运转。但发现窑皮有深坑、剥蚀、局部脱落或冷却水有烫手感觉时,应立即调整生料成分、下料量、窑速、冷却水或煤粉嘴位置等,及时黏补窑皮。

(10)观察喂料量,要求严格控制窑速和喂料量,以保证入窑生料的均匀和窑内热工制度的稳定。

1.3.5 回转窑看火的"十八字诀"有哪些内容

回转窑看火的"十八字诀":"前关键,抓基础,专勤早,准动小,结粒好,稳定保",是实现回转窑优质、高产、低消耗的诀窍。其内容分述如下。

(1)前关键

保持烧成带温度稳定是关键。在外界条件基本满足生产要求的条件下,控制好烧成带温度使其稳定,就能实现优质、高产,也能实现熟料立升重合格率90%,窑快转率90%的窑况良好状态(熟料立升重合格率、窑快转率都为90%,俗称"双九十")。"双九十"标志着窑的生产正常、热工平稳、优质高产、低耗。要想达到此水平,应该做到参数合理(参数是指风、煤、料、窑速及尾温、下料量的数据),风、煤配合恰当,熟料均匀细小,避免顶火烧,三个台班操作统一,窑皮时刻维护好,强化操作技术,抓住煅烧关键。当来料不均时,首先应保证烧成带温度的正常控制,而后再兼顾控制窑尾温度在要求范围内,保持窑尾温度稳定。再如,料大打慢窑后,一般是生料紧逼,首先需要解决的问题是保持较集中的火焰,增加火力强度,提高煅烧温度把料烧好,这时应较多地关小排风,适应煅烧需要,关小排风后尾温暂时下降较多,即使如此,亦不能拉大排风以控制尾温在要求范围内,否则,火焰拉长,热力强度降低,煅烧温度不够,出低料甚至黄料。尾温下降造成后续物料没预热好,只能靠料到烧成带前预打小慢车来弥补预热的不足。

当烧成带料很薄时,为保护好窑皮不被烧坏,则应较多地减少煤量,控制熟料结粒正常,不能强行控制温度而烧坏窑皮。烧成温度、尾温的降低,亦只能待来料时预打小慢窑或较大的慢窑以延长物料在窑内的停留时间来弥补。总之,控制好烧成带温度及窑皮是关键,在不影响煅烧的基础上兼顾窑尾温度,使其控制在要求范围内。

(2)抓基础

抓窑尾下料均匀、尾温稳定是基础。为了给煅烧创造良好的条件,以下方面均不得忽视,都属于抓基础的范畴之内:

① 抓窑尾温度稳定及下料均匀是基础。下料均匀稳定,是保证窑内料层厚薄一致的重要措施。湿法窑应控制 200L 或 500L 下料时间波动在 ± 0.5 s 内,干法窑用双管绞刀下料,最好装冲量计来计量下料,或者控制下料仓空深稳定,实行窑速下料同步。所谓"同步下料",就是窑速加快,下料量也同比例增多;窑速减慢,下料量也同比例减少,以保证窑速变化与下料量同比例进行,窑内物料厚度才能均匀一致,保证热工制度稳定。如使用窑中喂料(灰),应保证电收尘器及输送系统的运转率,避免时开时停,回灰发生大的波动,造成料层不均。

湿法窑因窑规格不同,窑尾温度也不一样,一般控制在 170~220 ℃之间。某湿法窑厂,开始控制尾温 150 ℃时,出现黑影近,窑速不稳,慢车多,小窨料,立升重不低,f-CaO 含量比一般情况高一倍,后来逐步把尾温提高到 220 ℃±5 ℃,一切均变正常,产量由原来 20 t/h 左右提高到 32 t/h,达到了设计能力(其他措施也应跟上)。

② 抓合理应用"三大一快"操作法是基础。水泥熟料生产过程中,使"三大一快"操作法充分发挥其作用,是提高窑产量的关键因素之一。因为回转窑生产是靠风、煤、料及窑速进行的,而风、煤、料、窑速又是依据料大小变化而变化的,一般规律是料大、风大用煤多,窑速快;料小、风小用煤少,窑速慢。因为料大时,煅烧物料需要较多的热量进行化合反应,而热量来源于煤粉的燃烧,所以料大就必然用煤多;由于料大用煤多,燃烧所产生的烟气料浆蒸发所产生的水蒸气和碳酸钙分解所产生的 CO_2 废气也多,应及时排出,才能保证窑微负压生产,使得火焰顺畅,煤粉燃烧完全。料大必增风,要想物料化学反应完全,不但需要充足的热量和风量,还必须保证窑内料层厚薄适宜,不因料大产量高,造成料层过厚而烧不透,克服料层过厚的最佳方案就是加快窑速。若下料量不变,加快窑的转速就等于料层减薄。加快窑速物料的翻滚次数,使物料混合得更均匀。接触次数多,还能增强物料的热交换作用,传热面积增加,传热速度增快,物料化学反应速度加强,易烧性改变(好烧),产(质)量均能保证较佳效果。由上可知,"三大一快"操作法是基本操作法,风、煤、料及窑速四者之间相互影响,缺一不可。窑参数的变化,亦是依此原则而定(一般是直径小的窑比直径大的窑转速快;窑外分解比一般预热器窑转速快。窑外分解窑转速在 90~120 r/h,其他窑型转速为 60~80 r/h)。"三大一快"操作法中的"三大一快",不是任意的无限度"大""快",而是在煅烧温度允许情况下的,否则比例失调,产(质)量不但不能提高,反而还会降低,造成人力、物力的损失和浪费。正确运用"三大一快"操作法,必须选择合理参数,结合本单位实际,优选出"大""快"的最佳数据。

③ 抓好配料,适应煅烧,优质高产是基础。要想抓好配料,首先应保证原燃料化学成分的稳定,出磨、入窑生料率值的稳定,否则配料是很难按要求控制的。

各厂由于工艺及原燃料成分不同,配料控制配比亦不一样,差距较大,即使原燃料成分及配料方案设计得不同,三率值都应按下表要求进行控制。

控制项目	允许波动范围	合格率		标准偏差	
		干法窑	湿法窑	干法窑	湿法窑
石灰饱和系数(KH)	±(0.015～0.02)	≥68%	≥80%	≤0.02	≤0.015
硅酸率(SM)	±0.1	≥85%	≥85%		
铝氧率(IM)	±0.1	≥85%	≥85%		

采用复合矿化剂配料时,KH值比不采用矿化剂的料高0.02～0.04。

④ 抓入窑生料率值稳定是基础。因为入窑生料率值稳定,则表明入窑生料化学成分的稳定和均匀性。如果入窑生料率值发生大的波动,窑内物料就会出现一股易烧,另一股难烧的现象,产(质)量降低。该现象在干法生产中表现较为突出,所以要求入窑生料率值合格率(KH±0.02、SM±0.1、IM±0.1)要达到70%以上。为达到此目的,生料配料可采用率值控制系统。

⑤ 抓入窑料浆或物料含水率合格是基础。湿法窑入窑料浆水分在不影响料浆流动的情况下,愈低愈好,因为用于水分蒸发的热量占生产熟料总热耗的33.5%,每提高1%水分,对热耗的增多将有明显影响,对产量的提高也是不可忽视的因素。所以,一般湿法窑要求入窑料浆含水率控制在35%以下;干法窑水分高时下料仓壁,造成下料不均或堵塞,所以干法窑入窑物料含水率应控制在<1%;半干法窑物料成球含水率控制在12%～14%。

⑥ 抓参数合理搭配与运用是基础。操作中应做到:料多煤必大(燃烧完全);煤多风必增(保持一定的火焰及燃烧速度);料厚产量高,窑速应快(要求快速率达90%);料层均匀,下料与窑速必同步;窑中喂料、喂灰应均匀,避免时停时开;调整煤粉量时应做到小波动、勤调整(立升重合格率达到90%);操作中应采用稳定窑速、调整煤风的操作方法,加强煅烧、稳定热工,以小变动克服大变动;不采用稳定煤风、调整窑速的做法来解决窑内煅烧温度的变化。煅烧温度高,加快窑速;温度低则减慢窑速,通过延长物料在窑内停留时间来调整煅烧温度,以"窑速调温"。由于窑速不断变化,造成下料频繁跳动,用风量时大时小,火焰时长时短,火点时前时后,会使产(质)量受到较大影响,所以该法一般是不能采用的。但遇到下列情况之一者,可采用"窑速调温"法进行处理,煤粉不变,调慢窑速,进行煅烧。

a. 烧逼火时。在保证不审生料的情况下,先慢窑后加风、煤。

b. 物料特别易烧,结大块。料大时为防止局部高温和烧逼火,采取慢窑不加煤的办法,延长火焰长度,达到顺烧结粒好的目的。

c. 掉大窑皮或垮后圈时。因为该情况积料多、来料大,甚至审料,再加上窑皮块大,吸热多,不易烧透,压在窑皮下的料就更难烧住,仅靠加大煤量提高煅烧温度是满足不了煅烧需要的,而把煅烧温度提高到物料需要是来不及的,此时只好先减慢窑速后加煤,延长物料在窑内的停留时间,保证物料化学反应完全。

⑦ 抓好挂窑皮是基础。回转窑烧成熟料气流温度往往大于1600～1700 ℃,物料温度也在1450 ℃,直接烧筒体,钢板会被烧软熔化(钢板熔融温度为1500 ℃),从而导致无法进行水泥生产,因而钢板上镶砌一层耐火材料以便挂上窑皮,但耐火砖的耐火度和厚度是有限的,经受不住长期高温及化学侵蚀,为延长耐火砖的使用寿命,在其表面积上一层熟料作为保护层,这层熟料就叫"窑皮"。窑皮不但能延长火砖使用寿命,还有减少筒体散热和蓄热的功能。看火工必须抓好这项工作,把窑皮挂好、挂牢。

(3) 专勤早

专:树立热爱看火专业的思想。只有技术不断提高,才能不断创新,有所发明,有所进步。

勤:"业精于勤"。勤是精的基础,是专的具体体现,是提高技术水平的关键因素之一。勤的具体内容是:

① 看火勤。要求每隔2～3 min看一次火,特殊情况更应多看,以便及时发现窑内煅烧情况的变化,如燃烧温度是否正常(火色是否呈粉红色,火焰是否活泼有力、不散不旋、不涮窑皮);一、二次风配合是否恰当(恰当时,火焰有力,不长不短,煤粉燃烧完全,无冒白气和蓝火现象);熟料结粒是否均匀一致,有无

烧高火、急火现象;黑影是否在火焰中部流动,以便及时调整煅烧参数和温度,保证窑热工制度稳定、煅烧正常。

② 检查勤。看火工负责的机器(鼓风机、下煤机等)都应按时检查加油,水冷却每隔 1 h 测一次,如实记录。检查窑体使用的是红外线扫描自动记录仪,应及时观察记录窑体温度变化情况,避免窑体烧红。如发现窑体恶化,应移动火点位置,调整火力,控制煅烧温度偏中,结粒均匀,并及时把窑皮补挂上,达到长期安全运转的目的。

③ 观察仪表勤。仪表是看火工的"眼睛",只有观察窑控制盘上各种仪表的变化,才能及时发现生产中机电及工艺出现的各种问题。尤其是对窑尾温度的观察,应做到每看一次火,就要看一次窑尾温度,甚至不看火亦要看尾温,如有变化应及时调整排风机阀门,把尾温控制在 ±5 ℃ 范围内(温法窑),干法窑或半干法窑控制在 10~15 ℃ 范围内,否则,窑速很难稳定,会出现大的波动。

④ 研究问题勤。窑上出现的问题应及时研究,一可发挥大家的智慧,及时制定出处理方案和补救措施,使问题得到很好的解决;二可统一思想、统一认识、统一行动,减少处理问题中的人为矛盾,尤其是重大问题的决策(如大检修、改挂链条、喷煤系统变更、配料方案调整、处理结圈……),更应及时研究分析,制定出方案措施,以便实施后更好更快地达到预期目的。

⑤ 联系勤。看火工岗位是中心,指挥着各岗位开停车,因而与各岗位必须联系勤。和下料工联系勤,可保证下料均匀,并能及时了解下料情况,掌握窑内物料变化情况;和煤磨工联系勤,能及时掌握煤粉质量情况和煤粉仓空深及冷热风变化情况;和冷却机工联系勤,可很好地控制熟料冷却与二次风温。与各岗位联系勤,是正常生产必不可少的规则,尤其在刚开窑时更为重要,避免因联系不到位而造成人员和机械的重大事故。

⑥ 调整风、煤勤。一般都在煅烧较正常的情况下进行,以小调整克服大变动,把温度控制在最佳范围内。

⑦ 处理问题勤。无论是机电问题或是工艺问题,都应做到及时处理,防止因处理不及时,由小问题发展成大问题。例如,窑内厚窑皮处理不勤,就会愈长愈严重,最后形成后结圈,再处理就困难得多,即使处理掉,窑内热工制度亦遭到严重破坏;又如,窑皮恶化,不勤处理或不及时处理,窑皮会进一步恶化,甚至造成衬料被蚀没,发生红窑导致检修。

早:就是情况发现早、预防早、问题处理早。如新开窑,料到烧成带前,应提前适当加大煤量,提高烧成带温度,使火砖表层处于微融状态,以便料到后烧成带能挂上一层坚固的窑皮,下列情况处理不恰当则会带来不良后果:如加煤过早,等料时间过长,烧成温度过高,料没进入烧成带,火砖就被烧融,被融的火砖液体从上向下流淌,出现挂丝现象(也叫流丝),必然得减煤,降低烧成温度,来料不但挂不上窑皮,反而使火砖烧掉很厚一层,从而蒙受较大损失,影响到砖的使用寿命及窑的长期安全运转;加煤前应停窑查看,把握住物料进入烧成带时的位置,加大煤量要适时;当发现窑内出现厚窑皮时,应及早处理,不要等到负压升高、火焰发憋、来料不均结后圈时再处理,一般情况下,新形成的窑皮都不是很厚,质松不牢固、不结实,只要及早活动煤管位置,推进或拉出,变动高温区位置,使厚窑皮处发生冷热变化而龟裂垮落。一个熟练的看火工操作应做到"四早"(早加煤——温度不烧高;早减煤——不烧低火;早打小慢车——不烧大;早开快窑——立升重温度不低)。如有条件应控制黑影在火焰前中部流动,达到不烧顶火、不烧憋火、不烧高火、不烧低火的"四不烧",防止结大块或出黄料,避免局部高温烧坏窑皮或窑内出现热工制度不稳及大波动。

(4)准动小

操作方法准,波动必然小。

准,是技术高低的集中表现。准,就是看火看得准,情况分析得准,预见问题准,参数用得准,变化规律摸得准,处理问题方法准。如看火工看不准温度高低,就无法准确加减煤、控制烧成温度正常。不能准确判断火焰情况,就无法调整火焰长短。看不准一、二次风量大小及不知一、二次风的性能,就无法在要求范围内调整火焰长度和保证煤粉燃烧完全。控制不准物料化学成分,就无法正确配料,煅烧就不正常,配料就谈不上好烧,熟料质量、产量就无法保证。看不准熟料立升重,就无法保证熟料立升重合格和窑内温度正常。一个技术水平较高的看火工,对熟料立升重的判断与实际测出的结果,误差应在±15 g之内。

(5)结粒好

湿法窑控制熟料结粒大似核桃,小似花生米,前者约占20%,后者约占80%(干法及新型干法窑熟料结粒较粗,核桃、鸡蛋大小的颗粒量较多)。一种情况是熟料结粒均匀细小,说明配料合适,煅烧正常,物料反应完全,窑皮挂得结实平整。窑内热工稳定与否会导致出窑熟料结粒颜色不一样,如果出窑熟料结粒均匀细小,呈灰绿色,砸开后断面致密,微有小孔,晶体闪亮,无严重熔融痕迹、无黄心,则说明煅烧正常,参数合理,配料合适,熟料质量好。如果窑内熟料大如瓜,小如拳,小颗粒很少,出窑熟料灰白光滑,融感强,说明火烧高了;如果粒少面多,熟料颗粒质轻,则说明火烧低了。另一种情况是料烧得黏散,熟料颗粒少、细砂多,出窑后呈深墨绿色,质轻,颗粒砸开后断面多孔,这种料叫"飞砂料",会严重影响窑的长期安全运转。还有一种料是结粒正常,出窑后砸开呈棕红色,看火工称其为"黄心料",这是由于煤粉燃烧不完全,高价铁还原成低价铁所致。总之,熟料结粒的好坏标志着煅烧情况的好坏,不可忽视。控制熟料结粒均匀细小,煅烧正常,是看火工时刻都应做好的事情。

(6)稳定保

一是指看火工应具备的工作作风和精神面貌;二是指稳定热工制度,优质高产,低消耗,长期安全运转才有保障。

看火工,是一个广泛的理论知识与复杂的操作技术相结合,丰富的实践经验与高科技(电视看火、微机操作等)相结合的特殊工种。俗话说:"大家一条心,黄土变成金"。看火工在工作中,要发扬一心为公,不怕苦的高尚精神,做到"二人保一班、三班保一窑、窑窑大协作"的高尚风格。做到个人优质高产建立在全窑优质高产的基础上;本班优质高产建立在不损害下班生产的基础上。所以,各班都应积极地把问题处理在苗头中,宁可本班生产受点损失,也不能给下班生产留下困难。三个台班必须统一操作,交接班应不留后遗症,遇到特殊情况必须向下班交明交清,克服交班前放松操作的不良习惯,接班前杜绝烧大火、低火及出生料,要识大体、顾大局,在操作中稳定热工制度,在火点上下功夫,参数配合好,避免顶火烧。只有实现上述要求,才能实现稳定保。

1.3.6　对预分解窑操作有何要求

预分解窑的正常操作要求与一般回转窑相似,即保持窑的发热能力与传热能力的平衡与稳定,以保持窑的烧结能力与窑的预烧能力的平衡与稳定。预分解窑的发热能力来源于两个热源,传热能力则依靠预热器、分解炉及回转窑三部分装置;烧结能力主要由窑的烧成带决定,预烧能力则主要取决于分解炉及预热器。为达到上述两方面的平衡,操作时必须做到前后兼顾,炉、窑协调,稳住烧结温度及分解温度,稳住窑、炉的合理热工制度。

一般回转窑要稳定合理的热工制度,必须稳定窑前烧成带的温度及窑尾烟气温度;分解窑要稳定合理的热工制度,则必须稳定窑两端及分解炉内温度。如果窑的烧成带温度稳不住,则将使熟料产、质量下降,或影响窑衬寿命。如果窑尾温度稳不住,不但会影响窑内物料的预热,还会影响分解炉内温度(窑气入炉系统)。如果窑气温度过高,易引起窑尾烟道结皮、堵塞。若分解炉内温度过低,物料分解率将下降,则使入窑物料预烧不够,使窑速稳不住,产量降低。分解炉出口气体温度过高,则易引起炉内及炉后系统结皮、堵塞,甚至影响排风机等的安全工作。所以,操作中必须首先稳住窑两端及分解炉内温度。

通风、加煤、喂料是影响窑、炉全系统正常运行的主要因素,应通过计算与实际调整后找出它们之间的合适关系,并保持相对稳定。当系统排风量一定时,如果增大窑的通风,则分解炉的用风将会减少;反之,增大分解炉的风量,会减少窑内的通风。在保持相同过剩空气系数时,通风量的变化意味着发热能力的变化。同样,如果通风量保持不变而改变窑、炉的燃料加入量,也会影响窑、炉的发热能力及温度。分解炉内900 ℃以下的温度是靠料粉分解吸热来抑制的,如果喂料量过多或过少,必然引起分解率的下降或出炉气温的升高,以引起窑内料层的波动,造成窑、炉系统热工制度的紊乱。

由于窑内煅烧决定着熟料的质量,因此窑的操作应占主导地位,应使整个窑、炉系统平衡稳定。但又不能像传统中控窑那样,仅凭窑头看火,随时调节风、煤、料的量,即可达到稳定生产的目的。新型干法窑要求全系统处于均衡稳定的条件下,保持各项技术参数合理,达到最佳的热工制度。

1.3.7 回转窑操作注意事项

(1)熟料结圈及结蛋

在回转窑操作中,若风、煤调配不当,窑内通风不良时,就会造成煤粉不完全燃烧,跑到窑后去烧,煤灰不均匀地掺入生料,火焰过长,窑后温度过高,液相提前出现,在窑内结蛋;当窑尾温度过高时,窑后物料出现不均匀的局部熔融,成为结蛋的核心,然后在窑内越滚越大,形成大蛋。

另外,当给煤量较大时,在 1150 ℃条件下,Fe_2O_3 也会部分分解为 Fe_3O_4,与 SiO_2 作用生成 $2FeO\cdot SiO_2$,形成渣相黏结。这就使得物料在流经焙烧带时,所产生的液相、渣相极易黏附在窑衬的表面,同时黏结物料而产生结圈现象。

(2)熟料 f-CaO 控制

当窑尾温度低或者有塌料、掉窑皮,喂料量不当时,会引起熟料 f-CaO 含量增高(f-CaO 是熟料中没有参加反应而以游离状态存在的 CaO)。当分解窑偶然出现较高熟料 f-CaO 含量时,正确的操作方法如下:

① 一旦发现上述异常现象,立即减少喂料,减料多少根据窑内状况的异常程度而定。比如塌料较大、时间较长或窑尾温度降低较多,此时减料幅度要略大些,但不宜一次减料过多,要保持一级预热器出口温度不能升得过快、过高。

② 紧接着相应减少分解炉的喂煤,维持一级预热器出口温度略高于正常时的 50 ℃以内,同时通知化验室增加入窑分解率的测定,确保分解率为 85%～90%。

③ 略微减少窑尾排风,使一级预热器出口的温度能较快恢复到原有状态。但不可减得过多,否则会造成新的塌料,也会影响二、三次风的入窑量,进而影响火焰。

④ 如果掉窑皮或塌料量不大,完全可以不减慢窑速,这批料虽以不合格的熟料出窑,但对生产的总体损失是最小的。按照这种操作方式,恢复正常运行的时间只需 10 min。如果是打慢窑,这批料不仅无法煅烧合格,而且至少耗时 30 min 以上,影响熟料的产量以及更多熟料的质量。

⑤ 尽快找出窑内温度不正常的原因,防止类似情况再次发生。比如找出塌料的原因、窑尾温度降低的原因等。

上述操作方法还要因具体情况而异,总的原则是:不要纠结一时的得失,要顾全系统稳定的大局。这个大局就是用最短时间恢复窑内火焰的正常、系统温度分布的正常,各项工艺参数的正常,并继续保持它们。

(3)熟料立升重控制

熟料立升重即 1 L 熟料的质量,其高低是判断熟料质量和窑内温度(主要是烧成带温度)的参数之一,通过物料结粒大小及均匀程度,可以推测烧成温度是否正常。当窑温正常时,产量高,熟料颗粒大小均齐,外观紧密结实,表面较光滑而近似小圆球状,立升重较高;物料在烧成带温度过高或在烧成带停留时间太长,过烧料多,熟料立升重过高,质量反而不好。如窑内物料化学反应不完全,熟料颗粒小得多,而且其中还带有细粉,立升重低,说明窑内温度低,新型干法生产线的熟料立升重一般控制在1300～1500 g/L。

窑内熟料颗粒是在液相作用下形成的,液相在晶体外形成毛细管桥。液相毛细管桥起到两个作用:一个作用是使颗粒结合在一起,另一个作用是作为中间介质,使 CaO 和 C_2S 在熔融态内扩散生成 C_3S,颗粒的强度取决于毛细管桥的强度,桥的强度即连接颗粒的力随液相表面张力和颗粒直径的降低而增加。

毛细管桥的数量又与颗粒直径的平方根成反比。要结好粒,必须有足够的液相,并要求颗粒在液相内分布均匀,形成较高的表面张力和适宜的结粒时间。

1.3.8　预分解窑窑操口诀

高产优质低热耗,窑操责任很重要,八项环节不能忘,三防措施要记牢:

原燃成分要对应,均化设施见实效,三项率值偏高控,料量煤量要稳定——原燃料;

系统用风来源多,零压平衡在算中,前后负压应得当,减小风耗漏风低——总排风;

窑头负压五十帕,热耗降低火焰顺,高温风机是来源,算冷排风要谨慎——窑头负压;

生料分解九五率,分解炉内要搅流,窑炉气流要平衡,三次风管阀门慎调节——分解炉;

火焰要靠燃烧器,调节手段应具全,一次风量要少给,一次风速不能低——燃烧器;

二次风温一千二,节煤优质冷却快,算床料层稳厚度,算下压力算速调——二次风温;

窑速快转料层薄,高温煅烧传热匀,窑皮结实又平整,快速冷却标号高——窑速;

熟料都含游离钙,过高过低都不利,还原气氛更不利,黄心熟料更有害——游离钙;

运转率高设备牢,耐火窑衬需长寿,砖质优筑好火焰,窑皮稳定看投料——耐火砖;

堵塞结皮是大敌,原因找准才能防,注意气流与温度,严防漏风与异件——防堵塞结皮;

大径窑内少结圈,处理不当也难免,点火投料是关键,火焰控制更关键——防结圈;

配料煅烧稍疏忽,雪人蜡烛易出现,煤管位置掌握好,及早预防最明智——防雪人蜡烛。

1.3.9　预分解窑中控操作的优化措施

(1)稳定生料流量,减小波动。因原有的生料流量计采用电液传动,灵敏度较低,投料设定为 100 t/h,往往会窜到 160 t/h 甚至更高,很容易造成系统塌料及预热器堵塞,改成气动流量阀后,这种情况就完全杜绝了。另外,控制生料小仓的料位在合适的范围,也能减小入窑生料的波动。

(2)控制生料及煤粉的细度。一开始因立磨及煤磨台产低,为保证生料及煤粉的供应,细度较粗,结果熟料 f-CaO 难控,煤粉多加,燃烧不完全,经常有预热器堵塞及存料的情况发生,难以维持安全正常的连续运转。控制煤粉细度在 10% 以下,生料细度在 0.08 mm 方孔筛筛余 18% 以下,情况逐渐稳定好转。

(3)在投料初期以及正常运行过程中,片面追求 C_1 筒出口风温,不切实际地通过降风压加产来达到不超过 300 ℃ 的风温,结果往往事与愿违,造成了工况的大幅波动并难以为继。后改变中控操作思路,在稳定工况的前提下调整参数在合理的温度范围内,C_1 筒出口风温正常生产时控制在 320～350 ℃,系统运行正常,产(质)量及各项经济指标均得到较大提高。标煤耗也由单纯追求 C_1 筒出口风温时的 120 kg 标煤/t 熟料以上降至现在的 110 kg 标煤/t 熟料以下。

(4)关注原料、煤磨操作参数变化,判断生料成分和煤粉质量可能出现的变化。若入磨废气温度控制较低,说明石灰石较好,含土量少,配料上要提高黏土质原料的配比;反之,说明石灰石较差,含土量大,配料上要提高石灰石配比。另外,不同品质原煤入磨后磨机工况和操作参数也会发生不同变化。因此,操作员要观察原料、煤磨操作,提高原燃料变化的预见性,掌握操作主动性,进一步优化操作参数与经济指标。

(5)重视升温中的预投料。新建生产线或生产线计划大修后,升温时间较长,在尾温达到 700 ℃ 左右时,要进行一次预投料。以 5000 t/d 生产线为例,设定喂料量 20～30 t/h,连续喂料 10～20 min,用来检查喂料设备是否正常、预热器系统是否畅通,同时,对预热器管道进行一次较好的"清洗",将附积的未燃尽煤粉"清洗"入窑,消除今后操作中的安全隐患。

(6)加强耐火材料的砌筑。过去为节约成本,采用人工砌筑,效率低,且对砖的损伤较大,多次发生掉砖的事故。后改用砌砖机,无论是效率还是砌筑质量都大大提高,杜绝了因砌筑质量影响生产的情况发生。

（7）通过窑筒体温度的变化，适时掌握窑皮的情况，及时调整风、煤、料，使其合理匹配，有针对性调整煤管的相对位置，通过风压调整内外风的比例，稳定窑况，使窑皮得到较好的维护，保证了窑系统长期安全正常地运转。

（8）在中控操作中按照新型干法窑的特点，在保证预热器少结皮、料子不发黏的前提下，尽量提高分解炉出口风温，提高入窑物料的分解率，使窑能达到薄料快烧的目的。

（9）窑内"结蛋"操作。在回转窑操作中，若风、煤调配不当，窑内通风不良，会造成煤粉燃烧不完全而进入到窑后去烧，窑尾温度过高，窑后物料出现不均匀的局部熔融，形成结蛋的核心，而后在窑内形成大蛋。窑内结大蛋时，首先表现为窑电流的不规则波动，电流曲线波幅明显增加且有上升趋势。其次，直径较大的"蛋"会严重影响到窑内通风，表现为窑尾负压升高、火焰变短，严重时有回逼现象。最后，由于窑内有效通风量减少，窑头煤粉会出现不完全燃烧，"大蛋"进入烧成带后，NO_x 浓度大幅度下降，窑头变浑浊。根据以上因素判断出窑内结"大蛋"时，可根据实际情况适当加快高温风机转速，加强窑内通风，减少窑头煤量，保证煤粉完全燃烧，避免 CO 出现，同时适当减产，提高窑速，尽快将"蛋"滚出窑内，防止其在窑内停留更长时间，结成更大的"蛋"。总之，调整要适当，确保窑系统热工制度的稳定，在"大蛋"滚出之前，应保持算冷机前端一定的料层厚度，使"大蛋"在滚入算冷机时有一定缓冲，防止砸坏算板。

试生产初期，因立磨台产低，经常只有 160 t/h，造成生料供应紧张；窑台产低，则限制了窑系统的发挥。采取一定措施使立磨台产稳定在 190 t/h 以上，不仅满足了窑的生料供应，还能有一定的避峰时间。

（1）降低石灰石、页岩的破碎粒度，由原来的 80 mm 降至 50 mm 以下；

（2）通过循环风机的调整及扩容，为中控室的操作调整采取了必要的手段，循环风机的控制电流由原来的不到 110 A 调整为现在的 135 A 左右；

（3）通过磨机磨辊与磨盘的匹配，落料点的调整，最大限度地提高碾磨效率，为中控操作（如加压等）创造了良好的条件。

新型干法水泥生产是一项系统工程，单纯从某一点调整，往往收效甚微，必须全面入手，采取多种手段，才能达到事半功倍的效果。

[摘自：袁群.关于新型干法水泥生产线中控操作优化措施的分析.四川水泥,2015(9):1.]

1.3.10 预分解窑系统紧急情况时的操作

（1）高温风机停机

① 现象

系统压力突然增加；窑头罩正压；高温风机电流显示为零。

② 措施

A. 立即停止分解炉喷煤；

B. 立即减少窑头喷煤量；

C. 迅速将生料两路阀打向入库方向；

D. 根据情况降低窑速；

E. 退出摄像仪、比色高温计，以免损坏；

F. 调节一次风量，保护好燃烧器；

G. 调整冷却机算床速度；

H. 根据情况减少冷却机的冷却风量，调整窑头排风机转速，保持窑头负压；

I. 待高温风机故障排除后进行启动升温，重新投料操作，若启动失败，采取以下措施：

a. 减小算冷机鼓风量；

b. 增加算冷机的排风机风量，尽量保持窑头罩为负压；

c. 降低窑速；

d. 降低箅冷机的箅床转速；

J. 通知机修部巡检马上处理，处理完毕后升温投料。

注意：应适量减小一次风量，防止过多的冷空气破坏窑皮及耐火材料。

（2）生料断料

① 现象

a. 一级预热器温度急剧上升；

b. 每级预热器及烟室负压迅速增加；

c. 每级预热器温度测量值迅速升高。

② 措施

A. 迅速停止向分解炉供煤；

B. 迅速调整喷水系统喷水量，确保进入高温风机的气体温度不超过 320 ℃（生料磨停时小于 240 ℃）；

C. 迅速降低窑尾高温风机转速；

D. 根据尾温变化适当减少窑头喂煤量，保证正常的烧结温度；

E. 根据情况降低窑速；

F. 减少箅冷机的箅床转速；

G. 减少箅冷机鼓风量；

H. 迅速查找生料断料的原因；

I. 若在 30 min 之内不能重新投料，则采取以下措施：

a. 将窑置于最低转速；

b. 停止箅冷机的箅床，根据箅床厚度间歇运转。

（3）窑主电机停机

① 现象

窑停止运转。

② 措施

A. 重新启动；

B. 若启动失败，马上执行以下停窑程序：

a. 停止喂料；

b. 停止分解炉喂煤；

c. 减少窑头喂煤；

d. 减小窑尾高温风机转速；

e. 减小箅冷机箅床转速；

f. 减少箅冷机鼓风量；

g. 调节箅冷机排风量，保持窑头罩负压；

h. 启动窑的辅助传动，防止窑筒体变形。

（4）箅冷机冷却风机停机

① 现象

风机电流量为零；箅板温度过高；窑内火焰变长。

② 措施

关闭风机阀门，重新启动，如果启动失败，采取以下措施：

a. 马上执行停窑程序；

b. 停止箅床转速；

c. 打开相应的箅冷机鼓风室人孔门，用来帮助冷却箅板。

（5）分解炉断煤

① 现象

分解炉温度急剧降低。

② 措施

a. 迅速降低窑速；

b. 迅速降低生料喂料量；

c. 迅速减慢窑尾高温风机转速；

d. 减慢冷却机箅床转速；

e. 查找断煤原因。

（6）箅冷机箅板损坏

① 现象

a. 箅冷机鼓风室内漏料；

b. 箅板温度过高；

c. 箅板压力下降。

② 措施

A. 仔细检查，确定箅板已经损坏；

B. 执行停机程序；

C. 停止喂料；

D. 停止分解炉喂煤；

E. 减少窑头喂煤；

F. 将窑主传动转为窑辅助传动；

G. 增加箅冷机鼓风量，加速熟料冷却；

H. 增加箅冷机箅床转速，加速物料的排出；

I. 当箅冷机已经足够冷却，人可以进入时采取以下措施：

a. 停止所有的鼓风机；

b. 停止箅冷机驱动电机；

c. 停止箅冷机破碎机；

d. 停止窑的辅助传动；

e. 上述所有的 ICV 开关均已上锁。

J. 若需要翻动窑，应确保维修人员都已出箅冷机之后方可转动。

（7）箅冷机排风机停机

① 现象

窑头罩正压；排风机电流降为零。

② 措施

A. 将箅冷机 4～7 室风机转速设定为零，减少 1～3 室风机鼓风量；

B. 减小箅冷机箅床转速；

C. 减少窑的喂料量和喂煤量；

D. 降低窑的转速；

E. 增加窑尾高温风机拉风量；

F. 关闭排风机风管阀门，重新启动；

G. 若启动失败，则采取以下措施：

a. 减少喂料量；

b. 调整燃料量；

c. 降低窑速；

d. 降低箅床转速；

e. 调整高温风机转速，尽量保持窑头负压；

f. 调整箅冷机 1～3 室风机鼓风量。

H. 马上通知电工和巡检进行检查和修理，完毕后重新启动。

（8）箅冷机驱动电机停机

① 现象

箅床压力增加；箅冷机鼓风量减少。

② 措施

a. 减少喂料量；

b. 减少分解炉和窑内喂煤量；

c. 窑的转速降至最小；

d. 减小窑尾高温风机转速；

e. 关闭箅冷机速度控制器后重新启动；

f. 若启动失败，启动紧急停机程序；

g. 及时通知电工和巡检工进行处理，完毕后按启动程序重新升温投料。

（9）燃烧器净风机停机

① 现象

火焰形状改变；风压降低为零。

② 措施

a. 关闭净风机风管阀门，重新启动；

b. 若启动失败，应及时减料，减少喂煤量，调整高温风机拉风量，尽量保持窑内燃烧完全，避免 CO 的出现；

c. 及时通知电工和巡检工进行处理，完毕后按启动程序重新升温投料。

（10）熟料冷却机或熟料输送系统停机

① 现象

冷却机负载加重；冷却机里有大块窑皮；箅下压力高；箅冷机驱动电机电流高。

② 措施

a. 立即将窑速调到最小，重新启动熟料输送机和箅冷机驱动电机；

b. 5 min 之内启动不了驱动电机时需停窑。

注意：停窑之后，尽可能少转窑，防止箅冷机超载（因为窑仍需要周期性的转动）。

（11）火焰形状弯曲

① 现象

不正常和不规则的火焰形状；火焰发散，影响窑内耐火砖。

② 措施

a. 检查燃烧器是否损坏；

b. 检查送风管路是否存在堵塞现象；

c. 依次短时间关闭内风、外风或送煤风，检查风压变化情况，判断送风管路是否有串风现象；

d. 检查送煤罗茨风机有无问题，风量或风压是否足够；

e. 如果火焰不稳定且严重影响窑内耐火砖，立即按停窑程序停窑后处理；

f. 如果火焰只是轻微弯曲，调节燃烧点的位置、内外风压或燃烧器的位置，若仍不见效，在下次停窑时提出检修燃烧器的计划。

预防措施：每次停窑时定期检查和维修燃烧器；在燃烧器使用前检查送风管路是否正常工作。

（12）红窑

① 现象

观察筒体的颜色；筒体扫描温度在 500 ℃ 以上；在窑的烧成带里的熟料中发现掉落的耐火砖。

② 措施

a. 若发现位于烧成带的中央和冷却带的小红点，可继续正常生产；

b. 开启筒体冷却风机；

c. 改变燃烧器的内、外风，保持火焰细长；

d. 维持正常的烧成带温度；

e. 改变入窑生料的化学组分，得到易烧的料；

f. 若发现很大的红窑点位于轮带及轮带附近，通常不能挂上窑皮，应马上停窑。

注意：绝对不能向红窑点泼水，这样将严重破坏窑的筒体，可以采取措施来防止红窑点的再次出现；使火焰的形状和特点不会引起窑皮的侵蚀和温度继续升高；尽可能地减少停窑和开窑；避免生料配比过高，保证有足够的液相量。

（13）旋风筒堵塞

① 现象

旋风筒灰斗压力为零；下料管温度降低（保持不变或变化较小）。

② 措施

a. 马上让巡检工检查翻板阀是否闪动以及闪动的频率；

b. 若翻板阀在闪动，则表明有物料下来，应继续仔细观察，同时检查热电偶和测压管，查找故障出现的原因；

c. 若没有闪动，说明旋风筒已经堵塞，马上停止喂料；

d. 启动停机程序停机；

e. 保持闪动阀门打开，手动清堵；

f. 从下部标出料位；

g. 打开人孔门和捅灰孔，或在适当位置临时开孔，组织人员进行清堵。

注意：手动清堵时，执行《预热器清堵安全操作规程》，禁止释放空气炮；注意个人安全，佩戴好防护用品；保持预热器负压。

（14）窑后圈的形成

① 现象

窑尾负压增加；窑尾气体含氧量降低；窑负荷平均值高、波动幅度较大；结圈处筒体温度偏低；窑尾密封圈漏料；窑尾温度下降；窑内出料变少。

② 危害

a. 物料滞留；

b. 物料流动不均匀；

c. 导致产量降低；

d. 二次风量和三次风量分配不平衡；

e. 严重时导致停窑。

③ 措施

a. 在保持继续生产的条件下（减料生产），首先应该稳定操作来控制窑圈的发展；

b. 稳定算冷机运转、窑头罩压力和燃料加入量，以便稳定火焰；

c. 适当增加窑头喂煤，适当降低入窑分解率；

d. 减少三次风管阀门的开度并增加引风量；

e. 调整生料率值，减少液相量；

f. 保持窑尾温度比正常温度略高;

g. 保证熟料 f-CaO 含量小于 1.0%;

h. 适当增加窑速;

I. 在稳定一段时间后(4 h 左右),通过改变烧成带的长度来改变结圈处的温度,然后再稳定操作,可消除窑圈;

J. 最后,若所有的措施都没有效果,只能停窑打圈。

预防措施:控制入窑生料的率值在合理的范围内;稳定入窑生料的成分和流量;稳定煤粉的成分和流量;稳定设备运转和操作。

(15) 硫碱圈

① 现象

窑尾负压增加;窑尾气体含氧量降低;窑负荷平均值高、波动幅度较大;筒体温度低,窑尾密封圈漏料;入窑物料 SO_3 含量持续偏高(大于 2.0%)。

② 危害

a. 物料滞留;

b. 物料流动不均匀;

c. 导致产量降低;

d. 二次风量和三次风量分配不平衡;

e. 严重时导致停窑。

③ 措施

在维持生产的前提下应采取以下措施:

a. 增加系统的拉风;

b. 提高煤粉的细度;

c. 提高分解炉燃烧效率;

d. 避免使用含硫量高的燃料;

e. 尽量降低 SO_3 在窑内的含量;

f. 保持窑尾温度比正常值略高;

g. 烧成带温度适当降低,控制窑尾气体 NO_x 的含量(小于 1200 ppm)。

若上面所有措施都无效,只能停窑打圈。

(16) 结"球"

① 现象

当窑内结球较大时,窑内振动较大;窑尾负压增加;窑负荷平均值较高和波动幅度较大;窑尾气体含氧量降低;窑内出料不均匀,二、三次风温波动大。

② 危害

a. 物料滞留;

b. 物料流动不均匀;

c. 导致产量降低;

d. 二次风量和三次风量分配不平衡;

e. 严重时导致停窑。

③ 措施

a. 防止窑内有害成分富集,减小有害成分的内循环;

b. 优化生料率值,控制熟料的液相量;

c. 稳定煤的成分,降低煤粉中的硫含量;

d. 稳定煅烧,保证煤粉完全燃烧,禁止出现 CO;

e. 处理预热器系统结皮,防止结皮集中入窑;

f. 当发现窑内存在大球影响产量时,采取放"球"措施;

g. 控制生料细度;

h. 在保证熟料质量的前提下,可适当降低烧成带温度;

i. 调整火焰形状,避免高温煅烧;

j. 在大球进入箅冷机之前,可降低箅床转速,保持较厚的熟料层,以保护箅板,避免被大球砸坏。

(17) 窜"黄料"

① 现象

a. 过多的生料涌进烧成带或穿过烧成带;

b. 在烧成带,液相出现的位置前移;

c. 黑影出现在烧成带处;

d. 箅冷机的箅板温度过高;

e. 箅板压力突然上升;

f. 窑负荷迅速降低;

g. 窑尾气体 NO_x 含量下降;

h. 窑内可见度降低。

注意:当能见度受到极大限制的时候,要密切注意烧成带的不完全燃烧。

② 措施

a. 当烧成带出现问题时就应该行动,不要等到生料进入箅冷机再处理;

b. 马上降低窑速,或者使用辅助传动;

c. 减少喂料量;

d. 调整喂煤量和高温风机转速;

e. 增加喷煤管内风量,强化煅烧;

f. 减小箅冷机箅板速度,保证物料有足够长的冷却时间;

g. 调整箅冷机鼓风量,获得最大的冷却。

(18) 窑圈垮落

① 现象

观察到烧成带有大的窑皮;窑尾负压突然下降;窑头罩压力趋于正常;窑电流突然改变。

② 危害

a. 箅冷机过负荷;

b. 大量的生料涌进烧成带;

c. 损坏箅冷机箅板;

d. 大块的窑皮堵塞箅冷机的破碎机;

e. 熟料冷却得不好。

③ 措施

当烧成带有大量的生料和窑皮时应采取以下措施:

a. 马上降低窑速;

b. 减少窑的喂料量;

c. 通过减小燃料和降低高温风机的转速来控制窑尾的温度;

d. 在大量物料进入箅冷机之前,可先提高箅床转速,然后再慢慢降低箅床转速;

e. 增加箅冷机的鼓风量;

f. 注意观察箅冷机和破碎机,以防出现过载、过热或堵塞。

预防措施:稳定操作;化验室重新调整入窑生料的率值(考虑回灰率),尽可能消除结圈。

(19) 全线停电

① 现象

全部设备停止运转。

② 措施

a. 迅速通知窑头岗位工启动窑辅助传动柴油机;

b. 通知窑岗位巡检人员手动将燃烧器退出;

c. 通知窑岗位巡检人员将摄像仪、比色高温计退出;

d. 通知算冷机岗位巡检人员特别注意冷却机算床的检查;

e. 供电正常后,将各调节器设定值、输出值均打至"0"位;

f. 供电后应迅速启动冷却机的冷却风机、窑头一次风机、熟料输送设备,重新升温投料。

1.3.11 预分解窑系统三大部分的操作

(1) 预热器系统

① 预热器系统的作用

预热器系统的作用是将生料利用余热加热到一定的温度,进而促使 $CaCO_3$ 在分解炉内产生分解,保证入窑物料有合适的 $CaCO_3$ 分解率,为回转窑的进一步煅烧做好准备。

② 预热器系统的用风要求

在正常生产中,预热器系统必须要有合适的风量。在正常喂料下,窑尾用风应保证生料在上升管道内充分分散,在旋风筒内充分收集,同时为分解炉及回转窑提供燃烧所必需的用风。而风速的大小影响着对流传热系数,风速低则达不到要求,造成管道水平部位粉尘沉降,极易造成塌料、堵塞;风速过高会造成通风阻力过大,能耗上升。因此,对于上升管道中的风速,要求能吹散并携带物料上升进入旋风筒。

③ 预热器系统分解炉温度的控制

生料中大部分 $CaCO_3$ 在分解炉中分解,通过控制分解炉喂煤量来控制分解炉温度。可以借助自动控制回路自动调节分解炉喂煤量来实现控制,由于仪表状况不是很理想,大多还是依靠手动调节,这在操作中就必须尽快查找影响温度波动的因素,分清主次,多看曲线,提前调整,根据曲线变化的速度寻找喂煤量的变化。分解炉温度的变化直接影响到窑况,如加煤过多,分解炉内燃烧不完全,煤粉就会带入 C_5 筒燃烧,形成局部高温,极易造成下料管结皮、堵塞。另外,若烟室、分解炉温度过高,物料分解率高,将导致液相提前出现,易造成结后圈、结大球等不良现象。如果物料分解率过高,将导致过渡带延长,新生态 CaO 和贝利特结晶再结晶,形成粗大结构,降低表面活性和晶格缺陷的活性,阻碍阿利特结晶的形成,严重时造成熟料过烧而产生"黏散料"。另外,分解炉温度过高将会导致预热器出口温度高,"黏散料"将会导致窑头温度高,进而导致能源的极大浪费。相反,如果加煤过少,分解用热不够,导致分解炉温度下降,物料分解率低,从而使窑热负荷增加,极易造成生烧料。

因此,在操作中要避免上述两种情况,杜绝大加煤、大减煤,以免造成气料热交换差,破坏整个热工制度。$CaCO_3$ 开始分解的温度一般在 848 ℃左右,但在生产中应高于这个温度,880 ℃左右即可满足分解率在 85% ~ 95% 之间。铜陵四线窑 C_5 筒锥部温度控制在 870 ℃±5 ℃范围内。

(2) 回转窑系统

① 窑的转速设定要合理

在满负荷条件下,窑速要与喂料量匹配,以达到窑内合理的填充率。窑速过小,窑内填充率高、通风效果差,出窑熟料量波动大,均会影响到二、三次风甚至窑头废气温度的波动。但由于窑速低、窑皮温度变化频率减小,有利于保护窑衬,在一定程度上延长运转周期。

提高窑速有利于薄料快烧。薄料快烧能够充分利用分解生成的新生态 CaO(具有的高活化性),而且能改善熟料中硅酸盐矿物的结晶形态,提高熟料矿物的水化活性和熟料强度。窑速越快,物料被扬起得越高,窑内物料与热气流接触得越好,传热效率高,料与料、料与窑衬温差小,这样料与料的黏结也会少,不容易出现结圈、结球、挂长窑皮的现象。因薄料快烧使得窑内热气流动快、热耗偏高,要提高窑头火焰的热力强度,保证烧成带有足够的烧成温度和反应时间,否则易造成跑生料。另外,窑速过快,还会造成熟料煤耗增加。所以,窑速的提高是有条件的,操作时应权衡利弊,合理设定。

② 三次风阀门的开度设定

通过三次风阀门的调节,控制了窑、炉用风的比例。在保证窑内煅烧正常的情况下,应尽量开大三次风阀门,有利于分解炉内煤粉的燃烧,稳定入窑生料温度,降低煤耗。每次对三次风阀门检修后都要摸索开度,保证窑、炉用风比例协调。

三次风阀门的开度过小,窑内风量过大拉长烧成带,将导致烧成带温度下降,同时影响窑尾温度。三次风量减少,使三次风速降低,易造成风管积灰,且影响炉内煤粉燃烧,造成温度倒挂,产生不完全燃烧,极易导致结皮堵塞,一般表现为窑尾温度偏高且窑内火焰长,窑头和窑尾负压大。

三次风阀门的开度过大,窑内风量少,煤粉在窑内燃烧不完全,会造成烧成带温度低,在窑内出现还原气氛。同时,过量的空气进入分解炉将降低炉内温度,特别是三次风温较低时,降低了生料入窑分解率,加大了窑的热负荷,一般表现为窑尾温度和分解炉出口气体温度偏高。

③ 窑头喂煤量的设定

操作中要合理调节窑头喂煤量,确保火焰的热力强度。当窑头喂煤量过大时,产生不完全燃烧,形成还原气氛,使熟料中 Fe^{3+} 还原成 Fe^{2+},从而产生黄心料、过烧料。另外,大量未燃尽的煤被风拉到窑尾燃烧,造成窑尾烟室温度过高,导致窑尾烟室缩口、斜坡结皮,减少窑内通风。而且过高的烧成温度极易在局部地带烧坏窑皮甚至窑衬,影响窑的长期运行。当窑的喂煤量偏少时,造成烧成温度偏低,熟料烧结性差,f-CaO 含量升高。所以说,窑头喂煤的稳定、恰当很重要。

在正常操作中根据窑、炉喂煤比例来设定,一般窑头喂煤比例在 35%～40% 之间即可。

(3) 窑头冷却机系统

① 冷却机的供风要求

在保证整个系统必须用风的前提下,尽量减小用风量,合理分配风量,使熟料获得较高的热回收效率和较快的冷却效果。同时,控制好一段箅床料层厚度,稳定二次风温,减小二次风温的波动对火焰温度的影响。

② 加强对冷却机箅板温度及灰斗限位开关的检查

在生产中,箅板有脱落或烧损的可能,导致箅床漏料。如果不及时排出积在灰斗中的高温熟料颗粒,很可能会烧坏冷却机内部装置而导致恶性事故的发生。通过对箅板温度及灰斗限位开关报警的检查,及时通知现场人员检查风室内部状况,在一定程度上可以避免事故的发生。

窑的三大系统不是孤立的,操作中必须前后兼顾,尽可能通过少数参数的调节来达到整个系统的协调、稳定。

1.3.12 预分解窑系统非正常情况下的操作

(1) 窑尾温度偏高或偏低时的操作方法

窑尾温度是烧成系统的重要热工参数,也是窑操作人员必须考虑的重要操作依据。影响窑尾温度的因素有很多,有入窑生料分解率、窑内物料负荷率、窑头用煤量、煤粉质量、窑内通风和火焰形状等,不能简单地认为只是窑头加减煤的问题。

如果窑尾温度偏高,预分解系统温度和压力基本正常,窑头用煤量也不少,但入窑生料 $CaCO_3$ 分解率偏低,窑产量上不去,则说明回转窑和分解炉用煤分配比例不当。这时,应适当开大三次风管阀门开度,缓慢加大分解炉用煤比例。由于系统总排风量不变,分解炉用煤量增加,分解炉出口直至 C_1 筒出口废气温度升高。当分解炉出口废气中含氧量降低,CO 含量增加时,适当减少窑头用煤量。为了严防窑头跑生料,必要时可以加大系统排风。这样,虽然短时间内熟料烧成热耗会有所增加,却使窑、炉用煤分配比例趋于合理,使热工制度稳定,提高产(质)量。

窑头、窑尾负压偏高,窑内通风量大,火焰太长,也会导致窑尾温度偏高、窑尾废气中含氧量增加。这时应适当开大三次风管阀门开度或关小窑尾缩口阀门。如果窑尾温度很高,C_1筒出口废气温度也很高,但烧成带温度却很低,这时应减少系统喂料,停用分解炉并关闭三次风管阀门,窑头适量加煤,约15 min后不正常的热工制度即可恢复正常。

窑尾温度偏低,通常是窑内通风不良引起的。其现象是窑头负压偏小,火焰偏短,窑尾含氧量低。这时,如果再遇到预热器系统塌料,窑尾温度将会更低,进一步恶化窑的操作,窑头加煤烧成温度上不去,反而增加废气中CO含量。如果系统排风和燃烧器外轴流风风量不小,窑内又没有结圈,则应适当关小三次风管阀门开度以加大窑内通风,同时增加窑头和减少分解炉用煤量。这样,窑尾温度将会很快恢复正常。

(2)预热器系统塌料后的操作方法

预分解窑喂料量达设计能力80%以上后塌料现象就很少出现。但由于操作不当、喂料量时多时少、预热器系统水平段太长时,塌料又是不可避免的。

当预分解系统出现较大塌料时,窑头应加煤以提高烧成带温度,等待塌料的到来。当加煤量不足以将来料烧成熟料时,应及时降低窑速,严重时还应减料并适当减少分解炉用煤量,以确保窑内物料的烧成,随着烧成带温度的回升,慢慢增加窑速和喂煤量、喂料量,使系统恢复原有的正常运行状态。但当塌料量很少时,由于预分解窑窑速快,窑内物料负荷率小,一般不必采取任何措施,它对窑操作不会有大的影响。

(3)窑内前圈或后圈脱落后的操作方法

窑内前圈或后圈可经冷热处理脱落,有时也会自行脱落。出现后一种情况时,尤其是前圈突然塌落,首先应大幅度降低窑速,如从3.0 r/min降至1.5 r/min。因为圈后一般都积存大量熟料,若不降低窑速会把冷却机压死,而且烧成带后面的物料或后圈后面的生料前窜容易出现跑生料;冷却机操作由自动打到手动。开大一室高压风机风量,使大块熟料淬冷、破裂,否则红热的熟料进入冷却机中后部,将会使冷却机废气温度过高;适当加快算床转速,把圈料尽快往后运以减轻一室算板的负载。与此同时,开大后面几台冷却风机的风量以降低出冷却机的熟料温度;在开大熟料冷却风机风量的同时,应相应开大冷却机废气风机的排风量,并随时调节风量使窑头始终保持微负压;当一室算下压力开始下降时,减少一室高压风机风量,以免窑头出现正压和把大量细熟料粉吹回窑内,影响窑头看火,加快新的前圈的形成;大块圈料快入熟料破碎机时,应降低冷却机尾部算床转速,以防熟料破碎机过载以致损坏锤头。

(4)窑头粉料太多看不清窑内状况,想观察熟料结粒和窑皮等情况时的操作方法

将冷却机一室1,2号高压风机阀门适当关小,以减少熟料细粉的飞扬,即可观察到接近实际的熟料温度、熟料结粒和窑皮情况。观察完后应立即将上述风机阀门开度恢复到原来的位置。

(5)烧成带物料过烧时的操作方法

物料过烧的现象是熟料颜色白亮,物料发黏、"出汗"成面团状,物料被带起高度比较高;物料烧熔的部位,窑皮甚至耐火砖被磨蚀;窑电动机电流较高。出现这种情况应及时采取如下措施:

① 窑头大幅度减煤并适当提高窑速,使后面温度较低的物料尽快进入烧成带,以缓解过烧。但操作员应在窑头注意观察,以免出现跑生料。

② 检查生料化学成分,Fe_2O_3含量是否太高,KH、SM值是否太低。

③ 掌握合适的烧成温度,勤看火、勤调节。

1.3.13　预分解窑系统操作的若干体会

(1)窑外分解炉用燃料比例的调整应采取以下原则

① 窑尾及出分解炉气体的温度都不应高于正常值。

② 在通风合理的情况下,窑尾和分解炉出口废气中的含氧量应保持在合适的范围内,应避免 CO 含量过高。

③ 在温度、通风允许的情况下,尽量提高分解炉用燃料的比例。

a. 窑尾至分解炉间的区域温度偏高,结皮严重

一般认为结皮严重是分解炉间的温度偏高、分解炉燃料多引起的,因而操作上总是减少分解炉的燃料,而后增加窑用燃料,结果此区域温度进一步提高,结皮更加严重,窑况进一步恶化,这其实是窑用燃料多引起的。分解炉是一种高效热交换器,在分解炉内多加燃料,废气温度既不会过高,炉内物料又能获得较高的分解率。如果分解率低则会增加窑的负担,由于窑的热交换率低,为保证熟料的正常煅烧,就需要在窑内再加燃料,但受燃料和热交换率的限制,窑尾至分解炉间的区域温度就必然过高,而这一区域是"稀料区",且物料易在此区域部分角落产生循环,造成严重结皮。物料完全分解之前其本身温度不会超过当时的平衡温度(一般在 850 ℃ 左右),所以在分解炉内适当多加燃料则不会引起上述区域的废气和物料温度过高,而只有在炉内物料分散不好、分布不均的情况下才会造成炉内及出口气体温度高。因此,当窑尾及上升管道温度高时不能轻易认为是分解炉燃料加多了,而应认真分析原因。通常,只要逐步减少窑用燃料,同时将其减少量的一部分增加到分解炉内,情况就会逐渐好转。

b. 烧成温度低

熟料欠烧总认为是窑用燃料少造成的,即使当窑的燃烧能力已达到极限时仍增加燃料量,结果造成窑头温度进一步降低,窑尾系统温度则升高,还会引起窑还原气氛,造成系统结皮严重,结长厚窑皮,甚至结圈。窑用燃料的增加有个简单的原则,即只要窑尾废气中存在 CO,则调整系统状态,使 CO 消失之前,不应增加窑头用燃料,而是分析原因:如燃烧空气不足,应设法增加通风量;如风机已至极限,则分析是否下料过多;三次风管阀门是否没有调节好,窑内是否结圈,并进行适当的处理和调整。如分解率低、冷却机效率低、二次风温低都会引起上述现象。

(2) 系统通风的控制和调节

在窑、炉用燃料量及喂料量合理的情况下,给燃料提供适当的燃烧空气是系统通风的控制原则。一般是以窑尾、分解炉和预热器出口的废气分析为主要依据对系统进行控制,三个部位含氧量一般应分别控制在 2%、2%~3%、3%~4%,同时应尽量避免 CO 的出现。控制方法主要有调节三次风管阀门开度,调节一次风量、窑头风机排风量、旁路风量等也可调整系统通风情况。

(3) 窑外分解窑绝不是产量越低越好烧

① 物料易在系统内堆积并在适当条件下塌料,当各处风速低时,物料易在预热器、分解炉内部的一些小平台、小角度的锥体等部位堆积,当系统风速有所变化时,积料就会失去稳定,陷入气流中,使这股料不能正常悬浮和预热,很快窜入烧成带,严重干扰热工制度,使烧成温度突然下降。熟料短期内生烧,窑内瞬时通风不畅,出现还原气氛,窑内各带的长度部位发生变化,引起掉砖、窑皮受损,放热反应带突然前移,将产生结圈等严重后果。

② 物料的分解情况不好。

③ 物料易过热、预热器易堵塞。

在喂料时,由于系统吸热体少,平衡温度易向升高的方向发展,尤其当系统出现积料时,悬浮于气流中的物料量少于当时与物料平衡的量,从而使物料易过热,形成结皮条件,易堵塞。

窑在开窑加料初期应逐步增加喂料量,但应尽量避免拖长低喂料量阶段。只要很好地掌握燃料、喂料与风量的关系,就可使系统达到合理的热平衡。

1.3.14　预分解窑试生产前应做哪些准备工作

预分解窑系统流程复杂,对操作维修人员的素质及设备质量要求较高,各厂应做好包括人员、物资、技术、安全等方面的试生产前准备工作。

（1）岗位技术培训

预分解窑系统通常采用中央控制室集中控制,操作人员不仅要在计算机屏幕上控制各设备、调整各运行参数;还应知道当前的屏幕生产状态与现场实际如何对应,利用屏幕所给的一切信息判断各设备运行状态,有异常时操作快而准确。因此,操作人员应熟读操作说明书、相关主机设备说明书,了解设计意图,掌握操作要领。

各岗位工或巡检工应对工艺流程清楚,并接受过现场安全教育,有一定的设备维护经验。

系统内各岗位工段应有明确的岗位责任制度、安全制度,以及正确的操作制度。

（2）设备空负荷试运转

机电设备安装后的空载试运转包括单机试车和联动试车。单机试车是对机电设备制造和安装质量的初次检验,要求按照有关标准进行验收。进行中应记录空载电流、温升、振动等情况,以备带负荷试车对比使用。单机试车由厂方、监理方、设备安装方组织进行。联动试车是检验系统内各设备的开停是否按设计联锁开停;有故障时,能否自动保护设备;有紧急情况时,能否按安全要求紧急停车。联动试车由厂方统一组织,设备安装方、监理方、设计方等配合进行。联动试车需要现场与中控室、现场与现场多方面联系,动用较多人员,岗位工、巡检工、操作人员等应参加。

① 试车前的准备

a. 设备各润滑点按规定加油,油量、牌号正确,油路畅通,油压、油温正常。

b. 确认需水冷的设备水路畅通,流量和水质符合要求,管路无渗漏。

c. 设备内部清扫检查,应无杂物,然后做好各检查孔的密封。

d. 各管道阀门（电动、手动）现场用红油漆注明开关位置、方向等,并检查开关的灵活性。

e. 现场的仪表检查应做到仪表指示正确,与中控室显示一致。

f. 设备紧固检查。如地脚螺栓、传动连杆等易松部位都要进行严格的检查。

g. 热风管法兰连接的密封性,膨胀节保护螺栓卸除。

h. 耐火材料的砌筑情况,预热器中各测量孔通畅,留孔大小适合。

i. 各级预热器灰斗呈负压,吹堵管畅通,各闸阀开关位置关系正确。

j. 预热器上清堵工具、安全防护用品要备齐。

② 试车后的确认事项

a. 设备转向、转速正确,空载电流、振动、轴承温升、噪声等符合有关规定。

b. 润滑系统、水冷系统工作正常,各点压力、温度、流量正常。

c. 机旁和中控室的关系控制符合设计要求。

d. 各阀门开度指示,应做到现场指示、中控室指示、机械装置自身位置三者一致,且运转灵活。

e. 各工艺测点、设备监控点的温度、压力指示应做到现场指示与中控室指示一致,一次传感器给出的信号不失真。

f. 确认 PC 系统控制、联锁关系符合工艺要求,符合设备自身保护要求,紧急停车及联锁准确可靠。

g. 确认 PC 系统指示故障点、报警信号可靠。

（3）生料均化库进料前的检查

生料均化库进料前一定要按要求严格检查,有问题时必须解决。按检查、修复,再检查的原则进行,直到没有任何问题为止,以免造成均化库装料后出现问题难以处理。检查项目如下:

① 库内充气箱采用涤纶织物作为透气层,很容易造成机械损坏、焊渣烧坏、长期受潮强度下降等,必须认真检查是否有破损,小风洞、箱体边缘是否有漏气,以免充气箱损坏处进料后,使充气箱无法充气。

② 库内各管道接头、焊缝处,要用肥皂水检查是否有漏气,以免进料回流到罗茨风机,造成转子损坏。

③ 充气管道固定得是否牢固,箱底与基础间接触是否整合,以防装料后因受力不均而变形,造成管道漏气。

④ 库内各管道应固定牢固,以免因管道振动而使接头、焊缝处漏气。

⑤ 库内进人检查时要穿软底鞋,库内、库顶施焊时应用石棉板覆盖充气箱,以免烧坏透气层。

⑥ 库壁预留管道孔,在管道安装后用钢板焊死,孔隙用水泥浇筑。

⑦ 施工后,库内比较潮湿,装料后生料会黏结在库壁上或结块,影响均化效果及出料顺畅,因此应启动罗茨风机向库内吹风 1~2 d,吹气时应打开各人孔门及库顶收尘器。

⑧ 设计管道布置、分区运行是否与设计一致。

⑨ 检查充气箱斜度是否与设计一致。

⑩ 检查完成后,务必清除库内杂物,如砖石、钢丝、棉纱等。

⑪ 库侧人孔门要密封好,不得漏料。

⑫ 检查库底罗茨风机出口安全阀是否按要求泄气。

1.3.15 预分解窑熟料煅烧操作应该具备哪些特点

用预分解窑煅烧熟料时,操作中必须重视如下环节,否则会影响硅酸三钙的形成。

(1)生料分解之后进入烧成带的时间。生料入窑应当尽可能快地转入 1200 ℃ 的熔融反应,并在 1280 ℃ 时使 C_2S 与 CaO 反应形成 C_3S,减少贝利特结晶和 CaO 结晶的发育。这不但要求窑速要快,并且需要强而有力的火焰。所以,应当竭力克服操作中慢速转窑的习惯,以及避免由于煤粉与空气混合不好、细度较粗或煤管的煤量不足而形成的长而无力的火焰;还要避免火焰的不稳定和死烧,严禁为了少量 f-CaO 而采用过硬火焰的煅烧。长径比在 11~12 的超短窑,可以将物料在进入烧成带前的窑内停留时间从 15 min 缩短为 6 min,它们的矿物组成及易磨性都很好,充分证明快速煅烧的必要性与正确性。

(2)合理控制煅烧温度。根据熟料设计的矿物组成,所需要的煅烧温度 T 可按如下经验公式推算:

$$T = 1300 + 4.15\,T_{C_3S} - 3.74\,T_{C_3A} - 12.64\,T_{C_3AF}$$

此计算结果可作为操作控制的目标。如果低于此温度,阿利特结晶的形成量将受到影响。

(3)缩短熟料形成后在窑内的停留时间。在窑内高温区较长的滞留时间必将导致阿利特晶体形成,甚至出现大的贝利特结晶。它们不仅使易磨性更差,而且大的结晶易变成粉状熟料(正常的熟料中 1 mm 以下的细粒含量应小于 2%),加重了细料在箅冷机与窑头之间的循环,促进了"雪人"在冷却系统热端的形成,加大了窑头收尘器的负担。因此,要求窑速快,而且窑内冷却带要尽量短。

(4)加快熟料冷却速度,减少 C_3S 向 C_2S 的转变及 C_2S 晶型的转化,这是对箅冷机的正确操作要求。

[摘自:谢克平.新型干法水泥生产问答千例(操作篇).北京:化学工业出版社,2009.]

1.3.16 新手窑操必看

在回转窑水泥厂实际生产中,新操作员面对如此多的参数,往往非常紧张,出现突发事故时,甚至无从下手、不知所措。根据本人的操作经验,新操作员应把握好如下几点:

(1)窑正常运转时

① 紧盯锥体压力

五级预热器锥体是最常堵塞的部位,此处的压力变化及正常的压力范围一定要清楚,稍有波动应尽快分析原因,观察是整个系统的压力发生变化,还是仅五级锥体压力发生变化。若是前者,应根据实际情况调整高温风机叶轮开度或尾排风机阀门开度;若是后者,应抓紧喊巡检工到现场检查,查看翻板阀是否正常动作,若动作不正常,应及时对膨胀仓进行清理或吹一下环吹风,必要时止料处理。

② 紧盯锥体温度及分解炉出口温度

稳定锥体温度及分解炉出口温度是窑平稳操作的关键因素之一。这就要求操作员不断地加减分解炉喂煤量,使分解炉出口温度稳定在适当的范围之内,严禁分解炉出口温度忽高忽低。

③ 勤查阅温度、压力、电流等各种曲线图

根据各种曲线的上升、下降趋势,判断窑的运转情况,做出相应的调整,只要间隔性地翻一下曲线,查看是否平稳即可,无须时刻死盯。若窑电流曲线,箅冷机二、四室压力曲线,分解炉出口温度曲线比较平稳,则窑就比较稳定。

④ 盯好报警栏

设备有故障或跳停时,报警栏以红色方块弹出设备号,这时应根据具体情况做出相应的处理。

（2）发生异常情况时

第一,窑头不应出现高温正压气体,以免窑头有人被烫伤;第二,分解炉温度不应太高,以免分解炉堵塞。

① 高温风机突然跳停

高温风机突然跳停是一件比较危险的事情,窑头往往出现高温正压气体,此时操作者一定不要慌,立即减小箅冷机一、二段风机阀门开度,一般从10%调至10%～30%,或者干脆直接将风机停掉。总之,应该用最短的时间把窑头调至负压。若窑头有人烫伤,及时通知负责人并拨打120对伤员进行抢救,再立即采取止料、止分解炉喂煤、降窑速等一系列平衡操作,并赶紧找电工、维修工等尽快查明原因,尽快投料。

② 预热器堵塞

预热器堵塞是最常见的故障,确认后应一边组织人抓紧捅堵,一边止料、止分解炉煤,注意此段时间内应将入分解炉斜槽与入生料均化库的分料阀开至生料均化库那边,尽可能地不再将最后一提升机料喂入预热器,接下来再进行止煤、止料、减风、开启烟囱帽等一系列活动。

当然,实际生产中还会遇到许多突发事件,如出大球、锤破卡死、斜拉链销轴断裂等。此时都应根据实际情况酌情减料或止料,风、煤等相应的运行参数也应进行相应调整。

1.3.17 预分解窑系统正常生产工艺操作管理

（1）窑系统主要工艺参数的设定和控制

从预分解窑生产的客观规律可知,均衡稳定运转是预分解窑生产状态良好的主要标志。日常生产中使窑系统处于良好的生产状态,主要通过以下窑系统中工艺参数的设定和控制来实现:

① 烧成带温度的判断和控制;

② 预热器系统工艺参数设定和控制;

③ 窑速和生料喂料量设定和控制;

④ 冷却机的工艺操作。

调节控制的目的是从窑系统的热力平衡规律出发,完成对全窑系统的"前后兼顾,综合平衡",使窑系统保持最佳的热工制度,提高熟料的产量和质量,降低系统能耗,实现持续地均衡运转。

（2）烧成带温度的判断和控制

窑内的烧成带温度,直接影响到熟料的产（质）量、熟料的热耗和耐火材料的长期安全运转,掌握好烧成温度、稳定热工制度是窑系统工艺操作的主要任务之一。根据生产实践和理论分析,烧成带温度的判断和控制主要通过窑头火焰、窑尾氮氧化物（NO_x）浓度、窑电流三个参数变化来判断,通过调整喂煤、喂料量、窑速来实现。

① 窑电流（对烧成温度的反映权值为50%）

由于煅烧温度较高的熟料被窑壁带起得较高,因而其传动电流较煅烧差的熟料高。故结合窑头火焰温度和废气中NO_x浓度等参数,可对烧成带物料煅烧情况进行综合判断。但是由于窑内掉皮以及喂料量变化、入窑生料成分波动等原因,亦会影响窑转动电流的测量值。

在某一操作状态下窑电流逐渐增大,可能原因有:

　　a. 窑内煅烧温度平缓升高,窑况良好,有利于提高熟料煅烧质量。但操作中应防止物料"过烧",把 f-CaO 含量控制在合理范围之内,既保护耐火材料,又降低系统电耗。操作中调节控制如下:略降低分解炉出口温度,或减少窑头用煤量等。

　　b. 生产喂料量与窑速未同步操作或调整。窑速设定控制过慢,或调整生料喂料量时窑速控制未作相应调整,使窑中物料填充率过大,导致负荷过大。

　　c. 熟料煅烧过程中,烧成带温度及 NO_x 浓度变化不大,而窑电流上升,可判断为大量窑皮垮落,窑转动产生偏心力矩,其电流上升。

　　d. 熟料煅烧过程中,烧成带温度及 NO_x 浓度大幅度下降,可判断为窑中后圈垮落、生料前移、电流增大。

　　e. 生料成分发生波动,石灰饱和系数上升,物料易燃性下降,被迫提高窑内煅烧温度,导致液相增加,物料被窑壁带起的高度增加,窑电流增大。

　　当在某一工艺操作状态下窑电流减小,其原因有:

　　a. 窑内燃烧温度较低,熟料被窑壁带起得较低,致使窑况较差,不利于提高熟料的质量。应对相应运行参数进行调整:如略提高分解炉出口气体温度,增加窑头煤粉量或略减窑喂料量,加强煅烧,改善窑况。

　　b. 熟料煅烧过程中,烧成带温度、NO_x 浓度变化不大,算冷机一段压力上升可判断为前圈垮落,造成窑电流减小。

　　c. 生料成分发生波动,石灰饱和系数下降,生料易烧性好,所需煅烧温度低,熟料易结粒,产生液相量相对减少,物料被窑壁带起的高度较低,窑电流减小,此情况下窑时注意烧流。

　　② 窑头火焰温度(对烧成温度的反映权值为 30%)

　　窑头火焰温度通常以比色高温计测量,作为监控熟料煅烧温度的标志之一。正常熟料煅烧状况下,窑头火焰温度控制在 1650~1750 ℃ 之间。根据生产实践表明,窑烧成温度带火焰温度,仅可作为烧成带温度高低的综合参考,且主要窑头飞砂对其准确性也有影响。有些工厂没有安装比色高温计,可通过摄像头或现场直接看火来判断。火焰亮且集中,说明烧成带温度较高;火焰发暗且较散,说明温度不够。

　　③ 窑尾分解炉出口或预热器出口气体成分

　　窑尾分解炉出口或预热器出口气体成分的测量是通过装置在各相应部位的气体成分自动分析装置检测的,揭示着窑内、分解炉等整个系统的燃料燃烧及通风状况。在工艺操作中结合三处气体成分分析,既不能使燃料在空气不足的情况下燃烧而产生 CO,又不能有过多过剩空气量增大系统热耗。一般窑尾烟气中含氧量控制在 0.6%~1.5%,预热器出口气体中含氧量控制在 2.5%~3.5%。

　　在工艺操作中,预热器出口含氧量通过调节窑尾排风量来控制,使窑中保持通风状况良好。窑尾烟气中含氧量通过调节三次风管阀门开度或窑、炉独立通风机转速来控制,使窑中通风和分解炉燃料燃烧用风两者平衡,保证窑内的煅烧温度和防止烟室结皮。

　　在预分解窑中,分解炉出口气体温度表征物料在分解炉内的预分解状况。随着预分解窑的发展,主要有气固分散、燃烧、分解、输送等,概括为分散是前提,燃烧是关键,分解是目的。因此,根据相关研究表明,当分解炉出口气体温度控制在 860~890 ℃,能够满足入窑生料的表观分解率在 85%~95% 之间时,对降低窑系统热耗有重大意义。

　　在生产中,窑系统采用不同炉型完成生料预分解,分解炉出口气体温度随炉型不同而略有不同控制范围,为 860~890 ℃。

　　在工艺操作中,分解炉出口气体温度的控制,应严格遵守"风、煤、料平衡操作控制思想"。依据熟料煅烧质量和入窑生料成分波动情况对分解炉出口气体温度进行调节,并控制在适当范围内。分解炉出口气体温度过高使预热器最下级旋风筒及下料管物料黏结堵塞、烟室结皮增厚;分解炉出口气体温度过低会增加窑内热负荷,使熟料煅烧质量不好。

④ 窑尾气体温度

窑尾气体温度与烧成带煅烧温度一起表征窑内各热力分布状况,又同最上级旋风筒出口气体温度、分解炉出口气体温度一起表征预热器系统的热力分布状况。适当的窑尾温度有利于窑系统物料的均匀受热,并防止窑尾烟室、最下级旋风筒下料管道因温度过高引起物料黏结堵塞。生产实践表明,窑尾气体温度可控制在1050~1150 ℃,有利于窑系统的正常运行和各热工制度的稳定。

(3)窑速和生料喂料量的设定和控制

在预分解窑系统操作中强调风、煤、料三者的平衡及窑速和生料喂料量之间的平衡。它们对窑系统热工制度稳定、正常运行、熟料的产(质)量具有重要意义。根据国内数台预分解窑技术参数表明,在工艺操作中窑速和生料喂料量同步调节,保证窑内物料填充率及荷载分布稳定,有利于熟料煅烧、降低系统热耗。

如在某一操作状态下,生料喂料量一定,窑速低于合适范围时,由于物料的移动速度变慢,窑内物料的填充率增加,通风面积减少,易使燃料不完全燃烧而产生还原气氛,且易形成未经充分燃烧的大料球,熟料易产生黄心料,严重影响熟料质量。

(4)冷却机的工艺操作

冷却机的工艺操作过程是熟料煅烧生产烧制的一个重要组成部分。冷却机的工况直接影响窑系统热工制度的稳定,从而影响熟料的质量。冷却机工况的好坏主要由以下几个工艺参数反映,因此,主要通过对这些工艺参数的调节来达到稳定冷却机工艺操作的目的。

① 冷却机一室箅下压力

冷却机一室箅下压力不仅反映了冷却机一段箅床的料层厚度,亦反映了窑内烧成带物料煅烧的状况。生产中对窑系统的正常操作很有指导意义。正常生产时箅下压力与箅床驱动速率构成了自动控制回路,结合生产实践对冷却机一室箅下压力变化的原因,可总结如下:

a. 当烧成带煅烧温度下降,导致熟料结粒细小或生料成分波动影响熟料正常结粒,使冷却机一段箅床料层阻力增大,箅下压力升高。

b. 由于窑工况不稳定,出现跑生料、垮前圈及窑皮挂结不平衡而频繁垮落等现象,也会导致一室箅下压力大幅度升高,同时窑头罩负压也上升。跑生料时,箅下压力是先短暂升高后急剧降低。

c. 当烧成带煅烧温度较高、熟料结粒粗大时,料层阻力下降,一室箅下压力下降。

② 冷却机一段箅床熟料料层厚度

冷却机一段箅床熟料料层厚度的控制对入窑二次风温、三次风温及冷却机的热回收效率有直接影响。通过对各段箅床的驱动速率调节来控制冷却机的熟料料层厚度在合理范围。合理的料层厚度能提高二、三次风温及冷却机的热回收效率,降低熟料热耗,稳定系统的热工制度。参考国内预分解窑系统冷却机工艺参数:一段箅床熟料料层厚度稳定在4000 tpd以上时控制在550~700 mm,在4000 tpd以下时控制在300~400 mm,入窑二次风温能够稳定在1000~1150 ℃,三次风温稳定在850~900 ℃,冷却机热回收效率能够达到71%~75%。

1.3.18 预分解窑操作过程中应注意哪些事项

(1)预热器堵塞结皮时要尽快处理。处理越早、花费时间越少,三级筒、四级筒、五级筒高温段堵料时,易结块。

(2)预热器处理堵塞时,安全第一。吊起重锤翻板阀,拉大排风,窑头止火,捅料从下往上进行。先清除撒料板、翻板阀上的结皮,关好后,再到锥体捅料孔插入钢管至最底部,接压缩空气吹扫,停气观察,钢管拉出一段后再吹气。一个捅料孔清堵后,再开另一捅料孔,直到清堵完成。处理完堵塞后确认其他旋风筒没有积料,再通知窑头恢复生产。作业时,安全尤为重要,应注意如下几点:

① 捅料孔正面不允许站人,防止热气喷出伤人;

② 除工作的捅料孔打开外,其余各孔全闭,禁止上下左右同时作业;

③ 凡与捅料平台相连接的楼梯,非捅料人员不得站立;

④ 清堵过程中,窑门罩前、冷却机人孔门,以及槽式输送机地坑不允许停留人员。

(3) 窑内温度较高再点火时,应先翻窑后给煤,且窑门罩前不得留人,以防回火伤人。

(4) 增湿塔排灰含水率过高时,不得单独入库;排灰手抓成团时,应外放。

(5) 电收尘器积灰较多时,两条拉链机(位于电收尘下)应轮流开启,以免后续输送设备过载。

(6) 当原料磨同步生产时,增湿塔喷水量应根据原料磨系统的要求自动控制其出口温度,及时提供符合其烘干要求的热风。当原料磨系统停产时,增湿塔喷水量应根据废气处理电收尘器的要求控制出口温度。

(7) 正常生产时,检查预热器、清除结皮,检查到哪个部位,应关闭该处的空气炮和压缩空气吹扫,以免突然出现正压烧伤人。

(8) 当熟料结粒过细,出窑温度较高时,在冷却机墙端易堆"雪人",停窑清除时,注意用窑尾电收尘器风机拉风,切不能用窑头排风机拉风。

(9) 喂料到设计能力时,如果能保证喂料量且喂煤量稳定,可获得烧成系统的最佳运行状态。一方面,需要慢慢地进行各部分的调整,以求达到最佳点。另一方面,出现故障时,能迅速正确地处理。此外,运转记录必须逐项认真填写,起到连续参考和提高效率的作用。

(10) 为了保证烧成设备的发热能力和传热能力的平衡稳定,保持烧结能力和预热能力的平衡稳定,操作中应做到:前后兼顾,窑炉协调,稳定烧结温度和分解温度,稳定窑炉合理的热工制度。因此,应通过风、煤、料三方面配合、调节来实现。

(11) 窑的正常操作,要求稳定窑温,前后兼顾,合理调配风、煤,适当拉长火焰,火焰形状应完整有力,做到不损坏窑皮、不窜黄料,达到优质、高产、低能耗的目的。

(12) 分解炉的正常操作,则要求正确及时调整煤和通风量,保持炉中及出口气体温度稳定、压力稳定,防止气温过高或过低,确保分解炉及预热器的安全稳定运行。

(13) 预分解窑操作可概括为"三固、四稳、六兼顾"。

① 三固。固定窑速,固定喂料量,固定箅冷机箅床上料层厚度。

② 四稳。稳定 C_5 筒出口气体温度(分解炉喂煤),稳定预热器排风量(高温风机转速),稳定烧成带温度(窑头喂煤),稳定窑头负压。

③ 六兼顾。兼顾窑尾含氧量及气流温度,兼顾 C_1 筒出口温度、压力,兼顾分解炉内温度及压力,兼顾筒体表面温度,兼顾箅冷机废气量,兼顾废气处理及收尘系统。

(14) 窑辅助传动系统连续运转时应开启液压挡轮,间歇翻窑时应停止液压挡轮。

(15) 窑辅助传动系统不应长时间连续运转,应严格按规定时间翻窑。

(16) 窑头罩冷却风机根据窑头罩温度(约 450 ℃)开停。

(17) 窑头有正压或止头煤后应立即退出看火电视。

(18) 止头煤后应退出燃烧器,调节一次风机转速 700 r/min,30 min 后开启应急风机直到燃烧器冷却。

(19) 窑筒体冷却风机在窑筒体温度大于 300 ℃时开启,小于 250 ℃时停止,并随窑的开停而开停。

(20) 燃烧器正常情况下外风应全开,适当关小内风,在任何情况下中心风都不得全关。出现异常窑况时需要调整燃烧器,必须向管理人员汇报。随时观察燃烧器火焰,发现异常时应及时处理。

(21) 窑头负压的控制:因窑头负压波动太大,可以用查 8 h 实时曲线的方法控制在 $-50 \sim -30$ Pa,以免窑前圈长得过高。

(22) 点火应注意调整窑头负压,特别是短时停窑重新点火时,防止窑头向外喷火。

(23) 任何情况下操作,必须将 CO 含量控制在 0.20% 以下,防止燃烧时爆炸。

(24) 在运行操作中应经常检查大型电机电流及轴承温度,防止设备跳停和烧坏。

（25）注意观察窑筒体扫描仪温度变化，保护窑皮和筒体。

（26）在分解炉未达到煤粉燃烧温度时，严禁给煤，防止发生爆炸。

（27）操作过程中注意风、煤、料的配合，防止减料过程中出现高温将有关设备烧坏。

（28）停窑时应尽量将煤粉仓放空，防止煤粉自燃，便于煤粉输送系统的检修和检查。

（29）保护好燃烧器和窑尾主排风机，排风机入口温度不允许超过 320 ℃，若有超过趋势，开启喷水系统喷水降温。

（30）保护好窑尾大布袋收尘器，当生料磨未启动时，高温风机入口温度不允许超过 240 ℃。

（31）保护好窑头大布袋收尘器，收尘器入口温度不允许超过 180 ℃。

（32）防止冷却机箅板烧坏和压死。

（33）在热工紊乱时，应通知现场注意，防止预热器、窑头罩和冷却机出现正压。

1.3.19　新型干法窑操作过程中常见的几个认识误区

（1）关于石灰饱和系数与熟料强度

有许多厂的窑操，特别是工艺技术人员认为饱和系数越高，熟料强度越高。其实，熟料中石灰饱和系数超过 0.93，熟料强度并不能提高。因为新型干法窑不同于华新窑、立波尔窑和中空窑等其他窑型，长径比较小，一般为 11~16，甚至有长径比为 11 左右的两支撑短窑，物料的预热、分解在预热预分解系统内完成，回转窑仅为熟料煅烧过程。如果熟料中石灰饱和系数高，必然要提高窑内热力强度，增加窑的热负荷，加大窑头喷煤量并适当降低窑速。这样就会造成预热器、分解炉、箅冷机和回转窑能力不匹配，系统紊乱，容易产生塌料、结皮现象，窑内热工制度难以稳定，从而无法保证稳定和较高的熟料强度。根据 1000~5000 t/d 不同窑型的调试经验，控制 KH 值在 0.90 ± 0.02 较为合理，系统稳定，易于控制，能保证回转窑长期、安全、稳定地运行，同时也能保持较高的工艺技术指标和环保指标，真正做到优质高产、低消耗和安全环保运行。

（2）关于窑前温度低

窑前温度低，严重时 f-CaO 含量高，很多操作人员的习惯做法是顶头煤和降窑速。如果窑内填充率不大，适当加头煤或稍降窑速还是可行的，也能提高前温。但新型干法窑前温低，往往是窑内通风不良造成的。如三次风管总阀开度过大，缩口、烟室结皮，预热器系统负压整体上升，可以肯定窑内通风不良。严重时，加头煤会导致尾温下降、分解炉入口温度升高。此时，头煤加得越多，窑速降得越快，f-CaO 含量将越高；同时，降窑速还会导致窑尾密封圈倒料。正确的操作方法应该是适当减少喂料量，降低窑内填充率；之后检查三次风管总阀是否断裂，如果窑尾负压升高或降低、预热系统负压整体上升，应立即组织清堵，使窑况恢复正常。当然，还有二次风温低、分解率低、物料预烧不好等，也会导致窑前温度低。不管何种原因，只要能准确判断窑前温度低的原因，操作调整就相对比较简单了。

（3）关于窑皮

过去有专门的挂窑皮操作，比如专门配制液相量偏高的物料，慢窑速，并规定窑头燃烧器一个台班前后移动三四次等。现在虽不采用该操作方法，但很多操作人员担心窑头火焰强，易伤窑皮，习惯调长窑头火焰，用软火焰挂窑皮。尤其是当窑皮不太好、筒体温度较高的时候，操作人员很自然地降低一次风压，调长窑头火焰。笔者认为：新型干法水泥的窑操既不需专门进行挂窑皮操作，也不用担心窑头火焰会损伤窑皮。只要保证窑内稳定的热工制度，保持良好的窑况，窑皮自然会生长完好。但当耐火砖较薄，筒体温度高时，可以根据筒体温度高的部位适当调长火焰并移动燃烧器，暂时避开高温点进行虚挂窑皮，当筒体温度下降后，应重新调节火焰，使火焰活泼有力，高温点集中，燃烧器逐步恢复原先位置，换挂高温窑皮。这期间必须保证窑内稳定的热工制度和良好窑况。窑头火焰强不但不会损伤窑皮，还有利于窑皮的生长。只要火焰不发散、活泼有力，就不会损伤窑皮。只有火焰形状好、高温点集中、火焰强度高的状态下挂的窑皮才结实、长久，不容易脱落。

（4）关于窑头火焰

对燃烧器的调节，笔者发现很多操作人员只简单地增减燃烧器内风或外风，以期使火焰缩短或延长。但笔者认为：燃烧器的调节，必须保证火焰活泼有力，短而不散，长而不细。如果单纯调节内风或外风，火焰形状无法达到理想状态。无论是二通道还是三通道、四通道燃烧器，其火焰的长短取决于煤粉的燃烧速度。燃烧速度越大，火焰越短；燃烧速度越小，火焰越长。而煤粉的燃烧速度 V 是含氧量 $w(O_2)$ 和温度 T 的函数：$V=f[w(O_2)，T]$。旋流风（也称内风）越强，煤粉与空气混合得越好，火焰内的含氧量越大，燃烧速度越大，火焰缩短；同时，正因为旋流风强，旋转速度大，火焰易于发散。射流风（也称外风）越强，喷射速度越大，燃烧器出口负压区负压越大，吸收的高温二次风越多，煤粉燃烧空气的温度越高，燃烧速度越大，火焰也会缩短；也正因为喷流速度大，包裹火焰的力量强，火焰形状细长。所以调节燃烧器的火焰应同时调节内外风，既能保证煤粉与燃烧空气的有效混合，又能充分吸收高温二次风，使火焰活泼有力，短而不散，长而不细。

（5）关于燃烧器的位置

很多企业新窑点火前都会确定燃烧器的位置，一般为第三象限，坐标是（−30，−50）。燃烧器的位置应根据不同窑型，不同原、燃材料成分，以稳定窑内热工制度为目的进行定位。小窑因窑径小、产量低，燃煤量也小，火焰形状相对细小，因而燃烧器冷态定位以中心或第一象限为宜；大窑因窑径大，产量高，燃煤量也大，火焰形状相对粗大，因而燃烧器冷态定位以中心或第三象限为宜。燃烧器热态位置应综合考虑原、燃材料成分、窑内温度梯度、熟料结粒和窑皮长短及厚度进行热态调节。如原、燃材料中钾、钠、氯、硫、镁等有害成分偏高，熟料结粒粗大，容易产生包心料，燃烧器适当偏料较好；反之，燃烧器以中心位置较好。

值得注意的是，预分解窑燃烧器的位置不是一成不变的，也不存在固定不变的最佳位置。但燃烧器位置是否适宜，最终应以窑皮长度 L 为回转窑直径 D 的 4.5～5.2 倍，即 $L=(4.5-5.2)\times D$，窑皮厚薄均匀，熟料结粒均齐为最佳。

1.3.20 预分解窑生产线操作的十大误区

（1）对原（燃）料成分与用量稳定及均化的重视程度不足

尽管在管理上已经采取了稳定的措施，操作上也有促使系统不稳定的因素存在，比如生料配料时只注重原料成分，而忽视原煤成分的变化影响，更忽视用煤量对熟料率值及质量的影响；生料配料的皮带秤出现故障，或生料库下料不畅，都是由于现场设备的维护不当而不能及时发现与处理；不注意生料磨与煤磨的操作稳定及开停对窑的影响。这点对于缺少自动化控制的生产线更显重要，如生料配料数据来自X-荧光仪的调整，这全凭操作员的经验。

（2）预分解窑的窑速变化过于频繁

这是造成窑运转不稳定的因素之一。因为窑速的变化导致熟料出窑不稳，使二次风温波动，火焰燃烧速度也随之变化。将调节窑速当作控制窑内温度的主要手段本身就是认识上的误区，因为很多操作人员都是将窑主电机电流作为判断窑内温度的手段，所以，当窑速低时因物料在窑内停滞时间延长，窑内负荷提高而窑电流会立即增加，使操作人员感觉窑温变高，实际此时窑内温度不仅不会提高得那么快，而且因料层变厚，熟料煅烧的环境变得更为不利。

（3）窑与分解炉用煤与用风比例失控

窑与分解炉是将生料分解与煅烧两个不同的过程，但是现在有一种趋势：预分解窑的分解炉用煤都要超过总用煤量的 60% 以上，有的甚至达 70%。实际很多情况是：操作员担心窑内的窑皮与窑衬不好，窑头再加煤会使窑筒体红外扫描温度升高；同时，分解炉内由于煤质变差，燃烧条件不好，热量不足。但分解炉用煤过多的副作用也不少：窑后部易结厚窑皮，甚至成圈，上升烟道易结皮，熟料煅烧的质量并不好，热耗也降不下来。从客观上讲，三风道三次风闸阀的不易调节，使二、三次风的用量不能与煤相适应；

从主观上讲,操作人员对预分解窑风、煤、料合理配合的复杂性缺乏认识。

(4) 不重视对二次风温的控制

很多生产线的二次风温只有 1000 ℃ 左右,甚至更低,没有得到管理者及操作者的重视。这样的运行状态肯定导致热耗提高,无法获得良好的运行效果。操作者最大的误区就是不能正确处理各路的用风量。比如,只会用窑头排风机控制窑头罩负压,习惯无限加大算冷机的鼓入风量等。

实际上,二次风温是算冷机对熟料冷却作用的系统控制结果,凡此温度不高,势必会使排出的熟料温度过高,或使算冷机排出的废气温度过高,结果不是烧坏电收尘极板,就是导致熟料入水泥磨温度过高。

(5) 用风量与用煤量宁大勿小

操作中遇到低温就加煤,遇到塌料就拉风是操作人员习惯性采取的措施。但是温度偏高时就不是减煤,而是加料,加料后又要加大拉风。如此反复操作的结果,就是系统用风、用煤都是偏高控制。显然这是操作方面造成熟料煅烧能耗偏高的重要原因之一。

(6) 不善于调节火焰形状和位置

火焰的形状和位置对煅烧是非常重要的,尤其是预分解窑由中控室操作,随着窑前温度越来越高,会用眼睛判断火焰燃烧状态的人就越来越少了,在仪表配备不足的情况下,误判误操作的情况越来越多。

(7) 忽视增湿效果的重要性

很多操作人员认为增湿效果只会影响收尘效果,对于袋收尘,只要排风温度不高于 180 ℃ 就可以了;对于电收尘,要求还要多些。当增湿塔位于高温风机之前时,增湿温度波动会影响系统的排风量及风压,从而影响烧成系统的稳定。所以,不重视增湿泵压力、增湿水量的调节、增湿喷嘴等设备的好坏,不愿意采用自控系统时,仅靠操作使系统稳定运行的难度要大得多。

采用低温余热发电系统之后,也有投入发电与不投入时的差别,当前控制废气的阀门都选调节用的百叶阀,由于不能完全切断废气走向,不发电时会影响窑的煅烧,发电时会影响发电能力。

(8) 对煤粉质量稳定的影响因素

一是含水率过高。不少生产线用的煤粉含水率远高于 1%,这种煤粉不仅在储存与计量过程中带来波动,而且随煤粉入窑的多余水分还会影响煤粉燃烧速度,吸收更多的热。

二是熟料细粉混入煤粉中。在使用来自算冷机抽出的热风中,由于对所含熟料细粉的清除不利,使得入窑煤粉中的灰分含量比原煤增加 2% 以上,说明煤粉中至少掺有 15% 以上的熟料细粉,对煤粉形成的火焰强度有较大影响,同时增加了对煤磨磨辊的磨蚀,也浪费了宝贵的熟料。

(9) 开停窑投料止料的方法不当

开窑点火投料的方法直接关系到首次窑皮挂壁的牢固程度,直接影响窑衬的运转周期。

投料方法不科学还会造成 C_1 筒出口废气温度偏高,或预热器堵塞与塌料,但是不要忽视止料过程的重要性,此时如果不能快捷果断,也会为再次投料时的堵塞埋下祸根。

(10) 仅利用质量检验结果指导操作

如果质量检验结果仅仅作为被考核的对象,则中控室操作人员一般会有两种态度:

当检验质量不合格时,不论不合格的差异有多大,都会倾向大幅度调整操作参数。这种调整方法可以追求较高的合格率,但不利于保持系统稳定。实际上,不同的质量指标,因为取样方法不同,反映调整效果的速度或程度是不一样的。对于取累积样的质量指标,应该要求检验人员在调整生效后取瞬时样,以便观察调整效果。检验人员为了系统的稳定,避免操作人员的大幅度调整,也应该将下个样品改为瞬时样。如果是取瞬时样品的检验项目,则更应该视不合格的原因与程度来决定调整幅度与方法,而不应破坏系统的平衡性。

如果检验结果合格,仍旧应该检查系统的稳定程度及控制能力。对于某些取累积样的项目,可以改取瞬时样,使自己在操作中做到心中有数。

1.3.21 预分解窑生产线管理的十大误区

（1）对自身预分解窑的运行状态不够清晰；

（2）对从事新型干法水泥生产的人才特点不够明确；

（3）对新型干法水泥生产的基本特点与要求认识不够；

（4）对使用的原（燃）料成分稳定的重视程度不够；

（5）对半成品质量检验的目的性不够明确；

（6）对热耗、电耗水平的重视程度不够；

（7）对设备巡检维护的重要性认识得不够；

（8）对充分发挥巡检工职能的认识不够；

（9）考核办法的细化程度不够；

（10）对计量仪表准确性及自动化的重要性认识不够。

1.3.22 预分解窑操作有何特点

（1）烧成带较长，窑速很快

预分解窑烧成带的长度为窑筒体直径的 5.0～5.5 倍，较其他窑型都长。又由于入窑生料 $CaCO_3$ 分解率一般高达 90% 左右，因此窑内物料预烧好，化学反应速率加快，所以出现窜料的可能性降低，这为提高窑速创造了良好条件，正常情况下，窑速一般控制在 3.0 r/min 左右。由于窑速快，窑内料层薄，物料填充率只有 7% 左右，而且来料比较均匀。所以，熟悉预分解窑的操作人员普遍反映这种窑料好烧、好控制、好操作。但是必须指出，我国绝大多数的预分解窑，包括早期建成甚至在建的，其长径比 L/D 为 15～16，与预热器窑基本相当。这使得出分解带的生料温度升到 1250 ℃所需时间约为预热器窑的 3 倍，约 15 min。这样，使得已形成的 C_2S 和 CaO 矿物晶体在较长的过渡带内长大，活性降低，不利于 C_3S 的形成。为了解决这个问题，德国洪堡公司开发了 L/D 为 10 的短窑（我国新疆水泥厂 4 号窑中 $\phi4.0\ m\times43\ m$ 就是这种窑型）。窑筒体的缩短，使过渡带也相应缩短，生料通过过渡带的时间约为 6 min。这样刚形成的 C_2S 和刚分解出来的 CaO 活性很高，有利于 C_3S 的形成和熟料产（质）量的提高。

由于三通道，尤其是四通道燃烧器的广泛应用以及碱性耐火砖质量的提高，为进一步提高烧成温度创造了条件。窑速也由 3.0 r/min 提高到 3.5 r/min 左右，最高已达 4.0 r/min，使物料在窑内停留时间相应缩短，从而提高了出过渡带矿物的活性。烧成温度的提高和窑速的加快，也促进了 C_3S 矿物的形成速率。而第三代空气梁式箅冷机的广泛应用，使出窑熟料得到急速淬冷，冷却机热回收效率已达 73% 以上。上述条件使得我国预分解窑的产（质）量都有很大提高，燃料消耗大大降低，3000 t/d 以上规模的预分解窑熟料热耗已接近 3000 kJ/kg，其热工参数和技术经济指标已达到国际先进水平。

（2）黑影远离窑头

由于入窑生料 $CaCO_3$ 分解率很高，窑内分解带大大缩短，过渡带尤其是烧成带相应延长，物料窜流性小，一般窑头看不到生料黑影。因此，看火操作时必须以观察火焰、窑皮、熟料颜色、亮度、结粒大小、带料高度、立升重以及窑的传动电流为主。必须指出，因为窑速快，物料在窑内停留时间只有 25 min 左右，所以操作人员必须勤观察、细调整，否则跑生料的现象也是经常发生的。

（3）冷却带短，易导致结前圈

预分解窑冷却带一般都很短，有的甚至没有冷却带。出窑熟料温度高达 1300 ℃以上，这时熟料中的液相量仍未完全消失，所以极易导致结前圈。

（4）黑火头短，火力集中

三通道或四通道燃烧器能使风、煤得到充分混合，所以煤粉燃烧速度快，火焰形状也较为活泼，内流风、外流风比例调节方便,比较容易获得适合工艺煅烧要求的黑火头短、火力集中的火焰形状。

（5）要求操作人员有较高的素质

预分解窑入窑生料 $CaCO_3$ 有 90% 以上已经分解,所以生料从分解带到过渡带温度变化缓慢,物料预烧好,进入烧成带的料流就比较稳定。但由于预分解窑系统有预热器、分解炉和窑三个部分,窑速快,生料运动速度就快,系统中若出现任何干扰因素,窑内热工参数就会迅速发生变化。所以,操作人员一定要前后兼顾,全面了解系统的情况,对各种参数的变化要有预见性。发现问题时,预先微调用煤量,尽可能少动或不动窑速和喂料量,以避免系统热工参数的急剧变化,要做到勤观察、小动作、及时发现问题,及时排除。

1.3.23 预分解窑操作中常见的问题及其原因

（1）窑尾和预分解系统温度偏高

① 检查生料 KH、SM 值是否偏高,熔融相（Al_2O_3 和 Fe_2O_3）含量是否偏低;生料中游离 SiO_2 含量是否比较高,生料细度是否偏粗。如果上述若干项情况属实,则生料易烧性差,熟料难烧结,上述温度偏高属于正常现象。但应注意极限温度和窑尾含氧量的控制。

② 窑内通风不好,窑尾空气过剩系数控制偏低,系统漏风产生二次燃烧。

③ 排灰阀配重太轻或为避免堵塞,窑尾岗位工把排灰阀阀杆吊起来,致使旋风筒收尘效率降低,物料循环量增加,预分解系统温度升高。

④ 供料不足或来料不均匀。

⑤ 旋风筒堵塞使系统温度升高。

⑥ 燃烧器外流风太大、火焰太长,致使窑尾温度偏高。

⑦ 烧成带温度太低,煤粉后燃。

⑧ 窑尾负压太高,窑内抽力太大,高温带后移。

（2）窑尾和预分解系统温度偏低

① 对于一定的喂料量来说,用煤量偏少。

② 排灰阀工作不灵活,局部堆料或塌料。由于物料分散不好、热交换差,致使预热器 C_1 筒出口温度升高,但窑尾温度下降。

③ 预热器系统漏风,增加了废气量和烧成热耗,废气温度下降。

（3）烧成带温度太低

① 风、煤、料配合不好。对于一定喂料量,热耗控制偏低或火焰太长,高温带不集中。

② 在一定的燃烧条件下,窑速太快。

③ 预热器系统塌料,以及温度低、分解率低的生料窜入窑前。

④ 窑尾来料多或垮窑皮时,用煤量没有及时增加。

⑤ 在窑内通风不良的情况下,又增加窑头用煤量,结果窑尾温度升高,烧成带温度反而下降。

⑥ 冷却机一室箅板上的熟料料层太薄,二次风温太低。

（4）烧成带温度太高

① 来料少而用煤量没有及时减少。

② 燃烧器内流风太大,致使火焰太短,高温带太集中。

③ 一、二次风温太高,黑火头短,火点位置前移。

（5）二次风温太高

① 火焰太散,粗粒煤粉掺入熟料入冷却机后继续燃烧。

② 熟料结粒太细致使料层阻力增加,二次风量减少,二次风温升高;大量细粒熟料随二次风一起返回窑内。

③ 熟料结粒良好,但冷却机一室箅板料层太厚。

④ 火焰太短,高温带前移,出窑熟料温度太高。

⑤ 垮窑皮、垮前圈或后圈使某段时间出窑熟料量增加。

(6)冷却机废气温度太高

① 冷却机箅板运行速度太快,熟料没有充分冷却就进入冷却机中部或后部。

② 熟料冷却风量不足,出冷却机的熟料温度高,废气温度自然升高。

③ 熟料层阻力太大(料层太厚或熟料颗粒太细),或料层太容易穿透(料层太薄或熟料颗粒太粗),这样熟料冷却不好,出口废气温度升高。

(7)二次风温太低

① 喷嘴内伸,火焰又较长,窑内有一定长度的冷却带。

② 冷却机一室箅板料层太薄(料层薄,回收热量少,温度低)。

③ 冷却机一室高压风机风量太大。

④ 箅板上熟料分布不均匀,冷却风短路,没有起到冷却作用。

(8)烧成带物料过烧

① 用煤量太多,烧成温度太高。

② 熟料 KH 值和 SM 值偏低,Al_2O_3、Fe_2O_3 含量偏高。

③ 生料均化不好,化学成分波动太大或者生料细度太细,致使物料容易烧结。

④ 窑灰直接入窑时,瞬间掺入比例太大。

(9)预热器负压太高

① 气体管道、旋风筒入口通道及窑尾烟室产生结皮或堆料,则在其后系统负压升高。

② 箅板上料层太厚或前结圈较高,使二次风入窑风量下降,但窑尾高温风机排风量保持不变,系统负压上升。

③ 窑内结圈或结长厚窑皮,则在其后系统负压增大。

(10)窑头回火

① 冷却机废气风机阀门开度太大。

② 熟料冷却风机发生故障或料层太致密、阻力太大,致使冷却风量减少。在冷却机废气风机开度不变的情况下,必将从窑内争风。

③ 窑尾捅灰孔、观察孔突然打开,系统抽力减少。

④ 窑内结圈,系统阻力增加,窑头负压减小甚至出现正压。

(11)结窑口圈

① 二次风温长期偏高,煤粉燃烧速度太快,火焰太集中。

② 烧成带温度太高,物料过烧。

③ 熟料颗粒太细,粉料较多,冷却机一室高压风机阀门开度太大,大量粉料返回窑内。

④ 煤粉太粗,不完全燃烧沉降在熟料颗粒表面继续燃烧,形成高温,产生结圈。

(12)后结圈

① 生料均匀性较差,化学成分波动较大,熔融相出现显著变化。

② 生料 KH 值或 SM 值偏低,煅烧火焰又太长。

③ 煤粉偏粗或燃烧空气不足产生还原气氛,使 Fe_2O_3 还原成 FeO,液相提前出现。

④ 煤、风混合不好,煤灰集中沉降。

(13)预热器系统塌料

① 窑产量偏低,处于塌料危险区。

② 喂料量忽多忽少,不稳定。

③ 旋风筒设计结构不合理。旋风筒进口水平段太长,涡壳底部倾角太小,容易积料。

④ 旋风筒锥体出料口、排灰阀和下料管等处密封不好,漏风严重。

（14）跑生料

① 对于一定生料喂料量,用煤量偏少,热耗控制偏低,煅烧温度不够。

② 结圈或大量窑皮垮落,来料量突然增大而操作人员未发现时,用煤量和窑速没有及时调节或判断有误。

③ 分解炉用煤量偏小,入窑生料分解率偏低;窑用煤量较多但窑内通风不好,烧成带温度提不起来。

④ 回转窑产量在偏低范围内运行,致使预热器系统塌料频繁发生。

（15）窑头或冷却机回窑熟料粉尘量太大

① 烧成带温度偏低,熟料烧成不好,f-CaO 含量高。

② 回转窑长径比 L/D 值偏大,入窑生料 $CaCO_3$ 分解率又太高,使新生态 CaO 和 C_2S 在较长的过渡带内产生结晶,活性降低,形成 C_3S 较为困难,容易产生飞砂料。

③ SM 值太高,液相量偏少,熟料烧结困难,也容易产生飞砂料。

④ 窑头跑生料。

⑤ 冷却机一室高压风机风量太大。

⑥ 大量窑皮垮落,而这种窑皮又比较疏松。

（16）火焰太长

① 燃烧器外流风太大,内流风太小,风、煤混合不好。

② 二次风温偏低。

③ 系统排风量过大,火焰被拉长。

④ 煤粉挥发分低、灰分高、热值低,或煤粉细度太粗、含水率高而不易着火燃烧,黑火头长。

（17）火焰太短

① 窑头负压偏小,甚至出现正压。

② 二次风温高,煤粉燃烧速度快。

③ 窑内结圈、结厚窑皮,或预热器系统结皮堵塞。

④ 燃烧器内流风太大,外流风太小。

⑤ 煤粉质量好,着火点低,燃烧速度快。这种情况下,煤粉细度可以适当放宽。

（18）窑尾或 C_5 筒出口 CO 含量偏高

① 系统排风量不足,控制过剩空气系数偏小。

② 煤粉细度粗,含水率高,燃烧速度慢。

③ 燃烧器内流风偏小,煤、风混合不好。

④ 二次风温或烧成带温度偏低,煤粉燃烧不好。

⑤ 预热器系统捅灰孔、观察孔打开时间太长或关闭不严造成系统抽力不够。

⑥ 系统漏风严重。如果高温风机能力本来就偏小,对烧成系统的影响就更大。

（19）熟料易结大块,立升重偏高

① 熟料 KH 值和 SM 值低,熔融相尤其是 Fe_2O_3 含量太高。

② 火焰太短,烧成温度太高,物料被烧流。

③ 对于实际煅烧情况,控制窑速太慢。

④ 用煤量多,控制热耗偏高。

（20）熟料吃火,结粒差

① 熟料 KH 值和 SM 值太高,熔融相太少。

② 生料细度太粗,预烧差,化学反应慢。

③ 火焰太长,高温区不集中,烧成温度偏低。

④ 窑速太快,物料在窑内停留时间太短。

（21）窑传动电动机电流偏大

① 窑速太低,窑内物料填充率高。

② 窑用煤粉比例偏大或控制热耗太高;烧成带温度太高,使窑转动扭矩增加。

③ 烧成带物料过烧或生料 KH 值、SM 值低,熔剂矿物含量高,生料容易发黏,窑内物料带得高、能耗大。

④ 窑内结圈,窑内物料量增加。圈体本身增加传动载荷;结圈后,窑内堆积的物料量增加,圈越高,窑内积料越多。

⑤ 窑内大量垮窑皮,使窑传动电流急剧上升并有较大波动,然后又较快下降。

⑥ 窑传动齿轮和小齿轮之间润滑不好,使窑传动阻力增加。

⑦ 轮带和托轮之间接触不好。

⑧ 窑尾末端与下料斜坡太近,运行中产生摩擦。

⑨ 窑头、窑尾密封装置活动件与固定件接触不好,增加阻力。

（22）窑传动电动机电流偏小

① 烧成带温度偏低。

② 窑产量较低,但窑速较快,窑负载小。

③ 烧成带窑皮较薄,而且比较平整。

（23）冷却机、拉链机过载停机

① 熟料颗粒太细,大量细颗粒熟料通过箅缝进入拉链机。

② 冷却机箅板损坏,熟料漏入料斗进入拉链机。

（24）窑内结大蛋

① 现象

a. 窑尾温度降低,负压增高且波动大;

b. 三次风量、分解炉出口负压增大;

c. 窑电流高,且波动幅度大;

d. C_5 筒出口和分解炉出口温度低;

e. 在筒体外面可听到振动声;

f. 窑内通风不良,窑头火焰粗短,窑头时有正压;

g. 废气中 NO_x 浓度偏低。

② 原因判断

a. 特别是生料中 Fe_2O_3 的含量波动大时,若配料不当,SM 值、IM 值低,液相量大,液相黏度低;

b. 生料均化不理想,入窑生料化学成分波动大,导致用煤量不稳定,热工制度不稳,此时易造成窑皮黏结与脱落,烧成带窑皮不易保持平整牢固,均易结"大蛋";

c. 喂料量不稳定;

d. 煤粉燃烧不完全,到窑后烧,煤灰不均匀掺入物料;

e. 火焰过长,火头后移,窑后局部高温;

f. 分解炉温度过高,使入窑物料提前出现液相;

g. 煤粉灰分高,细度粗;

h. 原料中有害成分(碱、氯)含量高。

③ 处理措施

a. 发现窑内有大蛋后,应适当增加窑内拉风,顺畅火焰,保证煤粉燃烧完全,并减料快窑,让大蛋"爬"上窑皮进入烧成带,用短时大火把大蛋烧散或烧小,以免进入箅冷机发生堵塞,同时要避免大蛋碰坏燃烧器;

b. 若已进入箅冷机,发现箅冷机下料口堵塞时应及时止料、停窑,将大蛋停在低温区,人工打碎;

c. 窑异常停止时,尽量连续慢转窑,防止高温物料在急速冷却的情况下结成大块。

（25）红窑

① 现象

窑筒体红外扫描仪显示窑温度偏高,夜间可发现筒体出现暗红或深红,白天则发现红窑处筒体有"爆皮"现象,用扫把扫该处可燃烧。

② 原因判断

a. 窑皮挂得不好、窑衬太薄或脱落,火焰形状不正常(常见燃烧器头部结料),垮窑皮等。

b. 窑衬镶砌质量不高或磨薄后未按期更换;

c. 轮带与垫板磨损严重,间隙过大,使筒体径向变形增大;

d. 筒体中心线不直;

e. 筒体局部过热变形,内壁凹凸不平。

③ 处理措施

红窑应分为两种情况区别对待:

一是窑筒体出现的红斑为暗红,并出现在有窑皮的区域时,这种情况一般为窑皮垮落所致,此时无须停窑,但必须作一些调整,加强配料工作及煅烧操作,改变火焰的形状,人工清除燃烧器头部结料,定期清扫窑尾积料,避免温度最高点位于红窑区域,适当加快窑速,并将窑筒体冷却风机集中对准红窑位置吹,使窑筒体温度尽快降低。如窑内温度较高,还应适当减少窑头喂煤量,降低煅烧温度。定期校正筒体中心线,调整托轮位置。严格控制烧成带附近轮带与垫板的间隙;间隙过大时要及时调整,为防止和减少垫板间长期相对运动所产生的磨损,在轮带与垫板间加润滑剂。总之,要采取一切必要的措施将窑皮补挂好,使窑筒体的红斑消除。

二是红斑为亮红,或红斑出现在没有窑皮的区域,这种红窑一般是由于窑衬脱落引起的。这种情况必须停窑,但如果立即将窑主传动停止,将会使红斑保持较长的时间。因此,正确的停窑方法是先止煤停烧,并让窑主传动慢转一定时间,同时将窑筒体冷却风机集中对准红窑位置吹,使窑筒体温度尽快下降。待红斑由亮红转为暗红时,再转由辅助传动翻窑,并做好红窑位置的标记,为窑检修做好准备。

红窑,可以通过红外扫描温度曲线准确判断它的位置,具体的红窑程度还需到现场去观察和落实。一般来说,窑筒体红外扫描的温度与位置的曲线峰值大于 350 ℃时,应多加注意,尽量控制筒体温度在 350 ℃以下。(A3 钢在 350 ℃以上时有蠕变现象)

防止红窑,关键在于保护窑皮。要掌握合理的操作参数,稳定热工制度,加强煅烧控制,避免烧大火、烧顶火,严禁烧流及跑生料。入窑生料成分从难烧料向易烧料转变时,当煤粉的热值由低变高时,要及时调整有关参数,适当减少喂煤量,避免窑内温度过高,保证热工制度的稳定过渡,另外要尽量减少开停窑的次数,因开停窑对窑皮和衬料的损伤很大,保证窑长期稳定地运转,会使窑耐火材料的寿命大大提高。

（26）箅冷机堆"雪人"

① 现象

a. 一室箅下压力增大;

b. 出箅冷机熟料温度升高,甚至出现"红河"现象;

c. 窑口及系统负压增大;

d. 通过工业电视可以看到;

e. 窑头飞砂较大,废气中 NO_x 浓度较低,且工艺状况不佳、工业电视图像模糊时,联系现场人员检查、确认。

② 原因判断

a. 窑头火焰集中,出窑熟料温度高,有过烧现象;

b. 生料 KH 值、SM 值偏低,液相量偏多;

c. 生料成分波动大或风、煤料不稳定,造成窑热工制度容易波动,引起大块窑皮垮落;

d. 生料成分较高,难烧,熟料结粒较细小,且窑内热工制度不稳,频繁掉窑皮;

e. 燃烧器头部结料,影响火焰形状和煤粉燃烧;

f. 窑内煅烧欠佳及冷却机操作不当。

③ 处理措施

a. 在箅冷机前部加装空气炮,定时放炮清扫;

b. 尽量控制正常火焰煅烧,避免窑头火焰短粗,形成急烧;尽量保持一定的火焰长度,保持窑头必要的冷却带;将燃烧器移至窑内,降低出窑熟料温度;

c. 稳定生料成分及烧成温度在合适的范围内;

d. 严格控制跑生料;

e. 合理使用箅床转速及冷却风;

f. 通过配料及操作的调整,尽量避免严重飞砂料的出现;

g. 人工清除燃烧器头部结料,定期清扫窑尾积料。

足够的料层厚度、合理的系统用风、一定的窑头负压、稳定的窑内煅烧,是保证箅冷机正常运行的关键所在。

(27) 窑运转中出现"电流增大"

① 原因判断

a. 窑皮厚而长;

b. 窑内结圈;

c. 窑的热工制度属于低温长带燃烧,液相提前出现,物料在窑内流动较慢,造成窑内物料填充率过高;

d. 窑温高是物料黏度增大造成的;

e. 窑筒体的位置超过上、下限;

f. 托轮调整不正确,形成"八"字形;

g. 托轮轴承润滑、冷却不良;

h. 筒体弯曲;

i. 电动机出故障。

② 处理措施

a. 减少风、煤、料,处理窑皮;

b. 处理结圈;

c. 适当降低入窑物料温度,提高窑前煅烧温度、增加窑速;

d. 减少喂煤量,降低窑温;

e. 在托轮与轮带之间抹适当的 20[#] 透平油,减小摩擦力,使窑体下滑,或抹生料粉增大摩擦力,使窑体上窜;

f. 调整托轮,保持推力方向一致;

g. 检修润滑冷却装置;

h. 将筒体凸起部或悬臂部翘起处转到上方,略停适当时间,依靠自重校正筒体;

i. 检修电动机。

1.3.24 预分解窑操作中调整控制变量时,控制参数会如何变化

对于预分解窑(分解炉和冷却机除外)而言,主要的控制参数有烧成带温度、窑尾废气温度和窑尾废气含氧量。为使窑高效、稳定运行,必须让这些参数尽量靠近目标值,往往需要对控制变量进行一定的调整,主要的控制变量有窑头喂煤量、生料喂料量、窑通风量和窑转速。这四个控制变量与三个控制参数之间的关系相当复杂,为了简化问题,假定一次只对一个变量进行调整,不触及其他变量,而且调整幅度很

小,以此说明调整控制变量后控制参数的变化情况。

（1）窑头喂煤量

提高窑头喂煤量,则有以下现象出现:

① 烧成带温度增加;

② 窑尾废气温度增加;

③ 窑尾废气含氧量降低。

窑头喂煤量降低,则效果相反;增加窑头喂煤量,则更多能量进入窑系统,所以烧成带温度和窑尾废气温度增加。过多燃料燃烧,部分过量空气被消耗,所以窑尾废气含氧量下降。当然,只有在氧化气氛下,上述相对关系才存在。在还原气氛下,增加窑头喂煤量将导致烧成带温度降低。

（2）生料喂料量

增加生料喂料量,则有以下现象出现:

① 烧成带温度降低;

② 窑尾废气温度降低;

③ 窑尾废气含氧量降低。

生料喂料量降低,则效果相反;入窑生料量增加,则窑尾废气温度首先下降,当该生料到达烧成带时,烧成带温度也开始下降。由于生料在干燥过程中,水分会蒸发变成水蒸气,而且生料在煅烧过程中,会释放出二氧化碳气体,从而在窑内增加了大量气体。如果窑内通风量保持不变,就会减少从冷却机中吸入的空气量,从而降低了窑尾废气中的含氧量。

（3）窑通风量

增大窑内通风量,则有以下现象出现:

① 烧成带温度降低;

② 窑尾废气温度上升;

③ 窑尾废气含氧量增加。

当然,窑只有处于氧化气氛时才存在上述关系。在还原气氛下,窑内通风量增加,则烧成带温度增加。

窑内通风量增加时,更多二次空气吸入窑内并通过烧成带,因此降低了烧成带的温度。由于燃料量保持不变,窑内通风量增加,使得更多的高温空气被吹到窑尾,故窑尾废气温度上升。同时,由于二次空气增加,窑尾废气中的含氧量也就增加。

（4）窑转速

窑转速增加,则有以下现象出现:

① 烧成带温度降低（短时）;

② 窑尾废气温度降低（短时）;

③ 窑尾废气含氧量降低。

如果窑转速降低,则效果相反。窑转速增加,短时间内进入烧成带的生料量增加。所有反应带暂时往窑头方向移动,导致烧成带温度和窑尾废气温度下降。

由于短时间内更多生料进入了回转窑的烧成带,释放出更多水蒸气和二氧化碳,导致窑尾废气含氧量下降。应该意识到,这些影响的持续时间很短,一旦窑转速增加时,在窑后部的部分生料运动到窑头再出窑时（加上恢复时间）,这种影响就会消退。

窑转速增加,窑内物料运动速度加快,物料停留时间变短,热传递时间减少,熟料烧成时间变短;但是料床更薄,传热效果更好,有利于熟料烧成。因此,两者必须兼顾,才能确定最佳窑转速。

通常,窑转速取决于窑的生料喂料量,其目标是保持窑内的物料填充率不变,也就是保持窑内热传递条件不变。因此,在正常操作条件下,窑转速不是一个独立的变量,总是和窑的生料喂料量同时进行调整。

当发生热生料塌料时,必须降低窑转速(防止冷却机过热),同时减少生料喂料量。这种操作可能导致窑尾废气温度过高,在这种情况下,必须在生料喂料量和窑尾废气温度之间求得平衡。

1.3.25 回转窑操作中为何要控制窑尾废气含氧量

在回转窑煅烧过程中,为了形成稳定和理想的火焰,实现高效燃烧,需要一定量的过量空气。如果过量空气太少,则燃料燃烧不充分,会降低烧成带内火焰温度;而过量空气太多,由于多余空气的冷却作用,则会降低火焰温度。所以,两种情况都会降低热交换效率。

如果原料或燃料中含有较多的硫或氯成分,硫或氯就会在窑系统内产生硫循环或氯循环,造成结皮、结圈和堵塞。如果此时提高窑内的空气过剩系数,增加含氧量,由于氧气可阻止硫和氯挥发,因此能有效缓解因硫和氯造成的结皮、结圈和堵塞现象。但是,增加含氧量,使得窑内气体流速更快,可能增加粉尘循环,导致热交换效率降低。

不同的窑型和燃料,适宜的含氧量也不同。表1.7所示是不同窑系统的窑尾废气中的适宜含氧量。如果不存在硫挥发问题,则使用较低的目标值;如果硫循环(或氯循环)程度高,则应使用较高值。

表1.7 不同窑系统的窑尾废气中的适宜含氧量(以干燥气体为标准)

窑型	燃料			
	气体	燃油	煤	石油、焦油或固态可燃废弃物
湿法窑	0.5%～1.5%	1.0%～2.0%	1.0%～2.0%	2.0%～2.5%
立波尔窑	1.0%～1.5%	1.5%～2.0%	2.0%～2.5%	2.0%～3.0%
预热器窑	1.0%～1.5%	1.5%～2.0%	2.0%～2.5%	2.0%～3.0%
预分解窑	2.5%～3.0%	2.5%～3.0%	2.5%～3.5%	2.5%～4.0%

1.3.26 预分解窑如何进行看火操作

预分解窑看火操作主要有燃烧器的火焰形状、位置、颜色;下煤量、风和煤的配合情况及燃烧推力;窑皮的平坦、完整及厚薄、长短;熟料色泽和结粒的大小、致密程度和在窑内带起的高度及窑内填充率的高低、熟料出窑速度的快慢;烧成带温度和二、三次风温高低及窑头压力大小等。

看火是窑操作中各参数调整及燃烧器调整的主要依据,操作员要勤观察、多比较。正常窑况下火焰顺畅不刷窑皮,火焰前部白亮,中部呈粉白色,后部发黑且短,无回风、无局部高温、不散不软,黑火头浓淡适宜,燃烧完全,不出现流煤现象。燃烧器一般在窑截面第四象限,火焰高温位置集中在烧成带,熟料结粒如黑桃状(粒径约15 mm)且均齐,打开小窑门手感微负压、窑前基本明亮清晰,熟料占窑截面面积的7%～10%,出窑速度适中。

一般情况下火焰亮且发白、熟料发亮刺眼,则烧成带物料温度高、窑电流高,液相量相对增加,熟料立升重增加,f-CaO含量下降。此时熟料结粒较粗大,在窑内翻滚滞缓,被窑带起得较高,窑筒体温度明显升高,对窑皮有所损伤且不利于长期安全运转,应采取调整措施:一般采用减少头煤给定量,或减小内风、加大外风使火焰拉长,以及加大系统用风量、提高窑转速、增加喂料量的操作方法抑制长时间的高温过烧现象。

窑头出现下煤少时,黑火头发黄、火焰长飘无力;下煤多时,黑火头浓黑且有流煤现象,并且火焰"咚咚"发响,熟料表面出现蓝色火焰。窑头煤多、风小时,则起火慢、火焰发红,严重时刚出燃烧器就掉落下来,熟料表面也会出现蓝色火焰,针对不同情况要及时采取措施。有时火焰长而无力且回缩,则说明系统拉风过大;而系统拉风小时,火焰短而发暗,窑内浑浊,冷却带和火点处充满白气。有时火焰暗而无力,窑前浑浊,二次风温也低,熟料结粒细散,在窑内翻滚快,带起的高度不高,熟料立升重低,f-CaO含量高,则说明烧成温度过低。在操作上应适当增加喂煤量并适当加大系统排风,调大内风、减少外风使火焰更集中,以便更快提高烧成温度;也可根据情况减小喂料量、打慢车或止料烘窑升温。

火焰的形状和温度主要受二次风温和煤粉水分、挥发分高低及煤粉细度的影响。同时,火焰形状还受窑尾高温风机、窑内结圈情况和窑填充率等因素影响。操作时应根据料的色泽、结粒大小、系统温度和化验室检测出的数据等具体情况综合分析处理。

窑内填充率在一定程度上反映了来料是否稳定和煅烧是否正常。来料的稳定与否又受窑尾喂料、窑转速的快慢、生料成分及窑皮的平整度等因素影响。值得一提的是,当系统出现大塌料引起跑生料或窑内结圈、结长厚窑皮时更容易引起窑内填充率的变化。此时,为防止跑生料不得不使用短焰逼烧、加头煤、增大内风、减小喂料量、增大系统用风、降低窑转速来顶住这股生料,使系统工况波动变化减小,尽快使系统恢复后转入正常操作。如系统在 $3\sim5$ min 都恢复不过来,则采取止料挂辅传烘窑,但切忌控制 C_1 筒出口温度低于 450 ℃、C_5 筒进口温度低于 850 ℃,直到窑内物料结粒后才拉风投料开窑。当物料在窑内填充率低时,应查看各级旋风筒锥体和各级下料管是否堵塞或喂料波动等。总之,要及时综合分析系统各操作参数,及时排除隐患。

观察窑皮也是看火的一项主要内容,观察烧成带窑皮是否完整、平坦和牢固,其后的窑皮主要看其长度和厚度。一般在烧成带和过渡带交界处是最容易形成圈的部位,一旦有明显变化,要及时采取相应措施。在此部位常采用冷热交替法把其厚窑皮或圈烧掉,在烧的过程中要及时观察熟料中是否有大扁块偏黑色物料。大量掉窑皮,此时窑电流大幅下降,应及时降低窑转速、稍增加喂煤量,并随时注意筒体温度的变化,如筒温大幅上升则意味着圈或厚窑皮已掉,应及时补挂窑皮。

在生产中严防烧成带窑皮烧掉、塌落,避免"红窑"事故的发生及筒体变形、瓦温升高烧瓦等设备事故。窑皮的厚薄还可通过红外线扫描仪和现场直观判断,另外,窑内窑皮长厚时窑前也有明显的变化,诸如火焰舒展不开、回火、正压、窑前浑浊、窑尾压力和系统压力明显增大等;严重时,还会有料加不起来、窑速提不起来、窑尾出现漏料、预热器出现塌料等现象。在生产中如果窑皮大量烧掉、塌落或耐火砖使用到极限等致使窑筒体出现暗红,采用压补或喷水都不能强制挂上窑皮时,则必须停窑换砖。

窑头压力大小与系统拉风量大小、窑内窑皮厚薄及是否长圈、系统结皮积料、窑内温度的高低及煤着火情况有关,正常情况下窑头为微负压状。二、三次风温高低又与熟料结粒大小、出窑物料的多少、窑前温度高低、系统用风和漏风,窑转速及箅冷机料层厚度、箅下压力等因素有关。

应特别注意的是,预分解窑的看火不同于传统的湿法窑或干法窑,所以黑影只有在窑内温度较低或刚开窑投料初期可以看到,正常生产中是几乎看不到的。

1.3.27 回转窑看火看不清时的原因及采取的措施

回转窑看火看不清时,一般有三种情况:

(1)新点火开窑,粉尘过多,或由于冷却机扬料板过高,造成入窑二次风中粉尘含量过大,使窑内发浑而看不清。解决办法是:如粉尘过大,则把粉尘从冷却机转出,窑内自然看得清。若是扬料板过高,应尽量用火力偏高线控制,减少熟料中的粉尘量,或者减少冷却机内的扬料板数量,降低扬料板高度。

(2)操作不当。因跑生料而看不清火,解决办法是:加强操作,严格制止跑生料。

(3)结圈。由于管道堵塞等因素造成通风不良、排风量过小、火焰发憋,因而看不清火。解决办法是:捅开管道,处理掉结圈,形成窑内良好的通风。

不论是哪种原因造成看不清火,无法判断窑内情况和操作时,临时补救措施是不断停冷却机或停窑,观察并掌握窑内情况,加以适当处置,直到能看清楚为止。

1.3.28 回转窑 27 种不同窑况的调控策略

对于回转窑(预热器、分解炉和冷却机除外)而言,反映窑况的主要有三个控制参数:烧成带温度、窑尾废气温度和窑尾废气含氧量。这三个参数在回转窑煅烧过程中是不断波动的。对于不同的回转窑,其理想的波动范围如表 1.8 所示。

表 1.8　不同回转窑控制参数的理想波动范围

窑型	烧成带温度	窑尾废气温度	窑尾废气含氧量
湿法窑	目标值±20℃	目标值±10℃	目标值±0.3%
立波尔窑	目标值±20℃	目标值±15℃	目标值±0.5%
预热器窑	目标值±20℃	目标值±15℃	目标值±0.5%
预分解窑	目标值±20℃	目标值±20℃	目标值±0.7%

　　在实际煅烧过程中,对于每个控制参数,可以有三种状态:高于控制范围、在控制范围之内、低于控制范围。每个参数有三种状态,则三个控制参数可能出现的窑况有 3×3×3＝27 种,表 1.9 列出这 27 种不同窑况及具体调控措施。

　　在采用这些调控措施时,只有在窑系统不存在瓶颈的条件下才有效。对每个控制变量的调控幅度,由控制参数偏离目标值的程度决定。否则,对窑控制参数的修正要么不足,或是太过,前者导致响应太弱,后者则造成参数反应太过。一般情况下,控制变量调整在实际值的 1%~2% 范围内。

　　窑系统内,在窑尾废气温度影响较小的情况下,主要应由烧成带温度和窑尾废气含氧量决定应采取什么样的应对措施。也就是说,窑尾废气温度偏离其目标值,但是并未超过一定程度,则短期内这种偏离是可以接受的。例如,在预分解窑内,如果这种一定程度的偏离有利于维持生料喂料量,而且整个窑并未受到不利影响,则这种偏离可以接受。但是,如果允许这种偏离存在的时间过长,则上升的窑尾废气温度可能导致结皮、堵塞,应避免这种情况。

　　值得注意的是,表 1.9 列出的措施旨在保持窑系统操作稳定,而并非以达到最大窑产量为主要目的。一位富有经验的操作人员可能会根据具体情况采取其他措施。

表 1.9　回转窑 27 种不同窑况及调控措施

编号	窑况	调控措施	效　果
1	烧成带温度:低 窑尾含氧量:低 窑尾温度:低	烧成带温度稍低: 增加窑通风量; 稍微增加喂煤量	含氧量增加并准备步骤2,窑尾温度增加; 烧成带温度和窑尾温度增加,使含氧量恢复至正常水平
		烧成带温度很低: 增加窑通风量; 稍增喂煤量; 降低窑转速; 稍降生料喂料量	含氧量增加并准备步骤2,窑尾温度增加; 烧成带温度和窑尾温度增加,使含氧量恢复至正常水平; 烧成带和窑尾温度增加幅度甚至更大; 维持窑内物料填充率不变
2	烧成带温度:低 窑尾含氧量:低 窑尾温度:正常	稍增窑通风量; 稍降喂煤量; 降低窑转速; 稍降生料喂料量	含氧量、窑尾温度增加,并准备步骤2; 含氧量增加幅度更大,使窑尾温度恢复至正常水平; 烧成带温度增加; 维持窑内物料填充率不变
3	烧成带温度:低 窑尾含氧量:低 窑尾温度:高	稍降喂煤量; 降低窑通风量; 降低窑转速; 稍降生料喂料量	含氧量增加,准备步骤2,降低窑尾温度; 窑尾温度降低; 烧成带温度增加; 维持窑内物料填充率不变

编号	窑况	调控措施	效　　果
4	烧成带温度:低 窑尾含氧量:正常 窑尾温度:低	烧成带温度稍低: 增加窑通风量; 增加喂煤量	窑尾温度增加,含氧量增加,准备步骤2; 烧成带和窑尾温度增加
		烧成带温度非常低: 稍增窑通风量; 增加喂煤量; 降低窑转速; 稍降生料喂料量	窑尾温度增加,含氧量增加,准备步骤2; 烧成带和窑尾温度增加; 烧成带和窑尾温度增加幅度甚至更大; 维持窑内物料填充率不变,增加窑尾温度
5	烧成带温度:低 窑尾含氧量:正常 窑尾温度:正常	烧成带温度稍低,含氧量稍高,但仍处于正常范围:增加喂煤量	烧成带温度增加
		烧成带温度非常低: 稍增窑通风量; 稍增喂煤量; 降低窑转速; 稍降生料喂料量	含氧量增加,准备步骤2; 烧成带温度增加; 烧成带温度增加幅度更大; 维持窑内物料填充率不变
6	烧成带温度:低 窑尾含氧量:正常 窑尾温度:高	烧成带温度稍低,含氧量稍高,但仍处于正常范围:降低窑通风量	烧成带温度增加,窑尾温度降低
		烧成带温度非常低: 稍微降低喂煤量; 降低窑通风量; 降低窑转速; 稍降生料喂料量	窑尾温度降低,含氧量增加,准备步骤2; 窑尾温度降低,让含氧量恢复至正常水平; 烧成带温度增加; 维持窑内物料填充率不变
7	烧成带温度:低 窑尾含氧量:高 窑尾温度:低	烧成带温度稍低:增加喂煤量	烧成带和窑尾温度增加,含氧量降低
		烧成带温度非常低: 增加喂煤量; 降低窑转速; 稍降生料喂料量	烧成带和窑尾温度增加,含氧量降低; 烧成带和窑尾温度增加; 维持窑内物料填充率不变
8	烧成带温度:低 窑尾含氧量:高 窑尾温度:正常	烧成带温度稍低:增加喂煤量	烧成带温度增加,含氧量降低
		烧成带温度非常低: 增加喂煤量; 降低窑转速; 稍降生料喂料量	烧成带温度增加,含氧量降低; 烧成带温度增加; 维持窑内物料填充率不变

续表 1.9

编号	窑况	调控措施	效 果
9	烧成带温度:低 窑尾含氧量:高 窑尾温度:高	烧成带温度稍低: 增加喂煤量; 降低窑转速	烧成带温度增加,含氧量降低; 窑尾温度和含氧量降低,抵消步骤 1 窑尾温度增量
		烧成带温度非常低: 增加喂煤量; 稍降窑通风量; 降低窑转速; 稍降生料喂料量	烧成带温度增加,含氧量降低; 窑尾温度和含氧量降低,抵消步骤 1 窑尾温度增加量; 烧成带温度增加; 维持窑内物料填充率不变
10	烧成带温度:正常 窑尾含氧量:低 窑尾温度:低	增加窑通风量; 稍增喂煤量	含氧量增加,窑尾温度增加; 抵消步骤 1 中降低的烧成带温度
11	烧成带温度:正常 窑尾含氧量:低 窑尾温度:正常	增加窑通风量; 稍增喂煤量	含氧量增加; 补偿步骤 1 中降低的烧成带温度
12	烧成带温度:正常 窑尾含氧量:低 窑尾温度:高	降低喂煤量; 稍降窑通风量	窑尾温度降低,含氧量增加,并准备步骤 2; 窑尾温度降低,补偿步骤 1 中降低的烧成带温度
13	烧成带温度:正常 窑尾含氧量:正常 窑尾温度:低	增加窑通风量; 稍增喂煤量	窑尾温度增加; 补偿步骤 1 中含氧量的增量和烧成带温度的减量
14	烧成带温度:正常 窑尾含氧量:正常 窑尾温度:正常	当本窑况持续时,有以下操作: 增加窑通风量; 增加喂煤量; 增加生料喂料量; 增加窑转速	含氧量增加,准备步骤 2; 烧成带温度增加,准备步骤 3; 产量增加; 维持窑内物料填充率不变
		本窑况仅暂时存在: 不采取任何措施	
15	烧成带温度:正常 窑尾含氧量:正常 窑尾温度:高	含氧量稍高,但是仍处于正常范围:降低窑通风量	窑尾温度降低
		含氧量稍低,但是仍处于正常范围: 稍降喂煤量; 降低窑通风量	窑尾温度降低,准备步骤 2; 窑尾温度降低
16	烧成带温度:正常 窑尾含氧量:高 窑尾温度:低	稍增窑通风量; 增加喂煤量	窑尾温度增加,含氧量增加,准备步骤 2; 窑尾温度增加,补偿步骤 1 中烧成带温度的减量

编号	窑况	调控措施	效　果
17	烧成带温度:正常 窑尾含氧量:高 窑尾温度:正常	降低窑通风量; 稍减喂煤量	含氧量降低; 抵消步骤1的烧成带和窑尾温度的增量
18	烧成带温度:正常 窑尾含氧量:高 窑尾温度:高	降低窑通风量; 稍降喂煤量	含氧量和窑尾温度降低; 窑尾温度降低,抵消步骤1的烧成带温度的增量
19	烧成带温度:高 窑尾含氧量:低 窑尾温度:低	烧成带温度稍高: 增加窑通风量	烧成带温度降低,含氧量和窑尾温度增高
		烧成带温度非常高: 增加窑通风量; 增加窑转速; 增加生料喂料量	烧成带温度降低,含氧量和窑尾温度增加,准备步骤2; 烧成带温度降低; 维持窑内物料填充率不变
20	烧成带温度:高 窑尾含氧量:低 窑尾温度:正常	烧成带温度稍高: 增加窑通风量	烧成带温度降低,含氧量增加
		烧成带温度非常高: 增加窑通风量; 增加窑转速; 增加生料喂料量	烧成带温度降低,含氧量和窑尾温度增加,准备步骤2; 烧成带温度降低; 维持窑内物料填充率不变
21	烧成带温度:高 窑尾含氧量:低 窑尾温度:高	烧成带温度稍高: 增加窑通风量	烧成带温度降低,含氧量增加
		烧成带温度非常高: 增加窑通风量; 增加窑转速; 增加生料喂料量	烧成带温度降低,含氧量增加; 烧成带和窑尾温度降低; 维持窑内物料填充率不变
22	烧成带温度:高 窑尾含氧量:正常 窑尾温度:低	烧成带温度稍高:增加窑通风量	烧成带温度降低,窑尾温度增加
		烧成带温度非常高: 增加窑通风量; 增加窑转速; 增加生料喂料量	烧成带温度降低,窑尾温度增加; 烧成带和窑尾温度降低; 维持窑内物料填充率不变
23	烧成带温度:高 窑尾含氧量:正常 窑尾温度:正常	烧成带温度稍高: 降低喂煤量	烧成带温度降低
		烧成带温度非常高: 降低喂煤量; 稍增窑转速; 稍增生料喂料量	烧成带温度降低; 烧成带温度降低; 维持窑内物料填充率不变

续表 1.9

编号	窑况	调控措施	效　　果
24	烧成带温度:高 窑尾含氧量:正常 窑尾温度:高	烧成带温度稍高: 降低喂煤量	烧成带和窑尾温度下降
		烧成带温度非常高: 降低喂煤量; 增加窑转速; 增加生料喂料量	烧成带和窑尾温度下降; 烧成带和窑尾温度下降; 维持窑内物料填充率不变
25	烧成带温度:高 窑尾含氧量:高 窑尾温度:低	烧成带温度稍高:增加窑通风量	烧成带温度降低,窑尾温度增加,忽略高含氧量
		烧成带温度非常高: 增加窑通风量; 增加窑转速; 增加生料喂料量	烧成带温度降低,窑尾温度增加,忽略高含氧量; 烧成带和窑尾温度降低; 维持窑内物料填充率不变
26	烧成带温度:高 窑尾含氧量:高 窑尾温度:正常	烧成带温度稍高: 降低喂煤量	烧成带温度降低,忽略高含氧量
		烧成带温度非常高: 增加窑通风量; 增加窑转速; 增加生料喂料量	烧成带温度降低,窑尾温度增加,准备步骤2; 烧成带温度降低; 维持窑内物料填充率不变
27	烧成带温度:高 窑尾含氧量:高 窑尾温度:高	烧成带温度稍高: 降低喂煤量; 稍降窑通风量	烧成带和窑尾温度降低; 含氧量降低
		燃烧温度非常高: 降低喂煤量; 稍降窑通风量; 增加窑转速; 增加生料喂料量	烧成带和窑尾温度降低; 含氧量降低; 烧成带温度降低; 维持窑内物料填充率不变

　　针对以上 27 种不同基本窑况的应对措施只适用于窑操作,未考虑分解炉、立波尔窑预热器或箅式冷却机的操作。如果装备了预分解系统,则应增加控制参数目标值。同样,如果装备了箅式冷却机或立波尔窑预热器,也应增加控制参数目标值。

1.3.29　预分解窑如何进行止料操作

　　先止尾煤再止料,并停止均化库内设备。待 C₁ 筒出口负压下降到某恒定值(物料全部通过预热器)后将高温风机进口阀开度减小到 30%,窑速 2.0 r/min,箅床速度(1～3 段)12～20 次/min,四室以后风机进口阀开度为 10%～20%。空烧 15 min 后停窑、止煤、挂辅传,视情况间断转窑。在调整过程中注意控制窑头负压及窑头、窑尾收尘器入口温度。止料后注意高温风机出口负压控制在 −150～−100 Pa,如果窑尾收尘器入口温度偏高,可以打开其冷风阀门,如果窑头收尘器入口温度偏低可以降低箅床速度或开箅冷机喷水系统。

1.3.30　应如何控制分解窑熟料游离氧化钙含量

（1）偶然出现较高熟料游离氧化钙含量时的操作

分解窑偶然出现较高熟料 f-CaO 含量,多是由于窑尾温度低或者有塌料、掉窑皮,甚至喂料量的不当增加而造成的,责任人只能是中控室操作员,但经常会出现误操作:先打慢窑速,然后窑头加煤。应该说,这种从传统回转窑型沿用下来的操作方法对分解窑是很不适宜的,主要原因如下:

① 加大了窑的烧成热负荷。分解窑是以 3 r/min 以上窑速实现高产的,慢转窑后似乎可以延长物料在窑内的停留时间,延长对 f-CaO 的吸收时间。但是,慢转的代价是加大了料层厚度,热负荷并没有减少,反而增加了热交换的困难。窑速减得越多,副作用就越大,熟料仍然会以含量过高的 f-CaO 出窑。

② 增加热耗。有资料证实,分解后的 CaO 具有很高的活性,但这种活性不会长时间保持。由于窑速的减慢而带来的活性降低,延迟了 900～1300 ℃ 之间的传热,导致水泥化合物的形成热增大。所以,不应该轻易降低分解窑的窑速。

③ 缩短了耐火砖的使用周期。窑尾段的温度较低,还突然加煤,使窑内火焰严重受挫变形,火焰形状发散,不但煤粉无法燃烧完全,而且严重伤及窑皮。同时,减慢窑速后,物料停留时间增加一倍以上,负荷填充率及热负荷都在增大,这些都是缩短窑内耐火衬料使用寿命的因素。

④ 窑的运行状态转变为正常所需的时长,至少需 30 min 以上。

当分解窑偶然出现较高熟料 f-CaO 含量时,正确的操作方法如下:

① 一旦发现上述异常现象,立即减少喂料,减料多少根据窑内状况异常的程度而定。比如,塌料较大、时间较长或窑尾温度降低较多,此时减料幅度要略大些,但不宜一次减料过大,要保持一级预热器出口温度不能升得过快、过高。

② 紧接着相应减少分解炉的喂煤量,维持一级预热器出口温度略高于正常时 50 ℃ 以内,同时通知化验室增加入窑分解率的测定,确保分解率为 85％～90％。

③ 略微减少窑尾排风,使一级预热器出口的温度能较快恢复原有状态。但不可减得过多,否则会造成新的塌料,影响二、三次风的入窑量,进而影响火焰。

④ 如果掉窑皮或塌料量不大,完全可以不减慢窑速,这批料虽以不合格的熟料出窑,但生产总体损失是最小的。按照这种操作方式,恢复正常运行的时间只需 10 min。如果是打慢窑,这批料不仅无法煅烧合格,而且如上所述至少耗时 30 min 以上,影响熟料的产量以及更多熟料的质量。

⑤ 尽快找出窑内温度异常的原因,防止类似情况再次发生。比如,找出塌料的原因、窑尾温度降低的原因等。

上述操作方法还要因具体情况而异,用最短时间恢复窑内火焰的正常、系统温度分布的正常、各项工艺参数的正常,并继续保持。

（2）反复出现较高熟料 f-CaO 含量时的措施

如果窑作为系统已无法正常控制熟料 f-CaO 的含量,则说明此窑已是带"病"运转,此时完全依赖中控室操作员的操作,已经力不从心,应该由管理人员(如总工)组织力量,对可能产生的问题有针对性地逐项解决。

① 原(燃)料成分不稳定,需要从原(燃)料进厂质量控制及提高均化能力等方面来解决。

② 生料粉的细度跑粗,尤其是硅质校正原料的细度,需要从生料的配制操作方面来解决,但这方面往往被技术人员所忽略。因此,在生料制备过程中,如何降低二氧化硅粒径是提高生料易烧性的重要思路。由于 0.2 mm 颗粒对生料易烧性影响最大,所以主要应降低生料中 0.2 mm 筛的筛余量。在粉磨工艺的措施上,应通过增加选粉机转子转速和循环风量来提高磨机的循环负荷率,以增加选粉机的选粉效率,避免生料过粉磨造成微粉量增加,同时又要减少 0.2 mm 的筛余量。

③ 喂料、喂煤量的波动,需要从计量秤的控制能力方面解决。

④ 煤、料的热交换不好,需要从设备备件(如管道、撒料板、内筒、翻板阀等)及工艺布置有无变化方面解决。

⑤ 生料 KH 值或 SM 值过高,而且波动过大,需要配料人员解决或采用生料率值控制系统。

⑥ 若火焰状态不好、煤粉燃烧不完全,中控室操作员应按工艺工程师的要求重新调整多风道煤管的内、外风,综合考虑二、三次风量的变化及风温的改变。

1.3.31 应如何操作高氯生料预分解窑

预分解窑对原(燃)料中钾、钠、氯、硫等有害成分的含量均有一定的限制。这不仅是为了保证熟料的质量,更是为了保证窑系统正常运转,防止预热器结皮、堵塞。生产实践表明,在正常煅烧情况下,生料中碱(R_2O)含量应小于 1.0%、氯含量要小于 0.015%,熟料中硫碱比应控制在 0.6~0.8 范围内。

生料(包括燃料)中挥发性有害组分钾、钠、氯、硫进入窑系统后,它们在高温下挥发,到低温区又重新凝聚,黏附在生料表面再次返回窑内,并形成内循环在窑尾和预热器富集。而钾、钠的氯化碱与硫酸碱凝聚后又使物料熔点降低,在生料颗粒上产生熔融态黏膜,从而引起预热器内料流不畅和黏附结皮堵塞。理论与生产实际表明,新型干法窑结皮的典型矿物组成是 $2CaSO_4 \cdot K_2SO_4$、$2C_2S \cdot CaO \cdot CaCO_3$ 和 $C_2S \cdot CaSO_4$。氯化碱可促进这些矿物形成,并使其共熔点降低。这是因为进入预热器的窑气温度高于 1000 ℃时,所有碱、氯、硫等挥发性组分都呈气态,当温度降到 800 ℃以下时,碱首先与氯化合形成氯化碱,剩下的碱和硫化合形成硫酸碱,并凝聚在生料表面返回窑内。由于硫酸碱沸点较高,相对在窑内挥发率较低,有一部分进入熟料排出窑外。而氯化碱沸点较低,挥发率较高,再次循环的浓度也高,造成碱和氯化碱的大量循环富集,其富集程度在预热器和分解炉的热生料中几乎达到相应生料中当量含量的 80~100 倍,成为窑尾及预热器结皮的矿化剂与促进剂。

实际生产经验表明,当入窑生料(预热器最低一级旋风筒下料溜子处)中的氯含量超过 1.0% 时(相应生料中氯含量为 0.020%~0.022%),比较容易引起结皮堵塞;而在 1.0% 以下时,窑与预热器系统的操作相对比较安全、稳定,没特别大的影响。

当入窑生料中的氯含量超过 1.0% 时,除了进一步稳定生料、燃料成分,保证稳定喂料、喂煤,减少波动,避免产生还原气氛与局部高温,保持系统热工参数稳定,加强密封堵漏和对易产生结皮部位采用强化高压空气自动定时喷吹,并随时进行手工机械清扫外,在生产工艺参数和煅烧操作方法上应采取"弱烧"措施。

所谓"弱烧"操作,是针对"强化煅烧"而言的"弱化煅烧",即适当减煤、减料,降低烧成带温度和窑落口熟料温度,降低 C_5 旋风筒入窑生料温度,有目的地进行轻烧、快烧的操作,但是应生产出质量合格的熟料,避免产生还原气氛,严防过量欠烧和跑生料。

采用"弱烧"操作适当降低烧成温度,缩短物料在窑内停留时间,可降低氯、碱和硫的挥发率而增加共存率,促使氯等的循环富集浓度有所降低,是煅烧高氯生料,预防和避免预热器产生结皮堵塞的行之有效的手段。

1.3.32 碱和硫对回转窑煅烧操作的影响

(1) 对回转窑窑内结皮的影响

回转窑烧成带衬砖表面黏挂一层由熟料液相和固相组成的混合物,俗称窑皮。当熟料高温熔体的含量、成分、性质以及窑头喂煤量、煤的热值、灰分含量及灰分熔点稳定时,窑内就会形成厚薄均匀的窑皮,其熟料质量和颗粒大小也就均匀稳定;当生料中 Al_2O_3、Fe_2O_3 的总量增加、生料易烧性变好时,或原(燃)料中带入的 R_2O、SO_3、MgO 量增加时,均会导致窑内结长厚窑皮,影响窑的稳定操作且难以处理。K. Konopicky提出了熟料结皮值 AW 的概念和计算公式:

$$AW = w(熟料液相量) + 0.2w(C_2S) + 2w(Fe_2O_3)$$

其中

$$w(熟料液相量) = w(C_3A) + w(C_4AF) + w(MgO) + w(SO_3) + w(K_2O) + w(Na_2O)$$

Konopicky 认为,当结皮值≤30时,窑皮难以形成;当结皮值达到33时,挂窑皮就没有困难;当结皮值大于40时,窑内就会结长厚窑皮,结大块、结圈。

研究表明,干法预分解窑熟料液相量控制在20%～28%范围内,最佳值稳定在24%左右,可确保窑皮稳定和正常煅烧操作。当采用细石英砂配料,或采用泥灰岩配料时,熟料液相量控制在16%～22%范围内,也可使回转窑正常煅烧且熟料质量好,但此时烧成带窑皮一般比较薄,对窑砖寿命有一定影响。

(2) 对窑尾预热器和分解炉及管道内结皮的影响

生产实践表明,在回转窑窑尾的烟室、下料斜坡、缩口、五级旋风筒锥体、下料管道等部位,结皮增厚并影响通风畅通,从而堵塞管道。这通常是由于窑尾高温预分解系统内存在硫、碱、氯等有害成分,如R_2SO_4、RCl、$CaSO_4$等气态和液态物质循环富集,导致窑尾煅烧生料熔点降低至650～700 ℃以下,液相物质黏附在生料颗粒表面而被湿润,随之湿润生料颗粒又黏附在预热器、分解炉、管道内壁等热部位而结厚皮、堵塞。一般认为,三、四级预热器的结皮堵塞,与KCl、K_2SO_4含量高和循环量有关;五级预热器和窑尾烟室及分解炉的结皮堵塞,则与R_2O、SO_3、Cl^-的总含量和循环量有关;另外,还与煤质和分解炉燃烧气氛有关。结皮的形成主要与以下因素有关:

① 与生料中K_2O、Na_2O、SO_3、Cl^-含量及在窑内的挥发率有关。当窑内出现还原气氛、烧成带温度偏高时,R_2O、SO_3、Cl^-挥发率增大,生料易产生结皮。

② 与生料的易烧性有关。当窑内熟料液相量适当时,易烧性就好;若生料过于易烧,则易引起预分解系统热部位结皮。

③ 与熟料中硫碱物质质量比值有关。当SO_3/R_2O(质量之比)控制在0.8～1.0时为正常值;若偏离此值,会发生SO_3过剩或R_2O过剩,从而发生结皮、结圈、堵塞管道等现象。

④ 与煤质有关。当煤灰含量高、灰分熔点低或煤粉细度粗、含水率大时,如灰分含量$w(A_{ad}) \leq$ 30%、细度(80 μm 筛筛余)15%～20%、含水率2%～2.5%时,也会引起窑预分解系统管道、斜坡等处结皮。

⑤ 与矿物组成有关。根据研究,引起预热器结皮的成分主要是$2C_2S \cdot CaCO_3$、$2C_2S \cdot CaSO_4$、K_2SO_4、Na_2SO_4、KCl等,且RCl是$2C_2S \cdot CaCO_3$灰硅钙石形成的矿化剂。这些矿物成分在高温下形成液相并黏结f-CaO、C_2S、$C_{12}A_7$等固相矿物,共同形成厚实的结皮而影响生产。

防止预分解系统结皮的措施有:

① 控制石灰石、砂岩、铁粉和原煤等原(燃)料中的SO_3含量在较低范围,不使用高硫、高氯等原(燃)料,煤中$w(SO_3) \leq 3.0\%$。

② 使用低碱原(燃)料,控制石灰石中$w(R_2O) \leq 0.40\%$,砂岩中$w(R_2O) \leq 1.00\%$。

③ 不使用高灰分和灰分熔点低的煤作为燃料,煤灰中灰分含量$w(A_{ad}) \leq 30\%$、煤灰中$w(Al_2O_3) \leq 30\%$。

④ 严格控制窑的操作温度和燃烧气氛,出窑尾气温不超过1000 ℃,窑尾烟气中含氧量控制在1.0%～2.5%,一级筒出口气体中含氧量控制在4.0%～5.0%,控制窑尾预分解系统在微氧化气氛下操作。

⑤ 当发生窑尾预热器等下料部位结皮堵塞时,应立即停窑清堵,可预备安装高压空气炮定期清扫、喷吹,或停窑进行人工清扫。

(3) 碱和硫对回转窑结圈的影响

稳定而坚固的窑皮不仅能成倍地延长窑砖的使用寿命,而且还降低了窑壳温度,减少热损失25%左右。当窑尾物料液相量过大时,该部位就会形成厚实窑皮,称为"结圈"。结圈主要干扰窑的操作和热工制度的稳定,缩小了窑横截面的有效面积,妨碍了窑内物料和气体的通过量及流速。结圈严重时,须停窑、停料处理。

干法预分解窑结圈主要有后结圈和窑口圈。硫碱圈主要是在分解带由 $3CA \cdot CaSO_4$、$2C_2S \cdot CaSO_3$、$2C_2S \cdot CaSO_4$、R_2SO_4、RCl、$CaSO_4$ 等液相黏结生料而形成的;后结圈主要是在烧成带始端由 C_3A、C_4AF、R_2SO_4、$CaSO_4$ 等液相黏结固相而形成;窑口圈主要是在烧成带末端由低熔点煤灰与高温熟料反应形成低熔点矿物,遇二次冷风冷却后固结在窑口处形成。

当熟料中 R_2O、SO_3 等含量过高时,直接加重了窑内硫碱圈、后结圈和窑口圈的形成。其圈结得又厚又大,对窑的正常煅烧操作十分不利,其中后结圈的影响和危害性最大。

熟料后结圈是指烧成带前端与放热反应带交界处挂上的一层厚实窑皮。由挂窑皮的原理和条件可知,只有当物料在高温下形成具有一定黏度的液相,且窑内气体、物料、窑砖三者间存在一定的温差才能挂好窑皮;只有窑的热工制度稳定时,才能维护好窑皮而不致过厚。但在实际操作过程中,随着风、煤质和生料成分的变化以及人工操作的影响而不断变化,若控制不好就易结厚窑皮而成圈。当熟料液相含量过多、黏度小,窑温偏高或生料中 Fe_2O_3 和 Al_2O_3 含量增大、出现还原气氛时,使高温熟料液相性质变化,极易产生后结圈。另外,烧成带窑皮拉得过长,也是造成熟料后结圈的重要原因之一。

据经验,直径小的预分解窑易结后圈,大直径窑($\phi 4.0$ m 以上)不易结后圈。干法预分解窑生产高铁水泥熟料,通常采取低铝氧率、高硅酸率及中低石灰饱和系数的配料方案,液相量含量相对较低,不易结后圈。但如果熟料中 MgO、R_2O、SO_3、Cl^- 含量总和超过一定限度,并且挥发性成分循环量过大、生料中掺入的窑灰过多且不均衡,以及熟料粉尘、燃烧气体中 CO_2、SO_2、SO_3 等组分互相影响,导致窑内物料成分变化,出现液相温度和转熔温度变化时,也会产生后结圈。由葛洲坝水泥厂 3 号 2000 t/d 预分解窑和 4 号 700 t/d 预分解窑生产线可知,当煤中 SO_3 超标、硫酸渣(铁粉)含硫量过高时,易出现长厚窑皮和后结圈,并偶尔出现结大蛋现象,影响了窑的正常安全操作和运转率,需停窑打圈处理。

消除后结圈的措施如下:

① 液相量控制在 $22\% \sim 26\%$。控制生料 $Al_2O_3 + Fe_2O_3$ 总量,R_2O、SO_3、MgO 含量不宜过大,烧成带温度不宜过高,火焰不宜拉得太长,确保所配生料既有利于 C_3S 的形成和熟料烧结,又不致过于易烧而结后圈。

② 控制煤质:$w(A_{ad}) \leqslant 30\%$、煤灰中 $w(Al_2O_3) \leqslant 30\%$,煤粉细度(80 μm 筛筛余)小于 15%,含水率不大于 1.0%。

③ 提高窑工的操作技能,保证用煤、用风、喂料与窑速的平衡。

(4)碱和硫对回转窑生料易烧性和熟料易磨性的影响

Kock 等人在研究了 168 种生料样后,总结出影响生料易烧性指标的 10 项相关参数:

① LSF;

② SM;

③ 生料中大于 88 μm 颗粒的含量 R_{88};

④ 生料中大于 200 μm 颗粒的含量 R_{200};

⑤ 生料中 Na_2O 含量和 K_2O 含量;

⑥ 生料中 MgO 含量;

⑦ 生料中云母结构矿物含量 GL;

⑧ 生料中石英、Al_2O_3 和页岩的含量 Q;

⑨ 生料中含铁矿物的含量 $w(Fe)$。

其中,LSF、SM、R_{88}、R_{200}、R_2O 为负相关,GL、MgO、Q、$w(Fe)$ 为正相关。当回转窑生料中 R_2O 含量高、SO_3 含量低时,可掺入适量的 $CaSO_4$ 或 $CaCl_2$,使其以 R_2SO_4 形式固结在熟料中,或以 RCl 蒸汽挥发在窑尾窑灰中丢弃掉,有利于熟料质量的提高;当生料 SO_3 含量高、R_2O 含量低时,窑内易结长厚窑皮和结后圈,此时可在配料时提高硅率 SM 值,适度降低 $Al_2O_3 + Fe_2O_3$ 总量,可适度削弱结皮结圈程度。当熟料 R_2O 含量高、C_2S 含量高、SM 值高时,极易产生飞砂圆球料,熟料细小、质量差,有 $KC_{23}S_{12}$ 矿物形成。

熟料的易磨性一般与熟料的矿物组成及含量、微观晶体结构、阿利特晶粒及贝利特晶粒发育有直接关系。当 C_2S 含量高、熟料液相量大时,熟料难磨;当 C_3S 含量高、熟料液相量少时,熟料易磨;当熟料中 SO_3、R_2O 和 MgO 含量大时,熟料的易磨性较差;SO_3 含量高的熟料,其中的 C_3S 易形成大晶型的阿利特固溶体,比不含 SO_3 的熟料更难磨细,强度也有所下降。生产实践表明,熟料 MgO 含量在 $3.5\%\sim 4.0\%$,可使熟料 C_3S 含量增加并固溶部分 MgO,有利于熟料质量的提高,且可使熟料产生补偿收缩和延滞性微膨胀效果。但熟料 R_2O 含量高时,对熟料的质量、易磨性有不利影响。因此,应将熟料中 R_2O、SO_3 的含量严格控制在所要求的范围内:中热硅酸盐水泥熟料控制 $w(R_2O)\leqslant 0.60\%$,$w(SO_3)\leqslant 0.50\%$;低热矿渣水泥的熟料控制 $w(R_2O)\leqslant 1.0\%$,$w(SO_3)\leqslant 0.60\%$;抗硫酸盐水泥熟料控制 $w(R_2O)\leqslant 1.0\%$;高抗硫酸盐油井水泥的熟料控制 $w(R_2O)\leqslant 0.50\%$。

1.3.33 预分解窑烧成带物料过烧时应如何操作

预分解窑烧成带物料过烧的现象是熟料颜色呈白亮,物料发黏、"出汗"成面团状,物料被带起的高度比较高;物料烧熔的部位,掉窑皮甚至耐火砖受到磨蚀;窑电动机电流较高。出现这种情况应及时采取如下措施:

(1) 窑头大幅度减煤并适当提高窑速,使后面温度较低的物料尽快进入烧成带,以缓解过烧。但操作人员应在窑头注意观察,以免出现跑生料。

(2) 检查生料化学成分:Fe_2O_3 含量是否太高,KH、SM 值是否太低。

(3) 掌握合适的烧成温度,勤看火、勤调节。

1.3.34 预分解窑系统在正常情况下应如何进行生产操作

(1) 正常启动

烧成系统先后依次启动各组设备:

① 窑头一次风机;

② 煤粉输送系统;

③ 窑传动系统;

④ 窑头密封冷却风机;

⑤ 窑尾电收尘排风机、高温风机;

⑥ 箅冷机各风机组;

⑦ 窑头排风机组,排灰设备(各风机启动后利用各排风、供风阀门保持窑头负压 $-50\sim -20\ \text{Pa}$);

⑧ 熟料输送组;

⑨ 窑尾各回灰组;

⑩ 生料入窑组;

⑪ 生料喂料组启动前设置喂料量为"0";

⑫ 均化库卸料组;

⑬ 窑头、窑尾电收尘已加热完毕;

⑭ 投料前 $10\sim 30\ \text{min}$ 放下吊起的预热器翻板阀。

(2) 正常停车

烧成系统的停车,在无意外情况发生时,均应有计划地进行停窑,同时需相关车间配合,到各车间按烧成要求进行有序操作,特别是煤粉仓是否排空、留多少煤粉供窑降温等操作应协调好。因生料磨系统使用窑尾废气作为烘干热源,煤磨系统使用窑头废气作为烘干热源,两磨系统皆未设置辅助热源,故两磨系统的开停窑过程中其操作参数应作相应调整,库存料量的数量、下次开窑的时间等都要进行周密的考虑与部署。

① 在预定熄火前 2 h,减少生料供给,分解炉逐步减煤,再逐步减少生料量,以防预热器系统温度超高。

② 点火烟囱慢慢打开,使 C_1 筒出口温度不超过 400 ℃。

③ 当分解炉出口温度降至 600～650 ℃时,完全止料,同时降窑速至 1.2 r/min,控制窑头用煤量。

④ 减少高温风机拉风量。

⑤ 配合减风的同时减少窑头喂煤,不使生料出窑。

⑥ 增湿塔停止喷水,然后继续减风。

⑦ 当尾温降至 800 ℃以下时,停止窑头喂煤,然后停高温风机,点火烟囱完全打开,采用窑尾电收尘排风机进口阀门开度控制用风量。(注意:窑头停煤后,需保持必要的一次风量,以防煤管变形。)

⑧ 停窑尾电收尘器、回灰输送系统、生料喂料系统。

⑨ 当筒体温度在 250 ℃以下时,改辅助转窑。

⑩ 视情况停筒体冷却组风机、窑口密封圈冷却风机。

⑪ 窑头熄火后,注意窑头罩负压控制,即减少算冷机鼓风,窑头排风机排风。

⑫ 窑内出料很少时,停算冷机,过一段时间后,从六室到一室各风机一逐停止。

⑬ 停窑头电收尘、熟料输送系统、一次风机、窑头电收尘排风机,用点火烟囱和窑尾电收尘排风机控制窑负压。

⑭ 视情况停喂煤风机,将喷煤管渐渐拉出。

⑮ 全线停车。

(3) 运行中的调整

① 随着生料量的增加,窑头用煤量减少,分解炉用煤量增大,应注意观察分解炉及 C_5 筒出口的温度。

② 窑速应与生料喂料量相对应。操作中窑速的控制,主要是为了要烧出合格熟料,在 f-CaO 含量适当的情况下,控制窑内物料结粒。结粒过大,熟料冷不透,热耗高;结粒过小,算冷机通风不良,算板易过热。

算速控制原则是:一段算速,由二室算下压力控制,即压力控制在 −5200～−4800 Pa;二段算速,由四室算下压力控制,即压力控制在 −2500～−2000 Pa。当然,算速的控制还需根据具体的熟料结粒等实际情况来进行相应调整。

③ 根据情况启动窑筒体冷却组风机。烧成带窑皮正常时,筒体温度为 250～320 ℃较正常;温度过高时(>350 ℃),筒体需风冷。

④ 随窑产量提高,点火烟囱将完全关闭,但最好不要使高温风机入口温度超过 350 ℃。

⑤ 烧成操作,最主要就是使风、煤料以最佳比例配合,具体指标是:

窑头煤比例 40%,烟室含氧量 2%～3%,CO 含量小于 0.3%;

分解炉煤比例 60%,分解炉出口含氧量 2%～4%,CO 含量小于 0.3%,温度 870～890 ℃;

窑喂料量达到设计产量,C_1 筒出口含氧量 4%～5%,温度 320～340 ℃。

⑥ 初次投料,当投料量达到设计产量的 55%～65% 时,应稳定窑操作,挂好窑皮,一般情况下 8～16 h 可挂好窑皮,再逐步加大投料量。

运行中,根据窑皮情况调整喷煤管位置及轴流风、旋流风比例,使窑皮保持适当长度、厚度,且平整。

⑦ 在试生产及正常生产时,若生料磨系统未投入生产,当增湿塔出口温度超过 200 ℃时,增湿塔内即可喷水,通过调整回水阀门开度,可控制在 150～160 ℃(初期产量低时);系统正常后,可逐步控制在 130～150 ℃。若生料磨系统同步生产,增湿塔的喷水量和出口温度的控制必须满足生料磨的烘干要求。依据生料磨的出口温度及生料成品的含水率来控制增湿塔的喷水量,使其出口达到一个合适的温度。

⑧ 当窑已稳定,入窑尾电收尘废气 CO 含量小于 0.5% 时,应适时投入电收尘,以免增加粉尘排放。

⑨ 窑头罩负压控制。调整窑头电收尘排风机进口阀开度,控制窑头罩负压 −50～−20 Pa。

⑩ 烧成带温度控制。试生产初期,中控室操作员在屏幕上看到的参数只能作为参考,应多与窑头操作人员联系,确认实际情况。烧成带温度的主要判断因素有烟室温度;窑电流;比色高温计。

操作员应能用肉眼熟练观察烧成带温度,采用辅助因素判断时,应区别特殊情况。例如,当窑内通风不良或黑火头过长时,尾温较高,而烧成带温度不一定高;烧成带温度高时,窑电流一般变大,但当窑内物料较多时,电流也较大;而烧成带温度过高,物料烧流时,窑电流反而减小;用比色高温计判断时,应注意料子硬、细粉较多,因此指示温度与实际偏差较多。

⑪ 高温风机出口负压控制。用窑尾电收尘排风机入口阀门开度控制高温风机出口负压 −70～−50 Pa。

⑫ 窑头电收尘入口温度。增大箅冷机鼓风量,保持窑头罩负压,使该点温度小于 250 ℃,必要时还可开启入口冷风阀降温。

⑬ 烟室负压控制。正常值 −200～−100 Pa,由于该负压值受三次风、窑内物料、系统拉风量等因素的影响,应勤观察,总结其变化规律,才能很好地判断窑内煅烧情况。

（4）窑正常情况下的工艺参数（以 2500 t/d 为例）

投料量:165～175 t/h;

窑速:3.2～3.6 r/min;

窑头罩负压力:−50～−20 Pa;

入窑头电收尘风温:小于 250 ℃;

二室箅下压力:−5200～−4800 Pa;

四室箅下压力:−2500～−2000 Pa;

三次风温:大于 850 ℃;

窑电流:300～500 A;

烟室温度:950～1050 ℃;

烟室负压:−300～−100 Pa;

C_5 筒出口温度:850～870 ℃;

C_5 筒下料温度:830～850 ℃;

烟室含氧量:2%～3%,CO 含量小于 0.3%;

C_5 筒出口含氧量:小于 3%,CO 含量小于 0.3%;

分解炉出口温度:870～890 ℃;

流化床炉出口温度:<900 ℃;

C_4 筒出口温度:780～800 ℃;

C_3 筒出口温度:670～690 ℃;

C_2 筒出口温度:520～540 ℃;

C_1 筒出口温度:320 ℃±20 ℃;

C_1 筒出口负压:−5500～−4800 Pa;

高温风机出口负压:−70～−50 Pa;

窑尾电收尘入口温度:110～150 ℃;

出箅冷机熟料温度:65 ℃+环境温度;

窑筒体最高温度:小于 350 ℃;

生料入窑表观分解率:大于 90%。

1.3.35 预分解窑最重要的控制参数和控制变量有哪些

预分解窑系统往往配有大量仪表、传感器和测量装置。这些装置有些仅用来提供信息(例如,显示盖板开关状态),其他的用来探测危险情况(例如气旋阻塞),仅有极少数持续用于窑的操作。这些测量值对窑的操作非常重要,可称为"控制参数",为了让控制参数接近特定的目标值,应调整"控制变量"。在窑的操作过程中,受监测的最重要的控制参数如下:

(1) 窑头烧成带温度;

(2) 窑尾出口废气温度;

(3) 窑尾出口废气含氧量;

(4) 分解炉出口温度和废气含氧量;

(5) 冷却机箅板上熟料的厚度。

预分解窑系统控制参数典型的位置和目标值如图 1.9 所示。对于预分解窑的操作,最主要的任务是通过调整各控制变量,将上述控制参数保持在规定范围之内,其中最重要的控制变量有:

① 窑头喂煤量;

② 窑尾生料喂料量;

③ 窑内通风量;

④ 窑转速;

⑤ 分解炉喂煤量和通风量;

⑥ 箅式冷却机的箅床速度。

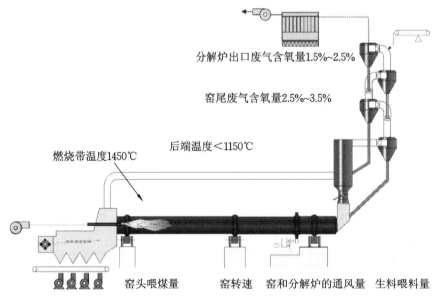

图 1.9　预分解窑控制参数和控制变量

1.3.36　回转窑大齿轮润滑油着火是何原因,应如何处理

(1) 主要原因

① 该处窑衬磨薄或脱落,温度过高或超过油的闪点;

② 润滑油质量差或选油不当,闪点太低;

③ 密封不严,别处稀油漏入小齿轮油池内,遇高温引火;

④ 大齿轮带油太多,落在窑体上油垢太厚;

⑤ 冬季低温修窑,用火加温时操作控制不当。

(2) 处理方法

① 立即用灭火机灭火,停窑,补砌窑衬;

② 选用质量较好的齿轮润滑油;

③ 密封严实,严防稀油渗漏,进入小齿轮油池内;

④ 控制大齿轮带油量,要适量,定期清除窑体上油垢;

⑤ 修窑前应将油池内的凝固油清空,按规定要求将油加温调配。

1.1.37　回转窑电动机电流增高是何原因

回转窑电动机电流增高的主要原因:

(1) 窑皮增厚、增长;

(2) 窑内结圈;

(3) 托轮推力方向不一致,存在"八"字形;

(4) 个别托轮歪斜过大;

(5) 托轮轴承润滑不良;

(6) 筒体弯曲;

(7) 电动机本身出现故障。

1.3.38　预分解窑的几种不同窑况分析与调整

(1) 烧成带与窑尾温度低

表现如下:①火焰长且温度低,窑皮及物料温度低,窑内呈暗红色;②熟料被窑带起高度低,颗粒细且发散,有少量粉尘,窑内浑浊不清;③熟料疏松,表面无光泽且呈灰黄色,密度小,f-CaO含量高。

造成这种现象的主要原因:①喂料时下料不均,预热器塌料或突然猛增料,物料预烧性差,烧成带热负荷过重;②预热器或窑尾漏风严重,拉风量过小,物料悬浮能力差,预分解不好;③长时间加煤不足或煤质发生变化,如灰分大、颗粒粗等;④生料成分发生变化,如KH值或SM值降低,料子不吃火。

解决措施:逐步加大喂煤量,降低窑速,燃烧器向窑头方向移动,并稍加粗火焰,集中提高烧成带温度,待窑内清晰、温度正常后恢复正常操作。

(2) 烧成带与窑尾温度高

表现形式如下:窑皮及窑内温度高,熟料发黏、发白,液相明显增加,料子带起高度高,密度大等。主要原因是喂料不足或煤质发生变化;生料成分波动,KH值或SM值降低,料子不吃火。

解决措施:①适当减少喂煤量,关小内旋风,开大外风风阀开度,使火焰热力分散;②将燃烧器向窑头方向移动,防止结长窑皮,若已结皮,应及时处理,防止结圈。

(3) 烧成带温度低,窑尾温度高

表现为黑火头长,火焰亦长,物料带起高度低,熟料结粒小,结构疏松。原因有两种:一是系统拉风过大;二是煤颗粒细度变粗后燃烧。此时应关小系统排风,加粗火焰,增加旋流风速,适当后移燃烧器,借助高温窑皮加强燃烧。

(4) 烧成带温度高,窑尾温度低

表现为黑火头短,火焰也短;火焰、窑皮和物料温度高,烧成带白亮耀眼;熟料结粒带起高度高,密度大,f-CaO含量也高。造成以上现象的原因是:煤质突然变好或细度变细;系统拉风不畅;窑内有后结圈或后窑皮。

解决措施:加大排风量,拉长火焰;检查通风不畅的原因;关小旋流风阀门,适当增加内外轴流风量。

1.3.39　回转窑来料不稳时应如何操作

在正常生产中,生料喂料量都是波动的,但波动幅度较小。当设备出现问题时,或者在雨季生料含水率不易控制,易在库顶或库壁结块而造成下料不畅时,就会出现较大的波动幅度。这种情况下要求操作员要勤观察、勤调整,还要有一定的预见性。应根据某些输送设备的电流变化来判断物料的多少,预先做出应对处理措施,以减少对产量、质量以及设备的不利影响。

(1)当来料较少时,切忌将燃烧器伸进去,开大排风、拉长火焰,这样会使窑尾温度急剧上升,分解炉、旋风筒的温度也会很快升高,从而造成旋风筒或下料管道的黏结甚至堵塞,窑尾烟室和分解炉也容易结皮,并使系统阻力增大。当物料较少时的正确操作方法是:把燃烧器适当往外退一些,关小排风阀,减少分解炉和窑头的喂煤量,控制好窑尾温度和旋风筒的温度,采用短焰急烧,等待物料的到来。

(2)当来料较多时,窑头会有正压出现,旋风筒出口及分解炉温度、窑尾温度会急剧下降,此时应适当降低窑速、减少喂料量、开大排风阀、伸进燃烧器,这样可提高窑尾温度,加强物料的预烧效果;也可适当加煤,但绝不能过多,否则会造成还原气氛,使窑内温度更低。当窑主传电机电流下降较快时,要降低窑速,退出燃烧器,适当调小排风量,此时可采用短焰急烧,使之恢复正常。当窑内工况正常后再进行加料,千万不能减料提温,这样会使操作处于被动状态,产(质)量也很难得到保证。

1.3.40　预分解窑产生欠烧料的原因及解决措施

某公司 $\phi 4.3\ m \times 64\ m$ 带五级双系列旋风预热器和 N-MFC 分解炉的回转窑,设计产量 3000 t/d,配用丹麦史密斯公司四通道 DBC 型多福乐燃烧器。在试生产期间,当回转窑达到设计产量时,系统温度偏高时熟料还欠烧,迫不得已降低喂料量。当 f-CaO 含量合格时,再增加喂料量至设计产量,又出现欠烧料,周而复始,严重影响着回转窑的产(质)量,始终不能使系统进入良性循环状态。鉴于此,常志林等进行了分析研究,并采取相应的措施,取得了良好的效果,其经验可供大家参考。

(1)欠烧料产生的原因

① 窑头用煤量太大,温度偏低

在生产过程中,当 f-CaO 含量不合格时,总认为窑头用煤量过少、温度低、煤灰掺量少,于是便增加窑头用煤量,试图以此来提高烧成带温度,有时甚至出现窑头用煤量与分解炉用煤量倒置的现象,造成系统温度偏高,窑尾温度达到 1200 ℃,C_1 筒出口温度大于 500 ℃,窑尾废气中 CO 含量高,直接影响预热器的安全运行。

对于回转窑来说,它的容积热力强度是有一定限度的。当容积热力强度已到极限时,增加窑头用煤量会造成煤粉不完全燃烧,加剧窑内还原气氛,进一步降低窑头温度。当窑温较低时,再多加煤反而解决不了问题,因燃烧速度与温度有关,多加煤会造成火焰黑火头长、温度低,窑尾温度过高;还会加重窑内还原气氛,结长厚窑皮,造成预热器系统结皮堵塞,从而使工艺系统进一步恶化,热工制度紊乱。

② 燃烧器火力不集中

燃烧器的中心位于回转窑端面第四象限(+30 mm,-30 mm),伸入窑内 300 mm。在调整燃烧器的过程中,其具体位置固定不变,只调整内外风阀门开度及内外筒间隙。内风为旋流风,增加内风,火焰粗短;外风为轴流风,增加外风,火焰细长;内外筒间隙正常生产时调整范围为 15～30 mm,间隙越小,火焰越短,为超强火焰;间隙越大,火焰越长。另外,内外筒间隙的调整对火焰形状的影响特别大,调整不当容易烧毁窑皮及耐火砖。

在试生产期间,内风风阀开度 40%,外风风阀开度不小于 80%,内外筒间隙为 30 mm,火焰细长,火力不集中,又不能大幅度调整间隙。当回转窑达到设计产量时,熟料欠烧,f-CaO 含量高达 3.0%,熟料立升重约 1100 g/L。

③ 熟料结粒过大

在试生产期间,由于窑头用煤量太大,窑速低,窑尾温度过高,导致液相提前出现,物料发黏形成大块,在烧成带无法烧透,造成出窑熟料结粒不均。

④ 窑系统用风不当

a. 窑尾缩口闸板尺寸不合适,物料喷腾效应差,有落料现象,进入窑内的物料出现温差,加剧结粒现象,同时也加重了窑内的热负荷。

b. 为避免预热器温度高,不能拉大风,否则易导致预热器内积料,当温度、风量波动较大时,积料突然塌落,窜入窑内,破坏窑内热工制度。

c. 箅冷机的风量偏低且风量不稳,箅速和喂料的关系掌握不好,料层厚度不能有效控制。风量主要通过窑和三次风管两个管道导入预热器,兼顾分解炉内煤的完全燃烧和喷腾效应的产生。

(2)解决措施

① 解决煤粉燃烧问题

a. 提高进厂煤的发热量,调整头煤、尾煤比例,逐渐降低窑头用煤量,增加分解炉用煤量;使入窑物料的表观分解率控制在95%以上,减少窑内的热负荷。

b. 降低箅冷机箅速,采取厚料层操作,努力提高二次风温和三次风温,使煤粉的燃烧更加充分,烧成带热力更加集中。

② 调整燃烧器参数

调整内、外风的关系,使窑内火焰形状与火焰长度控制在合理的范围内,以保证窑内的热力强度。经反复研究与试验,对燃烧器进行了大幅度调整,内风风阀开度80%,外风风阀开度90%,内外筒间隙15 mm,火焰细短、火力集中,火焰活泼有力。窑的喂料量可达240 t/h(设计喂料量206 t/h),f-CaO含量均在1.0%左右,熟料立升重350 g/L±75 g/L。

③ 解决结粒问题

a. 优化操作参数,严格控制C_5筒出口温度在840 ℃±10 ℃,分解炉出口温度870 ℃±10 ℃,窑尾温度1000 ℃±50 ℃。

b. 严格控制生料中粉煤灰的掺加量,控制入窑生料Al_2O_3含量。

c. 在生产过程中,采用薄料快烧的操作方法,在窑系统稳定的情况下尽量提高窑速,窑速由原来的2.60 r/min提高到3.50 r/min。

d. 实践证明,所采取的措施是有效的。熟料结粒细小均齐,粒径大部分为3 cm,粒径大于10 cm的几乎没有,熟料颜色发亮、致密、强度高。

④ 调整窑、炉用风比例

适当调整窑、炉用风比例及相关参数。调节三次风阀门、窑尾缩口闸板以保持窑、炉用风比例适宜,以窑内通风适当为原则;根据喂料量大小,总排风量应满足生料悬浮需要和煤粉燃烧需要,以保持适宜窑、炉过剩空气系数为原则。通过采取上述措施后,欠烧料得到了较好的控制,窑系统热工制度趋于稳定,熟料质量和水泥质量稳步提高,熟料3 d抗压强度达32 MPa以上。

1.3.41 预分解窑电流变化时应如何操作

当预分解窑正常煅烧时,窑电流平稳,只在小范围内波动。当窑内温度有下降趋势时,则窑电流相对下降。若下降不多时,则适当加内风、加煤;下降较多时,则应先适当减煤,使火焰伸长,再加大煤量,使烧成带相应伸长,以防止逼火形成。

当窑内大量垮窑皮时,窑电流先增大后减小,此时应及时加大内风、加煤,补充垮窑皮时所需的热量,待窑电流恢复正常以后再减煤、减内风。

窑电流相对增大且出现大峰值,现场感到窑内有周期冲击感且窑头间隙正压、窑尾负压增大,出窑熟料不均,时多时少,火焰伸不进窑内,说明窑内有结蛋,此时应降低窑速,采用短焰急烧使之变小或带出窑外。

在生产中,跑生料也会引起窑电流大幅度减小,可采用加煤、加大内风,减料、减小系统用风来调整。

总之,窑电流一般能直观反映出窑内温度高低,电流变化伴随着系统工况的变化,操作人员要及时观察、综合分析、及时调整,把隐患消除在萌芽状态。在正常生产中应始终坚持"薄料快转、先提窑速后加料"的原则,并通过熟料结粒和烧成温度来灵活调节窑速的快慢,有时窑转速和喂料量、系统用风量和给煤量是不成比例的。

1.3.42 预分解窑温度的调节与控制

(1)分解炉

① 分解炉温度控制原则

分解炉温度控制的原则如下:保证燃料在炉内充分燃烧,入窑物料达到要求的分解率,同时保证分解炉不超温,以避免由于温度过高使预分解系统产生结皮堵塞。分解炉温度包括炉下游温度、中游温度及出口温度,结合现场实际控制情况,本节选取分解炉出口温度作为讨论对象。

② 分解炉温度的调节方法

a. 调节燃料喂入量

分解炉用煤量的大小,主要是根据生料喂料量、入窑生料 $CaCO_3$ 分解率、C_1 筒和 C_5 筒出口气体温度的高低来调节的。而温度的高低取决于燃料燃烧放出的热量与达到要求分解率时物料所需热量的差值。在喂料量不变时,改变燃料加入量,在完全燃烧的条件下改变了炉的发热能力,物料的分解率也就相应发生变化。一般情况下,加入燃料越多,燃烧放出的热量就越多;分解炉温度越高,物料的分解率也就越高;用煤量减少,分解炉温度必然降低。需要注意的是,增加用煤量受系统风量的限制,同时与煤粉质量有很大的关系。在生产控制中,最常用的方法就是通过改变燃料喂入量来调节分解炉温度。

b. 调节燃料的燃烧速度

在最初的预分解窑中,分解炉一般采用单通道喷煤管,而今大多采用三通道或四通道喷煤管,这就给调节燃料的燃烧速度创造了条件。调节轴流风和旋流风的比例可以很方便地改变燃料的燃烧速度来适应煤质变化时带来的影响。当煤粉水分大、细度粗、灰分大、发热量低时,燃料燃烧速度慢,热量相对分散,温度低,分解速度也就慢。此时可适当增加旋流风量,减小轴流风量,使燃料燃烧速度加快,热量相对集中,从而达到提高分解炉温度的目的;反之,则应减小旋流风量,增大轴流风量,以免出现局部高温。通常只有在煤质发生明显变化时才使用该方法。

c. 调节系统通风量

若进入分解炉的三次风量过小,炉内煤粉燃烧需要的含氧量和热熔低,煤粉燃烧速度就会减慢,燃烧不完全,发热能力降低,从而造成入窑生料分解率低,同时,未完全燃烧的煤粉在以后的预热器、连接管道内继续燃烧,容易产生局部高温引起结皮堵塞。因此,在燃料、生料喂入量不变时,适当增加分解炉的通风量将使分解炉内气流速度加快,从三次风中获得更多的热熔和助燃用的新鲜氧气,有利于改善炉内煤粉的燃烧状况,有利于提高分解炉内的温度。在其他条件不变的情况下,增加系统通风量,或者增加三次风与二次风的比例,将使分解炉温度相应提高。

d. 调节喂料量

当分解炉中燃料加入量不变时,增加喂料量,物料吸热量增加,由于总热量不变,将使分解炉温度降低,入窑生料分解率随之降低。若减少喂料量,物料吸热量相对变小,分解用热量有剩余时,炉温必然升高。因此,在调节控制时,也可采用调节喂料量的方法来改变分解炉温度。注意:这个调节量是有限的,且必须与窑头对喂料量的需求保持一致,否则应采用别的方法来调节分解炉温度。

e. 提高三次风温

由于分解炉内料气停留时间短,因此分解炉内煤粉的燃烧对分解炉温度有着非常重要的影响,而三次风温的高低对煤粉的燃烧又起主要作用。所以,在其他条件不变的情况下,三次风温越高,分解炉内煤粉燃烧速度越快,温度也越高。当然,调节分解炉温度的方法还有很多,比如改变煤粉的细度和含水率等,但这已不是窑中控室操作人员所能解决的问题,此处不再赘述。

③ 分解炉温度的调节思路

具体到实际操作过程中,当发现分解炉温度波动时,应该选择哪种方法才能够使系统参数尽快恢复到正常的控制范围,同时又能最大限度地节约燃料消耗呢?下面将介绍与此有关的调节思路。

A. 根据煤质或料子成分选择调节思路

a. 煤质好、挥发分高、发热量高、料子易烧性好时首先应采用调节喂煤量的方法来控制分解炉温度。由于分解炉中燃料与物料是以悬浮态混合在一起的,燃料燃烧放出的热量能立刻被物料吸收。当分解炉温度发生波动时,增加或减少一点喂煤量,炉内温度很快就会发生变化,炉温恢复到正常控制所用的时间短。

b. 煤质差、挥发分低、料子难烧、KH 值高时,当分解炉温度降低,调节炉温最快的方法就是减料。同时,也可增加旋流风量的比例,在系统工况允许的情况下,增加三次风量,提高三次风温。

有些人不主张采用调节喂料量的方法来调节分解炉或者系统温度,认为会影响窑内物料负荷率,增加系统的不稳定因素,习惯采用加煤的方法进行调整。当分解炉温度降低时,增加用煤量后,由于煤质差,燃烧放热速度慢,或生料 KH 值高,需要吸收更多的热量用于分解,使分解炉响应滞后的影响相对延长(一般在 10 min 左右),不能达到迅速有效地遏制温度持续下降的目的。如果采用调节喂料量的方法进行调整,物料从均化小仓进入分解炉所需的时间不到 2 min,小于煤粉调节的响应时间。根据笔者的操作经验,喂料量的调整在 2 t/h 范围内,5 min 就能达到目的,如果为 5 t/h 时,2~3 min 就能起到立竿见影的效果。而 5 t/h 的料量对于回转窑内的填充率来说影响应该是很小的,当采用此方法时,建议调节幅度不要超过 5 t/h,最好能控制在 2 t/h。同时,当使用劣质燃料或煅烧 KH 值高的生料时,分解炉温度应控制在正常范围的上限,给调节控制留有余地。

B. 根据系统温度的变化顺序选择调节思路

在旋风预热器的各级管道和旋风筒中,热交换作用在顺流中发生,但如果从整体来看,则是逆流进行的。也就是说,物料温度的变化由预热器的最高级向下逐渐升高,而气流温度则恰恰相反。

a. 分解炉、C_5 筒出口温度没有变化,但 C_1 筒出口温度降低,在没有搞清原因之前,不应盲目增加分解炉用煤量。正确的做法是应先适当减料,维持 C_1 筒正常的出口温度,保证物料预烧稳定,然后分析 C_1 筒温度降低的原因,以便采取对应的操作。

b. C_1 筒出口温度没有明显变化,分解炉温度开始降低,应及时增加分解炉喂煤量,保持分解炉出口温度稳定,保证物料达到要求的分解率。增加用煤量后,有可能出现分解炉温度上升缓慢或者没有升高,有时还会出现继续降低的现象,而此时,C_5 筒出口或 C_5 筒下料管温度却一直在上升,出现温度倒挂现象。这说明煤粉在分解炉内不能完全燃烧,出现了还原气氛。遇到这种情况应迅速减少用煤量,同时适当减料,待分解炉温度有上升趋势时,再增加用煤量,并逐渐恢复正常喂料。若三次风量或系统风量调节比较方便(取决于三次风闸板的灵活程度和风、煤、料的合理匹配),可适当增加三次风量,保证煤粉燃烧所必需的含氧量和温度。

C. 根据熟料热耗、分解炉温度升高或降低的幅度选择调节思路

对于任何一条生产线,经过一段时间的运行,通过汇总、分析、总结,可以大致得出系统的最低热耗和最高热耗范围。根据投料量、头尾煤的比例,即可计算出分解炉每小时用煤量的大致范围。在原(燃)料成分波动不是很大的情况下,分解炉用煤量基本上在这一范围内波动,偏差不会太大。

a. 分解炉温度降低时,通过增加用煤量来调节,若用煤量已经超过上限,而温度没有达到预期目的,此时不应再增加煤粉用量。有时出现越加煤,温度越低的现象,这种情况多数是由于三次风温降低引起的。正确的做法是:适当减料、减煤,在系统允许的情况下增大三次风量,待温度有上升的趋势时再缓慢增加用煤量和喂料量。同时,在减料后应找出三次风温降低的原因,尽快调整使之恢复到正常控制值,为炉内煤粉的燃烧创造条件。特别是点火投料时更应严格控制尾煤用量,防止煤粉发生爆炸性燃烧,损坏耐火衬料。

b. 分解炉温度升高时,通过减煤来调节,若用煤量已经低于下限,而温度没有达到预期目的,在进一步降低煤粉用量的同时,应迅速检查系统下料情况,包括均化小仓下料和分解炉以上各级旋风筒下料情况,以及煤粉秤的喂煤情况,如果下料正常,此时可适当增加喂料量。

当分解炉温度迅速升高,已经达到控制上限且还在持续上升时,此时应立即较大幅度地减煤,阻止温度进一步升高。若在原因没有查明的情况下加料降温,会增加高温堵塞的概率;如果温升是由于预热器堵塞引起的,则会加重堵塞的程度和处理的难度。

c. 由于操作人员操作失误或责任心不强,长时间未观察分解炉温度状况,或者为了节省燃料消耗,炉温长时间调整得偏低,甚至低于控制范围的下限。遇到这种情况,首先应减料,阻止炉温继续降低,然后缓慢加煤,切忌加煤量一次增加幅度过大,出现不完全燃烧现象。待炉温恢复正常,稳定一段时间后,恢复正常喂料量。

(2) 回转窑

① 回转窑温度控制原则

在预分解窑的操作控制中,应将回转窑的操作控制放在首位,因为它直接影响熟料质量的高低和窑内耐火材料的寿命。所以,应在保护好窑衬,努力延长耐火材料使用周期,保证煅烧出优质熟料的同时,最大限度地节省燃料消耗。回转窑的温度控制主要是指烧成带温度的控制。

② 烧成带温度的调节思路

系统所有参数的调整(风、煤、料、窑速)都是为稳定烧成带温度服务的。操作人员在中控室内通过窑电流,NO_x 浓度,比色高温计显示温度,窑尾烟室温度,二、三次风温以及熟料立升重和游离氧化钙含量的变化,结合窑头看火电视经过综合分析判断,找出烧成温度变化的原因,采取对应的操作干预,维持烧成温度的稳定。在喂料量和入窑分解率基本稳定的情况下,烧成带温度很大程度上取决于用煤量的大小和煤粉的燃烧状况。操作控制应以保持合适的火焰长度、形状、温度为重点,兼顾其他相关因素。

③ 烧成带温度的调节方法

风(风量、风温、风的分配比例)、煤(煤质、喂煤量、窑炉煤的比例)、料(喂料量、料子成分、入窑生料分解率)、窑速、设备运行的稳定性等,其中任一项发生改变,都会影响到烧成带温度。所以,当温度发生变化时,应根据变化趋势和幅度,通过调整上述因素中的一种或两种以上参数,将其尽快恢复到正常控制指标。

1.3.43 预分解窑烧成带温度变化是何原因

(1) 烧成带温度偏高

① 来料少而用煤量没有及时减少。

② 燃烧器内流风太大,致使火焰太短,高温带太集中。

③ 二次风温太高,黑火头短,火点位置前移。

(2) 烧成带温度偏低

① 风、煤、料配合不好。对于一定喂料量,热耗控制偏低或火焰太长,高温带不集中。

② 在一定的燃烧条件下,窑速太快。

③ 预热器系统塌料以及温度低、分解率低的生料窜入窑前。

④ 窑尾来料多或垮窑皮时,用煤量没有及时增加。

⑤ 在窑内通风不良的情况下又增加窑头用煤,结果窑尾温度升高,烧成带温度反而下降。

⑥ 冷却机一室箅板上的熟料料层太薄,二次风温太低。

1.3.44 如何判断预分解窑烧成带温度

预分解窑烧成带温度是指烧成带内熟料的温度。所以,烧成带温度显示熟料煅烧程度,继而反映出

C_2S 吸收 CaO 形成 C_3S 之间的反应是否完全。熟料离开烧成带时,f-CaO 含量一般应为 0.5%～1.5%,所以烧成带温度可由熟料 f-CaO 含量进行判断。

但是,熟料 f-CaO 含量的测定需要一定的时间,通常熟料出窑后 30～60 min,操作员才能获得 f-CaO 含量的测定结果。当工艺参数处于激烈的变化时,烧成带温度在极短时间内也会有较大变化,因此,在预分解窑操作中,f-CaO 含量是不能时实反映烧成带温度的。虽然"熟料立升重"可以用作 f-CaO 测定值之外的附加指标,但在大多数情况下,熟料立升重也不能精确判断烧成带的温度。所以,在预分解窑操作中,需要能及时反映烧成带温度的参数。一般情况下,窑扭矩、高温计读数、窑尾氮氧化物测量值等,既可以分别使用,也可以加以组合,用来判断预分解窑烧成带温度。

(1) 高温计读数

熟料及烧成带窑皮的散热强度与它们的温度存在非线性相互关系,所以,可以通过测量散热强度或颜色(波长)确定烧成带温度。

温度与颜色的大致相互关系如表 1.10 所示(仅限可见范围)。

表 1.10　温度与颜色的相互关系

熟料或窑皮的颜色	温度范围(℃)
最低可见红色至暗红色	475～650
暗红色至桃红色	650～750
桃红色至鲜红色	750～850
鲜红色至橙色	850～900
橙色至黄色	900～1100
黄色至浅黄色	1100～1350
浅黄色至白色	1350～1550

熟料或窑皮的散热强度受熟料或窑皮和高温计之间的气体颗粒影响(散射)。在两个不同波长处测量散热强度,然后计算这些强度之间的比率,那么可以根据这个值判断温度的相互关系,因为此时该值受粉尘负荷的影响大大降低。按照这种原理工作的高温计为双色高温计,是现代预分解窑常用的计量设备。

(2) 排气中的氮氧化物

氮氧化物是窑和分解炉内燃烧过程中产生的气态副产品,一般情况下,95% 的氮氧化物以一氧化氮的形式出现,剩下的则为二氧化氮。诸多因素影响燃烧过程中氮氧化物的含量,火焰温度和燃烧气体就是其中一个因素。通常,火焰温度越高,产生的氮氧化物越多;反之亦然。所以,一般情况下可用窑废气中的氮氧化物含量来判断窑烧成带温度。

但是,影响氮氧化物形成的因素还有焰心处含氧量、过剩空气系数、燃烧器推力、火焰长度、燃料含氮量等。所以,如果要从排气的氮氧化物含量推算烧成带温度,则必须考虑燃料混合情况、燃烧器设置、排气中的含氧量和一氧化碳含量。

(3) 窑扭矩

烧成带温度增加过程中,因为熟料粒化开始的时间变得更早,窑内的烧成带也变得更长。烧成带越长,则熟料粒化的时间也越长,因此,熟料中会形成更大的颗粒。同时,由于温度高,熟料液相量增加,熟料料床在窑内沿窑侧边向上提升的高度增加,这些因素会导致转动窑所需的扭矩增加。

但是,窑烧成带内窑皮情况的改变会对窑扭矩造成巨大影响(窑的长径比 L/D 降低,则扭矩增加)。因此,尽管烧成带温度不变,长时间煅烧后,窑扭矩还是会发生巨大改变。但是,短期内窑扭矩是窑操作中非常有用的指标。如窑系直流电驱动,可通过电机电流测量窑扭矩;如窑系交流电驱动,一般情况下,可从变频器中直接得到扭矩信号。

（4）二次空气温度或三次空气温度

如果窑配有箅式冷却机,而冷却机又配备了可靠的二次空气或三次空气温度测量装置,则二次或三次空气温度也可以用来反映烧成带温度。烧成带温度越高,从窑内释放出的熟料越热,因而二次或三次空气温度越高;反之亦然。

但是,二次和三次空气温度还受其他许多因素的影响(熟料粒度、冷却机运行等),所以,二次、三次空气温度与窑的烧成带温度之间并不存在精确的相互关系。

（5）黑影位置(仅适用于纯天然气火焰)

如果窑内能见度高(粉尘极少、火焰长且透明),能够看到进入烧成带的煅烧后热生料就像一股暗流,即"黑影"。黑影的位置也是烧成带温度的附加显示指标,烧成带温度越高,则黑影离燃烧器就越远;反之亦然。

（6）熟料被窑壁带起的高度

正常情况下,物料随窑运转方向被窑壁带到一定高度后下落,落时略带黏性,熟料颗粒细小、均齐。当温度过高时,物料被带起来的高度比正常时的高,向下落时黏性较大,翻滚不灵活且颗粒粗大,有时呈饼状下落;烧成温度低时,熟料被带起高度低,顺窑壁滑落,无黏性,物料颗粒细小,严重时呈粉状,这主要是因为温度升高使物料中液相量增加,温度降低使物料中液相量减少。温度升高还会使液相黏度降低,当温度过高时,液相黏度很小,像水一样流动,这种现象称为"烧流"。

（7）熟料颗粒大小

正常的烧成温度,熟料颗粒绝大多数直径在 5～15 mm,熟料外观致密光滑,并且有光泽。温度升高后,由于液相量的增加而使熟料颗粒粗,结大块;温度低时,液相量少,熟料颗粒细小,甚至带粉状,表面结构粗糙、疏松,呈棕红色,严重时甚至会产生黄粉,属于生烧的情况。

（8）熟料立升重和 f-CaO 含量的高低

熟料立升重就是每升 5～7 mm 粒径的熟料质量。烧成温度高,熟料烧结得致密,因此熟料升重高而 f-CaO 含量低;若烧成温度低,则熟料立升重低而 f-CaO 含量高;当烧成温度比较稳定时,立升重波动范围很小,正常生产时立升重的波动范围在 ±50 g 之间,各厂的控制指标不一。

1.3.45 烧成带温度下降的表象和后果

（1）烧成带温度下降的表象

① 熟料烧成温度不足,煅烧减弱,液相量少,料结粒晚,熟料料床在窑内沿窑侧边向上提升的高度降低,窑扭矩电流下降,通常可根据窑扭矩大小判断窑烧成带温度的高低;

② 熟料烧成带温度下降,煅烧减弱,液相量少,熟料颗粒就不会增大,细小颗粒的熟料就会增加,熟料中就会掺杂大量细粉;

③ 掺杂大量细粉的熟料进入箅冷机后,必然导致箅冷机内窜风,即使出窑熟料温度低,熟料的冷却效果也不会好(出冷却机熟料温度高),反而降低了箅冷机的热交换效率,会导致二次风温和三次风温降低,从而加剧煤粉的不充分燃烧和熟料烧成温度的不足;

④ 含有大量细粉的熟料必然伴有粉尘状的熟料,会随二次风入窑,窑内飞砂、浑浊,可见度低;

⑤ 熟料烧成带温度低,窑料中的 CaO 与其他成分反应困难,不利于 C_2S 对 CaO 的吸收,不利于 C_3S 的形成,必然剩余大量的活性 CaO,熟料烧结不好;

⑥ 烧成带温度下降,烧成起点必然向窑头靠近,烧成带缩短,生烧料靠近火焰,严重时,生烧料会直接进入冷却机。

除了以上现象,如果烧成带温度下降不是因煤粉燃烧不充分引起的,可从中控室画面观察 C_1 筒出口温度是否降低;如果是,C_1 筒出口温度会上升,因为没有燃烧的 CO 在预热器中燃烧释放热能,有可能导致预热器结皮堵塞。如果熟料烧成温度不足,冷却机 2、3 段用于烘干煤粉或余热发电的风温比正常生产时的高。另外,熟料烧成温度不足,烟气中 NO_x 含量降低了。但是烟气中 NO_x 含量降低,不一定熟料烧成温度不足。如果是在氧化燃烧条件下,NO_x 含量降低可以判定烧成带温度降低;如果是在还原燃烧条件下,CO 会还原 NO_x,使烟气中 NO_x 含量降低。

(2)烧成带温度下降的后果

① f-CaO 含量过多,会导致熟料安定性不合格,会影响水泥性能;

② 熟料烧结不好,C_3S 含量少,熟料 28 d 强度低;

③ 出箅冷机熟料温度高,如果按正常间隔时间入磨粉磨,会引起磨内石膏脱水,水泥发生硫酸盐假凝现象;

④ 掺杂大量细粉的熟料进入箅冷机后,有"红河"现象,箅板和冷却机支架会过热,严重时支架变形;

⑤ 冷却机排放风温高,粉尘浓度大,排风机和收尘器过热;

⑥ 熟料细粉多,会增加后期的粉磨能耗;

⑦ 煅烧减弱,液相量少,窑皮薄而不稳,使耐火材料的保护变弱,耐火材料的使用寿命变短;

⑧ 如果烧成带温度下降是煤粉不充分燃烧引起的,后燃现象会导致后结圈和预热器结皮。

1.3.46 烧成带温度下降的原因

(1)生料喂入量高或窑头煤粉用量不足

若生料喂入量高或窑头煤粉用量不足,煤的实际发热量不能满足熟料烧成所需,烧成带温度就会开始下降。单纯地看生料喂入量,这种现象往往发生在投产之初,为了尽快达到正常产能,操作员没有把握好生料增加速度和煤粉增加速度的关系,或者没有把握好头煤和尾煤的分配比例,使头煤用量偏少。

(2)煤粉热值在烧成带没有充分释放

煤粉不能充分燃烧,煤粉热值在烧成带就不能充分释放。从理论上讲,窑头用煤量是经过科学设计的,所用煤量的热值能满足喂入生料进行化学反应的要求,但实际中却并不可行,这关键在于与之匹配的煤粉是否在烧成带充分燃烧。

影响煤粉在烧成带充分燃烧的因素很多,煤粉的细度和含水率、入窑二次风温、还原燃烧气氛、拉风量过大等都会出现这样的结果。在某水泥厂,其烧成带温度下降时,笔者明显感觉燃烧器冲量低,旋流风不足,火焰长而散,燃点位置后移,伴有燃爆现象,这是明显的煤粉不充分燃烧现象。后来查看该厂进厂煤和入窑煤的工业分析,其中一种煤的进厂含水率达 12.5%,入窑煤的含水率达到 4.5%。进厂含水率达到 12.5% 的煤存在 5% 的内在水,这是出现燃爆现象的根本原因。后来将进厂含水率 12.5% 的煤的配量减少,改进对燃烧器的操作控制,这一问题得到解决。

(3)窑速过快

在操作中,提产不光是提高入窑生料量,还要伴随窑速的提高。如果在不改变入窑生料量和窑头用煤量的前提下提高窑速,数分钟后就会表现为烧成温度不足,烧成带的温度明显下降。原因是:提高窑速,单位时间进入烧成带的物料增多,原来的用煤量不能满足其对热能的需要。

(4)生料易烧性发生改变

生料易烧性越好,煅烧成熟料的温度越低;生料易烧性越差,煅烧成熟料的温度越高。在实际操作中,因为生料易烧性变化导致熟料烧成温度不足的概率较小,除非改变原材料后,因种种原因 KH 值、SM 值都高,这时开窑,由于操作员的操作惯性,没有改变用煤量,从而导致熟料烧成带温度不足。

(5)二次风温下降

煤粉的燃烧速度不仅取决于煤质,还取决于二次风温。一次风输送煤粉入窑,用量要尽量少;二次风供给煤粉燃烧时所需要的氧气,温度要尽量高,因为它本身温度的高低直接影响着煤粉预热的好坏和燃烧的快慢,提高二次风温是解决煅烧最直接的手段。只有工况良好的箅冷机才能提供足够温度的二、三次风,是实现优质、高产、低消耗、低排放的关键,所以,不能忽视二次风温的下降。

1.3.47 烧成带温度下降的对策

一般来说,烧成带温度持续下降,先按比例向窑头和生料分解率增加 5% 的用煤量。当然,这是要观察入窑生料的分解率和熟料的质量,可以在总量增加 5% 的情况下调整头尾煤的比例,同时增加系统拉风量,使过剩空气系数保持在 10%,即保持过剩含氧量在 2% 水平,确保氧化燃烧条件。

如果采取以上措施后未能有好转迹象,反而开始"跑"黄料,这就属于烧成带温度顽固性下降,应采取以下措施:

(1) 减缓物料的行进速度。减少生料的喂料量,降低窑的转速,延长物料在回转窑中的停留时间。采取措施后,黄料减少,箅冷机内细粉减少。

(2) 提高入窑物料分解率。如果入窑物料分解率不及 95%,可以增加分解炉用煤量,改善入窑物料的预烧效果。

(3) 建立新的窑内热平衡。包括窑头用煤量、保持过剩含氧量在 2% 水平,以及提高二次风温等。

采取以上措施 30 min 后,如果烧成带温度不再下降,反而升起来,这时就要增加喂料量、提高窑速、增加头尾用煤量了,幅度为 2%,然后待相关参数恢复正常。

1.3.48 控制烧成最高温度有什么意义

在整个烧成系统的温度分布中,最为核心的温度就是烧成温度,严格地说,其他参数的控制与稳定都是为它服务。烧成最高温度之所以如此重要,有以下几个原因:

(1) 直接影响熟料质量的高低。水泥质量的好坏关键在于熟料的质量,而直接影响熟料质量的因素,在生料与煤的成分确定后,就完全取决于煅烧的温度和气氛。此温度过低,熟料矿物无法形成;温度过高,熟料死烧,两种情况下的熟料质量都不会好。由此可见,该参数非常重要。

(2) 直接影响熟料单位热耗的高低。温度过高要消耗更多燃料、增加热耗。

(3) 直接影响窑内耐火砖衬的寿命。熟料烧成温度过高时,窑皮、耐火砖寿命肯定会受到影响,甚至会烧垮窑皮与耐火砖,造成红窑。

适宜的最高烧成温度及该温度带的位置与长短是判断火焰控制是否合理的重要标志之一。

[摘自:谢克平.新型干法水泥生产问答千例(操作篇).北京:化学工业出版社,2009.]

1.3.49 在调节烧成温度时有哪些常见的不正确操作

常见的调节烧成带温度的不正确操作主要有如下两方面:

(1) 发现烧成温度降低时,立即降低窑速或增加用煤量。这两种做法不妥的原因是:

窑速变慢只能增加物料在窑内的停留时间,同时增加了物料在窑内的填充率,不利于窑内的物料煅烧所需要的热交换。操作人员之所以愿意减慢窑速,是因为窑的断面负荷增大会使窑电流增大,操作人员便误认为窑烧成温度提高得很快。这种误导改变了电流反映窑温的基准值。

仅靠加煤,会使窑内火焰变形,燃烧不完全,窑内温度不能尽快提高,并伤及窑皮。

(2) 在烧成温度升高时加料,或者提高窑速。这种操作的不利之处在于:没有明确温度升高的原因之前,加料不一定能维持长久,因此增加了窑况的不稳定因素。提高窑的转速并不能降低已经升高的温度,只是降低了因填充率减小的窑主电机电流,因而不能迅速扭转对窑皮、耐火砖的危害。

[摘自:谢克平.新型干法水泥生产问答千例(操作篇).北京:化学工业出版社,2009.]

1.3.50　影响烧成最高温度的因素是什么,应如何控制

（1）合理的空气、燃煤、生料之间的配合与稳定。风、煤、料的配合不仅是量的配合,更是质的配合。影响这种配合的因素有很多:二、三次空气的温度;煤粉的质量以及影响它燃烧速度的各种因素;生料三大率值与稳定性。其中,任何一个因素变化都需要对烧成温度进行及时调整,下面列举一些能使烧成温度降低的因素。

生料石灰饱和系数、硅酸率升高,物料变得"吃火";煤粉含水率高,细度变粗,热值变低;用风量过大、用煤量偏小、喂料量偏大,或用煤量过大,已不能完全燃烧;预热器塌料,窑内掉窑皮;分解炉故障,生料分解率降低;箅冷机运行不正常,二、三次风温降低等。

导致烧成温度升高的因素,基本与上述的变化趋势相反。

（2）性能优良、容易调整的煤粉燃烧器以及与之相匹配的一次风机,是提高风、煤、料配合质量的重要装置。

（3）操作员正确选取操作程序与参数是烧成温度稳定的根本保证。在众多影响参数中能准确分析和判断工艺状态的发展趋势,是衡量操作员素质高低的重要标志。重点是一次风的使用;与二次风的配合;实现优质火焰的控制;二次风温的稳定控制等。

欲控制烧成温度,应采取如下措施:

（1）首先应及时准确地判断烧成温度。由于烧成温度不可以直接测量,操作者就要参照很多相关参数或征兆判断该温度的高低与变化趋势。这是正确控制烧成温度的前提。

（2）根据已知参数的综合判断,迅速找出导致烧成温度变化的原因。这需要较丰富的经验、正确清晰的思路及综合判断能力。即便是诸多因素同时作用,也要识别出主要原因。

控制烧成温度应遵循以下原则:

① 在系统处于稳定运行时,发现烧成温度变化（即便变化的原因一时难以准确判断）,也应该立即采取措施。首先调节窑的喂料量,烧成温度降低时减料,减少的幅度是依据预测温度可能降低的幅度,并视喂料量变动大小及窑内情况,随之调整相应风、煤用量。当烧成温度变高,且喂料量已处于较高水平时,首先减煤,减少的幅度取决于温度增高的程度,不要急于加料。

② 在判断出烧成温度改变的原因后,采取对症施治的办法。比如,由于生料或原煤质量变化时,应该向相关部门反映;由于计量系统失灵而无法控制料量、煤量时,则应安排现场修复;由于预热器系统或排风系统发生故障时,则应该尽快排除等。

③ 同时采取其他相应补救措施。比如,在煤质发生变化后,可以对三风道燃烧器的内、外风道断面及风量合理调整。

[摘自:谢克平.新型干法水泥生产问答千例(操作篇).北京:化学工业出版社,2009.]

1.3.51　如何根据窑驱动电流判断预分解窑工况

预分解窑在正常喂料量下,窑主传动负荷是衡量窑运行正常与否的主要参数,正常的窑功率曲线应粗细均匀,无尖峰、毛刺,随窑速变化而改变,在稳定的煅烧条件下,若投料量和窑速未变,而窑负荷曲线变细或变粗,出现尖峰或下滑,均表明窑工况发生变化,也就是说,窑内温度变化,应及时调整喂煤量或系统风量。如曲线持续下滑,必须减料、降窑速,防止跑生料,同时应注意避免顶火逼烧。以下是窑驱动电流变化的实例。

（1）窑驱动电流由平直向上升高,如图1.10所示,表示窑内料量增大或窑内温度升高。区分的方法是根据当时窑喂料量和系统总用煤量计算当时的热耗。假如热耗不高,则表明窑皮长厚或小股塌料。只要系统喂料量是稳定的,则不必变动窑速;假如热耗偏高,则适当加料或减头煤,窑内温度很快会恢复正

常,窑传动电流也趋于平直。

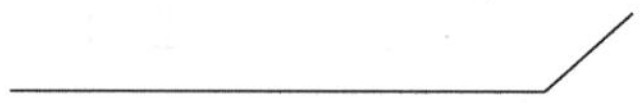

图 1.10 窑驱动电流变化（一）

（2）窑驱动电流由平直突然向上升高后,缓慢下降,又趋于平稳,如图 1.11 所示,表示窑内厚窑皮或结圈料随窑旋转被带起,窑传动扭矩加大,窑传动电流突然升高。但随着窑的转动,垮落的物料逐渐分散,所以电流又慢慢下降趋于平稳。这种情况属于正常现象,但应注意窑筒体表面温度,严防局部高温,尤其是窑衬较薄时容易出现红窑。

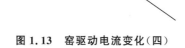

图 1.11 窑驱动电流变化（二）

（3）窑驱动电流由平直突然下降后又缓慢降低。如图 1.12 所示,表示窑口圈垮落,掉入冷却机内。出现这种情况时,应大幅度地降低窑速,以免圈后物料前窜,出现跑生料;对冷却机,主要应加快箅速,防止一室箅板过载,先后加大一室、二室的用风量,使大块圈料迅速淬冷、破裂。圈料快到熟料破碎机时应降低箅速,使剩余大块熟料平稳、安全地通过破碎机。

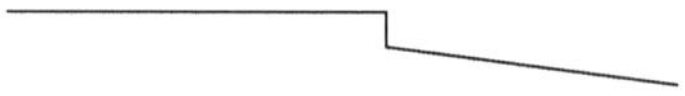

图 1.12 窑驱动电流变化（三）

（4）窑驱动电流由平直向下,如图 1.13 所示,表示窑内物料负荷率降低或窑内温度下降,致使窑扭矩减少。这时应检查窑速是否太快或喂煤量是否与喂料量相适应,计算烧成热耗后再采取相应措施。

图 1.13 窑驱动电流变化（四）

（5）窑驱动电流经大波动后缓慢趋于平直,如图 1.14 所示,表示窑内半边或局部有结圈或厚窑皮,致使窑传动不平稳、电流波动大,结圈脱落后或厚窑皮长圆后,电流又趋于平稳。

图 1.14 窑驱动电流变化（五）

（6）窑驱动电流经较大波动后突然升高再慢慢下降,并趋于平稳,如图 1.15 所示。其中 a 段表示窑内结了半边圈或局部结厚窑皮,致使窑传动不平稳,所以电流波动很大。b 段表示结圈或厚窑皮垮落,而且料量很大,窑旋转时将这部分物料提到一定高度再滑落,需要耗费较大能量,所以传动电流突然升高。c 段表示掉下来的这部分物料又逐渐分散,所以窑传动电流慢慢下降并趋于平稳。

图 1.15 窑驱动电流变化（六）

（7）在窑速稳定时,常见的几种窑电流如图 1.16 所示。

在图 1.16(a)中,窑电流平稳,呈现出一定的正弦波状态,说明窑运行状态平稳,窑内烧成正常。

在图 1.16(b)中,窑电流波动的频率加快且呈三角形,说明窑内的液相量大大增加,表明窑内温度过高或易烧性太好;这时应结合物料的化学分析、烟室的气体成分等因素,判断原因后再进行有针对性的处理。

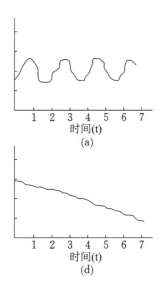 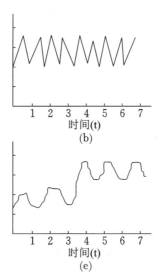 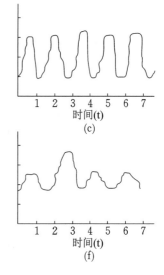

图 1.16　几种常见的窑电流

在图 1.16(c)中,当窑电流图形上的波峰、波谷的差值过大时,很可能是窑内有圈,此时应结合窑筒体红外扫描仪等共同分析,并设法烧掉圈。此时操作上还需要注意出窑熟料时多时少。

在图 1.16(d)中,此图中的窑电流逐渐下降,说明窑内温度低、液相量过少,有跑生料的可能性。此时应结合烟室气体成分分析、物料的化学成分分析及现场的熟料颗粒共同判断,并加强窑头火焰、改变配料成分,防止跑生料。

在图 1.16(e)中,窑电流图形上的波峰、波谷距离及频率尚算正常,若基线发生变化,一般是窑发生了机械故障,比如窑上窜或下窜造成拖轮受力不稳,这时应马上通知巡检检查。

在图 1.16(f)中,窑电流图形上突然出现异常高的波峰,一般是有窑皮或圈掉下来,此时应联合窑筒体红外扫描仪共同进行分析,到底是掉窑皮,垮圈掉窑皮,还是垮圈,并进行针对性的处理。

1.3.52　为何要求预分解窑内各带分区要清楚

通常,预分解窑内分为过渡带、烧成带和冷却带,这三个带分区情况在窑筒体温度扫描曲线上清楚地显示。这三个带分区是否清楚,是预分解窑热工制度是否稳定、正确的标志。

冷却带过长,烧成带与过渡带重合是许多预分解窑操作中存在的通病。在原(燃)料正常的情况下,如熟料存在容重小、质地疏松、C_3S 含量不足、28 d 抗压强度低于 56 MPa 等问题,都基本可以判断为三带分区不清。

按照熟料生成反应的需要,过渡带是生成 C_2S 贝利特结晶反应区段,烧成带是生成 C_3S 阿利特结晶反应区段,这两个区段的功能显著不同,缺一不可,而煅烧温度也存在较大差别。这两个煅烧区段共需 20 min 以上,如果分区不清(主要是烧成带与过渡带重合,烧成带大部分侵占了过渡带的位置),则贝利特结晶反应阶段时间不足,烧成带所需的 C_2S 转化为 C_3S 的基础量下降,因此烧成带生成的 C_3S 不但数量少,且晶格发育不良、质量差。

三带分区不清的直接原因是热力重心靠后、火头位置不正。这不但是熟料质量低下的主要原因,也是分解炉和预热器下料管结皮堵塞、斜坡积料、回转窑运转率不高的重要原因。

火头位置靠后,主要有以下几个原因:

(1) 喷煤管内外风开度太大,几乎全部打开,把煤粉吹到窑中、窑尾燃烧;

(2) 一次风压过大,把煤粉吹到窑中、窑尾燃烧;

(3) 三次风阀开度过小,分风不合理,窑风过大,窑内风速过高、过快,把煤粉带到窑中、窑尾燃烧;

(4) 无烟煤或半无烟煤燃点高、燃尽时间长,也是火头位置靠后的重要原因。因此,使用无烟煤或半无烟煤的企业不能照搬和效仿使用烟煤企业的操作制度和方法。

调整火头位置,主要以前三项影响因素为主,同时要加强对煤粉细度的控制。从对上述火头位置靠后造成的不良影响和对造成火头位置靠后的原因分析可以看出,科学、准确地控制火头位置是预分解窑操作的技术关键。

在诸多因素中,四通道喷煤管的外风开度至关重要,是决定喷煤管火焰形态和火头位置的关键因素。在实际操作中,外风开度要小,内风开度要适中,并适当减小中风的开度。减小一次风的风压、风量,就意味着二次风量的增加,对窑头煤粉的燃烧是有利的。三次风阀开度不能过小,三次风负压与二次风负压的比值应以 1.2～1.5 为宜。做到合理分风,且窑头负压应控制在 −50～−30 Pa。

只要做到火头位置前移至窑头 6～9 m 处,三带分区就自然清楚合理,在生料配料正确的情况下,一定会烧出优质的熟料。预热器的工作状态与回转窑的工作状态同等重要,二者不可偏废。

1.3.53 预分解窑煅烧三高率值配料方案时应采取何措施

20 世纪 80 年代以来,我国预分解窑熟料率值一直采用"两高一中"方案。即高 SM 值、IM 值,中 KH 值的熟料配料方案。熟料三率值大约控制在 $KH=0.87\pm0.01$、$SM=2.50\pm0.10$、$IM=1.60\pm0.10$。进入 21 世纪,我国预分解窑生产技术发展得十分迅速,已达到国际先进水平。许多厂家经过大量的实践,对熟料配料方案进行了大量探索,认为当原(燃)料质量较为正常时,采用三高率值配料有利于熟料质量提高和煅烧操作。一般来说,熟料三高率值控制在 $KH=0.88～0.92$、$SM=2.5～3.6$、$IM=1.6～1.80$,均能生产出高强、优质熟料。尤其是南方某些企业甚至将熟料 KH 值控制在 0.93～0.97,SM 值控制在 2.5～2.7,IM 值控制在 0.8～1.0,且熟料 $w(R_2O)\leqslant0.6\%$,$w(f\text{-}CaO)$ 含量 $\leqslant1.5\%$,生产出了符合美国标准和欧洲标准的 ASTM V 型熟料。

据报道,德国在生产波特兰水泥系列产品时,基本上仅生产两种不同质量的熟料,即在熟料硅酸率值 SM 为 2.5～3.0,铝氧率 IM 值为 1.8 左右的条件下,对于高品质熟料控制 KH 值在 0.95 左右(即石灰标准值 $KSt\,II=\dfrac{100w(CaO)}{2.8w(SiO_2)+1.18w(Al_2O_3)+0.65w(Fe_2O_3)}$,控制在 98 左右)。对于中等质量熟料,则控制 KH 值在 0.88 左右(即 $KSt\,II$ 控制在 92 左右),但均要求 f-CaO 含量 $\leqslant1.5\%$。欧洲对水泥熟料要求 $KSt\,II\geqslant95$,$SM\geqslant2.4$,C_3S 含量控制在 $60\%～65\%$。德国水泥厂在设计生、熟料库时一般都有两个以上,以满足贮存不同质量生料和熟料的需要,其生产高品质水泥的诀窍之一就在于牺牲一点产量,增加一点能耗。而配制和煅烧 SM、IM 和 $KSt\,II$(即 KH)率值高的熟料,以满足各项工程特别是重大工程对优质水泥的需要。

因此,我国许多大型预分解窑已采取三高率值配料来生产熟料,但同时也暴露出一些新的问题,主要表现为熟料 f-CaO 含量不小于 1.5%,生料易烧性变差,熟料煅烧温度较高,窑衬耐火砖较难适应和满足其长期安全运转。对于如何控制 f-CaO 含量不大于 1.5% 以提高熟料质量,可采取上述德国水泥厂的经验:一是加大用煤量,提高熟料煅烧温度,控制熟料标煤耗不小于 110 kg 煤/t 熟料,二是减少一点产量,采取薄料快转、长焰顺烧的煅烧操作热工制度,窑内物料填充率控制在 $10\%～12\%$。

当熟料 KH、SM 控制得过于偏高时,熟料高温烧成带液相量会降至 $16\%～18\%$ 以下,窑头会出现飞砂料,影响熟料质量和中控室操作人员看火操作,大量细飞砂料甚至随三次风飞至窑尾预分解炉而影响分解炉的操作,此时应采取以下的对策:

(1)采用"高温长带"煅烧热工制度。控制烧成带比正常情况下的长一些,烧成带温度高一些,煅烧温度可控制在 1500 ℃ 左右。

(2)可放宽原(燃)料中燃煤和硫酸渣的含硫量指标。采用高硫煤和硫酸渣代替低硫煤和铁粉,石灰石采用高镁石灰石与低镁石灰石混合配料和煅烧。这样可适度增大熟料液相量,降低液相黏度,改善生料的易烧性,可适度减缓飞砂料的不利影响。一般要控制煤中 SO₃ 含量在 $3.0\%\pm0.5\%$,石灰石中 MgO 平均含量在 $2.5\%～2.8\%$ 即可。

由于采用三高率值配料,需要采取高温长带煅烧操作热工制度,将严重影响到窑高温烧成带耐火砖寿命和挂窑皮质量,窑筒体外表面温度将超过 400 ℃,预分解窑散热损失增大,不利于节能降耗,因此,必须对预分解窑高温带耐火砖进行优化选择。对窑筒体进行隔热保温处理,对于窑烧成带和上下过渡带宜选用碱性砖,如镁铬砖、尖晶石砖、含锆和不含锆的特种镁砖及白云石砖等。如 HW 特种镁铬砖用于窑产量为 5000 t/d 窑烧成带及上下过渡带,寿命已高达 1 年以上。窑皮不稳定甚至常露砖的过渡带应选用尖晶石砖,在窑尾碱硫侵蚀严重的部位,要选用硅莫砖(即 SiC 浸渗高铝砖),窑口部位可采用耐磨性能优良的特种高铝砖和高铝碳化硅耐火浇注料等。

1.3.54　预分解窑煅烧中热水泥熟料应注意哪些问题　

由于中热水泥熟料不同于一般的硅酸盐水泥熟料,因此,采用预分解窑煅烧中热水泥熟料会产生一些新的问题,某水泥股份有限公司员工采用预分解窑煅烧中热水泥熟料取得了一些经验,现介绍如下。

(1) 熟料配料方案

预分解窑通常采用"两高一中"(即高硅酸率、高铝氧率、中石灰饱和系数)的配料方案来煅烧硅酸盐水泥熟料。然而,中热水泥要求有较长的初凝时间、足够高的后期强度以及较低的水化热,并对抗碱-集料反应、抗硫酸侵蚀以及抗干缩开裂等性能都有特殊的要求。因此,要严格控制熟料中 C_3S、C_3A 以及 R_2O 含量,安定性合格且稳定,并且要充分利用方镁石的微膨胀机理,控制好熟料中的 MgO 含量。因此,传统的配料方案必须改变,宜采用"两中一低"(即中石灰饱和系数、中硅酸率、低铝氧率)的配料方案。熟料中碱含量控制为不大于 0.55%,熟料中 MgO 含量控制在 4.0%~4.6% 范围内,各项控制指标见表1.11。

表 1.11　中热水泥熟料控制指标

项　　目	KH	SM	IM	C_3A 含量 (%)	C_3S 含量 (%)	R_2O 含量 (%)	MgO 含量 (%)	f-CaO 含量 (%)
标准指标	—	—	—	≤6.0	≤55	≤0.6	≤5.0	≤1.0
控制指标	0.88±0.02	2.4±0.1	0.8±0.1	≤6.0	≤55	≤0.6	4.3±0.3	≤1.0

(2) 煅烧操作中易出现的问题

① 易出现飞砂料

中热水泥熟料需要采用高铁配方,IM 值明显偏低,同时,由于 MgO 含量高,所以,熟料液相黏度和表面张力很小,非常容易产生飞砂料。窑内熟料结粒较为困难,熟料黏而散。

操作上由于物料烧结范围窄,物料黏散极易被误认为是煅烧火力不足而加煤,这种熟料立升重较低,f-CaO 含量不会高,因物料发黏,粘在窑皮表面将其层层剥落,进而损伤窑衬。此时若强行加强火力,使熟料结粒良好,则窑内温度过高,热负荷过大,窑皮更容易烧损。

② 冷却机下料口易堆"雪人"

由于出窑熟料黏散,颗粒表面温度比正常煅烧时的高 100 ℃左右,窑料易堆积在下料斜坡处形成"雪人"。致使冷却机通风受阻、熟料冷却效果差,出机熟料温度难控制。入窑高温二次风量减少后,窑内通风量不足,过剩空气量少,火焰燃烧呈"爆燃"现象,窑头形成周期性的正压,随二次风量的减少,低温一次风量相对较多,火焰燃烧速度降低,火焰被拉长。

③ 易形成煤粉不完全燃烧,结皮、积料加剧

中热水泥生料在预热器系统内吸热量大,分解炉内温度不易提高。RSP 型炉燃烧体系中相当一部分煤粉要继续在 MC 室及鹅颈管内燃烧,其燃烧环境远不如 SC 室,大多依靠窑尾喷入的高温惰性烟气的热焓来增加燃烧速度。采用单冷机冷却熟料二次风温较低,熟料结粒黏散时,热风携带的粉尘浓度大,入炉三次风温低且窑灰多,使炉内煤粉的快速燃尽受到影响。炉温会持续低迷,入电收尘器 CO 浓度偏高。

中热水泥生料经充分预热分解,入窑后物料易烧且易黏结,尤其是窑内煤粉燃烧不完全时,未燃尽煤粉跑至窑尾继续燃烧,加剧了窑尾烟室、缩口部位结皮及窑尾斜坡积料,每个生产台班必须保证两次以上彻底清理结皮积料,方可保证窑内通风。

(3)中热水泥熟料的煅烧操作特点及主要操作参数控制

煅烧中热水泥熟料的操作与煅烧普通硅酸盐水泥熟料的原理基本相同。各主要操作参数对比见表1.12。

表 1.12　主要操作参数对比

项　　目	喂料量 (t/h)	窑速 (r/min)	头尾煤 (t/h)	窑电流 (A)	C_5筒进口 温度(℃)	窑尾温度 (℃)	入窑物料 分解率(%)
中热水泥熟料	76~80	3.0~3.2	2.5/4.6	60~80	820~840	1020~1060	88~92
普通水泥熟料	72~75	2.8~3.0	2.7/4.0	90~110	860~880	1040~1100	90~95

中热水泥熟料采用高含铁量配方,煅烧温度范围窄,窑内热工制度易变,窑皮容易掉落,对窑衬使用寿命影响较大,对煅烧物料成分波动特别敏感。因此,首先稳定喂料量,以便及时准确地判断系统热工制度波动的原因,及时进行调整;其次要稳定炉温和窑尾温度,从而保证入窑物料分解率在适宜范围内。勤观察窑内的变化,及时调整风、煤和窑速,稳定窑况。

煅烧中热水泥熟料时,窑内易形成还原气氛,这是因为物料中 MgO、Fe_2O_3 含量较高,窑尾高温部位易结皮积料,通风不易保障,在还原气氛下 Fe_2O_3 被还原成 FeO,从而加重窑尾结皮,减少 C_4AF 含量,不利于中热水泥水化热的控制。熟料颜色也受到影响,正常时应呈橄榄绿或蓝黑色,在还原气氛下会变成棕黄色,因此,在操作中应重点控制好以下几点。

① 快窑速

窑速快是预分解窑的主要操作特点及思路,根据中热水泥熟料的配料特点及指标要求,煅烧中热水泥时投料量相对要大,因而快窑速显得尤为重要。窑速快能带来如下好处:

a. 能充分利用刚生成的新生态 CaO 具有的高活化能以降低热耗,改善水泥熟料中硅酸盐矿物的结晶形态,提高熟料矿物的水化活性和熟料强度。

b. 投料量增加,就有可能提高窑速。提高窑速有利于保持窑内较低的填充率,保证窑内通风良好,火焰顺畅且活泼有力,煤粉燃烧充分完全,减少窑尾缩口、烟室结皮,避免窑内还原气氛,降低窑尾硫、碱等有害成分的富集循环,有利于降低中热水泥熟料中的 R_2O 含量。

c. 使熟料结粒细小均齐,减少物料的黏结,防止后结圈和大块料的出现,有利于保护窑皮,进而延长窑衬的寿命。

d. 物料翻滚频繁且活跃,提高物料与窑内热气流的传热速率,缩短物料在窑内的停留时间,使煤灰沉降均匀,不致影响中热水泥熟料的矿物组成。

② 控制好窑头喂煤量,掌握好窑内火力

煅烧中热水泥熟料有一个明显的特点,物料在预分解系统内吸热量大,但入窑后容易煅烧,窑内起火快。因此,控制好窑头喷煤量,掌握好窑内热力强度,防止窑内过热而损伤窑皮。在保证熟料正常煅烧的前提下,应尽量减少头煤用量。应保证系统通风顺畅,煤质好且稳定,风煤混合良好,二次风温高等,从而使煤粉燃烧完全,避免窑内产生还原气氛,提高熟料质量。在操作中,若窑电流持续上升,窑内熟料结粒粗大发黏、结团,窑前发亮,烧成带筒体温度有上升趋势,说明窑内温度在升高,易出现过热现象。此时,应及时分步地减少头煤,调整内外风的比例,谨防蚀掉大量窑皮而出现红窑;反之,应适当增加头煤。操作中应做到:判断窑内温度要准,对来料的易烧性要心中有数,及时减头煤,增加头煤要谨慎。

③ 合理调整火焰

三通道煤管内外风比例由煅烧普通水泥熟料时的1:1.3调整为1:1.5,一次风机仍采用全风操作,以达到适当拉长火焰的目的,防止短焰急烧。要使烧成带窑皮的脱落与生成达到动态平衡,并保持180～230 mm的厚度。喷煤管的位置要勤移动,避免火焰高温段长时间在某一区域辐射,防止长前后圈。根据操作经验,煤管在300～900 mm范围移动,每小时移动150 mm左右较为适宜,这样可保证留有1.5～2 m的冷却带,降低出窑熟料温度,有效地防止单冷机下料斜坡堆"雪人",并且高温二次风的扰动也不致影响火焰形状。同时,在此范围内移动对后过渡带的副窑皮影响也较小,减小了衬砖的剥落。

④ 确定合适的 C_5 筒进口温度及分解率

配料方案决定了物料在煅烧过程中液相黏度小,易产生硫酸盐与铁酸盐的混合体,该熔体易在窑尾烟室及缩口处形成结皮,同时高温旋风筒也易烧结堵塞。因此,分解炉及预热系统温度要适当偏低控制,入窑物料分解率也略偏低控制,以防液相过早地在窑内出现。

1.3.55　如何用预分解窑煅烧硫铝酸盐水泥熟料

某水泥厂利用一条700 t/d的预分解窑生产线煅烧硫铝酸盐水泥熟料,取得了一些生产经验,供大家参考。

（1）硫铝酸水泥熟料煅烧的特点

硫铝酸盐水泥的特点是早强、高强、抗渗、抗冻、耐腐蚀。水泥性能主要取决于熟料矿物组成,硫铝酸盐熟料的主要矿物成分为 C_4A_3S（含量为55%～75%）、C_2S（含量为8%～37%）、C_4AF（含量为3%～10%）。矿物组成决定了水泥的性能,但熟料煅烧对合理矿物的形成起着重要作用,在煅烧过程中应掌握其特点。

从硫铝酸盐熟料烧成温度来看,起主要作用的硫铝酸盐矿物为 C_4A_3S,其形成温度在1300～1400 ℃,比硅酸盐水泥熟料烧成温度低100 ℃。煅烧温度低于此温度,会形成有害的过渡相,高于1400 ℃时会分解形成 $C_{12}A_7$ 等急凝矿物,同时 $CaSO_4$ 分解。在还原气氛下,$CaSO_4$ 加速分解将产生跑硫现象,无法形成合理的 C_4A_3S,这就需要低温长焰煅烧。如果预分解窑煅烧操作不当,很容易出现硫被烧跑,如表1.13所示。

表1.13　正常烧与过烧的成分对比（%）

煅烧情况	生料中的 SO_3 含量	熟料中理论 SO_3 含量	熟料中实际 SO_3 含量	SO_3 烧损量	f-SO_3 含量	f-CaO 含量
正常烧	7.62	10.31	10.18	0.13	0.66	0.01
过烧	7.22	9.77	8.28	1.49	1.34	0.10

（2）常见的工艺故障

① 分解炉塌料。其主要原因是窑分解炉及预热器温度过高,过早形成液相,液相是在预热器管道,特别是在出分解炉进五级筒的鹅颈管处产生积料,造成分解炉底部负压偏低,料受到的浮力小而下沉,造成塌料;生料下料量小,分解炉内产生的气体少,造成分解炉内压力小,物料受到的浮力小,产生塌料。

② 窑内结料球,结后圈。这是窑内温度偏高,在窑内过早形成液相所致,每次烧至第3 d后会出现 ϕ1.5 m球,影响通风,形成还原气氛。

③ 跑硫现象。有时在窑尾闻到 SO_2 臭味,这是温度高且存在还原气氛所致,最终导致水泥急凝,后期强度偏低。

（3）操作上的解决方法

① 严格控制工艺参数

严格控制预热器各级测点及分解炉出口温度、窑尾烟室温度、窑速、分解炉用煤量等（表1.14）。

表 1.14　预热器工艺参数

熟料	C₁ 筒出口温度(℃)	C₁ 筒出口负压(Pa)	C₂ 筒出口温度(℃)	C₅ 筒出口温度(℃)	分解炉出口温度(℃)	烟室温度(℃)	窑速(r/min)	分解炉用煤量(%)
硅酸盐熟料	310～350	−5000～−4500	500～550	830～850	880～920	850～900	2.5～3.0	60
硫铝酸盐熟料	270～300	−4000～−3600	480～520	780～820	820～850	750～850	2.0～2.5	30

硫铝酸盐熟料的烧成温度比硅酸盐熟料的烧成温度低 100 ℃,同时,硫铝酸盐熟料的液相量仅为 5%,而硅酸盐熟料的液相量在 20%～30%,硅酸盐熟料入窑生料的 $CaCO_3$ 分解量为生料的 85% 以上,而硫铝酸盐熟料的入窑生料的 $CaCO_3$ 分解量为生料的 45%,这说明硫铝酸盐水泥生料在分解炉中分解所需热量是硅酸盐水泥生料分解所需热量的 1/2,因此,分解炉用煤相应减少一半。根据实际操作,分解炉用煤量应以 30% 为宜,否则会使分解炉温度过高,过多、过早地产生液相,结堵管路,造成通风不畅。分解炉内物料受到的浮力小于重力,产生塌料,同时温度过高,窑内产生大球,造成窑内通风不良,形成还原气氛,石膏分解、跑硫,造成 f-CaO 含量高,熟料强度低,最终导致水泥急凝。

在实际操作过程中,特别是由烧硅酸盐熟料改烧硫铝酸盐熟料时,看火工的操作方法难以改变,若仍按硅酸盐熟料的煅烧操作方法进行操作,会走入误区。若 f-CaO 含量高,看火工认为窑尾生料分解不充分,加大分解炉用煤;其实恰恰相反,用煤越多,温度越高,分解的不仅是碳酸盐,石膏也分解,同样增加 f-CaO 含量,形成温度越高、f-CaO 含量也越高的恶性循环。

② 控制生料下料量

生料下料量应控制在 40～50 t/h,不能小于 40 t/h,否则会产生塌料。主要原因是硫铝酸盐生料在分解炉中产生的气体比硅酸盐生料产生的气体少 46%,低于 40 t/h,会产生塌料。

③ 严格控制熟料的立升重

立升重是判断熟料烧结程度的重要依据之一,熟料立升重控制在 800～900 g/L。在烧硫铝酸盐熟料时忌烧高立升重,否则会造成跑硫。在烧硅酸盐熟料时,立升重越高,温度越高,熟料烧结越致密。在烧硫铝酸盐熟料过程中,液相量仅有 5%,比硅酸盐熟料少 4/5,同时结粒细小,颜色发黄,呈粉状较多,但并不是欠烧料,因此应通过控制立升重来防止温度过高造成过烧而产生急凝矿物。

④ 窑尾烟室温度、窑速要适中

窑尾温度一般控制在 750～850 ℃,温度过低会造成生料反应不完全,熟料 f-CaO 含量升高;温度过高会造成生料在窑尾过早产生液相,产生结皮、结料球等。窑速要比烧硅酸盐熟料低,控制在 2.5 r/min 为宜,否则烧成时间短,熟料欠烧,f-CaO 含量偏高,造成熟料急凝。这与煅烧硅酸盐熟料采取薄料快烧、大风大料、提高快转率的方法不相同。

⑤ 改变传统的看火方法

过去看火工在窑头看火,主要观察窑内火焰形状,火焰颜色要明亮,基本看不到黑火头,窑前发亮,结粒细小、均齐,带料高度较高,这是硅酸盐熟料的观察方法。但生产硫铝酸盐熟料时,由于烧成温度较硅酸盐熟料低 100 ℃,在看火方法上要彻底改变。窑前不能发亮,而应有点发暗,火焰不是那么有力,黑火头较长,结粒细,有粉料生成,窑带起料子的高度要比煅烧硅酸盐熟料低得多,类似于硅酸盐熟料跑黄料,但不能跑黄料。看火要勤,料子出窑温度要低,不能有大块黏结料出现,否则温度过高,造成过烧,影响熟料质量。

(4)熟料性能

按以上方法操作,熟料的矿物组成、性能都能达到合格标准,成分及物理力学性能见表 1.15 至表 1.16。

表1.15 硫铝酸盐水泥熟料矿物组成(%)

灼烧减量	SiO$_2$	Al$_2$O$_3$	Fe$_2$O$_3$	CaO	MgO	SO$_3$	TiO$_2$
0.22	7.94	34.50	2.12	41.87	1.97	9.23	1.61

C$_4$A$_3$S		C$_2$S		C$_4$AF	C$_3$S	f-SO$_3$
65.95		22.78		6.66	0.97	0.66

表1.16 硫铝酸盐水泥熟料的物理力学性能

稠度(%)	比表面积(m²/kg)	初凝时间(min)	终凝时间(min)	抗压强度(MPa)			抗折强度(MPa)		
				6 h	1 d	3 d	6 h	1 d	3 d
28.75	399	15	24	32.8	44.5	57.7	4.3	6.2	10.2

1.3.56 预分解窑控制窑尾CO和含氧量有何意义

两个参数反映了窑内的燃烧情况、煤风是否匹配合理。

含氧量越高,过剩空气系数越大,表明窑内的风量越大(两个原因:供风量大,拉风量大)。含氧量越低,窑内的风量越少。含氧量过低(小于0.7%),燃煤所需的O$_2$就会不足,产生不完全燃烧生成CO,逐步影响到热工制度。含氧量应控制在合理的范围(0.7%~3.5%)之间,过多的O$_2$容易造成能源浪费。

CO含量高,煤到窑尾(或更远)才能燃烧完全。火焰拉得太长、火点不集中,则窑尾温度高、结皮多,物料中过早出现液相,熟料中易结大块、烧不透;在还原气氛下,Fe^{3+}被还原成Fe^{2+},熟料破碎后有黄心。CO含量过高(大于1.5%),窑内不能形成适宜的烧成带,熟料中黄块多,立升重低,f-CaO含量高,窑尾过渡带浮窑皮多,时间一长,容易造成窑后结圈,严重的将会在窑内结蛋,热工制度紊乱,只能被迫减料、停窑。

造成CO含量高的原因有以下几点:
(1)煤质差,热值小于21000 kJ/kg煤,灰分含量大于30%,挥发分含量小于15%;
(2)煤粉细度粗(0.080 mm方孔筛筛余大于15%),含水率高(大于2.0%);
(3)窑头罗茨风机压力不够,使煤粉出燃烧器后不能充分燃烧;
(4)O$_2$不足,供风量不足,拉风量小;
(5)窑内通风不畅,含氧量小,结圈严重,有效通风面积小;
(6)窑煤下料不稳,波动大。

在CO含量高,含氧量小于0.7%的情况下,窑内没有足够的O$_2$,火焰很长。这时应将窑尾电场断电,防止煤粉到电收尘处燃烧发生爆炸。

1.3.57 预分解窑使用钢渣配料易出现什么问题,应如何解决

钢渣是炼钢过程中为除去铁中的硫、磷等有害元素,加入石灰石、萤石、硅铁粉,最后形成的废渣,钢渣是由钙、铁、硅、铝、镁、锰、磷等氧化物所组成的,其中钙、铁、硅的氧化物占绝大部分。钢渣中的FeO、P$_2$O$_5$在熟料煅烧中可起到一定的矿化作用,Fe$_2$O$_3$的熔点为1560 ℃,而FeO的熔点为1420 ℃,因此能降低熟料的液相生成温度和液相黏度,提高C$_2$S与CaO在液相中的扩散,促进C$_3$S晶体的发育成长。钢渣中的P$_2$O$_5$含量较少,一般为1.5%,掺入后不会影响水泥性能,而且P$_2$O$_5$是β-C$_2$S的晶格稳定剂,能够阻止α-C$_2$S在675 ℃时转变为γ-C$_2$S,防止熟料粉化。钢渣中CaF$_2$是一种良好的矿化剂,可促进熟料的烧成。钢渣中的CaO无须分解直接参与固相反应,可降低熟料的热耗。

但是,正是由于钢渣中存在 FeO、P_2O_5、CaF_2、MgO 等低熔点物质,改变了熟料的液相量及液相出现的温度,给窑的操作带来一些变化,如果窑的操作和配料方案不及时调整,就会给预分解窑的煅烧操作带来一些不利的影响,产生结皮、堵塞。

(1)钢渣配料易出现的问题

① 用钢渣配料,熟料的液相量增加,窑内窑皮增厚、增长,窑负荷增加,主电机电流升高,窑内料位升高,窑尾易出现冒料现象。

② C_5 筒下料管及锥体出现结皮、堵塞。使用钢渣配料后四、五级预热器锥体及下料管容易出现结皮现象,必须定期进行检查和人工清堵,否则会出现较严重的结皮、堵塞现象,影响生产。

③ 窑尾烟室易出现较严重的结皮,使负压增大,除定期用空气炮吹堵外,还要人工用钢钎进行捅堵清理。

④ 在窑尾过渡带容易长一层较为疏松的副窑皮,停窑后转窑时会自然脱落,但在正常生产时会影响窑内通风。

⑤ 烧成带窑皮增厚且较致密,减少了窑的有效容积,影响窑内通风及熟料煅烧。

⑥ 窑前易出现憋火现象,严重时窑头罩顶部浇注料易被烧穿。

⑦ 熟料外观颜色发黄,黄心料增多,导致水泥的颜色发黄。

(2)钢渣配料出现问题的原因

① 钢渣配料后,生料的易烧性得到改善,熟料的液相量增加,窑尾易结副窑皮,造成生料在窑内料位高,出现窑尾冒料现象。

② 钢渣、硫酸渣、铁矿石都是铁质校正原料,但其中铁元素的价态不一样,呈现不同的颜色,硫酸渣主要是 Fe_2O_3,熟料呈红色;而钢渣中有 FeO 成分,属亚价态铁,熟料呈黄色。在熟料煅烧过程中,铁元素呈三价时,熟料呈青黑色,而铁元素呈二价时,熟料呈黄色。形成二价铁的原因较多,由于原材料的带入,钢渣本身含有亚价态铁,在窑内煅烧时,不能得到充分氧化形成三价铁,导致熟料颜色发黄,这是钢渣本身造成的。而且钢渣较难粉磨,在生料粉磨过程中,钢渣颗粒较粗,虽然生料整体细度是合格的,但钢渣本身的颗粒粒度较大,钢渣粒径越大,在窑内煅烧时,与氧接触的面积越小,氧化反应不完全,易形成还原气氛,使熟料颜色发黄,黄心料增多。造成熟料颜色发黄的另一个原因是大块熟料中心出现欠烧料,呈黄色,生料成分较多。由于窑内易结大块、掉窑皮,大块料中心煅烧不充分,中心呈欠烧,经算冷机尾部熟料破碎机破碎后,小料块便呈黄色,此种熟料不是真正意义上的黄心料,纯属于欠烧料,黄料的主要成分是未烧结的生料,比较疏松,f-CaO 含量较高,熟料强度较低,是窑内出现掉窑皮、结大块所致,是熟料外观颜色发黄的主要原因。

③ 预热器及下料管结皮堵塞的原因。钢渣代替铁粉配料,钢渣与铁粉成分及结构截然不同,由于钢渣可使熟料煅烧液相温度降低,液相量增多,使物料的最低共熔点降低,液相提前出现,经五级悬浮预热器预热及分解炉分解,液相在 C_5 筒锥体出现,短时间会黏结在预热器锥体及下料管,形成结皮,多次结皮使管路不畅,便形成堵塞。在预热器锥部及下料部位开捅料孔时,必须加强密封,严防漏风,否则会恶化结堵现象,过早出现液相料,遇到漏进的冷风后液相立即固化,在管壁上形成结皮,使下料管下料不畅,出现结皮、堵塞恶性循环。

④ 窑内掉大块窑皮。钢渣配料,生料易烧性较好,易结厚窑皮,在烧成带液相温度降低,液相量相应增加,加之钢渣中氧化镁含量较高,增加了熟料液相量,液相黏度下降,在烧成带后部易形成副窑皮,烧成带窑皮增长,同时增厚,随着窑的运转,窑皮会时掉时挂。掉落的窑皮在窑内形成大块物料,大块物料在窑内煅烧不充分,与窑内氧气接触面积小,氧化不完全,内部产生还原气氛,钢渣中的铁元素呈二价,熟料颜色发黄,同时熟料块内部煅烧不充分,有欠烧料,因此夹心料产生。

⑤ 钢渣代替铁粉后,熟料三率值不适应窑煅烧工艺的要求。钢渣不同于铁粉,除含有 Fe_2O_3 外,更主要的是含有与熟料成分相近的矿物,已进行了固相反应,同时含有较高的 MgO,熟料中的液相量相应过高,液相出现的温度降低,因此原来的熟料三率值应进行调整,要适当提高熟料的硅酸率,降低液相含

量和液相黏度。

（3）可采取的措施

① 调整熟料的率值控制指标,降低熟料的液相含量,适当提高熟料的硅酸率。

② 增加生料下料量,因钢渣配料后生料的易烧性得到改善,生料在预热器吸收热负荷量减少,在分解炉内分解量也相应减少,钢渣带入的 CaO 不以碳酸盐形式存在,无须分解,节约了热量,减少了分解炉的负荷,因此可以提高生料下料量,提高窑的台时产量。

③ 调整窑头及窑尾用煤的比例,降低总用煤量。因钢渣的成分已接近熟料成分,在分解炉内无须碳酸盐的分解,尾煤相应减少。

④ 提高窑速,减少窑皮厚度。提高窑速的目的是为了缓解钢渣配料后烧成带易结窑皮的矛盾,增加物料在窑内的翻滚速度,实现薄料快烧,既增大了窑内通风面积,增加了窑内的热交换效率,又减少了窑内还原气氛,使熟料中的二价铁与氧气充分氧化,避免黄心料的发生。窑内窑皮越薄,物料在窑内的料位降得越低,解决了窑尾冒料现象,窑内通风变好,有利于产量与质量的提高,使窑况良性循环。

⑤ 提高入窑生料的细度。用钢渣配料后,生料细度粗,会使生料中的钢渣颗粒大,钢渣中的二价铁不易发生氧化,产生还原气氛,产生黄心料。但是,提高生料的细度,生料磨机台时产量会降低。为能保持较高的生料磨机台时产量,应对钢渣进行磨前破碎,降低钢渣入磨的粒度。

⑥ 适当拉大窑尾用风。拉大窑尾排风,窑内空气量增加,使氧气充足,减少窑内不完全燃烧,减少还原气氛,有助于钢渣中二价铁氧化成三价铁,减少黄心料。同时,拉大窑尾排风后,使窑内通风更顺畅;窑前热量后移,可减少分解炉用煤量;窑前温度适当降低,解决了窑前憋火的问题;窑前呈现微负压,避免了窑前向外呛料现象。

⑦ 调整燃烧器的位置。适当将燃烧器由窑内向外拉出,目的是使火点位置适当前移,通过调整火焰长度来降低窑尾温度,减少副窑皮的产生,同时主窑皮长度能恢复到原来长度。

1.3.58 预分解窑煅烧白水泥熟料的经验

某白水泥厂于 2002 年新建了一条 400 t/d 的预分解窑,规格为 $\phi(2.8/2.5)$ m×42 m,采用 TDC 分解炉＋四级预热器,年生产能力 $1.0×10^4$ t。2005 年 1 月,该生产线尝试煅烧白水泥熟料,为期 30 d,结果分解炉严重结皮,C_3 筒堵塞,煤耗高、产量低、质量差,反复结皮堵塞,使窑无法正常运转,煅烧失败,给企业造成很大的经济损失。2006 年 8 月,该厂又在窑上煅烧白水泥熟料,结果较为满意,取得了一些经验,可供相关人员参考。

（1）原（燃）料

对原（燃）料严格把关,限制高镁石灰石进厂,因熟料中 MgO 含量大于 3.5％,会引起窑尾结皮,影响系统通风。控制萤石掺量,生料中 CaF_2 含量严格控制在不大于 0.3％,因生料中 CaF_2 含量大于 0.4％时,煤粉中硫循环富集与高 CaF_2 含量会降低物料的温度,提前出现液相,造成分解炉结皮而引起 C_3 筒堵塞、窑系统通风差等。

（2）优化配料方案

熟料原配料方案为 $KH=0.90±0.02$,$SM=3.8±0.1$,$IM>12$;调整为 $KH=0.88±0.02$,$SM=4.1±0.1$,$IM>12$。

（3）制定合理的煅烧操作参数

由于白水泥熟料 CaO 含量较高,煅烧中液相量为 18％左右,所以,采取统一操作参数,提高入窑生料分解率,减小窑前负荷,提高窑速,高温煅烧,薄料快转。窑内火焰顺畅有力,温度高,物料翻滚灵活,熟料结粒均齐,外观颜色白中带绿,窑操作参数见表 1.17。

表 1.17 窑操作参数

项 目	控制范围	项 目	控制范围
C_1 筒出口温度(℃)	400~410	窑尾出口温度(℃)	900~920
C_2 筒出口温度(℃)	610	生料分解率(%)	94~95
C_3 筒出口温度(℃)	720~730	投料量(t/h)	28~30
C_4 筒出口温度(℃)	830~480	熟料台时产量(t/h)	10~11
分解炉中部温度(℃)	830~850	煤耗(kg/t)	221

（4）生产中易出现的问题

由于雨天较多后期生产中石灰石购进难度大,为了满足窑正常运转,部分石灰石含镁量高达 4%,导致生料中 MgO 含量达 3.0%,熟料含镁量在 3.8%~4.0%,窑上又出现分解炉结皮,C_3 筒出口堵塞,入窑生料分解率降低,窑前负荷大、窑速慢,f-CaO 含量升高,产量偏低,窑上煅烧十分困难。由于分解炉结皮,C_3 筒出口堵塞,系统通风条件差,窑前出现正压,窑内还原气氛严重,出窑熟料外观呈白绿色,内呈咖啡色,严重影响水泥白度。

所以,应严格把好进厂石灰石质量关,杜绝高镁石灰石进厂,加强生料均化,为煅烧创造条件。窑上应统一操作,各台班按规定清理烟室积灰,如发现通风条件差,应及时清理分解炉及烟室,防止还原料出现,影响水泥白度。

1.3.59 预分解窑二次风温偏高或偏低是何原因

（1）二次风温偏高

① 火焰太散,粗粒煤粉掺入熟料,入冷却机后继续燃烧。

② 熟料结粒太细,致使料层阻力增加,二次风量减少,风温升高;大量细粒熟料随二次风一起返回窑内。

③ 熟料结粒良好,但冷却机一室料层太厚。

④ 火焰太短,高温带前移,出窑熟料温度太高。

⑤ 垮窑皮、垮前圈或后圈,使某段时间出窑熟料量增加。

（2）二次风温偏低

① 喷嘴内伸,火焰又较长,窑内有一定长度的冷却带。

② 冷却机一室料层太薄(料层薄回收热量少,温度低)。

③ 冷却机一室高压风机风量太大。

④ 箅板上熟料分布不均匀,冷却风短路,没有起到冷却作用。

1.3.60 预分解窑回灰系统应如何控制调节

（1）回灰系统一般在窑投料后开启。这时应视拉风时间长短来判断回灰量,分格轮可以选择连续开启以免回灰大量集中入库,对窑产生质量波动。如果窑停时未及时停生料磨,回灰系统仍应该继续运行,保证回灰均匀入库。

（2）增湿塔的作用是对出预热器的含尘废气进行增湿降温,降低废气中粉尘的浓度,提高收尘器的收尘效率。对于带五级预热器的系统来说,在正常操作情况下,C_1 筒出口废气温度为 320~350 ℃,出增湿塔气体温度一般控制在 180~200 ℃,确保窑尾布袋收尘器安全运行。

（3）增湿塔回灰应尽量避免外排,确保厂区环保卫生和减少浪费。实际生产操作中,不仅要控制喷水量,还要经常检查喷嘴的雾化情况,这项工作易被忽视,所以螺旋输送机常被堵死,给操作带来困难。

(4) 一般情况下,在窑点火升温或停止喂料期间,增湿塔不喷水,也不必开启收尘器,因为此时系统中粉尘量不大,更重要的是在上述两种情况下,煤燃烧不稳定。但投料后,当预热器出口废气温度达300 ℃以上时,增湿塔应该投入运行,对预热器废气进行增湿降温,确保入窑尾布袋收尘器温度在180～200 ℃。

(5) 增湿塔回灰要达到不外排的目的,喷水系统与高温风机拉风的配合很重要。开高温风机前必须要喷水,因此开高温风机后应尽快投料。止料后应尽快停窑、停高温风机,如果此时窑尾收尘器入口温度高,则应打开入袋收尘器入口冷风阀门,水泵间断开停,既确保袋收尘器入口温度,还得确保入增湿塔水汽全部被热气流蒸发带出,避免增湿塔湿底将回灰提升机和生料输送长斜槽堵塞,否则处理起来非常困难,除用压缩空气向前吹堵外,还需要人工向外清捣湿料,既造成污染,又增加成本,还浪费人力物力。增湿塔的调节和控制采取以下三种办法:

① 回转窑运转正常,立磨停车,增湿塔喷水降温。当增湿塔出口温度低于 140 ℃时,湿底、湿料将袋收尘器下回灰积堵在回灰提升机和输送长斜槽内。解决方法:将增湿塔出口温度控制在低于 150 ℃时,水泵自动跳停,避免湿底。

② 回转窑刚止料,立磨停车,增湿塔喷水降温,当增湿塔出口温度低于 180 ℃时,湿底。笔者分析认为,此时窑尾高温废气中灰尘浓度非常低,部分喷水被热气流蒸发带出,但一部分没有蒸发掉的水汽落入增湿塔底部湿底,将回灰提升机和生料输送长斜槽积堵。解决方法:打开入袋收尘器入口冷风阀门,水泵间断开停,既确保袋收尘器入口温度,还得确保入增湿塔水汽全部被热气流蒸发带出。

③ 回转窑运转正常,立磨停车,增湿塔喷水降温。当增湿塔出口温度控制在 180 ℃左右时也湿底,湿料将袋收尘器下回灰积堵在回灰提升机和生料输送长斜槽内。经现场检查发现,增湿塔内喷枪有损坏,有一部分水不雾化直接流入增湿塔底部湿底。解决方法:平时经常检查喷枪的雾化效果,一经发现有不正常,雾化喷枪要及时更新。

1.3.61 预分解窑生料均化及入窑系统应如何操作和控制

(1) 当预热器出口无负压时入窑分格轮和气动插板阀必须关闭,以免热空气烧坏斜槽透气层和提升机钢丝胶带,达到保护设备的目的。

(2) 紧急情况下止料可以直接关闭冲板流量计的气动阀,再将喂料 PID 切换到手动,将电动流量阀调至"0",同时停止两台罗茨风机,关闭充气箱。

(3) 随时注意仓重变化。如果仓重低于设定值下限,应注意哪个下料嘴不下料,并通知巡检工检查。如果仓重持续下滑,先检查是否因为气压太低导致气动阀打不开。如果仓重超出设定值上限,多半是电动流量阀故障,这种情况是相当危险的,应立即通知巡检工减小该下料嘴手动插板阀开度,同时通知电工修复。

(4) 要注意均化库底下面的电磁阀,某厂由于均化库底下面的电磁阀损坏,电动流量阀打不开,导致3 个小区下不来生料,中间仓的料量不稳(从 115 t 波动到 166 t,入窑生料喂料量波动大);加上冲板流量计发生零点飘移等原因,使入窑生料喂料量波动大(±50 t),造成分解炉出口温度波动较大,尾煤喂入量调节频繁;窑内来料不稳,窑的热工制度难以稳定,且有一部分煤粉不能完全燃烧,窑内因存在还原气氛而产生黄心料。

1.3.62 何谓一、二、三次风和排风

一次风又叫吹风或鼓风,是由鼓风机送煤粉入窑时的风量。二次风是指从冷却机进入窑内的风,包括前后密封圈及看火孔、窑门等处的漏风。三次风是指经三次风管将同样来自箅冷机的热风引入分解炉的热空气。它的用量直接受窑内的二次风量影响,操作时要考虑两者的平衡。近年来,为了加速分解炉

燃料的燃烧速度,又在分解炉喷煤点使用三风道燃烧器,引用一次风机,起到与三次风加速搅拌的作用,加速燃料燃烧。

一次风包括冷、热风两部分。热风的来源有两个:其一是从窑内抽出的热风,特点是可提高一次风的温度。其二是从风扫式煤磨内抽出的热风,可以提高一次风温,但因含有较多的水汽和废气,含氧量较少,导致煤粉燃烧速度缓慢,黑火头较长,对煅烧有一定的影响。使用时,可采取加强物料预烧,改进喷煤系统,改进配料方案,提高二次风温,增加一次风速等措施,抵消热风中水汽对火焰的影响,适应煅烧需要。冷风是由鼓风机吹送煤粉入窑的冷空气,由于一次风包括冷、热两部分,所以调冷风时必须固定热风不变,以免互相影响。热风固定后,调节冷风的大小,就是调节一次风的大小。在其他条件不变的情况下,一次风大,火焰短;一次风小,火焰长。

排风是指从窑内排出的废气,它包括一、二次风和煤粉燃烧及生料 $CaCO_3$ 分解所产生的气体。但在未点火前,排风也就是二次风。点火未下料前,排风只包括一、二次风和煤粉燃烧所产生的废气。下料后,排风也就包括了物料分解反应所产生的废气。正常操作中,调节排风的大小,也就是调节二次风的大小,因为二次风是排风中的一个组成部分,它的大小是随排风大小而变化的。

1.3.63 为何要正确分配二、三次风的比例

按热工制度的需要,预分解窑烧成系统的前后给煤量为 4:6,即回转窑给煤为总量的 40%,分解炉给煤为总量的 60%。为使前后煤都能达到燃尽所需氧气量的要求,则要求在二次风量和三次风量的分配上也为 4:6。

烧成系统分风的基本原则是按压力分风,通过调节回转窑烟室缩口面积与分解炉(或预热燃烧室)的进气口面积达到分风的目的。为此,增设三次风管阀门,通过风管阀门开度调节风压的办法来控制三次风与二次风的合理分配。三次风管阀门的开度应通过实践加以摸索和掌握,但需要注意的是,三次风负压与烟室负压差值不应存在太大的差异。

烟室斜坡往往由于窑尾温度过高,会出现积料而变窄的情况,在积料清除之前,应及时调整三次风管阀门开度、加大压差比值,以保证窑风的通畅。从熟料颜色的变化和分解率的大小大致可以判断三次风管阀门的开度是否合适。

1.3.64 影响窑与三次风管风量平衡的因素有哪些

为了保证窑与分解炉的合理分工,二、三次风量在窑与三次风管中的平衡分配是极其重要的,任何一处的风量过大,都会浪费该处的燃料;任何一处的风量过小,都使该处的燃料燃烧得不完全。而生产过程中,窑内的阻力及三次风管内的阻力都会受各种因素影响,都需要及时靠三次风管上的闸阀调整,为此,需要准确及时地分析窑与三次风管内的阻力平衡改变的原因与程度。现仅对从同一窑门罩上抽取的二、三次风进行分析。

影响窑内阻力变化的因素是:窑内窑皮与结圈状态;后窑口结皮状况;窑内物料的填充率(负荷率);窑内熟料煅烧结粒情况;前后窑口漏风情况;窑衬厚薄等。

影响三次风管阻力变化的因素是:三次风管内沉积料的多少;闸板位置及损坏情况;闸板处漏风量;风管内衬料的磨损等。

上述任何一个因素的改变都会使窑与分解炉的用风量或用风温度发生变化。比如,当窑内物料填充率较大时,应该加大三次风管的阻力,将闸阀落下一些;反之,当窑内是旧砖而窑皮又不厚时,应该减小三次风管的阻力,将闸阀略微提起。因此,综合分析各种影响因素,才能较为准确地调节闸板位置,得到符合实际的煅烧条件。

[摘自:谢克平.新型干法水泥生产问答千例(操作篇).北京:化学工业出版社,2009.]

1.3.65　如何判断预分解窑内风量是否合适

当预分解窑尾拥有在线气体成分分析仪时,可通过 O_2 及 CO 含量来分析判断窑内空气过剩情况。但是,在缺少在线气体成分分析仪的情况下,确认预分解窑系统温度稳定和系统各部位无明显结皮、结圈后,可从以下几个方面综合判断窑内风量的合理性。

(1) 窑尾温度及负压

窑尾温度愈高,窑尾负压愈大,表明窑内拉风较大,窑内高温区后移;反之,窑尾负压小,窑尾温度较低时,说明窑内通风不足,三次风量相对过量。

(2) 根据窑前煅烧情况判断

如窑前温度高,黑火头短,火焰不顺,窑皮较短,筒温前高后低时,说明窑风偏小,窑头憋火;如果火焰拉得较长,窑前温度低,窑皮长度超过窑长的 40%,烧成带筒温明显降低,窑尾尾温异常升高时,说明三次风量过小,窑风过大。

(3) 现场观察分析

观察窑尾缩口内是否有荧光火花;斜坡积料发黏程度;缩口风速是否稳定,是否存在塌料、窜料、窑尾冒烟等现象。如果出现这些现象,说明窑内通风不足,缩口喷腾风速不够。

(4) 适时地采用人工取气体样法进行成分分析

窑系统稳定运行状态下,通过人工分析烟气成分来掌握燃烧完全程度和空气过剩量是很有必要的,可以给系统优化调整提供依据,即便是在线气体成分分析仪检测出的结果,准确性也无法同人工分析相提并论。

1.3.66　预分解窑工艺技术管理有何作用

预分解窑是整条水泥工艺生产线的中心,因此,工艺技术管理的作用举足轻重。

(1) 对原(燃)料的关注

适宜的生料细度,合理、稳定、优化的生料配比既可保证窑运行系统的稳定,又可保证高质量熟料;高度分散、均化效果良好且稳定性强的生料,有利于预分解系统温度和风压的稳定;低含水率、较细的煤粉有利于提高煤粉燃烧速度,使煤粉充分燃烧,提高煅烧温度,保证生料分解和熟料煅烧所需的热量。因此,必须及时了解原(燃)料的变化,并在发生异常时及时联系解决并对生产做出相应指导,从而把由于异常变化给生产带来的负面影响降到最低。

(2) 对系统漏风的关注

系统漏风是制约预分解窑系统充分发挥其功效的重要因素。系统漏风主要有内漏风和外漏风。内漏风主要是锁风阀烧毁、动作不灵、锁风不严导致的漏风;外漏风主要是各级旋风筒的检查孔、下料管排灰阀轴、各级连接管道的法兰、预热器顶盖、各测量点、窑尾密封等处漏风。漏入的冷风会改变物料在预热器内的运动轨迹,降低其旋转运动速度,容易导致物料堆积;同时,冷风与热物料接触,极易造成物料冷热凝聚,黏附在预热器筒壁,导致结皮或产生大量结块,窑尾密封处的漏风还会与未充分燃烧的燃料重新反应,导致局部高温引起结皮,大量的结皮影响系统风的顺畅运行,从而导致系统运行不稳定。窑头罩和算冷机系统漏风会降低二次风温,增加窑内冷风量,降低算冷机冷却供风,增加热损耗。因此,应随时关注整个系统漏风情况,及时消除漏风点,以减少漏风对系统运行的不良影响。

(3) 对火焰的关注

调整好燃烧器的位置及一次风内、外流风的配比,保证良好的火焰形状,控制好烧成带的温度,是节能降耗、提高产(质)量,延长窑衬和筒体使用寿命,提高系统运转率的关键所在。因此,应根据燃烧器的类型、结构和性能特征,正确调整定位(必须保证火焰不侵料、有足够的燃烧空间),并根据煤质情况、系统主风机拉风、二次风温和风量,正确调整一次风内、外流风的配比,保证火焰顺畅、形状良好、有足够的热力强度,以利于稳定煅烧。每天到窑头看火,若烧成带物料发黏,随窑壁带起超过喷煤管高度,且火焰呈白色、发亮,熟料结粒偏大,说明窑内温度过高;若物料发散,粉料偏多,火焰暗淡,呈浅黄或黄色,说明烧成带温度偏低。应随时关注窑皮状况,保证其均匀、稳定,长短适宜。

(4)对中控室操作的关注

首先要制定相对合理、完善的考核制度,对操作人员的操作给予正确导向,创造一种良性竞争与合作的工作氛围;其次是密切关注现场系统状况和中控室操作参数的变化,适时对中控室操作做出宏观的、适量的调控,统一操作人员的操作思路,稳定窑的热工制度;针对典型的故障停机做出事故操作预案,使操作员的操作有案可依;及时排查设备故障、系统运行缺陷,保证系统优化运行,尽可能避免不必要的大幅度波动调整和临时停机,争取做到有计划检修;计划检修时,将问题考虑周全、安排细致,避免跑生料等恶性事故发生;发生事故后,及时分析事故原因,吸取经验教训并备案,让全体操作人员都能受到教育;定期安排操作人员进行操作技术培训,让其多了解新工艺、新技术,交流操作经验,不断提高业务素质。

(5)对熟料质量的关注

熟料质量的好坏直接影响水泥产品的质量,直接关系到企业的效益,更是烧成系统控制的核心和结果。因此,应时刻关注熟料质量的每个操作参数,做到动态观测、动态分析、动态调整,保证熟料结粒均齐、密实,冷却良好,外观颜色呈灰黑色,最好是切面有亮度、质量稳定。

1.3.67　回转窑操作时应如何处理周期性慢车

在回转窑操作过程中,要扭转周期性慢车,首先要弄清原因。如果是结圈所致,则首先把结圈处理掉;如果是链条断缠所致,则应彻底整修链条;若客观条件上无大问题,则应从操作上找原因。

对于小周期性慢车,应及时加、减煤,及时快、慢窑,在不影响窑皮的情况下,料少时保持烧成带有较高的温度,严格控制尾温,逐渐使波动控制在要求范围内,一般经过 $1 \sim 4$ h 的处理,就可以变小循环为正常。

当循环性慢车严重时,应千方百计地打破来料情况,缩短来料间隔时间。在慢车操作中,排风小一点,保持尾温正常或微偏低;在保证不出废料的情况下,慢车转快可以适当提早一点。窑速正常时,排风量仍要比正常使用的小一点,使火焰集中,抓住黑影,防止烧高、烧远,大加、大减。此外,还应做到料少早减煤,保证结粒细小、均匀。估计大料快来时,要采用预打小慢车,适当增大排风,保持较长的火焰和较长的高温区,以适应大料到来的需要。料来后,如果烧不住,应随火点温度的降低逐渐减慢窑速、关小排风,用较集中的火焰进行煅烧,以逐步稳定热工制度。这样反复进行,周期性来料时间即可打乱,慢车时间就可缩短,在此基础上进一步加强操作,继续保持火力平稳,前后温度适宜,直至窑速恢复正常。处理这种严重周期性慢车,一般需要 $1 \sim 2$ 个台班,才能使窑速恢复正常。在窑速稳定 $4 \sim 8$ h 后,才能把窑速及喂料量完全恢复正常水平。

处理周期性慢车的另一种方法是降低窑速、减少喂料量,以较薄的料层在窑内停留较长的时间来加快物料反应,逐步稳定热工制度,变周期性慢车为正常运行。其操作方法、注意事项与前述相同。

1.3.68　预分解窑非正常条件下的操作及故障处理

(1)点火投料

预分解窑的点火投料是中控室操作的重要阶段,应注意以下几点:

① 做好系统检查。在点火前按操作规程顺序检查系统的密闭情况,并进行空载联动试车,确认系统各部位处于正常状态。

② 控制升温速率。升温阶段一般根据窑尾温度控制系统的点火升温速率(小于 2 ℃/min),对换砖

的窑应按烘干曲线(图1.17)烘干衬料后再按正常速率升温。

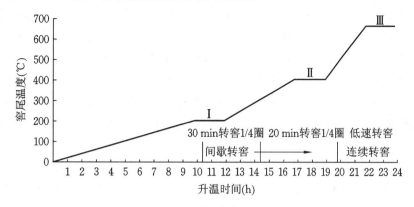

图1.17　大修换砖回转窑烘干曲线

③ 投料时要注意风、煤、料的平衡。一般情况下,投料时系统拉风应为正常风量的70%～80%,投料量以70%开始,窑尾加煤量根据C_5筒出口温度控制,窑头煤量则根据窑尾温度控制。密切注意预热器系统负压变化,加强吹扫,防止堵塞,待入窑物料温度及窑功率曲线开始上升时,即可加料。每次加料一般为额定料量的3%～5%,同时要注意窑速与投料量的对应关系,先提窑速再加料。一般投料后40～50 min料入冷却机,在其后的8 h内逐步加料至额定投料量,系统拉风则应控制在C_1筒出口温度为380～420 ℃,且宜大不宜小。

④ 强化箅冷机操作,尽快提高二次风温和入炉三次风温。通过调整箅速和各室风机风量来延长物料在冷却机内的滞留时间,提高热回收率,快速提高燃烧空气温度,尽快稳定窑的煅烧状况。

(2) 故障停车

故障停车有两类:机电故障停车和工艺故障停车,但二者又不能截然分开,若处理不及时或处理不当有可能引起连锁反应,波及整个系统。

无论何种故障引起停车,中控室都应及时与现场联系并查明原因,首先保证人身及机电设备安全,并及时止料、止煤,根据事故的类型及排除故障所需时间确定下一步操作步骤。

(3) 几种常见工艺故障的判断和处理

① 预热器、分解炉堵塞

现象:锥体压力突然显示为零,同时入口与下一级出口温度急升,如C_5筒出口堵塞,烟室、分解炉及C_5筒出口温度急升。

原因判断:煅烧温度过高造成结皮;内部结皮塌料,高温物料来不及排出而堵塞在缩口处;拉风量不足,排风不顺畅或拉风变化引起平台积料塌落;预热器内部耐火材料或内筒脱落卡在锥体部位;翻板阀失灵;漏风严重时引起结块;煤粉燃烧不好,C_5筒出口内仍有煤粉继续燃烧;生料喂料波动过大。

处理措施:在发现锥体压力逐渐变小时,就应及时进行吹扫和加强捅堵,同时减料和调整操作参数。当锥体压力为零时,应立刻止料停窑处理。

② 烟室结皮

现象:顶部缩口部位结皮,烟室负压降低,三次风、分解炉出口负压增大,且负压波动很大;底部结皮,三次风、分解炉出口及烟室负压同时增大,窑尾密封圈外部伴有正压现象。

原因判断:温度过高,窑内通风不良;火焰长,火点后移;煤质差,硫含量高,煤粉燃烧不好;生料成分波动大,KH值波动较大;生料中有害成分(硫、碱)高;烟室斜坡耐火材料磨损不平整,造成积料;窑尾密封不严,掺入冷风。

处理措施:窑运转时,要定时清理烟室结皮,可用空气炮清除,效果较为理想;如果结皮严重,空气炮难以起作用时,从壁孔采用人工清除;特别严重时,只能停窑清理。在操作中应严格执行规定的操作参数,稳定热工制度,防止还原气氛出现,确保煤粉完全燃烧。当生料和煤粉波动较大时,更要特别注意,必要时可适当降低产量。

③ 窑内结大蛋

现象:窑尾温度降低,负压增高且波动大;三次风、分解炉出口负压增大;窑功率高,且波动幅度大;C$_5$筒和分解炉出口温度低;在筒体外面可听到振动声响;窑内通风不良,窑头火焰粗短,窑头时有正压。

原因判断:配料不当,SM 值、IM 值低,液相量大,液相黏度低;生料均化不理想,入窑生料化学成分波动大,导致用煤量不易稳定,热工制度不稳,此时易造成窑皮黏结与脱落,烧成带窑皮不易保持平整牢固,均易造成结大蛋;喂料量不稳定;煤粉燃烧不完全,煤粉到窑后烧,煤灰不均匀掺入物料;火焰过长,火头后移,窑后局部高温;分解炉温度过高,使入窑物料提前出现液相;煤灰分高,细度粗;原料中有害成分(碱、氯)含量高。

处理措施:发现窑内结蛋后,应适当增加窑内拉风,顺畅火焰,保证煤粉燃烧完全并减料慢窑,让大蛋"爬"上窑皮进入烧成带,用短时大火把大蛋烧散或烧小,以免进入箅冷机发生堵塞,或者砸坏箅板,同时要避免大蛋碰坏喷煤管;若已进入箅冷机,应及时止料、停窑,将大蛋停在低温区,人工打碎。

④ 窑后结圈

现象:火焰短粗,窑前温度升高,火焰伸不进窑内;窑尾温度降低,三次风和窑尾负压明显上升;窑头负压降低,并频繁出现正压;窑功率增加,波动大;来料波动大,一般烧成带减少;严重时窑尾密封圈漏料。

原因判断:a.生料化学成分影响。生料中 SM 值偏低,使煅烧中液相量增多、黏度大,易富集在窑尾;入窑生料均匀性差,造成窑热工制度容易波动,引起后结圈;煅烧过程中,生料中有害挥发性组分在系统中循环富集,从而使液相温度降低,同时也使液相量增加,造成结圈。b.煤的影响。煤灰中 Al$_2$O$_3$ 含量较高,当煤灰集中沉落到烧成带末端的物料上会使液相温度大大降低,液相量增加,液相发黏,往往易结圈。煤灰降落量主要与煤灰中灰分含量和煤粉细度有关,煤灰分大、煤粉粗,煤灰沉降量就大。当煤粉粗、灰分高、水分大时,燃烧速度变慢,火焰拉长,高温带后移,窑皮拉长,易结后圈。c.操作和热工制度的影响。用煤过多,产生还原气氛,物料中三价铁还原为二价铁,易形成低熔点矿物,使液相提早出现,易结圈;一、二次风配合不当,火焰过长,使物料预烧很好,液相出现早,也易结圈;窑喂料过多,操作参数的不合理导致热工制度不稳定,窑速波动大,也易结圈。喷煤管长时间不前后移动,后部窑皮生长快,也易结圈。

处理措施:a.冷烧法。适当降低二次风量或加大煤管内风开度,使火焰回缩,同时减料,在不影响快转下保持操作不动,直到圈烧掉。b.热烧法。适当增大二次风量或减小煤管内风开度,拉长火焰,适当加大窑头喂煤量,在低窑速下烧 4 h,若 4 h 仍不掉,则改用冷烧。c.冷热交替法。先减料或止料(视结圈程度),移动煤管,提高结圈处温度,烧 4~6 h,再移动煤管,降低结圈处温度,再烧 4~6 h,如此反复处理。同时加大排风,适当减少用煤,如结圈严重,则要降低窑速,甚至停窑烧圈。在结圈出现初期,每个台班在 0~700 mm 范围内进出喷煤管各一次。

⑤ 跑生料

现象:看火电视中显示窑头起砂、昏暗,甚至无图像;三次风温急剧升高;窑系统阻力增大,负压升高;箅冷机箅下压力下降;窑功率急剧下降;窑头煤粉有"爆燃"现象。

原因判断:生料 KH 值、SM 值高,难烧;窑头出现瞬间断煤;窑有后结圈;喂料量过大;窑内物料分解率偏低,预烧不好;煤不完全燃烧。

处理措施:起砂时应及时减料降窑速,慢慢烧起;提高入窑分解率,同时加强窑内通风;跑生料严重时应止料停窑,但不止窑头煤,每 3~5 min 翻窑 1/2 圈,直至重新投料。

⑥ 红窑

现象:窑筒体红外扫描仪显示温度偏高,夜间可发现筒体呈暗红或深红,白天则发现红窑处筒体有"爆皮"现象,用扫帚清扫该处时可燃烧。

原因判断:一般是窑衬太薄或脱落、火焰形状不正常、垮窑皮等原因造成的。

处理措施:红窑应分为两种情况区别对待。一是窑筒体所出现的红斑为暗红,并出现在有窑皮的区域时,这种情况一般是窑皮垮落所致,这种情况不需停窑,但必须作一些调整,如改变火焰的形状,避免温度最高点位于红窑区域,适当加快窑速,并将窑筒体冷却风机集中对准红窑位置吹,使窑筒体温度尽快降低,如窑内温度较高,还应适当减少窑头喂煤量,降低煅烧温度。总之,要采取一切必要的措施将窑皮补挂好,使窑筒体的红斑消失。二是红斑为亮红,或红斑出现在没有窑皮的区域,这种红窑一般是由于窑衬脱落引起的,必须停窑。但如果立即将窑主传动停止,将会使红斑保持较长的时间,因此,正确的停窑方法是先止煤停烧,并让窑主传动慢转一定时间,同时将窑筒体冷却机集中对准红窑位置吹,使窑筒体温度尽快下降。待红斑由亮红转为暗红时,再转由辅助传动翻窑,并做好红窑位置的标记,为窑检修做好准备。红窑可以通过红外扫描温度曲线观察到并准确判断它的位置,具体的红窑程度还需到现场去观察和落实。一般来说,窑筒体红外扫描的温度与位置曲线的峰值大于 350 ℃时应多加注意,尽量控制筒体温度在 350 ℃以下。

防止红窑的关键在于保护窑皮。从操作角度来说,应掌握合理的操作参数,稳定热工制度,加强煅烧控制,避免烧大火、烧顶火,严禁烧流及跑生料。入窑生料成分从难烧料向易烧料转变时,当煤粉热值由低变高时,要及时调整有关参数,适当减少喂煤量,避免窑内温度过高,保证热工制度的稳定过渡,另外要尽量减少开停窑的次数,因开停窑对窑皮和衬料的损伤很大,保证窑长期稳定地运转,这将会使窑耐火材料的寿命大大提高。

⑦ 箅冷机堆"雪人"

现象:一室箅下压力增大;出箅冷机熟料温度升高,甚至出现"红河"现象;窑口及系统负压增大。

原因判断:窑头火焰集中,出窑熟料温度高,有过烧现象;生料 KH 值、SM 值偏低,液相量偏多。

处理措施:在箅冷机前部加装空气炮,定时放炮清扫;尽量控制细长火焰煅烧,避免窑头火焰集中形成急烧;将煤管移至窑内,降低出窑熟料温度。

1.3.69 某预分解窑中控室采用的控制方法简介

在现代化水泥厂中,新型干法煅烧系统一般是在中央控制室集散式控制、自动调节,并且同生料磨系统联合操作的,也可用电子计算机分散控制某些关键参数。在引进的现代化 NSP 型窑上,调节控制方法也各有不同,以下是某预分解窑中控室采用的控制方法简介。

(1) 窑系统的调节与控制

窑系统的自动控制由电子计算机、自动调节回路及可编程序控制器(PLC)三部分组成。

① 窑烧成带温度、窑的转矩、NO_x 含量和箅冷机箅速变化由电子计算机综合判断,调节原料喂入量及窑的转速。在一般情况下,不进行喂煤的变动。这是由于窑尾排风机通常在最大负荷下运行,若喂煤量改变,排风量就要随之改变,这将容易引起整个系统紊乱。

② 燃烧及热耗管理根据操作人员要求,计算机可以对烧成系统中的燃料消耗量、各部分气体量及有关热损失(如烧成带筒体)等数值在中控室计算机画面上显示出图形和曲线,如有异常则发出红灯警报。预热器各部分的运行状态(包括排风温度,气体成分 NO_x、O_2、CO_2 等)也可在 CRT 显示,如有异常则发出警报。同时,根据 C_1 筒出口气体温度的差别可监视生料喂料的均匀性,如有异常,随即发出警报并在中控室调整其分料装置。

③ 对分解炉各部分状态的监视主要是监视分解炉流态化床四点温度,如温度差别较大,则可判断分解炉流化床的工况好坏,此时 CRT 上显示警报。中央控制室可通过人工调整分解炉流态化空气(一次空气)和二次空气量的设定值,同时对分解炉气体出口温度及压力也进行监视。

④ 冷却机各部位运行参数的监视。

⑤ 回转窑烧成带筒体温度的监视是根据辐射高温计的测温信号来进行的。以 1 m 窑长为单位(扫描行程 20 m)进行处理,将本次、前次及前一天测的最高、最低温度及平均温度打印成报表,并由计算机对窑皮状况进行判断,必要时则发出指令用人工调整喷嘴位置。

⑥ 回转窑点火的监视程序主要根据操作人员要求,可将预先储存在计算机内有关点火前要准备的各项工作和工艺参数图表显示在 CRT 上,然后逐项检查并通知操作人员。窑的点火程序是根据预先制

定好的数学模型编制而成的。首先,开动窑尾风机,然后点火并随时监视窑尾温度。窑尾温度的上升速率是事先编制的程序,有一定规律可循,同时在 CRT 上显示上升曲线。此时对喂煤量也要监视,约 16 h 以后,当窑温上升到 950 ℃时即可发出警报,指示操作人员开始喂入生料,喂料速率必须根据计算机的指示由人工调整。大约 20 h 以后达到正常,这时可开动分解炉,待一切参数均达到正常值后,则转入计算机正常检测程序。

窑的微动程序用于窑的点火及停窑后的 CRT 上显示警报,以通知操作人员每隔一定时间进行窑的微动。

(2)自动调节回路控制部分

① 窑尾喂料的自动计量和调节共有两条回路。一条是皮带秤的速度保持在一恒定值的条件下,测量荷重传感器的信号,以此自动调节计量滑动阀门的开度,以保持定量喂料;另一条是检测气力提升泵下部松动风压,以此信号自动调节计量滑动阀门的开度,保持定量喂料。为了保证阀门开度与物料成正比,在其上部设有计量料斗,根据料斗重量信号自动调节均化库卸料量。同时,在进料斗前的提升机上设置负荷控制器,其目的也是保持料斗仓重量一定。喂料量的调节是在中央控制室通过人工改变调节器的给定值来实现的。

② 分解炉内物料量的自动调节。当分解炉的喂煤量、温度在一定的条件下,以保持炉内的物料量一定,使分解炉操作稳定。它是根据炉内流态化层上料层厚度与层下压力成正比的关系,通过检测流化层层下压力信号来调节 C_3 筒处分料阀开度,使入炉料量达到要求值,而多余的物料则直接进入 C_4 筒。

③ 分解炉流态化空气量的自动调节。保持稳定流态化空气量对形成稳定的流态化层起着重要作用。因此,根据鼓风机入口流量计检测信号,自动调节入口挡板开度,以保持风量一定。

④ 分解炉三次风量自动调节,目的是保持自由空间中的燃料燃烧条件和物料带出量的稳定。其自动调节方法是根据进入分解炉三次空气量信号(经温度修正),自动调节管内挡板开度,以保持进分解炉空气量的相对稳定。

⑤ 窑尾排风机的自动调节是为了保持窑系统的最佳过剩空气系数,同时也是为了保持进入磨机的风量恒定。它是通过将 C_1 筒出口的气体压力与设定值比较,然后自动调节排风机风管阀门开度。

⑥ 增湿塔废气温度自动调节。是要把增湿塔出口、电收尘器入口温度降低到 130 ℃以下,以提高电收尘器的收尘效率,降低粉尘排放浓度。其做法是检测增湿塔出口温度,然后与设定值比较,自动调节增湿塔水泵回水阀开度以保持出口气体温度。当原料磨不需要热风时,通过增湿塔气量增大,可按调节器预先设定的程序自动调节增湿塔内喷头的使用个数。

⑦ 冷却机箅上料层厚度的自动调节。为了使熟料均匀冷却和入窑二次风温稳定,以保持冷却机安全运转。办法是根据箅上料层厚度与箅下压力成正比的关系,检测一室箅下压力,利用此信号自动调节箅床转速以保持熟料层厚度一定。

⑧ 窑头负压的自动调节。保持窑头的微小负压,防止窑口喷出气体,同时又要把入窑头的冷空气保持在最小限度。办法是检测窑头负压,并利用此信号调节箅冷机废气排风机风管阀门开度,使窑头负压一定。

(3)计算机制表

每隔 1 min(用作 1 h 平均)、1 h(用作 1 d 的平均)、24 h 将各种数据进行必要的计算处理,然后制成日报。根据操作人员的要求,可在 CRT 上显示过去 24 h 的有关数据,也可打印出来。

1.3.70 预分解窑正常操作下过程变量的控制

所谓正常操作,是指窑系统经点火投料挂窑皮阶段后已达正常额定投料量,到出现较大故障而必须转入停窑操作这一时期,正常操作的主要任务就是运用风、煤、料及窑速等操作变量的调节,保持合理的热工制度,使下述过程变量基本稳定。

（1）窑主传动负荷

正常喂料量下，窑主传动负荷是衡量窑运行正常与否的主要参数，正常的窑功率曲线应粗细均匀，无尖峰、毛刺，随窑速度变化而改变，在稳定的煅烧条件下，如投料量和窑速未变而窑负荷曲线变细、变粗、出现尖峰或下滑，均表明窑工况有所变化，需调整喂煤量或系统风量；如曲线持续下滑，则需高度监视窑内来料，必要时需减料、减窑速，防止跑生料。

（2）入窑物料温度及最末级旋风筒出口温度

正常操作中，入窑物料温度一般在 820～850 ℃，出最末级旋风筒温度为 850 ℃±5 ℃，这两个过程变量反映了入窑物料分解率和分解炉内煤粉燃烧和 $CaCO_3$ 分解反应的平衡程度，通常用分解炉出口或最末级旋风筒出口温度自动调节窑尾喂煤量来实现预热器分解炉系统的稳定。

（3）出预热器 C_1 筒出口温度和高温风机出口含氧量

正常操作中出预热器的系统温度应为 320～350 ℃（五级预热器）或 350～380 ℃（四级预热器），高温风机出口含氧量一般在 4%～5%，这两个参数直接反映了系统拉风量的适宜程度。两者偏高或偏低可以预示系统拉风量偏大或偏小，需调整高温风机阀门开度或转速。

（4）入炉三次风温与冷却机一室算下压力

正常条件下入分解炉三次风温一般在 700 ℃以上，窑规模愈大，入炉三次风温愈高，算冷机一室压力一般在 4.2～4.5 kPa（富勒型厚料层冷却机），一般通过调整算床速度来稳定冷却机料层厚度，提高入窑二次风温和入炉三次风温。

（5）窑头罩负压

正常条件下窑头呈微负压，一般在 －25 Pa±15 Pa，其增大或减小，需调整窑头收尘风机阀门开度，其波动增大，线变宽，则需综合窑功率及窑头煤情况加以调整。

实际上，在窑正常操作条件下，诸参数均已基本稳定在一定范围内，操作人员要多看参数记录曲线，看其发展趋势和波动范围，只有这样才能提前发现故障隐患。一般条件下应优先考虑调整喂煤量和用风量，每次调整在 1%～2% 之间，以保持热工制度的动平衡。

1.3.71 预分解窑工艺控制中有哪些自动调节回路

在预分解窑设计中，一般设有如下单回路自动调节系统：
（1）窑头负压～算冷机余风排风机风管阀门开度。
（2）算冷机一室算下压力～算床速度。
（3）分解窑加煤量～最下级旋风筒（或分解炉）出口气体温度。
（4）增湿塔入口压力～增湿塔出口阀板开度。
（5）增湿塔出口气温～增湿水泵回水阀门开度。
（6）窑尾主排风机风管阀门开度～最上级旋风筒出口气体含氧量及压力。
（7）电收尘器进口风压～电收尘器出口风机风管阀门开度。
（8）喂料秤测重负荷传感器～喂料仓自动调节计量阀门开度。
（9）气力提升泵下松动压力～计量滑动阀门开度。
（10）生料计量标准仓重量～均化库出口阀板开度。
（11）其他可根据需要设置。例如，MFC 型炉系统的炉下流化空气量可根据流化风机的风量计量，自动调节风机入口风管阀门开度；根据流化床上料层厚度与层下压力成正比的关系，通过流化层层下压力测量，自动调节由最下往第二级旋风筒下部分料阀门开度，调节入炉物料分配量，以稳定炉内工况等。

1.3.72 新型干法窑中控室操作的一般原则

新型干法窑系统操作的一般原则，就是根据工厂外部条件变化，适时调整各工艺系统参数，最大限度地保持系统"均衡稳定"地运转,不断提高设备运转率。

在实际生产过程中,由于生产波动稳定状态会被打破,这就需要操作人员予以适当调整,恢复到新条件下新的均衡稳定状态,因此,运用各种手段来保持或恢复生产的均衡稳定,是控制室操作的主要任务。

就全厂生产而言,应以保证烧成系统均衡稳定生产为中心,来调整其他子系统的操作。就烧成系统本身,应是以保持优化的合理煅烧制度为主,力求充分发挥窑的煅烧能力,根据原(燃)料条件及设备状况适时调整各项参数,在保证熟料质量的前提下,最大限度地提高窑的运转率。

1.3.73 回转窑操作中应如何判断烧成温度

(1)火焰温度高低

窑内的热流是靠燃料燃烧发出热量来使窑温升高的,因此火焰温度高,窑温也高。目前,判断火焰温度的方法是通过比色高温计结合电子计算机,可测出比较接近实际温度的数据,除此之外,在正常操作时,对火焰温度高低的判断,还可通过火焰的颜色来进行。火焰的颜色及相对应的温度如表 1.18 所示,表中所列数据是实际火焰温度的颜色,不是通过有色玻璃看到的颜色,通过钴玻璃所看到的颜色,其对应的温度数值要比表 1.18 中的温度高。

表 1.18 火焰颜色相对应的温度

火焰颜色	温度(℃)	火焰颜色	温度(℃)
最低可见红色	475	发亮樱桃红色到橙色	825~900
最低可见红色或深红色	475~650	橙色到黄色	900~1090
深红色到樱桃红色	650~750	黄色到浅黄色	1090~1320
		浅黄色到白色	1320~1540
樱桃红色到发亮樱桃红色	750~825	白色到耀眼白色	1540

正常火焰的温度通过钴玻璃看到:最高温度处于火焰中部,呈白亮,最高温度两边呈浅黄色,前部发黑。

(2)熟料被窑壁带起的高度

正常情况下,物料随窑的运转方向被窑壁带到一定高度后下落,落时略带黏性,熟料颗粒细小、均齐;当温度过高时,物料被带起来的高度比正常时的高,向下落时黏性较大,翻滚不灵活且颗粒粗大,有时呈饼状下落;烧成温度低时,熟料被带起的高度低,顺窑壁滑落,无黏性,物料颗粒细小,严重时呈粉状,这主要是因为温度升高使物料中液相量增加,温度降低液相量也减少了。温度升高还会使液相黏度降低,当温度过高时,液相黏度很小,像水一样流动,这种现象在操作上称为"烧流"。

(3)熟料颗粒大小

正常的烧成温度下,熟料颗粒绝大多数直径在 5~15 mm,熟料外观致密光滑,并有光泽。温度升高,由于液相量的增加使熟料颗粒粗,结大块;温度低时,液相量少,熟料颗粒细小,甚至带粉状,表面结构粗糙、疏松,呈棕红色,严重时甚至会产生黄粉,属于生烧的情况。

(4)熟料立升重和 f-CaO 含量的高低

烧成温度高,熟料烧结得致密,因此熟料立升重高而 f-CaO 含量低;若烧成温度低,则熟料立升重低而 f-CaO 含量高;当烧成温度比较稳定时,立升重波动范围很小,正常生产时熟料立升重的波动范围在 ±50 g/L 之间,各厂的控制指标不一致。

1.3.74　新型干法窑主要的工艺操作参数

　　新型干法窑的烧成工艺过程中需要控制的参数比较多,一般在60～65个,过程控制也比较复杂,从国内已投产厂的生产操作来看,大都以人工给定操作参数为主,辅以单参数调节回路自动控制,即使是采用计算机集中控制或集散型控制的窑产量在2000 t/d以上规模的厂,由于尚未有比较切合实际的数学模型,计算机很难实现全过程的自动控制。虽然电机的开停(即开关量)控制可采用PLC程序控制,但是过程控制参数(即调节量)仍是人工键入校定值。待系统稳定运转后可投入数条单参数调节回路进行自动控制。

　　在这些工艺参数中,有小部分属于通过人工或计算机设定可直接操作控制的参数,通常称之为操作变量(或自变量),而大部分则属于由于人工调节后随之改变的过程变量(或称之为因变量),操作变量可由人工或计算机主动直接改变,过程变量由于适时地显示出调节后的结果,二者之间也具有互为因果的关系。烧成系统主要的操作变量及其作用见表1.19。

表 1.19　1000 t/d 烧成系统中控室主要操作变量表

序号	项　　目	参数	备注
1	投料量(t/h)	70～75	风、煤、料平衡
2	窑速(r/min)	3.0±0.2	
3	窑头喂煤量(t/h)	2.2±0.3	
4	窑尾喂煤量(t/h)	3.3±0.3	
5	高温风机转速(r/min)	950～1020	控制系统拉风
6	高温风机入口阀门开度(%)	80～90	
7	箅冷机箅速(次/min)	4～8	控制料厚
8	窑头一次风机转速(r/min)	830～870	火焰形状和长度,以及控制火点位置
9	喷煤管内、外风管阀门开度(%)	50/80	
10	喷煤管位置(cm)	0～70	
11	三次风管阀门开度(%)	40～60	调节系统平衡保证煅烧需要
12	窑头排风机入口阀门开度(%)	50～85	
13	窑尾排风机入口阀门开度(%)	70～85	
14	箅冷机冷却风机入口阀门开度(%)	70～90	
15	高温风机入口冷风阀门开度(%)	0～80	保护作用
16	窑头电收尘器入口冷风阀门开度(%)	0～80	
17	窑尾电收尘器入口冷风阀门开度(%)	0～80	

　　另外,入窑生料及煤粉的化学成分对烧成系统而言也属于自变量,它们的变化会引起操作参数一系列的变化,但它们不由窑操作人员控制。当出现原(燃)料成分不符合要求波动时,应及时向有关部门提出意见。

　　中控室中的显示参数大都是过程变量,其测点设置各厂也不尽相同,一般的主要过程变量参数及其作用见表1.20。

表 1.20　1000 t/d 烧成系统中控室主要过程变量表

序号	项　目	参数	备注
1	窑尾温度(℃)	1000±50	控制窑内
2	窑主传动负荷(kW)	18～30	煅烧状况
3	窑尾负压(Pa)	−200±100	
4	窑头罩负压(Pa)	−25±15	
5	预热器出口温度(℃)	340±50	
6	预热器出口负压(kPa)	−4.1±0.3	系统拉风量的适宜程度
7	高温风机入口温度(℃)	340±20	
8	高温风机出口含氧量(%)	4～5	
9	高温风机电流(A)	66～71	
10	C_5筒出口负压(Pa)	−1200±100	
11	C_5筒出口温度(℃)	860±10	
12	C_5筒下料温度(℃)	850±10	
13	分解炉出口温度(℃)	880±20	入窑分解率高低、分解炉内煤粉燃烧和
14	分解炉出口负压(Pa)	−900±100	$CaCO_3$分解反应的平衡程度
15	入炉三次风温(℃)	710±50	
16	入炉三次风负压(Pa)	−750±100	
17	入窑物料分解率(%)	85～95	
18	一室箅下压力(Pa)	−4500±500	
19	二室箅下压力(Pa)	−3600±500	反映料层厚度指标
20	一、二室箅下温度(℃)	<80	
21	增湿塔入口温度(℃)	310±30	
22	窑头电收尘入口温度(℃)	150±30	电收尘器正常工作指标
23	窑尾电收尘入口温度(℃)	120±30	
24	窑筒体温度(℃)	<250	反映窑皮状况及烧成带位置
25	煤粉仓温度(℃)	<65	安全指标

随着工业自动化水平的不断提高,尤其是计算机过程控制技术的发展,使得过程参数大量进入计算机进行检测、分析,近几年投产的大中型水泥生产厂,已很少见到仪表控制,但在1000 t/d以下规模的厂,由于投资和工厂技术人员素质的限制,仍较多采用仪表控制。无论采用何种方式,均离不开操作人员,这就要求操作人员充分利用控制室内的各种仪表装置或计算机,重点观察系统中各过程变量的发展趋势,加强预见性控制,正确分析、灵活掌握调整方法,保证系统优质、高效、低耗地生产。

1.3.75　回转窑煅烧中怎样判断熟料粉化,应如何处理

在正常煅烧中,如果发现下料口扬起的灰尘大,影响看火时,应取出冷却机熟料观看其是否粉化。在KH值过低时,物料又过烧结大块,下料口扬起的灰尘比正常时的大,则说明熟料发生粉化。一旦熟料发生粉化,在煅烧温度允许的情况下,加快窑速、控制结粒、加速冷却以克服粉化。如果是KH值过低造成的,则应改变配料方案,提高KH值并加强操作,确保煤粉燃烧完全,防止 β-C_2S 转变为 γ-C_2S,使熟料粉

化现象消失。

1.3.76 预分解窑系统为何要特别注意密闭堵漏

　　预分解窑系统应在设计、设备制造、安装以及生产管理维护各个环节做好密闭堵漏工作,尽量减少系统漏风。它是降低熟料生产热耗的重要环节。密闭堵漏工作,在实际生产中往往又最容易被忽视,尤其在预分解窑生产中,全系统在负压状态下运行,筒—管—炉—窑—机各部位部件繁杂,环节众多,任何地方稍有密闭不良,留有孔隙,就会漏入冷风,对生产有很大的影响,它不仅单纯地增大了系统废气排出量,增大了热损失,增加熟料热耗,并且降低气流温度,进而降低了气、固两相热交换效率。尤其是旋风筒下部或下料管道的内、外部漏风稍大,使旋风筒分离效率急剧降低,已经加热的物料向上级低温旋风筒返混,严重地扰乱了系统热工稳定,对稳定生产影响较大。因此,国内外许多水泥设备厂商及生产水平较高的生产企业,无不重视全系统的密闭堵漏工作。所以说,系统的密闭堵漏、降低系统单位废气排放量是降低系统热耗、稳定系统的热工制度、提高产(质)量的重要举措。

1.3.77 回转窑应如何打慢车

　　回转窑打慢车一般有以下三种情况:

　　(1)来料很多,徐徐向前,黑影渐渐前移,火焰逐渐缩短,烧成带后部发暗,前部温度逐渐降低。遇此情况,先加煤后增一次风,再打慢车、关小排风,温度比较容易提起来。当窑内火点烧起来后,黑影渐退,就逐渐加快窑速。

　　(2)来料时速度很快,黑影像水一样向火焰末端冲来,烧成带温度不低,生料仍从旁边向前流动,流动时卷进一部分煤粉在物料内燃烧,冒蓝火苗,烧出的熟料包黄心。这种情况往往是物料预热不好或者窑皮呈喇叭口造成的。对于这种来料,慢车要打得早、快、狠,不能等温度降低后才慢窑,更不能等生料连续窜过火点后才慢窑。同时,应把火点温度控制得高些,风拉大些,黑影不能窜过火焰中部。如果慢车前火点温度较高,结粒较粗,应先打慢车,后加煤。当物料温度烧起后,黑影位置稳定并后移时,再把窑速加快。

　　(3)掉大块窑皮时(从火点看有很多扁形块状物)生料又多,而且生料受窑皮的砸压而向前涌,流速很快,再加上窑皮吸热多,烧成温度比一般情况下降得快。所以,慢车要快,不能一级一级地慢慢打,更不能看着烧成温度还未降低而保持窑速。慢车时,应关小排风;当恢复快窑时,应逐渐增加,不能操之过急。

　　总之,慢车后要关小排风,集中火力,保持短而有力的火焰,尾温控制正常或稍偏高(约5 ℃);就是大慢车也要尽力控制尾温不要有大波动。慢车转快时,要相应增加排风量,保持火焰在一定长度和尾温在控制范围内。

1.3.78 回转窑在什么情况下应打慢车

　　当快窑不能维持正常煅烧温度和熟料立升重合格率时,就要打慢车。由于机械故障,下料波动,喂煤不均,结圈、掉窑皮、看火工错误估计等原因,在操作中打慢车是不可避免的,但经过看火工的努力,找出原因,摸透规律,加强看火操作,打慢车次数是可以大大减少的,甚至在一个班或几天内不会出现慢窑现象。下列情况最易形成慢车:

　　(1)看火操作不当,加减煤不及时,或加减得过多或过少,过早或过晚。

　　(2)料浆或生料不足,下料不均。

　　(3)下煤不均,或者断煤。

　　(4)操作参数不合理,结圈或掉窑皮。

（5）窑尾温度波动大，或者因某种原因造成湿法窑窑尾加水。

（6）链条断落缠滚成球，预热器旋风筒卸灰装置失灵或堵塞，立筒预热器收缩环上面无坡度等，都会造成积料和下料不均。

（7）煤管位置不正、冒火或者变形，造成短焰急烧或火焰不完整。

（8）临时停窑，烧成带温度降低。

1.3.79 回转窑在什么情况下应预打"小慢车"

提前打"小慢车"可以提高操作的预见性，其目的在于争取操作上的主动性，避免大的变动。一般来说，如果发现下列情况应该提前打"小慢车"。

（1）下料不均，尾温不稳定，烧成带物料由少变多时，应预打小慢车。在这种情况下，不宜用大煤、大风的强制煅烧方法，否则易造成烧憋火、结粒粗、局部高温损伤窑皮，此时不得不打大慢窑。当烧成带料少时，应在不损伤窑皮的情况下控制火力适当偏高，但要保持熟料结粒不粗，并兼顾尾温。估计大料或预烧不好的料将到烧成带时，应提前适当降低窑速，增加风、煤（比正常偏少），提高窑温。当火焰颜色由白转为粉红，熟料结料由较粗变为正常时，风、煤应加至正常，适当关小排风，保持较集中的火力。当黑影后退，料层开始变薄，火焰微向里伸，烧成温度有升高的趋势时，应逐渐把窑速恢复到正常。如果此时窑尾温度偏低，可暂不加快窑速，根据火点温度适量减煤，增大排风至尾温正常后，方可恢复正常窑速。

（2）当发现少量掉窑皮时，应及早打小慢车。其理由是：①窑皮体积大、温度低、吸热多、受热慢、烧不透；②部分物料被窑皮掩盖烧不着，受热不均，反应不好；③窑皮在翻滚中能挡住部分火焰，使煤粉落在物料上发生不完全燃烧，降低烧成温度；④掉窑皮后往往有大料随之而来，当时烧成温度较高，但随后会愈烧愈低，在这种情况下快转窑应特别小心。由小慢窑转快时，不能操之过急，不能开得太快，待物料减薄、烧成温度升高时，才可把窑速逐渐恢复到正常。

（3）下煤少时应打小慢车，防止热量不足、烧成温度大幅度下降而造成大慢窑。下煤过多时，容易发生不完全燃烧和短焰急烧的现象，造成黑影前移、烧成温度下降，所以在下煤过多而无法控制的情况下，应预打小慢车，待下煤正常后（窑内温度也正常），再把窑速加快至正常。

（4）出现窑速大波动和小周期性慢窑时，也应预打小慢车。窑速大波动和小周期性慢窑，是来料不均、热工制度不稳、操作不当所致。预打小慢车是逐渐恢复窑的正常煅烧和稳定热工制度的措施之一。在扭转窑速大波动及小周期性慢窑的过程中，打一两次小慢车不一定就能解决问题，而主要是通过小慢车逐渐使来料均匀、热工制度稳定，使慢车次数减少、缩短慢车时间，最后将窑速大波动及小周期性慢车调整为正常。

（5）窑皮局部恶化或普通恶化时也应预打小慢车，使烧成带火力稳定、火焰顺畅，防止顶烧、结块、难挂窑皮。小慢车相对地可以减少下料，减少烧成带热负荷，缩小衬料与物料间的温差，给补挂窑皮创造条件。

1.3.80 回转窑应如何进行清窑

停窑检修时，应烧空窑中的物料。烧空窑中物料的过程，就称为清窑或烧空窑。

止火前 4～8 h 通知煤磨工停止向煤仓内送煤，以便烧空仓，检修或检查煤粉机械（煤分格轮或煤双管绞刀），也可避免在检修过程中仓内有煤发生自燃。

减料前 1～2 h 停电收尘，然后把料减少 1/3 左右，其目的是：清窑过程中料由多到少，由厚到薄，烧成温度由高到低逐渐下降，防止止火后由于料层过厚而无法把烧成带温度和窑尾温度压下来，造成无负荷的链条过度受热，甚至烧坏，或者烧坏旋风预热器的旋风筒。如果强制压风减煤，慢车过大，就要出生料，影响质量。

减料 1~2 h 后停止喂料。止料后一定保持尾温比正常温度低 20~30 ℃,在不出废料的基础上减少用煤量,压低排风,如果尾温仍降不下来,湿法窑可向窑内适当加水;带预热器的干法窑可打开冷风管阀门;立筒预热的窑型,可打开烟帽,以防烧坏窑尾各种设备。在煅烧控制上应做到不烧大火,保持结粒,火力若是偏中下,可防止烧坏窑皮。随着料层的减薄,尾温逐渐降低。烧成带几乎无料时,停煤止火,把窑速降到最小,窑尾加水,并停止排风机,使窑慢慢冷却下来,同时关闭水冷却。

为防止在高温下停窑发生窑体弯曲,在停窑前应在最末级窑筒上慢转 1 h 左右,停下后用辅助马达转动,直到窑皮表面发暗才完全停转。

为保证不急冷和避免火砖炸头,止火 4 h 后开启排风机,并打开窑门,使窑冷却下来。

1.3.81 保证窑尾引风机长期运行可采用哪些措施

(1)提高收尘效率

风机前端有一台 WY70-5400-3/1 型电收尘器。因为风机的寿命与进入风机内的气体含尘浓度有很大关系,如果气体含尘浓度高,必然使风机风叶磨损得快,风叶磨损不均,导致风叶偏重、风机振动、损坏风机轴、轴承、底座、电机等。每年回转窑大修期间,对电收尘器都要进行不同程度的检修。使电收尘器收尘效率始终保持在 99% 以上,进入风机的含尘气体浓度始终低于 200 mg/m³,所以风机叶轮磨损轻微,从没有出现过大的振动现象。

(2)对风机风叶要定期维护

风机使用寿命与风叶有直接关系,风机风叶经过长期使用,虽然进气含尘浓度低,但是长期使用后也有不同程度磨损,因此利用停窑大修期间,对风机进行彻底检查,如叶轮、铆钉是否松动,叶轮是否变形,风叶及焊接部位磨损情况,发现问题应及时修补处理。

(3)保护好轴承

当风机正常运行时,进气温度在 180~200 ℃,风机配有 3638 轴承两套,冷却方式为水冷却。轴承座上配装温度计,每小时检查一次温度,如发现轴承温度达到 100 ℃,就加大冷却水量,进行降温。保证轴承润滑,减少耗油量。将投产初期机油润滑改为二硫化钼高温(260 ℃)润滑脂润滑。此外,还要保证对轴承每半年进行一次清洗、加油。

(4)维护好电机

风机配用 JSQ1410-8 型(280 kW,6000 V)电机。该电机属于高压电机,有专人负责管理,未经批准不得随意停开,以免损坏电机。对电机也采取定时清扫,定时给电机轴承清洗与加油。

严格规范操作规程,启动前必须关闭调节门,正常运行后,逐渐开大调节门,达到所规定的负荷。

对联轴器、弹性橡胶圈要经常检查,发现磨损和破碎时要及时更换,以免造成联轴器损坏,造成电机振动。

1.3.82 回转窑窑头负压异常是何原因,应如何处理

窑头负压大小及稳定程度反映出窑内煅烧温度的稳定性和冷却机供给窑系统风量的平衡程度,若某个环节出现问题,窑头负压都能及时反映出来,但这一反映过程变化很小,所以在正常操作过程中一定要认真仔细地观察才能发现问题。

合理地控制窑头负压的大小能使冷却机的热风得到充分的利用,并且窑头负压的大小对窑头火焰形状、温度有很大影响,对窑门罩、窑门罩内衬的使用寿命亦有一定的影响。

(1)窑头负压增大

窑头负压增大是由于窑系统抽取的二次风量大于冷却机的供给风量,导致两者之间失去平衡。

当箅冷机中某台冷却机跳闸,导致冷却风量减小,从而使窑头负压增大,出现此种状况时应及时从其

他的冷却机中补充足够的风量以平衡窑系统与冷却机的风量,使窑头负压趋于正常。与此同时,应尽快对设备故障进行抢修,及时恢复。

当冷却机中料量的变化导致余风风温由高向低转变时,风机的风管阀门没有发生变化,但气体的密度发生改变,导致余风风量增大,因而余风风量与窑系统、冷却机系统风量平衡遭到破坏,窑头负压增大。在此变化过程中应根据系统的变化趋势合理地调整冷却机的风量,以稳定窑头负压。

当冷却机中料层大幅增厚,导致箅冷机因阻力的增大而使风量减小,而冷却机系统风量减小,窑头负压增大。此时应合理地调整风机的风量,通过增大冷却机箅床转速来调节冷却机中料层的厚度,恢复系统风量平衡。

(2)窑头负压减小

当系统塌料时,系统阻力突然增大从而影响系统的正常通风,此时窑尾、窑头负压均有所下降,这一变化过程时间很短。虽然塌料的时间很短,但塌料对系统的影响很大,应该根据系统塌料的大小有针对性地进行调整,避免因系统的小波动而产生窑况的大波动。

当窑内物料的煅烧欠佳,物料结粒细小或窑内跑生料时,导致冷却机内及余风风温的快速升高,气体体积膨胀,使窑头负压减小或产生正压。在此过程中应尽快扭转窑内状况,降低箅床速度,增大余风风量,增大箅冷机风量,提高冷却效率。

当窑内出现大料球接近窑口时,大料球对窑内通风及火焰的干扰增强,因而使窑头负压减小。

(3)窑头负压波动较大

窑头负压波动较大多发生在投料初期,此时窑头火焰燃烧极不稳定,极易产生"喘气"现象,所以负压波动较大,待窑况稳定后窑头负压也趋于稳定。

另一个原因就是系统喂煤极不稳定,煤粉燃烧释放出的热量也极不稳定,对系统阻力影响较大,因而窑头负压波动较大,此时预热器系统极易产生堵塞现象。

1.3.83 操作中如何保持窑头为微负压

(1)首先要防止箅冷机的排风机形成窑头负压,不要轻易调节箅冷机的排风机风管阀门开度来改变窑头出现的正压。当窑尾高温风机能力不足时,一定要尽快予以改造,否则窑的产量将不能继续增加。不应将窑头负压与箅冷机排风机风管阀门连锁成自动控制回路,如果已经连锁的应该解开。

(2)正确调节箅冷机高温段的冷却用风。如果此风过大,应该关小风机风管阀门,同时适当开大低温段的用风,而箅冷机的排风能力可以不变。

(3)窑头保持负压时,也要防止两种不合理的用风方式。

① 箅冷机排风机的能力偏小,或由于后面的阻力过大(如增加沉降室等)、漏风过多时,虽然不会有箅冷机高温段热风被抽走,但如果低温段冷却风也抽不动,不仅不利于熟料的冷却效果,而且恶化了箅冷机的工作状态。

② 严禁在窑门罩处抽取热风至磨机作为烘干或另作他用。因为窑门罩处的热风并不是余热,而是窑内燃料燃烧最理想的二次风。这种做法虽然保持了窑头的负压,但却与窑在争夺热源。

[摘自:谢克平.新型干法水泥生产问答千例(操作篇).北京:化学工业出版社,2009.]

1.3.84 为什么强调窑头只能保持微负压

在明确窑头应为负压操作时,更应强调负压不应高于-50 Pa,甚至可以再低些,即必须是处于微负压状态。因为过大的负压会有如下影响:

(1)窑内火焰拉长、窑尾温度过高、窑内烧成带会向后移。

(2)进入窑、炉的二、三次风温会因为过多吸入了箅冷机低温段的风而降低,不利于窑的热耗降低。

（3）过大的负压需要窑尾高温风机消耗更多的功率,在浪费高风压的同时,单位熟料所消耗的风量也会增加,因此不仅电耗较高,更会导致热耗增加。

（4）因窑头部位漏风位置较多,密封难度较大,由此会加大窑头漏风量,不利于二次风的引入和二次风温的提高,在浪费电耗的同时,同样会增加热耗。

这种负压过大的情况,现场较少存在,只是在窑后部堵漏效果较好时才会出现,此时往往为增加产量创造了条件。如果不能增产,只要将窑尾高温风机风管阀门关小即可。

[摘自:谢克平.新型干法水泥生产问答千例(操作篇).北京:化学工业出版社,2009.]

1.3.85　窑头产生正压的原因是什么,应如何克服

为克服窑头产生的正压,必须对其产生原因进行具体分析。

（1）窑尾风机能力不足,或是由于漏风量大或有堵塞、结皮、窑内结圈等造成系统排风负压不足。

（2）箅冷机排风机能力不足或未开足,连箅冷机低温段的冷却用风也抽不完,被迫涌向窑头。此时如果靠窑尾风机加大能力,就会降低入窑的二、三次风温,因此并不合理。

（3）箅冷机高温段冷却风用量过大,超过了二、三次风的需用量。

（4）熟料煅烧温度过高,使二次风温升高,窑门罩处的气体量变大,而排风不变,会使窑门罩处的负压变为正压。

在这四种原因中,由于大多数生产线已经达到满负荷生产,第一种原因较常见,此时窑尾风机已经是窑提高产量的"瓶颈";第二种原因是简单可行的方法;第三种原因在实际生产中也常见;第四种原因则应尽快调整,使煅烧温度恢复正常。

为了准确判断窑头产生正压的具体原因,可以借助操作中的前后变化找出答案:

（1）如果系统一直处于正压操作,可以按上述方法逐条排除。

（2）如果突然呈现正压,则可能是塌料所致,或者是有突然漏风处,或者是对某个风机进行调整后产生了影响。

（3）如果是逐渐变成正压,很可能是煤粉热值逐渐升高导致煅烧温度升高,或者是缩口结皮、窑内结圈等原因使系统负压产生变化,甚至是风机的工作点逐渐改变。

[摘自:谢克平.新型干法水泥生产问答千例(操作篇).北京:化学工业出版社,2009.]

1.3.86　窑头正压会给窑的操作带来哪些不利

正常运转的窑,窑头罩处应该形成微负压,然而有相当一部分窑的窑头经常向窑门罩外喷熟料粉、返风,甚至喷火。因为此状态尚未影响窑的运行,仍可生产出产量尚可的熟料,因此不被重视。实际上这是一种相当不良的运行状态。

（1）窑头呈正压,说明窑内气流影响了火焰向窑尾方向的伸展,影响窑内火焰形状。

（2）减少了对高温二次风进入窑内的抽力,减少了二、三次风进窑、进炉的量,不利于降低热耗。

（3）向窑外喷熟料粉,恶化现场环境,现场操作人员难以靠近观察,从操作室的屏幕上也无法判断窑内情况。

（4）威胁窑头摄像头及光电比色高温计等仪表的安全,甚至无法使用。

[摘自:谢克平.新型干法水泥生产问答千例(操作篇).北京:化学工业出版社,2009.]

1.3.87　回转窑运行中应如何进行检查与维护

回转窑在运行过程中,应该不断地巡检与维护,其中每小时的巡检项目有:

（1）检查各基础及窑体固定螺栓有无松动。

（2）检查大小齿轮啮合是否正常，连接螺栓是否松动。

（3）检查传动轴承，大小齿轮，主、辅减速机，托轮轴承（瓦）润滑油质量是否良好，油位是否正常。

（4）每小时检查一次传动部位，注意温度、压力及冷却水是否正常，有无异常声响，若出现振动、发热现象时要及时处理。

（5）每小时检查一次托轮布油情况，注意托轮表面有无划伤、磨面等，窑体出现严重的上、下窜动时，应及时调整。

（6）每小时检查一次窑体的窜动情况并如实记录，每班必须保证窑体上、下窜动两次，每次停留2 h（可用油调或水调）。

（7）托轮调整：可用压铅丝的方法来测定各组托轮轴线是否与窑筒体中心线平行，压力是否一致。当出现过大偏差时，可适当进行调整（远离窑筒体中心线，压力减小，反之则增大，在调整时应认真仔细），原则是等边三角形。

（8）筒体窜动调整：当窑筒体由于自重的作用沿轴线上滑时，可从窑旋转方向将所有托轮向同一个方向调整（通常是将顶丝松动1/3圈左右即可），切记一组托轮应调平行状态，严禁出现"八"字形状态。

（9）注意各托轮轴承（瓦）油温是否符合要求，各轴承（瓦）的温度温升不得超过40 ℃，并低于65 ℃。

（10）若托轮或轴承（瓦）发生故障，应立即停止下料，降低窑速，并向有关人员汇报。

（11）检查窑头、窑尾密封状况是否良好，运行是否安全稳定，有无异常声响，是否有漏料、滋火现象。

（12）注意检查窑体的回转平稳情况，有无异常振动，窑体表面温度一般应在350 ℃以下，最高不超过400 ℃，观察窑筒体有无"红窑"迹象。

（13）注意观察轮带与垫板之间在运转中的相对移动量，垫板焊缝有无裂纹。

（14）回转窑运转时突然停电，应开动辅助传动装置立即停止下料，降低窑速，并按停窑规程操作。

（15）回转窑正常运行时，每隔一周应断开离合器，单独启动辅助传动设施，以检查辅助传动设施是否正常，以备急用。

（16）出现掉砖红窑情况时，应立即停窑，严禁压补，并向有关领导汇报。

（17）每15 min看火一次，观察窑内温度、来料大小、物料结粒大小、窑皮状况、通风状况、燃烧器火焰有无异常、火焰是否冲刷窑皮。

1.3.88　回转窑在硅酸率高时应怎样煅烧

硅酸率高，物料耐火、不易结块、不易挂窑皮、不易长前后圈，容易出现"飞砂"，水泥强度好，一般情况下f-CaO含量较低，这是高温煅烧的结果。

回转窑在硅酸率高时煅烧的特点是：熟料立升重波动大、难控制，火色差小，煅烧难对付。在操作上要做到勤看火，控制火色均匀，火色偏中，立升重偏中，煤风微调，防止大加、大减、大变动，尽力稳定热工制度。温度低时，一次风大些，二次风小些，暂时保持较集中的火焰，使煅烧温度及时提起来。当温度提起后，用风恢复正常；温度高时，操作则相反。

如果因某种原因，硅酸率一时还不能降下来，石灰饱和系数应比正常值的低些，以适应煅烧需要。

1.3.89　回转窑在烧成温度低时应如何处理

回转窑烧成温度由正常降至低温时，火色渐暗，黑影前移，此时应及时加煤。当料由少变多时，火焰缩短，烧成带后部由亮变暗，应及早加煤，随着煤粉的增加，一次风量也应增加，以保证煤、风充分混合，燃烧迅速、完全。这时烧成带火焰略短而有力，火色比正常时亮，窑皮发白、黑影较近，熟料中细粉料增多，下冷却机时扬起的灰尘较大，出冷却机时熟料呈绿灰色，砸开后小孔较多。

如果上述温度不能稳定,继续向低温发展,应及早打小慢车,适当关小排风,保持尾温不变,火焰集中。否则,温度继续下降,火色由粉红变红,烧出的熟料细粉不断增多,翻滚不好,黑绿色的熟料结构松弛,砸开后小孔多,熟料立升重在 1200 g/L 左右。若出现这种情况,就必须打大慢车,调小排风开度,使温度升高,否则温度更低,熟料像沙子一样失去翻滚性,顺窑壁下滑,会出废品。

窑内温度烧低,除不下煤和机械影响停窑外,大多是看火工处理不当造成的。为防止这种现象发生,最主要的是加强看火操作,苦练基本功,提高技术水平。

1.3.90 回转窑在烧成温度高时应如何处理

回转窑烧成温度高,也就是烧高火(烧大火),通常可分为以下几种情况:

(1)正常情况下烧高火

这时烧成带温度由正常向高温发展,火色渐亮,黑影后退,来料减少,此时应减煤,否则温度继续升高,烧成带后部变白,火色发亮,顺窑壁提起后翻滚得特别灵活,几乎全是大小不均的颗粒,下冷却机时扬起的灰尘很少,出冷却机后,熟料表面光滑,砸开看时,晶体闪亮,组织紧密,小孔很少。发生这种情况时,应较多地减煤,不然温度更高,火焰变得短而发"死",煤粉燃烧特别快,窑皮微融,白光刺眼,料子发黏,呈片状剥落,块更大,同时尾温升高,这就叫烧大火。

(2)料少时烧高火

料层薄,火色发亮,结粒较粗,火焰长,熟料立升重高,应减煤和减小一次风量。

(3)烧憋火时烧高

火焰短、发光,黑影近,结粒粗料发黏,应适当减煤和增大排风、拉长火焰,必要时应打小慢窑。若温度继续升高,熟料就会由块状变成半液体的黏状物,像一团稠浆,失去翻滚性,火焰发"死",白光刺眼,形成"烧流"。这时窑内异常清晰,就是生料不多,看着也总是向前涌来,初看火的人,往往不敢减煤,恐怕生料冲过来,甚至还加煤,会有烧红窑的危险。遇此情况,应立即短时间停煤,用冷风吹,待黏液完全变成大块,火色不刺眼,窑皮颜色基本正常后再送煤。由于停煤时间长,尾温一定大幅度下降,这时应以控制烧成带温度为主,适当兼顾窑尾温度,待烧成温度接近正常时,适当增大排风,恢复正常的尾温。

要特别注意的是:来料时应逐渐加煤,不可操之过急以免加煤过快,产生二次烧流。

能看到把料烧融的大火,可及时处理,损害较小。最危险的情况是火焰较长,料较少,难以判断融熔部分,火色不亮,熟料块大,往往认为是料好烧,若不及时处理,长时间煅烧(1～2 h)会把窑烧坏。如果是新砖挂窑皮,烧流的熟料中 Al_2O_3 约增加 1%,这是烧掉的砖中 Al_2O_3 掺入的。

1.3.91 回转窑在石灰饱和系数高或低时应怎样煅烧

石灰饱和系数高,通常氧化钙含量多,熔媒矿物少,物料熔点温度相应提高,在正常温度下不能形成足够的液相量,物料反应不完全,熟料中残留的 f-CaO 含量多。要想使物料反应好、f-CaO 含量少,必须加大用煤量,提高烧成带的火力。这种物料的特点是:耐火,结粒细小均匀,立升重易高,很少起块,温度降低后很难烧,起火慢,温度不易提起。操作上可采取如下措施:控制尾温适当偏高,加强物料预烧;烧成火力偏高些,使火色带亮,结粒均匀细小;煤管可伸进些,一、二次风量偏大些,尽力避免顶烧;温度低时早打小慢车,避免温度低后很难烧起来。

石灰饱和系数低,相对的熔媒成分多,物料熔点低,好烧不耐火,易起块、易结圈。在操作上应做到:用煤量比正常情况偏少,加(减)煤要勤,每次调整幅度要小,煤管适当退出,一、二次风量比正常情况适当小些,火色保持较亮,立升重控制中下线,及时打小慢车,抓住黑影不顶烧,尾温比正常控制低 5 ℃ 左右,防止预烧过好、结大块。

1.3.92　入窑生料石灰饱和系数过低时的操作

（1）主要现象

① 各级旋风筒出口温度升高，其升温顺序按生料运动方向依次为 C_5 筒→C_4 筒→C_3 筒→C_2 筒→C_1 筒。

② 分解炉出口温度升高，在分解炉系统中分解炉出口最早升温。开始升温时间较 C_4 筒出口稍晚，但升温速度比其他部位要快。

③ 预热器后风管、高温风机进风口、增湿塔进风口、电收尘器进风口及主排风机进风口温度升高，但升温速度较慢。

④ 窑尾温度升高。

⑤ 窑电机电流增加。

⑥ 其他参数无明显变化。

（2）处理步骤

① 减少分解炉喷煤量，即选择"减煤"，再选择"减少 500 kg/h"。

② 减少窑头喷煤量，即选择"减煤"，再选择"减少 50 kg/h"。

③ 主排风机进口阀门开度减小，即选择"减小"，再选择"减小 5%"。

④ 通知有关部门检查生料配料系统或调整生料配比。

（3）分析与讨论

① 本故障为调节性故障。

② 因生料石灰饱和系数过低，造成吸热量少、料易烧、系统温度升高。

③ 操作人员要根据温度变化准确判断、及时处理，防止温度升得太高，出现质量事故，甚至造成设备损坏。

④ 在日常生产过程中，入预热器生料中的 CaO 含量波动控制范围为 ±3%（$CaCO_3$ 含量波动控制范围为 ±5%）。以入预热器生料中的 $CaCO_3$ 含量减少 5% 计算，则由于生料石灰饱和系数过低，所减少的 $CaCO_3$ 分解需要减少的燃料量为

$$M = M_1 \cdot H/Q = G_3 \cdot \& \cdot H/Q$$
$$= 130 \times 1000 \times 5\% \times 1655/21000$$
$$= 512(kg/h) \quad （取 500 \ kg/h）$$

式中　M——由于生料石灰饱和系数过低而需要减少的燃料量（kg/h）；

　　　M_1——由于生料石灰饱和系数过低，导致入预热器生料中的 $CaCO_3$ 减少量（kg/h）；

　　　G_3——生料喂料量（kg/h）；

　　　$\&$——生料 $CaCO_3$ 含量变化量（%）；

　　　H——$CaCO_3$ 分解反应热效应（取 1655 kJ/kg）；

　　　Q——燃料收到基低位发热量（取 21000 kJ/kg 煤）。

其中

$$M_1 = G_3 \cdot \&$$

⑤ 在减煤、风过程中，应根据温度变化循序渐进，一次调节幅度不应过大，避免引起较大波动。

1.3.93　入窑生料石灰饱和系数过高时的操作

（1）主要现象

① 各级旋风筒出口温度降低，其降温顺序按生料运动方向依次为 C_5 筒→C_4 筒→C_3 筒→C_2 筒→

C_1 筒。

② 分解炉出口温度降低。分解炉系统中分解炉中部最早开始降温,开始降温时间较 C_4 筒出口稍晚,但降温速度较其他部位要快。

③ 预热器后风管、高温风机进风口、增湿塔进风口、电收尘器进风口及主排风机进风口温度降低,但降温速度较慢。

④ 窑尾温度降低。

⑤ 其他参数无明显变化。

（2）处理步骤

① 增加分解炉喷煤量,即选择"增煤",再选择"增加 500 kg/h"。

② 增加窑头喷煤量,即选择"增煤",再选择"增加 50 kg/h"。

③ 降低窑速。

④ 主排风机进口阀门开度增大 5%,即选择"增大",再选择"增大 5%"。

⑤ 通知有关部门检查配料系统,调整生料配比。

（3）分析与讨论

① 本故障为调节性故障。

② 因生料石灰饱和系数过高,造成吸热量多,料难烧,系统温度降低。

③ 操作人员要根据温度变化,准确判断、及时处理,防止温度降得太低出现质量事故,甚至被迫停窑。

④ 在日常生产过程中,入预热器生料中的 CaO 含量波动控制范围为 $\pm 3\%$(或 $CaCO_3$ 含量波动控制范围为 5%)。以入预热器生料中的 $CaCO_3$ 含量增加 5% 计算,导致生料石灰饱和系数过高,所增加的 $CaCO_3$ 分解需要增加的燃料量为

$$M = M_1 \cdot H/Q = G_3 \cdot \& \cdot H/Q$$
$$= 130 \times 1000 \times 5\% \times 1655/21000$$
$$= 512(kg/h) \quad (取 500 \ kg/h)$$

式中　M——由于生料石灰饱和系数过高而需要增加的燃料量(kg/h);

　　　M_1——由于生料石灰饱和系数过高,导致入预热器生料中的 $CaCO_3$ 增加量(kg/h);

　　　G_3——生料喂料量(kg/h);

　　　$\&$——生料中的 $CaCO_3$ 含量变化量(%);

　　　H——$CaCO_3$ 分解反应热效应(取 1655 kJ/kgCaCO₃);

　　　Q——燃料收到基低位发热量(取 21000 kJ/kg 煤)。

其中

$$M_1 = G_3 \cdot \&$$

⑤ 在加煤、风过程中,应根据温度变化循序渐进,一次调节幅度不应过大,避免引起较大波动。

1.3.94　回转窑主电机电流增大或减小是何原因,应如何处理

（1）窑内煅烧状态改变

在回转窑系统设备运转正常的情况下窑主电机电流发生变化主要是由于窑内的煅烧状况发生了变化。物料在窑内的运动状态:首先预热的生料进入窑内进行固相反应,其间物料中没有产生液相运动状态,只是滑动;当物料在窑内充分反应进入烧成带后,物料中产生大量的液相,已有部分结粒,随之窑皮也渐渐形成,物料的运动状态转变为滚动,滑动摩擦和滚动摩擦对窑体产生的动能大不一样,滚动摩擦产生的动能远大于滑动摩擦所产生的动能。窑内煅烧状况越好,物料结粒越大,所产生的滚动摩擦动能越大,窑体的负载越大,主电机电流随之增大。此外,当窑内窑皮过长、过厚,窑内结前圈、后圈,结大料球等,都

会使窑的负载增大,使主电机电流增大。

（2）生料成分不当

当生料配料不当或生料成分波动,生料中的氧化铁含量或其他熔剂矿物含量过多时,导致物料中液相过早形成,窑内窑皮过长,使窑的负载增大,从而使主机电流增大。此时应合理控制前温,如果因窑内通风过大造成窑皮过长,应减小窑内通风,以控制火焰长度来达到合理的窑皮长度;若受到生料成分的影响,应调整生料成分或调整喷煤管在窑内的位置和降低物料的预分解程度,同时加快回转窑转速,以降低物料在窑内液相的过早形成。

（3）窑内结后圈

当窑内有后圈时,物料在窑内的运动速度发生变化,使进入烧成带的物料量大幅波动,当物料由后圈处大量涌入烧成带时,因物料过多得不到充分的吸热而使物料结粒细小,从而使窑的主机电流减小;之后窑内物料减少,物料的温度、结粒又趋于正常,因而主机电流又有增大趋势,此种状况反复进行造成窑主机电流呈正弦波动。针对此种状况应及时处理后圈,可采用冷热交替法煅烧或多次大幅度移动喷煤管来处理。

（4）窑内结大料球

当窑内有大料球时,窑的主机电流会出现不同程度的增大。窑内出现大料球主要是由生料成分造成的。大料球出现的同时窑内物料的结粒也有所偏大,判断窑内是否有大料球,可先观察窑内的通风状况,因为不同大小的料球会不同程度地影响窑内的通风状况;观察窑主机电流是否有增大的趋势;观察窑内物料结粒是否偏大。站在窑平台上听到窑内有异常声响,通过以上的观察大致可以判断出窑内是否有大料球。如果确认窑内有大料球应及时采取措施防止大料球多次出现,并调整窑况将大料球放出窑内,以避免大料球长时间在窑内损坏窑衬。

（5）窑皮塌落

当窑内的窑皮大量塌落时,窑主机电流会大幅变化。

当窑内掉窑皮时窑的功率瞬间上升,继而呈下降趋势,甚至下降至掉窑皮前的功率值以下,则窑皮脱落较大(厚)时恢复较慢;反之则较快。当窑皮脱落时,其功率曲线呈不断波动的轨迹;恢复后,窑皮渐趋均匀,功率曲线轨迹窄且波动小。脱落的窑皮较大时,窑转动时窑皮和物料同时带起,由于块大,带起得较高,所以功率有瞬间升高的迹象;待窑皮摔成小块后,连同物料一起向前滚动,由于这些物料绝大多数是粉状的,被窑带起的高度就会降低,功率表现为下降趋势。窑皮较小时,这种现象不明显。

出现掉窑皮时,及时增加窑头喂煤量(系统工艺状况较好),待功率恢复正常后,再减至原来设定值。其余参数一般情况下没必要动,窑皮脱落严重可暂时降低窑速以加快恢复。窑内不换砖停窑时,在重新点火投料的两三天内,窑皮脱落得较多,操作中应多加注意。生产中应特别注意的是:窑内掉窑皮后应及时观察窑筒体的温度变化状况,大多数的红窑都是发生在这种情况下。

（6）窑皮厚薄不均

窑内窑皮过厚且不均或有瘤状结皮,同样会导致窑功率的大幅波动。产生波动的原因主要是窑内结皮不均,导致窑的转矩不均,当瘤状结皮与翻滚物料相对(经过窑中心线呈直线)时,窑主机消耗功率最小,曲线上出现最低值。如果是窑皮厚且不均,结皮挡住了后面大部分物料,延长了物料停留时间,造成结大块,变相地增加了窑的填充率,也会出现功率增大的电流曲线。如果窑皮厚而均匀,此时窑的功率较大,但轨迹较窄,电流波动也小。值得提出的是,如果设备阻力不均或窑筒体变形等,窑的功率也会出现这种轨迹。所以,出现这种情况时应从多方面考虑,最好与有关人员配合查找原因。

如果设备没有问题,多半是喷煤管位置不当,如果煤嘴中心偏向翻滚的物料一侧,前部物料的热交换效率提高,物料会更黏些,致使烧成带窑皮挂得很厚,并且使后部物料液相出现得也相对过早,导致窑皮长且不均。所以,应及时调整喷煤管的位置。

（7）窑温变化

窑内温度对窑功率有较大影响,如果窑的转速不变,喂料量一定,而回转窑又不是处在挂窑皮阶段,但窑的功率却在缓慢上升,熟料 f-CaO 含量偏低,此时就可以判断窑内温度高。由于窑内温度高,使得物料黏度增加,这就导致物料被带起的高度增加,物料滚动不灵活甚至结大块,增加了窑的转矩,并且会使得物料过早出现液相,导致窑内窑皮过长,从而导致窑功率不断上升。

窑内温度低、预热系统预烧差、系统大量塌料,从而导致窑内物料结粒差、物料黏度小,被窑体带起的高度低,物料翻滚灵活,使窑的功率下降。

(8)回转窑设备原因

正常生产过程中,回转窑传动装置、支承装置、密封装置都会因某些原因不同程度地造成主机电流增大,其中支承装置(托轮)最易造成主机电流增大。由于托轮在安装过程中的装配不合理造成使用中托轮的振动、烧瓦,以及正常生产过程中托轮瓦的缺油造成烧瓦等,都会使主机电流大幅增高。

1.3.95 用窑主电机电流判断烧成温度时要注意什么

对于预分解窑,窑主电机电流在很大程度上能灵敏地反映烧成带温度。因为物料随窑旋转带起的高度是与其黏度相关的,当烧成温度高时,物料的黏度在一定范围内与烧成温度成正比,所以生料黏度变大,被窑带上的高度增加,则窑主电机的负荷增加,窑电流显示增大。因此,在其他因素不变的情况下,主电机电流大时表明烧成带温度较高。

但是,超过某个范围时这种关系就要改变。如温度过高,熟料成液相,主电机电流反而会变小,此时如果认为窑内烧成温度低,继续加煤就会造成重大事故。

更为重要的是,窑的主电机电流还受其他因素的影响,在窑的运行中,操作人员很难将各种因素的变动都考虑周到。其中,窑内物料填充率的变化、窑皮长短及结圈情况都会改变窑电流数值的大小,中控室操作人员理应掌握这些工艺变化,但当机械传动阻力变化造成电流波动时,操作员就很难掌握清楚。

[摘自:谢克平.新型干法水泥生产问答千例(操作篇).北京:化学工业出版社,2009.]

1.3.96 调节控制预分解窑系统应遵守什么原则

从悬浮预热窑及预分解窑生产的客观规律可以看出,均衡稳定运转是悬浮预热窑及预分解窑生产状况良好的重要标志。运转不能均衡稳定,调节控制变化频繁,甚至出现恶性的"周期循环",是窑系统生产效率低、工艺和操作混乱的表现。因此,调节控制的目的就在于使窑系统经常保持最佳的热工制度,实现窑持续、均衡、稳定地运转。

对水泥窑的调节控制,概括地说,往往有两种不同的方法。

第一种方法是将烧成带温度作为调节控制的主要依据。通过对风、煤(或其他燃料)、料以及窑速等的调节,来保证烧成带温度正常。这是一种不完备的调节控制方法。其缺点在于调节控制只注意烧成带温度,而忽视了预烧带的状况,忽视了全窑系统的热力平衡分布,容易导致恶性的"周期循环"。

第二种方法是对全窑系统"前后兼顾",从热力平衡分布规律出发,综合平衡,力求稳定各项技术参数,做到均衡、稳定地运转。例如,当烧成带温度降低,需要增加燃料喂入量时,同时要考虑燃料能否完全燃烧,以及对窑系统各部位热力平衡分布的影响等。

在现代化水泥企业中,窑系统一般是在中央控制室集中控制、自动调节,并且同生料磨系统联合操作。窑系统各部位装有各种测量、指示、记录、自控仪器仪表,自动调节回路,有的则是用电子计算机监控。指示和可调的工艺参数有几十项,从各个工艺参数的个别角度观察,这些参数是独立存在的但是从窑系统整体观察,各个参数又是按热工制度要求按比例平衡分布的,互相联系,互为因果。因此,实际生产中,只要根据工艺规律要求,抓住关键,监控若干主要参数,便可控制生产,满足要求。采用计算机对窑系统自动控制,其输入的应用程序设计也是按此指导思想进行。

1.3.97 预分解窑煅烧中应重点监控哪些工艺参数

（1）烧成带物料温度

通常用比色高温计测量，作为监控熟料烧成情况的标志之一。由于测量上的困难，测出的烧成带物料的温度仅可作为综合判断的参考。

（2）氮氧化物（NO_x）浓度

回转窑中的 NO_x 形成与 N_2、O_2 浓度及燃烧温度有关。由于窑内 N_2 几乎不存在消耗，故仅与 O_2 浓度及烧成带温度有关，过剩空气系数大，O_2 浓度高及燃烧温度高，NO_x 生成量则多；在还原气氛中或燃烧温度较低时，NO_x 浓度则下降。此外，NO_x 的生成同 O_2 的混合方式、混合速度亦有关系。

窑系统中对 NO_x 的测量，一方面是为了控制其含量，满足环保要求；另一方面，在窑系统生产情况及过剩空气系数大致固定的情况下，窑尾废气中的 NO_x 浓度同烧成带火焰温度有密切关系，烧成带温度高，NO_x 浓度增加，反之则降低，故以 NO_x 浓度作为窑烧成带温度变化的一种控制标志，时间滞后较小，很有参考价值，故可以此连同其他参数综合判断烧成带情况。

（3）窑转动力矩

煅烧温度较高的熟料被窑壁带得较高，因而其转动力矩比煅烧较差的熟料高，故以此结合比色高温计对烧成带温度的测量结果、废气中 NO_x 浓度等参数，可对烧成带物料煅烧情况进行综合判断。但是，由于窑内掉窑皮以及喂料量变化等原因，亦会影响窑转动力矩的测量值，因此，当转动力矩与比色高温计测量值、NO_x 浓度值发生逆向变化时，必须充分考虑掉窑皮等物料变化的影响，综合权衡，做出正确判断。

（4）窑尾气体温度

窑尾气体温度同烧成带煅烧温度一起表征窑内各带热力分布状况，同最上一级旋风筒出口气体温度（或连同分解炉出口气体温度）一起表征预热器（或含分解炉）系统的热力分布状况。同时，适当的窑尾温度对于窑系统物料的均匀加热以及防止窑尾烟室、上升烟道和旋风筒因超温而发生黏结堵塞也十分重要，一般可根据需要控制在 900～1050 ℃ 之间。

（5）分解炉或最低一级旋风筒出口气体温度

在预分解窑系统中，分解炉出口或最低一级旋风筒出口气体温度，表征了物料在分解炉内的预分解状况，一般控制在 850～880 ℃。控制在这个范围，可保证物料在分解炉或预热器系统内预烧状况的稳定，从而使全窑系统热工制度稳定，对防止分解炉及预热器系统的黏结堵塞十分重要。

（6）最上一级旋风筒出口气体温度

当设有五级预热器时，一般控制在 320 ℃ 左右；设有四级预热器时，一般控制在 350 ℃ 左右。超温时，需要检查以下几种状况：生料喂料是否中断或减少；某级旋风筒或管道是否堵塞；燃料量与风量是否超过喂料量需要等，查明原因后，做出适当处理。当温度降低时，则应结合系统有无漏风及其他各级旋风筒温度状况酌情处理。

（7）窑尾、分解炉出口或预热器出口气体成分

它们是通过设置在各相应部位的气体成分自动分析装置检测的，指示着窑内、分解炉内或整个系统的燃料燃烧及通风状况。对窑系统燃料燃烧的要求是：既不能使燃料在空气不足的情况下燃烧而产生一氧化碳，又不能有过多的过剩空气，增大热耗。窑尾烟气中含氧量控制在 1.0%～1.5% 之间；分解炉出口烟气中含氧量控制在 3.0% 以下。关于含氧量和过剩空气量的百分数换算，在烟气中没有 CO 时，可用佩里、柴可顿和容克柏特里克公式算出：

$$过剩空气量 = \frac{100w(O_2)}{21 - w(O_2)} \cdot K \times 100$$

式中　$w(O_2)$——烟气中 O_2 的百分含量（%）；

　　　K——系数，烟煤取 0.96，油取 0.95，天然气取 0.90。

当烟气中 $w(O_2) < 1\%$ 时,通常烟气中含有微量CO,可用下式计算:

$$过剩空气量 = \frac{189[2w(O_2) - w(CO)]}{w(N_2) - 1.89[2w(O_2) - w(CO)]} \times 100$$

式中　$w(O_2)$——烟气中 O_2 的百分含量(%);

　　　$w(N_2)$——烟气中 N_2 的百分含量(%);

　　　$w(CO)$——烟气中 CO 的百分含量(%)。

预分解窑系统的通风状况,则是通过预热器主排风机及装在分解炉入口的二次风管上的调节风管阀门闸板进行平衡和调节。当预热器主排风机转速及入口风管阀门不变,即总排风量不变时,关小分解炉入口三次风管上的风管阀门闸板,即相应地减少了分解炉三次风供应量,增大了窑内的通风量;反之,则增大了分解炉内的三次风量,减少了窑内通风量。如果三次风管上的风管阀门闸板的开度不变,而增大或减少预热器主排风机的通风量,则窑内及分解炉内的通风量都相应地增加或减少。由此可见,预热器主排风机主要是控制全窑系统的通风状况,而分解炉入口的三次风管上的风管阀门,主要是调节窑与分解炉两者的通风比率,其调节依据,则是各相应部位的废气成分的分析结果。

在窑系统装设有电收尘器时,对分解炉或最低一级旋风筒出口及预热器出口(或电收尘器入口)的气体中的可燃气体($CO+H_2$)含量必须严加限制。因为含量过高,不仅表明窑系统燃料的不完全燃烧及热耗增大,更主要的是,在电收尘器内容易引起燃烧和爆炸。因此,当预热器出口或电收尘器入口气体中 $CO+H_2$ 含量超过 0.2% 时,则发生报警;达到允许极限 0.6% 时,电收尘器高压电源自动跳闸,以防止爆炸事故,保证生产安全。

(8) 最上一级及最下一级旋风筒出口负压

预热器各部位负压的测量,是为了监视各部位阻力,以判断生料喂料量是否正常、风机闸门是否开启、防爆风管阀门是否关闭,以及各部位有无漏风或堵塞情况。当预热器最上一级旋风筒出口负压升高时,首先要检查旋风筒是否堵塞,如属正常,则结合气体分析确定排风量是否过大,适当关小预热器主排风机闸门;当旋风筒出口负压降低时,则检查喂料是否正常,防爆风管阀门是否关闭,各级旋风筒是否漏风。如均属正常,则需结合气体分析确定排风是否足够,适当开大预热器主风机闸门。

一般来说,当发生黏结、堵塞时,其黏结、堵塞部位与预热器主排风机间的负压是在含氧量保持正常情况下有所增高,而窑与黏结、堵塞部位间的气流温度升高,黏结、堵塞的旋风筒下部物料温度及下料口处的负压均下降。由此可判断黏结、堵塞部位,并加以清除。

由于各级旋风筒之间的负压互相关联、自然平衡,故只要重点监测预热器最上一级及最下一级旋风筒的出口负压,即可了解预热器系统的情况。

(9) 最下一、二级旋风筒锥体下部负压

它表征两级旋风筒的工作状态,当旋风筒发生黏结堵塞时,锥体下部负压下降,此时需迅速采取措施加以消除。

(10) 各级旋风筒及主排风机出口的负压

在窑系统与生料磨系统联合操作时,主排风机出口处负压主要指示系统风量平衡情况。当该处负压较目标值增大或正压较目标值减小(视测量部位规定目标值而定)时,应关小收尘器的排风机闸门;反之,则开大闸门,以保持风量平衡。各级旋风筒出口负压可以反映供料量、系统漏风及各级旋风筒的堵塞情况。

(11) 收尘器入口气体温度

温度控制在规定范围,对保证收尘器设备安全及防止气体冷凝结露十分重要。收尘器一般装有自控装置,当入口气温达到最高允许值时,收尘器的高压电源自动跳闸。在生料磨系统利用预热器废气作为烘干介质时,窑、磨联合操作,收尘器入口气温有较大变化,如果预热器系统工作正常,则需检查生料磨系统及增湿塔出口气温状况。

(12) 窑速及生料喂料量

在各种类型的水泥窑系统中,一般都装有与窑速同步的定量喂料装置,以保证窑内料层厚度的稳定。

在预分解窑系统中,对生料喂料量与窑速的同步调节,有两种不同的主张:一种认为同步喂料十分必要;另一种则认为许多现代化技术装备的采用,基本上能够保证窑系统的稳定运转,因此在窑速稍有变动时,为了不影响预热器及分解炉的正常工作和防止调节控制的一系列变动,生料喂料量可不必随窑速的小范围调节而变动。在窑速变化较大时,喂料量可根据需要人工调节,所以不必装设同步调速装置。但是,不管采用哪一种主张,窑系统生产有较大变动时,两者必须同步变动。因此,无论采取哪一种调节控制方式,都必须十分重视窑系统的均衡稳定生产问题。

(13)窑头负压

窑头负压表征着窑内通风及冷却机入窑二次风之间的平衡。在正常生产情况下,一般增加预热器主排风机风量,窑头负压增大;反之减小。而在预热器主排风机排风量及其他情况不变时,增大箅冷机冷却风机鼓风量,或关小箅冷机剩余空气排风机风管阀门,都会导致窑头负压减小,甚至形成正压。正常生产中,窑头负压一般保持在-0.1~-0.05 kPa,不允许窑头形成正压,否则窑内细粒熟料飞出,会使窑头密封圈磨损,影响人身安全及环境卫生,对装设在窑头的比色高温计及看火电视摄像头等仪器仪表的正常工作及安全也很不利。因此。一般采用调节箅冷机剩余空气排风机风量的方法,控制窑头负压在规定范围之内。

(14)箅冷机一室下压力

一室下压力不仅指示箅冷机箅床阻力,亦可指示窑内烧成带温度变化。当烧成带温度下降,必然导致熟料结粒减小,使箅冷机一室料层阻力增大,在一室箅床速度不变时,一室箅床下压力必然增高。生产中,常以一室压力与箅床速度构成自动调节回路,当一室压力增高,箅床速度自动加快,以改善熟料冷却状况。

(15)窑筒体温度

窑筒体温度可以反映烧成带窑皮的分布状况,判断是否出现结圈和红窑;当筒体温度大于 350 ℃时,应采取降温措施,最大不能超过 400 ℃。

(16)熟料 f-CaO 的含量

正常情况下,熟料 f-CaO 的含量反映了烧成带的温度及熟料的煅烧状况。控制范围:$0.7\% \leqslant w$ (f-CaO)$\leqslant 1.5\%$。

(17)分解炉气体温度与五级旋风筒下料管温差

该温差反映了分解炉内的燃烧状况,一般控制在 $\Delta T = 40 \sim 50$ ℃。

(18)五级筒下料管温度

该温度反映了入窑物料分解率的高低,一般控制在 840 ℃±10 ℃。

(19)入窑物料分解率

对物料的煅烧起着决定性作用。分解率越高,熟料煅烧越容易,但分解率过高易造成 C_5 筒结皮。一般入窑分解率控制在 95% 以上。

(20)入窑物料 SO_3 含量

反映窑内的煅烧情况和系统的通风情况。入窑物料 SO_3 含量过高,说明窑内硫循环加剧,应适当控制熟料的煅烧温度;另外,还要注意燃料和原料中 SO_3 含量,避免使用 SO_3 含量过高的原料和燃料。一般入窑物料 SO_3 含量控制范围:小于 1%。

(21)分解炉与窑头燃料比

分解炉与窑头燃料比一般控制在 6:4,当其比相差悬殊时,整个系统易产生波动。

1.3.98　预分解窑异常状况调控及故障处理

预分解窑异常状况调控及故障处理办法见表 1.21。

表 1.21 预分解窑异常状况调控及故障处理办法

序号	异常问题	可能原因	表征迹象	处理方法
1	分解炉出口气体温度升高	某级旋风筒堵塞	该级负压报警,自动加煤时不明显	止料捅堵
		生料喂料量突然减少或断料	送料松动,风压指示自动记录表明	自控时找减料原因,手控时减煤
		入炉撒料装置损坏	生料入炉悬浮不好,且分解率降低	修复撒料装置
		分解炉内喂煤量手动时加量多,自控时失灵	最下级旋风筒出口温度波动	对于喂煤量,手动时减煤,自控时修理自控装置
		热电偶失灵	温度呈单向性变化	检查或更换热电偶
2	分解炉出口气体温度降低	某级旋风筒塌料	窑前返火,倒烟	塌料量小时稳住不动;量大时减料打慢窑,检查电磁阀等
		煤粉仓空或棚仓空	煤粉自动喂料机失控	吹仓、敲仓或要煤
		窑头用煤过多	自控时绞刀转速上不去	减少窑头用煤
		三次风量不足	上升烟道火花多,最上级旋风筒出口CO增多	开大三次风管阀门开度
		三次风量过大	窑内通风不良,窑尾出口CO增多	减小三次风管闸门开度
		三次风管漏风	窑内排风量减小,分解率降低	堵住漏风处
		热电偶上结皮或拔出	温度变化迟钝	清理热电偶上结皮或插入
3	上升烟道或最下级旋风筒内有大量荧光火花	三次风量过少:三次风管积料多三次风管阀门开度小	炉内加煤温度也上不去	瞬间大动三次风管阀门一次,稍开三次风管阀门
		三次风温太低	刚开窑,箅冷机熟料少	逐渐调整三次风管阀门
		三次风管漏风严重	窑内排风量不足	密闭堵漏
		煤粉过粗	窑内火焰不好,参考煤的化验数据	提高煤粉细度,并及时调整系统工况
		燃料燃烧器损坏或调整不当	窑头观察孔可见窑温或火焰不适	及时修理或更换,调节燃烧器
4	最上级旋风筒出口温度升高	喂料太少	断料或正在止料	检查断料原因,恢复送料,通过水泵控制增湿水量
		煤粉燃烧不好	从下往上数第二、三级旋风筒内有火星	提高煤粉细度,调整系统工况
		某级旋风筒内筒损坏	某两级旋风筒温差减少	更换内筒
		某级换热管道内下料撒料装置损坏	某两级旋风筒温差减少	修理撒料装置
		热电偶损坏	温度呈单向性变化	更换热电偶

续表 1.21

序号	异常问题	可能原因	表征迹象	处理方法
5	窑尾温度降低较多	预热分解系统塌料	窑前返火,倒烟	量小时稳住不动,量大时减料打慢窑
		窑内通风不足	窑前温度高,黑火头短	适当增大窑内排风
		窑后结圈	窑尾负压增大	调整煤管风量,煤管大变动时,排风配合变化,并处理后圈,同时保证窑、炉内燃料完全燃烧,消除还原气氛
		窑后形成大球	窑尾负压升高并大幅度摆动	变动排风、下料量及煤管位置让球出来,同时,调整工况保证窑炉燃料完全燃烧,消除还原气氛
		预热器部分有严重漏风	窑尾负压减少	密闭堵漏
		热电偶上结皮	温度变动迟钝	处理结皮或更换热电偶
6	窑尾温度过高	某级旋风筒堵塞	上升烟道温度不升高时可能最下级旋风筒堵塞;上升烟道温度升高时,可能上部旋风筒堵塞	止料处理堵塞
		煤质可能波动	窑内黑火头长	适当减少窑内排风及一次风量
		热电偶失灵	温度呈单向性变化	更换热电偶
		窑内拉风大	窑尾负压增加	调节风管阀门,减少窑内排风
		窑头用煤量多	窑尾气体 CO 增多	窑前减煤
7	窑尾负压增高	窑内用风量过大	三次风量过小或主排风机前负压过大	调节各处风管阀门使其成比例
		窑内结圈,窑内起大球	窑尾负压增大	参照前述处理结圈及大球
		负压表失灵	变动风管阀门无效	修理负压表
8	窑尾负压过低	分解窑缩口或上升烟道堵塞严重	窑尾温度偏低	处理缩口或上升烟道结皮
		窑内通风过小三次风管阀门开得太大总风管阀门开得太小全系统漏风严重三次风管道漏风严重	三次风管阀门负压升高主风机入口负压小最上级旋风筒出口气体温度降低	关小三次风管阀门调节总风管阀门查堵漏风
		负压管堵塞	负压表指针不动	疏通负压测量管道
9	某级旋风筒温度突然升高	上一级旋风筒堵塞	上一级压差减小	止料,处理堵塞
		断料	各级旋风筒温度均有上升	查明原因并处理
		热电偶失灵	工艺处于正常状态	检查并更换热电偶
10	三次风管阀门负压降低	负压取样点前端至炉内管道有堵塞或漏风	三次风温偏低,炉内燃料燃烧状况欠佳	查找堵塞或漏风处后处理
		三次风量过小	主排风机风管阀门或三次风管阀门开度小	调节风管阀门
		负压管堵塞	改变风管阀门开度,负压无变化	疏通负压管道

续表 1.21

序号	异常问题	可能原因	表征迹象	处理方法
11	用提升泵喂料时,在料面高度不变时产量降低	罗茨风机到提升泵之间风源不足,风管漏风	泵下风压表压力低	检查管道,堵漏,检查罗茨风机
		喷嘴逆止球损坏,或帆布坏,漏风	料面越高,产量越低	停车时更换材料配件
		窑内结圈	窑电机电流增大,窑尾负压升高	处理结圈
		计量器失灵	现场检查可发现	修理计量器
12	增湿塔出口温度升高	最上级旋风筒出口气温增高	参照序号 4 的表征迹象	增加喷嘴数量
		有喷嘴损坏,喷雾效果不良	回收生料偏湿,水压下降	更换喷嘴
		有喷嘴堵塞	水压增高	清理喷嘴
		水阀门有误开关现象	回水严重,且水压下降	检查管路与喷嘴的关系
		喷嘴数量偏少	产量增加,或加大排风后出现	增加喷嘴数量
		水泵压力不足	水泵故障	换备用水泵

1.3.99 预分解窑采用薄料快烧有何好处

预分解窑良好的煅烧制度使火焰顺畅有力、有较高的煅烧温度、物料滚动灵活、受热均匀、升温速率快,物料结粒细小、均齐、不散,不起大块。

要想提高窑的煅烧温度,可以采取以下措施:

(1) 选用热值高的燃料;

(2) 预热空气或燃料;

(3) 减少向外界散失热量。

但在实际生产过程中,这些因素在某些程度上都是相对固定的,最大程度可挖潜的一项措施是控制适当的空气过剩系数 α,当 $\alpha<1$ 时,由于化学不完全燃烧,会使煅烧温度降低;若 α 过大,则由于生成的烟气量过多而使煅烧温度降低。

采取降低窑内物料的填充率,可增大燃料燃烧的空间,使燃料充分燃烧,减少化学不完全燃烧和机械不完全燃烧的程度;另者,降低了窑内物料的填充率,减少了窑内通风阻力,保证了燃料燃烧顺畅有力,可及时将燃烧产物中的 CO_2 和 H_2O 带走,有利于提高煅烧温度。故采取"薄料快烧"的煅烧制度,即在保持投料量不变的前提下,将窑速由 2.5 r/min 提高到 3.1 r/min,可将窑内物料填充率由12%～14%降到9%左右(实测值较计算值要高)。

"薄料快烧"的煅烧制度可使物料在窑内滚动灵活,增加了物料与热气流的接触机会,增加了辐射传热的程度,加之煅烧温度的提高,使物料的升温速率大大提高,所形成的矿物晶体尺寸较小、活性高。特别要注意的是,要掌握熟料的结粒状况,使结粒细小、均齐(结粒粒径为5～15 mm),避免过大的块粒。这样可增加熟料的表面积,在冷却过程中有利于快速冷却,提高熟料强度。

1.3.100 预分解窑使用高镁原料有何危害,应采取什么措施

在水泥生产中,MgO 能够降低熟料煅烧温度,但过多的 MgO 在熟料形成过程中生成方镁石晶体,会引起水泥的安定性不良。因此,许多国家的水泥标准中规定了硅酸盐水泥或熟料中 MgO 的含量(表 1.22)。

表 1.22　不同国家水泥标准对 MgO 含量的要求

国家名称	美国	英国	德国	日本	中国
水泥或熟料 MgO 含量(%)	≤6.0	≤4.0	≤5.0	≤5.0	≤5.0

对我国大多数预分解窑水泥厂来说,所用原料 MgO 含量都比较低,但也有一些预分解窑厂使用含镁量较高的原料,不能低估高镁原料给预分解窑煅烧操作带来的危害。预分解窑采用高镁原料,通常会给煅烧操作带来如下危害:

(1)熟料液相量增大,液相黏度降低,操作中窑皮明显增长,如由正常煅烧时 15～16 m 增长到 22 m,有时甚至长达三十多米。

(2)浮窑皮厚度增加,最厚时可达到 600 mm,严重影响窑内通风。

(3)熟料结粒明显增大,粗细不均,窑内常出现大料块和结大蛋现象。

(4)窑内情况恶化,熟料的质量降低,常因大蛋和后圈而停窑,给窑的连续运转和稳定操作带来很大困难。

针对以上问题,采用高镁原料的预分解窑,在生产中应采取如下措施:

(1)严格控制生料,稳定 MgO 含量。熟料中 MgO 含量应小于 4.6%,生料中镁含量应小于 2.6%。原料进厂时应严把质量关,分采点按镁含量高低分类储存。在石灰石破碎阶段,合理搭配,使配料用石灰石中的 MgO 含量波动低,变化小。

(2)调整配料方案。预分解窑普遍采用"高硅酸率、高铝氧率、中石灰饱和系数"的配料方案。率值的控制一般为 $KH=0.90\pm0.02$,$SM=2.7\pm0.1$,$IM=1.7\pm0.1$,这一方案多数能保证熟料中硅酸盐矿物的总量,并有较大的烧结范围。但由于 MgO 含量的增加,熟料在高温带的液相量相应增加,液相黏度降低,易结大块,其作用可看作与 Fe_2O_3 相似。针对这种现象,应适当调整配料方案,即降低熟料中 Fe_2O_3 含量,同时适当降低 Al_2O_3 含量,提高 SM 和 IM 值。

(3)稳定入窑物料分解率。稳定炉温,有效地控制入窑物料分解率,可减少因 MgO 含量高而造成的结皮堵塞现象,同时可避免因入窑物料分解率过低引起的"慢窑"和"跑生",抑制厚窑皮的生长。

(4)加强操作,严格检查。使用高镁原料,C_5 筒及下料管常会发生堵塞,可在 C_5 筒下料管上增加吹堵装置,完善测压报警系统,可有效防范故障,提高窑的运转率。

(5)控制烧成带长度。预分解窑的烧成带长度,通常为窑长的 40% 左右。它的长短反映了物料在高温带的停留时间。由于高 MgO 的掺入,使物料从窑尾到烧成带的液相量相应增加,并降低了烧成带液相的黏度。烧成带增长,浮窑皮长度增加,且物料在窑内容易提前黏结成球,在烧成带形成大块,这种大块经过烧成带后,只是表面烧结,内部反应不完全,熟料结粒粗细不均,性脆、欠烧、f-CaO 含量高。在这种条件下煅烧,能促进 MgO 形成方镁石晶体,影响熟料质量。同时,在冷却机中熟料冷却不够,二、三次风温低,冷却带相应延长,使窑系统操作困难。因此,在操作中尽量加速窑头煤的燃烧,提高箅冷机物料厚度,提高二次风温,缩短烧成带和冷却带,适当降低窑尾温度,控制熟料结粒。

(6)加强熟料冷却,减少方镁石对水泥安定性的影响。

(7)在应用高镁原料时,采用高品质的烟煤是很必要的。

1.3.101　预分解窑内是否存在分解带,其长度与哪些因素有关

根据预分解窑的特点,由于碳酸钙分解反应大部分已在分解炉内完成,所以通常将窑内划分为过渡带(放热反应带)、烧成带和冷却带。但实际上入窑碳酸钙分解率不可能达到 100%,总有一部分碳酸钙未分解,所以,预分解窑内仍存在一小段分解带。入窑物料分解率的大小和窑内物料分解时间的长短,直接影响分解带的传热和长度。据资料介绍,当窑产量及直径一定时,预分解窑分解带长度与入窑物料分解率有如下关系,见表 1.23。

表 1.23 入窑物料分解率与预分解窑分解带长度的关系

分解率(%)	40～50	60～70	80	85	90	95	100
分解带长度	(6.0～6.5)D	5.0D	4.0D	(3.0～3.5)D	(2.0～2.5)D	1.6D	0

注:D 为预分解窑直径。

1.3.102 预分解窑为什么会产生黄心料

黄心料产生的原因,从理论上讲是由于煤粉燃烧不完全产生 CO,形成还原气氛,使熟料中的三价铁(Fe^{3+})还原成二价铁(Fe^{2+}),从而产生黄心料。分解窑产生还原气氛进而形成黄心料,主要原因有以下几点:

(1) 风、煤、料配合不好,系统排风不够或喂料太多。窑头喂煤多,易出现黄心料;窑尾分解炉喂煤多,易产生缩口或斜坡结皮,减少窑内通风同样易产生黄心料。

(2) 喷煤管位置调整不当,二次风量不足,内、外风的风量、风速比例不合理,风、煤混合不好。

(3) 二次风温和三次风温低,窑头温度低,黑火头长。

(4) 窑尾温度高,预热器系统温度高,造成分解炉缩口结皮,或窑尾下料斜坡积灰;窑系统内有厚窑皮、结蛋或结圈等,影响窑内通风,造成煤粉不完全燃烧。

(5) 临时止料停窑次数多,有的停窑时间长,中间吹煤补火,造成煤粉大量落在物料上不完全燃烧。

(6) 工艺和工艺设备上存在一些问题,如生料三率值波动大;工艺设备算冷机锁风阀、三风道总阀、窑尾密封圈和撒料棒等长时间失修;三风道喷煤嘴严重变形等。

(7) 煤的灰分高、发热量低、煤质差;煤的细度粗、水分大,煤粉燃烧不好。

(8) 窑尾存在还原气氛,窑头温度低,易产生疏松性黄心料;若窑头温度高,存在还原气氛,也可产生致密性黄心料。

(9) 窑尾不存在还原气氛,窑头喂煤量大,短火急烧;若存在还原气氛,则产生致密性黄心料。

(10) 生料喂料量和喂煤量大,或生料三率值控制不合理。生料喂料量大,或因生料石灰饱和系数高,为降低熟料 f-CaO 含量,势必要加大喂煤量,空气相对不足,煤粉不完全燃烧,形成还原气氛,产生黄心料。

(11) 空气压力的系统工艺参数控制不合理。在各风道和窑内通风畅通的情况下,三次风压大,拉风量多,窑内空气不足,燃料不完全燃烧,形成还原气氛,产生黄心料。

(12) 系统温度的工艺参数控制不合理。窑尾温度高时,分解炉缩口易结皮,影响窑内通风,为黄心料创造了条件。当窑前(烧成带)温度高时,火焰发亮。如因生料石灰饱和系数高、喂煤量大、内风过大、短火急烧,可产生致密性黄心料;如因生料石灰饱和系数低,温度过高,可在窑口下料口算冷机处堆"雪人"。窑前温度低时,出现黑火头,烧出的熟料中 f-CaO 含量偏高,也易出现不完全燃烧。

(13) 当算床速度快时,熟料料层薄,影响二次风温和窑前温度,易产生黄心料。

(14) 当回转窑的窑速过慢时,回转窑内物料多、填充系数大,窑内通风不良,易产生还原气氛,也不利于热传导,为黄心料创造了条件。

1.3.103 如何避免预分解窑产生黄心料

为保证窑外分解窑优质、高产、低消耗,防止黄心料的产生,在中控操作室中应做到"二平衡",即发热能力和传热能力的平衡,烧结能力和预热能力的平衡。做到"四个要点":前后兼顾、炉窑平衡、稳定热工、风煤合理,以达到长期安全运转的目的。针对产生黄心料的问题,采取下列的技术措施:

(1) 解决工艺设备中存在的问题,缓解窑尾预热器系统结皮和窑内结蛋现象,为防止窑内和窑尾系统通风不畅创造条件。如三风道喷煤嘴严重变形、三次风总阀门失灵、窑尾密封圈漏风、算冷机室漏风等。

（2）调整合理的熟料三率值，加强原（燃）料的预均化，提高出磨和入窑生料率值合格率，从工艺上为防止黄心料的产生创造条件。

（3）合理调整喷煤管的位置和内外风的比例，适当地拉长火焰，调整合理的火焰形状和位置，做到不损窑皮、不出黄心料。合理调整三风道喷煤管内外风的间隙和比例，增强风、煤配合，并适当加大一次风量，可提高煤粉燃烧速度，使火焰发散，缩短黑火头，防止煤粉不完全燃烧，避免还原气氛的出现，从本质上防止黄心料的产生。

（4）提高进煤质量，加强用煤均化管理。

（5）提高窑前温度，控制好窑尾温度，稳住窑两端及分解炉内温度，调节好通风、加煤和喂料三个主要方面，实现窑炉协调，使黄心料失去产生的环境。

1.3.104　控制窑尾温度有什么意义

在烧成系统的温度分布中，窑尾温度是能够直接观察到的重要温度参数之一。

（1）它表示窑头火焰的位置及煅烧情况好坏，如果燃料燃烧速度慢或高温点偏后，窑尾温度就会偏高。但影响燃料燃烧速度的因素很多，操作人员在控制窑头加煤量时，必须参考该参数的变化趋势。

（2）它能反映窑、炉用风量的平衡情况。窑内拉风量偏大时，窑尾温度要高。而影响窑内拉风量大的因素也有很多，比如系统拉风量加大、三次风管用风量变小、系统的结皮及漏风量少等。因此，它可以间接反映出这种状态是否正常。

（3）间接反映出生料入窑分解率的高低以及分解炉用煤量是否合理、是否燃烧完全。当入窑生料分解率偏低时，入窑生料温度也不会高，此时窑尾温度偏低；当分解炉用煤过量而燃烧不好时，窑尾温度会偏高。

（4）确保窑正常运行的重要参数。窑尾温度过高会造成垂直上升烟道结皮严重，表明窑的煅烧功能已延续到窑尾，甚至进入预热器系统内，造成预热器烧结性的堵塞。

（5）点火升温过程中窑内温度控制的主要数据，是决定能否投料的重要参数之一。

［摘自：谢克平. 新型干法水泥生产问答千例（操作篇）. 北京：化学工业出版社，2009.］

1.3.105　预分解窑烧成温度低、窑尾温度高是何原因，应如何处理

（1）产生的原因

烧成温度低，黑火头长，火焰亦长，窑皮与物料温度都低于正常温度，窑尾温度高于正常值。产生此种状况可能有如下几种原因：

① 系统风量过大或窑内风量过大。

② 煤粉质量差、含水量大、细度大，降低了煤粉的燃烧速度，产生了后燃。

③ 多风道燃烧器使用不当，各风道之间的风量调节不合理，使火焰不集中。

④ 二次风温过低，冷却机工效差。

以上诸多原因都是煤粉在烧成带没有高效燃烧造成的。

（2）调整方法

① 适当降低系统风量或加大三次风阀开度，通过增大三次风量来缓和窑内通风过大。

② 严格控制煤粉质量，煤磨出磨风温控制在 60~70 ℃，保证含水量在 1.0% 以下；对磨内研磨体进行合理的级配，使煤粉细度严格控制在 11% 以下。

③ 多风道燃烧器在使用中应根据实际情况合理调整火焰长度，使火焰活泼有力，风煤混合均匀，燃烧充分。

④ 调整合理的箅床速度及合理配置各室的风量,使冷却机的效率得到高效发挥。

1.3.106 预分解窑烧成温度高、窑尾温度低是何原因,应如何处理

(1) 产生的原因

① 燃烧器爆发力过强,火焰白亮且短。

② 煤粉质量好、灰分小、细度小、含水量小。

③ 系统风量过小或三次风量与窑内风量匹配不合理,造成窑内通风量过小。

④ 窑内有结圈或长厚窑皮影响窑内通风时,使火焰变短、窑尾温下降。

(2) 调整方法

① 合理调节多风道燃烧器各风道间的风量,如火焰温度过高、白亮且短,可适当调节内风与外风的比例,减小内风、增大外风,确保火焰形状合理。

② 不要过分地追求高质量的煤粉,只要煤粉的控制指标在合理的范围内就可以(细度不大于11%,含水率不大于1.0%),煤粉质量可根据实际情况具体调整。

③ 可增大系统风量,减小三次风阀开度,增大窑内的通风。调整合理的系统风量且平衡好三次风与窑内的通风,合理的风量配备是稳定烧成的最基本条件之一。

④ 若窑内有结圈或长厚窑皮,且伴有主机电流升高、窑尾有溢料等现象时,最直观的表现为窑内通风差,出现此状况应及时处理结圈和长厚窑皮。结圈可采用冷热交替法煅烧使结圈脱落,并适当减小喂料。长厚窑皮可采用大幅度移动喷煤管位置来控制长厚窑皮,并根据严重程度适当减小喂料量,严重时可停料,采用冷热交替法煅烧。结圈、长厚窑皮经有效处理之后,窑内通风及热工制度便可稳定。

1.3.107 预分解窑窑尾温度过高或过低是何原因,应如何调节

预分解窑窑尾温度的变化,除受煅烧温度、排风量大小影响之外,下料量也是一个重要因素。

(1) 窑尾温度变化的原因

① 窑尾温度高

a. 窑喂料量小或断料;

b. 烧成温度高;

c. 窑内通风过大;

d. 煤管位置靠里;

e. 窑速慢,窑内通风过大;

f. 物料预烧好,分解率高;

g. 仪表失灵。

② 窑尾温度低

a. 窑尾下料量过大;

b. 烧成温度低;

c. 窑内通风小;

d. 窑尾密封不好,漏风大;

e. 窑速过快,物料在窑内停留时间过短;

f. 窑内结圈或结大球,导致窑内通风量过小;

g. 物料预烧不好;

h. 仪表失灵。

（2）尾温变化的调节

当煤管位置、窑内通风量大小、窑速适宜，且又无结圈的情况下，解决窑尾温度变化应从喂料量和分解炉的温度控制入手。窑尾温度过高时，若烧成温度正常，应判断喂料量的大小，若喂料量小应及时增大喂料量，若因燃料过多造成烧成温度高时应及时减煤，加强看火操作，恢复正常烧成温度。窑尾温度低时，应从下料准确、物料预烧状况、保证烧成带温度正常等因素着手，同时，根据尾温升高或降低的程度，合理平衡风、煤、料三者之间的关系，使窑尾温度在正常的波动范围内。

1.3.108 如何正确控制窑尾温度

根据影响窑尾温度偏高或偏低的因素，可采取如下措施：

（1）正确调节燃烧器的风、煤配合与在窑内相对位置。确保煤粉燃烧完全，当改变煤的品种时，一定要根据燃烧速度重新调整火焰与一次风的配合。

（2）窑尾负压应当保持稳定，当窑内有结圈或三次风管阻力变化时，都会影响窑尾温度。另外，对增湿塔在风机前的工艺布置，增湿效果会影响窑尾负压，此时窑尾高温风机的风管阀门调整与控制，都要考虑窑尾负压对窑尾温度的影响程度。

（3）分解炉用煤量与窑头用量比例要保持在6:4，过高或过低都会引起窑尾温度改变。

（4）重视窑尾密封设施的完好及可靠性。

（5）当窑尾温度不太符合规律时，应该首先检查热电偶是否完好、正常。

［摘自：谢克平.新型干法水泥生产问答千例(操作篇).北京：化学工业出版社，2009.］

1.3.109 影响窑尾温度的因素是什么

（1）窑内的火焰形状、长度及温度，以及煤管的位置。使窑尾温度升高的情况有：火焰燃烧速度慢，烧成温度后移；煤管伸入窑内较多；多风道煤管外风的比例大、火焰偏长；窑内料少或煤粉用量偏高，甚至窑前用煤不完全燃烧，在窑尾漏风较大时，在此处二次燃烧；窑内无结圈、无大球等异常情况。

（2）窑尾的负压大小。窑尾负压除了受窑内物料及窑皮、结圈等因素影响外，还与系统排风、预热器阻力、三次风管阻力等因素有关，而这些因素还受若干子因素的影响。在窑尾负压偏低时，窑尾温度不会表现得过高。

（3）分解炉用煤高于(或低于)需要量。当比例高于60%而燃烧不完全时，未燃煤粉只有在落入窑内，或被生料夹带进窑时燃烧，会使窑尾温度升高；当比例低于60%时，不足热量要靠窑头多用煤使生料继续分解，窑尾温度偏低，窑的产量受到制约。

（4）窑尾漏风量。当窑尾处密封设施磨损后，密封效果不理想，该温度会偏低。但如果此处有不完全燃烧煤粉，遇到漏入的空气燃烧后此处温度反而升高，当窑尾配置高温废气分析仪时，此现象会明显。

（5）窑尾测温点及测温仪表的可靠性。由于窑尾环境不利于热电偶的寿命，所以准确测出窑尾温度并不容易。为了延长热电偶寿命，应该在窑尾区域内找出受高温气流或物料冲刷较小的位置作为测点，而且可以将不同测点的温度进行比照，做到心中有数。另外，当窑尾热电偶有结皮时温度偏低，需要定时采用人工清理，以反映真实温度。

［摘自：谢克平.新型干法水泥生产问答千例(操作篇).北京：化学工业出版社，2009.］

1.3.110 窑尾漏料的原因及处理措施

（1）造成窑尾漏料的原因

① 工艺操作不当对漏料的影响

从工艺上看,影响窑尾漏料的因素有窑速慢;三次风量过小,窑内通风过大,物料流速变慢,窑内填充率过大;烟室、下料舌头结皮和生料成分中铁、铝及低熔点矿物过多等。

a. 关于窑速的控制

低窑速运行会造成窑内填充率较大,厚料层操作,导致窑尾漏料。采用薄料快转的煅烧方法是水泥熟料煅烧的必要条件。有的人认为,当窑喂料量小时,就应降低窑速,但当窑已发生结圈、长厚窑皮,在进行烧圈(厚窑皮)时,尽管喂料量已减小或止料,但窑速也不宜减得过慢,应在 3.0 r/min 以上或更高,同时调整火焰向下,以利于结圈或厚窑皮的脱落。回转窑窑速越快,窑内物料填充率相应降低,窑尾不易漏料。同时,窑速提高后,减少了物料在窑皮上的再黏附,减少了窑皮厚度。经观察,在投料量不变的情况下,窑速每降低 0.2~0.3 r/min,两三个台班后窑皮就会明显增厚,所以回转窑的快转对减少窑尾漏料非常重要。

b. 窑内长厚窑皮或结圈的影响

当窑尾部件完好时,窑尾有时也存在漏料,比如略微增加窑投料量,窑尾就可能出现漏料;窑内窑皮过长、过厚,在客观上会降低窑尾端物料的最大允许填充率。所以,凡是有利于长厚窑皮及结圈的因素,都是助长窑尾漏料的条件。比如,生料成分波动的影响,由于生料与原煤灰分含量的无规律变动,会使液相量变化,无法控制用煤量,更无法使配料方案避免熔剂矿物过多,则液相提前出现,造成窑结皮、结圈、结蛋,以致窑尾漏料。如某厂石灰石中含有一定量的白云石,由于较高的 MgO 含量,使熟料最低共熔温度降低,液相提前出现,造成窑皮变长、增厚。

c. 后窑口及上升烟道结皮的影响

经多次观察发现:当清理烟室、分解炉下部结皮后,窑尾开始漏料,但在 30 min 内又恢复正常,主要原因是大量清理的结皮瞬间入窑,使得本来受窑皮过厚限制的窑尾端物料填充率更容易被突破而造成窑尾漏料。

另外,窑尾烟室及下料舌头结皮,同样会导致窑尾漏料,应勤观察、勤发现,及时清理结皮,防止窑尾漏料。

② 窑尾机械部件状态对漏料的影响

漏风不一定会漏料,但漏料一定会漏风,漏风的异常导致结皮、漏料。因此,对窑尾机械密封应该有严格的要求。

a. 窑尾密封机械及状态

窑尾密封是窑的一个重要组成部分,它位于既周向旋转又轴向窜动的窑和静止不动的烟室之间,其作用是使窑内环境和外界隔离。结构合理、性能良好的密封对于防止冷风渗入、保证系统温度、消除窑头正压及保障系统的稳定性都是极为重要的。窑尾密封的不合理造成热耗偏高,造成预热器结皮和窑内结圈。某厂的窑尾密封是气缸式密封,经常存在卡死、开缝、漏灰等现象,特别是窑尾筒体温度过高时,更是造成密封不良的重要因素,使两摩擦环贴合得不紧。当窑尾出现正压喷灰后,环境温度急剧升高,致使气缸烧坏,密封失效。

b. 窑尾下料舌头及两侧浇注料状态

停窑检查发现窑尾下料舌头烧损变短,两边的挡料浇注料烧坏。下料舌头长期处在窑尾介质温度为 1000 ℃ 左右的环境中,受高温氧化,浇注料因为无骨架的支撑而脱落。浇注料脱落后,大量的物料涌入扬料斗,大大加快了扬料斗的磨损,进而导致窑尾漏料。

c. 后窑口扬料板(舀料勺)的状态

舀料勺主要是对废气流带进勺状环的物料进行收集,当后窑口扬料板烧损及角度变形时,使其收集能力下降。如果托砖环上的耐火砖发生损坏,入窑物料就会大量进入勺状环内,当物料量远远超过舀料勺的提升量时,便会从密封件处溢出,形成窑尾漏料。

d. 筒体窜动

窑尾漏料量还和窑筒体的上下窜动有关,通常窑筒体下窜比上窜的漏料量要多。所以,密封装置的设置与安装应当考虑窑在下游状态时的效果。

③ 其他管理因素对窑尾漏料的影响

a. 各测温点测量仪表不准，显示值比实际温度偏低，据观察，特别是分解炉出口温度更加明显。由于温度测量不准确而导致配煤不准(在原煤质量较为稳定的情况下，熟料煤耗剧烈波动证明了这一点)，造成系统温度实际值偏高，窑内煤灰大量沉积，不均匀掺入熟料中，最终导致不正常工况(结圈、结蛋)的发生，以致窑尾漏料。

b. 严格控制进厂原燃料的质量均齐、稳定。加强原煤的预均化措施，并通过增加石灰石矿点与原矿点石灰石搭配使用，对因石灰石中所含白云石造成的窑尾漏料可有明显的缓解作用，适当提高熟料 KH 值后(KH＝0.90～0.93)，窑尾基本无漏料现象。

(2) 防止窑尾漏料所采取的措施

① 将熟料 f-CaO 控制目标放宽尺度[1.0%≤w(f-CaO)≤2.5%]。在窑系统操作时，窑头喂煤量不宜过多，否则煤粉在烧成带末端不完全燃烧沉积后，易造成窑皮厚度的增加。试验证明：放开 f-CaO 指标，不但不会影响熟料的安定性，而且还从客观上为操作员不要过多加煤创造了一个宽松的环境，从而避免大量煤灰不均匀掺入熟料中造成窑内结圈等。

② 加强对仪表准确性的管理。要求仪表管理人员对分解炉出口等主要测温点仪表进行检查，及时清除热电偶头部的结皮，及时更换已损坏的热电偶。

③ 改善配料。针对石灰石中含有白云石的情况，适当提高熟料 KH 值，降低 Fe_2O_3 含量。

④ 注意调节窑炉用风比例。三次风量过小，窑内通风量过大，不但使窑尾温度过高，而且窑内通风大，物料流速变慢，窑内填充率大，不利于防止窑尾漏料。为此，及时对三次风阀开度进行调节，确保窑和分解炉用风合理分配。

⑤ 为了避免有害成分的循环富集，减轻预热器和窑系统结皮、结圈的可能，将含高碱、高硫、高氯的窑尾收尘回灰，作为混合材掺入水泥中，而不掺入原料或生料中，对缓解窑内结圈等将发挥重要作用。作为回转窑的窑灰也是水泥混合材的一种，其性能介于活性混合材与非活性混合材之间，是可以用于水泥混合材的，但掺量不宜过大，一般控制在 5% 左右，不会对水泥性能构成影响。因此，在实际生产中要保证原材料质量的均齐和稳定，保证生料成分测量仪器——X-荧光分析仪的准确稳定，尽量避免有害成分的循环富集，从而生产出合格稳定的生料，根据原煤热值及灰分产率情况，及时调整生料率值控制标准，尽量减少窑内结圈、结蛋，从而避免窑尾漏料。

⑥ 提高窑尾密封装置的密封效果。在使用过程中，需经常检查窑尾密封情况，调节气缸压力，油路或气路系统如有故障，要及时排除。在正常操作条件下，气缸周围环境温度应小于 100 ℃，超过此温度的时间不能过长(主要在开窑及停窑时)，采用耐 150 ℃气缸并采取有效隔热措施，以提高适应温度的能力。同时，对窑尾采用了配重密封办法，即用钢丝绳通过滑轮将窑尾端盖拉紧并吊以配重，密封效果良好。

⑦ 利用停窑机会对窑尾下料舌头及两侧浇注料进行修复处理，这是从结构上减少和避免窑尾漏料发生的根本措施。同时，对后窑口扬料板检查更换和角度调整，对托砖环上的耐火砖及时修补。

1.3.111 预分解窑窑尾漏料的原因及采取的措施

预分解窑窑尾漏料是水泥熟料煅烧过程中的常见问题。要想避免窑尾漏料，需要分析、查找窑尾漏料的原因，提前采取预防措施，或漏料后采取一些有效的补救措施，确保回转窑的正常运行。

(1) 托料板掉落

① 托料板因使用时间过长而烧断，特别是断到根部时，斜坡物料会顺着断裂的托料板漏入窑后口外，因窑尾扬料板提升不及时而漏料，为此，企业应根据原(燃)料的特点及以往的使用周期来定期更换托料板。

② 托料板在安装时，若根部下方没有填浇注料，窑投料生产后一个月，托料板容易烧变形，被窑口挂

掉,造成斜坡上的物料漏入窑后口外。为此,在施工过程中,必须监督确认托料板下已填浇注料,一般情况下,安装托料板与填浇注料同步进行,避免托料板装好后不好支模具,影响浇注料施工质量。

（2）窑尾后圈磨透

窑尾后圈因其变形或回转窑筒体变形,造成后圈下方磨损严重,导致因其他原因漏入窑后口外的物料直接漏入窑尾。该现象比较常见,所以每次检修期间,应勤检查窑尾后圈磨损情况,及时补救。

（3）托料板角度不合适

托料板的安装角度应严格按照设计要求（与垂线的夹角为70°,见图1.18）进行安装,其角度的大小决定了烟室托料板的坡度。

坡度过高或过低,斜坡下落的物料都冲击不到窑尾1.5 m的位置,而是后移至窑口外,扬料板扬料不及时,造成窑尾漏料。

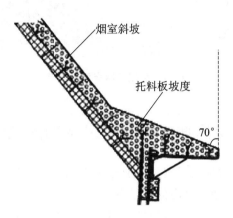

图1.18　窑尾烟室托料板安装角度示意

（4）窑尾扬料板内有浇注料

停窑检修期间,如果施工不当会造成窑尾扬料板内填充浇注料,被填充浇注料的扬料板失去了扬料的作用,因多种原因漏入窑口外的物料既不能被窑带起,也不能被风带走,积少成多,造成窑尾漏料。所以,窑尾检修施工期间为了避免扬料板内填浇注料,要事先在扬料板方格内填好干粉料或将其覆盖。

（5）窑尾结皮

入窑物料温度偏高（C_5筒下料管温度不小于900 ℃,分解炉出口温度控制不小于900 ℃）,其窑内物料分解率不小于96%,或液相量不小于27%,或原（燃）料中碱含量不小于0.6%,以上原因都会使入窑物料发黏,造成窑尾结皮严重。如果相对窑口偏低,窑内填充率偏高,就会造成窑尾漏料,这些都是可控项目。

（6）窑尾护铁磨损

窑尾护铁使用周期长、更换浇注料不及时,烧损、磨损严重,使窑后口偏低,起不到挡料的作用,造成窑尾漏料,因此要经常检查,及时更换修补。

（7）下料管与斜坡高度差不合理

若C_5筒下料管与斜坡没有高度差,则斜坡物料没有冲击力,物料冲击不到窑尾1.5 m的位置,而是后移至窑口外,扬料板扬料不及时造成窑尾漏料;反之,C_5筒下料管与斜坡高度差太大,出下料管物料易被窑风带起入分解炉,造成二次循环,增加热耗。

（8）入窑下料管口不规整

入窑下料管口因浇注料施工不规整,或是旋风筒内掉落的挂板、结皮或大块料等异物,物料不能按照正常的入窑轨迹入窑,冲击到没有托料板的位置,直接漏入窑尾,造成窑尾漏料。

（9）窑尾漏料的应急措施

出现窑尾漏料后,可以制作自动抽吸装置（图1.19）应急处理。在窑尾高温风机前废气管道上开口,增设一根ϕ180 mm管道,并在废气管道上焊 DN180 mm法兰盘。在吸料管中间增设 DN180 mm法兰盘连接,使用时连接该法兰盘,不用时连接盲板,管道另一头放在排料口处,漏料被一7500 Pa 压力自动抽吸到窑尾废气管道内,不受温度的影响,从而达到自动抽吸、清理漏料的目的。

通往窑尾废气管道的吸料管　　　废弃管道　　　吸料管中间的法兰盘

图 1.19　窑尾漏料自动抽吸装置

1.3.112　预分解窑窑尾负压增大是何原因,应如何处理

窑尾负压增大表明窑内的阻力发生了变化或通过窑内的风量发生了变化。首先应该判断窑尾负压过大是由窑内的阻力引起的,还是通过窑内的风量发生了变化。

当窑尾负压增大时,首先观察窑内的通风状况,如果窑内通风状况不能很好地判断,则应根据系统参数进行综合的判断或进行系统的检查。

(1)若窑系统主机电流较正常值有大幅升高,烧成带温度较高,尾温较正常值有所下降,熟料中 f-CaO 含量增大,高于 1.5%,窑系统工况不稳定,窑内来料不稳,产(质)量均有所下降,由此可判断窑系统阻力发生了变化,可能是窑内有大料球、后圈、长厚窑皮。一旦确认原因后应及时采取有效措施来改变系统的工况,如将大料球从窑内放出,停料处理后圈及长厚窑皮。

(2)当窑尾负压升高,判断为系统阻力发生变化时,另一个主要原因就是窑尾缩口结皮及窑尾烟室下料舌头结皮、结料。如安装空气炮可以针对结皮及时进行清理,如未安装空气炮可用镀锌管通压缩空气对结皮部位进行清理,在此过程中应视结皮的严重程度采取不同措施,如不严重可在生产过程中清理,如严重必须停料,停止窑头喂煤,将缩口人孔门打开,用镀锌管通压缩空气对结皮部位进行彻底的清理。

(3)当窑尾负压升高,若窑内通风较大,可判断为窑内风量发生变化。由于系统总风量发生变化,则导致窑系统风量发生变化,窑尾负压增大。由于入炉三次风管阀门开度过小,则导致窑内风量增大,窑尾负压增大。由于入炉三次风管管道内结料,管内衬料脱落堆积,造成三次风管阻力增大、风量减小,从而使窑内通风增大,窑尾负压升高。此种情况应及时清理管道积料。

(4)窑头忽然断煤,窑内热量大幅减小,导致窑内阻力减小,从而使窑尾负压增大。

(5)喂料量大幅增加,导致窑内阻力增大,从而使窑尾负压增大。

(6)当窑头负压过大时也会导致窑尾负压同时增大。

1.3.113　预分解窑窑尾负压减小是何原因,应如何处理

在正常情况下窑尾负压减小,应该首先判断窑尾缩口是否有结皮现象,此种结皮不同于窑尾负压增大时的缩口结皮,它是发生在取压点的上方,导致窑内风量受阻,使窑尾负压减小。

(1)当入炉三次风阀开度增大,入炉风量增大,从而导致入窑风量减小,使窑尾负压减小。

(2)生料喂料量减小,窑内料层过薄,窑内阻力减小,致使窑尾负压减小。

（3）窑速过慢，窑内的相对阻力减小，从而使窑尾负压减小。

（4）系统风量减小，使窑内的风量也相应减小，从而使窑尾负压减小。

（5）窑尾密封装置严重漏风，使通过窑尾的风量短路，造成窑尾负压减小。

1.3.114 预分解窑窑尾负压异常是何原因，应如何处理

（1）窑尾负压突然增大又突然减小，然后恢复正常，是预热器系统塌料所致。当预热器系统塌料时（分解炉以上系统塌料），某级筒物料短路直接进入下一级，且物料聚集量较大，在塌料过程中物料进入分解炉时，瞬间炉内的阻力增大，相对窑内风量增大，造成窑尾负压增大；此后物料随即进入缩口部位时，导致窑内的风量受阻，阻力增大，从而使窑尾负压减小；之后物料进入窑内，窑尾负压恢复正常。在此过程中应视系统塌料的严重程度采取相应措施，如不严重可适当加强烧成带的煅烧，便可稳定热工制度；如塌料量过大可适当降低窑速，并且加强烧成带煅烧及物料的预烧。

（2）窑尾负压波动较大。此种情况的产生主要是煤粉在窑尾产生二次燃烧（二次燃烧系指窑头燃烧不充分，在窑尾发生燃烧现象，二次燃烧不一定是明火燃烧）。形成二次燃烧的原因可能有：

① 窑头喷煤量太大或煤粉过粗，煤粉含水量过高；

② 系统风量过大，三次风管阀门开度过小，煤粉后燃。

二次燃烧可能造成上升管道 O_2 含量不足、窑尾温度过高、窑内结圈、窑内结大料球、C_4 筒和 C_5 筒及水平管道结料等异常现象，以上状况导致窑尾负压波动较大。发生此种状况时应避免窑尾产生二次燃烧，主要措施有：稳定下煤量，稳定烧成带温度，提高煤粉的质量，合理控制系统风量，使窑内与入炉风量平衡，提高系统热工制度的稳定性。

另一种原因是在检修后投料初期，窑头火焰燃烧极不稳定，造成窑尾负压波动较大，待窑系统稳定后窑尾负压便可趋于稳定。

1.3.115 预分解窑系统一氧化碳频繁超标是何原因

CO 频繁超标势必会给窑系统的安全运转带来较大威胁，而导致 CO 频繁超标的原因很多，大致有以下几点：

（1）风、煤、料三者之间没有很好地配合，导致系统中各级含氧量过低，煤粉不能完全燃烧。系统各级含氧量为：窑尾在 2%，分解炉出口在 2%～3%，C_1 筒出口在 3%～4%。

（2）喂煤的稳定性差，一旦喂煤出现大幅波动，势必会导致高浓度煤粉在某一区域内不能完全燃烧，从而产生 CO，喂煤波动越大，CO 出现超标的概率就越大。

（3）系统操作不当。窑炉喂煤量发生变化，从而使系统某处的煤粉浓度过高，产生 CO。

无论是何种原因导致的 CO 超标，归根结底都是煤粉在某一区域过量及含氧量偏低造成的。

1.3.116 为什么说预分解窑不是产量越低越好烧

窑外分解窑的分解炉、窑尾上升管道、各级预热器及其连接管道等都是按一定的气流速度设计的，以保证物料能处于悬浮状态、能随气流运动并有较高的分离效率等。在设备规格确定的情况下，各处风速取决于系统用风量和喂料量，对应于系统各处最佳风速均有一个相应的最佳喂料量。从这个意义上讲，窑的产量低于或高于这一最佳产量都不好；产量过高，会出现强制煅烧；而产量过低，则会产生下列后果。

（1）物料易在系统内堆积并在适当条件下塌落

当各处风速低时，物料易在预热器、分解炉内部的一些小平台、角度小的锥体等部位堆积，堆积到一定程度当系统风速有所变化时，积料就会失去稳定，塌入气流中。由于风速低，这些大大超过正常量的物

料不可能均匀地分散于气流中,而是在没有进行适当热交换的情况下塌入窑内并很快窜入烧成带。这一过程尽管时间短但却会严重干扰窑的热工制度,使烧成温度突然降低,熟料短期内生烧;窑内瞬间通风不畅,出现还原气氛;窑内各带的长度和部位发生变化,引起火砖、窑皮受损;放热反应带突然前移,产生后结圈等严重后果。在带有旁路放风系统的窑上,由于塌料一般都经过旁路引出口,所以塌料时还会引起旁路灰量增加、效率下降。

一般刚开窑时或因其他原因导致窑产量低时,窑况容易波动,表现为负压表上下波动频繁、窑传动电流(或扭矩)无法稳定,烧成温度忽高忽低等。这些现象均是由塌料引起的。

(2)物料分散情况不好

在预热器风管和分解炉中物料均匀地分散悬浮于气流之中,传热效率高,但如果喂料量少,系统通风量少,风速低,则各处的分散效果都不佳,从而造成系统传热效率低、易堆积和塌料。窑在低产量时热耗高,除了单位熟料的散热比例大外,另一个原因就是物料分散不好,热量没有得到充分的利用。

(3)物料易过热,预热器易堵塞

在喂料量低时,由于系统吸热少,平衡温度易升高。尤其当系统出现积料时,悬浮于热气流中的物料量少于当时与燃料平衡的量,从而物料易过热,易黏附于预热器或下料管等处形成结皮。低喂料量时为了缓解窑况波动,燃料加入量都高于正常量,所以系统就更易过热、结皮,甚至堵塞。预热器的堵塞易发生在窑低产时,原因就在于此。

所以,窑产量应有一个最佳值,它随物料的易烧性、旁路量、燃烧质量等情况而变化,应在操作中体会决定。窑在开窑加料初期应逐步增加喂料量,但应尽量避免拖长低喂料量阶段。只要很好地掌握好燃料、喂料、风量的关系,使系统达到合理的热平衡,即使是规模很大的窑,在1h之内也能加到最佳产量(有时是最高产量)。

1.3.117 如何提高预分解窑的台时产量

提高窑的台时产量是提高窑生产能力的基础,为此,应该从以下方面着手:

(1)稳定各项工艺参数是提高窑产量的前提。对于操作者来说,如果配料合理与稳定是客观条件,那么,纠正影响熟料产量波动的操作,则是主观保持窑稳定运行的关键。

(2)选择性能良好的燃烧器。通过燃烧器正确掌握火焰形状及位置,调整出优良火焰,不仅能有较高且稳定的烧成带温度,而且能控制窑皮厚度。需要强调的是,燃烧器必须配置合理的一次风机及调整方式。

(3)要重视窑炉分工。重视窑与分解炉的喂煤比例,重视二、三次风的分配平衡,依据入窑分解率及窑尾温度等参数的变化及时调整。

(4)合理掌握系统用风状况。重点关注窑尾高温风机、窑头及窑头排风机前的负压变化。

[摘自:谢克平.新型干法水泥生产问答千例(管理篇).北京:化学工业出版社,2009.]

1.3.118 如何通过技术审查找出提高台产的"瓶颈"

对于已经稳定生产的窑,应该组织全厂进行技术审查,找出影响生产线上继续提高台时产量的"瓶颈"。很多情况下是总排风的能力受限制,当然,由于分解能力不足,或是篦冷机冷却能力不足,或是熟料输送能力不足,甚至收尘能力不足等,都会使窑的能力受到限制。只有认真分析出"瓶颈",结合当前技术发展的状态,提出有解决可能性的方案,才能下决心投资,利用停车时间改造。

消除"瓶颈"是提高生产能力而采取的低成本措施。每条工艺线都会有一个或几个能力制约点,技术审查中,要对工厂的所有设备机组进行检查,判断它们的运行能力和效率是否仍符合原有设计或改造后的目标,并将实际达到的数值和正常的性能相比较。找出这些制约点之后,除了要确定低成本地排除这种制约的措施以外,还需要进一步考虑在排除原有制约之后,是否会出现新的制约,消除这些制约又需要多大成本。

在确定改进方案时,不能只停留在"额定值"或保证能力的概念上,而是要不断地吸取先进技术。当然,作为技术人员,应当具备不断提高新技术,并判断在本企业实施可行性的能力。

[摘自:谢克平.新型干法水泥生产问答千例(管理篇).北京:化学工业出版社,2009.]

1.3.119　熟料台时产量增加过大会带来什么不利影响

经常看到很多窑的增产能力已经突破原设计能力的 10% 以上,但有的企业仍然不满足现状。但过大的负荷会给企业效益带来以下负面影响:

(1)有可能提高单位熟料的热耗。原本认为产量越高越有利于降低单位热耗及电耗,当负荷超过某极限时,熟料冷却能力不足,排出温度增高(有时高达 200 ℃),箅冷机废气温度增高,一级预热器温度增高,而唯独二次风温降低。如果是在这种状态下提高台产,热耗肯定增加;如果计算经济效益,这种产量增加绝对得不偿失。

(2)降低设备的运转率。生产线上不少设备是在超负荷状态下运转的,配件寿命及承受能力都会有极限,导致液压缸容易漏油、输送链条容易断等事故。

[摘自:谢克平.新型干法水泥生产问答千例(管理篇).北京:化学工业出版社,2009.]

1.3.120　影响熟料产量波动的原因是什么

人们会发现,窑的喂料量等各项操作参数没有改变,从窑出来的熟料量却很难恒定,成为二次风温不稳定的原因之一,因此,有必要找出原因予以消除。

(1)因煤质变化而改变用煤量,使灰分掺入量变化;煤粉仓内煤粉不均匀,引起喂煤量自身跳动,这种现象在煤磨停机后往往发生得更为频繁。

(2)生料库的出料不稳定,表现为入窑提升机电流的波动;有的工艺线会将窑尾收尘灰带到入窑提升机中,以及生料磨开停对窑尾烟道灰的改变。

(3)熟料烧成温度与烧成位置的变化,包括燃烧器位置的变化。

(4)窑内窑皮、结圈的脱落与生长;预热器内结皮或小塌料。

(5)系统用风的变化,特别是当窑尾风机布置在窑尾增湿塔之后时,增湿温度的控制变化会改变系统风压,尤其是当增湿采用高压泵而又无法自动控制时。

(6)窑速变化会改变出窑的熟料量,所以要稳定窑速。

上述现象不会出现在每条生产线,需要逐一分析,加以改善。

[摘自:谢克平.新型干法水泥生产问答千例(管理篇).北京:化学工业出版社,2009.]

1.3.121　如何提高窑的生产能力

管理与操作中应该明确提高窑产量的正确思路:

(1)稳定原料与燃料成分,稳定配料,为窑的稳定运行创造基本前提。

(2)提高窑的运转率。除了要有防止预热器堵塞、缩口结皮、窑内结圈、箅冷机内堆"雪人"等工艺故障产生的措施外,一定要保证设备可靠安全地运转,延长窑衬的运转周期,减少开停车次数等,这些都是提高运转率的措施,可增加总产量。

(3)降低每千克熟料所需要的热量,即降低了每千克熟料所需要的喂煤量,同时相应降低了燃料燃烧所需要的空气量。这就意味着,在窑的单位容积热负荷不变的情况下,同一台窑可以用相同的燃料及空气煅烧出更多熟料,而且总排风的能力也有了提高。

(4) 制定质量指标应该从综合经济效益考虑,如生料入窑分解率不要高于 95％,熟料 f-CaO 含量不要低于 0.5％。

(5) 提高台时产量。

(6) 科学计量熟料产量。

(7) 找出提高窑产量的"瓶颈",并予以解决。

[摘自:谢克平.新型干法水泥生产问答千例(管理篇).北京:化学工业出版社,2009.]

1.3.122 哪些因素会影响出窑熟料量的改变

生产中经常会看到,即使操作中未对喂料量作过调整,但出窑的熟料量也并不稳定,可能有以下几个原因:

(1) 窑速的改变。窑速由慢变快时,窑内料层变薄,窑内瞬时出来的熟料增加;反之,在减慢窑速时,出窑的熟料量会减少。

(2) 窑皮长落的影响。由于窑内的热工制度不稳定或生料成分改变,都会使原有的窑皮脱落,或又在窑内长出新的窑皮。长窑皮时,熟料量会相对变少,而掉窑皮时,熟料量就会增加。

(3) 系统用风量的改变。系统用风量变大时,生料随废气逸出的量会增大,熟料量会变小。

(4) 用煤量的增加,使加入熟料的灰分量变大,熟料量增加。

(5) 生料库下料不稳定,如下料小仓松动、风压不足,所用压缩风内含水、油过多,喂料秤不稳定,都会直接影响入窑量的波动,若有收尘灰直接入窑,则会增加不稳定因素。

出窑熟料量的变化势必会影响算冷机状态的稳定,影响二、三次风的稳定,继而使窑的煅烧温度波动。由此可以看出,要使窑的运行稳定,不只是喂料量稳定,各种因素都要稳定,并且对将会引起波动的因素有预知能力,提前采取措施予以抑制这种波动。

[摘自:谢克平.新型干法水泥生产问答千例(操作篇).北京:化学工业出版社,2009.]

1.3.123 为何要控制回转窑的快转率在 85％以上

窑速达到什么程度算快转?各种窑的条件和基数不同,规定也不一样。

回转窑的煅烧是否正常,其基本标志就是看窑的快转率能否达到 85％以上。提高快转率必须建立在保证质量的基础上。在保证质量的前提下,快转率达到 85％以上说明窑内热工制度很稳定,操作参数波动不大,窑生产正常。

当快转率能经常保持在 85％以上时,可以考虑适当增加下料量来提高产量。有时快转率低,窑速波动大,经过扭转不见成效时,就要有意识地减少下料量,稳定热工制度,提高快转率。由此可知,快转率也是决定增减下料量的依据之一。

1.3.124 影响带单筒冷却机旋窑二次风温的因素有哪些

某厂 600 t/d 五级旋风预热器回转窑生产线,采用 φ3.2 m×36 m 的单筒冷却机冷却熟料。由于要改用无烟煤作为窑用燃料进行煅烧,需提高二次风温。为了使二次风温达到 800 ℃以上,保证无烟煤煅烧的顺利实现,该员工对二次风温进行了观察研究,发现了影响二次风温的一些因素。

(1) 熟料带来的热量

这是影响二次风温的一个主要因素。熟料的热量高,与冷空气进行热交换的热量就多,热交换后的二次风温就高。影响熟料热量的因素有以下几个方面。

① 进入冷却机的熟料量

这是影响熟料热量的重要因素之一。即使窑产量达到设计产量的 80%～90%,熟料波动 3～5 t/h 时,二次风温也会波动 100～200 ℃。熟料量也受生料喂料量和窑速的影响。

生料喂料量的大小直接影响到进单筒冷却机熟料量的大小。生料喂料量大于 40 t/h 时,二次风温则可达到 800 ℃以上。另外,要保证二次风温稳定,必须保证生料喂料量的稳定。窑速提高,进入单筒冷却机的熟料量增加;反之,则减小。当生料喂料量不变,单独提高窑速时,在短时间内也可提高二次风温。

② 喂煤量

喂煤量大小与熟料的热量、温度有直接关系。当喂煤量增大,一般情况下窑头烟气温度升高,并使熟料温度升高。在煤质不发生变化的情况下,喂煤量达设计值的 80%～90%时,喂煤量改变 0.5 t,则二次风温变化达 100 ℃左右。

③ 窑头窜生料

当操作不当导致窑况恶化窜生料时,生料带入单筒冷却机的热量就少,导致二次风温降低,严重时可迅速降低 100～200 ℃。

④ 使用窑头热风作为煤磨的热源

当煤磨开机,二次风温一般会降低 30～50 ℃。抽用窑头热风后,窑头的烟气热量必然减少,这势必会影响熟料温度,最终导致二次风温降低。

(2) 单筒冷却机的热效率

单筒冷却机的热效率也是影响二次风温的主要因素之一。熟料的热量高,并不能保证二次风温高,必须使冷空气与熟料进行充分的热交换才能提高二次风温。影响单筒冷却机热交换效率的因素有以下几个方面。

① 单筒冷却机的扬料机构

扬料机构必须保证熟料能被充分扬起,并形成料幕。该厂的单筒冷却机内设有扬料斗和弧形扬料板,能较好地保证冷空气与熟料的热交换效率。

② 单筒冷却机的转速

单筒冷却机转速太高,熟料还未充分进行热交换就被转出单筒冷却机外,使热交换效率降低。转速太低,熟料被带起的高度不够,不能充分撒开,热交换效率也不好。单筒冷却机的转速必须与窑转速以及熟料产量相对应。

③ 漏风

漏风将严重影响二次风温。特别是窑头罩、窑与单筒冷却机连接处的下料溜子和单筒冷却机头部发生漏风时,将使较多冷空气直接进入窑头,而从单筒冷却机出口处抽入的冷空气将减少,造成二次风温降低。此外,单筒冷却机出口处的漏风也是不可忽略的一个部位。当从此处抽入过多的冷空气时,虽然冷空气与熟料进行很好的热交换,但由于冷空气量过多,也会造成二次风温过低。当然,冷空气量也不能太少,否则会造成熟料冷却不够而出现红料,以及煤粉不完全燃烧,而且使窑头罩等其他部位漏风更严重。为防止从单筒冷却机出口处抽入过多的冷空气,将出口处用门封闭起来。在窑产量较低的情况下,没有出现异常现象。但当生料喂料量达 40 t/h 以上时,发现单筒冷却机中、后部出现红料现象,而且把门打开后,二次风温会上升 50 ℃左右。

1.3.125 怎样看回转窑熟料分析结果

每个台班做一次熟料全分析,其结果要通报看火工,以便分析煅烧中物料存在的问题,及时采取相应措施,同时,该结果为工程技术人员提供参考,为配料人员提供改变配料的依据。该结果熟料化学成分全分析见表 1.24。

表 1.24　熟料化学成分全分析

名称	SiO_2	Al_2O_3	Fe_2O_3	CaO	MgO		合计
成分(%)	23.98	4.89	3.65	65.30	1.01		98.83
名称	KH	SM	IM	C_3S	C_2S	C_3A	C_4AF	f-CaO
成分(%)	0.833	2.81	1.34	43.28	36.09	6.76	11.13	0.59

看熟料全分析结果时,一要看三率值(KH、SM、IM)是否在要求的范围内;二要看熟料中 C_3S+C_2S 含量是否大于 73%,C_3A+C_4AF 含量是否为 20%～22%;三要看 MgO 含量是否超出范围,如超出范围,就是废品,不能直接粉磨出厂,只能与低 MgO 熟料搭配合格后才能粉磨出厂;四要看熟料化学组分及矿物含量,以便分析煅烧难易的影响因素。由上表可见,C_3A+C_4AF 只有 17.89%,KH 值为 0.833,均太低,而 SM 值高达 2.81。该熟料化学成分波动太大,煅烧中因熔煤成分含量过少,结粒困难,易出现"飞砂",熟料标号也不会高。若出现这种情况,建议提高 KH 值和熔媒矿物含量,增加铁元素含量,降低 SM 值,减少 SiO_2 含量,使配料达到要求。

1.3.126　白水泥回转窑应如何采取看火操作

白水泥回转窑的熟料煅烧温度要求高于普通水泥熟料煅烧温度。其主要目的是弥补白水泥生料成分中 Fe_2O_3 极少等因素,促进其最终的 C_3S 矿物的形成量。同时,也提高出窑熟料温度,增加熟料的洒水漂白效果,为此,吴庆加根据多年的生产实践提供了如下的看火操作经验,可供同行借鉴。

(1)增加一次风的风速、风量

煅烧白水泥熟料的回转窑基本没有二次风,增加一次风风速与风量能增加其燃烧速度。如 $\phi(1.9/1.6)$ m×39 m 回转窑一次风量在 3000～6000 m^3/h,风压为 33～40 Pa,均高于普通水泥回转窑。使煅烧火焰变得短而集中,烧成带向窑头移,缩短了冷却带,烧成温度的提高增强了该带的热交换效率,对白水泥熟料中 C_3S 矿物的形成极为有利。从整个窑系统热工参数来看,由于烧成温度的提高使整个窑的温度均有所提高,与同类型的窑相比白水泥窑的煅烧温度一般比普通水泥高出 100 ℃以上,窑尾废气温度高出 60～100 ℃。所以,应强调烧成带温度提高的情况下整个窑温均升高,这样对预热器的生料预烧是很有益的。

(2)控制窑内负压

回转窑窑尾端设有一个负压测点,通过差压变送器将窑尾负压直接反映到窑头操作仪表盘上,负压的变化也就显示着窑内气流速度的变化。窑内气流速度控制是煅烧好窑的重要因素之一。

若流速过快,喷入窑内的燃料未能充分燃烧就被抽至窑尾端或烟室,若烟室燃烧温度很高,不仅对煅烧工艺不利,使烧成带温度不高,影响窑的正常热工制度,而且热损失大,熟料产量不高,熟料质量随之下降。当烟室温度过高时对其烟室的结构造成影响,烟室内外墙及积灰斗可出现裂缝,严重时会造成烟室拱顶的倒塌。若流速过慢,看火时能感觉到窑内发暗而浑浊,增加煤粉量不能提高烧成带温度,分解带产生的大量废气不能畅通排出去,氧气进不去,煤粉燃烧缓慢,火焰温度低,一次风与燃料的增加只能恶化窑内煅烧气氛,而减煤与减一次风给煅烧带来的后果是减料,使窑不能发挥正常生产效率。流速控制较适当时,火焰不伸长,窑内清晰尚可,火焰燃烧速度增加而且明亮及温度高,整个窑系统温度就较正常。此时烧成带需要较多的来料与此温度平衡,烧成带温度较高,产量就高,质量就好,窑的效率发挥就佳,这就是煅烧白水泥熟料的基本特点。

(3)煤圈与窑口砖

在正常煅烧白水泥熟料的回转窑中,离窑口 1～2 m 处常会结煤圈(图 1.19 所示也称前结圈)。结煤圈并非坏事,而煤圈结得适度对窑的煅烧有利。因煤粉从一次风管喷出入烧成带燃烧,而煤圈起到了保护火焰燃烧与提高火焰温度的作用,使窑头的冷风与从漂白机内上来的水汽把煤圈挡住,不能直接影响到火焰的煅烧。在窑前端结煤圈的情况下,熟料结粒均匀、整齐,因为物料在烧成带内停留较长的时间,温度又较高,得到了充分煅烧。同时,还采取了增高窑口砖高度,使冷却带料层增厚,同样也延长了熟料处在高温区的时间。冷却带料层增厚势必提高了窑口的温度,对喷入窑内的煤粉有助燃作用,加速了煤粉的燃烧,正适合其煅烧白水泥熟料的工艺要求,起到促进烧成的作用。可以发现:结煤圈时一般烧成带不易结圈,窑内煅烧气氛良好,产(质)量都较高。如设备无故障,运转率也是相当高的,这时窑处于良性循环之中。

值得注意的是,此状态下烧成带窑皮有结有落,未能控制好窑尾来料使烧成带温度太高,以致损伤窑皮及内衬,出现烧熔、露砖等不利情况,影响窑的运转周期。要注意煤圈不能结得过高,熟料较难翻过煤圈时需对煤圈进行修整,不然也会影响其窑内熟料的正常出料。

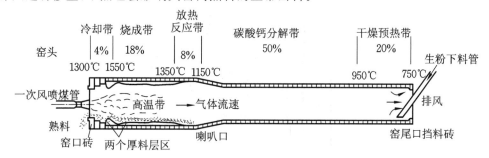

图 1.19 白水泥回转窑示意图

(4) 窑尾喂料稳定的作用

煅烧白水泥熟料的回转窑系统温度高于普通水泥窑,因此,使该类窑设有稳定的窑尾喂料装置显得尤为重要。没有稳定的喂料量,窑煅烧状况及热工参数就不能达到稳定。喂料量忽多忽少会破坏整个烧成工艺,看火工就不能正确地掌握好热工制度,这样的窑就不会处于稳定的优质高产之中。而有些窑为了维持生产采取低速、低温和低产的操作方式,这是白水泥窑生产的弊端,这种操作还可能结长窑皮及圈,妨碍窑生产能力的正常发挥。所以,对窑尾喂料系统采用能稳定喂料量的装置是一种有效而必要的工艺手段。

① 首先设计一个能稳料的工艺流程(图1.20),入窑螺旋输送机是计量调速的,它通过传感器将喂料量直接反映到窑头的仪表盘上,便于整个窑参数的控制。

② 回粉生料螺旋输送机的输送量始终大于入窑螺旋输送机的输送量。多余的生料进入回料管至生料提升机。

③ 生料仓内装有控制料位的薄膜开关报警器,可控制仓内料位,防止仓内料位波动过大引起下料端冲粉。当料仓内料面高于控制点上限时,入提升机生料回灰螺旋输送机即停止供料;当料仓内料面低于控制点下限时,入提升机螺旋输送机开始供料。

④ 生料仓底生料螺旋输送机进料口端内安装一块弧形压套,以防止料仓冲粉时直接冲入入窑螺旋输送机及生料螺旋输送机而造成堵塞。

(5) 熟料漂白洒水工艺

由于出窑熟料温度的提高,给熟料的漂白创造了一定的有利条件,温度越高则漂白效果越好。为使漂白效果得到保证,以及不让其漂白筒内水汽从下料管跑入窑内,可总结出如下几点经验:

① 窑口下料处至漂白筒距离越近,对减少熟料的热损失越有利。

② 漂白筒内的熟料应得到充分洒水,在下料管出料口开一个半圆缺口,让熟料流畅地滚入漂白筒内进行洒水冷却漂白。

③ 下料管与洒水管是以相同方向伸入漂白筒内。洒水管的位置应尽量避免水蒸气跑入下料管内上升至窑内,以免对窑的正常煅烧起到不良的影响。

④ 漂白筒出料口应设挡料砖,增加漂白筒内料层厚度对于提高熟料的洒水温度、均匀漂白都能起到较好的作用。如漂白筒内没有料层,下料管跑出的熟料将撒得较远,不能将熟料集中洒水(即部分熟料洒不到水),漂白效果将受到较大影响。

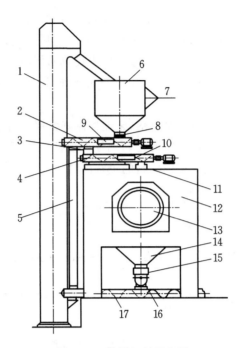

图 1.20 窑尾加料示意图

1—生料提升机;2—生料螺旋输送机;3—软接口;4—入窑螺旋输送机;5—余粉下料管;6—生料仓;
7—仓内料位器;8—卸料器;9—螺旋输送机压套;10—计量传感器;11—入窑下料管;12—烟室;
13—回转窑;14—烟室积灰斗;15—锁风器;16—烟灰螺旋输送机;17—回灰螺旋输送机

1.3.127 如何保证回转窑的长期安全运转

实践证明,要保证回转窑长期安全运转,应从下述三个方面着手:

(1) 操作方面

挂好窑皮和保护好窑皮,是保证窑长期安全运转的主要措施之一。为保护好窑皮,应该做到:

① 保持正确的火焰形状和位置,高温部分不可过度集中,火焰不应冲刷窑皮,防止顶火过烧。

② 防止局部高温,严格控制熟料颗粒细小均齐、无大块,发现大块时应及时钩出。

③ 稳定热工制度,防止形成后结圈,及时处理前结圈和后结圈。

④ 及时检查窑皮,发现窑皮薄时,应争取在本台班补挂上或调整水冷却;如果整个窑皮薄,应减少喂料量,适当降低窑速,及时调整风、煤量进行补挂;或移动喷煤管,改变火点位置。当发现由于砖薄或掉砖引起红窑时,应立即停窑换砖,禁止压补。

(2) 配料方面

应保证生料成分、含水率(湿法窑和半干法窑)及细度等稳定合理。如果生料成分不合适而不易挂窑皮时,应适当考虑改变生料成分,或在生料中掺入(或从窑头喷入)一定量铁粉进行补挂;要加强化验室人员与看火工的联系,分析结果要准确,并及时报到窑头。

(3) 设备方面

① 耐火砖的质量要好,镶砌质量要高;

② 电力要充足,各设备间生产能力要平衡;

③ 维护好设备,提高设备运转率,使各个设备的运转率能达到窑长期安全运转的要求;

④ 使用新型镁质耐火材料,延长耐火砖使用寿命;

⑤ 加强回转窑的技术管理,不断总结经验,提高窑的安全运转周期。

1.3.128 如何调整回转窑的托轮

必须仔细地对每个托轮承受的正压力、推力大小及托轮是否出现歪斜等进行全面检查,从而做出准确判断,这是调整好托轮的关键。具体判断方法是:托轮正压力大小用轮带与托轮接触面的光泽度来识别,接触面发亮的受力大,发暗的受力小。托轮推力的大小,用低端托轮轴肩推力盘的油膜厚薄来识别,轴肩推力盘油膜少且薄则推力大,油膜厚则推力小。

调整托轮必须在窑运转中进行,这样调整方便,不会引起轮带与托轮表面因操作损伤或顶丝被折断。若出现托轮轴承发热、轴承座顶斜及筒体快速上窜等不正常现象,应根据运转中的变化情况随时研究调整。调整顶丝的移动量要贯彻"以少带多"的原则,顶丝每次旋转角度控制在45°～90°,最多不超过180°。即每次移动量为1～2 mm,以防止移动量过大,引起窑的异常变化。所以要采取少量移动,以求逐步达到合适,严禁采用将托轮作变动量过大的一次调整方法。

调整托轮时,须保持轮带两边托轮中心线的总距离不变,即要求托轮上、下两端顶丝的推进数量和退出数量完全相等,以免使窑体中心线提高或下降。

调整托轮时,须保持轮带两边托轮中心线互相平行,并与筒体中心线调成一定角度。严禁将两边托轮线调成"八"字形,虽然能把筒体的窜动控制得比较稳定,但托轮给筒体的推力一个向上,一个向下,会使功率消耗增大,托轮与轮带表面磨损严重。

筒体上窜,上推力大的托轮先调。筒体临时弯曲一般不作调整,弯曲过大时可逐步调直。

若因停窑未及时翻窑并发生少量弯曲,造成一边托轮与轮带不接触时,一般无须调整,待1～2个台班后即可恢复。但若筒体弯曲过大时,每旋转一周,同一挡两个托轮一个受力过大,一个脱空,须将受力大的托轮平行外撤,要把脱空的托轮平行向里推,并在运转中注意托轮受力变化情况,逐渐把托轮调回原来的位置,从而把筒体调直。

窑速的变化引起筒体上、下窜动,一般是很微小的,可不做托轮调整。

支承装置有缺陷,如轮带表面有较大的裂纹、托轮轮辐断裂以及托轮轴承推力装置零件磨损严重或损坏时,可将其中的两个或一个托轮中心线调整到与筒体中心线平行,从而降低正压力和不受轴向推力影响,以防止缺陷恶化。

传动装置附近的托轮因位置的变化,影响筒体大小齿轮的啮合间隙,从而引起筒体的振动,一般不作调整。若需调整,应事先检查测定好大小传动齿轮的啮合间隙。

调整托轮后,应仔细观察窑的运转情况,若发现有异常情况,必要时应复位重新调整。

每次调整托轮的全部数据应详细记录,作为技术档案妥善保管,供以后调整时参考。

挡轮因上窜力过大或下窜力过大也会造成窑体负荷增大,在正常生产过程中可以让窑体在两挡轮之间上下往复运动,这样轮带与托轮之间均匀接触、均匀磨损。当窑体在某处长时间停留时,就应该及时进行调整,主要方法有油调、水调。

油调:回转窑在运转过程中,窑体处在上端时,在托轮表面适当添加黏度大的润滑油,减小轮带与托轮接触表面的摩擦系数,轮带和窑体就开始向下窜动,轮带和窑体在下窜过程中,托轮表面的润滑油在高温的影响下逐渐氧化消失,轮带与托轮表面的摩擦系数随之不断增大,使窑体的下窜速度不断降低,当轮带与窑体下窜快要碰到下挡轮时,轮带与托轮表面的油膜也完全消失,轮带和窑体在托轮的歪斜作用下又重新缓缓地向上窜动,照此循环操作,筒体就会做周期性的上下往复运动。

人工油调时,要注意控制筒体上下窜动的速度。如果筒体上下窜动的速度太快,增加了轮带与托轮、大齿轮与小齿轮接触面的相对滑动速度,其接触面就会出现滑痕。因此,理论上筒体上下窜动的速度应控制在筒体弹性下滑速度以下,筒体的上下窜动控制在每台班往复1～2次。

水调:水调与油调大体相同,托轮与轮带之间的水就是一种润滑剂,当窑体处于下端时,将水槽里的水放空,此时增大了托轮与轮带之间的摩擦系数,因而窑体在托轮的歪斜作用下缓缓上窜;反之,在水槽里放入适当的水,轮带与托轮之间摩擦系数减小,窑体下窜。无论是水调还是油调,都改变了轮带与托轮之间的摩擦系数,使窑体上下窜动。

1.3.129　如何根据回转窑传动电流特征判断窑内的煅烧情况

（1）窑传动电流轨迹平

回转窑传动电流(或扭矩)很平稳,所描绘出的轨迹很平,表明窑系统很平稳、热工制度很稳定。

（2）窑传动电流轨迹细

窑传动电流(或扭矩)所描绘出的轨迹很细,说明窑内窑皮平整,或虽不平整,但在窑转动过程中所施加给窑的扭矩是平衡的。

（3）窑传动电流轨迹粗

窑传动电流(或扭矩)描绘出的轨迹很粗,说明窑皮不平整,在转动过程中窑皮所产生的扭矩呈周期性变化。

（4）窑传动电流突然升高后逐渐下降

传动电流(或扭矩)突然升高然后逐渐下降,说明窑内有窑皮或窑圈垮落。升高幅度越大,则垮落的窑皮或窑圈越多,大部分垮落发生在窑口与烧成带之间。发生这种情况时要根据曲线上升的幅度立刻降低窑速(如窑传动电流或扭矩上升 20％左右,则窑速要降低 30％左右),同时适当减少喂料量及分解炉燃料,然后再根据曲线下滑的速度采取进一步的措施。这时冷却机也要对算板速度等进行调整,在曲线出现转折后再逐步增加窑速、喂料量、分解炉燃料等,使窑转入正常。如遇这种情况时处理不当,则会出现物料生烧、冷却机过载和温度过高使算板受损等不良后果。

（5）窑传动电流(或扭矩)居高不下

有以下四种情况可造成这种结果:第一,窑内过热、烧成带过长、物料在窑内被带得很高。此时,要减少系统燃料或增加喂料量。第二,窑口结圈、窑内物料填充率高,由此引起物料结粒不好,从冷却机返回窑内的粉尘增加。在这种情况下要适当减少喂料量并烧掉前圈。第三,物料结粒性能差。由于各种原因造成熟料黏散,物料由翻滚变为滑动,使窑转动困难。第四,窑皮厚、窑皮长。此时要缩短火焰、压短烧成带。

（6）窑传动电流(或扭矩)很低

有以下三种情况可造成这种结果:第一,窑内欠烧严重,近于跑生料。一般操作发现传动电流(或扭矩)低于正常值且有下降趋势时就应采取措施防止进一步下降。第二,窑内有后结圈,物料在圈后积聚到一定程度后通过结圈冲入烧成带,造成烧成带短、料急烧,易结大块。熟料多黄心,游离钙含量也高(有时可达 10％)。此时由于烧成带细料少,仪表显示的烧成温度一般都很高。遇到这种情况时要减料运行,把后结圈处理掉。第三,窑皮薄、短。此时要伸长火焰,适当延长烧成带。

（7）窑传动电流(或扭矩)逐渐增加

这一情况产生的原因有以下三种可能:第一,窑内向温度高的方向发展。如原来熟料欠烧,则表示窑正在趋于正常;如原来窑内烧成正常,则表明窑内正在趋于过热,应采取加料或减少燃料的措施加以调整。第二,窑开始长窑口圈,物料填充率在逐步增加,烧成带的黏散料在增加。第三,长、厚窑皮正在形成。

（8）窑传动电流(或扭矩)逐渐降低

这种情况产生的原因有两种:第一种,窑内向温度变低的方向发展,增加或减少燃料都可能产生这种结果。第二种,如前所述,窑皮或前圈垮落之后卸料量增加也可出现这种情况。

（9）窑传动电流(或扭矩)突然下降

这种情况也有以下两种原因:第一种,预热器、分解炉系统塌料,大量未经预热的物料突然涌入窑内造成各带前移、窑前逼烧,还会跑生料。这时要采取降低窑速、适当减少喂料量的措施,逐步恢复正常。

第二种,大块结皮掉在窑尾斜坡上阻塞物料,积到一定程度后突然大量入窑,产生与第一种情况同样的影响。同时,大块结皮也阻碍通风,燃料燃烧不好,系统温度低,也会使窑传动电流(或扭矩)降低。

采用窑传动电流(或扭矩)进行操作,具有信息清楚、及时、可靠等优点,尤其与烧成温度、窑尾温度、系统负压、废气分析等参数结合起来判断窑内状况及变化时更能做到准确无误,而单独依靠其他任何参数都不可能如此全面准确地反映窑况,比如烧成带温度这个参数只能反映烧成带的情况,而且极易受粉尘和火焰的影响。而窑电流(或扭矩)却可及时地反映出烧成带后的情况,预示约 30 min 后烧成带的情况,提示操作员进行必要的调整。

1.3.130　如何选择看火玻璃镜片

看火所用镜片,是特制的蓝色钴玻璃。钴玻璃可防止紫外线对眼睛的刺激和损害,同时可降低窑内火力亮度,以便观察烧成情况。钴玻璃镜片分为深色、中色和浅色三种,看火工可根据自己的习惯来选择。一般来说,颜色太深,对窑内温度反应不灵敏,尤其在料薄的情况下,易烧高火;颜色太浅,对眼睛刺激较大,所以中色玻璃较为适宜。在选择镜片时,一要玻璃面光平,看物体不变形,眼睛没有不适之感;二要透明度好。

1.3.131　生产前如何做好冷却系统的检查与准备

(1) 检查各部位紧固螺栓的松紧程度,检查各部位安全防护装置是否完全可靠。
(2) 对各润滑点进行检查与润滑,检查冷却水是否畅通,有无漏水现象。
(3) 检查所有管道连接处有无漏焊。
(4) 对冷却机所属风机逐个进行单机试车,并认真做好记录。
(5) 检查风机风管阀门电动执行器运行是否可靠,中控风管阀门开度与现场是否一致。
(6) 检查冷却机各类型箅板装配是否符合设计要求。
(7) 检查余风冷却喷水系统运行是否可靠,并检查喷嘴的喷水效果。
(8) 检查冷却机内保温及耐火材料的砌筑是否牢固。
(9) 对熟料破碎系统进行单机试车,检查其运行情况。
(10) 对熟料输送设备进行单机试车,检查其运行情况。
(11) 待所有检查及单机试车完毕,确认系统良好时,进行联动试车,检查其运行情况。
(12) 冷却系统所有项目检查调试完毕,确认系统运行良好时,在箅冷机进料端覆盖上一层 200 mm 厚的冷熟料,若没有冷熟料也可用石灰石代替,以保护箅板不被烧坏。

1.3.132　生产前如何做好窑尾废气系统的检查与准备

(1) 检查高温风机、后排风机的地脚螺栓是否紧固,风管连接螺栓是否紧固,安全防护装置是否齐全可靠;检查高温风机的润滑油量及运行状况是否良好,检查联轴器部分有无妨碍物影响窑运转。
(2) 检查所有的风管阀门开度与中控室开度是否对应,调节是否灵活。
(3) 高温风机的辅助传动是否灵活可靠。
(4) 抽出增湿塔的所有喷头进行试喷,检查喷头的雾化效果,有无滴水现象,并制定合适的回水量的调节比。
(5) 电收尘系统的检查与准备:
① 整流设备、仪表、高压瓷瓶、石英套管等要正常可靠,线路完整无损、升压稳妥。
② 电场内无积灰杂物,极板与极线无变形,位置应符合安装要求。

③ 振打装置正常,锤击有力,振打性能良好,不得卡死。

④ 回灰的输送系统应畅通,设备处于良好状态,输送能力应大于收尘能力的 20%～30%。

⑤ 电收尘的保温层应完整无损,保温性能良好,确保较高的收尘效率。

⑥ CO 检测仪校验准确,电场的自动保护系统与报警系统准确可靠。

⑦ 开机运行前,除按技术操作规程要求进行外,将所有检查门关闭上锁,并挂有"高压危险"警示牌。

1.3.133 生产前如何做好窑系统的检查与准备

(1) 回转窑试车前要对窑内各带窑衬进行全面检查和验收,要求砖缝直且缝隙＜3 mm,表面平整,不允许有台阶,砖砌牢固,无损坏、残缺。

(2) 回转窑带负荷试车时,严禁将窑体长时间快转,以免窑内窑衬扭曲变形。

(3) 检查各基础及窑体固定螺栓有无松动。

(4) 检查大小齿轮啮合是否正常,连接螺栓是否松动。

(5) 检查传动轴承、大小齿轮、主(辅)减速机、托轮轴承(瓦)润滑是否良好,油位是否正常。

(6) 检查传动部位,注意温度的变化及冷却水是否正常,有无异常声响,出现振动、发热现象时要及时处理。

(7) 检查托轮布油情况和托轮表面磨损情况,有无划伤、磨面等,窑体是否能够灵活地上、下窜动。

(8) 注意观察轮带与垫板之间在运转中的相对移动量。

(9) 检查窑尾、窑头密封装置是否可靠运行。

(10) 检查窑头喷煤管是否安装牢固,喷煤管头部浇注料是否浇注密实。

(11) 做好喷煤管运动位置的标注,将窑口端面处确立为喷煤管的"0"位标注,伸入窑内为负值标注,伸出窑外为正值标注。检查喷煤管运动是否稳固,传动部件是否加有适量润滑油。

(12) 煤管在窑内的断面位置进行初次调整以后,待窑系统正常生产时再进行适当调整。

(13) 在窑系统生产前应在窑体侧端加装冷却风扇数台(4～6 台),以备需要时使用。

(14) 点火工具的准备。窑头点火杆:φ50 mm×6 m 的无缝钢管一根,并在管头部焊有挂钩,尾部焊一固定支架,确保点火杆在点火时稳固。分解炉点火杆:4 分镀锌管一根,长 1.5 m,并准备充足的棉纱(100 kg 以上)、适量的粗铁丝和柴油。

(15) 准备充足的木柴。

(16) 喂煤系统的检查。检查管道是否畅通,煤管内外风的调节阀开度是否正确,调节是否灵活。在生产前必须对喂煤系统进行单机、联动试机,并进行少量的煤粉试喷,检查喷煤的运行状况。

1.3.134 出现不合格 f-CaO 时,应当如何操作

(1) 偶然出现不合格 f-CaO 时的处理措施

① 一旦发现窑内有异常现象,立即减少喂料,减料量应根据窑内状况异常的程度而定。比如塌料较大、时间较长,或窑尾温度降低较多,此时减料幅度要略大些,但不宜一次减料过大,要保持一级预热器出口温度不能升得过快、过高。

② 紧接着相应减少分解炉的喂煤,维持一级预热器出口温度略高于正常时的 50 ℃以内,同时通知化验室增加入窑分解率的测定,确保不低于 85%～90%。

③ 略微减少窑尾排风,使一级预热器出口的温度能较快恢复到原有状态,但不可减得多,否则会造成新的塌料,也会影响二、三次风的入窑量,进而影响火焰。

④ 当窑内掉窑皮或有塌料时,也会出现这种偶然不合格现象。

⑤ 尽快找出窑内温度不正常的原因并处理,防止类似情况再次发生。比如找出塌料的原因、窑尾温

度降低的原因等。

（2）反复出现不合格 f-CaO 时的处理措施

当窑作为系统已无法正常控制热料游离氧化钙的含量时，则说明此窑已带病运转。此时不能完全依赖中控室操作员的操作，应该由管理人员（如总工）组织力量，对有可能产生的问题进行有针对性的解决。

① 原（燃）料成分不稳定，需要通过原燃料进厂质量控制及提高均匀化能力等措施解决。

② 生料粉的细度跑粗，尤其是硅质校正原料的细度，需要从生料的配制操作方面来解决，该因素往往被技术人员忽略。

③ 预热器系统频繁塌料，应该从预热器的结构改造上找出原因并予以纠正。

1.3.135 熟料 f-CaO 含量持续偏高的原因与采取的对策

（1）窑内温度尤其是烧成带温度低

当窑内通风不好或三次风挡板开度过大造成窑内有效通风量大大减小，窑头煤粉不能完全燃烧，持续的窑内还原气氛造成窑内温度偏低，熟料液相量不足或液相反应不完全，均会造成 f-CaO 含量偏高。当发生这种情况时，窑头昏暗，能明显看到黑火头，NO_x 浓度低于正常值，且越加煤，窑内温度越低，NO_x 含量越低。这种情况下烧出的熟料结粒不但没有光泽且表面较粗糙，砸开后，里面是明显的黄心料，这种料强度很低，用手就可捏碎，其 f-CaO 含量一般都较高，通常在 2.0% 以上。

碰到这种情况时，应将三次风挡板关小，同时加大高温风机转速，使系统保持较正常时大的通风量，适当退窑头煤，保证窑头煤能够完全燃烧。这时窑速不宜过慢，保持窑内较低的填充率。

（2）生料成分发生较大偏差

当生料成分发生较大偏差，超出控制范围较多时，也容易造成 f-CaO 含量偏高，如较高的 KH 值（$\geq$ 0.93）或较低的 SM 值（$\leq$2.2）。当 KH 值过高时，烧出的熟料外观与正常的熟料相似，结粒稍差，由于过多的 CaO 不能被 C_2S 完全吸收，造成 f-CaO 含量偏高。此时可适当减产或加大窑内通风，将火焰拉长，加少量窑头煤、适当减窑速，延长物料在烧成带的停留时间。当 SM 过低时由于熟料中液相量增多，在固相反应未完成时就已产生大量液相，熟料结成较大颗粒；进入烧成带后，由于颗粒较大，外部烧结完全但内部没有烧透，产生黄心料，如果此时 IM 较高则导致液相黏度增大、分子扩散速率减缓。当碰到这种情况时可适当减产，将入窑溜子温度控制得低些，降低物料入窑分解率，当 SM 低、IM 高时，窑内熟料不仅液相量多，且液相黏度大，可适当加窑头煤，提高烧成带温度，以降低液相黏度、提高分子扩散速率。当 SM 低、IM 也低时，料子不耐火，严禁烧高温，防止窑尾结皮或窑内结大蛋。

在实际生产中，如果 KH 过高，SM 和 IM 过高或过低，就容易造成熟料中的 f-CaO 含量偏高。

① 如 KH 过高，则生料中的 CaO 含量相对较高，煅烧形成 C_3S 后，没有被吸收而以游离状态存在的 CaO 含量相对较高，即熟料中的 f-CaO 含量相对较高。所以，熟料中的 KH 值不能控制得过高，一般在 0.90±0.02 比较合适。

② 如 SM 过高，则煅烧过程中产生的液相量会偏少，烧成吸收反应很难进行，造成熟料中的 f-CaO 含量相对偏高。如 SM 过低，则煅烧过程中产生的液相量会偏多，窑内容易结圈、结球，造成窑内通风不良，影响烧成吸收反应的进行，也容易造成熟料中的 f-CaO 含量相对偏高。所以，熟料中的 SM 值控制得不能过高或过低，一般在 2.60±0.10 比较合适。

③ 如 IM 过高，则煅烧过程中产生的液相黏度偏大，烧成吸收反应很难进行，造成熟料中的 f-CaO 含量相对偏高。如 IM 过低，则煅烧过程中产生的液相黏度偏小，烧结温度范围变窄，煅烧温度不容易控制，温度高时容易结大块，温度低时容易造成生烧，这两种情况都容易使熟料中的 f-CaO 含量相对偏高。所以，熟料中的 IM 值控制得不能过高或过低，一般在 1.60±0.10 比较合适。

应当注意的是，如果是因为生料成分引起的 f-CaO 偏高，特别是三个率值超出控制范围较多时，仅靠调整窑的操作是很难将物料烧合格的，应该及时通知化验室调整配料，如果想在短时间内调整物料成分到正常范围内,也可通过改变出库方式来调整。改自动循环下料为手动定点定区下料,通知化验室对每小时的入窑生料成分进行监控,选择一个成分接近于正常成分的下料口定点下料。这样就可通过调整配料和改变出库方式在较短时间内达到调整入窑生料成分的目的。

（3）生料细度的影响及处理

从煅烧角度来说,生料颗粒越细、越均匀,比表面积越大,生料的易烧性越好,烧成的吸收反应越容易进行,熟料中的 f-CaO 含量越低。但是生料的细度控制得越细,生料磨的台时产量就会降低越多,分步电耗就会升高。有的生产线为了满足大窑的超产运行,往往放粗生料,导致熟料 f-CaO 含量偏高。

当生料 0.08 mm 方孔筛筛余指标控制在 18％以下时,窑和生料磨的台时产量、熟料 f-CaO 的合格率、熟料强度等指标都比较理想。当生料 0.08 mm 方孔筛筛余指标放宽到 20％以下时,窑的台时产量、熟料 f-CaO 的合格率、熟料强度等指标都受到影响,但影响程度不是很大,所以当生料库存量不是很充足时,可以适当放宽生料细度指标而追赶库存量。当生料 0.08 mm 方孔筛筛余指标放宽到 22％以下时,窑的台时产量、熟料 f-CaO 的合格率、熟料强度等指标受到很大影响,熟料 f-CaO 的合格率可以达到 80％,但很难达到 85％及以上。所以,生料 0.08 mm 方孔筛筛余的最佳指标应该控制在 20％以下,且 0.2 mm 方孔筛筛余指标应该控制在 1.0 以下％。

（4）煤的影响及处理

窑头喂煤量正常时,煅烧的熟料外表面光滑致密,砸开后断面发亮,熟料的立升重和 f-CaO 的指标都比较理想,而且合格率都可以达到 85％及以上。

窑头喂煤量稍多时,熟料结粒变大,外表面光滑致密,砸开后偶有烧流迹象,并且拌有少量黄心料,熟料的立升重指标偏高,f-CaO 含量偏低。但窑头喂煤量过多时,烧成带后部、窑尾烟室温度容易升高,造成烧成带容易结后圈,窑尾烟室容易结皮,影响窑内通风和煅烧,造成熟料中的 f-CaO 含量偏高。所以,窑头喂煤量不能控制得过多。

窑头喂煤量较少时,熟料结粒变小,外表粗糙、无光泽,不致密,砸开后疏松多孔,熟料的立升重指标偏低,f-CaO 含量偏高。所以,窑头喂煤量不能控制得过少。

当煤中的灰分不大于 28％、发热量不大于 20900 kJ/kg 时,火焰的温度明显降低,烧成带的温度明显降低,熟料中的 f-CaO 含量明显增加。这时采取的措施是:降低煤粉的细度,其 0.08 mm 筛筛余指标控制在 10％以下;降低煤粉的含水率,其指标控制在 1.5％以下;适当提高一次风的风压,加大旋流风的比例,其目的在于提高煤粉的燃烧速度,提高烧成带的火焰温度。

当煤中的硫含量偏高时,容易造成熟料中的 SO_3 含量偏高。当熟料中的 SO_3 含量不小于 0.8％时,窑尾烟室及上升烟道容易结皮。这时采取的措施是:加强人工清理窑尾烟室及上升烟道的结皮;减少窑头喂煤量;适当提高熟料的 SM 值。

当煤粉含水量由 1％增加到 3％时,煤粉的燃烧速度受到严重影响,烧成带的温度明显下降,火焰明显变长,窑内容易结圈、结球,熟料 f-CaO 的合格率很低,甚至低于 60％。如果长时间使用这种煤,应该采取的措施是:改变配料方案,适当降低 KH、SM 和 IM 值,目的在于改善生料的易烧性,减少窑内结后圈、结球现象,提高熟料 f-CaO 的合格率。

（5）石灰石的影响及处理

石灰石中含有过高的 $MgCO_3$,容易造成熟料中的 MgO 含量偏高。当熟料中的 MgO 含量超过 3.5％时,容易造成液相提前产生,窑内容易结后圈、结球,影响窑内通风。这时采取的措施是:提高熟料的 SM 值,以降低液相量;降低熟料中的 Fe_2O_3 含量,改善熟料的结粒状况,以提高熟料的立升重指标,降低熟料中的 f-CaO 含量。

当石灰石中的结晶石英含量不小于 4％时,窑和生料磨的台时产量明显下降,熟料 f-CaO 含量明显偏高。这时采取的措施是:降低出磨的生料细度,其 0.08 mm 筛筛余指标不大于 16％。

（6）燃烧器的影响及处理

燃烧器太偏向物料,会导致一部分煤粉被裹入物料层内而不能充分燃烧,在窑内产生还原气氛,导致火焰温度降低,严重时还会造成窑内结球、结圈,影响窑内通风,造成熟料 f-CaO 含量偏高。燃烧器太偏离物料,造成火焰细长而不集中,出现火焰后移现象,导致火焰温度降低,熟料结粒疏松,f-CaO 含量偏高。

采取的措施是合理定位燃烧器位置:冷态下燃烧器中心线和窑内衬料的交点,距离窑口大约是窑长度的 65%~75%;燃烧器伸进窑口内 100~200,中心点偏下 50、偏料 30。煤粉质量变好时,可将燃烧器内伸 50~100;相反,煤粉质量变差时,可将燃烧器外拉 50~100。

另外,燃烧器前端结焦或变形,影响火焰的对称性和完整性,形成分叉火焰和斜火焰,造成煤粉的不完全燃烧,火焰温度明显降低,烧成带热力强度降低,造成熟料中的 f-CaO 含量偏高。这时采取的措施是:清理燃烧器前端的结焦;修复变形的风管或更换燃烧器。

多风道燃烧器是靠高速的外风、中速的内风及低速的煤风之间的速度差来实现煤粉和风之间的充分混合的。一旦风管被磨穿,各风道的风量、风速及风向都会发生变化,其优越的性能就不能充分发挥出来,影响煤粉的燃烧,造成熟料中的 f-CaO 含量偏高。风道磨穿的征兆是一次风机的风压降低、电流降低;输送煤粉的罗茨风机的风压升高、电流增大;严重时中心管向外冒煤粉。这时采取的措施是:修复磨穿的风管或更换燃烧器;经常清理罗茨风机的滤网,避免由于滤网的堵塞而造成风压降低。

（7）风的影响及处理

一次风的使用:煤质好时一次风的压力可以控制得低些;煤质差时一次风的压力可以控制得高些。生产时经常清理罗茨风机的过滤网,减少滤网堵塞、降低风压。

二次风和三次风的合理分配使用:当三次风的阀门开度过大时,窑内通风量减少,窑头煤加不上去,窑尾废气中的 CO 浓度变高,烟室容易发生结皮现象,窑内容易发生结圈、结球现象,造成熟料 f-CaO 含量偏高。当三次风的阀门开度过小时,分解炉内的风量减少,分解炉内煤量加不上去,这时虽然分解炉出口的温度不会明显变低,但是入窑物料的分解率却降低了,导致窑内煅烧负荷加重。同时,窑内通风增大,火焰长度相对增长,二次风温、三次风温都会降低,熟料结粒疏松,造成熟料 f-CaO 含量偏高。所以无论窑内通风量过大还是过小,都容易产生欠烧料,熟料外部颜色发灰,内部结粒疏松,造成熟料 f-CaO 含量偏高。

箅冷机鼓风量和系统拉风量的合理分配使用:箅冷机的鼓风量和系统的拉风量是窑用风量的主要来源。当箅冷机采用厚料层操作时,箅冷机的鼓风量不能盲目加大,一定要兼顾窑内使用的风量。如窑内使用的风量不足,轻者造成窑内煤粉的不完全燃烧,重者造成窑尾预热器的塌料,影响生料的分散度、预热和入窑的分解率,造成熟料 f-CaO 含量偏高。

（8）窑尾喂料量的影响及处理

喂料量小而系统用风量过大时,火焰变长、火焰温度下降,这时烧成带的热力强度降低,窑的产量降低,熟料中的 f-CaO 含量偏高。对于预分解窑来说,窑的产量越低,操作越不好控制。所以,喂料量小时,系统用风量也要相应减小。

喂料量大而系统用风量过小时,窑内通风明显不良,造成煤粉不完全燃烧现象加重,这时煤粉燃烧效率降低,预热器内容易发生小股生料的塌料,影响生料的分散度、预热和入窑生料分解率,造成熟料中的 f-CaO 含量偏高。所以,喂料量大时,系统用风量也要相应增加。

喂料量波动大时,造成系统负压波动大,这时预热器内容易发生小股生料的塌料,影响生料的分散度、预热和入窑生料的分解率,造成熟料中的 f-CaO 含量偏高,所以操作时要稳定窑尾喂料量。

（9）窑速的影响及处理

窑速过快、过慢都会造成熟料中的 f-CaO 含量偏高。若窑速过快,造成物料在烧成带的停留时间过短,烧成吸收反应不完全,造成熟料中的 f-CaO 含量偏高。若窑速过慢,造成物料在窑内的填充率过大,热交换不均匀,煤粉的燃烧空间变小,烧成带热力强度降低,烧成吸收反应不完全,造成熟料中的 f-CaO 含量偏高。

对于预分解窑来说,一般采用"薄料快转"的煅烧方法。操作时要稳定窑速,不能过于频繁地调整。

如处理特殊窑情而必须大幅度降低窑速时,一定要使窑速和喂料量保持同步,避免料层过厚而影响窑的快转率,造成熟料中的 f-CaO 含量偏高。

对于预分解窑来说,一般是"先动风煤,再动窑速"。热工制度的稳定,是优质、高产、低耗的前提和保证,一旦窑速调整过大,窑内热工制度就会受到影响。所以,当窑内温度变化时,为保证窑内热工制度的稳定,一般先采取调整喂煤量和风量的办法,如果不能达到预期的目的,再采取调整窑速的办法。

1.3.136　熟料中 f-CaO 含量在什么范围内比较合理

合理的 f-CaO 含量控制范围,在综合考虑质量与经济性之后,应当定为 0.5%～2.0% 之间,加权平均值为 1.1% 左右,高于 2.0% 及低于 0.5% 者均定为不合格品,即放宽上限指标,增加考核下限。由于各厂的实际情况不同,所以各厂的技术人员一定要紧紧围绕熟料标号这个目标,根据本厂工艺线特点,制定出不影响熟料强度及水泥安定性所允许的最高 f-CaO 上限,以及最大节约热耗的下限。

需要说明的是,如果对操作人员考核该指标,对于含量大于 2.0% 的 f-CaO,应分析偶然与反复两类不同情况,都由中控室操作员负责;对于含量小于 0.5% 的 f-CaO,除了配料过低的情况应由配料人员负责外,其余则要由中控室操作员负全责。

1.3.137　为控制 f-CaO 含量是否要打慢窑速

当塌料、掉窑皮,甚至喂料量增加不当使 f-CaO 含量过高时,中控室操作员会有如下常见的操作:先打慢窑速,然后窑头加煤。这种从传统回转窑沿用下来的操作方法对预分解窑很不适宜,原因如下:

(1)加大了窑的烧成热负荷。预分解窑是以 3 r/min 以上的窑速实现高产的,慢转窑的目的本是要延长物料在窑内的停留时间,增加对 f-CaO 的吸收时间,但是,慢转的代价是加大了料层厚度,所需要的热负荷并没有减少,反而增加了热交换的困难。窑速减得越多,所起的副作用越大,熟料仍然会以过高的 f-CaO 含量出窑。

(2)增加热耗。资料证实,分解后的 CaO 具有很高的活性,但这种活性不会长时间保持。由于窑速的减慢而降低活性,延迟了 900～1300 ℃ 温度段的传热,导致水泥化合物的形成热增高。所以,绝不应该轻易采取降低窑速的措施。

(3)缩短了耐火砖的使用周期。窑尾段的温度降低,还突然加煤,使窑内火焰严重受挫变形,火焰形状发散,不但煤粉无法燃烧完全,而且严重伤及窑皮。同时,减慢窑速后,物料停留时间增加一倍以上,负荷填充率及热负荷都在增大,这些都成为降低窑内耐火衬料使用寿命的不利因素。

(4)打慢窑速的做法使窑转变为正常状态所需要的时间较长,至少要 30 min 以上。

[摘自:谢克平.新型干法水泥生产问答千例(操作篇).北京:化学工业出版社,2009.]

1.3.138　当料量突然变化时,应当如何操作窑速

每当窑的系统出现塌料及掉窑皮致使窑内料量突然变化时,窑内温度下降,此时对窑速操作要分两种情况处理。

首先,应该明确正常的窑很少发生塌料、掉窑皮。即根据窑尾及预热器温度的降低幅度,如果是小股塌料,可以按"以不变应万变"的思路处理,将这部分生料放出即可。至于这股没烧好的熟料,有黄料库的可以进入黄料库,不设黄料库的工艺线,更常见的是帐篷库,它本身就有混合物料、均化质量的功能,所以这小部分黄料不会对熟料质量造成影响。

如果脱落较多窑皮,或窜料严重,此时窑内工艺制度已经不稳定,需要做大幅度调整。操作上首先应大幅度减料,减至正常量的 1/3 左右。然后将窑速打至 1 r/min 以内,一定要做到减料操作在前,打慢窑

速的操作在后,避免有大量物料在窑内堆积。窑的排风适当减小,用煤量应以完全燃烧为限。待窑皮逐渐出窑,窑内温度逐渐升起后,先提升窑速,然后再加风、加煤、加料,恢复至正常。这样操作最多 30 min 后就可使窑恢复正常,比只减慢窑速而不减料的操作有效得多。

[摘自:谢克平.新型干法水泥生产问答千例(操作篇).北京:化学工业出版社,2009.]

1.3.139　什么情况下预分解窑才需要调节窑速

预分解窑操作中,希望尽量保持窑速的稳定,但出现下述两种情况时,应该调整窑速:

(1) 当设计中是以保持窑的负荷填充率恒定为目标时,靠 DCS 系统的自动控制回路,将窑的喂料量与窑速呈正比线性关系。此时,只要减少喂料量,窑速会自动降低;反之,窑速也会自动增加。但是,采取此种控制方法时,窑的负荷填充率始终要保持在较低水平(如 8%)。

(2) 在遇到大的工艺波动时,如大量窑皮脱落,或有大的塌料时,必须迅速大幅度地降低窑速。而且要首先及时减少入窑生料量,否则,窑内的高填充率很难使熟料正常煅烧,降低窑速的作用不仅难以显现,而且会有相当一段时间料层很厚、煅烧很难,恢复正常煅烧所需的时间更长。

[摘自:谢克平.新型干法水泥生产问答千例(操作篇).北京:化学工业出版社,2009.]

1.3.140　为什么预分解窑能实现稳定的高窑速运行

用窑速调节窑内烧成温度是最及时有效的手段,但是预分解窑能实现快速转窑并且稳住不变。这是因为:

(1) 入窑的生料及原煤已被均化,化学成分不会有大的波动,这是实现稳定运行的前提;

(2) 入窑生料基本上已完成分解,窑内所承担的热负荷大大减轻,这是实现高窑速运行的关键条件;

(3) 使用多风道燃烧器可以更加适应煤质的变化,使火焰的调节及稳定能力提高,火焰的稳定与窑速稳定密不可分、互相影响;

(4) 自动控制回路与仪表的可靠性为高窑速的稳定创造了条件。

总之,预分解窑具备了可以恒定高窑速的优势。

[摘自:谢克平.新型干法水泥生产问答千例(操作篇).北京:化学工业出版社,2009.]

1.3.141　窑速快会缩短窑衬寿命吗

窑衬的寿命确实是与使用条件相关的,在烧成带,它首先取决于窑皮的稳定,而且窑衬与窑皮受窑速的影响是一致的。

保持窑衬寿命长的基本操作是保持窑内温度稳定,而且最高温度不能超过窑皮与窑衬所能承受的限定值。

然而在窑正常运行时,随着窑的运转,窑皮与窑衬都要承担热交换作用,当暴露在物料外时吸收火焰的热量;当转到物料下方时,则向物料放热。显然,只有窑速高时,窑皮与窑衬在火焰中与在物料下的间歇转换周期才短,它们所承受的热转换作用才会变小,窑每转一周窑皮与窑衬表面温度的变化差距才小;与此同时,窑速高时,相同产量时窑的填充负荷率变小,意味着窑皮与窑衬在运转过程中,在火焰中与物料下交替改变温度的幅度减小。所以,窑速高不会缩短窑衬的寿命,而且从窑速控制的角度看,稳定的快窑速是延长窑皮寿命的唯一正确操作。

[摘自:谢克平.新型干法水泥生产问答千例(操作篇).北京:化学工业出版社,2009.]

1.3.142　窑速快会影响窑内烧成温度的升高吗

有的操作员认为:调节窑速对窑内烧成温度的控制最为灵敏,所以当窑温度降低时,仍坚持采用打慢窑速的办法。实际上,窑速变慢后,窑的填充率升高,窑电流变大,则窑温升高。窑速变慢后,物料在窑内停留时间会延长,似乎有利于物料的煅烧,但物料与热空气的热交换效率会变差,窑内气流的温度即使升高,物料接受热量的能力也会下降,不会有利于熟料的煅烧。

相反,随着窑速的提高,窑内物料的翻转频次加快,有利于物料与空气、火焰、衬砖及窑皮的热交换。这种传热速率的提高大大缩小了窑皮、火焰与物料之间的温差,提高了窑热负荷的承受能力,有利于提高煅烧温度、降低窑尾温度,有利于提高熟料的产(质)量。

[摘自:谢克平.新型干法水泥生产问答千例(操作篇).北京:化学工业出版社,2009.]

1.3.143　窑速快时窑内的通风阻力会变大吗

窑速与窑内阻力的关系,可能有以下三个因素:

(1)窑速快时,窑内物料的填充率降低,气流通过面积增大,此时应该表现为窑尾负压变大,但同时窑头负压也变大。这种状况不仅说明窑内阻力没有变大,反而变小。

(2)窑速快导致窑内粉料扬起较多,使得窑内通风阻力增加,但这种增加微忽其微。

(3)窑速快可以使窑的传热效率提高,有利于降低窑尾温度,而温度低时窑的气体密度变大,使窑尾负压变大。

[摘自:谢克平.新型干法水泥生产问答千例(操作篇).北京:化学工业出版社,2009.]

1.3.144　窑喂料量、窑的负荷填充率与窑速之间是什么关系

为了说明此关系,首先应该达成如下共识:高质量的熟料不是靠延长物料在窑内的停留时间获得的,而是取决于合理的煅烧温度及物料受热煅烧的均匀程度。

可以分为如下几种情况讨论:

(1)在窑喂料量不变时,窑速加快,会使窑的填充率降低。此时窑的产量并未增加,但由于是薄料快转,有利于熟料煅烧均匀,提高质量;传热效果好,热耗降低;窑皮、窑耐火砖受热波动小,窑的安全运转周期长。

(2)在窑填充率不变时,让窑速与喂料量同步增加或减少,即窑的产量时刻伴随着窑速的快慢而改变。但由于窑的热负荷要相应改变,窑皮与窑衬所承受的热负荷也会变化,势必影响窑的安全运转周期。此种控制方式只有在入窑生料分解率保持在 90% 以上时才宜采用。目前,不少工艺线的改造就是采用提高分解炉容积,加大对生料的分解能力,然后加快窑速的办法,大幅度提高窑系统产量。

(3)在窑速不变时,若要增加喂料量,必将导致窑填充率的增大。如果窑填充率已经达到上限,仍继续增加产量必会使热料质量下降、热耗升高,并使窑的安全运转周期缩短。

在上述三种情况中,应当提倡第一种操作方式,谨慎使用第三种操作方式。

[摘自:谢克平.新型干法水泥生产问答千例(操作篇).北京:化学工业出版社,2009.]

1.3.145　烧成控制中如何应对跑生料

跑生料多发生在投料或停窑时,正常生产时入窑溜子温度控制在 850～870 ℃,入窑溜子温度控制过低也会造成跑生料。跑生料前有很多征兆,分解炉出口温度及入窑溜子温度持续下降,窑尾温度持续下降,窑电流持续下降,如调整不及时,从窑头工业电视可看到窑头变浑浊,火焰有回逼现象,同时 NO_x 浓

度下降,当这种现象持续一段时间(10～15 min)后就会有生料粉从窑头涌出,当生料粉涌入箅冷机,箅下压力会迅速上升,此时,窑电流很低甚至接近于空载电流。

由于跑生料前有很多征兆,且物料通过窑有一个较长的时间,若在发现跑生料前能采取一些措施,是可以避免或减小跑生料量的。投料时,喂料量不要加得过快,新窑或长时间停窑投料时更应注意。为防止预热器出口温度过高,在线型分解炉未投料时炉内不宜喷煤,在投到满负荷的30%时,可开启分解炉喂煤组,炉内开始喷煤,喷煤量以保证入窑溜子温度尽快升到正常操作时的溜子温度为原则,同时避免炉内烧高温和CO出现。保证窑尾温度平稳上升,则基本不会跑生料。2000～2500 t/d的窑烧SP窑时喂料量50 t/h,窑头喂煤约5 t/h;4000～5000 t/d的窑烧SP窑时喂料量100～120 t/h,窑头喂煤10～12 t/h。当发现有跑生料的征兆时,应及时退0.3～0.5 r/min的窑速,窑头适当加煤,适当加大高温风机转速或将三次风挡板开度关小5%左右。如果尾温还在下跌且窑电流下降没有减缓的趋势,则应通知现场巡检工用油枪喷油,在线型分解炉适当加煤,提高入窑溜子温度到850 ℃左右;对于离线型分解炉,如果投料时跑生料,则需减小喂料量或适当退窑速,如果是正常操作时跑生料,则需适当加尾煤,提高入窑溜子的温度。跑生料严重时应停窑重新升温投料。

1.3.146　窑系统漏风对操作有何影响

窑系统的漏风点主要包括:窑头罩与前窑口的接触面,窑门与窑头罩、看火孔以及喷煤管伸入窑门处,后窑口与烟室的接触面。两端虽都是漏风,但造成的影响并不完全相同。

相同的影响:都会浪费风机所做的功,增加电耗;当漏风量变化时,都会改变窑与分解炉用风的平衡。

不同的影响:窑头漏风会影响二次风进窑的量,从而降低用风的温度,增加热耗时窑尾漏风则会直接影响窑内燃烧用风的量,甚至使燃烧不完全,不仅增加用煤量,而且还会增加窑尾CO的含量,也会造成上升烟道处形成结皮。

目前所用的前后各种锁风装置(迷宫、石墨块、弹簧板、鱼鳞片、重锤、汽缸等)都经不起磨损与高温的考验,而且与预热器系统的漏风不同,它是在运转部位与静止部位的接触位置产生的漏风,所以很难处理与消除,因此大多数窑前后窑口都有不同程度的漏风。近年来,国内自行研发的复合材料制成的锁风装置,以及密集鱼鳞板密封的防漏风效果不错,值得推广。

[摘自:谢克平.新型干法水泥生产问答千例(操作篇).北京:化学工业出版社,2009.]

1.3.147　何为窑升温曲线,制定依据是什么

当窑在点火之后到开始投料这段时间内,其升温速率必须遵循一定的规律和要求,用图示反映出这种要求的曲线,即为窑升温曲线。在目前国内对窑内温度的测量技术条件下,它主要是按窑尾温度所要求的升温速率表示。

窑升温曲线的制定依据如下:

(1)对于新更换的耐火砖及耐热混凝土,根据它们的特性及施工季节、用水量、养护时间等因素,确定这些材料在脱离物理自由水及化学结晶水过程时所需的温度及时间,分别给予相应的恒温段。

(2)对于未更换窑衬的临时停窑,则要根据窑内所存生料或窑皮的多少,停窑的时间长短及点窑的季节制定。同样是为避免砖的炸裂,也可使窑内存料能作为熟料出窑。

(3)较短停窑时间后的恢复点火,即止料少于24 h又处于保温时,窑内仍然处于热态,此时可以根据实际情况缩短升温时间。

(4)为了保护耐火砖,应遵循"慢升温、不回头"的要求。

升温曲线应当在点火前由技术人员以书面形式呈现,并按趋势图检查执行情况。操作员在执行过程中要根据升温曲线操作,不能过快,也不能过慢,更不能有温度回头的情况。在控制加煤量的同时控制好

窑内的通风量,在掌握窑尾温度的同时更要兼顾窑烧成带温度。

[摘自:谢克平.新型干法水泥生产问答千例(操作篇).北京:化学工业出版社,2009.]

1.3.148　为什么需要现场观察熟料质量

新型干法工艺在窑和箅冷机上装置了摄像系统,通过它可以判断出跑生料或温度过高烧流等异常情况,但看不到熟料颗粒的外观,而这些外观能反映出窑内烧成制度是否合理,能及时发现熟料质量可能会存在的问题。

(1) 观察有无黄心料、夹心料,及其数量的多少。出现黄心料是煅烧熟料最忌讳的,它是窑内还原气氛或硫碱比的变化所致,会导致热耗增加、熟料易磨性差等一系列问题。特别是对于水泥用户而言,除了使混凝土的整体外观颜色不均外,它还使混凝土与外加剂的相容性变得更差。

(2) 观察熟料中的细粉量。生产中并不希望熟料中细粉过多、过细,好的熟料结粒需要有合理的配料,使其有能形成表面张力较高的液相,一般液相量为 23%～25%。铝氧率高而碱低就可以增加液相的表面张力。

(3) 判断窑内烧成温度。煅烧温度偏高,熟料表面较为光滑且发白;煅烧温度偏低,则熟料表面发乌。

(4) 观察熟料粒度的均齐程度。如果熟料的粒径大小不均,大至 40 mm 以上,小到 3 mm 以下,说明窑内火焰不好,窑内温度分布不均;或入窑物料由于某种原因不均衡而产生夹心料。

(5) 观察熟料内含有多少窑皮,可以为判断窑皮及结圈的变化情况提供参考。现场观察熟料不需要任何仪器和药品,只需现场人工抽取样品、用小锤砸开,既可鉴别熟料的外观、颜色,又能观察内在的致密程度、颜色及有无夹心、黄心,这是判断熟料煅烧情况最直接、简单、可靠、迅速的方法。

正常熟料的外观特征如下:

(1) 结粒。颗粒均齐,大小在 5～30 mm,小于 1 mm 的细粉很少见到。产生细粉多的原因,或是由于 IM 值太低或 MgO 含量较高,液相表面张力较小,形成了飞砂料;或是由于冷却速度过慢,发生贝利特结晶的晶型转化。

(2) 质地。致密而未死烧,内核为暗灰色。相比之下,窑皮的质地疏松,颜色多为黄褐色,外形多为非球状。

(3) 色泽。它不仅能反映出煅烧热工制度,也受原料中成分变化的影响。普通波特兰水泥熟料的颗粒表面呈现带有浅绿色亮点的黑灰色,内部颜色为较暗的深灰色。浅绿色亮点表明氧化镁与铁酸盐组分形成了固熔相。微量的铬、锰等元素的存在会使熟料的颜色呈绿色、蓝色及黄色。

1.3.149　影响回转窑熟料煅烧质量的因素

(1) 煤质的影响

一般回转窑的煅烧用煤要求灰分不大于 30%,挥发分在 18%～30%,发热量 $Q_{net,ad} \geqslant 20925kJ$,煤粉细度要求控制在 8%～15%。实际上,我国当前由于优质煤炭供应紧张且价格较高,许多厂家实际达不到这一要求,由于煤粉燃烧后灰分全部沉落在烧成带的熟料颗粒表面上,造成熟料颗粒表面富硅化,从而改变熟料表层矿物成分,C_3S 含量下降,C_2S 含量上升,从而影响熟料质量。当前相应的对策措施,一是适度增加干法窑尾分解炉用煤量和降低窑头喷煤量,其比例控制在 6:4 左右,以增加分解炉中煤灰分与灼烧生料的混合程度,降低窑头煤灰对熟料质量的负面影响;二是分别控制窑尾分解炉与窑头喂煤质量,分解炉喂低热值煤,窑头喂高热值煤,可降低劣质煤对窑头熟料质量的不利影响。

(2) 火焰形状和温度的影响

火焰形状的调节一方面取决于煤粉的热值、灰分、细度和挥发分的大小,另一方面还取决于一次风的风速和风量大小,即窑头燃烧器的规格和性能,调整好窑火焰长度也就是调整好烧成带长度,即调整控制了熟料在高温烧成带的停留时间,火焰形状和长度影响到熟料中 C_3S 矿物的晶粒发育大小和活性。因此,在烧高强优质熟料时,必须调整火焰长度适中,既不拉长火焰使烧成带温度降低,也不缩短火焰使高温部分过于集中,从而烧垮窑皮和耐火砖,不利于窑的安全运转,回转窑内火焰形状必须与窑断面面积相适应,要求充满近料而不触料,正常时保持其纵断面为正柳叶形状。

当烧灰分高、热值低的劣质煤时,其一次风速应适度加大,对于使用多通道喷煤管的窑应增加内、外净风风速和风量,使其火焰形状尽量不发散而形成正常火焰。干法窑窑头火焰温度控制,视窑型大小而异,对于 2000 t/d 以下的窑型一般控制在 1650～1850 ℃ 之间,对于 5000 t/d 以上的大型窑,火焰温度控制在 1750～1950 ℃ 的范围内。预分解窑内火焰温度取决于两部分因素:一是取决于煤粉热值、灰分和细度,二是取决于二次风温大小,对于烧劣质煤的厂家提高二次风温尤其重要。对于易烧性差的生料和含碱量高的生料,适当提高火焰温度,采用高温烧成有利于熟料质量的提高和碱分的充分挥发,可获得低碱熟料。

（3）熟料煅烧温度的影响

一般情况下,控制熟料煅烧温度在 1300～1450 ℃ 可确保熟料质量和烧结,我国相当一部分厂家由于采用双高配料(高 KH、高 SM)生产高强熟料,其生料易烧性变差,相应熟料煅烧温度应适度升高,控制在 1300～1500 ℃ 比较有利。

（4）烧成带长度的影响

对于采用双高(高 KH、高 SM)熟料配料的厂家,要求控制烧成带长度比正常情况偏长一些,煅烧温度高一些,即"高温长带"煅烧,有利于熟料烧结和熟料质量的提高,一般控制烧成带长度在 $(4.5～5.5)D$ 为宜(D 为窑径)。

（5）窑型规格的影响

窑的长径比对熟料煅烧质量有较大影响,如 2000 t/d 预分解窑的 L/D 趋向于较小值(一般为 10～11)设计控制,这样有利于熟料质量的提高,主要由于低长径比窑相应缩短了过渡带的长度,有利于熟料升温速率的提高,也缩短了预分解系统入窑灼热生料的低温陈化时间,有利于熟料 C_2S 和 f-CaO 及时熔入熟料液相和 C_3S 的形成及结晶,对优质熟料的形成较为有利。

窑的直径大小也对熟料煅烧质量有一定影响,一般认为,大直径窑比小直径窑有利于熟料煅烧质量的提高,一方面是因为大窑在配料时采用高 SM、高 KH 配料,SM 控制在 2.8～3.2,KH 控制在 0.88～0.92,而大直径窑窑头喷入燃煤量大,火焰温度高,有的甚至高达 2000 ℃ 以上,仍然可以将以上双高配料的熟料煅烧充分,煅烧质量良好。

（6）窑速的影响

对于短小型预分解窑,由于其窑长比大型窑的短,窑速应偏低控制较好,如 $\phi3×48$ m、$\phi4×43$ m 预分解,窑速控制在 3.0～3.2 r/min,对熟料质量比较有利,主要是因为其窑长较短,为确保熟料在短窑内的高温停留时间,窑速偏低较为有利。

（7）窑气氛的影响

回转窑内燃煤燃烧的过剩空气系数一般控制在 1.10～1.15,窑尾废气中含氧量控制在 2%～3% 为宜,即保持微氧化气氛操作,若过剩空气系数控制过低,二次风量不足,易导致还原气氛产生,窑内出现还原气氛,会产生 CO 气体,且熟料中 Fe_2O_3 成分被 CO 还原成 FeO,影响熟料液相成分和黏度,影响熟料烧结,易产生大量黄心熟料,也浪费热量和燃煤消耗量,从而影响到熟料质量的提高。

（8）升温速率和冷却速率的影响

优质熟料的形成要求预热器分解炉气固换热效率高、传热快,在窑内过渡带升温阶段要求快速升温,主要操作要求就是要适度提高窑速、加大灼烧生料翻滚频次,缩短过渡带长度,延长烧成带长度,促进熟料的矿物形成和烧结。要想烧出高强优质熟料,要求快烧急冷,窑头算冷机操作要求强化一室、二室负压风,风量迅速,强化冷风对高温熟料的冷却效果,有利于熟料质量的提高。

1.3.150　操作不当会对窑的稳定运行产生什么影响

严格要求原（燃）料成分与配料稳定的同时，更要明确稳定操作的重要性及方法，应当遵守下面这些原则：

（1）窑速不应该成为调整窑内煅烧温度的主要手段，即在正常运行时，窑速应该保持不变。

（2）窑的喂料量、喂煤量及用风量必须随时保持同步调整。在调整窑内温度时，最忌讳只调整下料量，最多调整用煤量，而很少调整用风量；当生料磨与煤磨开停时，更要重视系统风量的平衡，以及随之而变的废气温度。

（3）重视煤质变化对一次风压与风量要求的变化，保持火焰的稳定。

（4）对改变窑炉用风平衡的因素要时刻关注，需要调整时，以微调三次风管阀门代替大变动。

（5）对常见的工艺故障（结圈、结皮、堵塞，出现"雪人""大球""蜡烛"等）要注意发展趋势，及早采取措施。

［摘自：谢克平.新型干法水泥生产问答千例（操作篇）.北京：化学工业出版社，2009.］

1.3.151　何为预分解窑操作的"快""慢""勤"技能

在水泥生产操作中，预分解窑烧成系统要比其他系统复杂得多，"快""慢""勤"是作为一位合格的窑操作人员必须领会并灵活运用的技能。窑操作员要想把握适当的时候采取正确的操作方法，需要长期不断地积累经验，要不断地对实际操作进行总结，有针对性地弥补自己的不足，既要熟悉中央控制室的日常操作，做到快速分析、迅速决断、准确无误，又要了解烧成现场，清楚问题实质，做到心中有数，这样才能快速准确地解决窑操作中出现的各类突发事故。

（1）"快"：是指对参数异常变化的判断要快，处理突发事故的动作要快，联系现场工作人员和把握处理进度、进行预调整的速度要快。这就要求操作员责任心强，对参数的变化要密切关注，而且要经常构想未知事故发生时如何处理。发生事故时，才能保持冷静，迅速采取准确的应对措施，把事故造成的损失降到最低。

"快"还指适应能力要快，尤其是当原（燃）料成分波动较大时，这就要求操作员要摒弃习惯的操作方式及参数范围，根据实际情况做相应的调整并重新快速适应。例如：煤的灰分突然升高，造成熟料饱和比偏低，若不迅速采取低料低烧的措施，可能导致窑内液相过多，破坏规则窑皮，更有可能导致熟料烧流。

（2）"慢"：是指在窑热工状况正常时操作要"稳"，在其不正常时要"养"。

①"稳"：在系统参数正常、工况稳定、台时产量高，质量均符合要求的情况下，对于操作的要求就是尽量平稳，控制操作参数的变化尽量小，能不调整的尽量不做调整，能不动的参数尽量不动。不能为了个人产量而影响他人操作和窑系统稳定。

②"养"：在熟料烧成过程中，当其他各项参数均正常的情况下窑况较差，熟料质量不合格，俗称"病窑"。这时的窑就需要慢慢地"养"，即进行小幅度精细化的调整。在窑况略有好转之前，尽量不做调整，或者做小幅度调整，直至系统正常。通常所说的窑温低，即窑内呈现出热亏损状态时，可以用"养"的方法，小幅度提高窑速，小幅度增加投料量，直到窑况转变到热盈余状态。

（3）"勤"：若不会处理突发事故、不明白当前窑况时，要勤想、勤问，最主要的是勤尝试，尤其是在新操作员上岗，或者大型检修后，对于"新窑"需要不断地调试，争取以最合理的参数控制得到最佳的工况。此外，在生产事故发生后，要勤于分析事故的原因，总结经验，以提高自己的操作水平和操作技能。

所以说，"快""慢""勤"对于日常操作是大有裨益的，但是它们所指的是个宽泛的概念，并不是一个具体的时间，同样的 3 min，对于调整窑况来说，太短；但作为发现事故的间隔时间，又太长了。

1.3.152　控制出箅冷机熟料的温度有什么意义

（1）从降低系统热耗的角度考虑，在箅冷机排出废气温度相同的条件下，熟料出箅冷机时的温度越低，说明熟料在箅冷机的热交换效率越好，越有利于提高窑、炉的二、三次风温，越有利于熟料的输送与储存，越有利于改善操作环境。所以，在评价某烧成系统的热交换效率是否先进时，常常把温度视为重要参数之一。

（2）熟料质量本身需要高温状态下的急冷，而急冷正是降低熟料出口温度的有力措施。反之，如果熟料出箅冷机温度过高，再加之二次风温不高，就应检查这种急冷效果。

（3）控制该温度是下游熟料输送系统安全运行的必要操作。有些生产线的熟料出熟料库的温度还常常在120 ℃以上，直接影响了输送皮带寿命，也对水泥粉磨及水泥质量形成威胁。

人们还需要进一步提高箅冷机效率，以求降低熟料出箅冷机温度，但此温度过低也会有某些消极作用，比如它会使箅冷机的废气温度升高，不利于废气处理系统的长期安全运行；水泥磨机喂入物料温度过低，不利于物料带入水分的挥发，甚至有时会造成"糊磨"。

根据箅冷机的设计性能，大多数生产线的熟料离开箅冷机的温度为环境温度+65 ℃（希望今后能再低5～10 ℃，特别是在夏季）。现在的生产中，由于都是满负荷甚至是超负荷运转，再加之用风的不正确，更多的箅冷机出口熟料温度都在100 ℃以上。

［摘自：谢克平. 新型干法水泥生产问答千例（操作篇）. 北京：化学工业出版社，2009.］

1.3.153　如何看清和稳住"黑影"位置

在回转窑窑头用蓝玻璃镜观察到的在火头下方的灰暗色的生料阴影即所谓的"黑影"。由于生料在过渡带（放热反应带）内迅速从1000 ℃左右升到1280 ℃左右，石灰石在1280 ℃左右的高温下放出强烈的辐射光，这和该带开始温度较低的物料相比，有明显光差。此低温物料显得较暗，经光折射到看火孔，即为通常看到的"黑影"。

回转窑操作时，控制"黑影"位置，对于保证熟料质量和稳定窑的热工制度有重要作用。

在回转窑看火操作中，只有看清和稳住"黑影"位置，才能稳定烧成带的位置，达到稳定窑温的目的。

找"黑影"，应从主看火孔向窑内火焰稍偏左下方的位置看，这时看到向烧成带滚来的暗灰色物料，就是所说的"黑影"。有的窑控制"黑影"位置较远，正常时看不到。

"黑影"停留的位置，与火焰高温部分的长短及烧成带温度的高低有关。火焰高温区长，"黑影"就远；火焰高温区短，"黑影"就近。烧成带温度高，"黑影"就远；烧成带温度低，"黑影"就近。

正常煅烧时，窑内"黑影"的位置经常保持在火头点后面的地方。如果"黑影"走远，说明窑温升高，烧成带拉长；如看不到"黑影"，则可能是由于料子易烧，来料减少或风煤过大造成窑内温度过高。如果"黑影"向窑头移动，则说明窑温有下降的可能。若"黑影"迅速且大量地向前涌来，说明窑温降低，同时也预示窑内将有大量的料涌来。如"黑影"向窑头涌来，但量不大，则可能是料子难烧或风煤不足而造成的。因此，操作中必须全面分析，及时调整。当"黑影"走远、粒度变粗或火色发白时，立即减煤；在"黑影"走近时，应先加煤，并适当加风。如果稳得住，可不动排风；如果稳不住，则应略微关小排风，以提高烧成温度；如果再稳不住，应立即预打"小慢车"，避免窜料。

1.3.154　如何排除其他设备因素影响喂煤量的稳定

喂煤量稳定是窑热工制度稳定的重要条件。但在现实中，喂煤量的准确性除了与秤体的调整有关外，常常会产生一些不明原因的波动，可按如下线索寻查。

（1）当煤粉仓上方空间的负压是靠煤磨系统风机形成时，煤磨的开停将直接影响该负压的变化，此时应该平衡好煤粉仓下方的助流风压，否则，喂煤量会跳动。有的秤专门在煤粉仓上方与下煤点处作一连通管，以维持上、下气压的平衡，但该连通管道在上方负压较大时，很容易堵塞，失去平衡作用。因此，收尘风机的负压不能过大。最好是在煤粉仓上方单独设置一台有效的收尘器，不受煤磨开停的影响，也容易调节调用风量。另外，要特别强调煤粉仓的密封性，如果钢板焊缝等处漏风，同样会影响风压平衡。

（2）罗茨风机的电流自行产生波动，其原因可能是昼夜温差、电网电压波动、罗茨风机的磨损或传动负荷改变等，应采取针对性措施予以解决。

（3）煤粉仓壁不光滑是造成煤粉波动的另一个原因。实践证明，内衬用不锈钢板作为仓壁最佳，但不锈钢板的高度应在仓体锥度以上再增加一段，可以彻底根除煤粉黏壁，但千万不要使用高分子聚乙烯板。

（4）当煤粉输送管道出现堵塞或磨漏等故障时，喂煤量也无法稳定，因此要定期检查。

1.3.155　如何判断回转窑燃烧空气量是否过剩

既要使燃料在窑内完全燃烧，又要使出窑口气体中的氧气全部烧完，不会因不完全燃烧产生一氧化碳，测量出窑口气体中的含氧量最能表示窑内的燃烧状态，由于含氧量直接与抽入空气量和燃烧过程吸收的氧气量有关，以容积计空气中含 21％ 的氧气，如果在窑内不发生燃烧反应，则离开窑的空气中将含有等量的氧。然而，由于在窑内发生燃烧反应，氧同碳、氢和硫反应形成燃烧产物 CO、CO_2、H_2O 和 SO_2。那么，当出窑气体中未发现氧时，就说明没有过剩空气送入窑内。

过剩空气量可用下列公式计算，假如在窑尾出口气体中无易燃物（CO），则有：

$$过剩空气量 = \frac{100w(O_2)}{21 - w(O_2)} \cdot K \times 100$$

式中　K——取 0.96，用于烧煤粉；

$w(O_2)$——出窑口气体中含氧量（％）。

图 1.21 表示当出窑口气体含氧量为 0.7％～3.5％ 时，是理想操作状态。A 区表示空气过剩会引起热耗增加；B 区表示空气不足，结果会产生 CO。

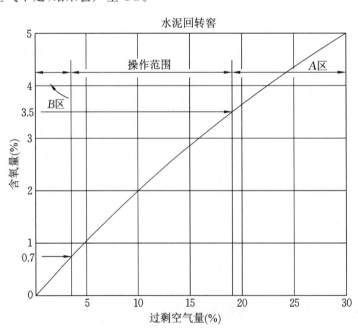

图 1.21　典型回转窑的关系曲线

过剩空气量也可由气体分析仪的气体分析结果计算出来。当气体含氧量小于 1％ 时，则该气体要使

用 CO 含量曲线图,采用下列公式计算:

$$过剩空气量=\frac{189[2w(O_2)/21-w(CO)]}{w(N_2)-1.89[2w(O_2)-w(CO)]}\times100$$

式中　$w(O_2)$——氧气含量(%);

　　　$w(CO)$——一氧化碳含量(%);

　　　$w(N_2)$——氮气含量(%)。

利用烟气中 CO 的含量很容易判断燃料的燃烧状况。在起动初期回转窑决不允许在不完全燃烧状态下操作,即在任何时候其出窑口气体中不应含有一氧化碳,否则会导致窑内出现爆炸或爆燃现象,易导致安全事故的发生。

为了有效地控制燃料的燃烧和满足正常操作窑的需要,构成理想操作状态是非常重要的。首先在出窑口气体中既不要出现一氧化碳,也不要出现大量过剩空气,以实现理想化的燃烧,使其不致造成不必要的热量损失和浪费。

基于上述理论分析,只有在窑烧成带经常保持理想燃烧状态时才能达到。然而事实上,由于影响因素较多,难以实现理想燃烧状态。

实际上,一般出窑气体中含有少量的一氧化碳,同时也含有少量的游离氧。在许多例子中,由气体分析仪或记录仪表明,当烟气中含氧量约 0.7% 时,就会出现易燃物 CO。这表明,当含氧量降到低于 0.7% 以下时就会出现不良燃烧状态。操作员通过观察火焰本身氧的变化能够有效地实现回转窑的操作控制。例如窑运转在废气含氧量为 0.7% 时,再增加燃料量,却不增加入窑空气,结果会引起火焰颜色发生变化,火焰在其外框变成暗黑色,另一可靠信号是火焰温度下降。

根据经验可发现,在回转窑操作过程中,出窑口气体含氧量最好应控制在 0.7% 以上,不高于 3.5%,才能稳定回转窑的操作状态,最佳的含氧量应在 1%～1.5% 之间。另外,在出窑口气体中不应该出现一氧化碳,否则会造成不完全燃烧。上述所给含氧量的目标值和范围,不适用于窑的非正常状态。

实际上,燃烧用空气过少或过多都会加大燃料费用,所有窑型在运转期间都要维持燃料和空气比值恒定,在某些窑通过自动控制装置,随着输入燃料量的变化而调整进入窑的空气总量,均匀分阶段达到恒定。尽管按恒定燃料与空气比的原理去控制窑,但有许多因素会影响窑稳定的操作状态。例如除了控制窑尾出口气体含氧量在 0.7%～3.5% 范围外,同时对窑尾出口温度也应给予足够重视,即燃料量和空气量随着进窑喂料量连续地成比例增加,才能相应地提高窑尾温度,达到增加产量的目标要求。

1.3.156　窑操作工应如何交接班

"交班交方便,接班接困难",这是团结协作的好风尚;"交清接严",这是对工作认真负责的应持态度。

交班者在交接班时应做到:

(1) 在接班人未按时到达岗位的情况下,必须坚持工作,确保生产不受影响。如接班者因特殊情况不能来接班时,应向值班长汇报,待妥善安排后方可离开岗位。

(2) 交班前要认真如实地填好各种记录,清点好工具,搞好岗位卫生。

(3) 如实地交清本班的煅烧情况;水冷却使用与窑皮情况;操作参数变动情况;设备运转情况;问题的发生与处理情况等。根据本班的体会,对下一班的操作提出建议。

(4) 交班时把煅烧和操作参数控制在正常范围内,为下一班生产创造良好条件。

接班者在交接班时应做到:

(1) 提前 15～30 min 开班,开班前准备交接班。

(2) 带水冷却装置的窑,接班者应首先检查水冷却使用与窑皮情况(无水冷却装置的窑,首先检查烧成带窑筒体情况),对本岗位所属机械设备进行一次仔细的检查,然后观察窑内煅烧情况是否正常。

(3) 注意控制盘上各仪表(窑尾温度表、分解带温度表、负压表、窑速表等),读数是否在控制范围内,以及自动记录和操作记录所记载的上一班情况。

（4）认真、仔细地听取上一班介绍的情况，根据上一班的介绍，制定本班的操作方案。

（5）交接班时，如遇到意见不一的问题，应找值班长共同商量，统一意见后再接班生产。

1.3.157 预分解窑操作应如何应对熟料的"烧流"

"烧流"是预分解窑中较严重的工艺事故。通常是烧成温度过高，或生料成分发生变化导致硅酸盐矿物最低共熔点温度降低。熟料的最终形成是通过固液相反应得到的，其烧结范围是 1300 ℃→1450 ℃→1350 ℃。正常操作时的液相量为 25%～30%，随着烧成温度的提高，矿物中的液相量会不断增加，当温度升高到一定程度时，硅酸盐矿物大部分会转化为液相。研究表明，当温度超过 1600 ℃时，液相量呈线性增加。SM 的高低反映了硅酸盐矿物或熔剂矿物的多少，而 IM 的高低则反映了液相黏度的大小。当生料的 SM 和 IM 都偏低时，不仅液相量增多，硅酸盐矿物的最低共熔点降低。在这种情况下，如果还按照正常时的操作，则熟料中的液相量会大大增加，表现为窑内结圈或结大蛋，当烧成温度继续升高，就会导致液相量更多，严重时就会造成"烧流"事故。

"烧流"对算冷机的危害是相当严重的。液态的熟料流入算冷机，会造成算孔的堵塞，导致冷却空气完全不能通过，造成算板烧损，高温液相流入空气室，烧坏大梁。这样的损坏对算冷机几乎是致命的，因此在操作中，应杜绝烧高温。

"烧流"时窑前几乎看不到飞砂，火焰呈耀眼的白色，NO$_x$ 含量异常高。由于熟料像水一样流出，窑电流会很低，与跑生料时的电流接近。当发现"烧流"时，立即大幅度减煤或止窑头煤一段时间，略减窑速，尽可能地降低窑内的温度。如果物料已流入算冷机内，要密切关注冷却机的压力、算板温度，严重时立刻停窑。

1.3.158 预分解窑系统各控制参数应在什么范围

在现代水泥厂中，水泥的煅烧系统由回转窑、冷却机、分解炉、预热器及废气处理系统组成。为使全系统经常保持最佳的热工制度，实现持续、均衡、稳定地运转，就必须使各部分相互配合，使各项工艺参数保持在适当范围。这些参数既独立体现又相互联系，在生产中应掌握其内在规律及联系。表 1.25 所示为某 2000 t/d 熟料的生产线窑系统各项控制参数。

表 1.25　某 2000 t/d 预分解窑系统控制参数

序号	项　　目	控制范围	报警条件
1	窑尾温度（℃）	950～1050	高限：1100
2	窑尾负压（Pa）	−300～−150	
3	窑尾气体成分（%）	O$_2$：1.5～2.5； CO：0～0.3	低限：1.0； 高限：0.5
4	分解炉内温度（℃）	900～1000	高限：1100
5	分解炉混合室温度（℃）	850～900	
6	三次风管抽风口负压（Pa）	−100～−30	
7	四级筒出口气体成分（%）	O$_2$：2.0～3.5； CO：0～0.3	
8	四级筒出口气体温度（℃）	820～860	
9	四级筒物料温度（℃）	800～840	
10	预热器废气温度（℃）	350～400	

续表 1.25

序号	项　目	控制范围	报警条件
11	入排风机气体温度(℃)	330～380	高限:400
12	预热器废气总量(m³/h)	(3.4～3.8)×10⁵	
13	排风机前负压(Pa)	−7000～−5500	
14	排风机前含氧量(%)	5～7	
15	窑头罩负压(Pa)	−50～0	
16	烧成带温度(℃)	1300～1500	
17	烧成带筒体表面温度(℃)	200～330	高限:350
18	回转窑转速(r/min)	2.8～3.1	
19	轴承温度(℃)		高限:70
20	窑头双管喂料机转速(r/min)		
21	固体流量计(t/h)	5～6	
22	一次风压(Pa)	−9500～−8500	
23	二次风温(℃)	850～1000	低限:600
24	冷却机一室算下温度(℃)	100～200	
25	冷却机一段算板速度(次/min)	13～16	
26	冷却机二段算板速度(次/min)	10～13	
27	冷却机一室算下压力(Pa)	−6500～−5200	高限:−6500; 低限:−5000
28	冷却机二室算下压力(Pa)	−5300～−4700	
29	冷却机三室算下压力(Pa)	−3800～−3400	
30	冷却机四室算下压力(Pa)	−2500～−2100	
31	冷却机五室算下压力(Pa)	−2400～−2000	
32	冷却机一室风机流量(m³/h)	(1.6～2.0)×10⁵	高限:2.4×10⁵; 低限:1.52×10⁵
33	冷却机二室风机流量(m³/h)	(2.6～3.0)×10⁵	高限:3.5×10⁵; 低限:2.5×10⁵
34	冷却机三室风机流量(m³/h)	(3.5～3.9)×10⁵	高限:4.5×10⁵; 低限:3.3×10⁵
35	冷却机四室风机流量(%)	60～70	
36	冷却机五室风机流量(%)	60～70	
37	出冷却机熟料温度(℃)	100～150	高限:170
38	出电收尘器气体温度(℃)	150～200	高限:250
39	冷却机废气温度(℃)	160～220	高限:280
40	窑头煤粉仓称量(t)	25～35	高限:38; 低限:15
41	熟料库料位		
42	分解炉煤粉仓(t)	40～50	高限:55; 低限:12

199

续表 1.25

序号	项 目	控制范围	报警条件
43	分解炉煤粉仓称量		
44	废品库料位		
45	固体流量计指示(t)	8～9	高限:9.5
46	预热器风机出口气压(Pa)	−300～−100	
47	增湿塔入口气体温度(℃)	320～360	高限:370
48	增湿塔出口气体温度(℃)	120～150	高限:180
49	入电收尘器气体成分(%)	CO:0～0.3	高限:1.0
50	电收尘器入口负压(Pa)	−1200～−800	
51	电收尘器入口阀门开度(%)	0～80	
52	入收尘器风管阀门开度(%)	100	
53	电收尘排风机速度(%)	单独:60～70; 磨工作:80～90	
54	生料库底充气风压(Pa)	−60000～−50000	低限:−40000
55	喂料仓称量		
56	固体流量计计量(t/h)	125～140	
57	三次风管热风温度(℃)	650～750	
58	煤磨抽热风温度(℃)	350～450	

1.3.159 中控室应急处理异常事件的部分案例

水泥厂中控室操作水平的高低直接关系到水泥生产成本和质量,接下来就某公司中控室操作中应急处理多起突发性事件的案例进行了介绍,可供同行参考。

(1)石灰石离析料块的解决

生产初期,石灰石储存仓下料时有离析料块现象。

原因是:取料机取料时石灰石落入仓内,大料块离析到储存仓圆周。入仓时,仓内料位上涨,没有离析料块出仓;一旦停止取料20 min(台时450 t/h),仓内料位下降至一定程度,储存仓圆周离析料块集中出仓,既影响生料质量,又影响磨机产量。经过实践,操作员采取石灰石取料机和生料磨机同步运行的措施,在保持一定料位的情况下,取料机的台时等于磨机所需石灰石产量,出仓石灰石始终保持一定均匀程度的混合料块。

(2)硫酸渣溜子堵塞的预防措施

每到雨季,原材料较湿(特别是硫酸渣),调速板喂机和定量给料机中间衔接溜子内粘料特别严重,有时能把溜子彻底堵死,岗位工一般处理30 min以上。实践证明,若遇到此情况,中控室可迅速改变操作方法,将定量给料机的配比调高,大于正常值,从而调整板喂机转速进行配料。这样,板喂机给定的硫酸渣量小于定量给料机的需求量,衔接溜子内不存一点料,避免了溜子内因存料黏结堵塞的现象。

(3)硫酸渣定量给料机的给料量调整

硫酸渣因 Fe_2O_3 含量较低,定量给料机16 t/h满量程运行,出磨生料中 Fe_2O_3 含量为1.7%,低于指标1.95%±0.1%。要想提高出磨生料中的 Fe_2O_3 含量,有以下几项措施:

① 增大定量给料机减速电机,增加给料量。这需要备件,必须停车更换,不现实。

② 增加硫酸渣中的 Fe_2O_3 含量。储存仓内已有库存,当前状况不能立即改变。

③ 降低生料磨台时,调整原料配比,相对增加硫酸渣给料量,但增加了生料成本和电耗。

④ 中控室立即通知电工,将硫酸渣定量给料机给料量虚、实参数 D02 由原来的 1.41 调至 1.38,即调整后显示的流量为 16 t/h,实际流量为 18 t/h。出磨生料中 Fe_2O_3 含量达到 1.95%±0.1% 的控制指标。

(4) 启磨时间的安排

某公司生料磨选用 POLYSIUS AGRMR57/28-555 立式辊磨,该磨机启动快,一般从开辅机到主机运行仅需要 3 min。辅机的组启动(生料均化库库顶收尘器、入库斜槽风机、入库输送提升机、长斜槽风机、磨机减速机润滑站、主电机和循环风机油站、液压站、旋风筒下分格轮、密封风机、回转下料器、循环提升机、选粉机、循环风机等)需要 1 min,磨机启动条件满足后,开动辅传电机(减小了主传电机启动时的负荷),辅传电机运转期间需开喷水 8 m^3/h 左右,磨辊将磨盘上的物料碾成料垫,确保启动后的料层。辅传电机运行时间为 120 s,此时间内可以调节各系统阀门开度,将循环风机进出口阀门开至 95%,同时将入窑尾袋收尘器短路阀门关闭,循环风阀门开至 95%,让窑尾废气全部从磨内通过。阀门调节后,辅传电机仍有 30 s 运行时间,将辅传电机运行时间从 120 s 改成 90 s 后主电机运行,且配料站给料机和入磨皮带同时启动。这时磨机可以按理想台时喂入,完成磨机的启动,改变了以前开辅机并调整好阀门以后再启动磨机的操作模式,避免了辅机空负荷运行 90 s,从而降低了生料电耗。

(5) 立磨启动必要条件的信号抢注

生料立磨启动时,必要条件缺一不可,其中磨辊压力油站在开磨前启动,油缸调整平衡,保压系统正常后,油站发出"允许启动"和正常运行信号,这两项均是磨机启动的必要条件。近一段时间,液压油站"允许启动"信号时有时无,而立磨启动其他条件均已具备,辅机空负荷运转严重影响生料电耗。经过操作员的摸索,立磨启动其他条件具备时,当此信号闪出的瞬间立即启磨,抢注液压油站"允许启动"信号,待磨机启动运行后,再查找原因并处理。

(6) 生料立磨入磨皮带开车走空料的措施

一旦检修或入磨皮带故障需将物料走空时,原料调速给料机与磨机联锁,不能在磨机停车前停止运行,所以,岗位工需要到现场将棒形闸门栅死断料,调速给料机空运行,下料时重新拉开棒形闸门,费时费力。后来,操作员将 450 t/h 台时降至 2 t/h,原料调速给料机只有运行信号而不下料,待入磨皮带把料走空后再停立磨,达到了入磨皮带在磨机运行时不用将棒形闸门栅死且断料的效果。

(7) 生料立磨循环提升机外排料的取消

① 循环提升机外排翻板的设计:该翻板的设计目的是当磨机停车后,已进入提升机的循环料经翻板自动外排排出磨机,避免停磨后该循环料进入磨腔内,造成磨机填充率过高,开车时磨机负荷过重和吐渣循环量过大的现象。

② 外排翻板的影响:立磨运行状况较好,台时产量高(460~500 t/h),除满足回转窑喂料外,每天都能在用电高峰期停车避峰 4 h,提升机每天都需要排出磨外混合料约 4 t,立磨距石灰石均化堆场较远,外排混合料只能运至砂岩堆场掺入砂岩中配用,对原料、配料有影响。

③ 取消外排料:生产初期为了减少外排料,停磨时尽量降低外循环量,经多次实践后在现场将翻板置于入磨位置,取消了自动外排,每次停磨时降低台时产量,5 min 后停磨(原料从配料站到入磨需 100 s),即便外排料进入磨腔,开磨时磨机负荷、外循环量也能达到设计要求。这样不仅彻底解决了外排混合料对原料、配料的影响,而且对磨机产量影响不大,也能够节能降耗。结合实际情况,停磨前临时降低产量、杜绝外排混合料较为经济,若其他公司磨机离石灰石均化堆场较近,则停车次数少,外排混合料运至石灰石均化堆场时,原料对配料的影响也不会很大。翻板在停磨时自动外排是符合磨机运行要求的。

(8) 克服生料旋风筒漏水

立磨旋风分离器顶部在长期运转过程中被磨透多个小孔洞,雨水通过这些孔洞进入生料输送系统,被雨水浸湿的部分湿料造成旋风分离器和生料输送长斜槽的堵塞。立磨正常运行时,即使有雨水进入生料输送系统,在大量成品生料的热量蒸发下也能将雨水蒸干,而不会导致堵塞现象;生料库存特别高或点检没有结束时,中控室将入磨热风阀门开度调为 50%,有 80 ℃ 左右的热风通过立磨旋风分离器,将漏进的雨水蒸发,也可暂时克服生料旋风筒因漏水而导致锥部堵塞的现象。

(9)增湿塔湿底的预防

余热发电投用之前,当回转窑刚止料,立磨停车,增湿塔喷水降温,在增湿塔出口气体温度低于180 ℃时易湿底。后来分析认为,此时窑尾高温气体中没有回灰料,部分喷水被热气流蒸发带出,但一部分没有蒸发掉的水汽落入增湿塔底部而湿底,使回灰提升机和输送长斜槽积堵。操作人员采取的预防措施是:打开袋收尘器入口冷风阀门开度20%,水泵间断停开,既确保袋收尘器入口温度在180～200 ℃,又确保了入增湿塔水汽全部被热气流蒸发带走。

(10)窑尾排风机液力耦合器温度高时的处理措施

窑尾排风机液力耦合器温度偏高(80 ℃),原因是热交换器需要清洗,因临近年度大修,需要采取临时措施,现场在热交换器上淋水,稍微有效,但不太明显。中控室采取了加大液力耦合器转速(52%→82%),减小窑尾排风机入口阀门开度(95%→82%),在确保调整前窑尾排风机的拉风量和负荷率的情况下,解决了液力耦合器温度高的问题。

(11)窑尾排风机轴承温度异常升高的急救措施

窑尾排风机前轴承温度异常升高:45 ℃→62 ℃→83 ℃→52 ℃,中控室人员推测信号隔离器损坏,便迅速解除温控联锁,通知电工检查后将隔离器替换,轴承温度恢复至45 ℃。此操作避免了因温控联锁导致循环风机、高温风机停机而造成的生料磨、大窑的停车事故。

(12)旋风筒内筒挂片掉落的协调操作

中控室操作参数显示预热器C_3筒锥体负压大幅度地频繁波动,波动量由-3200～-2500 Pa降到-1350 Pa甚至更小。中控室人员迅速将预热器分料阀由南50%、北50%分料改为南70%、北30%分料,并通知巡检工检查预热器C_3筒锥体,及时清堵、打空气炮,并进行锥体环形反吹。

(13)高温风机进风口塌料

某公司纯低温余热发电试运行中出现了高温风机进风口频繁塌料的故障。塌料时高温风机电流急剧升高,转速由882 r/min直线下降到750 r/min,最后甚至降到613 r/min,进风口负压由-7200 Pa减小到-6000 Pa左右,负荷电流由正常的185 A瞬间上升至290 A。现场能够听到高温风机发出沉闷的响声,能看到灰尘向高温风机壳外溢出,数秒后增湿塔下面的回灰在螺旋输送机向外冒。塌料的原因是SP型炉灰斗积灰较多,排灰不畅。

中控室操作迅速采取以下调整措施:

① 为了防止预热器因塌料造成堵塞,视情况适当减小入窑生料喂料量;

② 为了防止高温风机电流长时间超限而跳闸停车,适当关小其进风口阀门,待塌料结束后恢复正常;

③ 立刻通知窑头巡检人员暂时远离窑口和箅冷机一段,防止溢出的灰尘烧伤工作人员;

④ 因进磨热风风量减小,原料立磨应减小喂料量,适当降低选粉机的转速,避免进风减小引起振动值过大而停车。待高温风机塌料结束后,及时恢复选粉机的转速,防止出磨生料细度偏粗影响窑的煅烧。

(14)红窑的急救措施

红窑是指窑内窑皮或耐火砖缺失,而使该处窑筒体直接与热气流接触而发生筒体被烧红的现象。窑筒体40 m处出现红窑,窑筒体红外扫描仪温度显示为420 ℃。原因分析:此处耐火砖使用周期已到,因其他备件未到齐,暂不停窑换砖;窑速过高,部分窑皮掉落。

补挂措施及相应的操作:

① 降低窑速:窑速由4.3 r/min降低到2.9 r/min;

② 降低产量:入窑生料量由425 t/h降至385 t/h;

③ 高温风机转速控制在860 r/min左右;

④ 掌握好用煤量:窑头用煤量在11.0～11.4 t/h,分解炉用煤量为14.3 t/h左右,分解炉出口温度控制在860 ℃左右;

⑤ 窑头燃烧器进入窑内300 mm;

⑥ 现场架一根气管用压缩空气对准暗红的窑筒体吹冷。

效果:窑筒体 40 m 处红窑情况明显好转,筒体扫描温度显示为 387 ℃,25 min 后降至 365 ℃,再过 50 min 后降至 330 ℃,现场已看不见红色。通过采取以上措施,窑筒体 40 m 处红窑现象消失,窑皮补挂结实,然后逐步提高窑速,当班恢复了正常生产。

(15)算冷机破碎机跳停的处理对策

算冷机破碎机因故障跳停,中控室迅速停止算冷机三段算床,防止三段算床上的熟料继续向前推,将熟料破碎机压死。巡检工检查时发现算冷机破碎机卡有几块较大的窑皮,在现场用风镐和大锤处理。此时减慢二段算床速度(16 次/min→9 次/min)和一段算床速度(12 次/min→7 次/min),适当减慢窑速、减小入窑生料投料量。处理 15 min 后算冷机正常运行,没有因停窑而影响生产。

(16)煤磨在选粉机故障下运行

煤粉仓内储量高,煤磨停机避让用电高峰期。选粉机因电气故障不能启动,电气工作人员检查 30 min无果。考虑到煤粉仓内储量较少,头仓 10 t,尾仓 12 t。为了确保回转窑正常喂煤,中控室迅速解除煤磨系统联锁,改变常规操作方法,调节通风机阀门开度 45%→30%;开启磨机后,降低喂煤量 38 t/h→25 t/h,通风机负荷电流为 14 A(正常为 18 A)。利用通风机拉风量选粉,既保证了煤粉细度,又确保了回转窑用煤量。运行 1 h 后,选粉机电气故障排除,煤磨操作系统恢复正常。

1.4 结圈、结皮、飞砂及塌料

1.4.1 预分解窑内结圈的现象、原因及处理措施

(1)现象

① 火焰短粗,窑前温度升高,火焰伸不进窑内;

② 窑尾温度降低,三次风量和窑尾负压明显上升;

③ 窑头负压降低,并频繁出现正压;

④ 窑功率增加,波动大;

⑤ 来料波动大,一般烧成带料减少;

⑥ 严重时窑尾密封圈漏料。

(2)原因

当窑内物料温度达到 1200 ℃左右时就出现液相,随着温度升高,液相黏度变小,液相量增加。暴露在热气流中的窑衬板温度始终高于窑内物料温度。当它被料层覆盖时,温度突然下降,加之窑筒体表面散热损失,液相在窑衬上凝固下来,形成新的窑皮。窑继续运转,窑皮又暴露在高温的热气流中被烧熔而掉落下来。当它再次被物料覆盖,液相又凝固下来,如此循环反复。假如这个过程达到平衡,窑皮就不会增厚,处于正常状态。如果黏挂上去的多,掉落下来的少,窑皮就增厚;反之则变薄。当窑皮增厚达一定程度就形成结圈,形成结圈的原因主要有如下几点:

① 入窑生料成分波动大、喂料量不稳定

实际生产过程中,入窑生料成分波动太大和喂料不稳定会导致窑内形成结圈。窑内物料时而难烧,时而好烧,或物料量变化,遇到高 KH 值生料时,窑内物料松散,不易烧结,窑头感到"吃火",熟料中 f-CaO 含量高,或遇到料量多时迫使操作员加煤提高烧成温度,有时还要降低窑速;遇到低 KH 值生料或料量少时,不能及时调整,烧成带温度偏高,物料过烧发黏,稍有不慎就会形成长厚窑皮,进而产生熟料圈。

② 有害成分的影响

分析结圈料可以知道,$CaO+Al_2O_3+Fe_2O_3+SiO_2$ 含量偏低,而 R_2O 和 SO_3 含量偏高。生料中的有害成分在熟料煅烧过程中先后分解、气化和挥发,在温度较低的窑尾凝聚黏附在生料颗粒表面,随生料一起入窑,容易在窑后部结成硫碱圈。在入窑生料中,当 MgO 和 R_2O 含量都偏高时,R_2O 在 MgO 引起结圈过程中充当"媒介"作用形成镁碱圈。根据许多水泥厂的操作经验,当熟料中 MgO 含量大于 4.8% 时,能使熟料液相量大量增加,液相黏度下降,熟料烧结范围变窄,窑皮增加,浮窑皮增厚。有的水泥厂虽然熟料中 MgO 含量小于 4.0%,但由于 R_2O 的助熔作用,使熟料在某一特定温度或在窑某一特定位置液相量陡然大量增加,黏度大幅度降低,迅速在该温度区域或窑某一位置黏结,形成熟料圈。

③ 煤粉质量的影响

灰分高、细度粗、含水量大的煤粉着火温度高,燃烧速度慢。黑火头长,容易产生不完全燃烧,煤灰沉落也相对比较集中,就容易结熟料圈,取样分析结圈料,未燃尽煤粉较多就是例证。另外,喂煤量的不稳定使窑内温度忽高忽低,也容易产生结圈。

④ 一次风量和二次风温的影响

三风道或四风道燃烧器内流风偏大,二次风温又偏高,则煤粉一出喷嘴口就着火,燃烧温度高、火焰集中,烧成带短,而且位置迁移,容易产生窑口圈,也称前结圈。

(3) 处理措施

不管是前结圈还是后结圈,处理结圈时一般都采用冷热交替法,尽量加大其温度差,使圈体因温度的变化而垮落。也可用高压水枪进行处理,但前结圈一般太坚固,后结圈离窑头太远,处理效果大多不太理想。

① 前结圈的处理方法

前结圈不高时,一般对窑操作影响不大,不用处理。但当结圈太高时,既影响看火操作,又影响窑内通风及火焰形状。大块熟料长时间在窑内滚不出来,容易损伤烧成带窑皮,甚至磨蚀耐火砖。这时应将燃烧器往外拉,调整好用风量和用煤量,及时处理。

如果前结圈距窑下料口比较远并在喷嘴口附近,则一般系统的风、煤、料量可以不变,只要把燃烧器往外拉出一定距离,就可以把前结圈烧垮。如果前结圈离下料口比较近,并在喷嘴口前,则将喷嘴往里伸,使圈体温度下降而脱落。

对圈体的处理,则有两种方法:

a. 把燃烧器往外拉出,同时适当增加内流风和二次风温,这样可以提高烧成温度,使烧成带前移,把火点落在结圈位上。一般情况下,结圈能在 2~3 h 内逐渐被烧掉。但在烧结圈过程中应根据进入烧成带料量的多少,及时增减用煤量和调整火焰长短,防止损伤窑皮或跑生料。

b. 如果用前一种方法无法把结圈烧掉,则把燃烧器向外拉出,并把喷嘴对准结圈体直接煅烧。待窑后预烧较差的物料进入烧成带后,火焰会缩得更短,前结圈将被强火烧垮。但必须指出,采用这种处理方法时,由于燃烧器拉出过多,生料黑影较近,窑口温度很高,所以窑操作员必须在窑头勤观察,出现问题时应及时处理。

② 后结圈的处理方法

处理后结圈一般采用冷热交替法。处理较远的后结圈则以冷为主,处理较近的后结圈则以烧为主。

a. 当后结圈离窑头较远时,这种圈的圈体一般不太坚固。这时应将燃烧器向外拉出,使烧成带位置前移,降低圈体的温度,圈体由于温度的变化而逐渐自行垮落。

b. 当后结圈离窑头较近时,这种圈体一般比较坚固。处理这种圈时应将燃烧器尽量伸入窑内,并适当向上抬高一些,加大外流风和系统排风,使火焰的高温区移向圈体位置,但排风不宜过大,以免降低火焰温度,烧 3~4 h 后再将燃烧器向外拉出,使圈体温度下降。这样反复处理,圈体受温度变化产生裂纹而垮落。总体来说,烧圈尤其是烧后圈不是一件容易的事。有时圈体很牢固,烧圈时间过长容易烧坏窑皮及衬料,或在过渡带结长厚窑皮进而产生第二道后结圈,所以处理时一定要小心。

（4）预防措施

① 选择适宜的配料方案，稳定入窑生料成分。

一般来说，烧高 KH、高 SM 的生料不易结圈，但熟料难烧，f-CaO 含量高，对保护窑皮和熟料质量不利；反之，熟料烧结范围窄，液相量多，熟料结粒粗，窑不好操作，易结圈。但生产经验告诉我们，较高的 KH 和相对较低的 SM 的生料，或较高的 SM 和相对较低的 KH 的生料都比较好烧，又不容易结圈。因此，窑上经常出现结圈时，应改变熟料配料方案，适当提高 KH 或 SM，减少熔剂矿物的含量，防止结圈。

② 减少原（燃）料带入的有害成分。

一般黏土中碱含量高，煤中硫含量高。如果窑上经常出现结圈时，根据结圈料分析结果最好能改变黏土或原煤的供货矿点，减少有害成分对结圈的影响。

③ 控制煤粉细度，确保煤粉充分燃烧。

④ 调整燃烧器，控制好火焰形状。

确保风、煤混合均匀并有一定的火焰长度。经常移动燃烧器，改变火点位置。

⑤ 提高快转率。

三个台班统一操作方法，稳定烧成系统的热工制度。在保持喂料、喂煤均匀，加强物料预烧的基础上尽量加快窑速；采取薄料快转、长焰顺烧，提高快转率，均可防止回转窑结圈。

⑥ 确定一个经济合理的窑产量指标。

通过一段时间的生产实践，每台回转窑都有自己特定的、合理的经济指标，以满足回转窑产量高、质量优、能耗低、运转率高的目的，所以，回转窑产量不是越高越好。经验告诉我们，产量超过一定限度以后，由于系统抽风能力所限制，使煤灰在窑尾大量沉降并产生还原气氛，或由于拉大排风使窑内气流断面风速增加，火焰拉长，液相提前出现，都容易结圈。

1.4.2 预分解窑内前圈或后圈脱落后应如何操作

预分解窑内前圈或后圈可经冷热交替法处理脱落，有时也会自行脱落。出现后一种情况时，尤其是前圈突然塌落，首先应大幅度地降低窑速，如从 3.0 r/min 降至 1.5 r/min。因为圈后一般都积存大量熟料，不减窑速时将会把冷却机压死，而且烧成带后面的物料或后圈后面的生料前窜容易出现跑生料；冷却机操作由自动打到手动，开大一室高压风机风量使大块熟料淬冷、破裂，否则红热的熟料进入冷却机中后部，将会使冷却机废气温度过高；适当加快箅板箅速，把圈料尽快往后运以减轻一室箅板的负荷。与此同时，开大后面几台冷却风机的风量以降低出冷却机熟料的温度；在开大熟料冷却风机风量的同时，相应开大冷却机废气风机的排风量，并随时调节风量使窑头始终保持微负压；当一室箅下压力开始下降时，减少一室高压风机风量以免窑头出现正压和把大量细熟料粉吹回窑内影响窑头看火，加快新的前圈的形成；大块圈料快入熟料破碎机时，应降低冷却机尾部箅板的箅速，以防熟料破碎机过载而损坏锤头。

1.4.3 预分解窑为什么会结熟料圈

（1）生料化学成分不合适

由生产实践经验得知，熟料圈往往结在物料刚出现液相的地方，物料温度在 1200～1300 ℃ 范围内，由于物料表面形成液相，表面张力小、黏度大，在离心力作用下易与耐火砖表面或者已形成的"窑皮"表面黏结。因此，在保证熟料质量和物料易烧性好的前提下，为防止结圈，配料时应考虑液相量不宜过多，液相黏度不宜过大。影响液相量和液相黏度的化学成分主要是 Al_2O_3 和 Fe_2O_3，因此要控制好它们的含量。

（2）原燃料中有害成分的影响

原（燃）料中碱、Cl^-、SO_3 含量，对物料在窑内出现液相的时间、位置影响较大。物料所含有害物质过多，其熔点将降低，结圈的可能性增大。正常情况下，此类结圈大多发生在放热反应带以后的地方，其危害大,处理困难。

（3）煤的影响

由于煤灰中 Al_2O_3 含量较高,因此当煤灰掺入物料时,使物料液相量增加,往往易结圈。一方面,煤灰的降落量主要与煤中灰分含量和煤粒粗细有关,灰分含量高、煤粒粗,煤灰降落量就多。另一方面,当煤粒粗、灰分高、含水量大、燃烧速度慢,会使火焰拉长,高温带后移,"窑皮"拉长易结圈。

（4）操作和热工制度的影响

① 用煤过多,产生化学不完全燃烧,形成还原气氛,促使物料中的三价铁还原为亚铁,亚铁易形成低熔点的矿物,使液相过早出现,容易结圈。

② 二、三次风配合不当,火焰过长,使物料预烧性好,液相出现早,黏结窑衬能力增强,特别是在预热器温度高、分解率高的情况下,火焰过长,结后圈的可能性很大。

③ 喂料量与总风量使用不合理,导致窑内的热工制度不稳定,窑速波动异常,也易结后圈。

1.4.4 预分解窑为什么会结前圈

（1）结前圈的原因

① 煤粉的制备质量。

② 煤质本身的影响。

③ 熟料中熔剂矿物含量过高或 Al_2O_3 含量高。

④ 燃烧器在窑口断面的位置不合理,影响煤粉燃烧,使结圈速度加快;火焰发散也可导致结前圈。

⑤ 窑前负压长时间过大,二次风温低,冷却机料层控制不当。

导致结前圈的原因较少,容易分析,控制起来也容易。结前圈的形成会减少窑内的通风面积,影响入窑的二次风量;影响正常的火焰形状,使煤粉燃烧不完全,造成结圈恶性加剧;影响到窑内物料运动、停留时间;易结大块,容易磨损与砸伤窑皮,影响窑衬使用寿命,严重时操作困难,造成停窑。

（2）操作时对前圈的控制、处理及注意事项

① 把握好煤粉制备和煤粉的质量两个环节对结前圈的控制是有益的,在煤粒粗、煤的灰分大时,密切注意燃烧器喷嘴在窑内的位置,利用火焰控制结圈的发展。

② 熔剂矿物含量高,特别是 Al_2O_3 含量高时,喷嘴位置一定要靠后,不能伸进窑内,使结前圈的部位处于高温状态,使结前圈得到控制。

③ 如果已结前圈,应迅速调整燃烧器喷嘴在窑口断面的位置,避免前圈加剧,保证正常生产。

④ 结前圈若处理不当,还可加剧结圈,使圈后"窑皮"受损,严重时会导致衬料受损而出现红窑。这是因为圈后温度高,滞留物料多,窑内通风受影响,圈口风速增大,使火焰不完整、刷窑皮。因此,在处理结前圈时要保证火焰顺畅,保护窑皮。

1.4.5 如何处理回转窑的结圈

在回转窑操作过程中,对已形成的前结圈或熟料圈要做到及时发现、及时处理。在处理结圈时,一般是采用冷热交替法,尽量加大温度差,使圈体受温度的变化而垮落。

（1）前结圈的处理

前结圈不高时,对煅烧操作影响不大,尚可增加烧成带料层厚度,延长物料在烧成带停留时间,减少烧成带向窑前辐射散热。但当前结圈较高时,既影响看火操作,又影响窑内通风及火焰形状,大块熟料滚不出来,易损坏烧成带窑皮及衬料,此时应调整风、煤量或移动喷煤管。

① 圈位距下料口较远,大都是在窑皮情况较好、煅烧正常、高温带位置合适、喷煤管长时间在窑内时结的圈。处理时可不关排风机、不减少喂料量,只要拉出喷煤管就可以烧掉。

② 圈位距下料口较近,大都是由于窑皮情况不好、火焰过长,喷煤管长时间在外边时结的圈。有两种处理方法:一种是不减喂料。当来料偏少时将喷煤管拉出,同时提高一、二次风温和增加二次风量,尾温偏下限控制,提高烧成温度,使烧成带前移,火点落在圈位上,逐步烧掉。操作中要及时加、减煤量,掌握来料量和火焰变化情况,发现火焰伸长或压缩时要及时调整,防止损伤窑皮及轻烧品出窑。另一种是减喂料。适当减少喂料量,减少二次风量,当尾温偏低时,将喷煤管拉到最外,待预烧性较差的物料进入烧成带后,即可缩短火焰强制煅烧,使前结圈被强火烧掉。此种方法是在拉出喷煤管无法烧到时被迫进行的。由于喷煤管拉出过多,加上生料很近,黑火焰很短,不可能维持正常火焰形状,操作中更要注意来料变化。

(2)熟料圈的处理

在处理熟料圈时,要根据圈体的特点和远近,分别采取不同的处理方法才能达到较好的效果。一般采用冷热交替法处理,烧远圈时以冷为主,烧近圈时以烧为主。

① 当窑内窑皮长得长而厚或有轻度圈根时,将喷煤管偏外拉出,移动燃烧带位置,降低结圈部位温度,改变煤灰沉落位置,使厚长的窑皮逐渐垮落。调整风、煤量,加速煤粉燃烧,使高温带两端低温部分不拖长,防止圈根继续成长。

② 当窑内厚长窑皮处理不当或不及时而导致周期性快、慢车加重,使厚窑皮发展形成熟料圈时,首先要确定圈的位置和厚度及圈后积料情况,然后减少喂料量,一般减少到正常喂料量的70%~80%。提高火焰温度,加强预烧,逐渐加快窑速,保持窑的快转,卸出圈后部分积料。待圈后积料减少时,可将喷煤管伸入窑内,适当抬高喷煤嘴,使火焰的高温区移向圈体处。此时排风不宜加得过大,防止火焰温度降低。煅烧4~5 h后,再将喷煤管拉出来烧,这样反复处理,使圈体受温度变化而垮落。在处理熟料圈时,要适当改变原料成分,减少物料中的液相量,适当改变煤的配合,采用高挥发物、低灰分的煤,保证煤粉完全燃烧,以防熟料圈的发展。

处理熟料圈时,一定要在保护窑皮的基础上进行,勿使火焰过分集中。经处理后圈根仍很牢固,而且严重损伤窑皮及衬料时应停窑除圈。

1.4.6 怎样克服回转窑前圈长得太靠外

前圈长得太靠外时,不能烧住就会愈长愈高,给生产和操作带来很大困难和不利。造成这种情况的原因有以下几点:

(1)开窑点火时,煤管位置太靠外,生产过程中又未及时向里推送,把前圈长在无法烧住的地方。

(2)在生产中,由于窑皮不好,被迫把煤管移在最外面煅烧,而且煅烧时间越长,前圈就长得越靠外。遇此情形,如果拉出煤管一般关风都烧不住时,宁可影响一、两个台班的产量,也要把排风关小到能够烧得住前圈的位置,这样尾温必然大幅度下降,在必要的时候,加大喂料,增厚料层,烧掉前圈。

要防止前圈长得太靠外,一般情况下都不要把煤管拉在最外面煅烧,即使窑皮不好,拉出一定时间后就要往里送,避免长时间在外烧,以致前圈长得太靠外。

1.4.7 正常生产中如何预防回转窑的结圈

(1)选择适宜的配料方案,稳定生料成分,提高煅烧操作水平。一般来说,烧高 KH 值、高 SM 值的料子不易结圈,但煅烧很困难,对窑皮和熟料质量不利。而烧低 KH 值、低 SM 值的料子,烧结范围窄,液相量多,结粒粗,煅烧不易控制,易结圈。烧高 KH 值、低 SM 值或低 KH 值、高 SM 值的料子,煅烧易控制、不结圈。因此,配料方案应采用较高 KH 值和较高 SM 值,并适当减少熔媒矿物的配料方案,对防止结圈有利。如某水泥厂 $\phi 2.5 \text{ m} \times 45 \text{ m}$ 五级悬浮预热器窑,投产两年多来的配料方案:$KH = 0.9 \pm 0.02$,$SM = 2.0 \pm 0.1$,$IM = 1.3 \pm 0.1$,结圈频繁,台时产量低达 7.0 t/h。调整后的配料方案:$KH = 0.94 \pm$

0.02，$SM=2.4\pm0.1$，$IM=1.1\pm0.1$，采用"薄料快转"操作，结圈问题基本得到解决，窑的快转率和运转率都有了提高，熟料台时产量稳定在 10 t/h 以上。

（2）提高煤粉的粉磨细度，加强风、煤混合，消除不完全燃烧。煤粉细度粗，着火速度慢，燃烧时间长，火焰的热力分散。在二次风量不足、通风不良的情况下，物料预烧不好。一次风量不足，风速、风压减小，风、煤混合不好，容易产生不完全燃烧，形成还原气氛。尤其是使用单通道喷煤管的回转窑，一次风中的氧很难达到火焰中心区，严重缺氧，大量炭粒和 CO 不能在烧成带燃烧，而在分解带甚至窑尾才燃烧。同时，在烧成带产生大量 CO，使物料中部分氧化铁被还原成氧化亚铁，形成 FeO·SiO$_2$ 低熔点的化合物。而 FeO·SiO$_2$ 液相在 1100 ℃左右能促使硅方解石[2(CaO·SiO$_2$)·CaCO$_3$]的形成，而硅方解石在 1180～1220 ℃的液相形成，最容易使烧成带液相提前出现，将未熔的物料黏结在一起，造成结圈。为此，在生产中将煤粉细度控制在 10% 以下，同时改进单风道喷煤管煤风的喷射系统，或采用双风道、三风道喷煤管，确保煤粉充分燃烧，是防止结圈的重要措施。如某水泥厂 ϕ(4.4/4.15/4.4) m×180 m 湿法回转窑，曾使用一个喷嘴口径 ϕ330 mm、平头长 750 mm 的喷煤管。煤粉灰分高达 40%，煤粉细度为 13% 左右，结圈频繁。经热工标定，测量一次风量 16040 m^3/h，一次风速 70 m/s，二次风量 205400 m^3/h。由于喷煤嘴口径偏小，一次风量偏小，一次风速较快，加之喷嘴平头太长，惰性较大，煤粉细度较粗、灰分大，造成黑火焰长，高温带热力集中，煤粉在射程内不能完全燃烧，火焰低温部分拖长，尾部热力分散，还原气氛浓厚，造成主窑皮短而薄，副窑皮长而厚，结圈严重，限制了窑产量、质量的提高。后来改用口径为 ϕ345 mm、平头长 550 mm 的喷煤管，煤粉细度降低到 10% 以下，煤粉灰分控制在 30% 左右。测量一次风量 17500 m^3/h，一次风速 63.6 m/s，二次风量 236470 m^3/h，窑内火焰顺畅、清亮、活泼有力，高温带位置合适，低温部分不拖长，主窑皮增长(10～12 m)，副窑皮缩短(5～6 m)，热力在窑内分布合理，结圈情况基本好转，熟料产量、质量和运转率都有了提高。

（3）在生产中要确定一个经济合理的产量指标，适当采用快速转窑操作，对防止回转窑结圈是一个有力措施。结圈大都在窑产量较高时形成，往往都是增加窑产量的条件超过所规定的最高抽风能力，从而造成燃料不完全燃烧。当窑产量增加到一定限度之后，用煤量增加，煤灰大量沉落，窑内还原气氛浓厚，操作上必然拉大排风，窑内气流速度增加，火焰拉长，液相提前出现，就容易形成熟料圈。为此，在生产管理上要加强原(燃)料质量控制，稳定入窑生料成分，保持喂料均匀，在加强预烧的基础上采取薄料快转、长焰顺烧、稳定热工制度，提高快转率，对预防结圈十分有效。

1.4.8　回转窑操作中应如何处理前圈

前圈长到一定高度时，不但影响看火，而且减小通风面积，影响煤粉完全燃烧，并使大块物料堆积结圈后出不来而损坏窑皮、磨损衬料。由于前圈高，物料堆积，火焰一般都很明亮，料稍厚则有黏散之感，往往不能正常控制，再加上圈高、风速大，黑火头拉长，发现黑影迟，容易造成大慢车、出废料，降低产(质)量。

这种圈的形成，一般都是火焰过长、烧成带后移、熟料慢冷或煤粉沉降、出烧成带的物料液相量较多所致。由于前圈长在烧成带与冷却带交界处，用火焰可以直接烧到(小窑可以使用钎子捅掉)，所以变动火焰位置就可解决。

处理前圈的方法有慢烧和急烧两种。慢烧就是在较长的时间内把圈烧掉(一般为 4～8 h)，适用于处理宽、厚、高的前圈和圈内窑皮不好的情况。急烧就是在较短的时间内把圈烧掉(一般为 1～2 h)，此法适用于长得靠里的前圈。慢烧与快烧方法相似，只是烧圈时间的长短和关风大小不同。

急烧前圈时，一般排风小些，尾温下降较多，甚至不惜窑速波动。慢烧前圈时，排风大些，对正常煅烧基本没有影响。拉回煤管，缩短或改变火焰位置时，用排风大小进行控制。

烧前圈时，应把白火焰最粗的部位放在圈处，烧得前圈发白发亮(慢烧时发白即可)，不断有小块圈体掉下。如果圈体发暗，表明火焰长，烧不到圈，长时间煅烧则有烧坏圈里窑皮的危险。如看火者几乎看不到前圈,则表明火焰过短,没有烧到圈上,长时间煅烧可能把圈前火砖烧坏,造成红窑。

烧圈时应注意下列几点:

(1)烧前圈时一般应选择在前边窑皮较正常的时候。在特殊情况下,窑皮不好也要进行。但把前圈烧掉后,对补挂危急的窑皮大有好处,并可缓解圈愈高、存料存块愈多、窑皮磨损愈严重的局面。

(2)烧前圈时,应把煤管拉出,根据火焰情况,适当关小排风,保持圈体发白发亮、甚至发熔。此时,由于高温区前移,熟料温度高,冷却带前部充满白气。

(3)料层薄时,停止烧圈,防止排风关得过小,造成尾温大幅度下降,热工制度遭到破坏。

(4)前圈基本烧掉后(不影响看火),应恢复排风,拉长火焰,使尾温控制在正常范围,并逐渐把煤管送入。送煤管时,不要一下送入过多,防止生料被火点闪过而出黄料。

(5)烧前圈时增加水冷却检查次数,及时掌握衬料变化情况,防止烧干或烧红窑。

烧前圈一般是料大时烧,料小时不烧,火点要亮、结粒要好、翻滚要活泼,严防烧大火。

1.4.9 回转窑操作中如何进行停窑烧后圈

停窑烧后圈要比冷闪、热烧、冷热交替法危险,处理不当时会把砖烧坏,在处理过程中一定要严谨操作。

有时结圈到几乎将窑内堵死,其原因是窑内结皮积料过多,操作控制不当,燃料不完全或未燃烧的煤粉落在圈上及圈后的积料上,不断燃烧会造成物料发黏,圈长得快。这时停风、止煤观察,圈后物料就像火焰山一样在燃烧,可见煤粉量之多。圈结到如此程度,火焰进不去,物料受阻而无法煅烧,长时间下去,物料愈积愈多,情况会愈来愈糟。不过这种圈体是不结实的,只要提高圈处温度,就很容易把它烧掉,方法如下:

(1)停止喂料,不让积料继续增加;

(2)煤管送到最里边,以提高结圈处温度;

(3)排风机闸板开到最大,以增大火焰;

(4)减少用煤量,把不完全燃烧的煤粉量减小到最低,并调高煤管位置;

(5)加强烧成带后部窑体的检查,防止把窑烧红;

(6)有辅助马达的窑,用辅助马达翻窑煅烧;无辅助传动的窑,采用每停烧3~10 min翻窑一次的办法进行处理。

在初烧时,火焰伸不进去,操作者应减少用煤量;随着烧圈时间的延长,火焰逐渐伸长,说明效果良好,可酌情适当加大用煤量,当火焰基本成形后,尾温也不断升高(要注意料到烧成带必须烧好),此时窑尾可以开始下料,仍保持较慢的窑速,以后若情况良好,可逐渐提高窑速。烧圈的整个过程一般需2~6 h,如果烧6 h仍不见好转,即应停窑打圈。

1.4.10 回转窑后圈是怎样产生的,应如何处理

回转窑后圈一般结在燃烧带尾部,其形成原理与窑皮的一样,只不过在客观条件发生变化时(如KH值低了,铁、铝元素含量高了,煤粉中灰分增高了,水分增大等),操作跟不上去,参数不合理,导致火点后移,液相过早出现,使衬料与物料间的温差增大,圈体愈结愈厚,形成后圈。

一旦结圈,窑内通风受到阻碍,火焰伸不进去,形成短焰急烧,煤粉燃烧不完全,窑内发浑,产生局部高温,损伤窑皮,窑速提不起来。同时,窑内负荷增加,负压上升,尾温下降,来料不均,窜料严重。结圈积料严重时,窑内负荷过大,还会造成马达发热、跳闸,窑内倒烟,对产(质)量及窑的安全运转影响极大。

常见的后结圈有四种类型,如图1.22至图1.25所示。

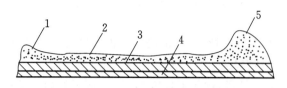

图 1.22 普通型后结圈

1—前圈；2—窑皮；3—耐火砖；4—窑体；5—后圈

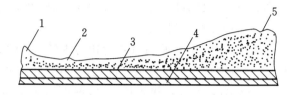

图 1.23 喇叭型后结圈

1—前圈；2—窑皮；3—耐火砖；4—窑体；5—后圈

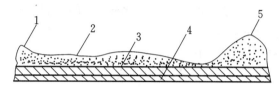

图 1.24 孤圈

1—前圈；2—窑皮；3—耐火砖；4—窑体；5—后圈

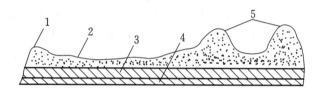

图 1.25 双圈

1—前圈；2—窑皮；3—耐火砖；4—窑体；5—后圈

对后结圈可分别采用如下措施予以处理：

（1）对初形成的普通型后结圈的处理方法

在窑的运转周期内，第一次形成的较近后圈，一般圈根不硬，圈体松弛，较容易处理，可移动火嘴或增、减排风，改变火点位置，使结圈处经常受到冷热不均的变化，使圈龟裂、垮掉，这种方法效果一般较好。

在移动煤管时，必须注意下列几点：

① 每移动一次煤管，应保持 1～3 h，确保结圈处冷热较透。

② 煤管移动范围比正常情况下的大一点，一般为 0.5～1.5 m，使结圈处温度有较大的波动。

③ 煤管拉出后，应适当关小排风，降低结圈处温度；煤管送入时，适当开大排风，提高结圈处温度。拉送煤管的目的是使结圈处冷热不均，波动愈大愈好。

④ 移动煤管时，最好在温度较正常的情况下进行。送煤管时，应在火点温度较高、料层较薄的情况下进行，防止因移动煤管而烧高或烧低。

⑤ 减小排风时，火色应控制得亮一点；加大排风后，火力控制偏中线。

（2）对喇叭型后圈的处理

先确定圈的类型和位置，其方法是停窑、止煤、停一次风，必要时，也可采用窑体淋水法判断。

如果喇叭型圈结的位置不远，可采用热烧法。就是把煤管送入并增大排风，用火焰直接把圈烧掉，到后窑皮烧平为止，一般 4～8 h 可见成效。

在烧圈过程中，如果窑内料层较薄、清楚易看，说明烧圈效果不理想；如果负压继续升高，则表示圈不但没烧掉，反而变长了，应马上拉出煤管，压低排风，停止烧圈；否则，不仅达不到烧圈的目的，反而会愈烧愈结实。

圈结得较远，应采用热烧、冷闪交替法进行处理。

（3）对孤圈的处理方法

处理孤圈，最好采用冷闪法。冷闪法要比热烧法慢得多，因为这是由表及里的慢冷过程不是 1～2 h 内可以完成的。在操作上应当减煤和一次风，保证完全燃烧，缩短火焰，减少排风，抓住"黑影"，正常煅烧，但必须防止煤管在外烧，风、煤混合不均，燃烧不好，后圈长得快。

一般经过 5～6 个台班的处理，结圈即可垮掉。在处理过程中，三班必须统一行动，任何一个台班的疏忽都会导致失败。

（4）对双圈的处理方法

双圈比较难处理，因为窑皮厚、结圈远，圈和窑皮相互连接，从前到后逐渐增高，坚固异常，冷闪不易掉，热烧烧不到。对于这种难处理的顽固后圈，可采用先烧后闪、冷热交替法进行处理，并应注意下列几点：

① 结圈后积料严重,火焰伸不进去,发憋,尾温大幅度下降,应停电收尘器(回灰直接入窑者),减少下料量,防止圈掉后出生料,或者料愈积愈多。

② 煤管送入后,其位置要调得比正常的高些,一、二次风量比正常的大些,煤量比正常的多些,火力比正常的高些。当排风开尽时,火焰仍较短,则应打慢窑。

③ 煤管送入后,如出现料层厚、"飞砂"大、熟料立升重低、窑内浑浊等现象,都是正常的,说明厚窑皮、后圈正在被烧掉,效果比较好,应继续烧下去。

④ 烧2～4 h停窑观察一次,及时掌握窑皮和结圈的变化情况,采取灵活的操作方法。

⑤ 增加水冷却检查次数,防止烧圈过程中把窑皮烧坏。

⑥ 煤管拉出冷闪时,适当压低一、二次风,减少煤量,保持火焰顺畅而不涮窑皮。拉煤管时,最好不要全部拉出,防止煤管位置退到下料口以后,风、煤混合不好,煤粉燃烧不完全,从而促使后圈增长。

⑦ 一旦发现负压突然下降,应停窑观察,早做准备,早打慢车,以适应掉圈的需要,防止出废料。

1.4.11　回转窑硫碱圈产生的原因及处理方法

硫碱圈是不常见的,它结在分解带物料温度930 ℃左右的地段。其生成原因是煤灰或生料中含有较多的 SO_3、Na_2O 和 K_2O,在上述温度下生成易熔的硫酸盐而形成圈。这种圈有一个特点,当温度超过1000 ℃时,硫酸盐挥发,圈即自行脱落消失。

为了防止这种圈的形成,应尽量使用含硫碱成分较少的原(燃)料。形成圈后,应在操作上逐渐提高燃烧带温度,拉长火焰,使结圈地段温度大于930 ℃,从而使大量的硫酸盐挥发,消除结圈。

1.4.12　窑结后结圈时,操作中能观察到哪些现象

回转窑煅烧中的后结圈,又称熟料圈,通常结在烧成带与放热反应带的交界处。后结圈往往是由于生料化学成分不当、煤灰含量高,细度粗或窑的直径小,加上风、煤配合不合理,喷嘴形状和窑速、下料量控制得不好等而引起的。如不及时处理,往往会对窑的产(质)量和安全运转带来很大影响。

当发生后结圈时,在操作中一般能观察到下列现象:

(1)火焰变粗,前部呈白亮并发浑,窑皮温度升高;

(2)来料变少或不均匀;

(3)窑的电流表读数明显增大;

(4)废气中粉尘量增加,烟气颜色浓而发黄;

(5)窑尾废气温度降低,负压增大;

(6)烧成带气层浓厚、流动慢,结圈严重时,甚至出现窑头冒烟的现象;

(7)窑的快转率下降。

在操作中发现以上现象时,应及时处理,以防圈体牢固后难以垮落。

1.4.13　煤灰含量高时应如何减少回转窑的结圈

煤灰含量高时,煤灰掺入物料的量增多,降低了物料熔融温度,过早地出现液相,结后结圈的机会必然增多。为此,在使用煤灰含量高的燃料时,应采取以下措施,以减少或杜绝后结圈:

(1)压低煤粉细度,提高细度合格率,减少水分含量,以加速煤粉燃烧;

(2)在不影响煅烧和尾温下降较多的情况下,尽力采用较短的火焰,使火力集中、烧成带温度较高、煤粉燃烧较快,短时间内放出较大热量;

(3)定时活动煤管,不断改变火焰位置,不断变化煤灰沉降区;

(4) 注意用煤量不能过多,保证煤粉完全燃烧,加强预打小慢车操作;

(5) 改变配料方案,降低熔媒矿物含量,适当提高硅酸率;

(6) 若发现有厚窑皮现象,应及时采取措施,以防形成后结圈。

1.4.14 如何预防回转窑后圈的形成

要防止结后圈,必须注意下列几点:

(1) 操作人员应在情况发生变化时,及时改变操作方法,变不利为有利;

(2) 配料的 KH 值和 SM 值适当高一点,减少液相黏度和总量,防止液相过早出现而结圈;

(3) 改进喷煤系统,加速风、煤混合,保证煤粉完全燃烧、火焰完整;要严防火焰分散,形成长焰低温;

(4) 合理使用参数,稳定热工制度,提高快转率,使液相不要过早出现;

(5) 控制一定的火焰长度,稳住"黑影",保持烧成带有足够的火力加速煤粉燃烧,相对提高尾温并保持稳定,确保物料预烧好;

(6) 经常变动煤管位置(最好每台班移动一次,根据具体情况伸入或拉出),改变火焰高温区,使厚窑皮处不断受到冷热变化而掉落;同时,可改变煤灰沉降区,使物料的熔融区相应发生变化,而不固定在某点或某区域。

1.4.15 如何使用高压水枪清除上升烟道结皮

窑尾上升烟道结皮、堵塞是新型干法水泥窑生产中经常出现的问题,也是长期困扰生产的一大难题,采用高压水枪可清除上升烟道结皮。

(1) 上升烟道结皮状态分析

① 上升烟道结皮造成的后果

结皮后,窑尾上升烟道通风面积变小,严重时上升烟道实际通风截面面积只有正常情况下的 1/4 左右。窑尾上升烟道气体控制闸板起不到调配窑三次风管风量的作用,窑尾的阻力损失增加了 200～400 Pa,此时窑内通风不良,窑头发热能力受到抑制,窑头烧成带温度急剧下降 200 ℃以上,达不到熟料煅烧要求,窑内出现严重的跑生料现象,甚至可将火焰扑灭,而煤粉燃烧不完全将加重上升烟道的还原气氛、加快结皮速度。因此,因上升烟道堵塞而导致窑系统紊乱,各项控制参数难以调整和控制。

② 结皮部位及形式

该厂 FLS-SLC 型 2000 t/d 熟料生产线经常结皮、堵塞的主要部位集中在窑尾上升烟道下部,离窑尾斜坡约 1 m 往上 1.5 m 处及上升烟道气流分配阀附近的四周竖壁上。手动闸不经常动作的一边稍厚,最厚时可达 500 mm,气流分配阀电动控制的一边稍薄,厚度在 300 mm 左右。

③ 结皮物料状况

窑尾上升烟道的气体温度在 1050 ℃左右,在这种温度下结皮物料本身热态强度并不高,只是在冷却后强度迅速上升。进行窑热态人工清理时,插入钢钎时感到很软,但钢钎使不上劲;想插入一定深度又不容易,钢钎很快就烧红、变软,因此,热态清理很不顺手,碰上结皮速度快时,清理速度还赶不上结皮速度。

(2) 使用高压水枪清理上升烟道结皮

① 清堵机理

使用 40 MPa 高压水柱射入 850～1050 ℃的结皮物料内部,在高温物料内水骤然汽化而产生强烈爆炸,被击中的部分物料受到振动而垮落,相邻部分物料局部温度迅速下降而变脆、变硬。爆炸水柱的射入深度与结皮厚度匹配,其结果是结皮物料因此而垮落,而上升烟道衬料则得到保护。爆炸的喷射角又使物料由于松软而不会被大面积冲击垮落,导致设备、人员伤害事故。

② 高压水枪规格及性能介绍

在清理过程中,高压水枪的压力是很重要的参数,压力不足,清堵能力降低。一方面,水柱击穿物料的深度、广度受到影响;另一方面,水柱爆炸所产生的冲击力也有限,因此,必须使用足够压力的高压水枪。从另一个角度来考虑,压力过高或清堵过快也会引起衬料被击破、击垮的现象,造成局部"红斑"。

沃马-大隆(WOMA-DALONG)752型高压水枪的工作特性如表1.26所示。

表1.26 752型高压水枪的工作特性

行程(mm)	73	栓塞直径(mm)	6
齿轮变速比	3.0	轴功率(kW)	53
曲轴转速(r/min)	500	流量(L/min)	55
最高工作压力(MPa)	49		

③ 清堵孔布置

上升烟道本身设计有捅料孔,可用于人工清堵,使用高压水枪后,又增加了部分清堵孔,以适应水枪清堵需要。

清堵孔数量太多,会降低上升烟道钢结构的强度,也会使物料整体垮落而损伤内衬,还会造成漏风等问题。停窑检查,找准结皮最厚的部位,要使结皮部位都在水枪清理范围内。开孔直径在250~300 mm即可保证水枪枪头有足够的活动角度。开孔大了,水柱爆炸时将产生局部强正压,大量高温带粉尘气体外喷,给操作人员造成威胁,开孔时要选择清理方便的部位。

开孔位置在上升烟道气流控制闸板下面,可利用原有捅料孔清理。清理时,未清的捅料孔要盖好、拴住。

在出窑尾斜坡上升1 m和2.5 m平台的两个平面各开4个孔。水枪可以将整个平面上的结皮都纳入清理范围。同样,水枪还可以上下活动,将一定段长的结皮全部清除。

④ 掌握高压水枪的使用时机

使用高压水枪清理上升烟道结皮时要掌握好时机,过早清理会导致衬料损伤或压力失衡而引起分解炉垮料等;过晚清理会给产量造成严重损失。经过较长时间的实践,以上升烟道压力损失作为清堵依据是较为科学的,可简单地将分解炉入口三次风管负压损失作为判断上升烟道结皮程度的依据。正常窑况下 C_4 筒分料入上升烟道的比例在15%左右。结皮后,气流控制闸阀逐步打开,分料比例降为零,当三次风管压力仍然显示-400 Pa以上甚至快速上升时,就必须用高压水枪清理了。该厂 FLS-SLC 生产线情况比较特殊,上升烟道清理得太干净时,特别是在气流控制闸阀烧坏的情况下,阻力损失过低,分解炉内物料不能被气流托起,从三次风管下落,影响系统热工制度。因此,必须控制好清理结皮程度。当气流控制阀全关、上升烟道分料为15%、三次风管入分解炉负压降到-300 Pa时,就停止清理,否则容易出现一系列如前所述的后果。

⑤ 使用高压水枪清堵时的注意事项

高压水枪的自然射流本身就是一种巨大能量,使用不当或不慎都会对人员或设施造成损害。清堵孔要装上安全盖,使用高压水枪时要将安全盖盖上,避免外逸高温气体和粉尘烫伤操作人员,穿戴好特殊防护衣、防护罩也是必要的。使用高压水枪前要用钢钎将开孔处结皮物料捅穿。操作时,人不能正对气孔,要侧身,清堵时扳机连续抠住时间不能太长,每次1~2 s即可,否则会打落局部内衬。清堵前,必须找准部位,剩余的结皮如果量不大,用人工清理即可。这时候尽量少用水枪或将压力调低,可有效地保护内衬。

1.4.16 如何防止结皮性堵塞

(1) 投料与止料时操作迅速。使用生料循环通路的三通阀,保证投、止料的快速敏捷。

（2）使用含 ZrO_2 和 SiC 的耐火砖或浇注料。在易结皮的位置使用抗结皮浇注料,可以减小结皮的趋势,即使有结皮出现,也容易脱落及处理。同时,下料管道及上升管道的耐火材料表面应当光滑。所以,运行一段时间后的缩口容易结皮。

（3）在易结皮的卸料锥体处使用空气炮。空气炮应安装在易出现结皮的位置,清扫频率要根据需要调整,并不是越频繁越好。如果结皮不严重,可以人工每班清理 1～2 次即可。

（4）注意关键部位的漏风情况。窑尾和低位预热器的热物料特别容易在低温处,尤其是在漏风点凝结成结皮。因此,在窑喂料端密封处、预热器闪动阀及低位预热器上应尽力防止漏风点存在。同时,保持耐火隔热层有效,避免对热表面不必要的冷却。

[摘自:谢克平.新型干法水泥生产问答千例(操作篇).北京:化学工业出版社,2009.]

1.4.17 如何预防烧结性堵塞

（1）防止燃煤的不完全燃烧。包括窑头及分解炉两处用煤,特别是在刚点火时,煤粉燃烧条件不好,燃料未完全燃烧,而到四、五级预热器中继续燃烧,现场打开捅灰孔时可见到未燃尽的火星。

（2）仪表数值可靠。各处配置的温度、压力仪表应保证数值可靠,尤其是窑尾、五级预热器出口、一级预热器出口等处的温度、压力表数值。常有由于仪表数据失真,误导操作而发生预热器堵塞的情况。

（3）防止分解炉温度过高及分解率过高。

（4）系统出现不正常现象时,尤其是预热器内已有存料,必要时应止料检查,不应盲目继续加煤使预热器烧结。

（5）仔细观察各级预热器的负压及温度变化。

[摘自:谢克平.新型干法水泥生产问答千例(操作篇).北京:化学工业出版社,2009.]

1.4.18 如何预防异物性堵塞

（1）在处理结皮等操作时,严禁将垃圾、杂物直接投入预热器内。

（2）操作时若不慎将长钢管等铁质工具掉入旋风筒内,应立即通知中控室操作人员,并在掉入的下一级闪动阀处注意观察,必要时止料,并在此处取出。

（3）观察闪动阀的动作是否异常,如有异物卡住,一定要及时止料处理。

（4）当内筒等配件烧蚀严重时,要及时更换。

[摘自:谢克平.新型干法水泥生产问答千例(操作篇).北京:化学工业出版社,2009.]

1.4.19 如何预防沉降性堵塞

（1）消除塌料的原因。现在的预热器设计已经完全可以做到没有塌料的现象发生。如果时有塌料发生,应从预热器结构上找原因。另外,加料时应先增加相应的用风量,而且一次加料量不应超过正常喂料量的 1/3,否则不但工艺难以稳定,而且可能造成沉降性堵塞。

（2）重视闪动阀的密封性能。如果阀门的杠杆没有任何闪动,甚至没有颤动,表明有漏风现象。

（3）仔细观察系统用风量的变化。不论是风机特性曲线,还是管道特性曲线,都不要随意改变风机工作点。如果系统改造后经常发生堵塞,首先应考虑系统用风的合理性,避免风机拉风不足或相互争风使系统产生"零压区"。

[摘自:谢克平.新型干法水泥生产问答千例(操作篇).北京:化学工业出版社,2009.]

1.4.20　回转窑预热系统堵塞的原因及处理措施

（1）堵塞现象

悬浮预热器窑、预分解窑等新型干法窑水泥生产工艺存在一个"通病"——预热系统堵塞。堵塞的发生不仅扰乱了窑的热工制度，降低了窑产量和熟料质量，而且处理起来费时费力，甚至还会造成人员伤亡。

预热系统堵塞时，一般有以下几种"征兆"：

① 排灰阀静止不动。

② 堵塞部位以上各处负压剧烈上升；堵塞部位以下则出现了正压，捅料孔、排风阀等处向外冒灰；窑头通风不好，严重时往外冒火。

③ 排风机入口、一级筒出口、分解炉出口、窑尾等处温度异常升高，甚至达到或超过危险温度范围。

④ 预热器锥体负压急剧减小或下料温度降低。如果发现不及时，旋风筒内几分钟就积满了料粉，但往窑内下料却很少。当堵窑料量过大时，就会突然塌料，导致料粉冲出窑外，酿成事故。

对于五级旋风预热器或预分解窑来说，预热系统内容易堵塞的部位主要有以下几处：

① 四级旋风筒垂直烟道、锥体。

两者堵塞物相似，主要是高温未燃尽的煤粒和生料沉积物。

② 窑尾烟室缩口和窑尾斜坡。

堵塞物主要是结皮物料，冷却后很硬，碱含量（R_2O）高。

③ 五级旋风筒锥体及下料管。

堵塞物主要是结皮物料。

④ 分解炉及其连接管道。

C_4筒及分解炉连接管道堵塞物中有大量结皮，有的质地很硬，结皮物上有大量未燃尽的煤粒，用高压风吹时，会出现明火。

（2）原因分析

造成新型干法窑水泥生产预热系统堵塞的主要原因是预热器和窑之间的"内部循环"。当窑尾废气温度达到一定值时，粉尘就黏附在废气管道壁上，而这种粉尘吸附了碱、氯、硫，故黏性很大。随着温度的上升，粉尘黏附的数量和硬度也增加了，此时便形成结皮，管道实际通风截面就减少了，有时旋风筒顶部的粘灰脱落，排在旋风筒内，使旋风筒下部堵塞。

当预热器内生料和燃料含硫、碱量较高时，温度达到 400～600 ℃时 SO_2 就会转化为 SO_3。SO_3 被生料粉吸收以后生成 $CaSO_4$，在 860 ℃下 $CaSO_4$ 熔融并易与料粉在预热器底部和窑尾内部结成碱圈。

预热系统的结皮和堵塞最容易在最低级的两个预热器内产生，特别是最下一级旋风筒是最容易发生结皮的地方。在预热器中和回转窑入口处的沉积物有含量较高的硫酸碱和氯化碱，窑气中含有的硫酸碱因熔融凝聚而分离出来，形成与燃烧物质和窑灰相结合的物质。这样的熔融物在生料颗粒上形成薄膜，阻碍生料流动并在预热器内造成堵塞。

预热系统堵塞除上述工艺方面的原因外，还有操作方面、设备维护方面的原因。

① 操作方面：喂料不均、生料成分波动、火焰形成不当、窑内产生还原气氛、不完全燃烧等容易造成预热系统结皮堵塞。

② 设备维护方面：窑尾密封处、人孔处、冷风闸门等漏风，预热器内衬剥蚀、翻板阀太紧（不灵活）等也容易造成预热系统结皮堵塞。

（3）处理方法

新型干法窑预热系统堵塞后，应立即进行清堵。有关处理方法和步骤有以下几点：

① 接到堵塞报告后，应立即考虑采取止料、减煤、慢转窑等措施。

② 探明堵塞情况及堵塞部位。

③ 商定清堵方案,组织人力、物力统一行动。

④ 如果堵塞较轻微,稍捅即可清堵时,可适当减煤,继续转窑;如果堵塞严重时则停料,同时慢转窑。

⑤ 捅堵时,可用压缩空气喷枪对准堵塞部位直接捅捣。

⑥ 清堵时,应本着"先下后上"的原则,即先捅下部,后捅上部,保证捅下的物料顺畅排走。

⑦ 清堵时,要关小排风机阀门(不得关闭排风机),保持预热器系统内呈负压状态,便于捅堵。

⑧ 捅堵完毕后,进行预热系统详细检查,确保各级旋风筒锥体、管道、撒料器、阀门等干净完好,确保所有人孔门、捅料孔等密封严密,各处压力、温度恢复正常。

⑨ 点火、升温、投料。

(4) 预防措施

① 严格控制进厂原料、燃料质量,加强内部管理,定时排放三次风收尘灰,使窑尾电收尘回灰均匀加入生料均化库中,并加强看火操作,及时在旁路放风,合理匹配风、料、煤及窑速,稳定窑内热工制度。

② 稳定生料成分,控制窑尾温度、分解炉出口温度等,使温度与成分相匹配,防止局部过热,防止窑炉不完全燃烧和还原气氛的形成,再通过密封各级预热器漏风点及翻板阀严密锁风,确保系统工况稳定。

③ 在频繁结皮堵塞的部位合理设置捅料孔、监测报警装置、空气炮等。

a. 在容易结皮的部位,增设空气炮及吹捅装置,如在 C_4 筒锥体处可加装空气炮和吹堵管;在 C_5 筒上升管道处可加装吹堵管;在窑尾斜坡加装空气炮;在分解炉设置捅料孔。捅料孔及吹桶装置一般应均布于易堵部位的周围,一旦发生堵塞,能够从四个方向捅堵。

b. 在易堵料的"瓶颈"部位,即在各级下料管锥段增设核子料位计,用来监测物料堆积情况。为防止料位计误动作,可在易堵部位如 C_3、C_4、C_5 筒各下料管锥段安装压力变送器,并远传到后备仪表控制盘及 DCS 上组成监测报警系统。

以上措施可有效地预防预热器系统堵塞,做到随堵、随捅、随清,以减少其他故障的发生。

1.4.21 投料初期预分解系统堵塞的原因和预防措施

某 5000 t/d 水泥熟料生产线,在试生产阶段因为系统和设备的不正常运行,多次开、停回转窑,曾经发生过多次投料初期预热器系统堵塞现象。根据实际生产操作情况,特总结出了以下经验,可供参考。

(1) 堵塞的部位

预分解系统内很多部位都有可能发生堵塞,但主要发生在旋风筒锥体、各级下料管及翻板阀处。若发现不及时,有时能从下料管堵到预热器锥体,甚至堵塞整个旋风筒,而分解炉、烟室斜坡、连接管道、变径管等处有时也容易因料流不畅而造成堵塞。

(2) 堵塞的原因及预防措施

造成预分解系统堵塞的因素有很多,也很复杂,因而必须从工艺、原(燃)料、热力和物化作用、操作手段等几个方面进行认真细致的分析研究。对每次堵塞的前兆都应仔细分析并找出原因,为以后生产中防止堵塞和出现堵塞时应采取的措施提供依据。

① 投料温度控制不当引起的堵塞

在投料初期系统温度相对较低,操作员往往会担心跑生料,从而把分解炉温度控制得稍高于正常生产温度(910 ℃左右),理论上分解炉出口温度控制在 870~890 ℃,这为堵塞埋下了隐患。堵塞原因有以下几方面:

a. 温度分布的影响。在投料时,当高温风机拉风后,给料和给煤的时间如果把握得不好,在第一股料入分解炉之前,尾煤先到达,则高温预先出现,加上刚投料时三次风温偏低,煤粉燃烧不完全,在炉内燃烧时间滞后,而此时单位体积内物料浓度较低、风速快,煤粉和物料在分解炉内停留时间较短,真正的燃烧已经延入 C_5 筒内进行。如果分解炉出口温度在 890 ℃以上,则 C_5 筒出口温度则会高于 900 ℃。高温

在 C_5 筒内出现,再加上物料少,局部高温、液相的出现,就有产生堵塞的可能。

b. 硫、碱循环的影响。在投料之前的停窑中,如果正常停窑,在止料后一般头煤都要烧 15～20 min,以便烧住最后一股料,避免再次开窑时对升温的影响。如果非正常停窑,以后的烘窑时间会更长。正常生产中硫、碱都会在窑和预热器系统内达到一定的平衡后被废气带走。当停窑时,系统温度发生变化,这一平衡将会被破坏。通过多次挥发,硫、碱循环富集,它们在高温时挥发,在低温时凝聚得更为剧烈。硫、碱在 700 ℃ 左右凝结,而停窑后各级温度都会下降,凝点已移入 C_5 筒,止料后,不会有物料将其带入窑内。加上停窑时的头煤燃烧,而后的烘窑升温阶段长达几个小时,随着温度的升高,窑衬中的硫、碱随着转窑所扬起的粉尘进入预热器,集中在 C_5 筒内,慢慢凝结在下料管道或边壁上。在随后的投料中,物料在高浓度的硫、碱环境中,一旦高温出现,很容易出现液相,这些凝下来的物料黏附在预热器、分解炉及连接管道内形成结皮,若处理不及时,继续循环黏附,将导致预分解系统结皮堵塞。这就为投料初期堵塞提供了条件。

c. 烘窑升温阶段的影响。在升温阶段,由于窑前温度较低,火焰不稳定,拉得较长,特别是后半阶段烟室温度很高,但窑内整体温度还是很低,没达到投料的条件。在此阶段,操作员往往担心火焰熄灭,影响稳定性,因此翻窑的次数少,间隔时间较长,以此来稳住火焰,但这样反而得不偿失。由于煤粉往后燃烧,烟室及预热器下级温度偏高,并有部分不完全燃烧的煤粉沉积在下料管中,当拉风投料后煤粉重新燃烧,再加上系统的高温,容易形成堵料。所以在烘窑阶段,当烟室温度达到 800 ℃ 左右时,完全可以辅传连续转窑,不必担心火焰熄灭,煤粉必须要经过爆燃这一阶段之后火焰才能慢慢稳定下来。随着物料的翻滚并吸取热量往窑前运动,可以起到提升窑前温度的作用,有利于煤粉的燃烧,从而形成良性循环,抑制住尾温的过快升高,从整体上提升全窑的温度,还可以起到保护窑衬的作用。

d. 在烘窑的后阶段,应多次启动预热器系统空气炮,最好投料前重新吹扫一下各级锥体及下料管。另外,在后阶段应注意观察分解炉出口温度、C_5 筒出口温度和 C_5 筒锥体温度,原则上 C_5 筒出口温度低于分解炉出口温度,C_5 筒温度不能出现倒挂现象,特别是在窑头火焰基本稳定的情况下。若出现上述现象,应该判断含氧量是否不足而出现滞后燃烧现象,因为随着头煤的不断增加,一次风所提供的氧气已不能满足燃烧所需,此时应适当把篦冷机一室风机开启,调整适当的阀门开度,上述现象基本可以消除。

② 内漏风引起的堵塞

由于翻板阀锁风不好形成内漏风,投料时第一股料下来之后,由于物料浓度相对较低,需在筒内循环到一定浓度后才能冲开翻板阀,而内漏风无形中又增加了一定的阻力,这样容易形成塌料,物料间歇性地一股一股下来,如果排料不畅,很容易形成堵塞。

a. 内漏风造成的堵塞。当旋风筒的排灰阀(也称锁风阀)因烧坏或失灵时,下一级旋风筒的热气流会经过下料管通过排灰阀漏入上一级旋风筒内。这种通过下料管排灰阀由下一级旋风筒漏入上一级旋风筒的漏风称为内漏风。它不但能降低旋风筒分离效率,增加循环负荷,也是短路、塌料、堵塞的原因之一。这是因为下一级气体从下料管内经过时,会使预热器收集的物料重新上升,在预热器内造成循环。由于下料口处风速高达 40 m/s,气流浮力较大,没有相当数量的物料就不会向下沉落。一旦物料收集得过多,具备了沉落的条件,便有一大股物料经过排灰阀落下,造成下料不均,分散状态不好,加上料管内径较小,更容易使下料管堵塞。若处理不及时,将堵至预热器锥体,且清堵相当困难。

b. 投料时不要过多加入尾煤。由于投料前几分钟分解炉内物料浓度较低,一旦发现温度过高时再减尾煤,时间滞后,危险性很大。因此,分解炉出口温度应控制在 870～880 ℃,当料流稳定后再慢慢往 890 ℃ 上靠近,不必担心尾煤着不了火而立即大幅度升温。实践证明,只要温度在 700～750 ℃,尾煤都能保证着火,再者刚开始窑内物料少,窑内储存的热量完全可以满足,塌生料的可能性很小。前面分析过,如果温度按正常生产中的参数来控制,由于硫、碱浓度及烘窑时部分煤粉的二次燃烧,容易出现液相,造成堵塞。

c. 由于客观原因,在内漏风不可避免的情况下,投料时拉风量一定要稍大。虽然拉风大时,刚开始会引起 C_5 筒温度稍高,但只要兼顾到位,就不会出现问题,当物料下来后温度亦随之下降。拉大风可避免塌料的产生,同时算冷机的风量要根据窑头负压及时调整,以免第一股料在预热器内因风量不足而引起塌料。刚开始投料量设定在正常产量的90%左右,以便第一股料有一定的冲力能冲开各级翻板阀并克服内漏风形成的阻力,当料进入窑内,就可以把投料量减少到正常产量的45%左右,然后根据窑况逐步增加到正常投料量,这样也可以防止投料初期预热器堵塞。高温风机拉风后,在开始前几分钟不能减风,避免引起系统风量的改变而发生塌料现象。

③ 外漏风引起的堵塞

所谓外漏风,是指从预分解系统外漏入预热器内的冷空气。它主要是从各级旋风筒的检查门、下料管排灰阀轴、各连接管道的法兰、预热器顶盖和各测量点等处漏入,从预热器检查门、锥体底部法兰及下料口处的法兰漏风影响最大。旋风筒预热器内气流运动复杂,若预分解系统密封不好,漏入冷风,将影响物料在预热器内的运动轨迹,可能造成物料在下料口处堆积,导致堵塞。

④ 机械故障造成的堵塞

外来异物造成机械性堵塞,如预分解系统的检查门砖镶砌得不牢而垮落;旋风筒顶盖、分解炉顶盖及内筒衬料剥落;旋风筒内筒或撒料板烧坏掉下;排灰阀板烧坏或转动不灵;检修时有耐火砖或钢铁件等落入预热器内未清理等。这些异物容易堵塞下料管或锥体,造成预热器的机械堵塞。

a. 有两种性质的掉砖。一是在开窑前关闭检查门,用砖封闭时不小心,或是在打开检查门处理堵塞时不慎将砖掉入预热器内,或因检查门封闭不严、砌砖不牢,有时负压较大将砖吸入预热器内;二是在正常生产中发生的衬料剥落或掉砖。剥落掉砖的部位通常是预热器平行管道的分料墙、进出口管道和站墙,以及预热器顶盖和内筒衬料等处。其主要原因有系统热工制度不稳、冷热交替较频繁、未留好膨胀缝;顶盖漏风;内筒受高温变形导致内衬开裂或在处理结皮时导致内衬同物料结皮一起落入预热器内。

b. 旋风筒内筒被烧损后剩下的残片也会造成预热器机械堵塞。当该级旋风筒并列时,若其中一个内筒烧损,堵塞锥体、物料棚架,通过该筒的风量减少,造成系统风量分布不均,并因此导致堵塞。掉入内筒造成堵塞主要发生在最末两级旋风筒中,以末级最为严重。

c. 排灰阀本身结构不好,高温变形、配重不当、转动不灵时也会发生机械性卡死,从而堵死下料管。每次投料前都安排每一级预热器有一人监管,一旦发现某处异常,及时安排人工开动吹风装置吹堵或晃动翻板阀。

⑤ 其他情况

开、停窑时排风量过小需止料停窑,排风量不能大幅度减小。若大幅度减小排风量,易造成物料因风速过低而沉积在水平管道内。重新开窑投料时,开始排风量也小,堆积在水平管道内的物料不能被顺利地带走,随着下料量的不断增加,堆积的物料越来越多,严重时也会导致堵塞。

1.4.22 预分解窑结蛋时应如何预防和处理

预分解窑内结蛋(球)的主要形成原因有生料成分波动,液相量过多;加料不稳定,导致窑尾、分解炉温度波动,难以控制;设备故障率高,停机较为频繁;原(燃)料中硫、氯、碱等有害成分含量较高;煤粉质量波动大,均化效果差;窑灰掺入不均匀;操作人员疏忽,温度控制不当或长时间打慢车等。窑内结蛋可采取以下措施加以预防和处理。

(1)预防措施

第一,可选择合适的配料方案,稳定生料成分。一般采用高石灰饱和系数、高硅酸率的生料不易发生结蛋现象,且熟料质量比较好,但是这种料较耐火,对操作要求较高。若采用低石灰饱和系数和低铝氧率的生料,它的烧结范围比较窄,液相量偏多,结粒粗大,稍有不慎就会导致结蛋。所以,在生产中尽可能选择"两高一中"的配料方案,即高 KH、高 SM、中 IM,这种配料易操作且熟料质量也相对较稳定。

第二,尽量选用有害成分含量较低的原(燃)料,特别是煤;要加强燃煤的均化,并在能够满足生产要求的同时尽可能降低煤粉细度;煅烧过程中要加强风与煤的混合,尽量避免煤粉过粗而引起的不完全燃烧;如使用挥发分较低的煤粉,因其着火速度慢、燃烧时间长,火力强度不集中,应尽量降低煤粉的细度和含水量。

(2)处理措施

若窑内已经形成料球,应对成球的原因进行全方位分析,取样化验,且要分别对球核、球壳进行化学全分析,找准原因,对症下药。如料球比较小,操作上应适当增加窑内通风,使火焰顺畅,但必须注意窑尾温度的控制,使其不要过高;可略微减少窑头用煤,但必须保证煤粉的完全燃烧,并适当减少喂料量,稍降低窑速,让窑内的料球滚入烧成带;等料球到烧成带后,再降低窑速,用大火在短时间内将其烧垮或烧小,以免进入冷却机发生堵塞或砸坏箅板,但此时应特别注意窑皮的情况。如果结蛋较大时,可采用冷热交替法进行处理;当料球在过渡带时不易前行进入烧成带,这时可将喷煤管伸进去,适当降低喂料量,烧1~2 h后将煤管拉出再烧1~2 h,循环操作,直到料球破裂;若实在不能使其破裂,可停窑冷却1~2 h后点火升温,让料球因温差过大而破裂。在处理过程中,切忌让大料球滚入冷却机内,否则会对冷却机造成较大损伤;另应控制窑尾温度不能过高,以免后面的小料球接二连三地出现。

1.4.23 预分解窑为何会结蛋,应如何预防

所谓"结蛋",是指熟料煅烧过程中粉料相互黏附形成的大于正常熟料结粒的大块。有的水泥厂结蛋十分频繁,其大小不等,最大的结蛋直径可达到2 m,几乎占去了窑的一半空间。

(1)预分解窑结蛋的危害

① 降低回转窑的运转率。大蛋在窑内"卡死"滚不出来时,只能停窑处理,即人工打蛋。处理一个蛋需要耗费2~3 h,有时会更长,影响回转窑的正常运转,降低了窑的运转率。

② 缩短窑衬使用寿命。大蛋在窑内滚动时,与窑皮的摩擦容易使其脱落,进而挤压窑衬使其受到磨损,窑衬的使用寿命因此而缩短。

③ 影响冷却机的安全运转。大蛋从窑头掉到冷却机上,容易砸坏冷却机的部件而影响冷却机的安全运转,如箅冷机的箅板和输送链条时常被大蛋砸坏。

④ 影响水泥的产量和质量,影响企业的经济效益。

(2)预分解窑结蛋的原因

① 窑尾产生局部高温,使液相提前出现而形成蛋核

窑尾温度过高时,回转窑很容易滚出大蛋。据某水泥厂统计,结蛋时的窑尾温度确实比不结蛋时的高,见图1.26。

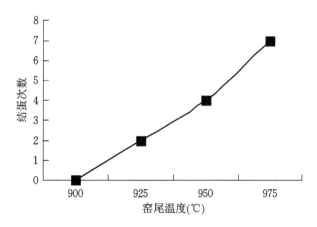

图1.26 结蛋次数与窑尾温度的关系

② 煤灰大量不均匀掺入生料易形成结蛋

由于煤灰中富含硫(如 K_2SO_4、Na_2SO_4、$CaSO_4$ 等),在生料中大量沉落必然造成入窑生料中 SO_3 含量异常的高。另外,煤灰在生料中的掺入也可能使生料在煅烧过程中液相开始出现的温度降低而有利于

大蛋的形成。在通常情况下,生料在煅烧过程中液相开始出现的温度为 1250 ℃左右,硫酸钙、硫酸钾、硫酸钠和氯化物共同存在时,低共熔物的温度可接近 700 ℃。

③ 煤粉不完全燃烧产生结蛋

煤粉的不完全燃烧是产生结蛋的根本原因。煤粉在窑头或分解炉中燃烧不完全时,会被带到窑尾或较低级旋风筒中燃烧。煤粉的二次燃烧会产生局部高温,使液相可能提前在窑尾出现并在生料粉表面铺展开来,随着窑的回转而形成蛋核。温度越高,液相的表面张力越小,越容易在生料粉表面铺展,也就越容易形成蛋核。

蛋核形成后随窑向窑头运动,由于离心力的作用使液相摔向表层,再黏附生料粉而形成大蛋中间层,有时窑内有后圈挡住大蛋,使其在窑尾来回滚动而越长越大,当自身重力足以克服后圈阻力时,大蛋就滚向烧成带,黏裹熟料粉形成大蛋表层,使蛋进一步变大。

④ 燃煤品质差促进大蛋的形成

燃煤灰分高、热值低、可燃性差,容易导致煤粉不完全燃烧,有助于促进大蛋的形成。据某厂统计,使用高灰分的煤易结蛋,见图 1.27。

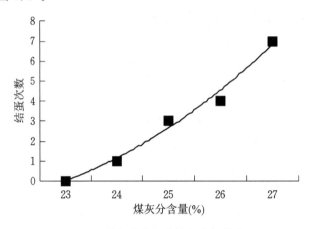

图 1.27　煤灰分含量与结蛋次数的关系

⑤ 窑操作不当引起结蛋

有些水泥厂为单纯提高入窑生料中碳酸钙的分解率,分解炉用煤量过大,两把火比例失调。分解炉用煤过多,而炉的空间有限,煤粉不完全燃烧,极可能生成蛋核。

喂料量波动大且剧烈时,很容易扰乱窑的热工制度。由于操作的滞后特征,加、减煤跟不上喂料量的变化,甚至出现断料也不能及时减煤,很容易导致煤粉的二次燃烧。

火焰过长,局部时间内窑后温度过高,出现液相,容易使窑内结蛋。

设备的超负荷运转、煤粉细度粗等也容易导致煤粉的不完全燃烧,从而引起结蛋。

⑥ 有害成分含量高引起结蛋

根据国内外一些预分解窑结皮、结蛋的分析得知,有害成分(主要是 K_2O、Na_2O、SO_3)是影响结皮、结蛋的重要原因,结皮料有害成分的含量明显高于相应生料中的含量,有害成分能促进中间相特征矿物的形成,而中间相是形成结皮、结蛋的特征矿物[如钙明矾石($2CaSO_4 \cdot K_2SO_4$)、硅方解石($2C_2S \cdot CaSO_4$)等]。

在水泥熟料的煅烧过程中,生料、燃料中的挥发性组分会在窑的高温带挥发出来,随窑气向窑尾运动,一部分冷凝在温度较低的生料上而后再入窑,再从高温带挥发出来,构成内循环;另一部分随废气从最高级筒排出窑系统,经过收集后重新入窑,构成外循环。挥发性有害组分在生料中的循环富集,一方面可能使液相开始出现的温度降低;另一方面,挥发性有害组分的循环富集和非挥发性有害组分(如 MgO)含量高也可能使液相量增大,这些都有助于促进大蛋的形成。

有害成分含量越高,挥发率越高,富集程度也越高,内循环量波动的上限值越大,则特征矿物的生成机会越多,窑内出现结蛋的可能性越大。

⑦ 生料配料方案不合理或均匀性差

配料方案不合理、硅酸率偏低，使液相量偏高，物料容易结块；入窑生料成分均匀性差、率值波动大、喂料量的波动等也易引起回转窑结蛋。

⑧ 运转率对窑内结蛋的影响

设备故障多、开停窑频繁、窑的运转率低、窑内热工制度波动大，造成窑内部分物料未经过分解炉而直接由三级预热器进窑或由二级预热器经四级预热器直接入窑，形成塌料，则窑内容易形成结蛋。

⑨ 分解炉结构不合理

我国水泥工业起步比较晚，较早设计的分解炉结构比较不合理，煤粉在分解炉中停留时间较短，容易导致分解炉中煤粉的不完全燃烧，引起结蛋。

（3）防止结蛋的措施

根据大蛋的形成机理，为预防结蛋可采取如下措施：

① 对现有结构不合理的分解炉进行改造，避免设备超负荷运转。扩大分解炉的燃烧空间，延长煤粉在炉内的停留时间，使煤粉在炉内充分燃烧是减少或避免煤粉二次燃烧的一种较好的途径，同时，应放弃追求产量而不顾长期安全运转的思想。

② 尽量不使用灰分高且熔点低的煤，若必须使用，也应该粉磨得细些。

③ 尽量限制原（燃）料中有害成分不超过一定数量。一般要求生料中 R_2O 含量小于 1%，Cl^- 含量小于 0.015%，煤中 SO_3 含量小于 3.5%。

④ 调整配料方案，建议采用"两高一中"方案，即 $KH=0.88\sim0.90$，$SM=2.5\sim2.7$，$IM=1.5\sim1.7$。

⑤ 采用生料率值控制系统，提高入窑生料成分的均匀性。原料最好设置预均化堆场，生料均化库应提高均化效果。

⑥ 保持操作稳定，使窑内热工制度稳定。

1.4.24　预分解窑内结球原因分析及预防处理措施

（1）结球对生产造成的影响

① 影响回转窑稳定连续运转

窑内出现结球时，必须减料慢烧，用短时大火将结球烧散或引入箅冷机人工打碎；如球径过大无法滚落时，需要停窑处理，一般处理一个大球需要 2 h 以上，严重影响回转窑的热工制度稳定，降低熟料质量。同时，大球滚落时，如操作不当易砸坏喷煤管，造成严重的生产事故。

② 缩短窑衬的使用寿命

大球在窑内滚动时，由于摩擦易造成窑皮脱落，进而挤压、磨损窑衬，缩短其使用寿命。

③ 影响箅冷机的安全运转

大球从窑内滚落到箅冷机上，如处理不当，易发生箅冷机部件砸坏、"堆雪人"问题，影响箅冷机的正常运转。

（2）结球原因分析

① 煤质不稳定

由于没有稳定的煤供应源，只能从各地购煤，造成煤供应点多、煤质变化大。尤其在煤供应量紧张时，厂内煤的存量严重不足，同时在投产初期，对煤预均化堆场的重视度不够，煤堆取均化方式与设计存在较大偏差，均化效果不理想。查阅投产初期两个月的煤质化验表，发现煤质较差且波动较大，灰分平均值在 28% 左右，最高达 35%，发热量在 21736 kJ/kg 左右，最低为 20064 kJ/kg。在灰分高、发热量低时，将直接导致煤不能充分在烧成带燃烧，出现大量还原气氛；同时，窑内也将沉积大量的窑灰，导致液相量增加，致使窑内结球，并使窑处于恶性循环的状态。

② 窑内结皮的影响

在停产检修期间,发现窑尾烟室及窑过渡带、分解带结皮严重,现场对结皮取样分析,发现 SO_3 及碱含量偏高。经分析可知是硫、碱循环富集造成了结皮的形成,结皮脱落后和生料一起滚到窑前,形成结蛋。

③ 生料均化效果不佳

通过分析生料化学成分及率值,发现生料三率值变化较大,尤其是石灰饱和系数远超过 0.02 的控制范围目标。当石灰饱和系数低时,窑的操作不能及时调整,窑内物料发黏,极易造成结球。因此,生产均化不理想,入窑生料化学成分波动大也是造成窑内结球的主要原因之一。

④ 配料的影响

为防止结球,国内外绝大多数预分解窑都控制在 $SM>2.5$、$w(SiO_2)\geqslant22\%$、$w(Al_2O_3)+w(Fe_2O_3)<9\%$,液相量控制在 25% 左右。根据投产初期化验数据分析,熟料的 SM 值在 2.3～2.5 之间,熟料中 SiO_2 含量基本上在 21%～22% 之间,$w(Al_2O_3)+w(Fe_2O_3)$ 在 9% 左右,液相量在 26%～28% 之间。根据上述数据可知,窑内结球概率较大。

⑤ 生产控制上的影响

对生产控制情况进行分析,发现有易形成结球的操作行为。

a. 喂料不稳定

中控窑操作具有滞后特点,有时跟不上喂料的变化,加、减煤不及时。当喂料量由高向低波动时,窑尾温度会升高,物料在高温煅烧下提前出现液相,当喂料量由低向高时,物料得不到良好的预热和分解,未良好分解的生料落入窑尾,在已经出现大量液相的物料上形成核,并逐渐发展形成结球。

b. 中控室操作员缺乏经验,风、煤、料、窑速配合得不合理;一、二、三次风分配不合理,调节不及时,热工制度长期得不到稳定,导致局部温度过高,提前出现液相,形成结球。

c. 有时为追求产量加煤过多,造成不完全燃烧,从而形成结球。

(3) 预防处理措施

① 稳定原(燃)料质量,减少质量波动

a. 稳定原料质量

组织工程技术人员对石灰石矿山的物质结构分布情况进行详细探查,制订合理的矿山开采方案,进行搭配开采、合理利用,从而稳定石灰石品质;针对石英砂岩、铝矾土(或黏土)、硫酸渣等原料,严把进厂质量关,严格控制不合格原料进厂,对化学成分波动较大的原料进行"分堆存放,搭配使用",尽量使其化学成分稳定。

b. 稳定原煤质量

对原煤供应源头进行全面排查,按照"优胜劣汰"的原则尽可能地稳定进货渠道,并制定严格的质量控制标准,严格控制进厂煤质,稳定煤的化学成分和灰分。

c. 建立专门的原(燃)料预均化堆场、生料均化库生产制度,加强设备维护和隐患排查,保持系统连续稳定运转,同时严格按照设计方式进行均化作业,减少入窑原(燃)料的化学成分波动。

② 调整优化配料方案

采用高石灰饱和系数、高硅酸率的生料一般不易发生结球现象,且熟料质量较好,但是这种配料方式耐火,对操作要求高;若采用低石灰饱和系数和低硅酸率的配料方式,烧结范围比较窄,液相量偏多,结粒粗大,比较容易出现结球。结合生产实际,将配料率值调整为 $KH=0.89\pm0.02$,$SM=2.6\pm0.1$,$IM=1.6\pm0.1$,并根据原(燃)料变化及时调整率值,将液相量控制在 24%～26% 的范围内,同时严格控制原(燃)料中的有害物质含量,生料中为 R_2O 含量小于 1%、Cl^- 含量小于 0.015%,燃料中 SO_3 含量小于 3.0%。通过采用以上配料方案,对结球起到了较好的预防效果。

③ 降低有害成分在窑内循环富积

为解决窑内结球的问题,对窑尾、预热器不严重的结皮,采取及时清理的措施,使窑尾系统通风顺畅,及时排除窑内挥发出来的碱、氯、硫等有害成分,打破其窑内的内循环,同时尽量使窑灰不入窑,消除有害成分的外循环,达到减少窑尾、预热器结皮和窑内结圈、结球的目的。

④ 优化生产控制,加强设备维护,保持连续稳定运转

a. 加强中控室操作人员专业培训,建立规范的操作标准,全面优化生产控制,确保窑速、拉风量、投料量和煤量合理匹配,并严格执行"薄料快烧操作法",严格控制系统温度、压力和各参数在相应规定的范围内,稳定窑的热工制度,避免滞后操作引起窑况的大起大落。

b. 建立设备多级巡检制度、检修制度和包机责任制,加强设备检修维护,提高检修维护质量,减少机电设备事故和工艺故障,从而延长设备检修周期,提高设备运转率,保持窑的连续稳定运转,预防结球。

c. 加强计量设备管理,定期检查固体流量计的使用情况,及时校正测量精度,避免由于计量设备故障引起的喂料量波动;同时保持合理的生料计量仓仓位,确保生料的均化效果。

⑤ 窑内形成结球后的处理措施

若发现窑内已形成结球,现场及中控室要及时采取措施,适当增加窑内拉风,保证煤粉充分燃烧并减料慢窑,让结球滚上窑皮进入烧成带,用短时大火把结球烧散或烧小,尽量避免其进入算冷机发生堵塞;同时,要注意结球碰坏喷煤管。若已进入算冷机,要及时止料、停窑,将结球停在低温区并人工打碎。通过采取调整用风、加头煤、稍降窑速等措施,结球一般会被烧掉或被烧小而滚落到算冷机,直径在 1 m 内的结球不需要停窑,在算冷机顶部用风镐就可以击碎。

总之,结球是诸多不稳定因素的综合结果,液相提前出现是基础,温度、成分、填充率、通风、煤灰的掺入变化是因素,结皮、结圈及窑皮的不平整为其成长提供了条件。因此,窑内出现结球的原因是相当复杂的,应对成球的原因进行全面分析,取样化验,才能有效地解决结球问题,实现预分解窑系统的稳定、高效运转。

1.4.25 预分解窑产生飞砂料的现象、原因及处理措施

(1) 现象

在烧成的熟料中细粉(俗称飞砂料)量较大,约占 10%。窑头可见大量细粉吹起,窑头昏暗,飞砂料较大时看不见火焰,大量熟料细粉从燃烧器、窑头罩、三次风管等接口处飞出,布满窑头,严重污染环境,影响设备的稳定运行,而且由于熟料结粒不好,易造成算冷机"堆雪人"。

(2) 形成原因

① 原(燃)料因素

a. 石灰石的晶型结构对物料煅烧结粒性的影响。所用石灰石越纯,晶体越大,结晶越完整且有规则,其煅烧结粒性越差,所需热耗越高。在相同的生产工艺条件下,其生产的熟料 f-CaO 含量较高,熟料强度低,并会产生大量飞砂料。

b. 砂岩中结晶大的 SiO_2 含量过高,也容易产生飞砂料。当生料中 SiO_2 含量超过 13% 时,造成生料易烧性较差,也易产生飞砂料。

c. 物料成分波动大也易产生飞砂料。生料库均化效果较差,特别是窑开磨时,入窑生料的 KH 值会持续走高或下降,导致入窑的生料成分波动大,继而引起窑系统热工状况不稳定,易产生飞砂料。

② 配料率值不合理

a. SM 值太高。熟料 SM 值过高也易产生飞砂料,SM 值基本上反映了在煅烧过程中,或在烧成带内固相与液相的比例。如果 SM 值过高,液相量就过少,不足以将物料结成大的颗粒,熟料颗粒细小,容易产生飞砂料。

b. IM 值较低,也易产生飞砂料。IM 值低时会降低熟料液相的黏度和表面张力,要使熟料有一定的结粒度,熟料液相应有足够的黏度和表面张力。Al_2O_3 有利于提高熟料液相黏度和表面张力,即提高 IM 值有利于熟料结粒。

③ 其他因素

a. 入窑生料分解率过高,使窑内过渡带相应延长也是产生飞砂料的原因之一。若生料入窑分解率提得过高,与窑的长径比不适应,回转窑内的碳酸盐分解带缩短了,而烧成带受火焰形状限制不可能随意拉长,其结果是扩大了过渡带。物料在 900~1250 ℃ 的温度段内停留时间过长,在这个温度下物料的扩散速度很快,又不可能形成阿利特晶相,势必会造成贝利特结晶和游离石灰石的再结晶,形成粗大的结构,降低了表面活性和晶格缺陷活性。当物料到达烧成带时,重结晶的贝利特结晶和游离石灰石溶解速度变慢,使得液相量减少,难以将物料黏结成大颗粒,从而产生大量的粉料,即飞砂料。

b. 窑热工制度不稳定,也易造成飞砂料。若窑系统的上升烟道设计得过长,结皮后清料时间较长,极易造成窑内热工制度不稳定,且在结皮较多时,清料时捅料孔开得较多,造成系统漏风严重,导致窑内通风不良、还原气氛浓、烧成温度低、熟料结粒差。

(3)处理方法及预防措施

① 调整配料方案

熟料的率值一般控制为 $KH=0.90\pm0.02$,$SM=2.6\pm0.1$,$IM=1.6\pm0.1$,液相量为 26% 左右。

② 加强生产控制

加强对石灰石、砂岩与其他辅助原料的质量控制,确保成分稳定。

③ 优化操作

在进行配料方案调整、加强生产管理和合理利用原(燃)料的基础上,进行优化操作,可有效减少飞砂料量。

a. 调整好燃烧器的位置,调整一次风量与内、外风的关系,可使窑内火焰形状与长度控制在合理的范围内,以保证窑内烧成带的长度和温度。

b. 通过控制窑内与分解炉的风、料、煤比例,使入窑生料的碳酸钙表观分解率控制在 90%~95%,改善预热过度现象。

c. 冷却机采用厚料层控制,提高二次风温,使煤粉的燃烧更加充分,烧成带的热度更加集中。

1.4.26 飞砂料形成机理和解决办法

所谓飞砂料,是回转窑烧成带产生大量细粒并飞扬的熟料。这种飞砂料的粒径一般在 1 mm 以下,在窑内到处飞扬。飞砂料的出现,既影响熟料质量,又影响窑的操作。飞砂产生与否主要取决于熟料液相量和液相性质(主要是表面张力)。飞砂有两类:一类是熟料液相量太少而产生;另一类是黏散料,由于液相表面张力太小所致。

(1)飞砂料产生的原因

① 液相量不足

产生飞砂主要是液相量太少的缘故。物料在烧成带停留的时间很短,在预分解窑停留 10~15 min,在湿法窑最长停留也不过 25~30 min。若没有液相,C_2S 和 CaO 粒子通过固相反应长大至 1 mm 以上是十分困难的。其结果是这些粒子随窑内气体悬浮并被气体带走,即所谓飞砂。液相量太大,则熟料易结大块;反过来,液相量少,则熟料结粒小。液相量太少则熟料结粒太小,产生飞砂。铝氧率太高,液相量随温度提高而增加的速度太慢,也易产生飞砂。还原气氛使 Fe_2O_3 变成 FeO,也使液相量减少,从而产生飞砂。图 1.27 所示为 Fe_2O_3 还原成 FeO 时对液相量的影响,在还原气氛下,液相量减少。

② 过渡带过长造成飞砂料

带预热器的回转窑长径比在 14~16 之间,入窑生料的碳酸盐分解率为 30%~40%,回转窑内有一半长是碳酸盐分解带,过渡带不长,物料由 900 ℃ 升至 1250 ℃ 的时间为 5~6 min,所生成的中间相贝利特结晶和游离石灰石还没有太多的时间进行再结晶,由于碳酸盐分解所产生的表面活性和晶格缺陷也得以保存,这些都有利于形成均匀的结粒和加速阿利特结晶的形成。若生料入窑分解率提得过高,与窑的

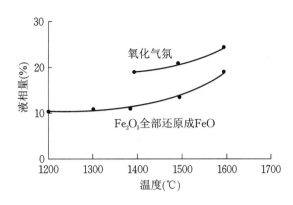

图 1.27　熟料在氧化气氛和 Fe_2O_3 全部还原成 FeO 时液相量与温度的关系
熟料矿物组成:C_3S 70%,C_2S 15%,C_2F 15%

长径比不适应,回转窑内的碳酸盐分解带缩短了,而烧成带受火焰形状限制不可能随意拉长,其结果是扩大了过渡带,物料在 900~1250 ℃ 的温度段内停留时间过长,在这个温度下物料的扩散速度很快,又不可能形成阿利特晶相,势必会造成贝利特结晶和游离石灰石的重结晶,形成粗大的结构,降低了表面活性和晶格缺陷活性。当物料到达烧成带时,再结晶的贝利特结晶和游离石灰石溶解速度变慢,使得液相量减少,难以将物料黏结成大颗粒,从而产生大量的粉料,即飞砂料。

③ 配料不当,硅酸率过高

硅酸率过高也是产生飞砂料的原因,硅酸率表示了在低烧过程中或在煅烧带内固相与液相的比例。1400 ℃ 以上时融熔物料中的固相为 C_3S 和 C_2S,SiO_2 基本存在于固相中,液相则包括了全部 Al_2O_3 和 Fe_2O_3。如硅酸率过高,液相量偏少,不足以将物料结成大的颗粒,容易产生飞砂料。

④ 硫酸盐饱和度过高降低了液相黏度和液相表面张力

熟料中硫和碱含量应有一定的比例,通常称为硫碱比或硫酸盐饱和度。若原料和燃料带入的硫含量较高,原料中的碱含量又偏低,窑系统内 SO_2 循环也比较高,就会造成熟料中硫酸盐饱和度过高,SO_3 相对过剩,易产生大量飞砂料。国外文献曾介绍过,同样化学成分和碱含量的熟料,当硫酸盐饱和度由 67% 提高到 140% 时,粒径不大于 1 mm 的熟料颗粒含量由 10% 上升到超过 40%,熟料中硫酸钾 (K_2SO_4) 含量由 1.4% 上升到 2.3%,还有约 0.4% 的过剩 SO_3,如图 1.28 所示。若碱以氧化物形态进入熟料矿物晶格内,并能提高液相黏度,降低液相中离子的活动能力,增大阿利特晶体的形成难度。若碱以硫酸盐的形态存在,液相中再有 MgO,则液相黏度会随硫酸盐增加成比例下降,如图 1.29 所示。

图 1.28 中的试验相当于硫酸盐含量由 1.4% 提高到 2.3%,还有 0.4% SO_3 过剩,这时液相黏度由 0.15 N/m^2 · s 降至 0.13 N/m^2 · s。增加液相量和降低液相黏度固然有利于煅烧,但硫酸盐又降低了液相的表面张力,虽然改善了熟料颗粒的可浸润性,却降低了颗粒之间的黏着力。黏度和表面张力的降低,使熟料颗粒结构疏松,物料在窑内滚动时难以形成较大颗粒,或形成了也会由于多次滚动而散开,产生大量细粉料。从国外文献报道得知,表面张力减小 0.1N/m,会使熟料颗粒粒径缩小约 10 mm。在图 1.28 中,当硫酸盐含量由 1.4% 上升到 2.3% 时,表面张力减小 0.05N/m,熟料平均粒径由 6 mm 减小到 1.5 mm。所以,过高的硫酸盐饱和度或过高的硫酸盐含量,会在窑中产生过多的熟料细粉料,另外还增大了 SO_2 排放量,易结皮和结圈,熟料中碱含量增大,快凝,需水量大,对水泥的可贮存性、和易性和强度都有不利影响。窑内硫的循环量高,也易造成周期性的飞砂料。水泥厂应该重视原料尤其是燃料带入的硫量,控制硫酸盐饱和度在 40%~70% 之间,这是获得适当的熟料结粒所不可缺少的措施。

此外,还有欠烧、火焰形状不当、窑热工制度不稳定、短焰急烧、物料特性波动大、难烧的 SiO_2 含量高等原因也易导致飞砂料产生。

(2)避免飞砂料的措施

① 配料方案必须与煅烧温度相适应

液相量太少和液相量的大量出现太迟是产生飞砂的主要原因,因此,保持适当的液相量是避免飞砂

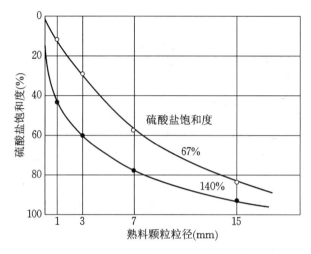

图 1.28　不同硫酸盐饱和度下的熟料颗粒分布

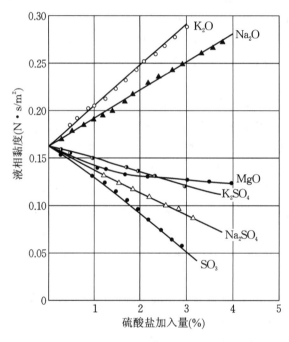

图 1.29　1450 ℃温度时外加剂对液相黏度的改变情况

的主要措施。由于液相量与熟料的化学成分和煅烧温度有关,合理的配料方案和合适的煅烧温度是十分必要的。从配料方案来看,反映液相量的率值主要是硅酸率,而液相量随温度而增加的速度与铝氧率有关。硅酸率太高则液相量太少,铝氧率太高则液相量随温度升高的增加速度慢,即液相大量出现的时间延迟。煅烧温度高,则液相量增大;反之,降低煅烧温度,则液相量减少。因此,配料方案必须与熟料煅烧温度相适应。如果熟料煅烧温度高,则硅酸率可高些,铝氧率也可高些;反之,则低些。例如,国内大型预分解窑熟料硅酸率一般都在 2.5 以上,但对某些小型旋风筒预热器窑,2.5 的硅酸率可能偏高。某水泥厂 600 t/d 的五级旋风筒预热器窑所用的燃煤与某大型预分解窑的相同,当硅酸率为 2.5 时,飞砂严重,后来将硅酸率降低至 2.3 左右,熟料煅烧正常,强度达 64 MPa,产量也达到设计指标。在这里要指出两个问题,首先,不同窑型煅烧温度可能不同。一般来说,大型预分解窑内煅烧温度高,旋风筒预热器窑煅烧温度比预分解窑的低,但比湿法窑或干法中空窑的高些。因此,配料方案必须根据窑型和窑径大小而异。其次,煅烧温度与火焰温度和火焰形状有关。而影响火焰温度的主要因素有煤粉的质量(发热量、水分和细度)以及一、二次风温,特别是二次风温的高低以及一、二次风的比例。一般来说,煤的发热量高,煤粉的细度细、含水量小,二次风温高且用量大,则火焰温度高。就相同质量的煤粉而言,使用三通道喷煤管由于一次风比例小,二次风比例大,火焰粗短,其火焰温度比单通道喷煤管的火焰温度高。另外,由于结构的原因,三通道喷煤管使煤粉的燃烧状况比单通道喷煤管的要好,火焰粗短。此外,用箅冷机冷却熟料时二次风温比单筒和多筒冷却机的高。若考虑硅酸率时,必须考虑一些微组分(如 MgO、R_2O 和 SO_3)的影响,因为这些微组分都会在烧成过程中以液相出现,增加液相量并影响液相黏度以及液相表面张力。

② 避免采用高碱高镁原料和高硫燃煤

若要降低熟料中碱和硫的含量,必须避免用高碱高镁原料和高硫燃料。一般来说,碱主要来自黏土质原料,也有一些是来自石灰石,因此在选择原料和燃煤时应严格控制碱和硫的含量。MgO 不仅可以增加液相量,降低液相黏度,还可以降低液相表面张力。因此,若 MgO 含量太高,加上一定量的 K_2O、Na_2O 和 SO_3,也可产生黏散料,形成飞砂。某厂熟料 R_2O 含量为 1.0%、MgO 含量为 4.4%时,窑内飞砂严重。但适当控制 R_2O 和 MgO 含量,提高窑速,提高煤的细度,可改善飞砂现象。如果限于原材料条件,那么应考虑这些微组分的影响,在配料方案上适当降低石灰饱和系数、提高硅酸率;在操作上避免用粗短的高温火焰,而是采用较长的低温火焰。

③ 减少窑灰入窑量

窑灰含碱量一般比生料的高,因此窑灰的入窑量应慎重考虑。特别是含碱量高的原料,其窑灰含碱量更高,应减少其窑灰入窑量,避免由于含碱量太高而引起黏散料类型的飞砂。对于含碱量较低的窑灰,也应将其均匀掺入,即与出磨生料混合均匀后再入窑。窑灰中硫的含量也比生料的高,因此减少窑灰入窑量也将减少熟料中的含硫量。

④ 提高煤粉质量

要提高煤粉质量,除了选择热值高的煤外,应特别注意煤粉的细度和含水量。

1.4.27 预分解窑塌料有何危害

预分解窑塌料是预分解窑生产中经常会遇到的一种异常现象,其表观特征是在极短时间内(一般为 10~30 s)有一股料失控下落,从分解炉底部急速卸出。对于在线布置的分解炉,下落料经窑尾烟室进入窑内,使窑内生料量骤增,以致形成生烧;塌料严重时,这股料可直冲窑头,形成窑头返火,甚至从窑头罩或冷却机冲出高温红料,危及设备或人身安全。而对于离线布置的分解炉,下落高温料冲出分解炉,直接塌落到地面上,既污染环境,也危及人身安全,还会影响窑尾框架和窑墩基础的安全使用。此外,由于塌料引起系统风、煤、料的不平衡,破坏热工制度,影响正常生产,甚至又会引起新的塌料,造成恶性循环。塌料前系统风量、风温、负压均无异常,塌料时分解炉和最下一级旋风筒出口温度偏高,负压(绝对值)升高;塌料后系统负压、风量又很快恢复正常。由于塌料突发且无预兆,因此在操作上很难预防。

1.4.28 预分解窑操作为何要尽快跳过低产量的塌料危险区

预分解窑生产工艺的最大特点之一是约 60% 的燃料量在分解炉内燃烧。一般入窑生料温度可达 830~850 ℃,分解率达 90%以上。这就为快转窑、薄料层、较长火焰煅烧熟料创造了有利条件。因此,在窑皮较完整的情况下,窑开始喂料的起点值应该比较高,一般不低于设计产量的 60%。以后逐步增加喂料量,但应尽量避免拖延低喂料量的运行时间。在喂料量逐渐增加的阶段,要掌握好风、煤、料和窑速之间的关系。操作步骤应该是先提风后加煤,先提窑速再加料。初期加料幅度可适当大些,喂料量达 80%以后适当减缓。即使是规模很大的预分解窑,达到设计喂料量只需约 1 h。一般情况下,喂料量加至设计值 80%以上,窑运行就比较稳定了。

根据实践经验,规模为 360~3200 t/d 的预分解窑,在窑皮正常的情况下,从开始喂料到最高产量,一般都能在 1 h 以内完成。如果说 80%以下喂料量为塌料的危险区,那么喂料量从 60%增加到 80%,只需要十几分钟,以后窑况就趋于稳定。这是因为预分解系统中料量已达到一定浓度,料流顺畅,旋风筒锥体出料口、排灰阀和下料管内随时都有大量生料通过,对上述部位的外漏风和内漏风都能起到抑制作用,因此很少塌料,即使有也是小股生料,对操作运行没有太大影响。

1.4.29 预分解窑产生塌料是何原因,应如何处理

(1) 预热器和分解炉设计及结构有缺陷

预分解系统中生料和燃料是充分分散地悬浮在热气体中,依次经过各级旋风筒和分解炉,进行预热和预分解,其间要进行多次气料分离和物料在气体中分散、均布。因此,预分解系统各部分结构、规格是否匹配、合理,都会影响分离和布料效果,从而有可能导致生产时塌料。

① 系统局部设备偏大的问题

管道的设计要以管道内的风速能携带物料为前提,从降低系统阻力和延长气料停留时间考虑,通常希望适当降低系统内风速,但若风速太低,气体携料能力减弱,再加上其他因素干扰,极容易引起系统塌料。同理,若分解炉炉径过大,也易产生塌料。因此,预分解系统各部分风速不能太低,对于发生塌料的预分解系统,应验算其不同产量时的各部分风速,若局部风速确实过低,则可根据情况对其进行处理,使其达到生产要求。预热器、分解炉内正常风速参考值列于表 1.27。在这样的风速下,物料能被较好地分离和携带,抗塌料能力较强。

表 1.27 预热器、分解炉内正常风速参考值(m/s)

旋风筒	连接风筒	喷腾型分解炉	RSP 型分解炉	DD 型分解炉	管道型分解炉
4~6	15~20	5.5~7	6~10 或 8~12	8~10	14~19

② 窑尾缩口、三次风管调节阀门及分解炉本身的问题

预分解窑生产时,燃烧空气分别从窑和三次风管通过。为了保证窑、炉燃料的正常燃烧,并保证窑头良好的火焰形状和分解炉内较好的携带物料能力,入窑二次风和入炉三次风必须按合适比例分配,并使各部分风速达到合理取值,特别是分解炉喷腾口和炉内气体要达到一定的流速,才能有效携带物料,避免分解炉塌料。若主要是通过调节三次风管阀门和窑尾缩口阀门开度来实现这一目标,未按操作要求调节时就会使两股风不匹配,影响窑、炉正常煅烧,也影响分解炉内气体携料能力,喂料控制不好时,容易引起分解炉塌料。

解决分解炉塌料的另一途径是适当提高炉内风速,加强其携料能力。现在新建的喷腾型、RSP 型、N-MFC 型、DD 型等各种分解炉都有缩小炉径、增加炉高度或延长风管长度的趋势,在保证炉容的前提下,适当提高炉内风速以克服塌料问题。分解炉内风速可见表 1.27,分解炉下部喷腾口风速要大于35 m/s,这样可较好地避免分解炉本身的塌料发生。

③ 各级旋风筒撒料装置和安装位置的问题

预分解系统中撒料装置对物料的分散起着重要作用,它使物料下冲力减少,分散度加大,避免直冲窜料。若撒料装置设置或安装不合理,则不能有效分散从上级旋风筒下来的成股物料,当风管风速稍低时,就有可能托不住,使之直接进入下一级旋风筒形成物料短路。这种短路料逐级落入下级旋风筒,此过程中物料积聚,料量增大,又有较大的下冲力,从分解炉冲出来或冲入窑内成为塌料。因此,必须对撒料装置及其合理安装加以重视,对撒料装置的要求是以下料管的来料大部分能落到撒料板上并飞溅为宜。

④ 旋风筒下料管及其翻板阀的问题

旋风筒下料管及其翻板阀设计不合理,也会导致系统塌料。对于下料管管径,要保证料流畅通,不至于因料管太小而堵塞,在此基础上考虑料管中物料填充率不能太低,同时下料管配上合适的翻板阀能起到较好的锁风作用。否则就会在旋风筒间产生内漏风现象,使旋风筒分离效率下降,一部分物料随气流进入上一级旋风筒,一部分在旋风筒内循环积聚,积累到一定量时,成股卸出旋风筒,致使下面各级旋风

筒及风管不能很好地分散,导致系统塌料。对于下料管的布置,若拐弯较多或角度太小,则生产中容易结皮,下料不畅、不稳,产生脉动,成股下料,也会产生短路而引起塌料。因此,应采取下列措施:下料管布置力求简洁,拐弯少,各管段空间角尽可能大于 55°;对管径按单位截面料流考虑,最下两级取 75～120 kg/(s · m²),上面各级取 100～180 kg/(s · m²)。此外,下料管锁风阀要能严密锁风,翻动灵活,配重不要太轻,锁风阀尽量不设在下料管的小角度斜段上。这样能减少系统内漏风,也是解决塌料的一个重要途径。

⑤ 旋风筒或连接风管存在水平段问题

有些老式的或设计不合理的预热器系统,旋风筒涡壳是平底构造,或连接风管进旋风筒处有较长的水平管段,生产时,这些水平处易沉积物料,当积聚到一定量时成股落入旋风筒,此处再重新积料,如此循环。落入旋风筒的成股料会逐级短路下落,产生塌料。对此类原因引起的塌料,可设置清扫装置或空气炮定时吹料,避免积料,也可在易积料的水平段处用浇注料砌斜坡。上述措施对改善塌料还是很有效的,但新设计的预热器系统一般不存在此类问题。

⑥ 预热器内筒的插入长度问题

预热器内筒长度的确定选择,主要是根据各级预热器分离物料效率的大小和减少压损来确定,因为内筒插入长度直接影响物料的分离效率和系统阻力的变化。如较低级预热器分离效率偏小,内循环物料过大,易引起循环富集,导致周期性塌料;如最上一级预热器分离效率偏小,还会导致电收尘的负荷量增大,同时增湿塔温度偏高,影响收尘效果。但在生产中又要求有较低的压损,因此内筒插入的深度要合理,在实践中应根据各级压损和温差的变化调整内筒尺寸,以摸索出符合窑系统最佳的各级内筒插入深度值。

(2) 生料及燃料质量的影响

① 有害成分和生料成分波动的影响

预分解窑系统在正常生产期间,主要的有害成分 K_2O、Na_2O、SO_3 在系统内物理化学作用下存在内循环,大部分有害成分被熟料带走,只有少部分随废气及飞灰外逸。当有害成分含量过大,且硫碱比偏离正常范围时,则会在系统中加重循环和富集。当有害成分富集到一定程度时,低熔融物料黏滞在预热器系统,不断附着生料而形成结皮,影响着分离出来的物料正常流动,并形成阵发性塌料,严重时料子塌不下来就转变为堵塞。

生料质量的波动也是造成塌料现象的一个原因。KH 值过低,生料易烧,热生料"发软",温度达 800 ℃时料子就发黏,大量的生料附着在旋风筒内壁,为塌料创造了条件;KH 值过高,则料子明显吃火,为了烧出合格的熟料,操作人员必然会提高预热器及窑的温度,预热器系统温度的升高将增加熔融物料的数量,也为塌料创造了条件;当 Al_2O_3 含量偏高时,由于铝质矿物属于黏性较大的物料,易引起预热器挂料和影响窑内通风,窑内常结圈也是塌料的主要原因之一;当 Fe_2O_3 含量偏高时,由于 Fe_2O_3 为熔剂性矿物,液相量增大,物料在预热器正常温度下就发黏,使物料在预热器卸料不畅,从而导致塌料。当熟料中 Al_2O_3 含量偏低,熔剂矿物总量也偏小时,物料耐火且烧不结,算式冷却机无法在厚料层操作,二、三次风温都偏低,分解炉煤粉燃尽时间延长,使最后一级预热器与分解炉温度"倒挂",造成局部过热,少部分物料产生熔融,黏附在预热器锥体、下料管、膨胀仓等内壁上形成结皮,产生塌料、堵塞;另一方面迫使分解炉减煤,影响了入窑生料的表观分解率,加重了窑内煅烧负担,只能减料打慢窑,造成窑、炉用风不匹配,产生塌料、堵塞。在正常生产中由于生料成分频繁波动,又不能及时提供生料成分分析数据,中控室操作人员也不可能及时依据生料成分调整各工艺参数,从而不可避免地会出现塌料,严重时将难以维持生产。

② 煤质和喂煤量波动的影响

煤质主要控制其灰分、挥发分、发热量、煤粉细度和含水量。煤质差,易烧性指数低,发火迟缓,大量煤不能在分解炉内燃烧完全,使分解炉和最下一级旋风筒出口温度"倒挂",不仅会产生局部高温而黏结,而且由于生料中灰分含量过高,使热生料发黏,流动性变差,在最下级旋风筒的下锥部形成疏松的层状堆积物,导致塌料甚至堵塞。当煤质发生变化时,由于煤的易烧性指数也将发生变化,对操作工艺参数要进行相应调整。但煤质变化频繁、大幅度波动,则看火操作不可能准确及时地跟踪、调整,操作处于失控状态,塌料也将不可避免。

分解炉喂煤必须稳定可调、计量准确,如果稳流及计量失控,则中控室操作人员只能凭借预热器系统各处的温度来作为调整的依据。由于温度滞后于控制状态,导致预热器温度发生变化,热生料由于受温度及过多煤灰带入等影响而发黏,流动性变差,因而塌料不可避免,而且增加了看火操作的难度。

(3)生产操作及设备故障方面的影响

① 开窑升温、投料量的影响

"低温、长火焰、低产量、慢窑速"是预分解窑操作的大忌。特别是老厂扩建后,中控室看火操作人员受以前窑型开窑升温操作的影响,极易采用"慢升温、低产量"的操作方法,造成预热器内筒负压降低,管道风速低,产生积料或在预热器内富集,以致产生塌料。另外,由于管道风速低,易使上级筒落下的物料不能很好地分散,被气流携带也易发生冲料。在生产中必须采用"快升温、加大料、提窑速"的方法来控制升温下料。加大投料梯度,在 2~3 h 内将产量加到正常生产量,要尽量避免长时间低产量生产,尽快跨过低产量运行段,达到正常生产。通过这种方法可大大遏制塌料发生。

② 窑、炉用风调节的影响

窑尾和三次风阀门没有调到合理状态,二、三次风和窑、炉用煤及加料量不匹配,也易发生塌料情况。对于在线型分解炉,在保持总风量不变的情况下,单方面将三次风阀门开得过大,窑尾阀门调得过小或缩口结皮后,窑路阻力增大,窑内通风减少,不但使窑内喂不进煤,还有可能使分解炉喷口风速降低,携料能力变小,引起塌料。而对离线型分解炉,则有可能因炉系统通风过小,炉内及炉喷口风速过低而引起塌料。因此,窑、炉用风量应均衡稳定、比例适当,窑系统操作人员要根据原(燃)料情况、窑尾气体成分变化、窑头火焰、窑电流、窑尾和分解炉压力等参数判断窑况,合理调节三次风和窑尾阀门,使窑、炉两股风匹配良好。对于窑尾经常长窑皮的窑,要定期清除结皮,保持系统阻力相对稳定,两股风处于合理匹配状态。

对于总风量的调节,不能只依靠主排风机转速和阀门开度,窑和冷却机的运行状况对风量的影响也是十分重要的。因为预分解窑的筒、管、炉、窑、机是一个密切关联的整体,不能顾此失彼。烧成的熟料质量好、结粒好且稳定,则冷却机算床上料层特性就好;三次风温高、风量大,能为分解炉系统运行创造良好的前提条件;若窑内起"飞砂""跑生料",三次风温必然发生变化,而且含有大量粉尘,直接影响煤粉燃烧。因此,在操作上把握好抽风量,也是稳定生产、防止塌料的一个措施。

③ 生产操作不稳定因素的影响

窑系统生产操作不稳定,风、煤、料的配合频繁波动,也常常引起塌料。其他的不稳定因素也有很多,可能是原(燃)料成分变化所致,也可能是操作工人水平问题,还有可能是喂料、喂煤设备运行不良或生料库下料不稳定引起的。生产操作的不稳定导致系统用风量变化,或生料喂入预热器系统时产生脉动,使得系统中物料不能很好地分散而被气流携带,易产生物料短路,形成塌料。预热器系统漏风也会导致漏风点后面负压不够,引起塌料等。从稳定生产考虑,窑尾入窑生料要设稳流仓,要稳定喂料、喂煤量,稳定窑速和通风,风、料、煤要同步调整,才能避免或减少塌料。

④ 设备故障的影响

在正常的生产中,经常出现因设备故障造成预热器塌料的现象。喂料、喂煤设备故障造成喂料的不稳定,如入窑的喂料提升泵,当透气层失效不起作用时,造成喂料量波动,从而使入窑喂料量不均匀,易发生塌料;另外,预热器系统局部内衬经常掉砖、垮落,它将影响预热器的通风,导致积料,从而造成塌料;内筒的损坏也会造成筒内循环料量的增加,从而引起塌料。因此,在生产中要加强设备的巡检,发现问题要及时处理和解决。

1.4.30　预分解窑系统塌料的类型与危害

（1）塌料的类型

① 挂壁型塌料

当原料内部含有的低熔点成分较多或配料不当时，这些低熔点物质会黏结在预热器、烟室及管道上，当结到一定厚度、黏附力不足以承载其重量时，就会塌下来。

② 集料或堆积型塌料

预热器及管道若过于平缓或过度不适，料就会在此处沉积，当受到风或其他振动干扰时，集料就会滑落，形成塌料。

③ 风、料不匹配型塌料

料多风少，当不足以将物料带走时，料就会悬浮在某个截面，随着浓度的继续增加，风彻底托不起来时，该物料立刻降落形成塌料。

④ 增湿塔塌料

增湿塔一般与高温风机相连（也有其他布置形式）。若增湿塔底部平缓，物料极易在此分离形成集料，越积越多，就会形成塌料；当上部雾化水雾化不好时，还会使该处形成泥浆滑落。

（2）塌料的危害及防范措施

① 挂壁性结皮不仅会影响通风，更会造成塌料；若挂壁结实，还需要停机清理，若不结实会形成塌料，影响系统稳定运行，不但对质量有影响，严重时还会造成串料，危害窑头人员的安全，损坏余风收尘设备。针对塌料的主要防范措施有以下几个方面：一要控制有害元素（如钾、钠、硫、氯等）含量，碱含量一般控制在 1.5％以内；二要控制窑尾系统的温度，1000 ℃以下会形成松散结皮，1000 ℃以上会形成硬块结皮；三要避免窑内出现还原气氛，降低有害元素的挥发。

② 集料或堆积型塌料。该集料一般在弯道平缓以及衔接过渡平台处，一旦受干扰塌落，就会打破系统稳定，对产（质）量造成影响。若消除或缩短这些相对平缓的平台，就会减少或避免物料的沉积，这就需要细心观察，并利用停机期间进行合理的改造。

③ 风、料不匹配型塌料，多发生在结皮较多、风少料多的情况下，有时为了控制尾温或操作不当等情况下会出现该类情况，由于风量小、风速低，携带能力降低，物料会在某个截面悬浮，当物料越积越多，彻底浮不起来的时候，气料立即分离形成塌料，严重时还会形成料短路，造成通风不畅，物料塌落形成料涌，窑内会产生大的波动，影响产（质）量，还会造成高温风机的喘振。除了操作方面外，一要控制风速，一般不能低于 16 m/s，防止气、料自然分离而沉积；二要合理用风，使每标方气体的物料含量低于 1 kg。

④ 增湿管底部由于风、料换向，加之该处平缓面积较大，物料极易分离并沉积，一旦塌料直接冲入高温风机，会产生剧烈振动；若雾化水效果不好造成湿底，冲下的物料会砸坏阀门，造成高温风机憋停。所以，预防措施一定要到位，比如每班检查水的雾化情况、增大增湿塔底部斜度等。

1.5　烘窑、点火及停窑

1.5.1　烘窑的方法有哪几种

烘窑的方法一般有以下两种：

（1）干法预热器型窑。烘窑时间为 3 d，烘窑过程是由窑尾到窑头分段进行的。第一堆火点在窑尾挡料圈处，主要烘预热器；第二堆火点在窑中间，烘窑的后部火砖；第三堆火点在冷却带处，烘窑的前半部火砖。

（2）湿法窑烘窑。时间为 8～16 h,采用直接点火喷煤粉的方法,主要是把窑内火砖烘干。烘窑时,仍然是由低到高,逐步升温,严格防止窑尾温度升得太快。温度高时,一般不开排风机,用煤愈少愈好,以不灭火为原则。前 8 h 尾温控制在 150 ℃ 以下,烘窑过程中尾温不能超过 200 ℃。为增大阻力,防止窑筒体变形,火砖应均匀受热,把窑烘好,在窑内温度允许转窑时,可使窑慢转。

1.5.2 回转窑烘窑前应做好哪些准备工作

（1）检查整个烧成系统,确认所有设备完全具备连续的生产条件。回转窑要分别进行辅助传动和主传动试运转(此时窑速不应过快,以免损坏窑衬),确认点火后不会因设备故障而停窑。

（2）对预热器、分解炉、回转窑内进行全面检查,窑内耐火砖要挨圈检查、重新揿紧,不能出现新的松动,排除杂物。打开三次风管阀门,将预热器下料管中所有排灰阀全部打开,并用铁丝固定,使其处于常开状态。

（3）确认系统内测温、测压仪表正常工作。

（4）打开一级旋风筒上升管道的大气排放口或 C_1 筒人孔门,作为烘干废气排出口,并关闭高温风机入口阀门和其他旋风筒人孔门,将高温风机进口冷风打开。

（5）将气力提升泵的提升管与预热器系统断开,以免潮湿烟气倒灌进入气力提升泵,冷凝水将泵底帆布层弄湿,影响生料输送;或关闭高效喂料提升机出口的所有阀门。

（6）窑头煤粉仓内应准备足量的煤粉,煤质(含水量、细度、热值等)应符合回转窑煅烧要求,煤磨亦应处在随时可启动状态,以保证煤粉的连续供应。

（7）烘窑时打开冷却机检修门作为烘干时燃烧气体的入口,喷煤管及系统要保证管道通畅、密封良好、调节灵活。

（8）检查并做好预热器的各处密封工作,找好窑筒体的弯曲点,并定好筒体初始位置,做好记录。

（9）组织人员运木柴至窑内规定的堆放位置,准备好柴油、棉纱,堆放木柴。点火烘窑过程中,要穿戴好劳动保护用品,注意安全防护工作。

1.5.3 回转窑应如何进行烘窑操作

（1）放置木柴的方法:准备好木柴(1000 t/d 预分解窑大约需要 50 t),先在距窑尾 2 m 处呈井字形堆放木柴,高度为窑内有效内径的 2/3,点火后陆续增加木柴至窑尾,使混合室温度升至 200 ℃。根据烘窑方案中对升温速率及时间的要求(参考表 1.28),木柴每隔 5 m 左右向窑头逐步堆放。每燃完一堆,再燃下一堆,一堆木柴烧完转窑约 1/4 圈。当木柴堆至窑口处时,可以从窑门罩处不断地补充木柴,这时回转窑要每隔 30 min 转 1/4 圈,待条件成熟后,改用煤粉烘窑。在转换用煤粉烘窑后,回转窑要保持在低速下连续运转。同时要注意:如果煤粉的火焰不能保持稳定,也可先间断转窑,但窑筒体在一个位置上的停留时间不能过长。

表 1.28 1000 t/d 预分解窑烘窑的具体要求

升温区间(℃)	升温速率(℃/h)	烘烤材料	需用时间(h)	参照温度标准
20～200	15	木柴	12	混合室出口温度
200	保温	木柴	20	混合室出口温度
200～300	20	木柴	10	窑尾温度
300	保温	木柴	16	窑尾温度
300～500	25	煤粉	4	窑尾温度

续表 1.28

升温区间(℃)	升温速率(℃/h)	烘烤材料	需用时间(h)	参照温度标准
500	保温	煤粉	10	窑尾温度
500~700	25	煤粉	8	窑尾温度
700	保温	煤粉	4	窑尾温度
700~800	30	煤粉	3	窑尾温度
800~900	50	煤粉	2	窑尾温度

(2)进入煤粉烘窑阶段时可以小开度地打开高温风机和电收尘器后排风机的进口风管阀门,此时, C_1 筒人孔门则应关闭。同时关闭生料磨废气热风管道进口的两路闸板,并通知窑尾电收尘操作人员做好相应准备工作。

(3)煤粉烘窑操作中注意采用长火焰稳定燃烧,切忌短火焰急烧造成局部过热现象。

(4)用木柴烘烤时,可通过调节 C_1 筒人孔门开度来调节窑内通风量及木柴的燃烧速度。

(5)用煤烘窑时,可接上气力提升泵出料管与预热器的连接管。在气力提升泵内设置接水装置并安排专人观察记录。

(6)烘烤中可通过窑内耐火砖面温度及窑内水汽浓度来判断烘烤状况。

1.5.4 回转窑烘窑时应注意什么

(1)在点火初期,燃烧不稳定,回转窑窑头有时会出现"喘气""窜火""放炮"等现象,因此要注意安全,不要靠近窑门口。

(2)在烘窑阶段,电收尘器高压电源应断开,以确保设备和人身安全。

(3)烘窑全过程在空载下进行,所有排风机风管阀门开度要适当,否则将烧坏电机。

(4)在烘窑期间,火焰不能直接烧在耐火砖面上。

(5)在烘窑期间,需密切注意回转窑窑前是否有异物掉出。

(6)在烘窑期间,回转窑应该从间歇慢转开始逐渐加快到连续慢转,最终达到正常窑速,使烧成带内砖面各处温度均匀,保证窑筒中心线规整。

(7)在回转窑烘窑过程中,对尾温、旋风筒出口温度应做详细记录。如果仪表失灵,应派专人测温。

(8)点火后必须使温度逐渐升高,不可操之过急,升温过快。

(9)烘窑过程中,冷凝水多,不少机械内部会进水,冬季则结冰,因此,卸灰阀、气力提升泵、人孔门等处都应打开,把水接出,待不流水时把螺旋输送机、提升机、气力提升泵等机械内的水擦干,冬季有结冰时把冰打掉,防止水进入输送提升设备,以免放料后发生泥浆堵塞,停机停产。

(10)在烘窑期间,应把布袋收尘器入口阀门关闭,使废气不经过收尘袋而通过旁路管道直接从烟囱排出,以防止烟气进入收尘布袋冷凝积水,收尘后把布袋糊死。

(11)在烘窑过程中,窑衬如未烘干,宁可延长烘窑时间,也不能点火投料,否则后果不堪设想。如发现掉砖,应及时停窑,熄火补砖,防止事故扩大。

(12)烘窑前,窑内不能积煤,防止点火后发生爆炸性燃烧。

(13)进一步检查回转窑内衬,如发现有内衬剥落、炸裂情况,厚度在1/3以上的要考虑冷窑修补。若回转窑内衬剥落要进行返修,视返修部位和返修面积再另行烘烤。当衬料返修面积较大时,必须进行烘烤,使水分缓慢释放,防止表面炸裂而影响强度。当衬料返修面积达到总面积的1/3以上时,更要严格按照烘窑规定进行。若只涉及重砌耐火砖,且返修不超过 4 m² 时,则不需要另行安排烘烤,但要适当减缓升温速度,适当延长点火升温时间。

1.5.5　回转窑烘窑一般需要多少柴和煤

新投产的回转窑,因窑型不同、大小不一,因此烘窑时间不一样,用的燃料也不相同。一般的原则是:窑愈大,烘窑时间愈长,用的燃料愈多;否则相反。干法带预热器的窑型比湿法窑烘窑时间要长,用的燃料也比湿法窑的多。

例如:ϕ(4.4/4.0) m×60 m 立筒预热器窑,烘窑时间一般为 3 d,需煤块或木柴 25～30 t;如烘窑时用煤块,另需备木柴 3～5 t,废油 30～80 kg。ϕ2.5 m×40 m 立筒预热器窑,烘窑时需煤块或木柴 15～20 t;如烘窑用煤块,另需备木柴 2～3 t,废油 30～50 kg。湿法窑烘窑时间一般为 8～16 h,煤粉直接喷入进行烘烤,只需备木柴 2～3 t,废油 10～20 kg,以能点着火为原则。立筒预热器窑烘窑时间比中空窑时间长,是因为预热器筒内部有混凝土,并镶砌有衬料,水分大,必须增加烘窑时间才能保证水分逐渐蒸发。

1.5.6　回转窑临时停车后烘窑应注意什么

烘窑是临时停窑时间较长时,使窑内不灭火的一种措施。烘窑时应注意以下几点:

(1) 在温度较低的情况下,烘窑前应先翻窑,将红热的熟料翻在上面,以保证入窑煤粉的燃烧。

(2) 适当开启排风闸板,防止火焰伸不进去。

(3) 开始投煤时宜少,防止燃烧过激、"放炮"、回火,造成窑皮脱落。

(4) 烘窑时应控制煤量,保证燃烧完全,不冒黑烟。

(5) 尾温控制不能高于正常温度。烘窑时,最好用辅助马达翻窑。

(6) 当窑内温度烧起来后应停止烘窑。

1.5.7　窑烘好的标准是什么

烘窑是否达到预期效果,可在窑冷后入内察看,检查混凝土、耐火砖是否干燥,有无炸裂、炸头及揭盖,甚至发生脱落、抽签、掉砖现象。如果混凝土、耐火砖已被烘干,又和砌筑时一样表面光滑平整,原形不变,无细微水珠,即为烘好。

另一种方法是在烘窑过程中判断烘干程度,窑没干前,在窑尾人孔门、预热器卸灰阀、沉降室卸灰阀、气力提升泵等处,都可看到向外流水,随着烘窑时间的延长,流水逐渐减少,当窑基本烘干时,则无水流出,这说明窑已基本烘好。所谓窑已烘好,并不是烟道、预热器、窑内衬料结晶水已蒸发至完全干燥,只不过是绝大部分附着水被烘干,残存的小部分附着水在升温蒸发时不会造成事故而已,要想衬料完全干燥,要待窑内点火喷煤粉来解决,只靠木柴或煤块是难以完全烘干的。实践证明,窑基本烘干后,喷煤粉完全烘干是行之有效的、比较理想的操作方法。

1.5.8　怎样处理回转窑临时停车烘窑中的"放炮"现象

回转窑内"放炮",一般由下列三种情况造成:

一是新点火的窑,点火前窑内煤粉过多,点火后容易出现"放炮"。采取的措施是在点火前尽量减少或不向窑内通热风,减少煤粉的沉落,如需放热风,可开排风机、慢转窑,将煤粉排到窑外。

二是点火时温度较低,加煤燃烧不好,当煤粉落到一定程度时,燃烧剧烈,发生"放炮"现象。采取的措施是尽量提高点火温度,减少用煤量,缩短点火时间。

三是临时停、开车时,窑内温度降低过快,吹送煤粉时发生"放炮"。采取的措施是临时停车后烘窑时间不易间隔过长,烘窑前应先转窑,将高温熟料翻上,在不影响生料前移过多的情况下,慢转烘窑最为理想。

新型干法窑水泥生产线检修烘烤要求：

（1）当停窑时间大于 2 d，窑内温度降至常温，回转窑内不更换耐火材料或者更换量较少（指窑内小面积挖补或换砖长度 $L<10$ m 时），升温 15 h，曲线如图 1.30 所示。

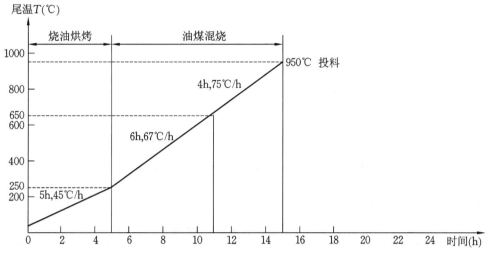

图 1.30 少量更换耐火材料后生产线的烘烤曲线

（2）回转窑烧成带换砖长度为 $10\sim20$ m 时，升温 18 h，曲线如图 1.31 所示。根据需要，当尾温达 650 ℃时，进行适当的预投料一次（30 t/h，20 min）。

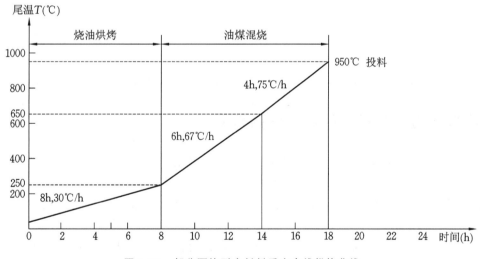

图 1.31 部分更换耐火材料后生产线烘烤曲线

（3）回转窑烧成带换砖长度 $L>20$ m，窑口、窑尾（含舌形板）或窑头罩更换浇注料时，升温 20 h，曲线如图 1.32 所示。

① 更换窑口（或窑尾）浇注料时对窑慢转的要求：烧油烘烤时每 30 min 慢转一次，油煤混烧初期每 20 min 慢转一次；当 $T_{尾温}>650$ ℃时，按操作规程进行慢转。

② 窑用燃烧器以进窑 300 mm 左右为宜，便于窑口浇注料受热均匀，水分及时蒸发，投料后可依生产情况调整。

③ 根据需要，当尾温达 700 ℃时，进行预投料一次（30 t/h，20 min）；当尾温达 750 ℃时，进行预投料一次（30 t/h，20 min）。

④ 当窑口、窑头罩或算冷机一段顶盖大面积更换浇注料时，在确保回转窑正常升温的同时，应在算冷机相应部位采用木柴进行初期烘烤，以进一步确保自由水能够得到充分的蒸发、逸出。

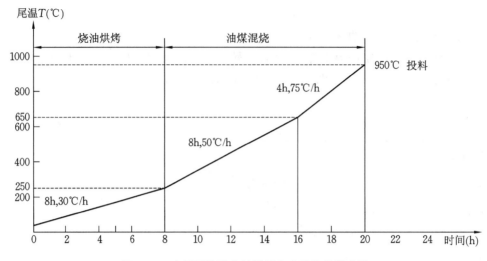

图 1.32　大量更换耐火材料后生产线的烘烤曲线

⑤ 烘烤期间窑慢转制度按照表 1.29 进行。

表 1.29　烘烤期间窑慢转制度

窑尾温度	旋转量(°)	旋转间隔时间(min)
0~100 ℃	0	不旋转
100~250 ℃	160	60
250~450 ℃	100	30
450~550 ℃	100	15
550~750 ℃	100	10
750 ℃以上	100	5

1.5.9　新型干法水泥窑新建生产线烘烤要求

新建熟料生产线耐火材料砌筑量大,大部分位置都是采用硅酸钙板与耐火浇注料组成的复合衬里,施工工期一般在 3 个月左右,施工期间多遇雨水天气。为了使耐火材料衬里的自由水和化合水能够得到充分烘烤,在预热器、三次风管及箅冷机系统采用木柴进行初期烘烤的前提下,回转窑采用窑用燃烧器烘烤,升温时间必须达到 4 d。

当预热器、三次风管及箅冷机系统筑炉结束,经验收合格后可以采用木柴进行局部的初期烘烤,可主要烘烤该部位耐火材料的自然水和部分化合水。根据现场实际情况,对采用木柴烘烤的部位可同步进行,热源温度约 700 ℃,烘烤时间为 3 d 左右。三次风管及箅冷机木柴烘烤和窑用燃烧器烘烤可同步进行。

(1)预热器部位的初期烘烤

窑尾设置烘烤源。在窑尾烟室搭设的架子上面堆放木柴垛(木托板之类),然后点燃,开始烘烤。烘烤过程中,从窑尾烟室方门处添加木柴,主要烘烤预热器及分解炉,根据预热器出口温度控制木柴添加量。预热器出口温度控制在 80 ℃以下。

(2)三次风管部位的初期烘烤

三次风管窑头侧设置烘烤源。三次风挡板全开,在窑头侧三次风管内堆放木柴垛,然后点燃,开始烘烤。烘烤过程中,从该处人孔门添加木柴,通过木柴添加量来控制烘烤温度。分解炉出口温度控制在 80 ℃以下,主要烘烤三次风管及分解炉耐火材料。

（3）箅冷机部位的初期烘烤

在冷却机设置烘烤源，在箅床上面堆放木柴垛（不宜采用木托板之类的有钉子的木柴），然后点燃，开始烘烤。烘烤过程中，先从箅冷机前墙部位逐步向后烘烤，在冷却机箅床上添加木柴，通过木柴添加量来控制烘烤温度，主要烘烤冷却机及窑头罩耐火材料。

（4）回转窑点火升温曲线

采用窑用燃烧器烘烤，是主要的烘烤阶段，旨在将回转窑、预热器及分解炉内耐火材料的水分进行充分烘烤。烘烤时间共 96 h，分三个区段：低温段，25～300 ℃，烘烤时间为 24 h；中温段，300～650 ℃，烘烤时间为 50 h；高温段，650～1100 ℃，烘烤时间为 22 h，如图 1.33 所示。

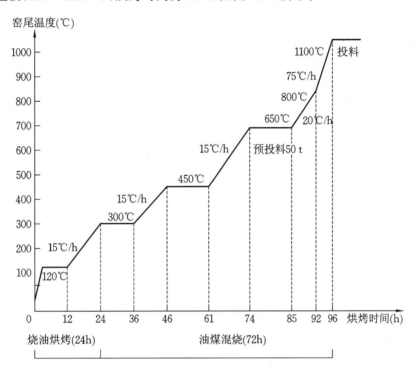

图 1.33 窑用燃烧器烘烤曲线

（5）转窑制度

烘烤期间，采用辅助传动装置按照表 1.30 所示参数转动窑体，力求使回转窑内各处受热均匀，保证窑筒中心线、椭圆度正常。

表 1.30 烘窑时辅助传动转窑制度

窑尾温度	旋转量（°）	旋转间隔时间（min）
0～100 ℃	0	不旋转
100～250 ℃	160	60
250～450 ℃	100	30
450～550 ℃	100	15
550～750 ℃	100	10
750 ℃以上	100	5

（6）投产以后

投产以后采用出窑熟料余热烘烤三次风管及冷却机耐火材料部分的自由水，以及其他形式的水分。

1.5.10 预分解窑新窑烘干操作应如何进行

预分解窑烧成系统在回转窑点火投料前应对回转窑、预热器、分解炉等热工设备内衬砌的耐火材料进行烘干,以免直接点火投料而导致升温过急,使耐火衬料骤然受热引起爆裂和剥落。新窑的烘干过程至关重要,它将直接影响衬料寿命,应当引起足够重视。

烘窑方案视衬料的材质种类、厚度、含水量大小及工厂具备的条件而定,以窑头和预燃炉两端点火烘窑方案为例,烘干用的燃料前期以轻柴油为主,后期以煤粉为主,具体方案可根据现场实际情况加以调整。

回转窑从前窑口到后窑口使用的耐火衬料依次为钢纤维浇注料→尖晶石砖→直接结合镁铬砖→尖晶石砖→抗剥落高铝砖→钢纤维浇注料→各种耐碱火泥等。这类砖衬料在冷端有一膨胀应力区,温度超过800 ℃时应力松弛,因此300～800 ℃区间升温速率要缓,以30 ℃/h为佳,最快不应超过50 ℃/h,尤其不能局部过热,另外应注意该温区内尽量少转窑,以免砖衬应力变化过大。回转窑升温烘烤制度以及配合窑速可参考表1.31、表1.32,并根据现场情况加以适当调整。

表 1.31 回转窑升温制度

烟室温度	升温时间	正常升温
常温～200 ℃	8 h	
200 ℃	16 h	常温～800 ℃
200～600 ℃	16 h	10 h
600 ℃	24 h	
600～800 ℃	8 h	
800 ℃	8 h	2 h

表 1.32 回转窑升温转窑制度

烟室温度(℃)	转窑间隔(min)	转窑量(rad)
200～400	60	1/4
500～600	30	1/4
600～700	15	1/4
700～800	10	1/4
>800	低速连续转窑	

注:降雨时,转窑间隔减半;现场用慢驱动转窑。

窑尾预热器及分解炉系统使用的耐火衬料有抗剥落高铝砖、高强耐碱砖、隔热砖、耐碱浇注料、硅酸钙板、耐火纤维及各种耐火黏结剂。衬里砌筑使用导热系数不相同的复合衬里,面积和总厚度很大,在常温下施工后24 h内不允许加热烘烤,升温烘烤确保脱去附着水和化学结合水。附着水脱去温度150～200 ℃,化学结合水脱去温度400～500 ℃,因此这两温度段要恒温一定时间。预热器衬料烘干随窑烘烤进行,回转窑升温制度的操作应兼顾预热器。C_1筒出口温度为150～200 ℃时,恒温12 h;当C_5筒出口温度为450～500 ℃时,恒温12 h。

(1)烘窑前应完成的工作

① 烧成系统已完成单机试车和联动试车工作。

② 煤粉制备系统具备带负荷试运转条件,煤磨粉磨石灰石工作已经完成。

③ 煤粉计量、喂料及煤粉气力输送系统已进行带负荷运转,输送管路通畅。

④ 空气压缩机站已调试完毕,可正常对窑尾和喂料、喂煤系统供气,并且管路通畅。

⑤ 烧成系统及煤粉制备系统冷却水管路通畅,水压正常。

(2) 烘窑前烧成系统的检查与准备

① 清除窑、预热器、三次风管及预燃炉内部的杂物(如砖头、铁丝等安装时的遗留物品)。

② 压缩空气管路系统的各阀门转动灵活,开关位置正确,管路通畅、不泄漏,各吹堵孔通畅。

③ 检查耐火材料的砌筑情况,重点检查下料管、锥体、撒料板上下部位的砌筑面是否光滑。旋风筒涡壳上的堆积杂物要清扫,各人孔门无变形,衬料牢固。检查后关闭所有的人孔门,并密封好。

④ 确认系统中测温、测压孔开孔正确,测点至一次仪表连接管路通畅,密封良好,尤其要保证窑头罩负压,窑尾烟室温度及压力,分解炉、C_5 筒出口及 C_1 筒出口等温度及压力仪表的数值准确无误。

⑤ 确认预热器系统各旋风筒下翻板阀闪动灵活、密封良好,将重锤调至合适位置。检查后,将预热系统下料管中所有翻板阀用铁丝吊起,处于全开状态,以便烘干时热气体通过。

⑥ 预热器 $C_2 \sim C_1$ 筒风管上点火烟囱打开。

⑦ 断开分解炉喂煤管路,防止烘干时潮湿气体倒灌。

⑧ 确认预热器系统旋风筒、分解炉及各级上升管道顶部浇注料排气孔未封上。

⑨ 窑头喷煤系统在联动试车后应保证管路通畅、调整灵活,随时可投入运转,油点火系统已进行过试喷。

⑩ 确认油罐、油泵已备妥,准备轻柴油 15~20 t。

⑪ 确认清堵工具、安全用品备齐。

⑫ 初次点火,当烟室温度升到 900 ℃时,窑内煤灰呈酸性熔融物,对碱性耐火砖有熔蚀性。点火前,最好从窑尾端起铺 10 m 长、0.2 m 厚的生料。

⑬ 篦冷机的检查与准备。

a. 逐点检查篦板紧固情况。

b. 破碎机检查。

c. 在篦冷机一、二室篦床上最好铺 200~250 mm 厚熟料,防止烘窑期间热辐射。

⑭ 逐点检查槽式输送机紧固件及润滑点,确保窑投料后有一定的运转时间。

⑮ 熟料库进料前要清除施工、安装时的遗留杂物,防止出料时堵塞。

⑯ 生料喂料斜槽要严格检查是否漏气,透气层是否破损。

⑰ 窑头、窑尾电收尘器严格按照《电收尘器使用说明书》逐条检查,经升压试验确认后可使用。

⑱ 增湿塔喷水检查,每个喷头均要抽出检查。

⑲ 窑头、窑尾喷煤管按照要求进行定位。

⑳ 生料库内存有不少于 3000 t 的生料量(如果生料磨在试生产期间生产出的生料质量与指标相差过大,则生料库内不要存过多的料)。

(3) 烘窑点火

目前,一般采用回转窑、预热器耐火材料烘干一次完成,并紧接着投料的方案。烘窑点火操作步骤如下:

① 确认各阀门位置:

a. 高温风机入口阀门,窑头电收尘排风机入口阀门全关;

b. 篦冷机各风机入口阀门全关;

c. 窑头一次风机进口阀全关;

d. 窑头喷煤管各风道手动阀全开。

② 在外部条件(水、电、燃料供应)具备,并完成细致的准备工作后可开始烘窑操作。

③ 用一根 5~6 m 长的钢管,端部缠上油棉纱,作为临时点火棒。

④ 将点火烟囱调至一定的开度。将喷煤管调至与窑口平齐,连接好油枪,打开篦冷机一室、二室篦

上人孔门,关好窑门,确认油枪供油阀门全关,启动供油装置。

⑤ 将临时点火棒点燃后自窑门罩人孔门伸入窑内,全开进油、回油阀门,确认油路畅通后慢慢关小回油阀门,调整油压至 $2.0 \sim 2.5$ MPa($20 \sim 25$ kg/cm²)。

⑥ 开启窑头一次风机,调整风机进(或出)口阀门至 $10\% \sim 20\%$ 的开度。

⑦ 随着喷油量的增加,注意观察窑内火焰形状,应逐渐增大点火烟囱的开度,保持窑头微负压。

⑧ 用回油阀门控制油量大小,按回转窑升温制度规定的升温速率进行升温。

⑨ 油煤混烧及撤油的时间根据窑头火焰燃烧情况而定,一般在窑尾温度大于 350 ℃时开始喷煤。由于采用低挥发分煤,油煤混烧时间较长,一般在投料稳定一段时间后才能完全断油。在此期间应逐步加大一次风机风量以形成稳定燃烧的火焰。烘窑初期窑内温度低,并且没有熟料出窑,二次风温亦低,因此煤粉燃烧不稳定,操作不良时有爆燃回火危险,窑头操作应防止烫伤。

⑩ 烘干过程中应遵循"慢升温,不回头"原则,为防止尾温剧升,应慢慢加大喂煤量,并注意加强窑传动支承系统的设备维护,仔细检查各润滑点润滑状况和轴承温升,在烘干后期要注意窑体串动,必要时调整托轮。同时,投入窑筒体红外扫描仪监视窑体表面温度变化。

⑪ 烘干过程中不断调整窑头一次风量及点火烟囱开度,注意火焰形状,保持火焰稳定燃烧,防止窑筒体局部过热,烘干后期应控制内、外风比例,保持较长火焰,按回转窑升温制度升温。

⑫ 启动回转窑主减速机稀油站,按转窑制度在现场用慢驱动转窑。

⑬ 随着燃料增加,尾温沿设定趋势上升,当燃烧空气不足或窑头负压较高时,可关闭冷却机人孔门,启动箅冷机一室平衡风机,逐步加大一室平衡风机进口阀门开度。当阀门开至 60%,仍感风量不足时,逐步启动一室的两台固定箅床充气风机、充气梁充气风机、二室风机,增加入窑风量。

⑭ 烘窑后期可根据窑头负压和窑尾温度、窑筒体温度、窑火焰形状加大排风,关闭点火烟囱,启动窑尾电收尘排风机,打开入口阀门及高温风机入口阀门,关闭去生料磨的两个热风阀门及其排风机出口阀门。

⑮ 视情况启动窑口密封圈冷却风机。

⑯ 当尾温升到 600 ℃时,在恒温运行期间做好如下准备工作:

a. 预热器各级翻板阀每隔 1 h 要进行人工活动,以防受热变形卡死;

b. 检查预热器烘干状况。

⑰ 烘干后期仪表调试人员应重新校验系统的温度、压力仪表,确认一、二次仪表回路接线正确,数值显示准确无误。

⑱ 经检查确认烘干结束时,如无特殊情况可进入系统正常运行操作。如果筒体温度局部较高,说明内部衬料出了问题,应灭火、停风,关闭各阀门,使系统自然冷却并注意转窑。

窑冷却后要进行认真检查,如果发现有大面积火砖剥落、炸裂,其厚度在火砖厚度的 1/3 以上者,应考虑将剥落处重新换砖。换砖时要注意不要使已经烘干的内衬再次着水变湿,再点火时按正常升温操作。

⑲ 此处所述烘窑方法仅考虑了回转窑、预热器和分解炉的烘干,三次风管和箅冷机的烘干可在试产期低产量下完成。

(4)流化床炉烘干

流化床炉烘干采用炉内烧木柴的烘干方法,可以在木柴上浇油以助燃。控制预燃炉出口温度分别在 200 ℃、350 ℃、500 ℃、650 ℃下各恒温 4 h,最后在 650 ℃下恒温,直至达到烘干要求为止。

(5)烘干结束标志

① 检查各级预热器顶部浇注孔有无水汽。

检查方法:把玻璃片放在排气孔部位看是否有水汽凝结。

② 预热分解系统烘干检查重点是 C_4 筒锥体、C_5 筒柱体和分解炉炉顶部。可分别在上述部位从筒体外壳钻孔 $\phi(6 \sim 8)$ mm(视测定用水银温度计粗细而定),孔深要穿透隔热保温层达到耐火砖外表面,在烘

干后期插入玻璃水银温度计,如温度计达到 120 ℃以上时则说明该处烘干已符合要求,检查后用螺钉将检查孔堵上。

1.5.11　预分解窑如何进行开窑点火操作

(1) 回转窑的点火操作

任何类型回转窑的点火,虽是最普通的操作,但是操作不当依然会出现问题,尤其是预分解窑更应注意。在传统的回转窑内点火,往往是在窑头喷煤嘴前方若干距离放置大量木柴,在木柴燃烧旺盛后喷煤嘴开始喷入煤粉,然后煤粉逐渐被点燃形成火焰。后来在窑头喷煤嘴前端捆绑浇满废机油的旧棉布团,旧棉布团点燃烧旺后随即喷入煤粉。这样不但节省了大量木柴,也缩短了点火时间。但是不管采用哪种办法点火,其技术关键在于点火时窑系统排风量必须严加控制,千万不可使用过大的排风,否则窑内火焰会被拉向窑的后部,喷入的煤粉难以点燃。

预分解窑的点火操作一般有两种方法:

① 在最上级旋风筒出口管道上设有"排风口"时,可根据窑内通风要求适当打开排风口阀门至一定开度,窑内煤粉火焰形成之前不要开启主排风机。此时,在窑头看火孔用手测试,稍有负压即可。同时,在喷煤嘴喷煤后,还会出现"打枪"状况(即不时会在窑头有正压出现,有烟尘喷出),这是煤粉即将点燃的先兆。待火焰形成后,再在主排机入口阀门关闭状态下开启主排风机,并随后视窑内火焰状况,逐渐开启主排风机入口阀门,关闭预热器出口管道上排风口的阀门。

② 在最上级旋风筒出口管道上未设置"排风口"时,可在主排风入口阀门全部关闭时开启主排风机,点火后再根据窑内通风状况,稍微开启一点主排风机入口阀门,以保持窑头存在微负压为准。切忌阀门开启过大,使窑内烧成带前部难以保持足够的热力强度,使煤粉难以点燃和形成火焰,或火焰刚要形成又被拉灭,延长点火时间。

(2) 分解炉的点火与投料操作

分解炉是在回转窑点火操作完成后进行的。根据工艺布置不同,分解炉的点火和投料操作又分为同线型炉、半离线型炉及离线型炉三种情况。

① 同线型分解炉的点火与投料

当窑内点火完成,窑内升温至窑尾气流温度达 950 ℃以上,同线型炉出口气流温度达 800 ℃以上时,分解炉燃烧器开始喷煤,这时喷入的煤粉即可迅速起燃,随时可按规定值迅速向预热器系统投料生产。一般开始投料量可为正常投料量的 70%～80%,不宜过低。

② 半离线型分解炉的点火与投料

一般有两种操作模式:

a. SP 窑点火操作:可参照同线型炉操作模式进行。先不点燃和使用分解炉,待用 SP 窑生产出熟料铺满箅冷机,可满足三次风加温需要后再点燃分解炉。待炉内温度升高,炉出口温度达 800 ℃左右时,可将倒数第二级旋风筒的下料迅速切换,全部入炉,并同时增加预热器投料量,转入 NSP 窑生产。SP 窑开始投料量可按 NSP 窑正常投料量的 30%掌握,转入 NSP 窑的生产初期投料量可按正常投料量的 70%掌握。

b. NSP 窑点火操作:当回转窑点火后,窑尾温度达 800 ℃时,半离线型炉开始用油枪或油棉球点火,使炉内升温,待炉内燃料燃烧,炉出口气温达 800 ℃以上,窑尾温度达 950 ℃以上,最下级旋风筒出口温度达 800 ℃以上时,开始向预热器系统投料,投料量可为 NSP 窑正常投料量的 60%～70%,并同时逐步加大主风机排风量。待熟料出窑铺满箅冷机、入炉三次风温提升后再逐步加大投料量、燃料量及主排风机排风量,直至转入正常生产。其操作要点在于各部温度、通风量的掌握控制,切不可升温不够时点火、投料;亦不可升温过高时仍不投料,造成过热损坏设备和"黏结堵塞"状况。

③ 离线型分解炉的点火与投料

由于离线型预分解窑的窑与炉两个系统各自有单独的排风机,自成系统,仅在窑列从下往上数第二级旋风筒下料,可切入分解炉或窑尾上升烟道。因此,窑点火后可首先用窑列预热器进行 SP 窑生产。待窑生产炽热熟料铺满箅冷机时可用于加热炉用三次风,再启动炉列主排风机,点燃分解炉(炉点火方法参见半离线型炉),待炉列预热分解系统各部参数达到规定要求后,迅速向炉列投料,并同时根据需要将窑列倒数第二级旋风筒下料迅速切换入分解炉,随后根据生产状况逐步增加系统投料量,直至正常生产。

(3)窑系统点火升温制度

窑在新砌耐火材料后,缓慢而稳定地加热升温,对于防止掉砖、炸裂和耐火材料的倒塌事故,延长衬料使用寿命十分重要,尤其是在使用碱性耐火材料时更是如此。由于碱性砖比高铝砖、黏土砖有较大的热胀系数和较低的弹性,高级镁铬砖一般径向附有铁板、轴向附有纸板,以适应热膨胀的补偿(未附有铁片、纸板的碱性砖,则需用砂浆砌筑或在接连处插以铁片)。窑的加热升温必须按规定的升温曲线进行,尤其是加热前期,升温必须缓慢,使碱性砖间的接缝纸板逐渐燃烧,耐火砖逐渐膨胀,补偿纸板缝隙。如果加热过快,纸板来不及完全燃烧而砖体膨胀过快,则容易把砖挤碎;温度进一步升高后,砖与砖之间的铁片开始缓慢地与砖体之间发生化学反应,形成耐高温的铬铁化合物的新结晶相,并使耐火砖化为整体。因此,在窑的加热升温期间,必须防止由于任何原因造成的加热过程中断,以免使耐火砖造成损失或塌落。

窑的加热升温曲线,视砖种不同而异,一般加热升温时间为 24~48 h。对加热升温的控制一般以耐火砖温度为准,但由于测量上的困难,在生产操作条件相对困难的情况下,实际是用一级旋风筒出口气体温度作为控制指标,窑内耐火砖温度用肉眼观察。

一般情况下,加热升温时间如为 48 h,则前 20 h 窑为 $\frac{1}{3}$ r/(15 min)(20 h 内亦有不同,初期转窑间隔时间可稍长),后 4 h 用辅助马达转窑,再过 24 h 可用主电机慢转,并且点火前在烧成带可薄铺一层熟料或生料以保护碱性砖。

1.5.12 点火前应做好哪些准备工作

开窑前要对机械、电气设备、窑内衬料进行全面检查和空试车。

(1)窑内

① 烟室内不允许有过多的积灰,以免开窑后影响通风和来料不均。

② 湿法生产的窑尾挡料圈处和下料管周围的泥巴要全部清出窑外,以免影响通风和料浆的流动。

③ 保持下料管位置正确,管道完整,无变形、开裂和磨穿现象。干法厂的下料装置或下料舌头无变形、损坏现象,以免开窑后影响下料。

④ 链条完整,无断头或挂错情况,链条带结的泥巴圈或圈根必须打掉。半干法的炉箅子加热机以及湿法的金属热交换装置应完好无损。

⑤ 窑中喂料嘴畅通无阻。

⑥ 火砖镶砌牢固,无松动或头尾倒置现象,烧成带未换的火砖最薄处不得小于火砖厚度的一半。如分解带火砖只有 30~50 mm 厚,就容易发生红窑现象;如果在火牙轮处,就容易引起油冒烟或着火。

⑦ 检修完毕,在窑内残存的火砖和杂物应清除干净,检修烟室时所用的桥板应取出。

⑧ 窑尾和分解带温度计的热电偶应保持完好。

(2)窑外

① 前窑口与窑头、后窑口与烟室的挡风圈结合应严密,防止漏风、漏料。

② 窑体上的工作门、取样孔要盖闭好,窑尾烟室下各处人孔、小门应关闭,防止开窑后漏风、漏灰。

③ 旋风预热器的旋风筒、上料管应完好,无开焊和磨漏现象,卸灰阀、烟帽应灵活好用。

④ 煤仓内有足够的煤粉,下煤装置完好。

⑤ 清理煤仓后,下煤溜子应捅开,以防湿煤结块,堵塞溜子。

⑥ 水冷却系统有足够的水量,水管无堵塞现象。

⑦ 湿法窑有足够的料浆循环;干法、半干法窑窑尾下料仓有足够的生料。

⑧ 对吹煤风机、排风机、排风机闸板、下煤系统等附属设备进行一次试车。

(3) 控制盘

① 控制盘各开关灵活好用。

② 控制盘上各仪表指示准确,指针读数在零位。自动器内有记录纸和充足的墨水。

③ 控制盘上各信号装置的指示灯等应完好无缺。

上述检查试车表明一切正常后,方可向窑内堆放木柴,准备点火。

1.5.13　回转窑草绳点火应如何操作

草绳点火的引燃物是包装耐火砖的废草绳,是一项利用废物节约能源、清洁环境的措施。点火前把 50～70 kg 废草绳放在距下料口 1～1.5 m 处,堆放高度以超出煤嘴中心位置为宜,在废草绳上均匀地撒上 10～30 kg 废柴油或废机油,点火后待草绳烧旺时送风送煤,操作上仍采用"三小一早"(一次风小,煤量小,排风小,送一次风和煤早)的方法,直到把火点着。

草绳点火必须注意以下几点:

(1) 草绳必须干燥。平时应把废草绳存放在固定地方,防止水浇雨淋。

(2) 废草绳的摆放位置、高度可根据经验确定。使用的废油最好不完全是废机油,而是用柴油混合。废机油虽然具有燃烧时间长的特点,但燃烧慢、火力分散、火焰弱,不易着火。在实际中曾出现过这样的情况:废草绳量很足,但摆得分散,位置也不合适(距下料口 5 m),高度低于煤管,浇上了废机油,加上了部分沥青,点火后不易起火苗或火苗太低,高度达不到要求;吹入窑的煤粉,一半不能与火焰接触,虽然燃烧时间较长,仍然会造成灭火。

(3) 为了防止草绳点火后被风吹散,可以扎成松散的捆放入窑内。

(4) 煤粉质量要控制在指标范围内,因煤质而造成的灭火现象在点火过程中也时有发生。例如在一次点火中,煤的灰分在 32％～34％,煤粉细度在 0.08 mm 筛筛余 15％以上,含水率在 5％以上,点着火送煤后,起初火还亮,但由于煤粉不易燃烧,结果愈烧愈暗,虽然煤量不多,也会冒黑烟,最后灭火。

1.5.14　回转窑棉纱点火应如何操作

回转窑用棉纱点火不同于用木柴点火,因为木柴燃烧后能够散发足够的热量,使温度提高到煤粉的燃点以上,使入窑煤粉迅速燃烧。而棉纱燃烧时散发的热量不大,所以煤粉的燃烧只能靠集中的棉纱球火焰(其温度可达到煤粉的燃点)引燃;随着煤粉的不断送入和燃烧,使烧成带温度逐渐提高,从而使燃烧火焰逐步趋于正常。

棉纱点火法运用自如后,不但操作方便、节约木柴,还可降低劳动强度、节省人力,而且还能避免木柴点火中初送煤粉时因发生爆炸性的燃烧而回火的现象。但新开窑点火最好不用棉纱点火,因窑湿冷。

棉纱点火的操作顺序如下:

(1) 点火前首先准备好 2～5 kg 废棉纱,用废油(最好是柴油)浸透,放在预先准备好的铁丝罩内(也可用铁丝扎成棉纱球),保持松散和良好的通风,以利于点燃。

(2) 煤管上方固定一带钩的铁棍,把铁丝罩内浸透油的棉纱挂在相当于煤嘴口径约 2 倍距离之处,稍低于煤嘴 10～20 cm(图 1.34),使棉纱球不因吹风而摆动,并保证煤粉能从点火后在火焰的高温区通过。

(3) 用扫帚蘸上油,点火引燃棉纱。棉纱着火后,点火者退到窑外,关好工作门。

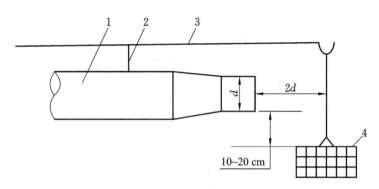

图 1.34　棉纱球点火位置
1—煤管；2—固定在煤管上的支架；3—铁棍；4—棉纱球

（4）点着后即可送一次风和煤粉，操作方法应为"三小一早"，即一次风小、煤量小、排风小，送一次风和煤早。由于棉纱点火所需空气量不多，产生废气少，烧成带温度低，点火后没有大量烟气充满烧成带至前窑口的空间，故窑内非常清晰，看火者易于观察，便于掌握。棉纱点火，必须保证煤粉送入窑内后都能与其火焰接触，在短时间内使煤燃烧，形成火焰，这就是决定棉纱放置位置和采用"三小一早"操作法的主要依据。

如果在 10～15 min 内煤粉燃烧不能形成火焰，点火就算失败，须重新进行点火。

（5）当火焰基本形成后，即可逐渐增大煤量，同时相应地增加一次风和排风量。

1.5.15　回转窑用木柴点火时应如何操作

回转窑用木柴点火时，需注意木柴的装入量、堆放位置、堆放形式等。木柴用量多少，应以其燃烧散发出的热量能使吹送入窑的煤粉顺利燃烧为原则，根据窑规格而定。窑的直径越大、窑越长，燃烧空间越大，木柴装入量就要多些。木柴堆放位置一般在距窑口（1.5～2.0）d（d 为窑的直径）的位置，也可按各厂习惯而定。例如某水泥厂窑的直径在 3 m 以上，窑长在 100 m 以上，木柴装入量在 1 t 左右，堆放位置距窑口5～6 m。木柴堆放形式多为"井"字形，大块放在下边，小块放在上边。木柴底部距窑壁有一定孔隙（0.6 m 左右），使通风良好。从窑内看，堆放的木柴宽约 2 m，高约为窑直径的 2/3。废油应洒在木柴上，防止油与火砖接触。

煤管的位置应保持中间微偏高、偏料层一边；伸入量应以煤嘴和下料口中心在同一平面为原则，以达到以下目的：

（1）火焰顺而集中，便于观察和操作。

（2）防止前圈长得靠外或窑皮挂得靠里。

（3）此处由于风、煤混合得好，火焰形状完整，便于黏挂窑皮，并根据窑皮黏结情况便于煤管逐渐往里送，达到由前到后黏挂窑皮的目的。

点火前，把窑尾排风机闸板提起约 10%，立筒预热器窑把烟帽微微打开，保持窑内气流微微流动。

以上工作安排妥当后，除当班人员外，其他人员均应退到窑外。看火工将木柴点着数处后，迅速退到窑外，关好工作门。

点火后，如情况正常，窑内即呈现出通红的火焰，火舌微倒向窑的尾部，废气大部分顺窑壁向窑尾流动，小部分流向窑头，从上部冷却筒不断逸出白烟或微灰白烟。当木柴大部分被火焰包围，有落架的象征时，即可开鼓风机送风，以加速木柴燃烧，送风后火色由红色转为红白色。初送风时以少为原则（约为正常风量的 1/4），当木柴架逐渐下落时，即开始给煤（约为正常喂煤量的 1/5），要防止煤粉过多，燃烧不完全被排到窑外冒黑烟，使点火时间延长。

煤粉被送入窑时，80% 以上的煤粉通过火舌燃烧，但没有明亮部分，看上去全是黑火头，煤粒落到木柴及火舌上燃烧。随着温度的逐渐升高，黑火头端部亮处扩大，此时应适当增加风、煤。当木柴大部分燃尽,火焰形成,火砖表面发白时,即可开始间断转窑。开始时,窑转动 1/5～1/4 转,以后每隔 3～5 min 转一次,转动多少随温度的升高而增加,直到连续运转。设有辅助传动时用辅助传动转窑,转窑的主要目的是使窑的各部受热均匀,不致产生局部高温而使火砖受损。

当窑内火砖表面发亮,白火焰与黑火头有明显界线时,用最低窑速转窑,并适当提高闸板,增大排风量,保持火焰长度,逐步提高尾温。

上述情况为空窑点火,所说的火色是用眼睛直接观察到的火色。

从点火到喂料,烘窑时间一般为 1～2 h。当尾温提高到要求范围(比正常低 20～40 ℃)时开始下料,同时开排风机,使下料后尾温稳定在控制范围内。在开排风机前必须把闸板关到微开的位置,以防由于闸板开得过大,造成排风机马达启动时负荷过大运转而动不起来,或烧坏马达。同时也可避免因排风过大造成火焰不稳,难于观察和操作。

1.5.16 回转窑点火时木柴堆放高度为何要超过窑径 2/3

回转窑在点火时,不但要有足够的木柴使燃烧后放出的热量能使温度提高到煤粉的燃点以上,而且必须使烧成带形成一个火力集中的局面,使喷入的煤粉大部分能与木柴燃烧形成的火焰接触,以利于在短时间内燃烧,使窑内空间的温度不断升高,达到煤粉燃烧形成完整火焰的目的。木柴燃烧放出的热量只能在短时间内达到和维持煤粉燃点的温度,如不及时利用,热量将很快随气流从燃烧带向窑尾流失,使燃烧带温度迅速下降,点不着火。木柴堆放高度低于窑直径的 1/2 时,即使木柴有足够数量,必然堆得分散,点火后火力分散,火焰不强,使吹入的煤粉有相当一部分不能与火焰接触而向窑尾流失,延长了煤粉的着火时间。不仅如此,由于流走的煤粉不但不放热,反而带走一部分热量,随着时间的延长,木柴火势逐渐减弱,而燃着的煤粉放出的热量低于流失的热量,温度会很快降低到煤粉燃点以下,发生熄火现象。所以,要想使煤粉顺利燃烧,点火前不但对木柴用量、堆放位置和形式有所要求,而且要求堆放高度保持在窑直径的 2/3 左右。

1.5.17 预分解窑点火投料前应做好哪些准备工作

(1)生料系统已进行带负荷运转,生料库内存有不少于 3000 t 生料,生料率值和细度控制指标达到化验室下达的指标要求。

(2)系统煤粉的细度、含水量和热值应达到化验室下达的指标要求。

(3)生料磨和煤磨系统应处于随时启动状态,保证能根据煅烧需要连续供料和煤。

(4)封闭所有人孔门和检查孔,各级翻板阀全部复原,并调好配重保证开启灵活,检查废气处理系统及增湿塔喷水系统。

(5)确定冷却机热端空气炮可以随时投入使用。

(6)确认全系统 PC 正常,各种开、停车及报警信号正确。重点检查窑主传动控制系统、窑尾高温风机控制系统、窑头算冷机控制系统的内部接线,以及报警信号和报警值的设定,速度调节。

(7)确认仪表系统正常,重点检查下述仪表指示是否准确可靠。

表 1.33 仪表指示参数

序号	测点名称	序号	测点名称
1	窑尾烟室温度、压力	2	窑头罩负压
3	窑主传动负荷	4	冷却机一室算板温度
5	冷却机一室算下压力	6	冷却机二室算板温度
7	冷却机二室算下压力	8	系统生料喂料量

续表 1.33

序号	测点名称	序号	测点名称
9	窑头喂煤量	10	窑尾喂煤量
11	C_5 筒出口温度	12	预燃炉出口温度
13	混合室出口温度	14	C_1 筒出口压力、温度
15	高温风机负荷	16	高温风机入口温度
17	窑尾烟室出口温度	18	窑尾烟室出口气体成分检测

上述仪表对保证系统安全运转起着决定性作用,应重点予以确认。

(8)窑尾烟室和 C_5 筒出口处热电偶易损坏,应准备两支以上备用热电偶。

(9)备齐窑头看火工具、窑尾预热器捅堵工具、捅料用个人防护用品(防护镜、石棉衣、手套)。

(10)确认已按设备润滑油表要求备齐各种润滑油、润滑脂,准备部分石棉绳、石棉板、硅铝酸钠(水玻璃)用于系统密封堵漏。

1.5.18 新型干法窑点火投料时应注意什么

新型干法窑的点火投料是中控室操作的重要阶段,应注意以下几点:

(1)做好系统检查

在点火前按操作规程顺序检查系统的密闭情况,并进行空载联动试车,确认系统各部位处于正常状态。

(2)控制升温速率

升温阶段一般根据窑尾温度控制系统的点火升温速率(小于 2 ℃/min),对换砖的窑应按烘干曲线烘干衬料后再按正常速率升温。

(3)投料时要注意风、煤、料的平衡

一般情况下,投料时系统拉风应为正常风量的 70%～80%,投料量以 70% 开始,窑尾加煤量根据 C_5 筒出口温度控制,窑头煤量则根据窑尾温度控制,密切注意预热器系统负压变化,加强吹扫,防止堵塞,待入窑物料温度及窑功率曲线开始上升时即可加料。每次加料一般为额定料量的 3%～5%,同时要注意窑速与投料量的对应关系,先提窑速再加料。一般投料后 40～50 min 料入冷却机,在其后的 8 h 内逐步加料至额定投料量,系统拉风则应控制在出 C_1 筒出口温度 380～420 ℃之间,且宜大不宜小。

(4)强化算冷机操作,尽快提高二次风温和入炉三次风温

通过调整算速和各室风机风量来延长物料在冷却机内的滞留时间,提高热回收率,快速提高燃烧空气温度,尽快稳定窑的煅烧状况。

1.5.19 如何防止点火过程中的"爆燃"现象发生

"爆燃"是指煤粉在未充分燃烧或未燃尽的情况下,堆积在系统内某一位置后突然同时燃烧,使大量的燃烧空气剧烈膨胀,俗称"放炮"。这种情况多发生在点火阶段环境温度不高或燃烧空气不足时。轻微"爆燃"会使局部温度过高,剧烈"爆燃"由于引起废气体积的迅速膨胀,对设备及衬料有较大振动,并逸出设备,威胁人员安全。

为避免"爆燃"现象发生,操作时要注意以下几点:

(1)在点火投入煤粉时,必须注意煤粉是否燃烧完全,如发现烟囱有黑烟冒出时应尽快减煤,改变风量、风压,直到无黑烟冒出为止。

(2)如发现有喂入的煤粉未能燃烧,或火灭后仍有煤粉喂入,则应迅速止煤,并快速加大窑尾风机排

风量,将系统内的积存煤粉拉开,排出可能有的 CO 气体后,再重新点火。

(3) 严禁大幅度改变阀门开度来改变一次风量,以免死灰复燃。

[摘自:谢克平.新型干法水泥生产问答千例(操作篇).北京:化学工业出版社,2009.]

1.5.20 为何回转窑点火不可过早浇油且不可浇汽油

木柴、棉丝、草绳点火,都要用油引燃,其目的是加快燃烧物的燃烧速度,迅速把火点着。但加油时间不当或采用汽油都会造成油从燃烧物流到火砖上,并流向窑头,当油面过大时,一旦点火,有可能发生爆炸性燃烧,点火者躲避不及会造成伤亡。如果浇油过早或浇了汽油,点火者可不进入窑内,而是用长杆绑上棉丝蘸上油点着后,从看火孔或人孔门伸入窑内点燃。浇油时间一般都是在点火前,浇油后应尽快点火。

1.5.21 回转窑点火时,只"放炮"不着火是何原因

回转窑有时点火时,频频发生"放炮"现象,这是由于拉风大、火焰长、高温区靠后,煤粉喷出后不能很快燃烧,沉落到一定程度时,发生激烈燃烧而"放炮"。加煤量多,"放炮"间隔时间就短,因而沉落煤粉量增多。同时,由于高温区靠后,煤粉燃烧所产生的热量容易被排到窑外,观察时很难看到白火焰,而是一片黑,其实前部煤还是燃着的。"放炮"时间不能过长,否则也会点不着火。发生"放炮"现象时,必须关小一、二次风,适当减少煤粉量,使高温区向窑前移位。

下列情况最容易形成"放炮"现象:

(1) 煤质含水率大、细度粗,不易着火;

(2) 一、二次风量过大;

(3) 点火时木柴位置太靠后;

(4) 用煤量过多。

1.5.22 回转窑点火时易出现哪些不正常现象

(1) 送煤过早或过多时,煤粉不易燃烧,烟囱冒黑烟,火色愈烧愈暗,甚至看不到火苗。此时应减少煤量或暂停送煤,待温度升起来后,再送适量的煤粉。

(2) 排风量过大时,火焰很快被拉向后边,亮处反而暗下来,冷却筒几乎无烟喷出,火焰一伸一缩,反复厉害。此时应关小排风机闸板,减少拉风,使火焰稳定下来。

(3) 排风量过小时,窑内浑暗,木柴堆放处至窑口这段空间充满气体,从冷却筒和窑口缝隙喷出大量含有 CO 的浓灰烟,窑内情况很难观察和判断。此时应开大排风闸板,增大拉风,使窑内逐渐清晰起来。

(4) 一次风量过大时,火焰摇摆打旋,在煤粉适量的情况下黑火头发黄,此时应减少一次风量。

(5) 一次风量过小时,煤粉喷出后,煤粒有下落现象,火焰软而无力,此时应增大一次风量。

1.5.23 点火升温过程中应当如何控制排风机

现在大多数设计的生产线都在一级预热器上方设置有点火排风罩,作为点火时系统负压的来源。因此,点火时的正确操作应当不开启窑尾排风机。但实际上,很多操作仍习惯启动排风机。其结果导致火焰容易向窑尾方向拉,直到投料前窑尾温度还高于烧成带温度,使窑的后部结皮甚至结圈。与此同时,风机的运行也消耗了大量电能。

正确的操作程序是,当升温到一定阶段,加煤后因燃烧所需的空气不足而不能充分燃烧时(至少此时

不是用油点火升温的阶段),才开启窑尾风机。一般先开启窑尾收尘的排风机,然后再开启高温风机。对于采用变频调节风量的风机,操作更容易控制。先全开风管阀门,只是在需要更多风量时,才根据需要逐渐增加转速。如果在一级预热器顶部备有排风烟囱,窑尾风机可尽量稍晚开启。

1.5.24 预分解窑点火投料操作的要点是什么

(1)当耐火材料烘干完成后继续升温至窑尾温度 700~800 ℃时,启动稀油组,将窑的辅助传动改为主传动,在最慢转速连续转窑,此时液压挡轮已启动。窑连续转动时,注意窑速是否平稳,电流是否稳定、正常。不正常时,应调整控制柜各参数。

(2)加料前应随时注意 C_1 筒出口温度,防止入排风机废气超温。

(3)三通道喷嘴燃烧无烟煤的特点是冷窑下火焰不稳定,在下料后应适当延长油煤混烧时间,待窑头温度升高,能形成稳定燃烧的火焰时即可减少用油或停止喷油。

(4)点火后应随即开窑尾喂煤风机和窑尾一次风机,其作用如下:

① 防止窑烘干不彻底导致废气中的潮气倒灌入喂煤系统。

② 给预热分解系统掺入冷风,可降低出 C_1 筒废气温度。

(5)窑尾烟室废气温度控制:投料前应以窑尾废气温度为准,按升温制度调整加煤量,投料初期可控制在 850~900 ℃范围内,当尾温超过 1050 ℃时,必须及时在窑头加煤,并应检查窑尾喂料室和炉下烟道内结皮情况,如发现结皮要及时清理。

(6)窑速控制:点火后当窑尾废气温度达 200 ℃以上时开始间断转窑,窑尾温度达到 700~800 ℃时按电气设备允许的最低转速连续转窑,到加料前窑速加快到 1.0 r/min。当生料进入烧成带即可开始挂窑皮,此期间按窑内温度和窑内情况调整窑速,一般调速范围 1.0~2.0 r/min。窑皮挂好后可适当加快窑速到 2.0~2.8 r/min,并加大喂料、喂煤量,当窑产量达到接近设计指标时,窑速应达到 3.2~3.5 r/min。

(7)窑筒体表面温度控制:间断转窑时应投入窑筒体红外扫描测温仪,筒体表面温度应控制在350 ℃以下,最高不得超过 400 ℃。

(8)加煤量的控制:待窑尾烟室温度达 350 ℃以上时可开始窑头加煤,实现油煤混烧,煤量约 1 t/h,不可太小,注意调整窑头一次风机转速和多通道喷煤管内外风比例来保持火焰形状,点火初期煤粉有爆燃回火现象,窑头看火操作应注意安全。

(9)系统投料初期操作要点

① 投料前通知各岗位专业人员再次确认系统各设备正常。

② 逐步加大系统排风量,启动窑头风机系统,注意控制窑头负压在-200 Pa 左右,保持窑头火焰形状。在投产初期,采用无烟煤与烟煤的配煤方案,在生产稳定的基础上逐步加大无烟煤比例,过渡到全部烧无烟煤。

③ 分解炉点火

由于有些流化床炉未设置喷油装置,如果现场没有烟煤,仅靠三次风温则很难使无烟煤燃烧。因此,一般先烧一段时间的 SP 窑,然后从 C_4 筒分一部分物料到流化床炉,依靠高温物料来快速预热煤粉,并且引入一定量的三次风使其燃烧。此时窑尾一次风机入(出)口阀门可暂开至 20%~30%,三次风总管阀门可开至 30%~50%。此时加煤量 1.0~1.5 t/h,如喷入煤粉,不能立即着火,则应立即止煤,以防止煤粉在炉内堆积过多,引起爆燃,烧坏火砖。煤着火后,逐步加大一次风管阀门和三次风管阀门的开度,保证充分燃烧,控制流化床炉内及流化床炉出口温度不大于 900 ℃。分解炉温升较快时,注意加大入炉风量,可加大箅冷机冷却风机的阀门开度。

④ 窑尾烟室温度达 850 ℃以上时,可启动喂料系统准备投料。

⑤ 投料前,预热器应自上而下用压缩空气吹扫一遍。低产投料生产时,应每小时吹扫一次;稳定生

产时,2 h吹扫一次。

⑥ 窑尾C_1筒出口达450 ℃时打开生料称量仓下的电动流量阀投料。通过生料流量计监控初始投料量在80～100 t/h。如C_1筒出口温度曲线下滑说明生料已入预热器,此时应注意控制喂煤,保持窑尾烟室温度850～1000 ℃,通过观察C_5筒入窑物料温度来确认料已入窑。喂料后生料从一级预热器到窑尾只需30 s左右,在加料最初1 h内要严密注意预热器各翻板阀门在温度变化后的闪动情况,发现闪动不灵活或者有堵塞征兆时要及时处理,初次点火为慎重起见,头一个台班各级旋风筒的翻板阀都应设专人看管,及时调整重锤或定时人工闪动以帮助排料,此后预热器系统如无异常则可按正常巡回检查。旋风筒锥体是最易堵塞部位,应引起重视,加料初期可适当增大旋风筒循环吹堵吹扫密度和吹扫连续时间,以后逐渐转为正常。

一般情况下开始加料后约40 min窑头有料影,可根据料影行进速度来调整窑速,以免生料窜出。此阶段观察窑内要小心,以免返火灼伤。

⑦ 在设定喂料量下进行投料。调整点火烟囱开度,使高温风机入口温度不超过400 ℃。

(10) 由于三次风温和C_4筒物料温度较高,煤粉在流化床炉内可以稳燃。通常流化床炉出口温度应控制在900 ℃左右,分解炉出口温度应控制在870～890 ℃。

(11) 当熟料出窑后,二次风温升高,窑头火焰顺畅有力,料影逐渐消失,应注意窑电流变化,可适当减煤、加窑速。

(12) 当箅冷机一室箅下压力逐渐升高时,应加大该室各风机入口阀门开度,当压力超过－4500 Pa时可启动箅冷机带料。熟料到哪个室,就应加大该室鼓风量,并用窑头排风机入口阀门开度调整窑头罩负压在－50～－20 Pa范围内。

(13) 初次投料时,由于设备处于磨合期,易发生各种设备、电气故障,此时应沉着冷静,及时止煤、止料,保护设备和人身安全。

(14) 废气处理系统的操作:废气系统可根据窑内点火排风需要适时启动,关键是注意入电收尘废气温度一般应控制在200 ℃以下,当温度高于200 ℃时应开泵喷水,投料初期可控制增湿塔出口温度在160～180 ℃,并以此调节增湿水量,正常生产后在不湿底的情况下逐步增加水量以降低出口温度,使进电收尘器气体温度在130～150 ℃。

① 窑开始喂料后,电收尘器灰斗下窑灰输送系统全部开启。若如电收尘灰斗积灰较多时拉链机应断续开动,以免后面的输送设备过载。

② 增湿塔排灰输送机的转向视出料含水率而定,当排灰含水率在4%以下时可送至生料系统,大于4%时废弃,投产初期因操作经验不足或前后工序配合不当常造成湿度或排灰水超标,因而处理窑灰宁可废弃,也不能回库,以免造成输送过载、堵塞而影响生产。

③ 在窑已能稳定正常操作,入电收尘器气体中CO含量小于0.5%时,可考虑电收尘器供电,按电收尘器操作顺序启动。

④ 当生料磨启动抽用热风时,因入增湿塔废气量减少,要及时调整增湿塔喷水量。

1.5.25 预分解窑点火后应如何投料挂窑皮

当预热器系统充分预热,窑尾温度达950 ℃左右时,这时分解炉温度可达650～700 ℃,窑头火砖开始发亮发白时,早先喂入的生料也将进入烧成带。这时,窑头留火待料,保证烧成带有足够高的温度,并将吊起的两个C_4筒排灰阀复原。三次风管阀门开至10%左右,开始向分解炉内喷轻柴油和少量煤粉。当C_1筒出口温度达400～450 ℃时,打开置于C_1筒出口至高温风机废气管道上的冷风阀,掺入冷风调节废气温度,保护高温风机。待C_5筒出口温度达900 ℃时,适当开大三次风管阀门后即可下料,喂料量为设计能力的30%～40%。喂料后逐渐关闭冷风阀,适当加大喂煤量和系统排风量,窑以较低的转速(如0.3～0.6 r/min)连续运转并开始挂窑皮。当系统比较正常时,分解炉温度稳定后,就可以撤除点火喷油嘴。如果系统烧无烟煤,则应适当延长点火喷嘴的使用时间,但油量可以减少,对无烟煤起助燃作用。

挂好窑皮是延长烧成带火砖寿命、提高回转窑运转率的重要环节。其关键是掌握火候,待生料到达烧成带时及时调整燃料量和窑速,确保稳定的烧成带温度。窑速与喂料量相适应,使黏挂的窑皮厚薄一致、平整、均匀、坚固,挂窑皮期间严防烧成带温度骤变。温度太高,挂上的窑皮易被烧垮,生料易烧流,在窑内"推车"会严重磨蚀耐火砖;温度突然降低会跑生料,形成疏松夹心窑皮,极易塌落,影响窑皮质量。

挂窑皮一般需3~4个台班。窑皮挂到一定程度以后,生料喂料量可以3~5 t/h的速率增加,直至完全达到设计能力。窑速和系统排风也随燃料和生料喂料量的增加而逐渐加大。

1.5.26 预分解窑点火时如何控制系统温度和操作废气系统

预分解窑点火后,从投料挂窑皮到窑产量达设计能力之前,烧成系统热耗一般都相对较高。因此,系统温度可比正常值偏高:

(1) 窑尾温度:1000~1050 ℃;

(2) 分解炉出口温度:900 ℃;

(3) 出口废气温度:350~400 ℃。

增湿塔的作用是对出预热器的含尘废气进行增湿降温,降低废气中粉尘的电阻率,提高电收尘器的除尘效率。对于带五级预热器的系统来说,生产正常操作情况下,C_1筒出口废气温度为320~350 ℃,出增湿塔气体温度一般控制在120~150 ℃,这时废气中粉尘的电阻率可降至10^{10} Ω·cm以下。满足这一要求的单位熟料喷水量为0.18~0.22 t/h。实际生产操作中,不仅要控制增湿塔的喷水量,还要经常检查喷嘴的雾化情况,这项工作经常被忽视,所以螺旋输送机常被堵死,给操作带来困难。

一般情况下,在窑点火升温或窑停止喂料期间,增湿塔既不喷水,也不必开启电收尘器。因为此时系统中粉尘量不大,更重要的是在上述两种情况下,燃煤燃烧不稳定,化学不完全燃烧产生的CO浓度比较高,不利于电收尘器的安全运行。但出口废气温度应不大于250 ℃,以免损坏电收尘器的极板和壳体。假如这时预热器出口废气温度超高,则可以打开冷风阀以保护高温风机和电收尘器极板。但投料后,当预热器出口废气温度达250 ℃以上时,增湿塔应该投入运行,对预热器废气进行增湿降温。增湿塔投入运行后,注意塔底窑灰水分,严防湿底。待烧成系统热工制度基本稳定后电收尘器才能投入运行,并控制电收尘器入口废气CO含量在允许范围内。

1.5.27 预分解窑首次点火及挂窑皮应如何操作

预分解窑首次点火时,耐火衬料烘干结束后,一般可以继续升温进行投料运行。但如果耐火衬料烘干过程中温度波动较大,升温速率太高,则最好将其熄火,待冷却后进行系统内部检查。如果发现耐火衬料大面积剥落,则必须进行修补,甚至更换。

(1) 窑头点火升温

① 窑头点火

现代化的预分解窑,窑头都采用三风道或四风道燃烧器,喷嘴中心都设有点火装置。新窑第一次挂窑皮,最好使用轻柴油点火。因为油煤混合燃烧,用煤量少,火焰温度高,煤粉燃尽率也高。如果用木材点火,火焰温度低,初期喷出的煤粉只有挥发分和部分固定碳燃烧。煤粉中大部分固定碳未燃尽就在窑内沉降,而且木材燃烧后留下大量木灰,这些煤灰和木灰在高温作用下被烧熔,黏挂在耐火砖表面,不利于黏挂永久、坚固、结实和稳定的窑皮。

窑头点火一般用浸油的棉纱包绑在点火棒上,点燃后置于喷嘴前下方,随后即刻喷油。待窑内温度稍高一些后开始喷入少量煤粉。在火焰稳定、棉纱包也快烧烬时,抽出点火棒。随着用煤量的增加,火焰稳定程度的提高,逐渐减少轻柴油的喷入量,直至全部取消。在此期间,窑尾温度应遵循升温曲线要求缓慢上升。在 RSP 型分解炉上,为使 RSP 分解炉涡流分解室有足够的温度加速煤粉的燃烧,窑头点火前应将 2 个 C_4 旋风筒排灰阀杆吊起。这样,窑尾部分高温废气可以进入涡流分解室,经排灰阀、下料管进入 C_4 旋风筒,对涡流分解室起到预热升温的作用。

② 升温曲线和转窑制度

图 1.35 所示曲线表示系统从冷态窑点火升温到开始挂窑皮期间窑尾废气温度、C_5 筒出口温度和 C_1 筒出口温度以及不同温度段的转窑制度。当窑点火升温约 24 h 以后,即窑尾废气温度为 750～800 ℃ 时,启动生料喂料系统,向窑内喂入 5% 左右的设计喂料量,为挂好窑皮创造条件。

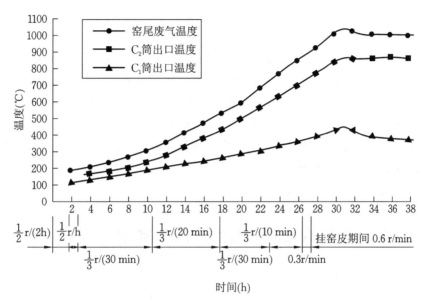

图 1.35 不同温度段的转窑制度

(2)冷却机的操作

① 挂窑皮初期,窑产量很低。待熟料开始进入冷却机时再启动箅床。但箅速一定要慢,使熟料在箅床上均匀散开,并保持一定的料层厚度。

② 以设定冷却风量为依据,使箅下压力接近设定值。注意避免冷却风机阀门开度太大,否则吹穿料层,造成短路。

③ 运行时注意观察拉链机张紧情况,并检查有无空气泄漏和串风现象。漏风严重时,可暂停拉链机,使机内积攒一定量的细料,以提高料封效果。

④ 操作中如发现箅板翘起或脱落,要及时处理,严防箅板掉入熟料破碎机,造成严重事故。

(3)三次风管阀门的调节

① 分解炉点火时,三次风温很低。因此,打开电动高温蝶阀时,宜缓慢,以避免涡流分解室温度骤降给点火带来困难。

② 投料后适当地调整涡流分解室顶部 3 个阀门的开度,以满足它们所在位置管道阻力的差异。当生料喂料量达到设计产量的 80% 左右时,调整总阀门开度至 70%～100%。

(4)系统温度的控制

从投料挂窑皮到窑产量达设计能力之前,烧成系统热耗一般都相对较高,因此系统温度可比正常值偏高:

① 窑尾温度:1000～1050 ℃;

② 分解炉混合室出口温度:900 ℃;

③ C_1 筒出口废气温度:350～400 ℃。

(5)废气处理系统的操作

① 系统投料之前,一般增湿塔不喷水,但出口废气温度应不大于 250 ℃,以免损坏电收尘器的极板和壳体。

② 增湿塔投入运行后,应注意塔底窑灰水分,严防湿底。

③ 待烧成系统热工制度基本稳定后,电收尘器才能投入运行,并控制电收尘器入口废气的 CO 含量在允许范围内。

1.5.28 点火时如果窑内存在大量窑皮应如何处理

重新点火时,窑内会存在大量被打下的窑皮或圈料,处理这些窑皮有两种办法:

一种是在点火前将它们转出窑,这样做有利于窑的升温速率,但要耗专时处理,而且窑皮在窑内的翻滚会伤及其他需要保留的窑衬及篦冷机的篦板。

另一种做法是让它们保存于窑内一起升温,熟料质量不会因窑皮而有大的波动,而且当窑皮烧至可投料温度时,可以利用这些高温窑皮提高火焰温度,进篦冷机后可增加二次风温,有利于提高窑前温度,特别是用无烟煤等着火温度较高的燃煤时,更有必要采用如此操作。大块窑皮经过煅烧会变成小块,不会损伤前端的窑衬及篦冷机的篦板。但这种做法除了需要更多的燃料及升温时间外,在升温翻窑及慢转窑时,必须掌握好操作节奏,让投料时间与这些窑皮到达的位置正好在火点下,否则,升温时不但为这些窑皮消耗了热量,而且未能利用它们进行升温投料。

[摘自:谢克平.新型干法水泥生产问答千例(操作篇).北京:化学工业出版社,2009.]

1.5.29 点火时窑尾排风的烟囱冒黑烟有何危害,应如何防止

窑在点火时,常常见到烟囱冒黑烟,表明窑前所喂入的燃料燃烧不完全。有的窑在烧油时都要冒出滚滚浓烟,充分说明操作人员没有准确掌握点火初期不同温度下的喷油量或加煤量及其与用风量的配合要求。这种操作相当危险,其危害如下:

(1) 未燃烧完全的燃油或煤粉积存在预热器甚至收尘器的某个部位,达到一定浓度与温度时,必然会发生剧烈燃烧,产生爆炸。未燃尽的煤粉还会产生大量 CO,不仅会引起爆炸,而且在系统个别位置处于正压时,会从容器中逸出使现场人员中毒。对于电收尘器,送电后会引起爆炸;对于袋收尘器,将烧毁袋子。

(2) 不符合环保要求。在用袋收尘时,如果靠袋子将未完全燃烧的油、煤黑烟拦截,反而会增加危险。所以,最好是先让废气走旁路,只要排出的废气有颜色,就立即减少喂煤或喷油量。

(3) 浪费了大量的油及煤粉,而且升温速率并不快。

欲防止点火时烟囱冒黑烟,操作人员应该做到如下要求:

(1) 最初的加油量及喂煤量一定要从小到大逐渐增加。在用风量合理的条件下,每次加油、加煤之前,先要检查已加入的燃料是否燃烧完全。检查的方式很多,可以从窑头观察火焰烧成情况,可以观察窑尾或一级预热器处的废气分析仪所显示的 CO 含量,更可以直接观察窑尾烟囱冒出废气的颜色。一旦发现有黑烟,就应立即将燃料喂入量减少。

(2) 及时调整相应的用风量与燃料用量。首先要调整一次风机的用风量,关闭多风道的中心用风。在点火初期,对窑尾的排风量一般控制偏低。

(3) 窑尾废气收尘器的投入时间不应过早,一定要确认收尘器内没有积存的未燃尽燃料后才能开启。

[摘自:谢克平.新型干法水泥生产问答千例(操作篇).北京:化学工业出版社,2009.]

1.5.30 合理点火投料方法的评定标准是什么

投料方法是否合理,要看结果是否符合如下标准:

（1）烧成带挂上结实可靠的窑皮，而耐火窑衬损失得最少。

（2）窑内其他位置不能挂上窑皮。如果不重视窑内温度控制，将高温区偏移至烧成带以后的位置——窑尾或过渡带，会产生另一种恶果，使不该有窑皮的位置具备了长窑皮的温度，最先到达此处的生料变成了窑皮，结成了圈。后面的操作就要耗费巨大精力，甚至被迫止料，停窑处理。

（3）从投料到正常运转所用时间最短，如果正确而熟练，稳定达到额定产量的时间不应超过 2 h。显然，这样的经济效益最好。目前，有不少操作员使窑达产的时间远远超过 2 h。

（4）在整个投料、加料直到额定产量期间，系统用煤、用风始终与用料保持合理配比，也就是说，这期间的电耗、热耗都是最佳值。显然，这不能靠频繁调节来实现。

（5）最初出窑的熟料即为合格，而不应该认为出现黄料在所难免。

［摘自：谢克平. 新型干法水泥生产问答千例（操作篇）. 北京：化学工业出版社，2009.］

1.5.31　预分解窑点火时应如何操作冷却机

篦式冷却机的操作目标是要提高其冷却效率，降低出冷却机的熟料温度，提高热回收效率和延长篦板的使用寿命。操作时，可通过调整篦床运行速度，保持篦板上料层厚度，合理调整篦式冷却机的高压、中压风机的风量，以利于提高二、三次风温。当篦板上料层较厚时，应加快篦床运行速度，开大高压风机的风管阀门，使进入冷却机的高温熟料始终处于松动状态。适当关小中压风机的风管阀门，以减少冷却机的废气量；当篦板上料层较薄时，较低的风压就能克服料层阻力而吹透熟料层。因此，这时可适当减慢篦床运行速度，关小高压风机风管阀门，适当开大中压风机风管阀门，以利于提高冷却效率。

1.5.32　什么是点火时的"打枪"，应如何消除

在点火初期，"打枪"是时常发生的一种现象，是指火焰不能稳定在喷煤管前端燃烧，煤粉不断"脱火"（火焰脱离燃烧器）或"回火"（火焰回到燃烧器内）燃烧。也可以认为是煤粉在煤管前方的"爆燃"，尽管它比在窑内的"爆燃"威胁小得多，但仍是一种不正常的燃烧状态。

正常稳定的火焰必须是煤粉从燃烧器喷出的速度与出喷煤管的煤粉燃烧速度相互平衡。如果喷出速度大于燃烧速度，火焰就会"脱火"，也就是被吹灭；反之，如果燃烧速度过快，火焰就会"回火"，这种火焰燃烧位置的迅速变化就形成了"打枪"。

喷出速度是靠调节一次风机的风量、风压改变的，燃烧速度除了受煤粉挥发分含量、细度与水分影响外，还取决于煤粉与空气的混合速度，而这种混合速度又与一次风压有关。所以，只要发生火焰"打枪"现象，就应该尽快调节一次风压的大小，既不可过大，也不可过小。与此同时，在点火初期窑内温度偏低时不可过早、过快地增加喂煤量。

［摘自：谢克平. 新型干法水泥生产问答千例（操作篇）. 北京：化学工业出版社，2009.］

1.5.33　用窑头排风机点火有什么不利影响

为了在点火过程中控制窑内高温区烧成带的位置不要后移，有的操作者将窑头排风机开启，或为加速煤粉的燃烧速度，又将篦冷机高温段的冷却风机开启，但长时间采用此操作会造成很大危害。

（1）如果用风过大，会将大多数热量抽至篦冷机、窑头电收尘器，如果煤粉燃烧慢，则会威胁安全。

（2）火焰向窑头反舔，对窑皮或窑衬不利。

（3）如果篦冷机高压鼓入的冷风量与窑头风机的排风量平衡，则只能是每小时多消耗电量，对窑内火焰助燃没有积极意义。

只要窑尾有负压形成，点火时煤粉燃烧所用的空气是足够的，并不需要篦冷机高压风机的支持；而在

点火升温阶段,为了使高温区不后移,只需将喷煤管位置向窑外撤出即可。总之,箅冷机设备在点火升温阶段尽量不应启用。

[摘自:谢克平. 新型干法水泥生产问答千例(操作篇). 北京:化学工业出版社,2009.]

1.5.34 止煤后重新点火的操作应当注意什么

由于风、煤与温度配合不好等原因,点着后火焰又熄灭,当急于第二次重新点火时要注意,如果窑系统内有未燃的煤粉,或存有大量 CO 时,再次点火后很容易造成"放炮"爆燃,伤及系统设备及附近的人员。因此,应当将系统风机开启一段时间,尽量将系统内存有的煤粉及废气排出后再重新点火。

临时停窑后的重新点火还要根据不同情况来确定操作程序。

对于停窑止火 1 h 之内的重新升温,窑尾温度还能保持在 400 ℃ 以上时,可以不喷油,直接喂煤粉就能明火燃烧,但是切记不能加煤过量,如果没有形成火焰,可以调整排风量,促使煤粉燃烧。

临时停窑 4 h 以内保温较好时,可以先用煤粉试点;如果试点不成功,或加煤粉过早,应当止煤,否则一旦燃烧就有煤粉突然燃烧"放炮"的危险,此时应停止喂煤,重新改用油点火,待具备煤粉燃烧温度后再加入煤粉。

如果冷窑或停窑时间过长,窑内温度过低而无法形成燃烧火焰时,一定要用油开始点火。

无论何种情况,在最初给煤点火前,应核实并确保窑门罩、窑尾平台以及箅冷机前方都没有任何人停留或通过。

[摘自:谢克平. 新型干法水泥生产问答千例(操作篇). 北京:化学工业出版社,2009.]

1.5.35 预分解窑升温投料时应如何操作与控制

对于预分解窑操作来说,升温投料是一个关键时期,应采用以下的操作方法。

(1) 投料前烧成带温度的控制

投料前二、三次风温比正常时的要低许多,特别是在使用劣质煤粉时,若窑内火焰不适当控制,易出现局部高温现象,投料后烧成带窑衬呈暗红色,窑头温度低,黑火头长,甚至出现煤粉不完全燃烧现象。严重时窑内煤粉不立即着火,片刻后又爆燃,即出现"闪燃现象"。分解炉开始喂煤后,煤粉燃烧所需的温度是依靠窑内高温气体提供的,若窑内热气温度不足,就不能为分解炉煤粉完全燃烧提供足够的热量,炉内未燃尽的煤粒会被气流带入最下级旋风筒内继续燃烧,易造成该级旋风筒堵塞。另外,当窑内出现"闪燃现象"时,预热器系统负压会产生较大幅度的波动,易造成投料后预热器内物料塌料,甚至旋风筒堵塞;烧成带温度不足时,投料生产后还容易"窜生料"。

当烧成带温度不足时,可适当增加窑头喂煤;增大燃烧器旋流风阀门开度、减少轴流风阀门开度,适当减少系统排风量,适当增加一次风用量,待烧成带温度正常后,方能进行投料操作。

当使用的煤质好、窑头燃烧器旋流风过大、系统排风小、窑头喂煤量大时,则烧成带温度过高,且窑头温度集中。透过看火镜,火焰白亮刺眼,窑衬白亮,这时很容易烧坏前窑衬,造成红窑事故。当出现上述现象时,应立即较大幅度减少窑头喂煤,增加系统排风量,根据情况适当减少一次风量,调整内、外风比例,加大外风,减少内风,待烧成带温度、亮度适中,窑尾及预热器温度适当后,再进行投料操作。

(2) 投料时分解炉出口气体温度的控制

投料前分解炉喂煤量一般控制在正常水平的 $20\% \sim 30\%$,炉内煤粉着火燃烧温度由窑内高温气体提供,燃烧所需氧气主要由三次风提供。煤粉燃烧后分解炉内温度逐渐上升,当分解炉出口气体温度或最低级旋风筒出口气体温度上升到某一温度时,就应投料。投料时分解炉出口气体温度称为"投料温度",此温度比正常生产时分解炉出口气体温度低,有以下几方面的原因:

① 开始投料后,生料从均化库下计量仓卸出,经输送设备、预热器、旋风筒到达分解炉,尚需要一段

时间(5～6 min)。在这段时间内,炉内温度是不断升高的,若"投料温度"与正常生产时分解炉出口温度相近,在投料后,当物料到达分解炉时,分解炉内温度会高出正常温度许多。

② 喂料量是由零逐渐增加到设定喂料量的,因卸料阀是由关闭状态逐渐增大到设定喂料量对应的某一阀门开度的,所以首先进入炉内的物料要比设定喂料量低(这一时间段较短),若此时炉内温度太高,会导致发黏的物料未入窑而先堵在最低级旋风筒。投料时,若炉温不断升高,已接近或超过正常生产时的炉温且上升速度较快时,应立即减少分解炉喂煤量,而不应通过增加喂料量来降低分解炉出口气体温度。因为喂入炉内的煤粉是以气力输送装置送至炉内的,运动速度快,生料从计量仓卸出到达分解炉所需时间要比煤粉从煤粉仓内卸出到达分解炉所需时间长得多,一般前者是后者的几十倍。

③ 冷窑升温时间相对较长,头煤燃烧后煤灰留在窑内,特别是窑内大面积换耐火砖后,需要较长时间升温,这时带入窑内的煤灰是不能被忽视的。煤灰的掺入使出窑熟料 KH 降低、SM 降低、IM 升高,煤灰量大时料子特别易烧,窑内物料往往会结成软而黏的大块,大块在窑内的翻滚中不断黏结变大,严重时会产生"烧流"现象。其掉落在算冷机后易堵塞前端算板,出现堆"雪人"现象,造成前端算床工作电流大等。因此,投料时有意将投料温度控制得低一些,其目的是有意放一些分解率低的物料到窑内,使这些物料中一部分碳酸盐分解反应在窑内完成,相当于减少了物料在窑内烧成带的停留时间,若操作得当,在窑内大量煤灰的影响下头股物料仍能达到正常煅烧状态。但应注意,低炉温控制时间一般较短,以后要及时恢复炉温,否则会造成"窜料"。

(3) 投料时窑速的控制

投料后在窑系统正常运行的情况下保持较快窑速,使炽热的熟料尽快出窑,对提高二、三次风温、防止窑内低温长焰、防止结长厚窑皮和防止窑尾烟室结皮有利。二次风温的提高对投料后烧成带补挂窑皮有利;三次风温的提高能够改善分解炉内煤粉燃烧环境,防止炉内煤粉的不完全燃烧。炉内煤粉燃烧状况变好,为进一步增加喂料量创造了条件。但投料后喂料量相对正常喂料量少,喂料量、喂煤量相对波动较大;物料在预热器、分解炉内分散,并且与热气体的热交换效率较差。预热器、算冷机系统压力、温度相对波动较大,操作控制比正常生产要困难一些,所以以较快窑速运行时,应注意监控窑尾烟室温度、分解炉出口气体温度、主机电流等参数的变化趋势。若窑内温度有下降趋势时,应适当降低窑速,加强窑内煅烧,以保证出窑熟料质量的合格。针对 2500 t/d 分解窑,投料时窑速控制在 2.2 r/min 较为适宜。

(4) 投料量的控制

投料前分解炉炉壁衬料温度较低,三次风温低,若起步投料量大,物料在炉内分解时吸收热量较大,不利于炉内煤粉的燃烧,炉温波动大,会造成炉内煤粉不完全燃烧。例如某 2500 t/d 水泥厂,冷窑点火升温投料,起步投料 100 t/h,但因该厂使用的煤粉质量差,投料后虽然分解炉喂煤量不断增加,但炉出口气体温度出现了不升反降的现象,被迫止料,重新起步投料量改为 70 t/h 时才再未发生此情况。

一般情况下,冷窑点火升温投料的起步喂料量为正常喂料量的 40%～55%,这与分解炉结构、炉燃烧器型式、安装位置、煤质、料子成分等有关。

(5) 投料时系统的排风量控制

① 在满足烧成温度的条件下,投料前及投料时,适当的系统排风量对加强预热器及分解炉的预热,以及对生料在预热器内与高温气体进行换热,稳定分解炉内煤粉燃烧和碳酸盐分解有利。

② 预分解窑与传统窑相比,增加了分解炉以及与窑炉相匹配的预热器,这使得主排风机用风量与传统窑有较大的差别。对某一具体型式、规格的预热器系统来说,各级旋风筒进、出口气体流量、流速有一定范围要求。若偏离此范围,则影响旋风筒连接管道内生料与热气的热交换效率,影响旋风筒的分离效率。若旋风筒出口风量小,则该级旋风筒上方的生料部分会短路,直接塌落在该级旋风筒内,引起预热器系统塌料。

③ 各级旋风筒的分离效率与其进口风量有密切关系,风量过低,则气体流速低,物料在旋风筒内所受离心力小,不仅影响该级旋风筒分离效率,而且使整个预热器系统物料与热气体的换热、分离处于紊乱状态。但这并不表明预热器系统排风量越大越好,若排风量过大,系统压损大,主排风机电耗急剧增大,

废气温度高,系统热耗大,从而加重了降温设备、窑尾收尘器的负担。旋风筒因气体风速过高,已收集的料粉会被高速气流重新带入气流中,反而造成旋风筒分离效率下降。

④ 对分解炉而言,一般都经过冷模试验,对其截面风速、缩口处气体流速、进出口气体流速,以及物料、气体在炉内停留时间等均有要求,若通过炉内的气体量偏离设计值过大,会对分解炉内的温度场、浓度场、速度场产生较大影响。因此,投料时主排风机的排风量应与设计值相近。

(6) 投料后的加料幅度及加料至正常喂料量的时间

投料后每次增加生料喂料量的幅度一般为正常喂料量的 5% 左右。增加喂料量的幅度不应过大,以免引起预热器系统塌料或分解炉、预热器内温度、压力产生较大波动,但可适当提高加料频率,以及缩短窑系统过低喂料量运行时间。应注意的是,当喂料量达到正常喂料量的 85% 左右时,应保持此喂料量约 30 min。

分解炉内煤粉燃烧速度受其化学反应速度控制。当窑喂料量达到正常生产量的 85% 时,虽然热熟料已进入冷却机,但窑、分解炉、预热器、冷却机内部衬料及气体温度与正常生产时相比还有差别。若从投料到喂料量达到正常的时间过短,则炉内煤粉燃烧反应因环境温度不足,其燃烧反应速度较慢,产生的热量不足以补偿正常喂料量时生料中碳酸盐分解吸收的热量,造成煤粉不完全燃烧。虽然这时分解炉喂煤量已不少,但炉温却不断下降,炉内煤粉不完全燃烧现象加剧,若不及时扭转这种局面会造成窑内物料因预热不足而跑生料,或造成炉内大量未燃烧煤粉在最下级旋风筒继续燃烧而引起旋风筒堵塞。

一般冷窑升温投料后 2 h 左右,喂料量可加至正常水平。

1.5.36 预分解窑为何要保持最佳投料量

对于某一限定规格的窑,在一定的原(燃)料条件下,合理通风量确定了,也就限定了最高喂煤量,同时也限定了最佳台时能力和投料量。因为,当通风量控制在合理范围内,如投料量大,无论加多少煤粉,因氧气不足,发热能力不能满足加大的投料量需要,烧出不合格的产品;如投料量小于合理范围,产量低,废气量增加而没有足够的生料来吸收,则 C_1 筒出口温度高,废气带走热量增加,即产量低、热耗高,热工制度不易稳定。

如果通风量超出合理范围,再加大喂料量和燃料量,会造成各部风速加大,电耗增加,打破了各部速度的均衡,缩短了料、煤在分解炉内的停留时间,影响预热器分离效率,增加了热耗,降低了分解率,增加了窑的热负荷。如将通风量减少到合理范围以下,同时减料、减煤,则各部风速降低,影响物料的分散和传热,并易出现塌料、堵塞,破坏整个热工制度。

1.5.37 预分解窑如何进行投料操作

预热器投料是窑系统操作中的难点,很多的工艺故障往往都是在投料过程中由于操作不当造成的。

(1) 掌握好投料时机

投料前,窑内烧成带和分解炉要充分预热,当窑尾温度达到 800 ℃ 时,做好分解炉点火准备,通知生料供应系统进行带料运行,随时准备下料。当窑尾温度达到 850 ℃ 时,将绑在圆钢头部的浸油棉纱头点燃,从点火孔伸入分解炉燃烧室内对准供煤点,并同时向分解炉供煤,此时分解炉三次风量要调节适当,现场点火操作人员不能正面对点火孔并站在上风口位置,以免炉内向外喷火发生意外事故。煤粉着火后,当分解炉中部温度在 450 ℃ 时,可进一步调整三次风阀,分解炉中部或斜坡温度达 600 ℃ 左右时,可进一步增加三次风量和总风量及炉内加煤量,使分解炉燃烧室内形成旋流,5~6 min 后,炉温升高,煤粉燃烧稳定,燃烧室中部温度达 900 ℃,混合室出口温度达 800 ℃ 以上时,此时可通知窑尾操作人员开启高温风机,调整风机转速,加大风管阀门开度,增加排风量,调节三次风风管阀门开度,提高混合室出口及 C_5 筒出口温度,待分解炉及混合室温度稳定后便可投料。

（2）投料操作

投料时要注意风、煤、料的平衡。一般情况下,投料时系统供风应为正常风量的70%～80%,窑尾加煤量应根据分解炉出口温度控制,窑头煤量则根据窑头的烧成温度及窑尾温度控制,密切注意预热器系统负压变化。待入窑物料温度及窑功率曲线开始上升时即可加料。每次加料一般为额定料量的3%～5%,同时要注意窑速与投料量的对应关系,先提窑速再加料。一般投料后40～50 min熟料入冷却机(窑速为2.0 r/min时,窑斜度为3.5%),投料时窑速应控制在1.6～2.2 r/min之间(窑斜度为3.5%时)。

为了保证窑尾抽风时预热器系统有足够的风量和风速,应在调节系统风量的同时对冷却机各风室的风量加至投料时所需的风量。此时为了不使窑头产生正压,应增大窑头余风风机的风管阀门开度,这样可保持窑头处于微负压状态。

加煤时,一面观察预热器C₅筒进出口废气温度上升的情况,一面缓慢地增加燃料量。要随时注意窑尾、分解炉、混合室出口、C₅筒出口废气的温度变化,包括入窑物料的温度和各处负压测点的压力变化,频繁看火,综合判断分析。同时还要防止窑体弯曲,由点火到开始喂料的这段时间前半段升温要循序渐进,在增加喂煤量、喂料量的同时,缓慢提高高温风机的转速,还要随时注意窑头负压不要过大,使窑前保持高温,避免出现"顶烧""跑生""烧流"等现象。投料前,空窑加煤量可达总量的60%～70%,一次风的内、外风量要保持合理分配,根据火焰及温度情况随时调整,内风使用不宜过大,保证火焰顺畅有力,形状合理,不扫窑皮。

刚投料时预热器系统内处于一种不稳定的状态,现场要密切注意翻板阀的动作是否正常,尤其是四级筒、五级筒,如果翻板阀卡死,旋风筒很快就会堵塞。一旦出现翻板阀卡死或者中控室显示锥体负压下降、入窑物料温度大幅下降、分解炉及出口温度大幅上升时,应立即止料,对系统进行仔细检查。

1.5.38　窑在投料、止料阶段,系统应该如何用风

在投料阶段,高温风机风管阀门开度在满足窑尾含氧量为10%以下的同时,还要满足投料时的最低管道风速,因此,风量会比相应的下料量及喂煤量大些。随着分解炉的加煤及预热器的加料,排风量同步增加,但增加幅度要比加料及加煤的幅度略小些,直到喂料与喂煤达到正常额定值后,风量也达到正常值,此时废气中的含氧量也应达到目标值。

在停止喂料阶段,用风原则恰恰与其相反,但要按照停窑的类型予以区分:长时间停窑,准备换砖,可快速急冷,即风管阀门继续开大;如不准备换砖,要适当缓冷,风管阀门要及时关小;如短时间止料,则应给窑保温,此时的用风量将以满足处理故障的操作需要为准,有时不仅可以关闭风机,甚至可以打开一级预热器的人孔门,人为漏风。

[摘自:谢克平.新型干法水泥生产问答千例(操作篇).北京:化学工业出版社,2009.]

1.5.39　预分解窑系统因故障停车时应如何操作

预分解窑系统的故障停车有两类:机电故障和工艺故障。投料试运行阶段,系统连续运转时间短、电气控制系统中的各类整定保护值的设定有待优化,且各厂情况不相同,故障也不尽相同。同时,设备初次重载运转时,难免出现故障,初次投料运行大大增加了机电故障的概率。

（1）紧急停车操作要领

① 当巡检人员在车间内发现设备有不正常的运转状况或危害人身安全时,可利用机旁按钮盒或机旁电流表箱上的停车按钮进行紧急停车。

② 控制室操作人员要进行紧急停车时,可通过计算机操作"紧停"按钮,则该连锁组内设备全部关机。

（2）故障的判断和处理

当有报警信号时,可按下键盘上的专门解除钮解除声响信号,故障的判断可参看电气控制报警系统。

在投料运行中出现故障停车时,首先要止料,停止分解炉喂煤,然后再根据故障种类及处理故障所需时间,以及对工艺生产、设备安全影响的大小,完成后续操作。

（3）故障停车后的操作处理方法

① 凡影响回转窑运转的事故（如窑头及窑尾电收尘器排风机、高温风机、窑主电机、箅冷机、熟料输送设备等）,都必须立即停窑,止煤、停风、停料,开启点火烟囱。窑低速连续运转,或现场辅传转窑,送煤风、一次风不能停,一、二室各风机鼓风量减小。如果突然断电,则应接通窑保安电源及时开窑辅助传动,并对关键性设备采取保护措施（如慢转窑、箅冷机 1#、2# 鼓风机连续吹风等）,注意人身安全。

② 故障停车时要尽量减少对两个废气余热利用系统的影响,及时调整原料磨和煤磨,及时调节增湿塔喷水量,以减少对下一步生产的影响。

③ 分解炉喂煤系统发生故障时,可按正常停车操作,或维持低负荷生产时应防止各级旋风筒堵塞。

④ 故障停车后应尽快判断事故原因及停车检修时间,如短期停车时应注意保持窑内温度,即减小系统拉风,减少窑头煤量,控制尾温不超过 800 ℃,低速连续转窑,注意高温风机入口温度不超过 350 ℃。

⑤ 如发生预热器堵塞,首先应正确判断堵塞位置,立即停料、停煤、慢转窑,窑头小火保温或停煤,抓紧时间捅堵,并注意人身安全。

⑥ 窑喂煤系统停车后,无法烧出合格熟料,应及时止料、慢转窑,停止分解炉喂煤,减少拉风,防止 C_1 筒出口温度过高,注意转窑及系统保温。

⑦ 如发现断料,应及时停止分解炉喂煤,采取慢窑操作并迅速查明原因,处理故障,及时恢复喂料。慢窑操作时应减少拉风,防止 C_1 筒出口超温,如短期不能恢复喂料,即可考虑停窑。

⑧ 掉砖红窑:操作时应注意保护好窑皮,观察窑筒体表面温度变化,若发现局部蚀薄应采取补挂措施,一旦发现有红窑或有掉砖现象（包括窑和预热器的高温部位）,应立即查明具体部位和严重程度,决定紧急停窑或将窑内物料适当转出后停窑,特别是窑体掉砖或红窑,不允许延长运转时间,以免烧坏窑筒体。

（4）故障停车后的重新启动

故障停车后的重新启动是指紧急停车将故障排除后,窑内仍保持一定温度时的烧成系统启动。

① 窑内温度较低时的重新启动

窑内温度较低时若直接向窑内喷入煤粉则不能被点燃,应采用辅助燃料点火的方法。

比较简单易行的方法是采用油棉纱团点火,油浸棉纱团挂在喷煤嘴下部,点燃后启动喷煤系统,喷煤量应视窑内情况灵活掌握,一般 1～2 h 即可点燃,也可采用喷油装置点火。

② 窑内温度较高时的重新启动

当窑内温度较高时,煤粉直接喷入即可点燃,喷煤前应先转窑,将底部温度较高的熟料翻至上部,然后吹入煤粉。

③ 分解炉点火

通常情况下,由于三次风温和 C_4 筒物料温度较高,煤粉在流化床炉内可以稳燃。如果煤粉不能在流化床炉内稳燃,则可以加油助燃。

1.5.40 短时停窑时窑头应如何保温

（1）短时停窑时的用风

停窑后 5～10 min 内将高温风机液力耦合器阀门关闭,使风机在最低转速下运行。随着箅冷机内物料的减少,逐步减小箅冷机子室风机的风量,最后只剩下 HE 组件（箅冷机前边的固定箅板区）下的两个风机阀门开 40% 和一室风机阀门开 30%。尽可能开大窑头余风风机（以不超过额定电流为限）,这时窑头压力一般在-150 Pa 以上,这样做的目的是把系统的热量尽可能向窑头拉,使窑头有足够的热量和温度,同时也大大减少了冷风入窑量,为煤粉完全燃烧提供条件。

（2）停窑后的转窑

停窑后 15 min 内把窑速降至最低(0.4 r/min),20 min 后改为辅传转窑,随着窑尾温度的降低,按表1.34 进行转窑。

表 1.34 辅传转窑措施

窑尾温度	>950 ℃	950~900 ℃	900~850 ℃	850~800 ℃	800~700 ℃
转窑频次	连续慢转	$\frac{1}{4}$r/(5 min)	$\frac{1}{4}$r/(10 min)	$\frac{1}{4}$r/(15 min)	$\frac{1}{4}$r/(20 min)

按此措施转窑的目的是使窑内留有足够多的热料,为煤粉燃烧提供足够的热量。若窑内的热料走空,则窑内就存不住热量,温度会迅速降下来,煤粉会因温度偏低而不能完全燃烧,甚至不燃烧。

（3）停窑后的窑头用煤量控制

窑头保温时的用煤量控制在正常生产时的 10%～30%,并以煤粉完全燃烧为依据,严禁加煤过多,避免煤粉不完全燃烧导致黑火头极长,甚至产生爆燃。

1.5.41 回转窑因雷雨停转而变形,应如何调整

某公司回转窑规格为 φ4.2 m×65 m,回转部分质量约 1400 t。回转窑正常运行,投料 55 t/h,突然因雷击导致供电中断,运转中的回转窑突然停转,同时遭暴雨袭击,表面温度 300 ℃左右的筒体突然受凉,发生了严重的弯曲变形,Ⅰ号轮带和Ⅲ号轮带分别腾空 85 mm 和 40 mm。暴雨停止时弯曲的筒体慢慢恢复,轮带腾空基本消除,弯曲变化情况见表 1.35。

表 1.35 回转窑筒体形变（mm）

测量时间	Ⅰ号轮带		Ⅲ号轮带	
	南托轮	北托轮	南托轮	北托轮
19:20	30	85	15	40
20:20	1	1	0.45	1
21:10	1	0.75	0.45	1
21:30	1	0.75	0.45	1
次日 0:05	0.80	0.75	0.75	0.30
次日 3:20	供电转窑 180°			

次日 3:20 供电恢复,操作人员开始调整窑筒体的弯曲变形,按预先在筒体最下部划出的标记将筒体翻转 180°,然后开始缓慢升温,1 h 后再转 90°;之后每 30 min 转 90°,共转 4 次,最后使筒体处在原 180°位置,此时缓慢升温继续进行,开始慢转窑(15 min/r),至 10 时升温结束,开始投料生产,投料量为 45 t/h。投料之初,转矩波动较大,说明窑筒体变形仍然比较严重,投料运行 24 min 后,变形减小,转矩波形图趋于平稳。

开始投料生产后,窑的运转基本正常,托轮瓦损坏或发热现象都没有出现,瓦的温度只是比事故前升高了 2～3 ℃。设备的其他方面,运行 10 d 未发现异常。工艺方面,因筒体弯曲变形,窑内窑皮和耐火砖受到很大损伤,窑皮大面积垮落,耐火砖被挤碎掉块,筒体外表温度升高 20 ℃以上,局部高达 450 ℃。窑虽然转起来了,但筒体有比较大的形变,对筒体和窑衬的寿命将会造成较大影响。

1.5.42 回转窑操作时应如何停烧

回转窑操作时一旦造成停烧,必须保持清醒的头脑,尽一切努力减少停烧的时间。停烧时,首先停止喂料,然后停窑,关小排风,适当减煤。随着停烧时间的增长,尾温必然升高,当尾温比正常高 30~50 ℃时,湿法窑应适当加水,带预热器的干法窑应打开冷风管阀门,降低尾温。停烧后,根据煅烧温度(物料表面烧得微白),不断地用最低窑速间歇翻窑,翻窑角度逐渐加大,第一次翻 1/5 圈为宜,以免翻动大,生料冲过火点。随温度的不断提高,生料不再前涌时可不断加大,直到连续运转为止。当翻窑时,生料不再前涌,生、熟料间已有明显界线,火色由暗红转为粉红,即应连续慢转窑,结束停烧。在停烧时,如能用辅助传动翻窑会更好。

连续运转下料后,停止加水,关闭冷风管阀门使尾温逐渐恢复正常,以后的操作按慢车操作步骤进行。

1.5.43 预分解窑的停窑操作

(1) 计划停窑操作

① 接到停窑通知后,计算煤粉仓内存煤量,确定具体的停窑时间,确保停窑后煤粉仓内无煤粉。(如要清理均化库,则要将均化库内的生料烧空。)

② 在确定止火前 2 h,逐步减少喂料量到 120 t/h,在此期间窑系统和分解炉系统运行不稳定,所以一定要特别注意各点温度、压力的异常变化。

③ 将分料阀倒向 Low Nox 分解炉,生料进入低氮分解炉分解,同时停止分解炉喂煤组。

④ 随着生料的减少,逐步减少窑和分解炉的用煤量,避免窑内结大块,烧坏窑内窑皮或衬砖,避免预热器内筒烧坏。

⑤ 停止生料均化库充气系统组和均化库卸料系统组,将喂料皮带秤设定为零,生料输送至喂料仓系统组和窑尾生料喂料组。

⑥ 停止 Low Nox 分解炉喂煤组,降低高温风机转速,控制烟室含氧量在 1.5% 左右。

⑦ 根据窑内情况,逐渐减煤直至停煤,逐渐减小窑速至 0.60 r/min,清空窑内物料。

⑧ 视情况停止预热器喷水组。

⑨ 停止窑头喂煤系统组和窑头一次风机组,通知窑巡检岗位人员将燃烧器从窑内退出来。

⑩ 止火后 1 h,将窑主传动转换为辅助传动,慢转冷窑。转窑方案如表 1.36 所示。

表 1.36 转窑方案

时间(止火后 1 h)	旋转量(辅助传动)	间歇时间(连续)
3 h 后	120°	15 min
6 h 后	120°	30 min
12 h 后	120°	60 min
24 h 后	120°	120 min
36 h 后	120°	240 min

⑪ 随出窑熟料的减少,相应减少冷却风机的风量及窑头废气排风机风量,注意保证出算冷机熟料温度低于 100 ℃ 及窑头呈负压状态。

⑫ 当窑内物料清空后,停熟料冷风机组,停冷却机一、二、三段传动,停传动电机冷却风机,停中央润滑油站。

⑬ 停算冷机冷却风机组。

⑭ 停算冷机废气处理组。

⑮ 停算冷机废气粉尘输送组。

⑯ 停熟料输送组。

⑰ 停窑后应对预热器、窑、冷却机内部进行检查,确认其运行情况是否需要作适当处理,如果需要处理,一定要在确认安全的条件下方可进行。

（2）紧急停车

在投料运行中出现故障时,首先止料,分解炉停止喂煤,再根据故障种类及处理故障所需时间完成后续工作。

① 若出现影响回转窑运转的事故（如窑头、窑尾、收尘器排风机、高温风机、窑主传动电机、算冷机、熟料链斗输送机设备等）,都必须立即停窑、止煤、止料、停风。窑采用低速连续运转,或现场辅助传动转窑。送煤风、一次风不能停,一、二室各风机鼓风量减少。

② 分解炉喂煤系统发生故障,可按正常停车操作,或者维持系统低负荷生产（投料量小于 120 t/h,适当减少系统排风量）,应防止各级旋风筒堵塞。

③ 发生预热器堵塞,立即停料、停煤、慢转窑,窑头小火保温或停煤,抓紧时间捅堵。

④ 回转窑筒体局部温度偏高时应止料,判明是掉窑皮还是掉砖。掉窑皮一般表现为局部过热,微微泛红,温度不是很高。烧成带掉砖一般表现为局部温度大于 500 ℃,高温区边缘清晰。掉砖则应停窑,如果是掉窑皮,则进行补挂。严禁压补,以免损伤窑体。

⑤ 影响窑连续运转的故障,如能短期排除,要采取窑保温操作,即减小系统拉风、窑头小煤量、控制尾温不超过 800 ℃。低速连续转窑,注意 C_1 筒出口温度不超过 500 ℃。

1.5.44　烧成系统设备跳停的应急操作

（1）高温风机跳停

① 停窑头煤,防止窑头回火烧坏高温窑头,伤害窑头人员。

② 关闭煤磨热风阀门,防止煤磨系统起火爆炸。

③ 中控室关闭消风阀并通知现场检查消风阀,止料,止窑尾煤,大幅度降低窑速（根据窑电流调整）,防止严重窜料。

④ 降低算冷机风机转速,降低后排风机转速,调出窑头负压;

⑤ 通知现场人员远离窑头、熟料斜拉链机地沟等地方;

⑥ 通知余热发电调整阀门,阀门调整后,若入窑头电收尘温度高,及时开启冷风阀,并根据增湿塔出口温度调整喷枪,开增压泵及溢流铰刀。增湿塔排灰水分过高时不得入库,排灰用手抓成团时,应外排。止料后,增湿塔出口温度低于 180 ℃,应停止喷水,以防湿底。

⑦ 系统调整正常后,开启窑头转子秤。

⑧ 通知电工、岗位工进行检查;通知调度员,故障若能短时间排除,窑头小煤量,窑低速连续运行,保持窑尾温度 800 ℃左右,C_1 筒出口温度不能过高,高温风机入口温度不超 350℃。

⑨ 若故障不能在短时间内排除,其他操作按正常停车顺序全部停机。

特别注意事项:

① 高温风机跳停应及时通知生料磨操作人员,防止生料磨风速改变而引起料层不稳,导致磨机振动幅度大而出现问题。

② 出现窜料时,通知窑头、算冷机周围、地沟等处现场离人,防止人员伤亡。

③ 出现窜料后,熟料应及时改入黄料库,进行搭配使用。

④ 窑内温度较高再行点火时,应先翻窑后给煤,且窑门罩前不得站人,以防煤粉爆炸回火伤人。

⑤ 增湿塔排灰水分过高时不得入库,排灰用手抓成团时,应外排。止料后,增湿塔出口温度低于 180 ℃ 时,应停止喷水,以防湿底。

（2）后排风机跳停

① 止料、止尾煤、降低窑速、降低高温风机转速,调整箅冷机风机转速,保证窑头负压。及时关闭一级入窑斜槽上的消风阀门,以防止出现正压烧坏篷布和胶带。

② 停生料磨系统,把高温风机入增湿塔的阀门打开,关闭入生料磨的热风阀门,进行倒风操作。

③ 通知现场人员远离窑头、熟料链斗机地沟等地方。

④ 逐渐减小窑头喂煤量,减小一次风机风量。

⑤ 通知余热发电调整阀门,阀门调整后,若入窑头电收尘温度高,应及时开启冷风阀并根据增湿塔出口温度调整喷枪,开增压泵及溢流铰刀。增湿塔排灰水分过高时不得入库,排灰用手抓成团时应外排。止料后,增湿塔出口温度低于 180 ℃ 时,应停止喷水,以防湿底。

⑥ 通知电工、岗位工进行检查;通知调度员,故障若能短时间排除,窑头小煤量,窑低速连续运行,保持窑尾温度 800 ℃ 左右,C_1 筒出口温度不能过高,高温风机入口温度不超 350 ℃。

⑦ 若故障不能在短时间内排除,其他操作按正常停车顺序全部停机。

（3）窑头喂煤系统发生故障

① 适当减料、慢窑,降低高温风机拉风,保持低负荷生产,防止窑内窜料。

② 通知岗位工及电工迅速检查故障原因,通知调度员。

③ 通知预热器工因下料量调整而特别关注下料管翻板阀活动情况,保证预热器安全。

④ 通知现场人员远离窑头、熟料链斗机、地沟等地方。

⑤ 严格控制分解炉温度,防止因温度过高而发生预热器结皮堵塞。

⑥ 同时注意煤磨温度,及时调整冷热风阀。

⑦ 若故障在 5 min 内不能排除,通知预热器工关消风阀,止料、止窑尾煤,降低窑速、高温风机转速,降低后排风机转速,调整箅冷机风机转速,保证窑头负压。

⑧ 通知余热发电调整阀门,阀门调整后,若入窑头电收尘温高,应及时开启冷风阀并根据增湿塔出口温度调整喷枪,开增压泵及溢流铰刀。增湿塔排灰水分过高时不得入库,排灰用手抓成团时应外排。止料后,增湿塔出口温度低于 180 ℃,应停止喷水,以防湿底。

⑨ 若故障不能在短时间内排除,其他操作按正常停车顺序全部停机。

⑩ 通知煤磨操作人员关注本系统各测点的温度变化。

（4）窑尾喂煤系统发生故障

① 适当减料、慢窑,降低高温风机转速,适当增加窑头煤,保持低负荷生产,防止窑内窜料。

② 通知岗位工及电工迅速检查故障原因,通知调度员。

③ 通知预热器工因下料量调整而特别关注下料管翻板阀活动情况,保证预热器安全。

④ 通知现场人员远离窑头、熟料链斗机、地沟等地方。

⑤ 同时注意煤磨温度,及时调整冷热风阀。

⑥ 若故障 5 min 不能排除,通知预热器工关消风阀,止料、止窑尾煤,降低窑速、高温风机转速,降低后排风机转速,调整箅冷机风机转速,保证窑头负压。

⑦ 通知余热发电工调整阀门,阀门调整后,若入窑头电收尘温度高及时开启冷风阀并根据增湿塔出口温度调整喷枪,开增压泵及溢流铰刀。增湿塔排灰水分过高时不得入库,排灰用手抓成团时,应外排。止料后,增湿塔出口温度低于 180 ℃ 时,应停止喷水,以防湿底。

⑧ 故障若能短时间排出,窑头小煤量,窑低速连续运转,保持窑尾温度 800 ℃ 左右,C_1 筒出口温度不能过高,高温风机入口温度不超过 350 ℃。

⑨ 若故障不能短时间排除,其他操作按正常停车顺序全部停机。

⑩ 通知煤磨操作人员关注本系统各测点的温度变化。

（5）窑主电机出现故障

① 主电机跳停应立即联系电工及岗位工检查，重启失败后止料。

② 通知窑中巡检工挂辅传转窑，通知预热器工关消风阀，止料、止窑尾煤，降低窑速、高温风机转速，降低后排风机转速，调整箅冷机风机转速，保证窑头负压。

③ 逐渐减小窑头喂煤量，减小一次风机风量。

④ 通知余热发电工调整阀门，阀门调整后，若入窑头电收尘温度高，应及时开启冷风阀，并根据增湿塔出口温度调整喷枪，开增压泵及溢流铰刀。增湿塔排灰水分过高时不得入库，排灰用手抓成团时应外排。止料后，增湿塔出口温度低于 180 ℃时，应停止喷水，以防湿底。

⑤ 通知岗位工及电工迅速查找故障原因，通知调度员。故障若能短时间排除，窑头小煤量，窑低速连续运转，保持窑尾温度 800 ℃左右，C_1 筒出口温度不能过高，高温风机入口温度不超过 350 ℃。

⑥ 若故障不能短时间排除，其他操作按正常停车顺序全部停机。

（6）箅冷机一段、二段、三段、破碎机、熟料链斗机出现故障

① 一箅床出现故障时，大幅度减料、慢窑，降低高温风机拉风；二箅床、熟料链斗机出现故障时，适当减料、慢窑，降低高温风机拉风。

② 通知预热器工因下料量调整而特别关注下料管各级翻板阀活动情况，保证预热器安全。

③ 通知窑巡检工打箅冷机空气炮，并适当加大箅冷机鼓风量。

④ 严格控制分解炉出口温度，防止因温度过高而发生预热器结皮堵塞，适当减少窑头煤，使窑电流及窑尾温度不要过高。

⑤ 通知维修工、岗位工进行检查，如一箅床因发生故障，液压压力达到 12 MPa（5 min 左右）不能排除，关闭消风阀，通知预热器工止料，降低窑速，降低高温风机转速，降低后排风机转速，调整箅冷机风机及过剩风机转速，保证窑头负压。

⑥ 通知余热发电工调整阀门，阀门调整后，若入窑头电收尘温度高，应及时开启冷风阀，并根据增湿塔出口温度调整喷枪，开增压泵及溢流铰刀。增湿塔排灰水分过高时不得入库，排灰用手抓成团时应外排。止料后，增湿塔出口温度低于 180 ℃时，应停止喷水，以防湿底。

⑦ 故障若能在短时间内排除，窑头小煤量，窑低速连续运行，保持窑尾温度在 800 ℃左右，C_1 筒出口温度不能过高，高温风机入口温度不能超过 350 ℃。

⑧ 若故障不能短时间排除，其他操作按正常停车顺序全部停机。

⑨ 二箅床故障，若一箅床液压压力达到 12 MPa（10 min 左右），故障不能排除，做止料处理。

⑩ 三箅床、破碎机、熟料链斗机故障：若一箅床液压压力达到 12 MPa（15 min 左右），故障不能排除，做止料处理。

（7）窑系统突然断电

① 首先将窑打辅助传动慢转，防止筒体变形；如辅助传动也没有电，用人工转窑，防止窑体变形。

② 通知现场人员远离窑头、熟料链斗机、地沟等地方。

③ 通知岗位工及电工迅速查找原因。

④ 通知预热器工关闭消风阀。

⑤ 对箅冷机箅床电机高温风机也要进行人工转动，保持箅床活动和高温风机通风，防止箅床变形堆"雪人"和风叶变形。

（8）箅冷机风机跳停

风机全跳：止料、止尾煤，停窑主电机，开辅助传动，适当调整高温风机转速，关闭过剩风机，通知巡检工、电工、调度人员马上处理。

跳停一台风机：通知巡检工、电工马上处理，料层厚度控制得稍薄些，开大风机进口阀门，通知调度人员。

（9）一次风机跳停

启动事故风机，出口阀门全开，减料、慢窑，通知巡检工、电工、调度人员马上处理；若长时间启动不了，止料、止尾煤，停窑主电机，开辅助传动，减少系统风量。

（10）过剩风机跳停

① 减料、慢窑，适当停算冷机冷端风机，控制窑头负压，通知巡检工、电工、调度人员马上处理；若短时间无法处理，做止料处理。

② 通知现场人员远离窑头、熟料链斗机、地沟等地方。

（11）预热器前回转下料器跳停

止料、止尾煤，根据实际情况调整高温风机转速和调整窑速，适当降低窑头喂煤量，通知巡检工、电工、调度人员马上处理。

1.5.45　什么情况下应当立即止料、止火停窑

预分解窑相比传统窑，与前后设备的关联程度更高，但现在设备的可靠性大为提高，月运转率达到 95% 以上是可以实现的。因此，必须掌握正确处理各种故障的方法，而不应随意止料停窑。

（1）窑筒体钢板变红时，应判断是有砖红窑，还是无砖红窑。前者应移动火点，补挂窑皮；后者则应立即止料，移动火点，烧空窑内物料后止火停窑。

（2）窑内结圈或结"大球"。应及早发现并着手处理，但如果窑尾已发生倒料，则应立即止料，将窑内生料烧空后止火。

（3）生料或煤粉供应不上。如果是短时间紧张，可以适当减料维持，但这种操作不应超过 24 h，否则应立即主动停窑，并安排一些需要停窑检修的工作。长期不能满负荷运行是最不经济的安排。

（4）突然停电。应该立即止料、止火，手动关闭窑尾风机的风管阀门，启动备用电源用辅助传动慢转窑。如果能很快恢复供电，应适当供煤保持窑温。

（5）电脑死机。可先在现场操作止料，根据恢复正常所需要的时间来减少喂煤量，决定是否止火停窑。

［摘自：谢克平. 新型干法水泥生产问答千例（操作篇）. 北京：化学工业出版社，2009.］

1.5.46　什么情况下允许临时停窑，并应注意什么问题

回转窑在运转时一般情况下是不允许随便停车的。随便停车不但影响产品质量，而且对窑皮、耐火砖影响也很大，但是在下列情况下可以临时停窑：

（1）断料；

（2）断煤；

（3）停电；

（4）机械设备或人员发生危险时，必须停窑以保证安全；

（5）生产中必须停窑时（如交接班时观察窑皮情况）。

为保证临时停窑窑体不弯曲，窑内不急冷，热量损失少，必须注意以下几点：

（1）停窑后必须按规定转窑，或用辅助传动装置转窑。

（2）停窑 30 min 以上应关闭水冷却机（冬季例外，以防水管冻坏）。

（3）停窑 10～30 min 以上应停排风机，如排风机闸板关不严，停窑后可立即关停风机，防止窑内温度降低过快。

（4）停窑前不得把生料转入烧成带，烧成带温度应控制得高些，黑影远些。

（5）停窑前应将煤管向外拉至适当位置，以防煤管变形。

（6）停窑 2 h 以上，应把窑内温度降到较低情况下烘窑，并保持不灭火。

1.5.47　如何减少开、停窑次数以降低热耗

每次开、停窑都要消耗大量的热，而且窑皮与窑衬都会受到损伤。同样的运转率，开、停次数增加，热耗肯定要增加，应按照以下要求去操作：

（1）提高设备运转率，努力将设备故障消灭在隐患阶段。

（2）加强配件管理。既要降低库存，又不影响设备更换的需要，这是对现代物流管理的要求。绝不能因为停窑时缺少需要更换的配件而被迫"带病"运行，增加以后的停窑概率。

（3）提高非停车的维护能力。本可以在开车时处理的故障，由于没有经验而停窑，这绝非是指野蛮作业或拼设备。比如处理结皮与结圈；处理"蜡烛"与"雪人"；处理预热器及箅冷机筒体发红；处理破碎机压死等，大多情况下可以采用安全可靠的措施而不停窑，或缩短停窑时间。

（4）掌握止火、止料技巧。果断、准确地处理是缩短止料、止火时间的前提，如果贻误时机，就会造成重大损失，比如预热器堵塞的发现与处理是与操作者经验紧密相关的。

［摘自：谢克平.新型干法水泥生产问答千例（操作篇）.北京：化学工业出版社，2009.］

1.5.48　物料在窑内的停留时间与窑速成反比吗

物料是靠窑的旋转带起一定高度，又在下落的过程中由于窑有一定斜度向窑头滑动前进一段距离。每提升一次，向前移动的距离与窑的斜度及物料被提升的高度有关，而单位时间内物料被提升的次数则与窑转动的次数有关，窑转动得越快，则物料被提升的次数越多。当然，物料在窑内运动得越快，在窑内的停留时间越短，所以物料在窑内的停留时间与窑速呈反比关系。

但是上述推理只适用于形成颗粒的熟料，对于刚入窑的生料，因其流动性极强，它在窑后部的前进速度完全取决于它最初所具备的势能，尤其是预热器下来的生料比传统回转窑所具备的势能更大。此时窑速越慢，就越有利于它向前窑口冲出更远的距离（通过冷窑状态投料试验完全可以验证），这段距离占窑总长的 1/4 左右。如果窑速加快，料层变薄，入窑的生料会有相当大的量贴着窑的衬砖，靠它们之间的摩擦力被迫随窑带起。这样就变相阻止了生料入窑的窜动，相对延长了物料在窑内，特别是在窑后部的停留时间。而且窑的速度越快，被窑带起、随窑转动的生料量就越多。

［摘自：谢克平.新型干法水泥生产问答千例（操作篇）.北京：化学工业出版社，2009.］

1.5.49　为何红窑必停，严禁压补

所谓红窑，主要是指烧成带局部耐火砖被烧掉（或其他带局部耐火砖脱落）而发生窑筒体烧红的现象。

如红窑后不停窑，而采取高温下把窑猛然停下 20～30 min，止火停煤，以急冷的办法把炽热的熟料冷下来，期望在红窑部位黏上一层熟料，继续生产。这种处理红窑的办法叫"压补"，结果是奏效少、损失大，即使补上窑皮，但不久，又会掉下来，得不偿失。

另外，"压补"会使窑体变形，经常"压补"会不同程度地造成窑身弯曲、中心线不正、掉砖等严重问题。

1.5.50　预分解窑主排风机突然停车是何原因

（1）风机轴承温度高于设定值；

（2）高压电机线圈温度过高；

（3）稀油站供油压力超过上限；

（4）稀油站供油压力低于下限；

（5）液力耦合器供油温度超过上限；

（6）液力耦合器供油温度低于下限；

（7）油泵全部停止工作；

（8）主排风机过负荷（如机械原因、冷风进入过多、窑系统塌料、系统电压影响等）；

（9）控制系统故障；

（10）电气设备故障。

1.5.51 回转窑停窑时如何进行检查与维护

（1）短期停窑

① 窑头停火时，必须开启喷煤管冷却风机，以免烧坏喷煤嘴。

② 因回转窑设备原因使回转窑无法正常运转时，在停窑后 1 h，每隔 5～10 min 转动筒体 1/4 圈，在停窑后 2 h，每隔 30 min 转动筒体 1/4 圈，其后每隔 1 h 转动筒体 1/4 圈（原则上禁止带物料在热态下停窑）。

③ 由于辅助传动设施速比很大，筒体转速很慢，因此，窑体各部润滑装置处于半间歇状态，需要加强各部位巡检，每次开动时间不得超过 30 min。

④ 发现窑体弯曲，应将弯曲部分调到上方，增加温度，促使反变形，转几周后再调到上方，反复处理；弯曲过大时，应停窑进行大修处理。

⑤ 检查辅助传动的离合器是否灵活，抱闸是否灵活；检查各传动部位是否有东西卡住，安全防护装置是否可靠。

（2）长期停窑

① 对托轮轴承或轴瓦进行清洗、检查、加油。

② 检查循环水系统的漏水现象。

③ 检查各传动减速机及齿轮磨损情况和润滑情况。

④ 检查筒体有无裂纹，轮带垫板磨损情况，以及各部位紧固螺栓松紧情况。

⑤ 检查窑头、窑尾密封磨损情况。

⑥ 检查窑内衬的磨损及使用情况。

1.5.52 预分解窑系统主排风机突然停车时应如何操作

当预分解窑系统主排风机突然停车时，应及时停窑尾喂料、分解炉喂煤、增湿塔水泵等设备，并相应减小窑头喂煤量，减少箅冷机后几个风机的风量以调整窑头负压，适当降低箅床速度、回转窑转速。

遇到这种情况时，应马上采取如下应急措施，保证设备没有危险之后再查找原因。

（1）降低窑速，防止未烧好的物料涌向窑头和箅冷机，避免再投料时升温过慢。

（2）在停机过程中如喂料系统采用提升机入预热器并安装有分料阀，应及时调整分料阀使物料回到均化库，以防止系统风量过小，导致物料进入后造成积料堵塞。

（3）停车后调整窑头负压时，应先关小余风风阀，以免因余风风量过大将大量煤粉带入冷却机内燃烧，给窑头电收尘器的安全使用造成严重威胁。

待故障排除后，启动主风机并确认风机运行稳定后方可投料生产。如排除故障时间较长，窑头应间断喂煤，保证窑内有足够的温度。故障修复后可立即投入生产。

1.5.53　预分解窑主机突然停车是何原因,应采取什么措施

回转窑主机突然停车主要是电气设备故障引起的,在正常生产过程中如主机电流过高而导致主机停车的,多为回转窑设备引起的,但也不排除电机本身的影响。导致回转窑主机突然停车的原因有:

(1) 电器故障;

(2) 控制系统故障;

(3) 回转窑设备故障导致主机过载。

当回转窑主机停车时应立即停止生料喂料,停止分解炉喂煤、窑头喂煤,并及时将窑辅助传动开启,通知有关人员对电气设备、回转窑设备进行检查。无论是何种原因导致主机停车,都应及时开启辅助传动将窑转起,以免因长时间不转窑而造成窑体弯曲,特别在雨天时更应注意。

1.5.54　预分解窑全系统突然停电时应采取什么措施

整个窑系统甚至连同原料系统、水泥磨系统突然停电,造成全线甚至全厂停电,主要是电气故障或变电站故障造成的,并且大多数发生在雨天(雨天线路很容易"短路"或"接地"),遇到这种情况时,中控室人员应立即开启备用电源供电,并开启窑辅助传动将窑转起来(雨天窑体极易变形),然后通知有关人员将主排风机辅助传动开启,以防风机停转后,在高温下风叶变形,如主排风机没有配备辅助传动,应及时用撬杠人工驱动风叶(一般情况下风叶能自行转动)。在供电恢复之后,应尽早开启窑尾排风机、窑头喂煤系统、熟料输送系统及箅冷机系统、主排风机,开启相关设备之后,应检查预热器各管道是否堵塞、各排灰阀是否灵活。箅冷机在启动之后应观察一室物料能否全部运走,防止产生"雪人"。

无论是何种原因造成的紧急停车,对设备都应做到如下几点:

(1) 主排风机必须连续转动;

(2) 主排风机入口温度控制在规定范围之内;

(3) 整个系统应控制在负压状态下;

(4) 为了防止窑体变形,要进行连续性慢转,避免窑内急剧冷却损伤窑衬;

(5) 注意对箅冷机一室箅板温度的控制,避免因一室长时间得不到冷却而烧毁箅板,注意冷却机出口熟料温度,防止冷却机内堆"雪人";

(6) 熟料质量差时要及时换库(与化验室商议后决定);

(7) 及时关闭增湿塔水泵,防止增湿塔湿底,冬天还要将输水管道水放空,以防管道被冻裂;

(8) 停电后应注意保护窑温及关键性设备。

1.5.55　预分解窑大中修停窑时应如何操作

预分解窑运转到一定时间后,由于窑衬的消耗和设备磨损等原因,需要停窑更换备件或进行修理,可按下列程序进行停窑操作。

(1) 先根据煤粉储备量提前停煤粉制备系统,此时应掌握好烧完所有储备煤粉与停窑时间的关系,然后停分解炉喂煤,再停止喂料。这时储备的煤粉量应够窑头燃烧 40~60 min,确保将窑内所有物料烧烬。为防止停止喂料时预热器系统温度过高,应待喂煤秤不再有煤粉喷出后再停止喂料。此时系统的温度较高,不必担心停止喷煤后的部分物料预热不好。

(2) 此时应根据废气温度调整增湿塔的喷水量或停止喷水。

(3) 暂停均化喂料系统的所有设备。

(4) 抽风适当延迟。为防止抽风不足而造成的存料堵塞和分解炉塌料,应在物料全部入窑后再减小

系统抽风量。系统抽风减小后应适当减小窑头喂煤量。

(5)当高温风机进口温度接近 350 ℃时逐步开启高温风机冷风阀门,确保高温风机进口风温低于 350 ℃,使高温风机安全运行。

(6)停冷却机一室、二室之外的所有冷却风机,停电收尘器,降低箅床速度。

(7)待 40～60 min 后窑内所有物料烧烬,此时所有储备煤粉应当也烧烬。暂停窑头喂煤系统,并开启喷煤管冷却风机。

(8)根据实际检修情况,降低高温风机速度或停高温风机。

(9)回转窑改为辅助传动窑,慢速运转。

(10)待冷却机物料卸完时,可暂停冷却机二室风机。

(11)停窑后对预热器各级筒的锥部、下料管道、窑尾斜坡及翻板闸动作情况及时进行检查,以利于下次正常投料。

(12)待系统温度接近常温时便可进行检修作业。

停窑后窑体温度较高,为了防止窑体弯曲与变形,必须定时转窑,可参照表 1.37 进行操作。

表 1.37　停窑后的转窑操作

停窑时间(h)	1	2	3	4
转窑间隔时间(min)	5～10	15～30	30	60
转窑圈数(圈)	1/4	1/3	1/2	1/2

停窑 4 h 以后,每隔 2 h 转窑一次,每次转 1/2 圈,直至窑体冷却为止。

1.5.56　预分解窑临时性停窑时应注意哪些事项

(1)视停窑原因制定相应的保温措施,确保故障排除后,能迅速投料生产。

(2)停窑后对预热器系统特别是 C_5 筒要进行仔细检查,以利于下次正常投料。

(3)严格执行停窑操作程序,确保窑系统设备及人员安全。

(4)根据停窑的具体时间,利用停窑间隙组织人员检修窑系统隐患。

1.6　窑皮、红窑及火砖

1.6.1　什么是窑皮,影响窑皮形成和脱落的因素是什么

回转窑的窑皮是附着在窑壁上的熟料或飞灰颗粒,其形态由液相或半液相向固体状态转变。只要窑皮表面温度低于颗粒固态的温度,固态化的颗粒就会附着在窑皮表面上(图 1.36 所示的 CS),或附着在没有窑皮时的耐火砖表面(BS)上,窑皮不断形成直至它的表面达到固化温度。当窑运转时,在上述情况下达到平衡,窑皮本身就能维持住,就意味着理论上没有形成新窑皮。当温度过高时,窑皮表面颗粒再次由固态变成液态,这时窑皮开始脱落。

窑皮表面(CS)和窑筒体表面(KS)之间具有温度降,热流如图 1.36 中箭头指示方向(由高温的地方或物体传到低温的地方或物体)。耐火砖和窑皮的导热系数控制着热传导的方向。耐火砖的导热性越好,越有希望形成窑皮,说明实际上有更多热量顺着箭头方向传出来,则在窑皮表面将有更低的温度。由于窑皮表面颗粒由液态变为固态,因而大量生料在烧成温度下液态化对形成窑皮具有重要的作用。在烧成温度下,具有高液相含量的生料比具有低液相含量的生料对形成窑皮更有利。含有高液相的生料(易

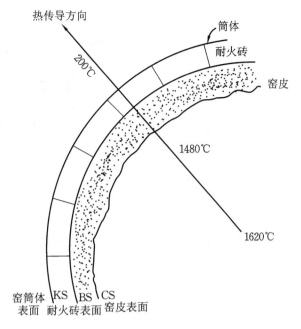

图 1.36 窑皮、耐火砖、筒体示意图

于烧成的配料)具有较高助熔剂(如铁、铝、镁和碱)含量。换句话说,难烧的配料(铁、铝、镁和碱含量低,硅和石灰石含量高)对形成窑皮不利。在气流中带走的碱,由于有高的助熔特性,能加速窑皮形成(但也容易结圈)。

由于表面温度是形成窑皮的重要因素,因此火焰形状直接控制着烧成带任何一点的表面温度,显然火焰本身对窑皮形成有重大的影响。如果火焰太短但有力且阔,这种火焰在非常短的区域中释放大量热,因此会侵蚀窑皮;长火焰在烧成带对形成窑皮有利,但是应该指出,较短火焰更易控制烧成操作,但火焰仅能短到不会危害窑皮的程度。

一旦注意到所有因素并且建立了良好的坚实窑皮,窑操作人员在此基础上必须控制好运转时的窑皮,应在烧成带形成和维持良好的固体窑皮。

通过窑筒壁散失的热量,必须由火焰不断补充,以便维持窑皮所必需的动态平衡状态。

像上述其他因素一样,操作状态也是影响窑皮稳定的重要因素之一。设想有一台窑在燃烧同样生料成分的情况下,将由一个极端温度到另一个极端温度下操作(窑由冷、正常到严重过热),在三种煅烧情况下,对所研究的地点,理想的状态下其固体化温度是 1315 ℃,形成 24％ 液相量最好。

图 1.37(a)所示窑开始形成一个洞,没有足够热量形成正常窑皮;图 1.37(b)所示窑中正常操作温度能形成好窑皮;图 1.37(c)所示窑中过高温度产生太多的液相会严重损坏窑皮。

首先研究图 1.37(a)所示的冷窑状况,在这种情况下,几乎不能形成窑皮。窑皮表面温度像生料温度一样偏低,需要一定量液态物才能促进窑皮形成。这种情况下,容易形成疏松带有洞孔的很不结实的窑皮。这个例子也说明了在冷窑状态下不能形成新窑皮。

窑在正常状态下[图 1.37(b)]能产生足够液相量(24％),易于形成窑皮。当窑皮由物料层暴露出来时,就如同物料接触一样,其温度低于物料颗粒的固体化温度。这些颗粒将附着在窑壁上并固体化,就能不断维持窑皮表面温度低于固体化的温度(1315 ℃)。无论什么时候,窑壁一旦达到这个温度就不会形成新的窑皮,这时窑皮就达到平衡。

在图 1.37(c)所示热窑情况下,由于物料及窑皮具有极高温度,会形成太多液相。由于所有温度都高于固体化温度,使窑皮由固体再次变成液体。像这种情况,窑皮将会脱落,物料由于具有高的液相量,将滚成熟料球。不言而喻,这种情况对窑和耐火砖都是极为不利的。

总而言之,控制窑皮形成和脱落的因素包括:

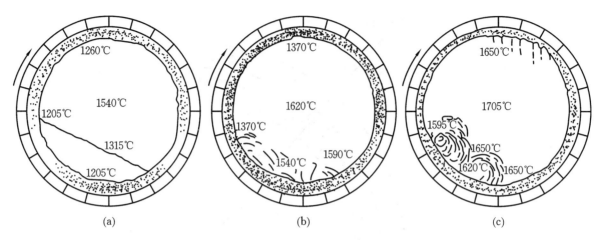

图 1.37 回转窑燃烧不同火焰对窑皮的影响
(a) 冷火焰；(b) 正常火焰；(c) 热火焰

（1）窑用生料的化学成分。

（2）耐火砖和窑皮的热传导特性。

（3）物料同窑皮接触时的温度。

（4）窑皮表面同物料接触时的温度。

（5）火焰的形状和温度。

操作人员要控制上述诸多因素，使窑烧成带耐火砖上形成结实窑皮。既不形成冷火焰造成的疏松多孔窑皮，又不形成过高火焰温度造成的薄窑皮，一般情况下结实窑皮厚约为 200 mm，表观密度为2.0 t/m³。

1.6.2 回转窑的窑皮如何形成

一定量的固相颗粒和液相的混合物在回转圆筒内都能结皮。在砂水混合物中，当含水率为 16.5%～18.5%，在砂油混合物中，含油量为 27%～27.5%时，都能在转动圆筒内结皮。显然，液相量的可变范围是很狭窄的，参考这一点，对窑皮和圈的形成可作如下解释。

正常煅烧温度下的窑料中含有一定量的 C_3A-C_4AF 熔体，且熔有一定量的 CaO 和 C_2S 于其中。如窑温稳定，窑料特别是熔体的成分、性质和数量也稳定，就会产生粒度均匀的熟料颗粒和稳定的窑皮。窑料中的熔体首先湿润细粉和尘粒，相互黏结成疏松团状聚集体。窑转动时这些疏松团块在滚动、撞击和相互研磨中受到挤压冲击，逐步密实起来。原来包含在疏松聚集体中的部分熔体便被挤到聚集体的表面，湿润并黏结新的细料，于是团块不断成长并更加密实化。熟料颗粒的大小和密实程度完全取决于其中熔体的含量、黏度和表面张力。

在熟料形成的同时，窑皮也开始在衬砖上黏挂。被挤到熟料颗粒表面的熔体在与衬砖直接接触中，也会黏附砖面并渗入衬砖表层气孔中使衬砖表面层保持"湿润"，形成看火工所称的"发汗"状态，便可与熟料颗粒相互黏结。烧成带内特别是其中心温度最高的正火点内，熟料颗粒表面熔体含量最多，黏结能力最强，甚至失去了滚动的能力，十分牢固地黏附在衬砖表面，形成窑皮。只要在窑运行中砖体相互间不发生位移，而且热面层下几厘米处砖体能保持坚硬状态，即整个砖衬处于坚实稳定状态，砖衬表面上的窑皮就能保持稳固。

那窑皮为什么不会越长越厚呢？这主要是由于窑皮越厚，窑的有效直径、烧成带有效截面面积和窑的有效容积都将变得越小，衬砖和窑皮组成的总衬里的隔热功能也越强，导致窑皮表面温度大幅度上升。于是，该处熟料熔体含量偏多且黏度变小，形成一种"烧流"现象，终止了窑皮厚度的继续增大。

每当工艺和操作失控，窑料数量变少或成分变得易烧，或燃料过多且变得易烧时，都会造成窑温偏高,易烧坏一部分甚至全部原有窑皮;反之亦然。窑皮,特别是其表层,实际上处于经常消长的状态之中,烧成带和相邻工艺带的前后变动,也必然在窑皮上体现出来。窑皮厚度和位置的变化反映着上述种种因素导致的工艺、设备和窑操作的稳定程度和水平。因此,从成球机理上可以清楚地理解,一旦窑料、燃料在数量和质量上有了变化,或者说窑内工况发生变化,就必然促使或妨碍窑皮的形成和维护。

1.6.3 回转窑如何挂窑皮

所谓回转窑挂窑皮,就是在火砖表面黏挂上一层坚固的熟料层。回转窑挂窑皮时间一般为 3 d,因为窑皮不能一次就黏挂到理想的厚度,只能逐渐挂上。在下料 1 h 后,湿法窑应在链条带取样孔处取样,根据物料的成球、含水率、温度等情况,及时调整温度的高低,适应物料预热的需要。其他窑型下料后,必须保持尾温在要求范围内。在物料未到烧成带前,烧成带火力要"留火",即火力不宜过高,以不损伤火砖为原则。估计物料将到烧成带时,应间隔一段时间停窑、停煤、止火,观察一次物料位置,以便掌握来料量及其位置。当物料接近烧成带时,应适当加大风、煤,提高火力,使火砖表面烧得微发融,但不得烧流,物料通过烧成带时会挂上一层坚固的窑皮。

物料到达烧成带后,要确保烧熟,还要控制结粒较小而均匀、火力正常,此时窑内火焰完整、顺长且集中,呈粉红色(用中色镜观察),窑微白,窑内清晰,生、熟料间有明显的界线,黑影经常在火焰的前中部流动,熟料颗粒大的似核桃,小的似花生米,小颗料占 80% 以上,翻滚活泼,这对挂窑皮非常适宜。

挂窑皮期间应尽力做到以下几点:

(1) 开始挂窑皮时喂料量为正常时的 65%~70%,窑速适当减慢。在某水泥厂,操作员把窑速 11 级降为 9 级(窑的调速分为 1~11 级),每班增加一定喂料量(该厂为 2 s 喂料),第六个班提为 10 级,第七个班提为 11 级(每提一级增加 2 s 喂料)。如使用电机调速,以每分钟电机转数为标准,窑的电机转速为 500~1400 r/min,挂窑皮时转速控制在 900~1100 r/min。下料量也是按要求比例逐渐增加的。这样做可以保持料层由薄到厚,温度由较低到较高,物料在窑内停留时间由较长到较短,以便于保持火力集中而稳定,黏挂好窑皮和烧好熟料。随着窑皮的不断增厚,逐步减少物料在窑内的停留时间,增厚料层,提高烧成带火力,这也是防止窑皮因挂得快而松弛的一项措施。第七班后,每班增加一定的喂料量,到第九班时,喂料量即可恢复到正常数量。

(2) 随着窑速的加快和料层的增厚,各操作参数要及时作相应调整,以保持完整和一定长度的火焰,适当的黑影位置,以及合理的熟料结粒。要防止烧低火和烧大火,严禁烧流和出黄料。

(3) 控制熟料立升重在中线范围;窑的快转率在 85% 以上;f-CaO 含量小于 1%,半干法、干法小于1.5%。

(4) 下料 4 h 后开始放电收尘器沉降室的灰,放灰时要均匀,不可过急。如果回灰单独循环,不直接入窑,则开窑后即可放灰开电收尘器。

(5) 火嘴位置应在下料口中心,点火后每台班向里送 200 mm,直到正常位置;然后再以每台班200 mm向外拉。

(6) 挂窑皮期间,要配制较高石灰饱和系数和含铁量稍高的生料,以及质量较好的煤粉。

1.6.4 回转窑为何要挂窑皮,为何能挂上窑皮

回转窑内经常保持着 1450 ℃ 以上的高温,筒体钢板是无法承受这种高温的。为保护窑筒体,在其内壁镶砌了一层耐火砖,但耐火砖的耐火度和厚度是有限的,也经受不住长时间高温的侵袭和物料化学反应的腐蚀。所以,为了延长耐火砖的使用寿命,在其表面黏挂上一层熟料作为保护层,这就是窑皮。窑皮不但有利于延长耐火砖的使用寿命,还可减少窑筒体的散热,提高热效率。

那么怎样才能使窑皮黏挂在耐火砖上呢?物料在回转窑中是由冷端向热端前进的,当它进入烧成带

时出现液相,液相量随温度的升高而增加。物料液相具有胶黏性能,但胶黏性会随温度升高而降低,因而在烧大火时窑皮就挂不上了。当耐火砖表面温度未使液相处于过热状态时,物料黏性最大,耐火砖被压到物料下面时,两者就黏在一起并发生化学变化,以后随着温度的降低而固结,形成第一层窑皮,同样原理,以后形成更多层窑皮。随着挂窑皮时间的增长,窑皮愈黏愈厚,随着窑皮的不断增厚,窑皮表面温度不断升高,液相黏度逐渐减小,因而黏上的物料也在减少。同时,由于窑皮本身的重力和物料的摩擦,以及机械振动等作用,于是就形成了一定厚度的窑皮。

1.6.5　回转窑挂窑皮为何需要 3 d

生产实践证明,挂窑皮需要 3 d 是必要的和行之有效的。在挂窑皮过程中,要求窑皮渐渐增厚,不要过快,以避免挂上的窑皮松弛、不结实,影响以后的长期安全运转。某厂挂窑皮的第四个台班就把料加到正常数量,以后又把产量进一步提高,在挂窑皮期间把产量由正常的 24 t/h 提高到 28 t/h(因窑皮薄,窑内空间大、产量高),结果窑皮不到 10 d 就发生危急,约 30 d 就发生红窑,安全运转周期由过去的 80 d 左右降为 30 d。

挂窑皮时间也无须过长,因为 3 d 后窑皮厚度就可满足要求,再继续挂窑皮,只能影响产量的提高。

1.6.6　影响回转窑挂窑皮的因素有哪些

(1)生料化学成分

由于挂"窑皮"是液相凝固到窑衬表面的过程,因此液相量的多少直接影响到"窑皮"的形成,而生料化学成分又直接影响液相量,因此挂"窑皮"时生料成分与正常生产时的成分应相同。

(2)烧成温度

温度低、液相形成少不利于挂窑皮,温度过高则液相在衬料表面凝固不起来,"窑皮"也挂不上。一般控制在正常生产温度,掌握熟料结粒细小、均齐,不烧大块或烧流,严禁出生料或停烧,熟料立升重控制在正常指标之内,而且要保持烧成温度稳定,火焰形状完整、顺畅,不出现局部高温,不允许有短焰急烧现象。

(3)喂料与窑速

要使窑皮挂得坚固、平整、均匀,稳定热工制度是先决条件。为使热工制度稳定,需要控制喂料量为正常喂料量的 50%~70%,窑速也相应降低到正常窑速的 70%~90%,使物料预烧稳定,烧成温度也容易掌握,若喂料量过多或窑速过快,窑内温度极不易控制,所挂窑皮不平整、不够牢固。窑速稳定使液相量固化的时间稳定,因此黏挂的窑皮厚薄一致,使窑皮平整。挂窑皮时喂料量和窑速可参考表 1.38。

表 1.38　挂窑皮时的喂料量与窑速

挂窑皮时间	喂料量占正常喂料量的百分比(%)	窑速占正常窑速的百分比(%)
第 1 天	70	70
第 2 天	70~90	70~90
第 3 天	100	100

(4)挂窑皮时燃烧器的位置

为使窑皮由窑前逐步向窑内推进,开始时应将燃烧器靠近窑头,同时适当偏料,使火焰不拉得过长,防止窑皮挂得过远;或前面薄而后面厚,以及前面窑皮尚未挂好,后面已形成结圈等不良情况,因此,用移动燃烧器的方法来控制挂"窑皮"的长度与位置。"窑皮"挂好之后根据火焰情况,再逐步将燃烧器伸到满足正常生产时的火焰位置。

（5）回转窑火焰的调节

目前国内预分解窑大多采用三风道或四风道燃烧器，而火焰形状则是通过内流风和外流风的合理匹配来进行调整的。由于预分解窑入窑生料 $CaCO_3$ 分解率已高达 90％左右，所以一般外流风风速应适当提高，这样可以控制烧成带稍长一点，以利于高硅酸率料的预烧和细小均齐熟料颗粒的形成。如需缩短火焰使高温带集中一些，或煤质较差、燃烧速度较慢时，则可以适当加大内流风，减少外流风；如果煤质较好或窑皮太薄，窑筒体表面温度偏高，需要拉长火焰，则应加大外流风，减少内流风。但是外流风风量过大时，容易造成火焰太长，产生过长的浮窑皮，容易结后圈，窑尾温度也会超高；内流风风量过大时，容易造成火焰粗短、发散，不仅窑皮易被烧蚀，顶火逼烧还容易使熟料结粒粗大并出现黄心熟料。

目前，国内大中型预分解窑生产线大多设有中央控制室，操作员在中控室操作时主要观察彩色的 CRT 上显示带有当前生产工况数据的模拟流程图。但火焰颜色、实际烧成温度、窑内结圈和窑皮等情况在电视屏幕上一般看不清楚，所以最好还应该经常到窑头进行现场观察。在实际操作中，若发现烧成带物料发黏，带起高度比较高，物料翻滚不灵活，有时出现饼状物料，说明窑内温度太高了。这时应适当减少窑头用煤量，同时适当减少内流风，加大外流风使火焰伸长，缓解窑内过高的温度。若发现窑内物料带起高度很低并顺着耐火砖表面滑落，物料发散没有黏性，颗粒细小，熟料 f-CaO 含量高，则说明烧成带温度过低，应加大窑头用煤量，同时加大内流风，相应减少外流风，使火焰缩短，烧成带相对集中，提高烧成带温度，使熟料结粒趋于正常。假如发现烧成带窑筒体局部温度过高或窑皮大量脱落，则说明烧成温度不稳定，火焰形状不好，火焰发散冲刷窑皮及火砖。这时应减少甚至关闭内流风，减少窑头用煤量，加大外流风，使火焰伸长或者移动喷煤管，改变火点位置，重新补挂窑皮，使烧成状况恢复正常。

（6）箅式冷却机的操作和调整

箅式冷却机的操作目的是要提高其冷却效率，降低出冷却机的熟料温度，提高热回收效率和延长箅板的使用寿命。操作时，可通过调整箅床运行速度，保持箅板上料层厚度，合理调整箅式冷却机的高压、中压风机的风量，以利于提高二、三次风温。当箅床上料层较厚时，应加快箅床运行速度，开大高压风机的风管阀门，使进入冷却机的高温熟料始终处于松动状态，并适当关小中压风机的风管阀门，以减少冷却机的废气量；当箅床上料层较薄时，较低的风压就能克服料层阻力而吹透熟料层。因此，可适当减慢箅床运行速度，关小高压风机风管阀门，适当开大中压风机风管阀门，以利于提高冷却机效率。

（7）增湿塔的调节和控制

增湿塔的作用是对出预热器的含尘废气进行增湿降温，降低废气中粉尘的电阻率，提高电收尘器的除尘效率。对于带五级预热器的系统来说，生产正常操作情况下，C_1 筒出口废气温度为 320～350 ℃，出增湿塔气体温度一般控制在 120～150 ℃，这时废气中粉尘的电阻率可降至 1010 Ω·cm 以下。满足这一要求的单位熟料喷水量为 0.18～0.22 t/m³。实际生产操作中，增湿塔的调节和控制，不仅要控制喷水量，还要经常检查喷嘴的雾化情况，这项工作经常被忽视，所以螺旋输送机常被堵死，给操作带来困难。一般情况下，在窑点火升温或窑停止喂料期间，增湿塔不喷水，也不必开电收尘。因为此时系统中粉尘量不大，更重要的是在上述两种情况下，燃煤燃烧不稳定，化学不完全燃烧产生的 CO 浓度比较高，不利于电收尘器的安全运行。假如这时预热器出口废气温度超高，则可以打开冷风阀以保护高温风机和电收尘器极板。但投料后，当预热器出口废气温度达 300 ℃以上时，增湿塔应该投入运行，对预热器废气进行增湿降温。

1.6.7 挂窑皮操作中应注意什么问题

一般来说，点火后的 72 h 为控窑皮时间。为使窑皮挂得平整、致密、牢固，厚度适当，应该注意以下几个问题：

（1）喂料量与时间的配合。挂窑皮的前 24 h 内，喂料量为正常量的 50％～70％，以后根据窑皮的具体情况，每隔 8～16 h 将喂料量增加 5％～10％，大约在 60 h 或者 72 h 内可增加到正常的喂料量。如果喂料量增加得过快,则挂上的窑皮层厚,质量疏松,当窑的热力强度提高后,窑皮就容易被烧垮。但挂窑皮的时间太长时,不仅对产量有影响,而且操作不当时窑皮也不一定能挂好。为减少喂料量,目前可在保持正常料层的条件下降低窑速,或在保持正常窑速的条件下减薄料层。

(2)烧成温度的控制。挂窑皮时所控制的烧成温度,应使熟料结粒细小、均齐,熟料立升重略比正常熟料小一些。而且要求烧成带温度稳定,波动范围小,严禁大火和跑生料。同时,要根据窑皮的情况,合理调整水冷却的淋水量和移动煤风管的位置,以控制窑皮的增长。

(3)挂窑皮前后顺序的控制。一般采取由前向后挂的方法,即物料到达烧成带时,严格控制烧成带的温度,保持物料颗粒细小、均齐,第一层窑皮至关重要,如留火等料时对生料进入烧成带判断不准,可以停一下窑进行观察,避免烧流和跑生料。由后向前挂的方法是:当物料到烧成带,就将烧成带的温度提到略高于平常挂窑皮的温度,等到挂上一层窑皮后,再将烧成带的温度降低到平常挂窑皮的温度。这样的挂法不容易控制,往往会使窑皮过长,易引起结圈。

(4)生料成分的控制。对于直径较小的窑或平常烧的生料石灰饱和系数较低的窑,可以用正常操作下的生料成分挂窑皮;对于直径较大的窑或者平常烧的生料石灰饱和系数很高的窑,生料的碳酸钙滴定值可以比正常操作下的料低一些,但必须保证熟料质量。

(5)使用镁铬砖挂窑皮时,应首先采用轻柴油烘窑 4～8 h,然后开始点火挂窑皮。

1.6.8 如何判断回转窑窑皮是否平整

判断回转窑窑皮是否平整,一般有三种方法:

(1)窑在运转中,从副孔观察无料边的窑皮时,若颜色微白,厚度稍低于前圈(前圈高度 250～300 mm),前后平整,颜色一致,没有一凸一凹、一明一暗的现象(凹处发暗,凸处发亮),表明窑皮平整。

(2)如果已察觉窑皮有问题,但在运转中判断不清,可停煤、停一次风,停窑查看。

(3)借助水冷却检查情况判断窑皮厚薄,是正常运转中判断窑皮情况的好方法。由于窑皮厚度不同,传热速度不一样,所以在水量不变的情况下,厚薄不同的窑皮就反映出不同的温度,温度愈高,窑皮愈薄;温度愈低,窑皮愈厚。

1.6.9 回转窑要形成良好窑皮应采取哪些措施

回转窑窑皮形状的好坏是由火焰形状决定的,只有保持正确的火焰形状才会产生平整、致密、坚固的窑皮,生产中必须保持火焰形状的稳定(图 1.38)。

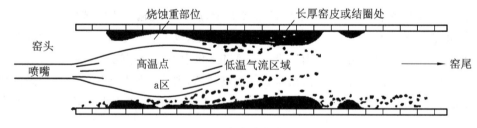

图 1.38 稳定的火焰形状

(1)配合好一、二次风稳定窑尾温度。窑尾温度必须稳定,用稳定的窑尾温度来控制窑内热工制度,使窑操作处于最佳状态。

(2)严格控制熟料粒度。回转窑熟料结粒始终保持均齐(粒径多数在 5～20 mm),说明窑温或风、煤、料、窑速配合得较好。

(3)缩小窑速快慢的时间差。窑速过快或过慢(生料成分发生变化除外)表明操作存在失误,应采取措施争取主动保持窑内热工制度的稳定,防止 KH 值、SM 值高时提高窑温,伤害窑皮。

（4）控制二次风温与窑头温度不能过高或过低。二次风温过高或过低与窑内下料量的多少及冷却机的效率有很大关系，应及时进行调整。

（5）经常根据"a区"窑皮情况变换喷煤嘴的位置或合理调整内、外风的比例。利用窑口与喷煤嘴间的距离掌握火焰的正确形状，保护好窑皮。

正确的火焰形状不但顺畅、活泼、有力，而且不粗、不软、不硬；快窑不短，慢窑不长。要想保持正确的火焰形状，操作人员的操作是决定因素。正确的操作方法与风、煤、料、窑速等诸多因素相互配合，避免操作产生失误是保证烧成带窑衬寿命的关键。

1.6.10 回转窑挂窑皮燃烧器为何要从外向里逐步移动

回转窑黏挂窑皮，当然希望能顺利挂上，但又不希望挂得过快而松弛不牢固，而是希望逐渐地、致密地挂上。为此，开始点火时要把燃烧器（喷煤管）煤嘴放在下料口中心位置，这样不但可以保证煤粉与一、二次风较理想的混合，得到完整的火焰，便于黏挂窑皮，而且又不使前圈长得太靠外，难以处理。以后随着挂窑皮时间的延长，燃烧器（喷煤管）逐渐往里送，火点不断变移，既可保证窑皮增长速度不会太快，又可使挂上的窑皮受到高温的煅烧，变得致密牢固。当燃烧器（喷煤管）送到一定位置时（为 2.5～3 m），再逐渐向外移，达到由外到里、由里到外、分层黏挂，分段达到高温煅烧的目的，使形成的窑皮牢固、完好和平整。

1.6.11 回转窑挂窑皮期间应如何配煤和配料

回转窑挂窑皮期间，料层一般偏薄，窑速偏慢，预热好，容易过烧，所以要求生料石灰饱和系数配高一些，使其比较耐火，又能产生足够的液相量，有利于黏挂窑皮。初开窑时，木柴灰、火砖块、残余剩料等均留在窑内，再加待料烘窑时的沉降煤灰，所以第一股料的熔点较低，容易发黏，这不符合结粒细小、均匀的要求。经验证明，较高的生料石灰饱和系数和适当的硅酸率与铝氧率的配料可以弥补这一缺陷。

在有条件的情况下，挂窑皮期间的煤质要求好一些，发热量高一些，化学成分稳定些，这样有利于煅烧和挂窑皮，又有利于配料控制。

1.6.12 回转窑挂窑皮期间为何要避免烧大火和顶火

由挂窑皮的原理可知，物料与衬料间的温差愈大，窑皮愈不易黏挂，又知物料的液相胶黏性能是随着液相量的增多而减小的。当烧大火或烧顶火时，烧成带呈现过热状态（或局部过热状态），物料液相量增多，翻滚不灵活，同时，衬料吸收的热量比传给物料的热量要大，衬料温度比物料温度升高得快，而衬料温度愈高，物料与衬料之间的温差就愈大，窑皮就愈不易黏挂，甚至会被熔融成团的物料黏下来而逐渐变薄。物料向前滚动，当温度稍降低时，就会结成大块，像滚雪球一样把表面发融的窑皮黏下来，蛋形块料还可以把窑皮砸掉，造成蚀毁火砖的现象，时间长了，就有烧红窑的可能。所以，烧大火或烧顶火，对挂窑皮都是有百害而无一利的。烧大火或烧顶火后，必须要大减煤，使窑的热工制度遭到破坏，造成窑速的大波动，不但给产量、质量带来损失，而且也给挂窑皮造成困难。

1.6.13 回转窑挂窑皮期间，下料量为何只能逐步增加

回转窑在挂窑皮的前 3 d，火力是随着窑皮的增厚而提高的。开始挂窑皮时，耐火砖并没有保护层，来料以后才开始挂上些窑皮，以后由薄到厚慢慢地增加，但此时的窑皮还不能经受高温，因此，料层必须逐渐增厚，才能使烧成带温度相应地逐渐提高，以适应窑皮的经受能力。如果一开始下料很多，料层必然

厚,就要提高烧成带的火力,这样使物料与火砖的温差变大,窑皮不易黏挂,耐火砖容易受损。因此,开始一定要保持较薄的料层,使物料预热好,到烧成带容易煅烧和控制,热工制度稳定、快转率高、火焰顺畅、温差小,为黏挂窑皮创造良好条件。

随着窑皮的不断增厚,就要相应增大下料量,增厚料层,提高火力,适时地提高产量。

1.6.14 回转窑操作中应如何处理窑皮恶化现象

回转窑在运转过程中,由于各种因素的影响,窑皮恶化现象是难以避免的。现将几种处理窑皮恶化的方法介绍如下。

(1) 前薄后平,如图 1.39 所示。

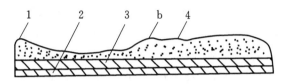

图 1.39 前薄后平窑皮示意图
1—前圈;2—窑体;3—耐火砖;4—窑皮

在处理这种窑皮时,要首先烧前圈,减少物料因滚不出来而磨损窑皮。烧圈后煤管向里送,或者加大排风,变动火点,使高温区放在 b 段,避免料到斜坡处很快冲过火点,稳不住窑速,挂不上窑皮。高温区在 b 处,使挂前烧后窑皮平整一致、来料速度减慢、热工制度稳定。在操作上,适当压低一次风,做到预打小慢车,保持顺烧不顶火,维护好窑皮。

(2) 前边 1~2 m 窑皮很薄,后边窑皮普遍厚,如图 1.40 所示。

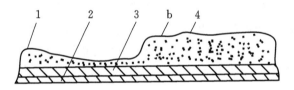

图 1.40 前薄后厚窑皮
1—前圈;2—窑体;3—耐火砖;4—厚窑皮

这种窑皮的出现,主要是由于煤管规格不合理(角度大),火焰短粗涮窑皮而致。出现这种情况时,来料不稳,窜料严重,快转率低,煤粉燃烧不完全,f-CaO 含量高。

处理这种窑皮的方法是:

① 改变煤管规格,延长火焰,适应煅烧,不涮窑皮。

② 送入煤管,或拉长火焰,使高温区放在 b 段上,烧薄厚窑皮、减慢物料到达火点的速度,便于窑皮的黏挂。

③ 在煤管未改变前,做到变动火焰位置勤,使火点不在一个地方烧,避免或减少局部恶化和窑皮出沟。

(3) 前圈内凹。一般都因参数不当,一次风过大,烧高火、烧顶火,或者前圈高,未及时处理,前圈内有结蛋、块状料出不来。出现这种情况时,应狠烧前圈,加强操作,圈烧平后,移动火点位置,如有可能,让前圈长到恶化的窑皮处。

(4) 窑皮局部恶化(面积很小)。大都是窑皮脱落或烧大火把部分窑皮烧薄所致。对于这种现象,应正常操作、控制结粒,在正常温度下补挂,避免有意压低火点温度补挂。可以经常移动煤管,改变火点位置,避免局部窑皮长期经受高温。同时,应加强水冷却检查,及时掌握窑皮变化情况,为操作提供依据。

(5) 窑皮普遍薄。大都由于配料成分不合适,含熔媒矿物过少,料难烧,出现"飞砂",或煤管位置过高所致。对于这种情况，首先应改变配料，提高熔媒矿物总和，使物料易烧。在操作上加强控制，火力偏中下限，结粒细小、稳定窑速，必要时还可减少喂料，进行补挂。

如因煤管位置过高所致，则应把它调至正常。

（6）"干窑"。这时不但窑皮已到危急关头，耐火砖也几乎不复存在。在这种情况下，细心操作，尽力补挂窑皮。若被挂 1～2 个台班仍无效，只得停窑检修。

在处理"干窑"时，首先要考虑"干窑"的位置和程度，如果情节还不严重，面积不太大，可移动火点位置，使高温区尾部接近"干窑"处，保证料层薄时能烧到，厚时烧不到，目的是把刚出现液相的区域放在"干窑"处，便于补挂。如果"干窑"情节严重，改变高温区使之完全脱离"干窑"处，黑影放近控制，准备停窑检修。

1.6.15 挂牢窑皮的具体投料方法是什么

投料前通过对系统重点温度的控制，使全煅烧系统温度满足投料需要，其中烧成带的温度恰好具备挂窑皮的温度。此时窑的转速保持 3 r/min，投料量为正常量的 50%，分解炉与窑内用煤量均为正常量的 50%。在投料之前，将用风量提至不足正常量的 2/3（使窑尾的含氧量约为 10%），然后迅速投料，拉风与投料的时间差越小越好，目的是让生料立即进入系统，阻止已创造好的理想温度分布被加大拉风所破坏。当熟料进入箅冷机后，此时箅速应该放在最低位置，随着二次风温的升高，约在投料 1 h 后开始同步加料至正常料量的 2/3，加煤为正常量的 2/3 略高，加风为正常量的 3/4。待加料后的 1 h 稳定之后，更多的熟料进入箅冷机，二次风温已接近 1000 ℃，可以加料、煤、风至正常值。

这种投料方法具有如下优点：

（1）由于窑速高、投料量少，最初进窑的生料很少会"窜料"，生料预热效果好，到达烧成带时，恰好与衬砖同时出现液相，为挂牢窑皮创造了最佳条件。

（2）由于窑速快，窑皮挂得均匀且砖的损失最少。

（3）物料到达烧成高温带的时间短，容易准确地掌握"火候"。

[摘自：谢克平. 新型干法水泥生产问答千例（操作篇）. 北京：化学工业出版社，2009.]

1.6.16 如何防止窑内非烧成位置温度过高而结上窑皮

点火升温过程中，常常使窑尾温度高于前端，这就为后面的投料操作带来不便，尤其是烧无烟煤而燃烧器的功能又不强时，这种高温区后移是很难解决的。为此，建议采取如下措施：

（1）燃烧器的喷煤管位置应该有一定的移动范围，即比正常位置向外移动 500 mm。点火时煤管应位于最外点。

（2）窑尾的拉风应尽量关小，如果高温区还往后移，可尽量开大三次风管的风管阀门。

（3）如果计划停窑，可以准备燃烧速度较快的煤粉用于点火。

（4）燃烧器的调节应使火焰尽量变短。

（5）当窑内温度向后偏移时，可以在短时间（不超过 2 min）内止火，适当开大窑头排风机风管阀门，使高温区向窑前方移动。

（6）分解炉的喂煤量如果过高，燃烧不完全的煤粉将会在窑后部燃烧，在窑尾形成高温而易结皮。

[摘自：谢克平. 新型干法水泥生产问答千例（操作篇）. 北京：化学工业出版社，2009.]

1.6.17 以最少的窑衬消耗来挂牢窑皮的基本条件是什么

每当窑衬需要挂窑皮时，对操作员有明确要求：以最少的窑衬消耗来挂牢窑皮。因为每挂一次窑皮，耐火砖就会有消耗损失，直接影响窑衬寿命。实现少消耗砖而挂牢窑皮的关键条件有以下两点：

（1）掌握物料到达烧成带的"火候"，恰好是烧成带耐火砖表面极少量液相发黏，而生料也正在进行放热反应或刚刚结束。这种操作如同炒菜掌握"火候"一样，如果时间不吻合，烧成带耐火衬料表面已开始发黏发亮，而生料还没有到来，耐火砖就会烧流甚至"垮窑"；反之，如果耐火砖表面温度不高，生料已到烧成带，就会形成窜料，即使挂上窑皮，也很不牢固。

（2）挂窑皮时的窑速应该是维持快速状态，因为这种窑速不仅使窑内耐火材料受热均匀，窑皮挂得薄厚均匀，而且由于耐火砖暴露在火焰中的时间大大缩短，减小了耐火砖烧蚀量。

传统回转窑的投料挂窑皮是衡量看火工水平的重要标志，对于预分解窑，实现这种要求的经济效益更为显著，但很少有窑能满足这种要求，这正是窑的烧成带窑衬寿命很少能超过一年的主要原因之一。

［摘自：谢克平.新型干法水泥生产问答千例（操作篇）.北京：化学工业出版社，2009.］

1.6.18　预分解窑开窑挂窑皮前应注意哪些问题

（1）窑衬砌筑后要彻底消除窑内旧料和杂物，防止它们先于正常熟料进入烧成带，确保在耐火砖挂上质量极高的第一层窑皮。

（2）开窑前要调整好燃烧器的位置，燃烧器轴向位置以冷窑时燃烧器前端与窑口下料端在同一平面为轴向基准位置，这样窑体升温膨胀后，相当于燃烧器伸入窑内 80～120 mm（包括窑体上下窜动）。燃烧器的径向位置，在窑口处位于第四象限内原点(0,0)与点(60 mm，−50 mm)区域内，使火焰在挂窑皮时不扫窑皮，又不致使未燃尽的煤粉落入挂上的窑皮中形成低熔点的黏滞物。

（3）调整好生料率值 KH、SM，比正常料适当低一些，使物料在高温下易于黏结。

（4）严格控制好烘窑中衬砖和物料的升温情况，确保在烧成带砖面形成一层厚约 5 mm 含熔融相的反应层（变质层），这个变质层是熟料和耐火砖在高于约 1350 ℃ 的温度下形成的熔融黏滞物，这就是第一层窑皮，窑皮的继续增长和发展就不再需要耐火材料参与了。由于预分解窑烧成带使用的耐火材料的耐火度、荷重软化温度等均比其他回转窑的高，因此，要使火砖热面层也形成少量熔体，一方面应提高火焰热力强度，另一方面必须保证窑料对耐火砖的适应性，有利于窑料黏附砖面并适度渗入砖内，窑皮能与砖密切黏附，且在砖内形成机械锚固，使窑皮稳定地附于砖面上。

1.6.19　窑头粉料太多时，应如何观察熟料结粒和窑皮

将冷却机一室 1、2 号高压风机阀门适当关小，以减少熟料细粉的飞扬，即可观察到接近实际的熟料温度、熟料结粒和窑皮好坏情况。观察完后应立即将上述风机阀门开度恢复到原来的位置。

1.6.20　怎样保护回转窑的窑皮

回转窑挂好窑皮，只是长期安全运转的第一步，更重要的是要采取措施保护好窑皮，为优质、高产、长期安全运转奠定基础。

（1）制订合理的操作参数，稳定窑的热工制度，保证快转率在 85% 以上。

（2）加强煅烧控制，避免烧大火、烧顶火，严禁烧流或出生料，保证熟料结粒细小均匀。

（3）随着产量的不断提高，改进喷煤嘴结构，保持完整的火焰形状，不涮窑皮，并经常移动煤嘴位置，调整高温区域，以利于窑皮黏挂。

（4）及时处理前结圈，保持一定高度，使大块及时滚出，避免损伤或砸坏窑皮，要力争不结或少结大块。

（5）发现窑皮不好时，及时采取措施进行补挂。做到勤看勤调，控制火力偏中。

（6）配制成分适当的生料，保证好烧、不结块，以利于黏挂窑皮和操作控制。

（7）加强设备维护，力争减少停窑次数，以避免窑皮因忽冷忽热的变化而脱落。

（8）严防结后圈而压短火焰，危害窑皮。

1.6.21　预分解窑产生红窑的现象、原因及处理方法和预防措施

（1）现象

窑筒体红外扫描仪显示窑内温度偏高，夜间可以发现筒体出现暗红或深红，白天则发现红窑处筒体有"爆皮"现象，用扫帚扫该处可燃烧。

（2）原因

一般是窑衬太薄或脱落、火焰形状不正常、垮窑皮等造成的。

（3）处理方法

红窑应分为以下两种情况区别对待：

① 窑筒体出现的红斑为暗红色，但筒体温度上升缓慢，这种情况一般是窑皮垮落、窑衬薄所致。无须停窑，但必须作一些调整，如改变火焰的形状，避免温度最高点位于红窑区域，适当加快窑速，并将窑筒体冷却风机集中对准红窑位置吹，使窑筒体温度尽快降低。如窑内温度较高，还应适当减少窑头喂煤量，降低煅烧温度。总之，要采取一切必要的措施将窑皮补挂好，使窑筒体的红斑消除。

② 红斑为亮红，且筒体温度上升较快（约 1 ℃/min），这种红窑一般是窑衬脱落引起的，一般应停窑处理。但如果立即将窑主传动停止，将会使红斑保持较长的时间。因此，正确的停窑方法是先止煤停烧，并让窑主传动慢转一定时间，同时将窑筒体冷却机集中对准红窑位置吹，使窑筒体温度尽快降下来。待红斑由亮红转为暗红时，再转由辅助传动翻窑，并做好红窑位置的标记，为窑检修做好准备工作。检修时可采用挖补或大面积更换窑衬的方法。但若红斑靠窑头（10 m 以内）较近，且因各种原因不能长时间停窑时，可采取"压补"或使用专用设备高压注入浇筑料的方法进行临时处理。处理后若能稳住窑况，可保证生产的连续性。

（4）预防措施

可以通过窑筒体红外扫描仪温度曲线观察到并能准确判断红窑的位置，具体的红窑程度还需到现场观察和落实。一般来说，窑筒体红外扫描温度与位置曲线的峰值大于 350 ℃时，应多加注意，尽量控制筒体温度在 350 ℃以下。

防止红窑，关键在于保护窑皮。从操作的角度说，要掌握合理的操作参数，稳定热工制度，加强煅烧控制，避免烧大火、烧顶火，严禁烧流及跑生料。入窑生料成分从难烧料向易烧料转变时，当煤粉由于转堆原因热值由低变高时，要及时调整有关参数，适当减少喂煤量，避免窑内温度过高，保证热工制度的稳定过渡，另外，要尽量减少开、停窑的次数，因为开、停窑对窑皮和衬料的损伤很大。保证窑长期稳定地运转，将会使窑耐火材料的寿命大大提高。

1.6.22　回转窑红窑有哪几种表现形式

经回转窑筒体红外扫描仪观测，筒体的局部温度大于 350 ℃，此时应结合窑筒体的实际情况来判定是否出现红窑。回转窑若出现红窑，在夜间可发现筒体出现暗红或深红；在白天则发现红窑处筒体发白，有"爆皮"现象，用扫帚蘸上柴油扫该处可燃烧，如不能及时判断，可等到夜间观察是否出红。

出红的位置：轮带内、轮带旁、筒体、烧成带、过渡带、冷却带。

出红的范围：整片暗红、小圆点、大圆点、大块状出红、条状出红。

出红的程度：暗红、亮红。

出红时间：连续长时间出红，不消失；经处理后出红消失。

1.6.23 回转窑出现红窑时应如何处理

具体操作方法同本书 1.6.21。

1.6.24 回转窑掉砖红窑的原因及处理方法

回转窑内所用的耐火材料,应满足窑炉对它的以下要求:①耐火度高;②热胀系数及重烧线变化小;③常温耐压强度及高温荷重变形温度高;④抗热震性、抗渣性、耐磨性及抗震性好;⑤尺寸准确、外形整齐等。水泥回转窑用耐火砖是根据回转窑系统各部位的使用条件,并选择不同品种的耐火材料进行合理匹配而砌筑在窑上的。

a. 窑的卸料口使用高铝砖,以刚玉为骨料的耐热混凝土,有时也使用碳化硅砖。

b. 窑的卸料带一般使用 Al_2O_3 含量为 70%~80% 的高铝砖、耐热震高铝砖、尖晶石砖和镁铬砖。

c. 窑的烧成带普遍使用镁铬质碱性耐火材料,也可使用高铝砖、水泥砖及磷酸盐耐火砖、聚磷酸钠结合镁砖、水玻璃结合镁砖等。

d. 过渡带使用以刚玉和 50%~80% Al_2O_3 的铝矾土制成的高铝砖、直接结合镁铬砖、普通镁铬砖和尖晶石砖等。

e. 分解带(第二过渡带)使用黏土砖、高铝砖、煅烧成化学结合的轻质砖或普通镁铬砖;在与过渡带相连的高磨损、高温区域内,可采用 Al_2O_3 含量为 50%~60% 的高铝砖、普通镁铬砖或尖晶石砖。

f. 预热带一段使用耐碱隔热黏土砖。

g. 预热器及分解炉的直筒、锥体部分以及连接管道内,采用耐碱黏土砖及硅铝质耐磨砖,并加隔热复合层,以火源砌筑;顶盖部分可采用火砖挂顶、背衬矿棉,也可采用混凝土浇筑;各处弯头多使用浇注料;窑尾上升管道等处采用结构致密的半硅质黏土砖。

h. 冷却机(南冷机)系统使用耐火砖、轻质浇注料、隔热砖、隔热板材等,厂料喉部区域及高温区采用普通镁铬砖、高纯高铝砖和普通高铝砖;中低温区域可采用黏土砖等。

(1)原因分析

当具备下列情形之一时,回转窑可能发生掉砖红窑现象而被迫停窑处理:

① 回转窑所用的耐火砖质量很差,不具备工业窑炉对耐火砖的基本要求;或未按使用场合(条件)进行匹配与否的选择;

② 窑衬的镶砌不规范,砌筑质量差;或者镶砌方法选择不当,如采用横向环砌法(即将耐火砖沿窑按圆周方向单环镶砌),方法简单、技术容易掌握、镶砌速度也快,但当砖缝超过一定范围时,就容易从环内排砖,严重时整环砖都有脱落的危险;

③ 窑衬砌筑质量尚可,但窑皮未挂好,对耐火砖没有保护好;

④ 回转窑煅烧操作不当,如窑点火后升温速率过快等;

⑤ 喂煤过多,喷煤燃烧器净风旋流风比例过高,致使局部出现高温。

(2)处理方法

① 回转窑掉砖红窑后的抢修

回转窑一旦发生掉砖红窑故障,应立即停窑,待窑冷却后,重新按要求精选耐火砖、精心镶砌窑衬,待窑衬砌筑好后,按规定升温曲线点火升温,使耐火砖间的轴向纸板逐渐燃烧,耐火砖逐渐膨胀补偿纸板空隙,温度进一步升高后,砖与砖之间的径向接缝铁板能够缓慢地跟砖体发生化学反应,形成耐高温的新结晶相,并使耐火砖连成整体。在窑加热升温期间,必须防止任何原因所造成的加热中断,以避免耐火砖损失,甚至倒塌。

② 回转窑掉砖红窑的预防

a. 选用耐火度高、抗急变温度性能强、耐蚀性强、加工致密、表面没有缺陷的耐火砖。

b. 在搬运耐火砖的过程中,不能碰撞耐火砖,更不能野蛮装卸,造成耐火砖残缺或产生细微裂纹。

c. 进厂耐火砖要按品种、规格分别存放,严禁将不同品种、不同规格的耐火砖混放在一起,否则难以辨认。

d. 进厂耐火砖的存放地点要有防雨措施,淋湿的、有缺陷的耐火砖严禁使用。

e. 砌筑耐火砖的工匠,必须是经过培训并考核合格的,以保证窑衬镶砌质量不出问题。

f. 对窑衬的加热按窑的加热升温曲线进行,宜在点火后缓慢稳定地升温,火砖温度用肉眼观察,在生产操作条件相对固定的情况下,可用窑尾温度或最低一级旋风筒出口气体温度作为控制指标,一般加热升温时间为24~48 h。

g. 要注意统一砖型及规格。对于砖型和规格相同的耐火砖要做好明显标记,以避免砌筑时将大小头搞错,进而砌错耐火砖,造成排砖事故。

h. 选择合理的砌筑方法,可根据基本情况(如窑径大小、耐火砖供应情况等)在顶杠支撑法、砌砖机法、黏结剂法和槽钢螺栓压固法等窑耐高温砌筑方法中选取最适当的一种进行窑衬镶砌。

i. 看火工要精心操作,避免喂煤过多、窑温过高,从而出现掉砖红窑。

j. 对于立波尔窑窑尾耐火砖频繁掉砖红窑问题,可将带锥形缩口直筒式结构改为直筒缩口风冷式结构,即在筒体外表面增设风冷筒,将一端面立板与后窑口筒体外表面焊牢,外侧耐热钢保护板($\delta=30$ mm)用螺栓固定在风冷筒立板上,另一端上的支承点与焊在窑体内的对应的立板用螺栓连接起来。窑在正常运行时,由原来窑尾筒体伸进防风圈内,改为风冷筒伸进防风圈,长度相应缩短。在筒体过渡交界处,增设挡砖圈。由于窑尾筒体外表面和固定铁砖的螺丝帽直接暴露在外,采用自然风冷时,筒体表面温度可降至180~200 ℃,从而彻底解决了掉砖红窑问题。

1.6.25 为什么回转窑内出现大料球容易导致红窑

窑内出现大料球对窑衬的破坏力极强,主要损伤窑皮末端过渡带及窑口位置的窑衬。窑皮末端出现大料球时,因其末端窑皮有一定高度的大料球很难越过窑皮,所以长时间在某固定位置运动。过渡带砖的抗热震性较差,强度不高,由于窑内热工制度的波动,副窑皮垮落及在该区域大料球的磨损、冲刷,使砖爆头严重,有时可见 20~30 mm 的砖块崩掉。

当大料球运动至窑口时,如果没有窑口圈或窑口圈很矮时,很快便落入冷却机,大料球不会给窑衬造成太大的损坏。当窑口圈很高时,大料球很难越过,极易对窑衬产生较大的冲刷和磨损,若操作上不能及时调整,会严重地损伤窑衬。

无论在何处出现大料球,最重要的就是要使火焰顺畅,特别是料球很大或在窑口位置时应特别注意。当发现窑内有大料球时,应迅速使大料球滚出窑内,分析大料球出现的原因,防止大料球再次产生。

1.6.26 为什么回转窑操作不合理容易产生红窑

长时间高温是导致红窑的重要原因之一。在窑内烧成带,熟料的烧结温度一般为1300~1450 ℃,而气体温度高达 1500~1800 ℃。当烧成带窑衬表面烧至微熔,CaO 含量大于 65% 的硅酸盐液相熔体在高温环境下与窑衬表面相互作用形成窑皮初始层,并同时沿耐火砖孔隙、缝隙透到耐火砖内部,与耐火砖黏在一起,使耐火砖表面 10~20 mm 范围内的化学成分和相组成发生变化,从而降低了耐火砖的技术性能,当窑烧成带因某原因产生局部高温,使窑皮表面层的最低共熔点高于物料液相凝固点时,窑皮表层即从固相变为液相而脱落,并由表及里深入到窑皮初始层。这样,随着窑皮的时长时落,烧成带窑衬由厚变薄,甚至完全脱落,导致局部红窑。

由于生料 KH 值、SM 值过高或熟料 f-CaO 含量过高而采用强化煅烧法,可大幅提高窑内温度,但窑内原设计采用的耐火砖型号不能与之适应,耐火砖寿命大大缩短,特别是过渡带以后的区域,因为没有窑皮保护,耐火砖寿命更短,几天内便可能出现红窑。

1.6.27 为什么回转窑红窑与回转窑设备有关系

回转窑发生红窑的原因是多方面的,但其中一个原因是与回转窑本身的设备有关。我国现有回转窑的轮带几乎全是浮动轮带,常见的浮动轮带和筒体直接受力,其间隙值一般为 $0.20D$(为窑直径)%,此数据允许筒体和轮带温差不超过 $180\ ℃$,在窑升温过程中,由于镁砖导热系数高,筒体温升过快产生膨胀而被轮带挤压造成永久性变形。从已投产的窑操作情况来看,回转窑在长时间运转后,轮带下筒体呈现不同程度的椭圆度,部分窑在该部位的衬砖所受的机械应力较大,经常出现掉砖红窑事故。解决此类事故的根本措施是保持较为稳定的升温制度,尽量减少筒体与轮带的温差,减少筒体变形;此外,在砌筑上填补胶泥,尽量做到砌筑牢固。近年来,国内外研制出了高温胶泥,以增强耐火砖与筒体的结合,在高温状态下避免掉砖。

窑筒体局部变形。此种情况多发生在老窑上,由于窑筒体表面曾经多次出现红窑,筒体表面斑痕累累,红窑部位上有不同程度的变形现象,一方面给窑砌筑加大了难度,另一方面在窑衬运转过程中的应力也极不均匀,因而常常会发生掉砖红窑事故。筒体温度超过 $350\ ℃$,甚至高达 $450\ ℃$,这对筒体的使用寿命影响很大,因为 A3 钢板在 $200\ ℃$ 左右范围抗拉强度极限稍有增大,当温度超过 $200\ ℃$ 后开始下降,升到 $425\ ℃$ 时急剧下降,长期在高温下使用,金属的蠕变速率也大大加快。所以,在日常管理中要特别注意红窑必停,严禁压补。

回转窑因断电、设备故障导致窑体在高温下长时间停车,造成筒体弯曲,特别是暴雨天气对筒体的弯曲影响更大。此种情况下因窑筒体变形导致窑衬的变形,在筒体变形恢复过程中窑衬极易掉落,往往在开窑后的几天内就会发生掉砖红窑事故。所以,维护好窑筒体的安全运转对窑衬的使用寿命起到很大的作用。

1.6.28 烘窑掉砖的原因及处理方法

(1)原因分析
① 窑皮挂得不好;
② 窑衬镶砌质量不高或磨薄后未按期更换;
③ 轮带与垫板磨损严重,间隙过大,使筒体径向变形增大;
④ 窑筒体中心线不直;
⑤ 筒体部分过热变形,内壁凹凸不平。
(2)处理方法
① 加强配料工作及煅烧操作;
② 选用高质量窑衬,提高镶砌质量,严格掌握窑衬使用周期,及时检查砖厚,及时更换磨坏的窑衬;
③ 严格控制烧成带附近轮带与垫板的间隙,间隙过大时要及时更换垫板或加垫调整;为防止和减少垫板间长期运动所产生的磨损,在轮带与垫板间加润滑剂;
④ 定期校正筒体中心线,调整托轮位置;
⑤ 必须做到红窑必停,对变形过大的筒体应及时修理或更换。

1.6.29 回转窑筒体的温度异常是何原因,应如何处理

当使用窑筒体红外扫描仪发现筒体局部温度较高时,应及时采取措施来避开火焰的高温点,如火焰

扫窑皮应及时调整火焰形状,并补挂窑皮。

当窑筒体某处出现白色斑块(白天)时,应及时补挂窑皮并移动冷却风机以加强筒体冷却,如白斑颜色长时间得不到有效改变且白斑有增大的趋势时,应立即停窑。

筒体出红后,任何情况下都不得喷水,并采取以下处理措施:

(1)出现大块亮红或长条状亮红时,应立即停火、停止喂料,按规定转窑冷却。

(2)窑各轮带内或窑筒体大圆点亮红,长时间不结窑皮、出红不消失时,应移动冷却风扇至出红位置,逐步减少煤粉量至窑烧空停窑。

(3)轮带内发现小圆点亮红或大圆点暗红时,应移动冷却风扇至出红位置,稳定配料,调整火焰长短及位置,若上述措施无效且情况恶化时应采取停窑措施。

(4)若窑筒体出现小圆点亮红或大圆点暗红时,移动冷却风扇至出红位置,调整火焰,补挂新窑皮,如情况没有好转则应立即停窑。

(5)烧成带整片暗红时,应观察烧成带的温度,并酌情减少窑头煤粉,移动冷却风扇至出红位置的窑体处并调整火焰,补挂新窑皮,如长时间情况得不到好转,应停窑处理。

(6)窑尾出现整片暗红时,其原因是有二次燃烧发生,应将长火焰改为短火焰,并移动冷却风扇至出红位置。

1.6.30 预分解窑结皮机理及防止措施

结皮是指生料粉与窑气中有害成分所形成的黏附在窑尾系统内壁的层状物。实践表明,预分解窑最易发生结皮的部位是窑尾烟室、下料斜坡、窑尾缩口、最低两级筒的下料管、分解炉内等处。结皮使通风通道的有效截面面积减小,阻力相应增大,影响系统通风,使主排风机拉风加大。结皮增厚或塌落时,还容易发生堵塞。

(1)预分解窑产生结皮的机理

关于结皮的原因,有学者认为是湿液薄膜表面张力作用下的熔融黏结,作用在表面上的吸力造成的表面黏结及纤维状或网状物质的交织作用造成的黏结。由于窑气中的碱、氯、硫等有害成分在窑尾及预热器和分解炉中冷凝时,会使最低共熔点降低,因此窑气中的碱、氯、硫等凝聚时,会以熔融态的形式沉降下来,并与入窑物料和窑内粉尘一起构成黏聚性物质,而这种在生料颗粒上形成的液相物质薄膜,会阻碍生料颗粒的流动,从而造成结皮甚至堵塞。引起预分解窑结皮的原因,至少有如下几种:

① 系统中有害成分(碱、氯、硫等)的循环富集,这是形成结皮的重要条件。从原(燃)料中引入系统的碱、氯、硫等有害成分,在生料通过窑的高温带时会挥发出来,并随着窑气向窑尾运动。挥发出来的有害成分到达窑尾温度较低的区域时,便会以熔融态的形式冷凝下来,一方面,使生料在煅烧过程中液相开始出现的温度降低而有利于结皮的形成,如一般情况下,生料的最低共熔点为 1250 ℃ 左右,$CaSO_4$、K_2SO_4 和 Na_2SO_4 共同存在时,最低共熔点可能低于 800 ℃,有氯化物存在时,最低共熔点可接近 700 ℃;另一方面,有害成分形成的共熔体会在生料或衬料表面铺展开来,起到"黏结剂"的作用,在系统温度降低时,就在衬料表面形成结皮。窑内的这种有害成分是导致结皮中间相形成的重要因素,如二氧化硫参与形成硫酸钙($2SO_2 + O_2 + 2CaO \Longrightarrow 2CaSO_4$),氯化物促进硅方解石的形成,$K_3Na(SO_4)_2$ 是在还原气氛中形成等。而结皮中间相的形成,常常导致结皮坚实化,使结皮越结越厚。

② 局部温度过高,是形成结皮的关键因素。系统中如果产生局部高温,一方面促进生料和燃料中有害成分的挥发及冷凝循环,并使内循环发生的区域进一步扩大;另一方面也可能使液相出现,使生料黏附在衬料的内壁而形成结皮。产生局部高温,至少有如下几个原因:

a. 煤粉的不完全燃烧。窑头或分解炉中的煤粉由于多种原因燃烧不完全时,就可能到窑尾或低级旋风筒中燃烧,从而产生局部高温,这是出现局部高温的主要原因。引起煤粉的不完全燃烧又可能有下列几个因素:ⓐ燃煤的灰分大。煤灰含量高,说明煤质差、热值低、可燃性差,容易引起窑煤、炉煤的不完全燃烧。ⓑ设备超负荷运转。由于回转窑和分解炉的容量是有一定限度的,喂料量及喂煤量的过分加大将不利于生料及煤粉的悬浮分散,同时使得煤粉的燃烧空间变小而不利于煤粉的完全燃烧。ⓒ分解炉结构不合理。

b. 喂料量的波动。喂料量忽大忽小时,很容易扰乱预热器、分解炉和窑的正常工作。由于操作具有滞后的特点,有时跟不上喂料量的变化,加减煤不及时,甚至出现短期断料也不能及时减煤,因此很容易因为料小导致系统温度偏高,从而造成结皮。

c. 回灰对结皮的影响。回灰也叫作窑灰,是电收尘、增湿塔收集下来的物料。由于回灰量小,在生料均化库中不容易被混合均匀,从而造成入窑生料成分的波动,影响窑的热工制度的稳定性;由于回灰中含有一定量的有害成分,它的重新入窑必然加剧挥发性成分的循环富集,这些都容易引起结皮。

d. 预热器漏进冷风对结皮的影响。当预热器漏进冷风时,则物料温度和分解率都降低,为维持生产,系统排风量必须加大,因而废气量增大,飞扬粉尘增加,循环负荷加大,导致入窑生料温度下降,能耗上升。当预热器漏进冷风与热物料接触时,容易使热物料冷凝而黏附在系统的内壁,从而产生结皮。此外,被带到窑尾或预热器中的煤粉遇到新鲜冷风,燃烧速度加快,产生局部高温而形成结皮。

e. 石灰石中 MgO 含量高也是结皮的一个因素,随着 MgO 含量的增大,经过回归分析可知,预热器出口气体温度上升,出口气体中氧气含量下降,说明气、料热交换效率下降,分解炉内存在煤粉的不完全燃烧,同时窑尾的负压随着 MgO 含量的增大而下降,说明窑内通风不良,窑尾易结皮。

(2)防止结皮的措施

由于结皮影响系统的通风,使阻力增大,这不仅使能耗上升,而且结皮严重造成堵塞时,有时被迫停窑处理不利于水泥产(质)量的提高。预防结皮具有重要意义,现将防止结皮的措施作如下介绍。

① 减少或避免使用高硫和高氯的原料,这是减少结皮的前提。国外部分水泥生产公司对生料中有害成分含量的规定见表 1.39。

表 1.39　国外部分水泥生产公司对生料中有害成分含量的规定

公司名称	R_2O 含量(%)	Cl^- 含量(%)	S 含量(%)	硫碱比
丹麦史密斯	<1.0	<0.015		<1
德国洪堡	<1.0	<0.015	≤3	
日本川崎	<1.5	<0.02		
法国拉法日		<0.015		<1

② 如过量的硫和氯难以避免,建议丢弃一部分窑灰,以减少有害成分的循环。

③ 采用旁路放风系统,即将回转窑窑尾高温烟气在预热器前从"旁路"中分离出一部分,与冷风混合,使以气相形态存在的"挥发物"冷凝在飞灰上,由收尘器将此飞灰收集下来排出窑系统,以减少有害成分的循环,通过"旁路"排出的窑灰不应再回到窑内。由于"旁路"系统投资大,以及"旁路"系统对窑的能耗、料耗的消极影响,通常应该控制"旁路"废气量,一般放风量为 3%～10%。

④ 避免使用高灰分及灰分熔点低的煤。

⑤ 采用新型耐火材料,即在容易结皮的部位使用抗结皮的耐火材料。①含 ZrO_2 的耐火材料。当含 ZrO_2 的耐火材料遇碱时,在其表面形成玻璃层,此玻璃层通过吸收窑衬料变得越来越黏,最后凝固并覆盖窑衬表面,这样就防止碱的进一步渗入及结皮的黏附力减小,结皮可依靠自重自行脱落。②含石墨的耐火材料。石墨是一种惰性材料,不与碱等发生反应,而且不被熔融液相所润湿,几乎不能在含碳耐火材料表面形成结皮。

1.6.31　预分解窑烟室结皮的现象、原因及处理方法和预防措施　

(1)现象

① 顶部缩口部位结皮:烟室负压降低,三次风、分解炉出口负压增大,且负压波动很大。

② 底部结皮:三次风、分解炉出口及烟室负压同时增大。窑尾密封圈外部伴随正压现象。

（2）原因

① 温度过高;

② 窑内通风不良;

③ 火焰长,火点后移;

④ 煤质差、含硫量高,煤粉燃烧不好;

⑤ 生料成分波动大,KH 值、SM 值忽高忽低;

⑥ 生料中有害成分(硫、碱、氯)含量高;

⑦ 烟室斜坡耐火材料磨损不平整,造成拉料;

⑧ 窑尾密封不严,掺入冷风。

（3）处理方法及预防措施

① 窑运转时,要定时清理烟室结皮,可用程序设定空气炮定时清除。如果结皮严重,空气炮难以起作用时,可从壁孔采用人工清除(须有防护措施),特别严重时,只能停窑清理。

② 在操作中应严格执行所要求的操作参数,三台班统一操作,稳定热工制度,防止还原气氛出现,确保煤粉完全燃烧。当生料和煤粉波动较大时更要特别注意,必要时可适当降低产量。

1.6.32　为什么预分解窑中不是所有结皮都有害

窑尾、分解炉、预热器及它们各连接管道内部过热和有害成分含量高的情况下可产生结皮。结皮可缩小物料、气流的有效通过空间,阻碍物料流动,甚至引起堵塞;结皮还可引起物料入窑处的通道不畅,造成物料飞扬,在上升管道循环,加剧结皮、增加系统通风阻力。但并不是所有结皮都有害,有的结皮还可能有益。

一般来说,在本应光滑的表面上、在原已狭窄的通道内的结皮都是有害结皮,如下料管、预热器锥体、分解炉燃烧区域及其上部、窑尾斜坡及窑尾缩口等处的结皮。这些地方的结皮阻碍物料和气流的流动,甚至可引起堵塞,减少了燃烧和热交换空间。而另一些部位的结皮,如方形管道内四角上并不十分大的结皮、各气体管道中气流流动死区内的结皮等都是无害结皮,这些结皮对气体和物料流动没有多大影响。而以下两种结皮属于有益结皮:

（1）如果某部位没有结皮,则气流易在该区域形成涡流,增加阻力损失,则该部位的结皮是有益结皮。

（2）如某部位设计过大,使该部位风速过低,则该部位的结皮也是有益结皮。例如某窑在操作过程中,上升管道内衬料产生了裂缝,热气进入了衬料与外壳之间的空隙。为了使窑继续运转,决定暂不清理该处的结皮,意在用结皮堵住裂缝,防止热气继续渗透导致外壳变形、衬料鼓出。后来该处结皮逐渐增厚,挡住了 1/3 的通风截面面积,窑反而达到了少有的高产与稳定。后来结皮掉了,窑也随之失去了那一段“黄金”时期。分析其原因,该部位在管道分解炉之下,物料在其上部入炉,平时由于该处风速稍慢,物料易从该处“短路”入窑,造成窑况波动、产量不高。而一旦该处结皮厚、风速快,物料不再“短路”,入窑分解率提高,从而窑况稳定,窑产增高。

因此,对于结皮有一个是否应该清理的问题。有害结皮要不断被清理掉,无害结皮则不一定要清理,而有益结皮不应清理。

1.6.33　窑尾上升烟道结皮有何害处

窑尾上升烟道结皮、堵塞是新型干法窑水泥生产中经常出现的问题。结皮后,窑尾上升烟道通风面积变小,严重时上升烟道实际通风截面面积只有正常情况下的 1/4 左右。窑尾上升烟道气体控制闸板起不到调配窑三次风管风量的作用,窑尾阻力损失显著增加,此时窑内通风不良,窑头发热能力受到抑制,窑头烧成带温度急剧下降 200 ℃以上,达不到熟料煅烧要求,窑内出现严重的跑生料现象,甚至可将火焰扑灭,而煤粉燃烧不完全将加重上升烟道内的还原气氛,加速结皮速度。因此,上升烟道结皮堵塞会导致窑系统紊乱,难以调整和控制各项控制参数。

1.6.34 如何用高压水枪清除窑尾上升烟道的结皮

以下是采用高压水枪清除上升烟道结皮的方法,可供同行借鉴。

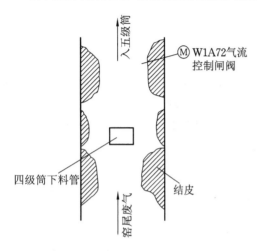

图 1.41 上升烟道结皮部位示意图

(1)结皮部位及形式

某厂 FLS-SLC 型 2000 t/d 熟料生产线经常结皮、堵塞的主要部位集中在窑尾上升烟道下部,离窑尾斜坡约 1 m 往上 1.5 m 处,以及上升烟道气流分配阀附近四周竖壁上,见图1.41。手动闸不经常动作的一边稍厚,最厚时可达 500 mm;气流分配阀电动控制的一边稍薄,厚度在 300 mm 左右。

(2)结皮物料状况

从窑尾进入上升烟道的气体温度在 1050 ℃左右。在这种温度下结皮物料本身热态强度并不高,只是在冷却后强度迅速上升。从现场结皮物料中可见,由少量液相分层后结的块状料,手掰不动,用力可摔碎。窑采用热态人工清理时,钢钎插入感到很软,但钢钎使不上劲;想插入一定深度又不容易,钢钎很快就被烧红、变软,因此,热态清理很不顺手,碰上结皮速度快的时候,清理速度赶不上结皮速度。

(3)使用高压水枪清理上升烟道结皮

① 清堵机理

采用高压水枪将 40 MPa 高压水柱射入 850~1050 ℃ 的结皮物料内部,在高温物料内水骤然汽化而产生强烈爆炸,被击中的部分物料全被振动而垮落,相邻部分物料局部温度迅速下降而变脆、变硬。爆炸水柱的射入深度与结皮厚度匹配,其结果是结皮物料因此而垮落,而上升烟道衬料则得到保护。爆炸的喷射角又使物料由于松软而不会被大面积冲击垮落而引起设备、人员损伤事故。

② 高压水枪规格及性能介绍

在清理过程中,高压水枪的压力是很重要的参数。压力不足,清堵能力降低,一方面,水柱击穿物料的深度、广度受到影响;另一方面,水柱爆炸所产生的冲击力也有限。因此,必须使用足够压力的高压水枪。从另一个角度来考虑,压力过高或清堵过快会引起衬料被击破、击垮的现象,造成局部"红斑"。

沃马-大隆(WOMA-DALONG)752 型高压水枪,其工作特性如表1.40。

表 1.40 高压水枪的工作特性

行程(mm)	73	栓塞直径(mm)	$\phi 6$
齿轮变速比	3.0	轴功率(kW)	53
曲轴转速(r/min)	500	流量(L/min)	55
最高工作压力(MPa)	49		

③ 清堵孔布置

上升烟道本身设计有捅料孔,可用于人工清堵。使用高压水枪后,又增加了部分清堵孔,以适应水枪清堵需要。

清堵孔数量太多,会降低上升烟道钢结构的强度,也会使物料整体垮落而损伤内衬,还会造成漏风等问题。停窑检查,找准结皮最厚的部位,使结皮部位在水枪清理范围。开孔直径在 250～300 mm 即可保证水枪枪头有足够的活动角度。开孔大了,水柱爆炸时将产生局部强正压,大量高温带粉尘气体外喷,给操作人员造成威胁。开孔应选择清理方便的部位,上升烟道开孔位置见图 1.42。

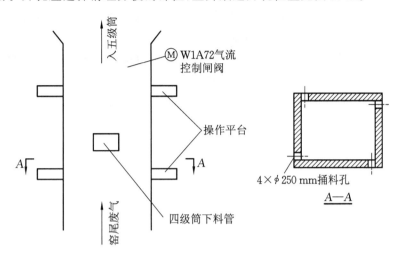

图 1.42　上升烟道捅料平台和捅料孔示意图

开孔位置在上升烟道气流控制闸板下面,利用原有捅料孔清理时,未清的捅料孔要盖好、拴住。

出窑尾斜坡上升 1 m 和 2.5 m 平台两个平面各开 4 个孔。

从图 1.42 来看,水枪可以将整个平面上的结皮都纳入清理范围。同样,水枪还可以上下活动,将一定段长的结皮全部清除。

④ 使用高压水枪的时机

使用高压水枪清理上升烟道结皮时要掌握好时机。过早清理会导致衬料损伤或压力失衡而引起分解炉垮料等;过晚清理会给产量造成严重损失。经过较长时间的实践,以上升烟道压力损失作为清堵依据是较为科学的。可简单地将分解炉入口三次风管负压损失作为判断上升烟道结皮程度的依据。正常窑况下四级筒分料入上升烟道的比例在 15% 左右。结皮后,气流控制闸阀逐步打开,分料比例降为零,当三次风管压力仍然显示高达 −400 Pa 以上甚至快速上升时,就必须用高压水枪清理。FLS-SLC 型生产线情况比较特殊,上升烟道清理得太干净时,特别是在气流控制闸阀烧坏的情况下,阻力损失过低,分解炉内物料不能被气流托起而从三次风管下落,影响系统热工制度。因此,必须控制好清理结皮的程度。当气流控制阀全关、上升烟道分料为 15%、三次风管入分解炉负压降到 −300 Pa 时,停止清理,否则容易带来一系列如前所述的后果。

⑤ 使用高压水枪清堵的注意事项

高压水枪的自然射流本身就是一种巨大能量,使用不当或不慎都会对人员或设施造成损害。清堵孔要装上安全盖,使用高压水枪时要将安全盖盖上,避免外逸高温气体和粉尘烫伤人员,穿戴好特殊防护衣。使用高压水枪前要用钢钎将开孔处结皮物料捅穿。操作时,人不能正对气孔,要侧身,清堵时扳机连续抠住时间不能太长,每次 1～2 s 即可,否则会导致局部内衬被打落。清堵前,必须找准部位,剩余的结皮如果量不大,用人工清理即可。这时候尽量少用水枪或将压力调低,以有效地保护内衬。

1.6.35　如何防止或减轻窑尾垂直上升烟道的结皮

与窑尾相接的垂直上升烟道结皮是所有预分解窑生产中存在的通病,只是原(燃)料中硫、碱的含量以及操作等方面的差异而表现出的轻重程度不同而已。严重时会经常进行被迫减料处理,轻微时也要每台班人工清理一次。因此,有必要对产生结皮的原因进行分析。

（1）窑尾温度过高。当物料的易烧性不好,煅烧温度提高时,或燃料的燃烧速度过慢时,或由于风、煤比例不当或混合不均,火焰温度控制不好时,致使窑尾温度过高。一般来说,此处温度越高,结皮越严重。

（2）窑头用煤燃烧不完全,致使窑尾产生还原气氛。

（3）窑尾漏风严重。由于有害成分在窑内挥发性大,使高温下产生的有害成分液相遇冷,在此处结皮。因此,谨慎选择窑尾的密封类型是非常重要的。

（4）管道式分解炉下料有沿炉壁下滑现象时,不仅不利于物料的分解,而且使物料容易在炉壁结皮。

（5）由于原（燃）料成分的改变,尤其是燃料的更换,在考虑调节用煤量时,应该考虑硫、碱比的变化。

［摘自:谢克平.新型干法水泥生产问答千例（操作篇）.北京:化学工业出版社,2009.］

耐火材料

2

Refractories

2.1 耐火材料制备与性能

2.1.1 回转窑耐火砖有何作用，对耐火砖有何要求

水泥厂是以窑为中心进行运转的，而窑系统的好坏与窑耐火砖的寿命有着直接的关系。一般窑壳承受 400 ℃ 左右高温，窑耐火砖承受 1600 ℃ 左右高温，如果窑出现掉砖，则会产生红窑；如果不及时处理，窑壳会发生变形，在以后的补砌窑耐火砖时，会因窑壳变形而很难使窑耐火砖密实，容易掉落。换砖时主要看耐火砖的厚度与其使用时间，再根据一些砖表面的情况去判断。窑耐火砖是填充在窑筒体内部的一层耐火材料，其主要作用有：

（1）减少高温气体与物料对窑筒体的化学侵蚀与机械磨损，保护窑壳。

（2）充当传热介质，窑耐火砖可从气体吸收一部分热量，以不同的传导及辐射方式传给物料。

（3）窑耐火砖也可以隔热保温，减少窑筒体热损失等。

回转窑对耐火砖主要有以下要求：

（1）耐高温性强

不管窑内烧成状况的好坏，窑内温度都在 1000 ℃ 以上，这就要求耐火砖在高温下不能熔化，在熔点之下还要保持一定的强度，同时还要有长时间暴露在高温下仍有固定的容积等特性。

（2）抗热震性好

即抵抗窑温剧烈变化而不被破坏的能力好。在停窑、开窑以及旋转窑运转状况不稳定的情况下，窑内的温度变化都比较大，这就要求窑耐火砖在温度剧烈变化的情况下不能有龟裂或者是剥落的情况，也要求在操作时尽量使窑温稳定一些。

（3）抗化学侵蚀性强

在旋转窑内烧成时，所形成的灰分、熔渣、蒸汽均会对窑耐火砖产生很大的侵蚀。

（4）耐磨性及机械强度好

窑内生料的滑动及气流中粉尘的摩擦，均会对窑耐火砖造成很大的磨损，尤其是开窑的初期，窑内还没有窑皮保护时更是如此。窑耐火砖还要承受高温时的膨胀应力及窑壳椭圆变形所造成的应力，因此要求窑耐火砖要有一定的机械强度。

（5）具有良好的挂窑皮性能

窑皮挂在窑耐火砖上，对窑耐火砖有很好的保护作用，如果窑耐火砖具有良好的挂窑皮性能，并且窑皮也能够维持较长的时间，可以使窑耐火砖不受侵蚀与磨损。

（6）气孔率要低

如果气孔率高会导致腐蚀性的窑气（特别是碱性气体）渗透入窑耐火砖中凝结而毁坏窑耐火砖。

（7）热胀安定性要好

窑壳的热胀系数虽大于窑耐火砖的热胀系数，但是窑壳温度一般都在 280～450 ℃，而窑耐火砖的温度一般都在 800 ℃ 以上，在烧成带，其温度有 1300 ℃ 以上。因此，窑耐火砖的热胀系数还是比窑壳要大，窑耐火砖容易受压应力作用而剥落。

水泥预分解生产线回转窑耐火材料配置实例如表 2.1 所示。

表 2.1 我国部分工厂配置实例

窑规格	窑口	前过渡带	烧成带	后过渡带	安全带	预热带	喂料带
φ3.2 m ×50 m	耐热钢纤维高强高铝质低水泥耐火浇注料	抗剥落高强高铝砖	直接结合镁铬砖	磷酸盐结合高铝砖	磷酸盐结合高铝砖	CB20 高强耐碱隔热砖	耐碱浇注料

窑规格	窑口	前过渡带	烧成带	后过渡带	安全带	预热带	喂料带
φ3.2 m ×50 m	直接结合镁砖	直接结合镁砖	直接结合镁铬砖	磷酸盐结合高铝砖	磷酸盐结合高铝砖	CB20 高强耐碱隔热砖	耐碱浇注料
φ3.5 m ×52 m	钢纤维增强低水泥刚玉质耐火浇注料	抗剥落高强高铝砖	直接结合镁铬砖	抗剥落高强高铝砖	抗剥落高强高铝砖	耐碱隔热砖	高强耐碱浇注料
φ4.0 m ×60 m	钢纤维增强低水泥刚玉质耐火浇注料	硅莫砖、尖晶石砖	直接结合镁铬砖	硅莫砖、尖晶石砖	硅莫复合砖、尖晶石砖	CB30 高强耐碱隔热砖	高强耐碱浇注料
φ5.6 m ×76 m	钢纤维增强低水泥刚玉质耐火浇注料	莫来石砖、尖晶石砖	直接结合镁铬砖	尖晶石砖	尖晶石砖	复合保温耐火砖	高强耐碱浇注料

2.1.2 新型干法水泥生产线对耐火材料有何要求

新型干法水泥生产线对耐火材料的要求,除了使用价格外,通常应考虑如下几点:

(1) 较长的使用寿命。影响使用寿命的因素有:耐火材料的耐火度,高温强度,耐火材料与水泥熟料的化学成分适应性(也就是耐火材料的抗化学侵蚀能力),抗热震性与煅烧的高温熟料的反应结合能力等。

(2) 较好的保温效果。影响因素有:保温材料的导热系数,保温材料所允许的工作温度,允许保温材料占据的空间等。

(3) 较简易的砌筑方式和较快的砌筑速度。

(4) 较快的维修速度。

(5) 通用性较好,可以从市场上较方便地获得。

[摘自:陆秉权,曾志明.新型干法水泥生产线耐火材料砌筑实用手册.北京:中国建材工业出版社,2005.]

2.1.3 耐火材料的耐火度及其表示方法

耐火度是表示材料抵抗高温作用而不熔化的性能。测定时,将耐火原料或制品按规定方法制成试锥,与标准试锥一起在规定的条件下进行对比试验,以同时弯倒的标准高温锥标号来表示该试锥的耐火度。耐火度的测定标准依照《耐火材料 耐火度试验方法》(GB/T 7322—2017)进行。

决定耐火度的根本因素是耐火材料的化学、矿物组成及其分布情况。由于耐火度并不意味着使用时的最高温度,故选用耐火材料时耐火度一般应较使用温度高出 100 ℃以上(或较荷重软化点低 100 ℃左右,若耐火衬料上覆盖窑皮时,可另行考虑)。现将几种主要耐火材料的耐火度列于表 2.2。

表 2.2 几种主要耐火材料的耐火度

耐火材料名称	测温锥标号		温度(℃)
	SK	WZ、ПK	
黏土砖	26~34	158~175	1580~1750
高铝砖	35~38	177~185	1770~1850
刚玉砖或含铝刚玉砖	38~39	185~188	1850~1880
镁砖	38~41	185~196	1850~1960
白云石砖	>42	>200	>2000
镁铬砖	>42	>200	>2000

2.1.4 耐火材料的组成与性质

耐火材料主要在高温环境中使用,在使用过程中受到物理、化学、机械等作用,可能出现软化、熔融、磨损,甚至剥落、损坏等现象,影响热工设备的稳定运行。根据常温下测定的性质,如气孔率、体积密度、真密度和耐压强度等,在一定程度上可以预知耐火材料在高温下的使用情况。而在高温下测定的性质,如耐火度、荷重软化温度、抗热震性、抗渣性、高温体积稳定性等,反映了在一定温度下耐火材料所处的状态,或者在该温度下它与外界作用的关系。

(1)耐火材料的组成

耐火材料的组成包括化学组成和矿物组成,化学组成是耐火材料的基本特征。根据耐火材料中各种化学成分的含量及其作用,通常将其分为主成分、杂质和外加成分三类。在耐火材料的化学成分固定的前提下,由于成分分布的均匀性及加工工艺的不同,使得制品组成中的矿物种类、数量、晶粒大小、结合状态不同,从而造成性能上的差异。因此,耐火材料的矿物组成也是决定其性质的重要因素。耐火材料的矿物组成一般可分为主晶相(principal crystalline phase)、次晶相(secondary crystalline phase)及基质相(matrix)三大类。

(2)耐火材料的性质

耐火材料的性质包括物理性质、使用性能与工作性能等。物理性质是指材料本身固有的特性,包括导热性、热胀性、热容等热学性质;常温与高温下的耐压强度、抗折强度、弹性模量等力学性质以及真密度、体积密度、气孔率等表示材料致密程度的物理性质。耐火材料的使用性能是表征其使用时的特性并直接与其使用寿命相关的性质。工作性能主要指的是其在制造与施工过程中表现出来的性质,如在压制过程中泥料的可塑性,浇注料在施工过程中的流动性等,它们不像使用性能那样受到显微结构的影响,而是反过来对耐火材料的显微结构产生影响。

① 耐火材料的结构性质

耐火材料的气孔率、体积密度和透气度等性能指标反映了耐火材料的宏观组织结构,通常作为耐火材料的质量验收项目。

气孔率是指耐火材料中气孔体积和总体积之比,其指标常以开口气孔体积的相对含量,即显气孔率来表示。体积密度是指带有气孔的干燥材料的质量与其总体积之比,其中总体积为材料中固体物质、开口气孔及闭口气孔的体积总和。对于同一种耐火材料而言,体积密度和显气孔率有密切关系,体积密度大则显气孔率低。透气度是表示气体通过耐火材料难易程度的特征值,其物理意义是指在一定时间内和一定压差条件下,气体通过一定断面和厚度的量。

② 耐火材料的力学性质

耐火材料的力学性质主要包括耐压强度与抗折强度、弹性模量、泊松比、断裂韧性等。它不仅表示耐火材料抵抗外力作用而不被破坏的能力,还对其抗热震性有较大影响。

耐火材料的强度包括耐压强度与抗折强度。试验可以在常温下进行,也可以在高温下进行。前者称为常温抗折(耐压)强度,后者称为高温抗折(耐压)强度。断裂韧性是根据断裂力学原理推断出来表征材料破坏特性的一个临界值。目前,国内外标准中都没有规定耐火材料断裂韧性的测试方法,如需测定耐火材料断裂韧性,可参考测量陶瓷材料的相关方法。

③ 耐火材料的热学性质

耐火材料的热学性质包括热容、导热系数与热胀系数等。

材料的热容是指物体温度升高 1 K 所需要的热量(J/K)。热容对耐火材料的抗热震性及蓄热能力有很大影响。

材料的导热系数是指单位温度梯度下,在单位时间内通过单位面积的热量,其单位为 W/(m² · K)或 J/(m² · K)。耐火材料的导热系数与其结构、组成及工作条件等有密切关系。导热系数是隔热耐火材料的重要指标。

耐火材料的热胀系数通常是指其平均热胀系数,即从室温升至试验温度,温度每升高 1 K 时试样长度的相对变化率。将试样从室温升至试验温度,其长度的变化率称为热膨胀率。耐火材料的热胀系数在实际使用中有很重要的意义。首先,工业炉砌筑过程中膨胀缝预留与否及其大小往往是根据耐火材料的热胀系数来决定的。另外,耐火材料抗热震性与它的热胀系数密切相关,热胀系数大的,耐火材料的抗热震性一般较差。

④ 耐火材料的使用性能

耐火材料的使用性能是表征其使用时的特性并直接与其使用寿命相关的性质,包括耐火度、荷重软化温度、高温蠕变性、高温体积稳定性、抗热震性以及抗渣性等。

a. 耐火度(refractoriness)

是指耐火材料在无荷重条件下抵抗高温而不熔化的特性。耐火材料的耐火度取决于材料的化学组成、矿物组成及其分布情况。耐火度是评价耐火材料的一项重要技术指标,但不能作为制品使用温度的上限。

b. 荷重软化温度(refractoriness underload)

是指耐火材料在规定的升温条件下承受恒定荷载而产生规定变形时的温度,是表征耐火材料抵抗重力负荷和高温热负荷共同作用而保持稳定的能力。荷重软化温度主要取决于制品的化学组成、矿物组成及其分布。根据荷重软化温度,可以判断耐火材料在使用过程中在何种条件下失去荷重能力,以及高温下制品内部的结构情况,但荷重软化温度仅可作为耐火材料的最高使用温度的参考值。

c. 高温体积稳定性(volume stability under high temperature)

是指耐火材料在高温下长期使用时,其外形保持稳定而不发生变化(收缩或膨胀)的性能。耐火材料再次经高温处理后可通过试样体积或尺寸变化来表征耐火材料在使用温度下可发生的形变大小,即重烧体积变化率或重烧线变化率。该指标对于判断耐火材料高温体积稳定性、砌筑结构的稳定性和抗侵蚀性能都具有重要作用。

d. 抗热震性(thermal shock resistance)

是指耐火材料抵抗温度急剧变化而不损坏的能力,又称耐急冷急热性。耐火材料在使用过程中,经常受到强烈的急冷、急热作用,如间歇生产的窑炉、窑炉停火及点火和停窑检修等情况。在很短的时间内工作温度变化很大,耐火材料内部就会因温度的急剧变化而产生应力。这种应力的大小,主要取决于制品的组织结构、热胀性、导热性及弹性模量等因素。热震损坏是耐火材料损毁的两大原因之一。

e. 抗渣性(slag resistance)

是指耐火材料在高温下抵抗熔渣(如冶金熔渣、水泥熟料、玻璃熔液)以及其他熔融液体侵蚀而不易损毁的性能。抗渣性与材料的化学组成、矿物组成、微观和宏观结构密切相关。渣蚀损毁是耐火材料损毁的另一个主要原因,它对耐火材料的使用寿命有显著影响。

除了上述性能外,还有耐真空性、蠕变等重要性能。

2.1.5 何谓耐火材料的抗侵蚀性

耐火材料在高温下对炉渣侵蚀作用的抵抗能力,称为抗侵蚀性。炉渣对耐火材料的侵蚀作用有:与炉渣和熔融物料直接接触,从而对耐火材料产生的腐蚀和磨蚀;料粉和窑、炉气中的烟尘飞溅于耐火材料之上产生侵蚀、冲刷或相互作用等。这些作用十分复杂,不仅有化学反应,而且有机械磨损和物理化学侵蚀,这些都是在使用过程中导致耐火材料被损毁的重要原因。

影响抗渣性的主要因素有耐火材料和熔渣的化学性质、致密度和整体性,以及作用温度等。

2.1.6 何谓耐火材料的气孔率,应如何表示

耐火材料所含的气孔,可分为开口气孔、闭口气孔和连通气孔。如砖块的总体积(包括其中的全部气孔)为 V,质量为 W,开口气孔体积为 V_1,闭口气孔体积为 V_2,连通气孔体积为 V_3,则有关性能表达式如下。

真气孔率或称总气孔率(P_t),为砖块中全部气孔体积占整块体积(V)的百分率:

$$P_t = \frac{V_1 + V_2 + V_3}{V} \times 100\%$$

显气孔率或称开口气孔率、假气孔率(P_a),其为开口气孔(指与大气连通的气孔)的体积占砖块总体积的百分率:

$$P_a = \frac{V_1 + V_3}{V} \times 100\%$$

闭口气孔率(P_c),为砖块中闭口气孔(既彼此隔离,又与大气隔离的封闭气孔)的体积占砖块总体积的百分率:

$$P_c = \frac{V_2}{V} \times 100\%$$

由此可见

$$P_c = P_t - P_a$$

在一般耐火制品中(除熔铸制品和轻质隔热制品外),开口气孔及连通气孔占总气孔体积的绝大多数。闭口气孔体积很小,并且难以直接测定。因此,制品的气孔率指标,常用开口气孔率(即显气孔率)表示。

2.1.7 何谓耐火材料的热胀系数

热膨胀系指制品在加热过程中发生的长度变化,其表示方法分为热膨胀率和热膨胀系数。热膨胀率系指由室温升至试验温度时试样长度的相对变化百分率。平均热膨胀系数系指由室温升至试验温度时,平均每升高 1 K,试样长度的相对变化率。

耐火材料在受热后一般发生体积膨胀,但不同品种由于其化学组成、矿物组成不同,表现的受热膨胀大小各不相同。黏土砖、高铝砖、镁砖等的热胀系数随温度升高而均匀变化,而硅砖因有多晶转变,则较为复杂。

热胀系数对镶砌时确定砌缝大小有重要意义,对耐火材料的热稳定性亦有直接影响。热胀系数愈大,则在砖块受热后内部引起的应力愈大,温度急剧改变时易遭损坏。

如热膨胀系数不大,则体积膨胀系数 β 约为热膨胀系数的 3 倍。这种体积膨胀系数与重烧(或残存)线变化不同,虽均测定砖块受热后的体积变化,但前者一般是指受热后膨胀、冷却后恢复的可逆膨胀,而后者则测定在高温作用下砖块内发生再结晶、玻璃化、晶体转变和继续烧结等而产生的不可逆的体积变化。

2.1.8 何谓耐火材料的抗热震性

在间歇作业的窑、炉等热工设备中,由于温度的骤然变化,或者在连续操作的设备中温度的波动,均可使耐火材料发生裂纹、破碎或剥落。耐火材料对于急冷急热的温度变动的抵抗性能,称为抗热震性或温度急变抵抗性。

我国对耐火材料的抗热震性的检验方法规定如下:试样在试验条件下,经受 1100 ℃ 至冷水的急冷急

热次数(直至试样受热面破坏一半为止),作为抗热震性的量度。

影响抗热震性的因素有:热膨胀率和有无相变、热容和导热系数、弹性模量、机械强度、制品形状和大小、热流性质、加热和冷却速度,以及材料本身的烧成结构等。

2.1.9 何谓耐火材料的重烧线变化

耐火材料长期处在高温受热过程中,物相会发生变化,产生重结晶和烧结现象,随之引起体积的收缩或膨胀,即所谓的重烧线变化,亦称残存收缩或膨胀。收缩过大将引起材料产生裂缝,使体积急变,抗热震性和抗渣性降低;膨胀过甚将引起窑、炉肿胀甚至崩裂,造成倒塌。

影响材料的高温体积稳定性,主要是由于烧成不足,原料粒子间互相反应不完全,在以后的较高温度下工作时产生新的变化。这种变化可分为两类,即烧固及结晶转化。烧固程度加深,引起残存收缩;结晶转化则会引起砖块的收缩或膨胀。

2.1.10 对耐火材料的基本要求

(1) 能抵抗高温热负荷作用,不软化、不熔融,要求耐火材料具有相当高的耐火度。

(2) 能抵抗高温热负荷作用,体积不收缩,仅有均匀膨胀,要求材料具有较高的体积稳定性,残存收缩及残存膨胀要小,无晶型转变及严重体积效应。

(3) 能抵抗高温热负荷和重负荷的共同作用,不损失强度,不发生蠕变和坍塌,要求材料具有相当高的常温强度和高温热态强度,以及较高的荷重软化温度、较高的抗蠕变性。

(4) 能抵抗温度急剧变化或受热不均的影响,不开裂、不剥落,要求材料具有好的抗热震性。

(5) 能抵抗熔融液、料尘和气体的化学侵蚀,不变质、不蚀损,要求材料具有良好的抗渣性。

(6) 能抵抗火焰、炉料和料尘的冲刷、撞击和磨损,表面不损耗,要求材料具有相当高的密实性和常温、高温下的耐磨性。

(7) 能抵抗高温真空作业和气氛变化的影响,不挥发、不损坏,要求材料具有低的蒸气压和高的化学稳定性。

(8) 外形整齐,尺寸准确,质优价廉,便于运输、施工和维修等。

(9) 对有特殊要求的耐火材料还应考虑其导热性、导电性及透气性等。

2.1.11 何谓荷重软化温度

荷重软化温度也称为荷重软化点,即耐火砖在高温和荷重同时作用下产生塑性变形的温度(所谓塑性变形,不是按一定规律或规则的变形,而是自由变形)。黏土砖、高铝砖变形开始与结构破坏(变形40%)的温度相差200~250 ℃。

测试方法:将荷载 2 kg/cm² 的试体在规定条件下加热,当试样的变形量达到0.6%时的温度为荷重软化开始温度,Al_2O_3 含量愈高,荷重软化温度愈高。一般黏土砖的荷重软化温度介于1250~1400 ℃之间,高铝砖则为1400~1600 ℃。

2.1.12 何谓显气孔率

显气孔率是指耐火制品与大气相通的全部开口孔体积占制品总体积的百分率。显气孔率是耐火砖致密程度的指标,它对导热、耐磨、强度、透气度、容重、抗渣性、荷重软化温度等都有直接影响。降低显气孔率可提高耐火砖的质量,延长砖的使用寿命。显气孔率规定在 20%~30% 之间,当然愈低愈好(除轻质多孔砖外）。

2.1.13 何谓重烧线收缩

重烧线收缩是耐火材料经高温煅烧,体积发生收缩的情况。

耐火砖的使用,要求在高温时体积稳定,但一般耐火材料在高温长期作用下会进一步烧结,物相继续变化,引起体积收缩和结构不断致密。黏土砖的重烧线收缩为 0.3%～0.7%（在 1300～1400 ℃时烧 2 h）;高铝砖的重烧线收缩较大,为 0.5%～0.7%（1450～1500 ℃温度下烧 3 h）,高铝砖经高温重烧后,γ-Al_2O_3 转变为 β-Al_2O_3 和刚玉,晶体增大,密度增加,砖体致密,收缩增大,体积愈不稳定,抵抗温度急变的能力自然减弱,严重时会造成重烧收缩后砌砖松动现象,甚至发生掉砖,所以耐火砖含铝量不是愈高愈好,而是有一定限度的。

2.1.14 何谓耐火材料的热导率

热导率亦称导热系数,它表示在单位温度梯度下通过材料单位面积的热流速率,用 λ 表示。耐火材料的导热系数是衡量材料在使用过程中所具有的隔热保温能力,在热工设计中,它是热工计算的基础数据。

耐火材料的导热系数取决于材质的化学组成、晶体结构,以及反映耐火材料加工状态的气孔分布状况和气孔率的大小。一般来讲,大部分材料在一定的温度区间内,对一定范围的气孔率来说,随着气孔率的增大,导热系数是降低的,而制品的导热系数是随着体积密度的增大而增大的。

2.1.15 何谓耐火材料的透气度

耐火材料的透气度是指气体在一定压差条件下对于一定面积、一定厚度试样的通过能力。透气度的大小主要由贯通气孔的大小、数量和结构决定。

2.1.16 何谓耐火材料的吸水率

耐火材料的吸水率是指试样所有开口气孔吸收水分达到饱和状态时的质量与其完全干燥状态下（不含游离水）的试样的质量之比。该项指标常用于鉴定原料的煅烧质量。

2.1.17 何谓耐火材料的真密度

真密度是指试样在完全干燥的条件下（不含游离水）的质量与其真体积之比。耐火材料制品的真密度体现了其材质的纯度或晶型转变的程度等,由此可推测在使用中可能产生的变化。

2.1.18 何谓耐火材料的作业性

耐火材料能否方便地施工取决于其作业性,主要包括黏结强度、硬化性等。对于不定性耐火材料,提高常温黏结强度的有水玻璃、硅溶胶、耐火水泥、沥青、各种树脂等;提高高温强度的有多种磷酸盐、硫酸盐、各种微粉等。

随着结合剂的不同,其硬化性能差别很大。耐火水泥作为结合剂时,随着水泥水化过程的进行,不定性耐火材料的强度也会不断提高,适宜的温度和湿度将改善其强度;水玻璃作为结合剂时,由于它属于气硬性结合剂,试体需要在干燥的环境下和适宜的温度下完成硬化过程。使用磷酸盐热硬系列结合剂时,试体需要在一定环境温度下完成硬化过程,随着温度的提高(1100～1200 ℃),强度达到最高值。通常采用两种以上的结合剂来改善耐火材料硬化性能以满足施工要求。

2.1.19 耐火材料的强度

(1) 常温耐压强度

在常温下以规定的加载速度施加负荷,耐火制品在破坏之前单位面积所承受的最大负荷称为常温耐压强度,用 N/mm^2 表示,即 MPa。

(2) 常温抗折强度

在常温下以恒定的加压速度对标准规定尺寸的长方试体在三点弯曲装置上施加应力,试样能够承受的最大负荷称为常温抗折强度,用 N/mm^2 表示,即 MPa。

(3) 高温耐压强度和抗折强度

测试原理与常温相同,只是增加了高温条件。一些耐火浇注料和不烧砖选择测试这项指标,因为这些材料均加入了一定量的结合剂,其常温强度会随着温度的升高而变化,由于结合方式不同,有些高温强度增大或不变化,有些随着温度的升高而降低,因此,对某些耐火材料或制品,必须了解其高温强度,从而确定它们在工作温度下能否满足要求。对于耐火浇注料,通常强度指标采用一些特定值:110 ℃烘干强度;1100 ℃烧后强度;1500 ℃烧后强度。

2.1.20 耐火材料的体积密度

体积密度是指多孔材料的质量(不含游离水)与总体积(包括固相和全部气体所占的体积)的比值,用 g/cm^3 表示。

体积密度(ρ_b)计算公式如下:

$$\rho_b = \frac{m_1}{(m_3 - m_2)} \rho_{mg}$$

式中　m_1——干燥试样的质量(g);

m_2——饱和试样悬浮在液体中的质量(g);

m_3——饱和试样在空气中的质量(g);

ρ_{mg}——试验温度下浸渍液体的密度(g/cm^3);

体积密度直观地反映了致密耐火制品的致密程度,是衡量其质量水平的重要指标。另外,它还是工程上计算材料用量的基本数据。

2.1.21 窑内耐火材料受到哪些侵害

窑既是煅烧器又是燃烧器,拆换耐火砖是常有的事,其原因是耐火衬料受到各种侵害而被蚀薄或蚀没。为延长耐火砖使用寿命,研究耐火砖的受害原因是非常重要的,耐火砖在窑内常受到的侵害作用有以下几点:

(1) 化学侵蚀作用

正常煅烧时,熟料形成温度在 1450 ℃以上,约有 25%液相量出现,液相呈高碱性,黏附在暴露的耐火砖上与其产生化学反应,对耐火砖产生侵蚀破坏作用。

(2) 受高温侵蚀

当煅烧温度过高时,就会造成砖体软化、强度降低、体积不稳定,甚至渐渐被烧熔、蚀没。

（3）急冷、急热的侵蚀

图2.1　急冷、急热侵蚀

由于开/停窑、快/慢窑、料量变化、温度变化等情况,窑内冷热变化也就经常存在。耐火砖的温度变化尤为频繁,因为在煅烧中,耐火砖被物料掩盖时温度下降,暴露在外时就要受高温火焰和炽热气流加热升温,因而图2.1中 A、B 两点温差超过 400 ℃。一般来说,这种温度波动至少每分钟一次,则一年在 50 万次以上。在这种情形下,若砖质不佳,很容易发生火砖爆裂、炸窑头等现象,使用寿命大大缩短。

（4）机械作用的侵害

耐火砖经常受到煤粉燃烧时所产生的震力,尤其当煤粉激烈燃烧发生放炮时,震力更为严重。此外,窑体变形、中心线不正,在旋转时受重力作用,使筒体变成椭圆形,产生压、折、剪等应力作用,导致耐火砖被挤裂破碎或掉落。

（5）物料磨损的侵害

由于物料在窑内不断地滑动和滚动,物料与火砖之间发生摩擦作用,再加上气流中夹杂的灰尘对耐火砖的冲涮,都会严重损害耐火砖,导致其不断变薄。

因此,根据耐火砖在窑内受到的侵害情况,水泥窑用砖应具备下列条件:①耐高温,有高的耐火度;②抗热震性好;③抗渣性好,即抗化学侵蚀性能强;④有较高强度,以抵抗机械作用的侵害;⑤耐磨性能好;⑥外形规则、尺寸准确,便于镶砌;⑦具有易挂窑皮的性能。

2.1.22　耐火砖的挂窑皮性能

所谓窑皮,是指水泥生料在烧成带和过渡带的耐火砖表面,通过黏附和化合而形成一层具有一定强度的物料层。在窑内烧成带,熟料的烧结温度为 1300～1450 ℃,而火焰温度高达 1800～2000 ℃,向四周散发出大量的辐射能。当耐火砖表面出现极少量的液相时(俗称"出汗"),生料就会在高温状态下黏结在耐火砖表面,形成窑皮的初始层。生料中的某些元素,还会在耐火砖表面微观渗透到一定深度,随着窑的转动,耐火砖在这一初始窑皮的基础上一层层地形成较厚的、较为稳定的窑皮。它可以有效抗磨、隔热、阻滞热侵蚀和化学侵蚀。因此耐火砖与水泥生料适当反映了形成窑皮的能力,称为挂窑皮能力。这是针对回转窑烧成带和过渡带耐火材料提出的术语和概念。

影响挂窑皮能力的因素有:

（1）化学成分

白云石砖内均匀分布着大量 f-CaO,极易与熟料中的 C_2S 反应生成 C_3S,所以白云石砖极易挂窑皮,且砖与窑皮黏结紧密、坚固。

镁铬砖初始挂窑皮比较容易,但铬极易与碱金属和硫发生反应,形成挥发性的 K_2CrO_4 和 $K_2(CrS)O_4$,促使熟料的部分元素渗透到镁铬砖的热面层,使其致密和脆化,由于这一过渡层的热胀系数与镁铬砖相差较大,在温度骤变的时候,很容易随窑皮撕裂剥落。

耐火砖中加入少量的氧化锆(2%),与 CaO 反应能生成高熔点的 $CaZrO_3$,提高耐火砖与生料的结合能力,提高窑皮的稳定性。同时,ZrO_2 还能大大提高耐火砖的抗热震性和高温强度。

（2）水泥生料和燃料与耐火材料的化学适应性

在碱环境里,镁铬砖的耐碱性最差;尖晶石砖中的镁铝尖晶石组分也会被碱金属侵蚀,其耐碱性优于镁铬砖,但次于白云石砖。大量的实践经验证明,当熟料中的硫碱比($K_2O+Na_2O-Cl^-$)/SO_3 大于 1 时,烧成带窑衬的寿命以白云石最佳,尖晶石砖次之,镁铬砖最差;当硫碱比小于 1 时,烧成带窑衬寿命以镁铬砖的最长,其次为尖晶石砖,白云石砖的最短。

（3）耐火砖的显微结构。

［摘自:陆秉权,曾志明.新型干法水泥生产线耐火材料砌筑实用手册.北京:中国建材工业出版社,2005.］

2.1.23 耐火材料的配方设计

耐火材料的配方设计实际上是泥料(或称坯料)的配方设计。泥料是成型前各种原材料的均匀混合物,包括各种粒度的原料、添加剂、结合剂等。耐火原料种类繁多,大多数原料需经预先煅烧、破(粉)碎再使用。耐火材料的泥料配方设计主要包括两个部分:

(1) 化学组成与相组成的设计。根据耐火材料品种、性质要求,设计合理的化学组成及相组成。例如在镁铝尖晶石砖的生产,应先根据制品的性能确定其中方镁石、镁铝尖晶石、刚玉及玻璃相的含量,再据此确定配料中 MgO、Al_2O_3、尖晶石及杂质含量,然后选择合适的原材料。原料主要有不同粒度的镁砂、镁铝尖晶石以及少量氧化铝细粉或微粉,而结合剂往往采用纸浆废液,有时候也会引入少量添加剂。

(2) 颗粒组成设计。确定泥料中不同原料的颗粒尺寸及分布,对于耐火材料显微结构中颗粒、气孔尺寸及分布等参数有重要意义。为了获得致密度高的坯体,必须使颗粒间形成合理级配,粗、细颗粒才能紧密堆积。在镁铝尖晶石砖生产中,通常采用粗颗粒(0.5~4 mm)、中颗粒(0.2~0.5 mm)和细颗粒(小于0.2 mm)三种组分颗粒配合。某种典型的镁铝尖晶石砖粗颗粒质量分数约45%,中颗粒质量分数约20%,细颗粒质量分数约35%。

耐火材料的化学组成与相组成设计及颗粒组成设计,对于耐火材料的显微结构及性质有决定性的影响,是耐火材料制造的基础。

2.1.24 耐火材料的制备工艺

耐火材料配料组成设计完成以后即进入泥料制备工序,泥料中各组分应尽可能分布均匀,以满足成型要求。泥料制备分为混合与困料两个基本过程。

(1) 混合

混合的目的是保证不同粒径与不同组成的颗粒以及配料中的其他物料在泥料中分布均匀。其均匀程度对材料的结构与性能有很大影响,某种镁铝尖晶石砖的混合过程见图 2.2。选用合理的混合过程与设备很重要。

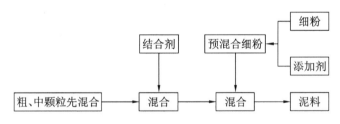

图 2.2 耐火材料混合过程

在某些特殊耐火材料生产中,需要将粉料制成颗粒以改善其流动性或成型性。如炼钢用浸入式水口的生产过程中须将氧化铝粉末、石墨及各种添加剂造粒以便于成型。

(2) 困料

困料,也叫陈腐,是把混合好的泥料在一定湿度与温度条件下存放一段时间。存放时间的长短根据泥料的具体情况而定。困料的作用如下:①让水分、结合剂及其他添加剂通过毛细管的作用在泥料中分布均匀。②让泥料中的某些化学反应充分完成,以减少对后续工序的影响或提高泥料的性能。镁铝尖晶石砖生产中采取困料可以提高泥料的可塑性,便于成型、改善成品率。困料时间一般为几个小时,时间延长则会增加成本。

(3) 成型

成型的主要目的是使泥料获得预设的形状,同时使坯体获得必要的强度与密度。坯体的强度主要来自两个方面:黏结剂的黏结作用与颗粒之间的摩擦。通常坯体的体积密度愈大,气孔率愈小,强度愈大。首先要有合理的颗粒粒径分布以实现最紧密堆积,其次在成型过程中通过颗粒的移动来实现最紧密堆积。

耐火材料的成型方法很多,主要根据耐火材料品种确定,常见的有如下几种:①半干法压制成型,这是应用最广的方法,坯料水分在 4%～9%,用压砖机压制成型。②可塑成型,坯料水分在 15% 左右,泥料塑性很好,可压入模具中成型。③注浆法成型,将粉料与水等制成泥浆,将它们注入石膏模等模型中,失水后脱模即可。④浇注成型,将泥料制成浇注料,将它注入模型中,凝固后取出制成预制块,也可以在现场直接施工。镁铝尖晶石砖生产中通常采用摩擦压砖机、电动螺旋压砖机或液压压砖机。

除上述成型方法外,还有等静压成型、热压成型和熔铸法等较常用的重要成型方法,往往根据产品要求和性能而定。

(4)坯体干燥

坯体干燥的目的在于提高其机械强度和保证烧成初期能够顺利进行,防止烧成初期升温快,水分急速排出所造成的制品干裂。干燥过程中,伴随着水分蒸发常发生一些物理化学变化,如吸附水及结晶水脱除等。干燥方法分为自然干燥和人工干燥两种。对于镁铝尖晶石砖,通常在隧道窑中进行干燥,因不存在结晶水的脱除及砖尺寸较小,故干燥速度可以较快,一般 200 ℃左右干燥 4～8 h 即可。

(5)烧成

烧成是耐火制品生产的最后一道工序,其在极大程度上决定了制品的质量。在烧成的过程中,坯体内发生一系列的物理化学反应,以获得相对稳定的相组成、显微结构,以及足够的强度与体积密度。不同品种的耐火材料在烧成过程中所发生的物理化学变化是不同的。为保证这些物理化学反应的顺利完成,需要一定的烧成制度。烧成制度是由不同品种的耐火材料本身的特性决定的,如何实现所需要的烧成制度则是根据热工原理来决定的。烧成制度包括如下几个部分:①温度制度,包括最高烧成温度、保温时间、升温与冷却制度。②烧成气氛,包括氧化气氛、还原气氛。③压力制度,包括正压操作、负压操作。镁铝尖晶石砖,通常在隧道窑中进行煅烧,最高煅烧温度一般在 1580～1600 ℃之间,保温时间 4～6 h。图 2.3 给出了某隧道窑的温度曲线与压力曲线。在预热带中,温度逐渐升高,砖坯被加热。在烧成带中有几个车位维持最高烧成温度不变以保证足够的保温时间。这几个车位称为保温车位,在图 2.3 中,从 20 号车位到 26 号车位共有七个保温车位。

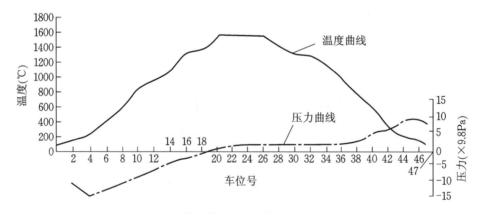

图 2.3 某隧道窑的温度曲线与压力曲线

2.1.25 硅酸铝质耐火材料生产的物理化学基础 ▶▶▶

硅酸铝质耐火材料属于 Al_2O_3-SiO_2 系统内的不同组分比例的耐火材料系列。其主要化学组成是 Al_2O_3 和 SiO_2,还有少量起熔剂作用的杂质成分,如 TiO_2、Fe_2O_3、CaO、MgO、R_2O 等。图 2.4 所示是 Al_2O_3-SiO_2 系统相图。从图中可以看出,随材料中 Al_2O_3/SiO_2 比值的不同,晶相组成发生变化,所得到的耐火材料制品的品种、性能及用途也不同。可根据 Al_2O_3-SiO_2 系统二元相图将 Al_2O_3-SiO_2 耐火材料进行分类,如表 2.3 所列。

Al_2O_3 和 SiO_2 的熔点分别为 2050 ℃ 和 1723 ℃。系统中唯一稳定的二元化合物为莫来石($3Al_2O_3 \cdot 2SiO_2$,缩写为 A_3S_2,也有研究认为是固溶体),熔点为 1850 ℃。莫来石是硅酸铝质耐火材料的一条重要分界线,将 Al_2O_3-SiO_2 系统分割为两个子系统:SiO_2-A_3S_2 和 Al_2O_3-A_3S_2。可以用它们独立地分析有关材料的相平衡关系。当系统中 Al_2O_3 含量低于 15% 时,液相线陡直,当成分略有波动时,完全熔融温度明显改变。因此,从共熔点组成到 Al_2O_3 含量为 15% 范围内的原料,不能作为耐火材料使用。系统中 Al_2O_3 含量大于 15% 至莫来石组成点的这一段范围内,液相线平直,成分的少量波动不会引起完全熔融温度的太大变化,并且随 Al_2O_3 含量增多而提高。子系统 SiO_2-A_3S_2 的固化温度为 1595 ℃,共晶点组成靠近 SiO_2 一边。子系统 Al_2O_3-A_3S_2 的固化温度为 1840 ℃,共晶点靠 Al_2O_3 一侧。

表 2.3 Al_2O_3-SiO_2 耐火材料的分类和主要矿物组成

制品名称	Al_2O_3 含量(%)	主要矿物组成
半硅质	15~30	方石英、莫来石、玻璃相
黏土质	30~45	莫来石、方石英、玻璃相
Ⅲ等高铝砖	45~60	莫来石、玻璃相、方石英
Ⅱ等高铝砖	60~75	莫来石、少量刚玉、玻璃相
Ⅰ等高铝砖	>75	莫来石、刚玉、玻璃相
刚玉质	>95	刚玉、少量玻璃相

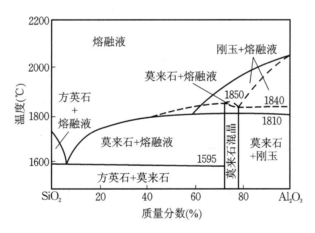

图 2.4 Al_2O_3-SiO_2 二元相图

Al_2O_3-SiO_2 系统中 Al_2O_3 及 SiO_2 的相对含量及杂质的含量决定了耐火材料的相组成,对耐火材料的性质起着决定性的作用。在 Al_2O_3 含量小于 5.5%(SiO_2 含量大于 93%)的范围,熔融温度高,耐火度高;Al_2O_3 含量在 5.5%~15% 范围内液线较陡,成分稍有波动,熔融温度变化很大,Al_2O_3 含量大于 55% 后液相线较平缓,成分稍有变动,熔融温度变化不大;在共晶点到 Al_2O_3 组成范围内,随着 Al_2O_3 含量的增加,材料的耐火度也升高。

2.1.26 硅酸铝纤维毡的主要性能及应用范围是什么

这种材料除具有耐高温、热导率小和热化学稳定性好的特性外,还具有良好的抗热震性,同时还具有密度小、对熔融金属不润湿、高弹性模量、高强度和抗气流冲刷性能。

它在预热器、分解炉、箅冷机等高温部位能为高温耐火材料预留膨胀缝隙,充当很好的填充材料;在窑门、炉门等经常开启的高温部位,它也是最为理想的密封材料。为了适应各种环境的使用要求,它还分为普通型、高纯硅型、高铝型、含铬型四类,各类的具体性能见表 2.4。

表 2.4　硅酸铝耐火纤维毡的主要性能与化学组成

指标 项 目	化学组成(%)					主要性能					长期使用 温度(℃)
	Al_2O_3	Al_2O_3 $+SiO_2$	Fe_2O_3	Na_2O $+K_2O$	Cr_2O_3	密度 (kg/cm³)	≥25 mm 含渣量(%)	加热线收缩率 [μm/(m·K)]	含水率 (%)	热导率 [W/(m·K)]	
普通型	45.0	96.0	0.20	0.5		0.13~ 0.22	≤5.0	≤4.0 (1150 K、6 h)	0.5	0.150 (1000 K)	1000
高纯 硅型	49.0	SiO_2 50.1	0.10	0.33		0.15	≤5.0	≤4.0 (1260 K、6 h)			1100
高铝型	82.8	SiO_2 16.0	0.23	0.30		0.2	≤5.0	≤2.7 (1350 K、6 h)		0.230 (910~290 K)	1200
含铬型	41.0	SiO_2 53.4	0.01	0.25	5.0	0.13	1.0	2.8~3.3 (1400 K、6 h)		0.160 (1200~507 K)	1300

2.1.27　硅酸钙板的主要性能及应用范围是什么

硅酸钙板是目前最好的一种窑炉隔热材料,由于它的热导率小[20 ℃时为 0.06 W/(m·K)],正确使用它可以大幅度降低系统表面的散热量。在熟料煅烧系统中,除了旋转的窑筒体不宜使用硅酸钙板外,在预热器系统及算冷机等相对静止装置的壳体内壁,都可广泛使用,其主要性能见表 2.5。

表 2.5　硅酸钙板的主要性能

牌号	体积密度(kg/m³)	抗折强度(MPa)	热导率[W/(m·K)]	最高使用温度(℃)
1-200	200	≥0.4	≤0.06(20 ℃)	1050
1-230	230	≥0.5	≤0.07(20 ℃)	1050

在砌筑铺置硅酸钙板时,关键是要将这种材料紧贴在炉壁上。由于各种原因,施工中经常碰到将钙板撕碎并随意填充到耐火衬料与炉壁之间的情况,这不仅降低其使用寿命,更降低了它的隔热效果。

对于定形耐火砖而言,施工相对容易些;对于圆弧形炉壁,如果用平面硅酸钙板,很难与炉壁贴紧,为此,应该订购指定弧度的弧形硅酸钙板。

对于不定形的浇注料,由于扒钉的焊接使铺置硅酸钙板成了难题。为此,应该将现在惯用的扒钉形状及施工顺序进行改变。建议在制作“Y”形锚固钉的过程中,由“\”与“イ”的焊接改为“V”与“丨”的焊接。这样做的好处是,先将“丨”焊在壳壁上,硅酸钙板可以作为整块直接穿入“丨”形锚固钉而不用撕碎,彻底改善隔热效果;坏处是,需要在硅酸钙板就位后才能焊接“V”字形锚固钉,不能使锚固钉预先成型,增加了现场施工时间。不过总体用工量不会增加,只要在停窑检修时,合理安排交叉作业就可解决。

[摘自:谢克平.新型干法水泥生产问答千例(操作篇).北京:化学工业出版社,2009.]

2.1.28　高铝质耐火泥有哪些理化指标

国家标准《高铝质耐火泥浆》(GB/T 2994—2008)规定,高铝质耐火泥浆理化指标如表 2.6 所示。

表 2.6 高铝质耐火泥浆理化指标

项 目		理化指标						
		LN-55	LN-65	LN-75	LN-65P	LN-75P	GN-85P	GN-90P
Al$_2$O$_3$ 含量(%)		≥55	≥65	≥75	≥65	≥75	≥85	≥90
耐火度(℃)		≥1760	≥1780	≥1780	≥1780	≥1780	≥1780	≥1800
常温抗折黏结强度(MPa)	110 ℃干燥后	≥1.0	≥1.0	≥1.0	≥2.0	≥2.0	≥2.0	≥2.0
	1400 ℃×3 h 烧后	≥4.0	≥4.0	≥4.0	≥6.0	≥6.0	—	—
	1500 ℃×3 h 烧后	—					6.0	6.0
0.2 MPa 荷重软化温度 T$_1$(℃)		—			≥1400		≥1600	≥1650
加热永久线变化率(%)	1400 ℃×3 h 烧后	−5~+1					—	
	1500 ℃×3 h 烧后	—					−5~+1	
黏结时间(min)		1~3						
粒度(%)	<1.0 mm	100						
	>0.5 mm	≤2						
	<0.075 mm	≥50					≥40	

注:如有特殊要求,黏结时间由供需双方协商确定。

2.1.19 纯铝酸钙水泥耐火混凝土有何技术性能

纯铝酸钙水泥的主要矿物成分为CA$_2$,占总量的60%~70%,是一种耐高温、性能良好的水硬性胶凝材料,其主要用途是配制耐火混凝土,可以广泛用作各种高温炉衬料,特别适用于耐火砖砌筑比较困难的异形结构炉体。纯铝酸钙水泥的理化指标:Al$_2$O$_3$ 含量不小于 75%,SiO$_2$ 含量不大于 0.5%,Fe$_2$O$_3$ 含量不大于 0.5%,R$_2$O 含量不大于 0.5%,耐火度不小于 1750 ℃,7 d 耐压强度为 80~90 MPa。

纯铝酸钙水泥的主要矿物为CA$_2$,熔点1750 ℃,含量为60%~70%,晶粒直径为5~25 nm,另外还有游离的 α-Al$_2$O$_3$ 晶体(熔点 2040 ℃)和 CA(熔点 1605 ℃)、C$_2$AS(熔点 1870 ℃)。水泥细度为0.08 mm筛筛余小于 10%,比表面积 4000 cm^2/g,初凝不早于 30 min,终凝不迟于 18 h,一般早期强度低,后期强度高,耐火度为1750 ℃,当使用不同的耐火集料时可配制使用温度为 1300~1800 ℃的耐火混凝土,见表2.7。

表 2.7 不同使用温度时配制耐火混凝土的集料种类

使用温度	集料种类
1350~1500 ℃	烧矾土、铬铁矿、铬渣矿等
1500~1650 ℃	烧矾土、硅线石、刚玉砂
1700~1800 ℃	刚玉砂、碳化硅、莫来石

纯铝酸钙水泥中,氧化铝含量高、杂质少,烧结温度较高,因此性能较好,纯铝酸钙水泥耐火混凝土烧后线变化较小,在 1000 ℃以下略有收缩,1500 ℃烧后线变化也不超过±0.8%。纯铝酸钙水泥配制的刚玉、氧化铝空心球、一级矾土料耐火混凝土性能见表2.8。

表 2.8 耐火混凝土性能

项目名称		CL	CLQ
耐火度(℃)		>1790	>1790
使用温度(℃)		<1700	<1800
体积密度(110 ℃×3 h,g/cm³)		≥2.9	≤1.6
显气孔率(%)		≤18	≥40
残余线变化(%)		<1200 ℃ 0.1；1600 ℃ 0.5	<1200 ℃ 0.2；1600 ℃×3 h 1
耐压强度(MPa)	3 d	≥30	≥15
	110 ℃×3 h	≥50	≥25
	1600 ℃×3 h	≥80	≥35
热导率[W/(m·K)]		400 ℃时为1.40；800 ℃时为1.45	400 ℃时为0.6；800 ℃时为0.7
荷重软化温度(℃)		0.2 MPa ≥1600	0.1 MPa ≥1600
Al_2O_3 含量(%)		≥96	≥90
SiO_2 含量(%)		≤0.5	≤0.5
Fe_2O_3 含量(%)		≤0.5	≤0.5
R_2O_3 含量(%)		≤0.5	≤0.5
CaO 含量(%)		≤2.0	≤2.0

综上所述,纯铝酸钙耐火混凝土是用水泥为胶结剂,以矾土熟料、烧结氧化铝粉、氧化铝空心球和刚玉料等作为骨料和粉料制成的耐火混凝土,具有耐火度高、荷重软化温度高、耐压强度高和耐磨性能好、烧后线变化小、抗渣性能好、抗还原气氛的能力强等特点,使用温度为 1700～1800 ℃。

2.1.30 如何配制镁质耐火泥

镁质耐火泥用于砌筑镁质砖或镁铬砖。一般镁质耐火泥都是供货厂家按比例配好供应的,施工者加入密度为 1.41～1.44 g/cm³ 的水玻璃(用 40%～50% 的水稀释)调成糊状即可使用。如果用原料自己配制,则用镁砂细料或镁砂细粉(粒径小于 1 mm,比表面积 2000～2500 cm²/g)、铁矿石细料(粒径小于 1 mm)、水玻璃(水玻璃和水按容积比 1.5:1 稀释,温度高的南方,水玻璃和水按容积比 1:1 稀释),三种原料质量比为 1:1:1,混合均匀配成干粉,把约干粉重量 30% 的稀释水玻璃倒入干粉中搅拌,调成适度的稠糊状即可。如泥缝需加宽,可适当增加镁砂粒径;如胶泥凝结慢,可在干粉中均匀拌入约 0.5% 的硅酸盐水泥促凝,但拌料一次不能过多,以免在使用过程中发生凝结。一旦出现凝结,加入适当水玻璃调和拌匀后还可使用。镁质耐火泥按所用砖体积的 8%～10% 备料。镁质耐火泥理化性能指标如表 2.9 所示。

表 2.9 镁质耐火泥理化性能指标

理化指标	牌号及数值	
	MF-82	MF-78
MgO 含量(%)	82	78
SiO_2 含量(%)	5	6
灼烧减量(%)	2	2

2.1.31 黏土质耐火泥有哪些理化指标,应如何配制

国家标准《粘土质耐火泥浆》(GB/T 14982—2008)规定的黏土质耐火泥浆理化性能指标如表 2.10 所示。

表 2.10 黏土质耐火泥浆理化性能指标

项 目		理化性能指标				
		NN-30	NN-38	NN-42	NN-45	NN-45
Al_2O_3 含量(%)		≥30	≥38	≥42	≥45	≥45
耐火度(℃)		≥1620	≥1680	≥1700	≥1720	≥1720
常温抗折黏结 强度(MPa)	110 ℃干燥后	≥1.0	≥1.0	≥1.0	≥1.0	≥2.0
	1200 ℃×3 h 烧后	≥3.0	≥3.0	≥3.0	≥3.0	≥6.0
0.2 MPa 荷重软化温度 $T_{2.0}$(℃)		—				≥1200
加热永久线变化率(%)	1200 ℃×3 h 烧后	−5~+1				
黏结时间(min)		1~3				
粒度(%)	<1.0 mm	100				
	>0.5 mm	≤2				
	<0.075 mm	≥50				

注:如有特殊要求,黏结时间由供需双方协商确定。

本节及后文中《粘土质耐火泥浆》(GB/T 14982—2008)中"粘土"一词为行业俗称,自 1994 版以来一直沿用,根据图书出版规范,文中其余处一律采用"黏土",特此说明。

黏土质耐火泥的配制:黏土质耐火泥中 Al_2O_3 含量大于 40%,用高强度等级水泥或高铝水泥与黏土质耐火土干混均匀,水泥:火泥质量比为 1:2 或 1:3,加水搅拌,调成无块稠糊状即可。只用耐火泥而不掺水泥调和,黏性和强度都不好,经高温后失去黏结作用而成粉状,从砖缝中倒出,造成砖体松动,抽签掉砖次数频繁,会严重影响生产。处理这种情况时只有加铁板或者打掉重砌。

使用水玻璃代替水,效果更佳。水玻璃与水按体积 1:1 稀释,与耐火泥调成糊状即可。不能用不稀释的水玻璃作溶剂代替水,既不经济,且凝结过快,影响施工。如在施工中胶泥发生凝结,可适当加水搅拌后再使用。

耐火泥用量为砖总重的 6%~8%。

2.1.32 如何配制耐火混凝土(水泥砖)

耐火混凝土是以耐火水泥为胶结材料与耐火集料做成的混凝土。根据水泥与集料不同,常见的配料方法有两种:一种是以不掺任何混合材的水泥为胶结材料,以水泥熟料为集料而制成的混凝土,另一种是以低钙铝酸盐水泥为胶结材料,以煅烧矾土或高铝矾土熟料为集料,按一定比例加水拌和、成型、养护、烘干而成的混凝土砖。

2.1.33 怎样配制耐火泥

耐火泥也叫耐火胶泥,是砌砖时筒体与砖、砖与砖之间的黏合剂,使砌砖结合为整体,其成分和耐火度与耐火砖近似,保证砖与胶泥的热胀系数近似,避免由于砖与胶泥热胀系数不同而把砖挤碎或发生松

动现象。所以,胶泥必须具备施工性能好、黏结力强、耐化学侵蚀性能好,耐磨、耐高温,以及易于成型。

（1）黏土砖和高铝砖用胶泥的配制原料为 425 号以上高标号水泥或高铝水泥（耐火水泥）和耐火土,砌筑高铝砖时 Al_2O_3 含量大于 40%,砌筑黏土砖时 Al_2O_3 含量在 20%～40%,两者之比为 1:2 或 1:3,加水搅拌（水与耐火泥之比约为 0.7:1）,调成无块稠糊状即可。如使用水玻璃代替水,效果更佳,在调和前,水玻璃用 1:1 的水稀释,再与水泥、耐火土调制成耐火胶泥。

（2）铁镁胶泥用于砌筑镁质耐火砖,按砖重 5%～6% 备料;砌筑镁砖时按砖重 8%～10% 备料。所用镁砂细料直径小于 1 mm;镁砂细粉通过 4900 孔/cm² 筛筛余为 15%～20%;铁矿石细料直径小于 1 mm;水玻璃相对密度为 1.41～1.44,含水率约 50%。

铁镁耐火胶泥配制方法:水玻璃和水按容积比 1.5:1 稀释配成溶液,密度约为 1.3 g/cm³;铁砂细料、镁砂细粉、铁矿石细粉按质量比 1:1:1 调配,混合均匀配成干粉,把约为干料量 30% 的水玻璃溶液倒入干粉中,调合成黏度适用的砌砖胶泥。如胶泥黏性不足,可适量增加细粉比例;如泥缝需要加宽,可适当增加镁砂粒径;如胶泥凝结太慢,可在干料中均匀拌入约 0.5% 的硅酸盐水泥促凝,但拌料一次不能过多,以免在使用过程中凝结过早而影响砌砖质量。一旦胶泥凝结,适量加入水玻璃溶液搅拌调匀后还可使用,也可将凝结胶泥倒回拌料池与新料搅匀再用。

在南方热天施工时,水玻璃与水的容积可改为 1:1 稀释。在北方冬季低温施工时,应用 80 ℃ 左右的热水稀释溶液,拌料金属槽还可点火加热,甚至把水玻璃和热水分别直接加入干料进行调制,随调随用。所调胶泥层保持 30 min 的可砌时间,4～8 h 后结硬,并具有约 200 kg/cm² 的耐压强度。

（3）磷酸盐耐火胶泥用于砌筑磷酸盐砖或磷酸盐耐磨砖,胶泥的调和要用浓度不小于 85% 的工业磷酸作调合剂。

胶泥配比:高铝粉 100 kg,磷酸 16～18 kg,水 15～24 kg,每 100 kg 水加 1～4 kg 骨胶。

砌筑 1 t 耐火砖约需高铝粉 40 kg,85% 的工业磷酸 5.6kg。

磷酸盐耐火胶泥在使用前,必须提前 2～3 个台班配制。配制时,将料粉按规定倒入耐酸容器内（水缸等）,加入磷酸并不断搅拌,使磷酸与高铝粉中的杂质充分反应,消除臭气、均匀无块即可。在调制胶泥时必须注意下列事项:

① 骨胶与水熬制成胶水后,才可加入高铝粉。

② 胶泥搅拌均匀后,应放置 16～24 h 进行困泥,并有专人负责,每隔 1～2 h 搅拌一次,使其充分反应,并使生成的气体逸出;若困料时间不够,砌筑后砖缝内形成气泡,影响砌砖质量。

③ 环境温度低于 20 ℃ 时,要在周围加火进行间接加热,使泥浆温度达到 40～60 ℃。

④ 注意安全,防止磷酸溅在身上。

（4）隔热砖用耐火胶泥的配合比为（硅藻土或耐火土）:水玻璃与水按容积比 1:1.841 配制,高强耐火土可直接加水调用,适用于各类砖的砌筑。

2.1.34 如何配制磷酸盐耐火泥

磷酸盐耐火泥主要用于磷酸盐砖、磷酸盐耐磨砖、蓝晶石等的砌筑。磷酸盐耐火泥使用的溶剂是浓度为 85% 的工业磷酸,使用前用温水 1:1 稀释成浓度为 42.5% 的稀磷酸,再以 30%～40% 的量加入磷酸盐耐火泥中,调成需要的稠度。

磷酸盐耐火泥的配制必须提前 8～24 h 和泥。将粉料倒入耐酸容器内（水缸或耐酸器具内）,加入稀酸后不断搅拌,使磷酸与耐火泥充分反应（此时会有很多气泡逸出,并有刺鼻的气味）,然后除掉杂质,使其均匀无块,最后成为稀胶状。如果温度过低、搅拌不均,缸内会有很厚的沉淀层,会造成浪费。当环境温度低于 20 ℃ 时,最好在周围加温,使泥浆温度达到 40 ℃ 左右,或者配制耐火泥时使用 65～90 ℃ 热水。使用高强火泥时或火泥中加有黏结剂时,都可随搅随用。

配制耐火泥时,溶剂不能全用 85% 的浓磷酸,否则会造成浪费。若调配成不适宜的糊状,稠时如皮胶,刮不开;稀时似汤水,瓦刀刮不起来,无法抹成一定厚度,最后只得用勺铺浆,造成砖缝小、黏度不够、黏结力差,易造成砌砖在砌筑过程中抽签。

2.1.35 耐火浇注料的主要性能与用途

随着耐火浇注料性能的不断完善和施工技术的提高,其使用量逐年增加。目前已广泛应用于窑系统内各处固定设备的异型部位、顶盖、直墙和下料管等处,预热器系统使用量达50%以上。同时,浇注料施工技术除振捣法外,近年来也出现了自流浇注料及喷射、热补等技术,锚固件(不锈钢、陶瓷等)的质量水平亦有较大提高。表2.11所示为部分浇注料性能与用途。

表 2.11 预分解窑系统用系列浇注料的主要性能与用途

产品名称		普通耐碱耐火浇注料	高强耐碱耐火浇注料	高铝质低水泥耐火浇注料	高铝质高强低水泥耐火浇注料	高铝质高强耐火浇注料
牌号		GT-13N	GT-13NL	G-15	G-16	G-16K
最高使用温度(℃)		1300	1300	1500	1600	1650
110℃烘后体积密度(g/cm³)		2.20～2.40	2.20～2.40	≥2.60	≥2.65	≥2.65
抗压强度(MPa)	110℃烘后	≥40	≥70	≥80	≥100	≥100
	1100℃烧后	≥30	≥70	≥80	≥100	≥100
抗折强度(MPa)	110℃烘后	≥5	≥7	≥8	≥10	≥10
	1100℃烧后	≥4	≥7	≥8	≥10	≥10
加热永久线变化率(%)	1100℃烘后 1500℃烧后	-0.1～-0.5	-0.1～-0.5	-0.1～-0.3	-0.1～-0.3	-0.1～-0.3
施工方式		振动	振动	振动	振动	振动
主要用途		用于水泥窑预热器系统1～3级衬里及其他工业窑炉内衬	用于水泥窑预热器系统4～5级衬里及其他工业窑炉内衬	用于水泥窑前后窑口、窑门罩冷却机前端等耐高温部位及其他工业窑炉内衬	同G-15使用部位,但耐高温强度均优于G-15	前窑口
产品名称		喷煤管专用半自流浇注料	刚玉质高强低水泥型耐火浇注料	刚玉质高强低水泥型耐火浇注料	耐火捣打浇注料	耐火捣打浇注料(无需料)
牌号		G-16P	G-17	G-18	PA-851	PA-852
最高使用温度(℃)		1650	1650	1750	1500	1500
110℃烘后体积密度(g/cm³)		≥2.65	≥3.00	≥3.00	≥2.50	≥2.50
抗压强度(MPa)	110℃烘后	≥80	≥100	≥100	≥50	≥50
	1100℃烧后	≥100	≥100	≥100	≥50	≥50
抗折强度(MPa)	110℃烘后	≥8	≥13	≥13	≥7	≥7
	1100℃烧后	≥10	≥13	≥13	≥7	≥7
加热永久线变化率(%)	1100℃烘后	-0.1～-0.3	-0.1～-0.3	-0.1～-0.3	-0.2～-0.5	-0.2～-0.5
	1500℃烧后		-0.2～-0.6	-0.2～-0.6		
施工方式		振动	振动	振动	捣打、振动	捣打、振动

续表 2.11

产品名称	喷煤管专用半自流浇注料	刚玉质高强低水泥型耐火浇注料	刚玉质高强低水泥型耐火浇注料	耐火捣打浇注料	耐火捣打浇注料(无需料)
主要用途	喷煤管	用于大型水泥窑前窑口、喷煤管等部位及其他工业窑炉内衬	同 G-17 使用部位,但使用温度较高	用于水泥窑窑口,冷却机、喷煤管等及其他工业窑炉内衬的整体施工或修补	用于水泥窑窑口、冷却机、喷煤管等及其他工业窑炉内衬的整体施工或修补

2.1.36 如何配制硅质耐火泥

硅质耐火泥的配制方法是在硅质耐火泥粉中加入 $30\%\sim40\%$ 浓度为 42.5% 的稀磷酸,拌料步骤按磷酸盐耐火泥的配制方法进行。如用水作为溶剂,凝结慢时,可加入 $0.5\%\sim1.0\%$ 的硅酸盐水泥促凝,或者使用高强耐火泥替代硅质耐火泥。

《硅质耐火泥浆》(YB/T 384—2011)规定硅质耐火泥浆的理化性能指标应符合表 2.12 至表 2.15 的规定,化学成分以灼烧后的为基准。

表 2.12 热风炉用硅质耐火泥浆的理化性能指标

项　　目		理化性能指标
		GNR-94
SiO_2 含量(%)		≥94
Fe_2O_3 含量(%)		≤1.0
耐火度(℃)		≥1680
常温抗折黏结强度(MPa)	110 ℃ 干燥后	≥1.0
	1400 ℃×5 h 煅烧后	≥2.0
0.2 MPa 荷重软化温度 $T_{2.0}$(℃)		≥1580
黏结时间(min)		1～2
粒度(%)	<0.1 mm	100
	>0.5 mm	≤1
	<0.075 mm	≥60

注:如有特殊要求,黏结时间由供需双方协议确定。

表 2.13 焦炉用硅质耐火泥浆的理化性能指标

项　　目		理化性能指标	
		GNJ-91	GNJ-94
SiO_2 含量(%)		≥91	≥94
耐火度(℃)		≥1580	≥1660
常温抗折黏结强度(MPa)	110 ℃ 干燥后	≥1.0	≥1.0
	1400 ℃×5 h 煅烧后	≥2.0	≥2.0
0.2 MPa 荷重软化温度 $T_{2.0}$(℃)		≥1420	≥1500

续表 2.13

项　目		理化性能指标	
		GNJ-91	GNJ-94
黏结时间(min)		1～2	1～2
粒度(%)	<0.1 mm	100	100
	>0.5 mm	≤3	≤3
	<0.075 mm	≥50～70	≥50～70

注:如有特殊要求,黏结时间由供需双方协议确定。

表 2.14　玻璃熔窑用硅质耐火泥浆的理化性能指标

项　目		理化性能指标	
		GNB-94	GNJ-96
SiO_2 含量(%)		≥94	≥96
Al_2O_3 含量(%)		≤1.0	≤0.6
Fe_2O_3 含量(%)		≤1.0	≤0.7
耐火度(℃)		≥1700	≥1720
常温抗折黏结强度(MPa)	110 ℃ 干燥后	≥0.8	≥0.8
	1400 ℃×5 h 煅烧后	≥0.5	≥0.5
0.2 MPa 荷重软化温度 $T_{2.0}$(℃)		≥1600	≥1620
黏结时间(min)		2～3	2～3
粒度(%)	<0.1 mm	100	100
	>0.5 mm	≤2	≤2
	<0.075 mm	≥60	≥60

注:如有特殊要求,黏结时间由供需双方协议确定。

表 2.15　硅质隔热耐火泥浆的理化性能指标

项　目		理化性能指标	
		GNG-92	GNG-94
SiO_2 含量(%)		≥92	≥94
耐火度(℃)		≥1640	≥1680
常温抗折黏结强度(MPa)	110 ℃ 干燥后	≥0.5	≥0.5
	1400 ℃×5 h 煅烧后	≥1.5	≥1.5
黏结时间(min)		1～2	1～2
粒度(%)	<0.1 mm	100	100
	>0.5 mm	≤3	≤3
	<0.075 mm	≥50	≥50

注:如有特殊要求,黏结时间由供需双方协议确定。

2.1.37　无定形耐火浇注料的品种和理化性能指标有哪些

无定形耐火浇注料是一种新型耐火材料,且浇注在形状复杂、不易砌砖的部位,如窑系统的锥体、弯头、护板、窑门、箅冷机顶及两侧和熟料下料口、人孔门、管道、预热器、烟道、沉降室、链条带等处。浇注料品种繁多,水泥回转窑常用的有黏土、高铝耐火浇注料、增强型钢纤维耐火浇注料和低水泥浇注料,使用周期一般应在一年左右,甚至更长时间。水泥回转窑用耐火浇注料的品种和理化性能指标如表 2.16 所示。

表 2.16 水泥回转窑用耐火浇注料的品种和理化性能指标

浇注料品种	高强型	钢纤维增强型		低水泥型	普通型		耐碱型
所用集料	刚玉	刚玉	矾土	矾土	矾土	黏土	矾土
化学成分 Al_2O_3 含量(%)	≥93	≥87	≥74	75~78	≥70	≥45	≤40
CaO 含量(%) SiO_2 含量(%)	≤5.5 ≤0.5	≤2	≤12	1.5~2.0 12~15			≤9 ≥55
体积密度(g/cm³) 110 ℃ 1100 ℃	≥2.88 ≥2.70	2.89~2.96 2.80~2.88	2.50~2.62 2.42~2.51	≥2.70 ≥2.70	2.60	2.20	2.0
抗压强度(N/mm²) 110 ℃ 1100 ℃ 1400 ℃	≥80 ≥80 ≥80	70~100 40~60	70~100 40~50	100 110 130	≥40 ≥25 (1000 ℃)	≥40 ≥25 (1000 ℃)	≥40 ≥20 (1000 ℃)
抗折强度(N/mm²) 110 ℃ 1100 ℃ 1400 ℃	≥8 ≥8 ≥8	9~12 6.5~11	9~12 5.5~9	14.3 15.7 15.8			≥5 ≥2.5 (1000 ℃)
热态抗折强度(N/mm²) 110 ℃ 1100 ℃ 1400 ℃	≥9 ≥9 ≥9			16.7 16.0			
1000 ℃热膨胀率(%) 1100 ℃的抗热震性(次)	0.8 ≥15	0.72~0.77	0.60~0.66	>15	0.50	0.40	0.40
重烧线变化(%) 110 ℃ 400 ℃	<1	−0.1~−0.2		−0.40 −0.77	<0.4 (1000 ℃)	<0.5 (1000 ℃)	<0.5 (1000 ℃)

2.1.38 工业窑炉砌筑用耐火泥浆的相关规定

(1) 对泥浆的要求

① 耐火砌体砖缝内泥浆的工作条件与耐火砖的完全相同。因此,二者的主要技术指标——耐火度和化学成分也应相同或相适应。

② 泥浆的种类、等级应根据炉的工作条件按设计选定。

③ 耐火制品一般采用的泥浆种类和成分见表 2.17。

表 2.17　耐火制品一般采用的泥浆种类和成分

耐火制品	泥浆种类和成分	技术条件
黏土质砖	黏土质耐火泥浆	《粘土质耐火泥浆》(GB/T 14982—2008)*
高铝砖	高铝质耐火泥浆	《高铝质耐火泥浆》(GB/T 2994—2008)
硅砖	硅质耐火泥浆	《硅质耐火泥浆》(YB/T 384—2011)
镁砖、镁铝砖或镁铬砖	镁质耐火泥浆	《镁质、镁铝质、镁铬质耐火泥浆》(YB/T 5009—2011)
炭砖	炭素泥浆	《炭素泥浆》(YB/T 121—2014)
黏土质隔热耐火砖	硅酸铝质隔热耐火泥浆	《硅酸铝质隔热耐火泥浆》(YB/T 114—2016)
高铝质隔热耐火砖	硅酸铝质隔热耐火泥浆	《硅酸铝质隔热耐火泥浆》(YB/T 114—2016)
硅藻土隔热制品	硅酸铝质隔热耐火泥浆 硅藻土粉-生黏土泥浆 硅藻土粉-水泥泥浆	体积比:硅藻土:结合黏土=2:1 硅藻土:水泥=5:1
红砖		按设计规定调制
换热器黏土砖格子	气硬性泥浆	泥浆成分: 　黏土熟料粉:90% 　铁矾土(铝含量50%以上):10% 　外加剂: 　水玻璃(密度1.3~1.4):15% 　氟硅酸钠:1.5% 　羧甲基纤维素:0.1% 　糊精:1% 　水:适量

（2）泥浆稠度

耐火砌体砌筑之前,应根据砌体类别通过试验来确定泥浆的稠度和加水量。不同稠度的泥浆适用的砌体类别见表 2.18。近年来,掺有外加剂的成品泥浆已经被广泛使用,基本淘汰了原有的普通耐火泥浆。

表 2.18　泥浆稠度及其适用的砌体类别

名　　称	稠度(mm)	砌体类别
泥浆	320~380	Ⅰ~Ⅱ
	280~320	Ⅲ
	260~280	Ⅳ

（3）泥浆的黏结时间

泥浆的黏结时间根据耐火制品材质、外形尺寸的大小而定,宜为 1~1.5 min。

（4）泥浆稠度和黏结时间的测定

泥浆稠度的测定,应按现行的行业标准规定的方法进行。

泥浆的黏结时间测定,应按现行的行业标准规定的方法进行。

（5）成品泥浆的最大粒径

由于施工单位一般缺乏必要的混料、筛分及检测设备,配料不准确且混合不均匀,一般应采用成品泥浆,而不宜在现场配制泥浆。泥浆的最大粒径不应大于规定砖缝厚度的 30%。

（6）泥浆的调制

调制泥浆时，各种成分必须计量准确、搅拌均匀，在调制好的泥浆内严禁任意加水或结合剂，否则将改变泥浆的规定稠度或配合比，影响其砌筑性能并降低其抗高温性能。

在沿海地区调制掺有外加剂的泥浆时，搅拌水应经过化验，其氯离子的浓度不应该大于 300 mg/L。因为氯离子浓度越高，泥浆的黏结时间越短，凝固硬化越快，对砌筑作业是不利的；而且泥浆的剪切强度和抗折强度会因水中氯离子浓度的增高而降低。

（7）不应过早调制的泥浆

由于水泥耐火泥浆为水硬性泥浆，水玻璃耐火泥浆为气硬性泥浆，卤水镁砂耐火泥浆中卤水与镁砂为化学结合。这三种泥浆搁置一段时间便会硬化，不应过早调制，而且要赶在初凝前用完，如果泥浆出现初凝，砌筑时就丧失了强度，故不得再使用。

（8）磷酸盐泥浆的调制

近年来，施工现场采用的磷酸盐泥浆已很少采用磷酸和高铝熟料粉在现场配制，基本上使用工厂生产的成品泥浆。成品泥浆附有产品使用说明书，对困料时间、加水量等参数做了规定，故不得再任意加水稀释。

（9）搅拌机和泥浆槽

由于大型筑炉工程的泥浆品种较多，配制或使用不同牌号的泥浆时，不得混用搅拌机或泥浆槽等机具和容器，以免影响泥浆的砌筑性能，导致泥浆抗高温性能降低。

2.2　水泥行业常用耐火材料

2.2.1　耐火材料的分类

耐火材料的分类方法有很多，按不同的标准有不同的分类方法。

（1）按化学属性分类

① 酸性耐火材料。通常是指以二氧化硅为主要成分的耐火材料。

② 碱性耐火材料。通常是指以氧化镁、氧化钙或两者共同作为其主要成分的耐火材料。

③ 中性耐火材料。主要是指以刚玉、氧化铬、碳化硅和碳等为主要成分的耐火材料。

（2）按矿物组成分类

① 硅质耐火材料。以二氧化硅为主要成分的耐火材料，通常二氧化硅的含量不小于 93%。

② 铝硅酸盐耐火材料。简称为铝硅系耐火材料，是指以氧化铝与二氧化硅为主要成分的耐火材料。按氧化铝含量的不同可分为黏土质耐火材料（30%氧化铝含量不大于 45%）、高铝质耐火材料（氧化铝含量大于 45%）等。此外，还常根据铝硅系耐火材料的相组成来分类，例如，刚玉-莫来石制品、莫来石制品、硅线石制品、莫来石-石英制品等。

③ 镁质耐火材料。通常是指氧化镁含量不小于 80%的耐火材料。

④ 镁尖晶石质耐火材料。主要是由镁砂和尖晶石组成的耐火材料。

⑤ 镁铬质耐火材料。由镁砂和铬铁矿制成的且以镁砂为主要组分的耐火材料。

⑥ 镁白云石质耐火材料。由镁砂与白云石熟料制成且以镁砂为主要组分的耐火材料。

⑦ 白云石耐火材料。以白云石熟料为主要原料制得的耐火材料。

⑧ 碳复合耐火材料。也称含碳耐火材料，是由氧化物、非氧化物及石墨等碳素材料构成的复合材料，如氧化物为氧化镁的镁碳耐火材料，氧化物为氧化铝的铝碳耐火材料，以及由氧化铝、碳化硅与石墨构成的铝-碳化硅-碳耐火材料。

（3）按耐火材料供给形态来分类。

按供给形态，可将耐火材料分为定形耐火材料与不定形耐火材料。

① 定形耐火材料。通常指具有固定形状的耐火材料，分为致密定形制品与保温定形制品两类。按形状的复杂程度，又可将定形耐火制品分为标形砖与异形砖等。

② 不定形耐火材料。是由骨料（颗粒）、细粉与结合剂及添加物组成的混合料，以散料为交货状态直接使用，或者加入一种或多种不影响耐火材料使用性能的合适液体后使用，主要有浇注料、可塑料、捣打料、干式料、喷射料、泥浆等。一些不定形耐火材料也可以制成预制件使用。

除此以外，还有按结合形式、烧成与否等分类的。

2.2.2　新型干法水泥窑用耐火材料

20 世纪 70 年代初，大型预分解水泥窑问世之初，并未在实际生产中表现出明显的技术优越性，主要原因是运转率低。除了设备故障等因素外，窑各部位耐火材料不能满足运转要求，经过长期发展逐步形成了预分解窑用耐火材料配套方案。窑型不同，热负荷不同，耐火材料配置也不同。大型预分解窑窑型较大、热负荷高，耐火材料的配置原则上应以中高档耐火材料为主，尤其是烧成带应该选用方镁石-尖晶石砖、方镁石-铁铝尖晶石砖以及优质镁铬砖等碱性砖（由于环保原因，镁铬砖正在逐步退出市场）。我国水泥窑用耐火材料研发、生产、设计经过长期不懈的努力已经进入世界先进水平行列，可以满足绝大多数窑型的需要，但在产品稳定性和新产品开发方面仍有一定差距。大中型预分解窑典型耐火材料配置见表 2.19。

表 2.19　预分解窑耐火材料配置

部位		工作层材料	隔热层材料
燃烧器		刚玉质耐火浇注料	—
预热器及连接管道		普通耐碱砖、耐碱浇注料	硅酸钙板、硅藻土砖、轻质浇注料
分解炉		抗剥落高铝砖、耐碱砖、耐碱浇注料	
三次风管		高强耐碱砖、耐碱浇注料	
冷却机		高铝砖、抗剥落高铝砖、碳化硅复合砖、高铝质浇注料	
窑门罩		抗剥落高铝砖、高强浇注料	
回转窑	前后窑口	刚玉质耐火浇注料、碱性砖、碳化硅复合砖	—
	上、下侧过渡带	碱性砖、抗剥落高铝砖、碳化硅复合砖	—
	烧成带	碱性砖	—
	分解带	碱性砖、抗剥落高铝砖	—
	预热带	抗剥落高铝砖、耐碱隔热砖、黏土砖	—

某水泥厂 2500 t/d 预分解窑生产线采用的 ϕ4 m×60 m 回转窑自一次性点火投料成功以来，窑内烧成带耐火砖连续使用寿命分别为 338 d 和 343 d，取得了良好的经济效益，现将其配置情况作如下介绍，以供参考。从窑头至窑尾 0～60 m 耐火材料的配置见表 2.20。

表 2.20　ϕ4 m×60 m 预分解窑耐火材料配置情况

长度(m)	0～1.2	1.2～20	20～35	35～59.2	59.2～60
材料	窑口专用浇注料	直接结合镁铬砖	硅莫耐磨砖	抗剥落高铝砖	高铝低水泥浇注料

2.2.3　回转窑耐火砖的种类与选用

耐火砖品质与耐火特性选用是否恰当,砌砖时质量的好坏都会影响到耐火砖的寿命。耐火砖的寿命又会直接影响到回转窑维护的成本及产量。在选择回转窑耐火砖时,一般都是根据各带的温度、热负荷不同进行选择,要注意窑砖与窑筒体的热胀系数应比较接近。窑砖的厚度越大,则窑壳隔热保温的效果也就越好,但窑内有效截面面积也就减小,会使窑的产量减小。窑砖越薄,其有效容积越大,但窑壳的散热量也越大,高温对设备的损伤以及能源的耗费都比较大。

目前在国际上使用最多的是两种系列的砖,即 ISO 系统(国际标准)与 VDZ 系统(德国标准),其实两者的材料都是一样,只是规格尺寸不一样。ISO 系统的砖较大、较厚,砖缝较少,但不方便搬运、操作。VDZ 系统的砖比较小、较薄,利于操作,容易挤紧,但强度较小、砖缝较多。使用 ISO 系统时,尽可能统一规格,砖的高度 220 mm、宽度 200 mm,这样可以减少备品量,节省投资。

耐火砖按其材质的不同可分为以下几个种类。

(1) 黏土砖(保温砖)

在预热煅烧带的区域中使用,耐火度在 SK35 以下。

(2) 高铝砖

其主要成分是 Al_2O_3,含量越高,耐火砖的耐火度就越高,抗剥落性、导热性、机械强度、抗化学侵蚀性都比较好。但是高铝砖具有很大的可逆性膨胀,并且抗渣性比盐基性耐火砖的要差,一般使用在煅烧带(过渡带),常用的耐火度为 SK37,在冷却带多用 SK37 或者 SK36。

(3) 盐基性耐火砖

盐基性耐火砖在高温下对灰分及熔渣具有很高的抗化学性能,具有良好的挂窑皮性能,并且窑皮附着得比较牢固。因为砖与窑皮相熔为一体,如果窑皮掉落时,部分窑砖也会随窑皮掉落,抗剥落性较高铝砖要差。它主要有两种材料的砖。

① 白云石砖。白云石砖的主要成分是方镁石(MgO),其成分与生料的成分比较接近,所以这种砖的挂窑皮性能比较好,也不会与生料发生反应。它具有高耐火性及容积安定性,但是当窑皮掉落时,窑砖也可能会有一部分与窑皮一起掉落。窑砖在使用时要注意防灰化作用,在储存时要特别注意防水。

② 镁铬砖。镁铬砖的主要成分是铬矿。它具有良好的抗剥落性及机械强度,一般使用在旋转窑的烧成带。在烧成带中,它要受热应力、机械应力、化学侵蚀三个条件的破坏。过去一般都是使用铬镁砖,它具有耐火度高、抗碱性化学侵蚀性好等优点,但是镁铬砖成分中铬的含量比较高,当耐火砖废弃以后,铬金属会与水一起进入环境中造成污染。目前,铬镁砖的用量正逐步减少,现已用尖晶石砖进行代替。

2.2.4　高铝质耐火材料

高铝质耐火材料是以高铝矾土熟料为主要原料,以黏土等为主要结合剂,Al_2O_3 含量不低于 45% 的一类耐火材料。高铝质耐火砖可以按使用要求来划分,也可以根据矿物组成划分,有莫来石质、莫来石-刚玉质及刚玉-莫来石质等品种。此外,还有按性质及使用分类的。

高铝砖生产所需的矾土熟料通常由高铝矾土原料煅烧得到。高铝矾土原料又称铝土矿、矾土、铝矾土。我国铝矾土主要分布在山西(阳泉、孝义、太原),河北(唐山、古冶),河南(巩义、新密)以及贵州等地。

高铝砖的生产工艺流程与黏土砖的相似,所不同的是高铝砖在烧成过程中可能会出现二次莫来石化反应,实际生产中需加以控制,减轻其对生产的影响。其烧成温度取决于矾土原料的烧结性。用特级及Ⅰ级矾土熟料(体积密度不小于 2.80 g/cm³)时,原料的组织结构均匀,杂质 Fe_2O_3、TiO_2 含量偏高,坯体易烧结,但烧成温度范围较窄,易过烧或欠烧。采用Ⅱ级矾土熟料(体积密度不小于 2.55 g/cm³)时,由于二次莫来石化造成的热膨胀和松散效应,坯体不易烧结,烧成温度略高。采用Ⅲ级矾土熟料(体积密度不小于

$2.45 g/cm^3$)时,组织结构致密,Al_2O_3 含量低,烧成温度较低。

由于高铝质耐火材料中的 Al_2O_3 含量超过高岭石的理论组成,所以其使用性质较黏土质耐火材料优异,如较高的荷重软化温度和高温结构强度,以及优良的抗渣性能等。Al_2O_3 含量低于莫来石理论组成时,制品中平衡相为莫来石-玻璃相。莫来石含量随 Al_2O_3 含量的增加而增加,荷重软化温度也相应提高。高铝质耐火材料的抗渣性也随 Al_2O_3 含量的增加而提高。降低杂质含量,有利于提高耐火材料的抗侵蚀性。

高铝质耐火制品的抗热震性比黏土质耐火制品的差。这主要是由于刚玉的热胀性较莫来石的高,而无晶型转化。在生产上,通常采取调整泥料颗粒组成的办法,以改善制品的颗粒结构特性,从而改善其抗热震性。比如加入一定数量的合成堇青石($2MgO \cdot 2Al_2O_3 \cdot 5SiO_2$),可以获得高抗热震性的高铝质制品,效果明显。

高铝制品与黏土制品相比,具有良好的使用性能,因此使用寿命也更长,在高温工业中应用广泛,也是建材工业应用较广泛的耐火材料之一,水泥窑、玻璃熔窑的某些部位,以及高温隧道窑可以采用高铝砖作为窑衬。有时为了满足某些特殊条件的需要,常需添加某些添加剂或改变其配料组成,以制成具有某些特殊性质的高铝砖,如微膨胀高铝砖、抗蠕变高铝砖、耐磨高铝砖等。

2.2.5 刚玉质耐火制品

刚玉是指以 $\alpha\text{-}Al_2O_3$ 晶体形态存在的化合物,理论组成为完全纯净的 Al_2O_3,晶体为三方晶系。以刚玉为主要原料制成的耐火制品,其 Al_2O_3 含量不低于 90%。刚玉质耐火材料耐火度高,高温强度好,耐磨性好,抗化学腐蚀能力强,但热胀系数较高,导热系数也高,根据杂质含量分为白色刚玉(几乎含 100%的 Al_2O_3)和棕色刚玉。

2.2.6 何为抗剥落高铝砖

是指以特级高铝矾土熟料和含氧化锆的合成料为原料,按一定配合比经高压成型制得的烧成制品。产品具有耐高温冲击性能好,热态强度高,抗剥落能力强,抗碱及抗硫、氯侵蚀能力强等特点,大量用于大型干法水泥窑的过渡带及分解带。

2.2.7 高铝质耐火材料的性能及特点

Al_2O_3 含量大于 48%的硅酸铝质耐火材料统称为高铝质耐火材料,按 Al_2O_3 含量可划分为三个等级:Ⅰ 等(Al_2O_3 大于 75%),Ⅱ 等($Al_2O_3 = 60\% \sim 75\%$);Ⅲ 等($Al_2O_3 = 48\% \sim 60\%$)。根据矿物组成可分为低莫来石质(包括硅线石质)及莫来石质($Al_2O_3 48\% \sim 71.8\%$),莫来石-刚玉质及刚玉-莫来石质($Al_2O_3 71.8\% \sim 95\%$),刚玉质($Al_2O_3 95\% \sim 100\%$)。

随着制品中 Al_2O_3 含量的增加,莫来石和刚玉成分的含量也在增加,玻璃相相应减少,制品的耐火性随之提高。从图 2.5 可知,当制品中 Al_2O_3 含量小于 71.8%时,制品中唯一的高温稳定晶相是莫来石,且随 Al_2O_3 含量增加而增多。对于 Al_2O_3 含量在 71.8%以上的高铝制品,高温稳定晶相是莫来石和刚玉,随着 Al_2O_3

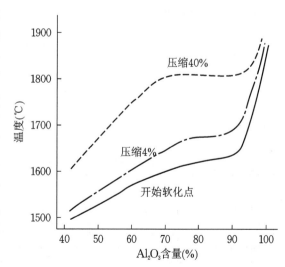

图 2.5 高铝制品的荷重软化温度与 Al_2O_3 含量的关系

含量增加,刚玉增多,莫来石减少,相应地可提高制品的高温性能。

高铝质耐火材料的荷重软化温度是一项重要性质。试验结果表明,它随制品中 Al_2O_3 含量的变化而变化,如图 2.5 所示。

高铝质耐火材料的抗渣性也随 Al_2O_3 含量的增加而提高。降低杂质含量,有利于提高耐火材料的抗侵蚀性。

2.2.8 高铝砖耐火材料有哪些理化性能指标

高铝砖耐火材料的生产,与黏土砖的生产工艺类似,不同点是配料所掺的高铝熟料较多,耐火度高于黏土砖,抗酸碱侵蚀性能较好,适用于水泥回转窑烧成带等处。国家标准《高铝砖》(GB/T 2988—2012)规定其理化性能指标如表 2.21 至表 2.23 所示。

表 2.21 普通高铝砖的理化性能

项 目		理化性能指标								
		LZ-80	LZ-75	LZ-70	LZ-65	LZ-55	LZ-48	LZ-75G	LZ-65G	LZ-55G
Al_2O_3 含量(%)	μ_0	≥80	≥75	≥70	≥65	≥55	≥48	≥75	≥65	≥55
	σ	1.5								
显气孔率(%)	μ_0	≤21(23)	≤24(26)	≤24(26)	≤24(26)	≤22(24)	≤22(24)	≤19	≤19	≤19
	σ	1.5								
高温耐压强度*(MPa)	μ_0	≥70(60)	≥60(50)	≥55(45)	≥50(40)	≥45(40)	≥40(35)	≥55	≥50	≥40
	X_{min}	60(50)	50(40)	45(35)	40(30)	35(30)	30(35)	55	50	40
	σ	15								
0.2 MPa 荷重软化温度(℃)	μ_0	≥1530	≥1520	≥1510	≥1500	≥1450	≥1420	≥1520	≥1500	≥1470
	σ	13								
加热永久线变化(%)	X_{min}	1500 ℃×2 h		1450 ℃×2 h				1500 ℃×2 h	1450 ℃×2 h	
	X_{max}	−0.4～0.2		−0.4～0.1				−0.2～0.1	−0.2～0	

注:1.括号内数值为格子砖和超特异型砖的指标。

　　2.抗热震性可根据用户需求进行检测。

　* 耐压强度所测单值均应大于 X_{min} 规定值。

表 2.22 低蠕变高铝砖的理化性能

项 目		理化性能指标						
		DRL-155	DRL-150	DRL-145	DRL-140	DRL-135	DRL-130	DRL-127
Al_2O_3 含量(%)	μ_0	≥75	≥75	≥65	≥65	≥65	≥60	≥50
	σ	1.5						
显气孔率(%)	μ_0	≥20	≥21	≥21(23)	≥22(24)	≥22(24)	≥22(24)	≥23(25)
	σ	1.5						
体积密度[a](g/cm³)		2.60～2.85	2.60～2.85	2.50～2.70	2.40～2.60	2.35～2.55	2.30～2.50	2.30～2.50
高温耐压强度[b](MPa)	μ_0	≥60	≥60	≥60(50)	≥55(45)	≥55(45)	≥55(45)	≥50(40)
	X_{min}	50	50	50(40)	45(35)	45(35)	45(35)	40(30)
	σ	15						

项 目		理化性能指标						
		DRL-155	DRL-150	DRL-145	DRL-140	DRL-135	DRL-130	DRL-127
0.2 MPa 蠕变率(%) 50 h	μ_0	1550 ℃ ≤0.8	1500 ℃ ≤0.8	1450 ℃ ≤0.8	1400 ℃ ≤0.8	1350 ℃ ≤0.8	1300 ℃ ≤0.8	1270 ℃ ≤0.8
	σ	0.1						
加热永久线变化 (%)	X_{min} X_{max}	1500 ℃×2 h −0.2~0.2			1450 ℃×2 h −0.2~0.2		1450 ℃×2 h −0.3~0.2	

注:1.括号内为格子砖的指标。

2.抗热震性可根据用户需求进行检测。

[a] 体积密度为设计用砖量的参考指标。

[b] 高温耐压强度所测单值均应大于 X_{min} 规定值。

表 2.23　砖的尺寸允许偏差及外观　　　　　　　　　　　　　单位:mm

项 目				理化性能指标			
			高炉用高铝砖		其他砖	格子砖	
尺寸允许偏差	长度	炉底砖	±2	尺寸≤150	±2	长度(宽度)	+1 −3
		其他砖	±1.5%	尺寸 151~345	3		
	宽度		±2			高度(厚度)	±3
	厚度		±2	尺寸>345	±4	同一面上相邻孔的间距	±1
扭曲	炉底砖		≤1.0	长度≤345	≤1.0	—	
	其他砖		≤1.0	长度>345	≤1.5		
缺角长度($a+b+c$)			≤40				
缺棱长度($e+f+g$)			≤60			≤40	
熔洞直径	工作面		≤6				
	非工作面		≤8				
裂纹长度	宽度不大于 0.1		不限制				
	宽度为 0.1~0.25		不限制(70)[a]				
	宽度为 0.26~0.5		≤15		≤40	≤30	
	宽度大于 0.5		不允许有				
厚度相对边差			≤1				

注:1.根据用户需求可对砖的一个主要尺寸进行分档,格子砖按高度(厚度)尺寸进行分档。

2.格子砖长度(宽度)不小于 250 mm 及高度(厚度)不小于 150 mm 时,尺寸允许偏差由供需双方协商。

对于格子砖,只要 10 块砖上、下相叠加可成为坚固柱子时,即使有凸起、挠曲、斜率等,均为允许。

3.缺角、缺棱长度,同一块砖工作面上出现 2 处及以上缺陷时,单处缺陷按表中指标的 0.7 倍计算。

[a] 括号内裂纹的判定仅限于焦炉炭化室炉头及燃烧室炉头用高铝砖。

2.2.9　磷酸盐结合高铝质窑衬砖的组成及特性　

磷酸盐结合高铝质窑衬砖包括两种产品,一种是磷酸盐结合高铝质砖(简称磷酸盐砖);另一种是磷酸铝结合高铝质耐磨砖(简称耐磨砖)。

磷酸盐砖是以浓度 42.5%～50%的磷酸溶液作为结合剂,集料是采用经回转窑 1600 ℃以上煅烧的矾土熟料。在砖的使用过程中,磷酸成分均会与砖面烧矾土细粉和耐火黏土相互反应,最终形成以方石英型正磷酸铝为主的结合剂。

耐磨砖是以工业磷酸、工业氢氧化铝配制成磷酸铝溶液作为结合剂,其物质的量之比为 $m(Al_2O_3)$：$n(P_2O_5)=1:3.2$,采用的集料与磷酸盐砖相同。在砖的使用过程中,同磷酸盐砖一样形成以方石英型正磷酸铝为主的结合剂。

两种砖虽然都是使用相同的集料机压制成型,经 500 ℃左右热处理所得的化学结合耐火制品,使用中最终形成的结合剂也是一样的。但是,由于其制作工艺不尽相同而显示了各具特色的性能。例如,磷酸盐砖在集料的颗粒组成中,采用了大量的粒径为 5～10 mm 的烧矾土,砖显气孔率较大,经同样温度处理后,砖的弹性模量较耐磨砖低得多,抗热震性良好。而耐磨砖采用矾土集料粒径小于 5 mm 的颗粒,并直接采用磷酸铝溶液作为成型结合剂,压制得也较密实,所以显示出更高的强度和耐磨性能,但抗热震性则较差。因此,磷酸盐砖适用于在回转窑的过渡带、窑口及其他易掉砖的部位使用。目前,除少数小型窑仍在使用外,大中型预分解窑没有采用。

2.2.10　镁铝尖晶石砖的组成及特性

镁铝尖晶石砖是为了改善镁砖的抗热震性,在配料中加入氧化铝而生成的以镁铝尖晶石(MgO·Al_2O_3)为主要矿物的镁质砖。

20 世纪 70 年代末期,随着新型干法水泥生产水平的发展,在生产直接结合镁铬砖之后,又向高级镁铝尖晶石砖的方向发展。90 年代中期以后,逐步限制了直接结合镁铬砖产品的使用,赋予了铝尖晶石砖新的发展动力。在成功研发第二代尖晶石镁砖后,又研发出第三代产品。其技术特点是采用大的一次晶格尺寸氧化镁,降低了氧化铁含量;采用新技术制造高弹性砖;采用尖晶石封闭结构,阻止熟料中氧化钙等成分进入砖内等。由于采取以上技术措施,增强了镁铝尖晶石砖的抗化学侵蚀性,提高了耐火度和弹性模量,使之可适用于窑内过渡带、烧成带和碱性物料带。

《水泥窑用镁铝尖晶石砖》(JC/T 2036—2010)标准对水泥窑用镁铝尖晶石砖的技术要求如下:

(1) 产品的尺寸允许偏差与外观应符合表 2.24 的规定。

表 2.24　产品的尺寸允许偏差及外观质量　　　　　　　　　　　　　　　　单位:mm

项　　目		理化性能指标
长、高尺寸允许偏差		±2.0
楔形砖大小头尺寸	允许偏差	±1.5
	楔度差	±1.0
扭曲		≤0.5%
缺角		≤20 允许;20<$a+b+c$<50 允许两处;≥50 不允许
缺棱		≤30 允许;30<$e+f+g$<60 允许三处;≥60 不允许
裂纹长度	宽度小于 0.1	允许
	宽度为 0.1～0.25	≤40
	宽度大于 0.25	不允许

注:特殊要求产品的尺寸允许偏差及外观质量可由供需双方协商。

（2）产品的理化性能指标应符合表 2.25 的规定。

表 2.25　产品的理化性能

项　目		理化性能指标		
		MLJ-80	MLJ-85	MLJ-90
化学成分	MgO 含量（%）	80±2.5	85±2.5	90±2.5
	Al_2O_3 含量（%）	≥11	≥9	≥5
	SiO_2 含量（%）	≤1.5		
物理性能	体积密度（g/cm³）	≥2.85		
	显气孔率（%）	≤19		
	耐压强度（MPa）	≥40	≥45	≥50
	荷重软化温度 $T_{0.6}$（℃）	≥1650		
	抗热震性（次）　950 ℃风冷	≥100		
	1100 ℃水冷	≥10	≥8	≥6
	热膨胀率（%）*	提供实测数据		

注：特殊要求产品的技术要求可由供需双方协商。

＊产品热膨胀率的温度可由供需双方协商。

2.2.11　黏土、高铝质隔热保温轻质砖的理化性能指标有哪些

黏土、高铝质隔热保温轻质砖常用于水泥回转窑需隔热保温的地方，如窑门罩、算式冷却机喉部、立筒顶部、预热器拱顶和不受高温熔融物料和腐蚀性气体所损害的回转窑内衬（分解带砌双层砖时用在靠窑体的一层）。国家标准《高铝质隔热耐火砖》（GB/T 3995—2014）中，高铝质隔热耐火砖的理化性能指标如表 2.26 至表 2.28 所示。

表 2.26　低铁高铝质隔热耐火砖的理化性能

项　目		理化性能指标					
		DLG170-1.3L	DLG160-1.0L	DLG150-0.8L	DLG140-0.7L	DLG135-0.6L	DLG125-0.5L
Al_2O_3 含量（%）	μ_0	≥72	≥60	≥55	≥50	≥50	≥48
	σ	1.0					
Fe_2O_3 含量（%）	μ_0	≥1.0					
	σ	1.0					
体积密度（g/cm³）	μ_0	≤1.3	≤1.0	≤0.8	≤0.7	≤0.6	≤0.5
	σ	0.05					
常温耐压强度（MPa）	μ_0	≥5.0	≥3.0	≥2.5	≥2.0	≥1.5	≥1.2
	σ	1.0		0.5		0.2	
	X_{min}	4.5	2.5	2.0	1.5	1.2	1.0
加热永久线变化（%）（T/℃×12 h）	试验温度 T（℃）	1700	1600	1500	1400	1350	1250
	$X_{min} \sim X_{max}$	-1.0~0.5				-2.0~1.0	

续表 2.26

项 目	理化性能指标					
	DLG170-1.3L	DLG160-1.0L	DLG150-0.8L	DLG140-0.7L	DLG135-0.6L	DLG125-0.5L
导热系数[W/(m·K)] ≤平均温度 350 ℃±25 ℃	0.60	0.50	0.35	0.30	0.25	0.20

表 2.27　普通高铝质隔热耐火砖的理化性能

项 目		理化性能指标					
		LGI140-1.2L	LGI140-1.0L	LGI140-0.8L	LGI135-0.7L	LGI135-0.6L	LGI125-0.5L
Al_2O_3 含量(%)	μ_0	≥48					
	σ	1.0					
Fe_2O_3 含量(%)	μ_0	≥2.0					
	σ	0.3					
体积密度 (g/cm³)	μ_0	≤1.2	≤1.0	≤0.8	≤0.7	≤0.6	≤0.5
	σ	0.05					
常温耐压强度 (MPa)	μ_0	≥4.5	≥3.5	≥2.5	≥2.2	≥1.6	≥1.2
	σ	1.0		0.5		0.2	
	X_{min}	4.0	3.0	2.2	2.0	1.5	1.0
加热永久 线变化(%) (T/℃×12 h)	试验温度 T(℃)	1400			1300		1250
	X_{min}～ X_{max}	−2～1.0					
导热系数[W/(m·K)] ≤平均温度 350 ℃±25 ℃		0.55	0.50	0.35	0.30	0.25	0.20

表 2.28　砖的尺寸允许偏差及外观　　　　　　　　　单位:mm

项 目		理化性能指标	
		LG	DLG
尺寸允许偏差	尺寸不大于 100	±1.5	±1.0
	尺寸为 101～250	±2	±1.0
	尺寸为 251～400	±3	1.5
扭曲	长度为 101～250	1	0.8
	长度为 251～400	1.5	1.0
缺棱长度($a+b+c$)		≤60	≤35
缺角长度($e+f+g$)		≤60	≤55
熔洞直径		≤5.0	≤5.0

续表 2.28

项　　目		理化性能指标	
		LG	DLG
裂纹长度	宽度≤0.25	不限制	不限制
	宽度为 0.26～1.0	≤30	≤30
	宽度>1.0	不允许	不允许
相对边差	厚度	≤1.0	≤1.0

注：1.根据用户需求可对砖的一个主要尺寸进行分档。

　　2.低铁高铝质隔热耐火砖应磨制加工,普通高铝质隔热耐火砖可由供需双方约定磨制。

2.2.12　镁砖的组成及其特性

镁砖是氧化镁含量不少于 91%、氧化钙含量不大于 3.0%,以方镁石(MgO)为主要矿物的碱性耐火制品。

镁砖的物相组成为方镁石 80%～90%,铁酸镁(MgO·Fe$_2$O$_3$)、镁橄榄石(2MgO·SiO$_2$)和钙镁橄榄石(CaO·MgO·SiO$_2$)共 8%～20%,含镁、钙、铁等硅酸盐玻璃体为 3%～5%。这些硅酸盐可能有硅酸三钙(3CaO·SiO$_2$)、镁蔷薇辉石(3CaO·MgO·2SiO$_2$)、钙镁橄榄石、镁橄榄石、硅酸二钙(2CaO·SiO$_2$)等。

镁砖的特性,可从砖体由含钙、镁、铁的硅酸盐作为方镁石晶体的胶结来考虑,其热导率好;热膨胀率大;抵抗碱性熔渣性能好、抵抗酸性熔渣性能差;荷重变形温度因方镁石晶粒四周为低熔点硅酸盐胶结物,表现为开始温度不高,而坍塌温度与开始温度相差不大;耐火度高于 2000 ℃,但对实际使用没有意义;抗热震性差,是一般使用中易被损坏的主要原因。在储存运输方面,应特别注意防潮,以免受潮后容易破裂。

2.2.13　普通镁铬砖组成及特性

镁铬砖含 MgO 55%～80%,w(Cr$_2$O$_3$)≥8%(一般为 8%～20%),主要矿物为方镁石和铬尖晶石,硅酸盐相为镁橄榄石和钙镁橄榄石。如果 Cr$_2$O$_3$ 含量高达 18%～30%,MgO 含量为 25%～55%,则称为铬镁砖[w(Cr$_2$O$_3$)≥20%,相当于配料中加入铬铁矿约 50% 以上;w(Cr$_2$O$_3$)≥8%,相当于配料中加入铬铁矿 20% 以上]。

硅酸盐基质是碱性砖中熔点最低且最易受侵蚀的部分,各种炉渣均能与它反应,对砖的性能影响很大。提高镁铬砖质量的方向应该是采用 CaO 含量低的组织致密的粗粒铬铁矿,避免外胀;减少砖中低熔点硅酸盐镁蔷薇辉石及钙镁橄榄石等的含量,使之形成高熔点镁橄榄石,调整基质;提高砖的致密度,减少熔渣渗入等。

普通镁铬砖对碱性熔渣的抵抗能力强,抵抗酸性熔渣的能力比镁砖的好,荷重软化点高,高温下体积稳定性好,在 1500 ℃时的重烧线收缩小。

2.2.14　直接结合镁铬砖组成及特性

窑温在 1700 ℃以上的大型窑,普通镁铬砖已难以适用,直接结合镁铬砖就是为了适应水泥生产大型化而发展起来的一种优质镁铬质耐火材料。

普通镁铬砖的主要矿物为方镁石和镁尖晶石,四周为硅酸盐基质,呈硅酸盐型结合,而硅酸盐基质恰好是碱性砖中熔点最低且最易受侵蚀的部分。直接结合镁铬砖的主要矿物方镁石和尖晶石则多为直接结合,虽然也有少量硅酸盐相基质,但直接结合率高,因此,大大改善了砖体的高温性能。

直接结合镁铬砖是以优质菱镁矿石和铬铁矿石为原料,先烧制成轻烧镁砂,按一定级配高压成球,在 1900 ℃高温下烧制成重烧镁砂,再配入一定比例的铬铁矿石,加压成型,经 1750～1850 ℃隧道窑煅烧而成。经 1750～1800 ℃烧成者为高温直接结合镁铬砖,经 1800～1850 ℃烧成者为超高温直接结合镁铬砖。其生产的关键一是需要高纯原料,二是要求高压成型,三是要求高温煅烧。

自 20 世纪 90 年代以来,由于铬污染问题,国内外环保部门已提出限制生产和使用直接结合镁铬砖,目前,直接结合镁铬砖已被许多新型产品(例如镁铝尖晶石砖等)所替代。

2.2.15 镁铁尖晶石砖组成及特性

镁铁尖晶石砖是 20 世纪 90 年代末期研发的新产品。它是采用特殊弹性制造技术和二价铁尖晶石制成的。由于镁铁尖晶石砖的表面生成一层黏性很高的铁钙和铁铝钙化合物,易于窑皮的黏挂,并兼备白云石砖及镁铬砖优良的挂窑皮功能;同时,耐火度较高,抗氧化还原功能强,目前已在窑内烧成带、过渡带广泛使用。

2.2.16 镁质耐火材料的性能及应用

(1)镁质耐火材料的性能

几种镁质耐火材料的主要性质如表 2.29 所示。

表 2.29　几种镁质耐火材料的主要性质

理化性能指标	普通镁砖			镁硅砖 MGZ-82	镁铝砖		镁铬砖				镁碳砖 MGIBB
	MZ-91	MZ-89	MZ-87		ML-80 (A)	ML-80 (B)	MgGe-20 MgGe-12	MgGe-16 MgGe-8			
主要化学成分(%)	$MgO \geq 91$ $CaO \leq 3$	$MgO \geq 89$ $CaO \leq 3$	$MgO \geq 87$ $CaO \leq 3$	$MgO \geq 82$ $SiO_2:5\sim10$ $CaO \leq 2.5$	$MgO \geq 80$ $Al_2O_3:5\sim10$		$MgO \geq 40$ $MgO \geq 55$ $Cr_2O_3 \geq 20$ $Cr_2O_3 \geq 12$	$MgO \geq 45$ $MgO \geq 60$ $Cr_2O_3 \geq 16$ $Cr_2O_3 \geq 8$			$MgO:76\sim79$ $C:3\sim15$
主要矿物组成	方镁石	镁橄榄石	钙镁橄榄石	方镁石、镁橄榄石	方镁石、镁铝尖晶石		方镁石、镁铬尖晶石				方镁石 石墨
耐火度(℃)					≥ 2100						
最高使用温度(℃)	<1700			1650～1700	1650～1700		<1750				
显气孔率(%)	18	20	20	20	18	20	23	23	23	24	5
体积密度(g/cm³)	2.6～3.0			2.6	2.8		<2.8				2.86～2.96
比热容[kJ/(kg·℃)]	$0.97+2.89\times10^{-4}t$						$0.789+3.47\times10^{-4}t$				
导热系数[W/(m·K)]	$(48.52\sim29.08)\times10^{-3}t$										
平均热胀系数 温度(℃)	20～1000			20～700	20～1000						
平均热胀系数 1/℃	14.3×10^{-6}			11×10^{-6}	10.6×10^{-6}						
常温耐压强度(MPa)	≥ 58.8	≥ 49	≥ 39.2	≥ 39.2	≥ 39.0	≥ 29.4	≥ 24.5 ≥ 24.5	≥ 24.5 ≥ 24.5			≥ 39.2
0.2 MPa 荷重软化温度(℃)	≥ 1550	≥ 1540	≥ 1520	≥ 1550	≥ 1600 ≥ 1580		≥ 1550 ≥ 1550	≥ 1550 ≥ 1530			
抗热震性(次)	2～3				≥ 3		>25				
抗渣性	好	好		好			好				特好

（2）镁质耐火材料的应用

① 普通镁砖

能经受高温热负荷、流体的流动冲击和钢液与强碱性熔渣的化学侵蚀。因此，凡遭受上述作用的冶炼炉的内衬，如平炉、转炉、电炉、化铁炉、有色金属冶炼炉、均热炉和加热炉的炉床，以及水泥窑和玻璃窑蓄热室等处都可使用此种耐火制品，但因其抗热震性较差，故不宜用于温度急剧变化之处。另外，由于其热膨胀性较大和荷重软化温度较低，高温窑炉炉顶时必须采用吊挂方式。

② 镁钙砖和镁硅砖

可用于与普通镁砖使用条件相同之处。但由于这些制品荷重软化温度较高，且镁钙砖抗碱性渣的性能更好，镁硅砖也具有抵抗各种熔渣的能力，故适用范围更为广泛。如镁钙砖抗碱性渣侵蚀的效果更佳，但此种制品抗热震性较差，易崩裂。镁硅砖还可用作平炉或玻璃熔窑蓄热室上部温度变化较少的格子砖。

③ 镁铝砖

可代替普通镁砖，用于上述部位效果良好。因此种制品抗热震性优良，荷重软化温度也较高，故可用于遭受周期性温度变动之处，如用于平炉炉顶、水泥窑高温带和玻璃熔窑蓄热室等处，使用效果明显优于普通镁砖；也可用于其他高温窑炉，如高温隧道窑等的炉顶。

④ 镁铬砖

宜在高温、渣蚀和温度急剧变化的条件下使用。可用在与镁铝砖相似的工作条件之处，如在平炉炉顶、有色金属冶炼炉、水泥窑的高温带和玻璃窑蓄热室中，但不宜在氧化/还原气氛频繁变化的条件下使用。

⑤ 镁碳砖

其抗渣性良好，不易产生结构剥落，而且抗热震性好，不易产生热崩裂，故宜用于受渣蚀严重和温度急变之处。此种制品现已成为氧气炼钢转炉炉衬和电炉炉壁的主要材料，在盛钢桶中也广泛应用。但是此种材料不宜直接在强氧化气氛下使用。

⑥ 直接结合镁砖

它具有较高的高温强度和优良的抗蚀性，用于遭受高温、重荷和渣蚀严重之处，使用效果一般优于上述普通镁质耐火制品。

2.2.17 聚磷酸钠结合镁砖的组成及特性

聚磷酸钠结合镁砖是一种化学结合镁砖，其组成是以高钙合成镁砂作为集料，聚磷酸钠作为黏合剂，纸浆废液作为水化抑制剂。将部分菱镁矿先经 1000 ℃轻烧成镁粉，然后以菱镁矿、轻烧镁粉、白云石为原料，经配料、粉磨、压球及回转窑烧结而成。聚磷酸钠为白色玻璃状碎屑，组成为 P_2O_5 69.33%、Na_2O 32.54%，$n(Na_2O)/n(P_2O_5)=1.074$（物质的量之比），平均聚合度 $\overline{N}=13$，纸浆废液密度 1.25～1.30 g/cm³。其百分配比为高钙镁砂∶聚磷酸钠∶纸浆废液∶水＝100∶3∶(0.7～1.0)∶(3.0～3.5)，配料后经湿碾、加压成型及 150～200 ℃干燥后即为成品。

聚磷酸钠结合镁砖兼具常温固化及热固化性能，常温强度及 1450 ℃下抗压强度均较高；荷重软化点，一般 0.6%变形时开始点波动于 1500～1690 ℃，4%变形点时在 1700 ℃以上；热胀系数及弹性模量较国产普通镁铬砖的高，抗热震性亦较普通镁铬砖的好，耐水泥熟料侵蚀性亦较好。

该产品于 20 世纪 70 年代研制，曾在小型回转窑使用，在大、中型新型干法窑中未使用。

2.2.18 镁质耐火材料的组成与结合相

镁质耐火材料的主要成分是氧化镁，主晶相是方镁石。受镁质耐火材料原料和使用条件等的影响，许多镁质耐火材料中还含有硅酸盐相、尖晶石及其他组分。

（1）MgO-氧化铁系

氧化镁与氧化铁二元系包括 MgO-FeO（图 2.6）与 MgO-Fe$_2$O$_3$（图 2.7）两个二元系。由图 2.6 可知，氧化镁与氧化亚铁可形成连续固溶体，MgO 吸收大量的 FeO 而不生成液相，FeO 含量为 50% 时，开始出现液相的温度约为 1850 ℃。而 MgO-Fe$_2$O$_3$ 二元系统中有化合物铁酸镁（MgO·Fe$_2$O$_3$），分解温度为 1720 ℃。铁酸镁在方镁石中的溶解度随温度的升高而增加，最大可达到 70% 左右。由图 2.6 可以看出，即使 MgO 吸收大量的 Fe$_2$O$_3$ 后耐火度仍很高，所以，镁质耐火材料具有良好的抵抗含铁炉渣侵蚀能力。这是钢铁冶金工业日益广泛采用镁质耐火材料的重要原因之一。

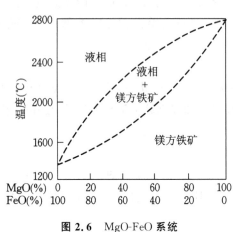

图 2.6 MgO-FeO 系统

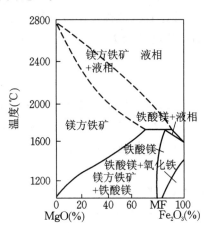

图 2.7 MgO-Fe$_2$O$_3$ 系统相图

（2）MgO-R$_2$O$_3$ 系

MgO-Fe$_2$O$_3$、MgO-Al$_2$O$_3$、MgO-Cr$_2$O$_3$ 系统相图中高 MgO 含量部分合并于图 2.8 中。三个二元系统的固化温度分别为 1720 ℃、1995 ℃、2350 ℃。三种氧化物在氧化镁中的固溶度顺序：Fe$_2$O$_3$ ≫ Cr$_2$O$_3$＞Al$_2$O$_3$。在 1000 ℃ 以下，固溶量均很低，在 1700 ℃ 下，它们的固溶度分别为 70%、14% 和 3%。冷却时，尖晶石相脱溶在方镁石颗粒内部，形成含尖晶石相的镁质耐火材料显微结构。由于 Fe$_2$O$_3$ 在 MgO 中的溶解度高于 Al$_2$O$_3$，大量的 Fe$_2$O$_3$ 溶解方镁石中，降低液相出现的温度与液相量。因此，Fe$_2$O$_3$ 对镁质耐火材料的危害比 Al$_2$O$_3$ 的小，在一定条件下还可以提高制品的荷重软化温度，并且促进烧结。

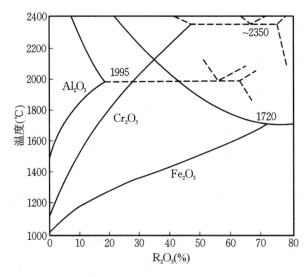

图 2.8 MgO-R$_2$O$_3$ 系相图

（3）尖晶石-硅酸盐系

镁质耐火材料中的 Al$_2$O$_3$、Cr$_2$O$_3$ 和 Fe$_2$O$_3$ 在一定温度下与 MgO 反应生成尖晶石 MA（MgO·Al$_2$O$_3$）、

MK（MgO・Cr_2O_3）、MF（MgO・Fe_2O_3）。它们与硅酸盐构成的二元系统对镁质耐火材料的高温性能有重要影响。表 2.30 列出了这三种尖晶石与四种常见的硅酸盐形成的尖晶石-硅酸盐系统的固化温度。

表 2.30　尖晶石-硅酸盐系统的固化温度

MA 系统	固化温度（℃）	MK 系统	固化温度（℃）	MF 系统	固化温度（℃）
MA-M_2S	1720	MK-M_2S	1860	MF-M_2S	约 1690
MA-CMS	1410	MK-CMS	1490	MF-CMS	1410
MA-C_3MS_2	1430	MK-C_3MS_2	1490	MF-C_3MS_2	—
MA-C_2S	1417	MK-C_2S	约 1700	MF-C_2S	1380

注：表中 M—MgO，A—Al_2O_3，C—CaO，F—Fe_2O_3（FeO），K—Cr_2O_3，S—SiO_2。

尖晶石与镁橄榄石 M_2S（2MgO・SiO_2）形成的二元系统的共熔点都较高。在其他硅酸盐与尖晶石构成的系统中，除 MK-C_2S（2CaO・SiO_2）外，无变量点温度都较低。此外，含 Cr_2O_3 系统的无变量点温度较高。因此，镁质材料的次要矿物应以 M_2S 和 C_2S 为主，避免或尽可能减少 CMS（CaO・MgO・SiO_2）和 C_3MS_2（3CaO・MgO・2SiO_2）的含量。

（4）镁质耐火材料的结合相

镁质耐火材料的高温性质除了取决于主晶相方镁石以外，还受结合相控制。若结合相为低熔点物相，则材料在高温下的耐侵蚀性能和其他使用性能会显著降低。反之，若结合相以高熔点晶相为主，则上述性能得到改善；若主晶相之间为直接结合，则材料的上述性能会显著提高。因此，研究和探讨结合相和结合状态及其对镁质耐火材料性能的影响和质量的控制意义重大。主要结合相有下列几种：

① 硅酸盐相

在镁质天然原料菱镁矿中往往还含有 CaO 和 SiO_2 等杂质，因此镁质耐火材料可能存在硅酸盐矿物。在 MgO-CaO-SiO_2 三元系统中，按共存的平衡关系，与方镁石共存的硅酸盐相依系统中的 CaO/SiO_2 比值不同而异，如表 2.31 所示。由于它们本身或者与 MgO 构成的二元系统的液化温度不同，它们对镁质制品的荷重软化温度以及蠕变速率均有影响。表 2.32 给出了不同结合相对镁质制品中蠕变速率的影响。

表 2.31　镁质耐火材料中与方镁石共存的硅酸盐矿物

CaO/SiO_2	分子数比	0	0~1	1	1.0~1.5	1.5	1.5~2.0	2
	质量比	0	0~0.93	0.93	0.93~1.4	1.4	1.4~1.87	1.87
硅酸盐矿物		M_2S	M_2S-CMS	CMS	CMS-C_3MS_2	C_3MS_2	C_3MS_2-C_2S	C_2S

表 2.32　CaO/SiO_2 比值对镁质耐火材料蠕变速率的影响

CaO/SiO_2	基质硅酸盐相	变形速率
1	CMS，C_3MS_2	高速率
2	C_2S	低速率
1/3	M_2S，CMS	与比值为 2 时的变形速率相同
3	C_3S，C_4AF	低速率

以 C_3S 为结合相的镁质耐火材料荷重变形温度高、抗渣性好，但烧结性差，生产比较困难，若配料不准确或混合不均，烧后得到的不是 C_3S，而是 C_2S 和 CaO 的混合物。由于 C_2S 的晶型转变和 CaO 的水化反应容易使制品开裂，因此生产中应加以控制。

以 C_3MS_2、CMS 为结合相的制品荷重软化温度低、耐压强度小，对制品性能不利。

以 C_2S 为结合相的制品烧结性差,但荷重软化温度高。实践证明,只要有足够高的烧成温度,就能获得良好的烧结制品。但 C_2S 的晶型转变会引起制品开裂,当 CaO 含量足够高时,需加入稳定 C_2S 的物质,如 B_2O_3、P_2O_5 或 Cr_2O_3 等。

以 M_2S 为结合相的制品烧结性也很差,但由于制品的高荷重软化温度和足够高的耐压强度,而且没有 C_2S 的晶型转变,使得 M_2S 成为镁质制品较好的结合相。

② 铁的氧化物和铁酸盐

在镁质耐火材料中,FeO 溶解在方镁石中以 $(Mg \cdot Fe)O$ 形式存在,Fe_2O_3 则形成 MF 或 C_2F。MF 或 C_2F 也能部分地溶解在方镁石中形成有限固溶体,Fe_2O_3 对方镁石烧结的促进作用比 FeO 的显著,特别是在高温时。C_2F 的熔点低,熔融物的黏度小,而且对方镁石有良好的润湿能力,也能部分地溶解在方镁石中活化方镁石晶格。因此,以 C_2F 作为镁质耐火材料的结合相,在较低烧成温度下就能得到致密制品。但是,由于其熔点低和熔融后得到的液相黏度小,使得制品的耐火性能,特别是荷重软化温度大大降低。所以,只有在特殊的使用条件下才能采用 C_2F 作为镁质耐火材料的结合相。

显微结构的控制与组成对耐火材料的性能起着至关重要的作用。从显微结构看,镁质耐火材料是由主晶相方镁石和不同熔点、不同数量的硅酸盐(含铁酸盐相)构成的。通常认为,直接结合制品的使用性能要优于半直接结合和硅酸盐相结合的制品。

2.2.19 白云石耐火制品

以白云石为主要原料,以 MgO 和 CaO 为主要成分的耐火材料制品称为白云石耐火制品。由于镁铬砖在水泥回转窑中易与硫元素发生反应,生成物在存放时会形成 Cr^{6+},造成水源的污染。因此在工业化国家,尤其是欧洲国家,对镁铬砖的生产和使用提出了非常严格的要求,并极力推荐采用白云石耐火砖作为水泥回转窑烧成带的耐火材料。

白云石耐火砖很高的耐火度和良好的抗碱侵蚀能力、挂窑皮能力已被充分肯定。但白云石耐火砖抗水化性能较差,包装和储存成本较高,砌筑到回转窑上易出现大幅度的理化性能下降,甚至被水化而完全报废。

半稳定化烧成镁白云石耐火砖以烧结白云石或烧结镁白云石为原料,也有采用合成白云石熟料的,采用石蜡、焦油沥青或聚丙烯等机压成型后烧制,再经焦油浸渍,以防止吸湿潮解而水化。

烧成镁白云石砖的主要理化性能指标见表 2.33。

表 2.33　烧成镁白云石砖理化性能

项　　目	Ⅰ	Ⅱ	Ⅲ
耐火度(℃)	≥1850		
体积密度(g/cm³)	≥3.05		
显气孔率(%)	<3.0		
耐压强度(MPa)	≥61.2		
荷重软化温度(℃)	≥1700		
MgO 含量(%)	≥80	≥80	≥75
杂质总量(%)	≤1.5	≤2.0	≤3.0

2.2.20 黏土质耐火材料

黏土质耐火材料是指 Al_2O_3 含量在 30%～45% 范围内以黏土为主要原料的一类耐火材料。黏土砖采用半干压成型,通常在1250～1350 ℃烧成,烧成气氛为氧化气氛,其生产流程简便、价格便宜、应用广泛。

黏土质耐火材料的性质及高温性能取决于制品的化学组成。其耐火度、荷重软化温度等随 Al_2O_3 含量的增加而提高,杂质的存在会使这些性能降低。黏土砖的荷重软化温度在1200～1500 ℃之间。通常,黏土砖中的莫来石含量越大,莫来石晶粒发育得愈完整。玻璃相含量愈少、玻璃相中 SiO_2 含量越高,其荷重软化温度越高。

黏土砖的抗热震性较好,但受组成与结构的影响变化很大,1100 ℃下抗热震性在10～100次之间变动。莫来石含量高、方石英含量少、玻璃相含量少的黏土砖的抗热震性好。

黏土制品为酸性耐火材料,抗酸性熔渣侵蚀性强,是一种使用范围极广的普通耐火材料,可在钢铁、水泥、玻璃、陶瓷等工业生产中被广泛使用。为了提高黏土制品的耐高温性能,应尽可能提高基质中 Al_2O_3 含量,使基质中 Al_2O_3/SiO_2 比接近莫来石组成;或者引入外加物,增大液相黏度,控制烧成温度。

2.2.21 黏土砖耐火材料有哪些理化性能指标

黏土砖是以黏土熟料为集料,以耐火黏土为胶结剂配制而成的。其 Al_2O_3 含量为30%～48%,适用于热交换位置、链条带、分解带、冷却带、烟室、箅冷机等处,该砖耐磨性能好、导热系数小,价格便宜,只有其他砖价格的1/4～1/2,但耐火度和耐压强度较低。其理化性能指标见表2.34至表2.36。

表2.34 黏土砖的主要理化性能

理化性能指标	牌号及数值		
	(NZ)-30	(NZ)-35	(NZ)-40
Al_2O_3 含量(%)	≥30	≥35	≥40
耐火度(℃)	≥1610	≥1670	≥1730
常温耐压强度(kg/cm^2)	≥125	≥150	≥150
显气孔率(%)	≤28	≤26	≤26
2 kg/cm^2 荷重软化开始温度(℃)	—	≥1250	≥1300

表2.35 黏土砖等级指标

指标	三等			二等			一等		
	一级	二级	三级	一级	二级	三级	一级	二级	三级
耐火度(℃)	≥1580	≥1580	—	≥1670	≥1670	≥1670	≥1730	≥1730	≥1730
常温耐压强度(kg/cm^2)	≥100	≥80	—	≥125	≥100	≥80	≥125	≥100	≥80
残余收缩(%)	≤0.7	≤1	—	≤0.7	≤1	≤1	≤0.7	≤1	≤1

表2.36 黏土砖尺寸允许偏差及外形　　　　单位:mm

项目		指标
尺寸允许偏差	尺寸≤100	±2
	尺寸101～150	±2.5
	尺寸151～300	±2
	尺寸301～400	±6
扭曲	长度≤230	≤2
	长度231～300	≤2.5
	长度301～400	≤3

续表 2.36

项　目		指　标
缺棱、缺角深度		≤7
熔洞直径		≤7
渣蚀厚度小于 1		在砖的一个面上允许有
裂纹 长度	宽度不大于 0.25	不限制
	宽度为 0.26～0.50	≤60
	宽度大于 0.50	不允许有

2.2.22　黏土质耐火材料的性能特点

黏土质耐火材料是用天然的各种黏土作为原料,将一部分黏土预先煅烧成熟料,并与部分生黏土配合制成 Al_2O_3 含量为 30%～46% 的耐火制品。黏土质耐火材料属于弱酸性耐火材料,主要制品有黏土砖和不定形耐火材料。黏土砖采用半干压成型,在 1250～1350 ℃ 烧成,对于 Al_2O_3 含量高的制品,在 1350～1380 ℃ 烧成,烧成气氛为氧化气氛。按耐火度的高低,将黏土质耐火制品划分为四个等级:特等(耐火度不低于 1750 ℃);一等(耐火度不低于 1730 ℃);二等(耐火度不低于 1670 ℃);三等(耐火度不低于 1580 ℃)。

黏土质耐火制品的性质在较大范围内波动,表 2.37 所示为各等级黏土砖的几项主要性能。

表 2.37　黏土砖的理化性能

制品名称	牌号	Al_2O_3 含量(%)	Fe_2O_3 含量(%)	耐火度(℃)	显气孔率(%)	常温耐压强度 (MPa)
黏土砖	ZGN-42	≥42	≤1.6	≥1750	≤15	≥58.8
	GN-42	≥42	≤1.7	≥1750	≤16	≥49.0
	RN-42	≥42		≥1750	≤24	≥29.4
	RN-40	≥40		≥1730	≤24	≥24.5
	RN-36	≥36		≥1690	≥26	≥19.6
	N-1			≥1750	≤22	≥29.4

制品名称	牌号	荷重软化温度 t(℃)	导热系数 [W/(m·K)]	重烧线变化(%) 1450 ℃,2 h
黏土砖	ZGN-42	≥1450	$3.01+2.1\times10^{-3}t$	0 −0.2(3 h)
	GN-42	≥1430		0 −0.3(3 h)
	RN-42	≥1400		0 0.4
	RN-40	≥1350		0 −0.3(1350 ℃)
	RN-36	≥1300		0 −0.5(1350 ℃)
	N-1	≥1400		+0.1 −0.4(1400 ℃)

在黏土制品的高温体积稳定性方面,制品长期在高温下使用会产生残余收缩,一般为0.2%～0.7%,不超过1%。黏土质耐火材料抗热震性较好,普通黏土砖1100℃下抗热震性次数达10次以上,多熟料制品达50～100次或更高。黏土质耐火材料属于弱酸性耐火材料,因此能抵抗弱酸性炉渣的侵蚀,对强酸性和碱性炉渣抵抗能力较差,因此,提高制品的致密度,降低显气孔率,能提高制品的抗渣性能,增大 Al_2O_3 的含量,能提高抗碱侵蚀能力,随 SiO_2 含量的增加,抗酸性炉渣的能力增强。

黏土质耐火材料用途广泛,凡无特殊要求的砌体均可使用黏土砖,因此,它广泛用于高炉、热风炉、均热炉、退火炉、烧结炉、锅炉、浇钢系统以及其他热工设备,尤其适用于温度变化较大的部位。

2.2.23 黏土质隔热砖的理化性能指标有哪些

国家标准《粘土质隔热耐火砖》(GB/T 3994—2013)中的理化性能指标如表2.38至表2.39所示。

表2.38 黏土质隔热耐火砖的理化性能

项　目		理化性能指标						
		NG140-1.5	NG135-1.3	NG135-1.2	NG130-1.0	NG125-0.8	NG120-0.6	NG115-0.5
体积密度 (g/cm³)	μ_0	≤1.5	≤1.3	≤1.2	≤1.0	≤0.8	≤0.6	≤0.5
	σ	0.06						
常温耐压强度 (MPa)	μ_0	≥6.0	≥5.0	≥4.5	≥3.5	≥2.5	≥1.3	≥1.0
	σ	1.0					0.5	
	$X_{\min}$	5.5	4.5	4.0	3.0	2.0	1.0	0.8
加热永久线变化(%)	试验条件	1400℃×12 h	1350℃×12 h		1300℃×12 h	1250℃×12 h	1200℃×12 h	1150℃×12 h
	$X_{\min}\sim X_{\max}$	−2～1						
导热系数[W/(m·K)] 平均温度350℃±25℃	$X_{\max}$	≤0.65	≤0.55	≤0.50	≤0.40	≤0.35	≤0.25	≤0.23

表2.39 黏土质隔热耐火砖的尺寸允许偏差及外观　　　　　　单位:mm

项　目		理化性能指标
尺寸允许偏差*	尺寸≤100	±2.0
	尺寸为101～250	±3.0
	尺寸>250	±1%(最多不超过±5.0)
扭曲	尺寸≤250	≤1.0
	尺寸>250	≤2.0
厚度相对边差		≤1.0
缺角长度($a+b+c$)		≤50
缺棱长度($e+f+g$)		≤80
气泡、孔洞直径		≤5.0
裂纹长度	宽度不大于0.25	不限制
	宽度为0.26～0.50	≤60
	宽度大于0.50	不允许有

* 根据用户需求可对砖的一个主要尺寸进行分档。

2.2.24 磷酸盐砖有何特性

磷酸盐砖是近几年发展起来的新型耐火材料,是用磷酸盐结合烧矾土集料,通过机压成型,用浓度为42.5%～50%磷酸溶液作结合剂而制成的;用磷酸铝作结合剂而制得的砖为磷酸盐耐磨砖。以上两种砖均为不烧结砖,Al_2O_3 含量在 80% 左右,具有耐高温、耐侵蚀、耐急冷急热、耐磨、强度高的优点,但导热系数较大。磷酸盐砖适用于烧成带,磷酸盐耐磨砖适用于冷却带和放热反应带与分解带末端。在水泥工业,磷酸盐砖正逐步取代高铝砖,得到普遍应用。

磷酸盐砖的密度为 2.77 g/cm³,抗压强度在 500 ℃ 处理冷却后为 105 MPa;500 ℃ 热震性能为63.67 MPa;1000 ℃ 热震性能为 16.48 MPa。荷重软化温度在 0.6% 变形时为 1325～1440 ℃;在 4% 变形时为 1495～1550 ℃。导热系数:500 ℃ 为 1.849 W/(m·K);800 ℃ 时为 1.777 W/(m·K);1000 ℃时为1.748 W/(m·K);1300 ℃ 时为 1.91 W/(m·K)。平均热胀系数[(10～8)/℃]:500 ℃ 时为 6.24;1000 ℃ 时为 7.25;1300 ℃ 时为 6.53;抗热震性在 1100 ℃ 可承受浇水次数 100 次。

2.2.25 磷酸盐砖耐火材料有哪些性能和理化性能指标

磷酸盐系列砖,比高铝砖的耐火度高、强度好、抗热震性好、耐化学侵蚀、耐磨,它的出现基本上淘汰了高铝砖在水泥回转窑中的应用,烧成带、冷却带、算冷机、窑头罩及其他易磨和容易受化学侵蚀处都由它替代黏土高铝砖。

蓝晶石砖又称为高荷软砖或特种磷酸盐砖,其抗热震性等指标虽然更好,但由于不易挂窑皮,挂上窑皮后又易脱落的弱点,妨碍了它的推广使用。通常,回转窑内磷酸盐系列砖的使用寿命:烧成带 100～200 d;过渡带 150～400 d;冷却带 180～400 d;冷却筒 300～500 d。

磷酸盐结合高铝砖及特种高铝砖的理化性能指标见表 2.40、表 2.41。

表 2.40　磷酸盐结合高铝砖及特种高铝砖的理化性能

砖　　种		特种高铝砖	磷酸盐结合高铝砖		耐磨磷酸盐结合高铝砖
			优质	普通	
化学成分(%)	Al_2O_3 含量	>70	>82	≥75	≥77
	Fe_2O_3 含量		<2.5	≤3.0	≤3.0
	CaO 含量			≤0.6	≤0.6
体积密度(g/cm³)		2.5～2.6	3.15	2.65	2.70
显气孔率(%)		<20	19		
冷压强度(N/mm²)		≥30	77	58.8	63.7
荷重软化温度 $T_{0.6}$(℃)		≥1470	1520	1350	1300
抗热震性,在 1100 ℃ 可水冷循环次数(次)		>40	>25	>100	

表 2.41　磷酸盐结合高铝砖尺寸允许偏差及外形要求　　　　　单位:mm

项　　目		指　　标	
		LSD-75	LST-75
尺寸允许偏差	尺寸不大于 100	±1.5	±1.5
	尺寸为 101～150	±2	±2
	尺寸为 151～230	±3	±3
	尺寸为 231～360	±5	±5
	尺寸大于 360	±2	±2

项 目		指 标	
		LSD-75	LST-75
扭曲	长度≤230	≤1.5	≤1.5
	长度＞230	≤2.5	≤2.5
缺角深度		≤6	≤8
缺棱深度		≤5	≤7
熔洞深度		≤8	≤8
裂纹长度	宽度不大于0.25	不限制	不限制
	宽度为0.26～0.50	50	50
	宽度为0.51～1.0	20	20
	宽度大于1.0	不允许有	不允许有
砖的断面层裂	宽度不大于0.25	不限制	
	宽度为0.26～0.50	≤30	
	宽度为0.51～0.1	≤15	
	宽度为1.0	不允许有	

某耐火材料厂生产的磷酸盐系列砖理化性能指标如表 2.42、表 2.43。

表 2.42 TP-I 特种磷酸盐结合高铝砖理化性能

项 目	Al_2O_3 含量（%）	耐火度（℃）	体积密度（g/cm³）	常温耐压强度（MPa）	0.2 MPa 荷重软化开始温度（℃）	抗热震性1100 ℃水冷循环（次）
行业标准	75	1790	2.65	60	1550	30
本厂标准	＞75	＞1790	≥2.65	≥60	≥1550	≥30

表 2.43 水泥窑用磷酸盐结合高铝质窑补砖理化性能

项 目	牌号及指标	
	磷酸盐砖	磷酸盐耐磨砖
代号	P	PA
Al_2O_3 含量（%）	75	77
常温耐压强度（MPa）	60	65
体积密度（g/cm³）	2.65	2.70
0.2 MPa 荷重软化开始温度（℃）	1350	1300
耐火度（℃）	1770	1770

2.2.26 硅质耐火材料

硅质耐火材料是指以天然硅石为主要原料制得的耐火材料。我国标准与国际标准规定硅质耐火材料中 SiO_2 含量不得少于 93%。

硅质耐火材料是典型的酸性耐火材料。其矿物组成中主晶相为鳞石英和方石英，基质为石英玻璃相。硅质耐火材料抗酸性炉渣能力强，但易受碱性炉渣的强烈侵蚀；荷重软化温度高；残余膨胀保证了砌筑体具有良好的气密性和结构强度;耐磨、导热性好;抗热震性好,但耐火度不高。

最常见的硅质耐火材料为硅砖,硅砖主要用于焦炉、高炉、热风炉与玻璃熔窑,此外还有具有特殊用途的石英玻璃制品。

(1) 硅质耐火材料的理化性质

制造硅质耐火材料的主要原料是硅石,其主要成分是 SiO_2。SiO_2 在不同的温度下以不同的晶型存在,在一定条件下相互转化。发生晶型转变时伴随较大的体积变化,从而在制品中产生应力。所以,了解 SiO_2 各种晶型的性质和它们之间的转化条件,以及矿化剂对 SiO_2 晶型的影响,对硅质制品的制造和正确、合理使用具有重要意义。

① 二氧化硅的多晶转变

SiO_2 在常压下有八种形态,即 α-石英、β-石英、α-鳞石英、β-鳞石英、γ-鳞石英、α-方英石、β-方石英和石英玻璃。

在生产硅质制品时,希望制品内的 SiO_2 以鳞石英和方石英的形式存在。硅砖中鳞石英、方石英、残存石英与玻璃相的相对含量对硅砖的性质有很大影响。方石英的熔点是 1713 ℃,鳞石英的熔点是 1670 ℃,石英的熔点是 1600 ℃,因此在制品过程中,方石英含量增多,有利于提高其耐火度及抗渣性能。但从体积稳定性来看,方石英在晶型转变时,体积变化最大(±2.8%),而鳞石英的最小(±0.4%),体积稳定性较好。制品内的残余石英在高温使用条件下会继续进行晶型转变,产生较大的体积膨胀,从而引起结构松散。所以,一般希望烧成制品中含有大量的鳞石英,方石英次之,而残余石英愈少愈好。一方面,鳞石英中双晶互相交错形成网状结构,从而使制品具有较高的荷重软化温度及机械强度,有利于提高制品的抗热震性与体积稳定性。另一方面,鳞石英的含量与硅砖的导热系数有很大关系,随鳞石英含量的提高,硅砖的导热系数增大。

② 矿化剂及其作用

在硅砖生产中,SiO_2 不能由石英直接转变为鳞石英。为了获得大量鳞石英,必须添加合适的矿化剂。矿化剂必须满足三个条件:促进石英转化为密度较低的鳞石英;不显著降低硅砖的耐火度等高温性能;防止在烧成过程中因相变过快而导致制品的松散与开裂。在有足够数量的矿化剂存在时,首先 β-石英在 573 ℃ 转变为 α-石英;在 1200～1470 ℃ 范围内,α-石英不断地转变成亚稳方石英。同时,α-石英、亚稳方石英和矿化剂及杂质等相互作用形成液相。α-石英和亚稳方石英不断地溶解于所形成的液相中,使之成为过饱和溶液,然后以鳞石英形态不断地从溶液中结晶出来。如液相量过少,且主要是以 CaO 和 FeO 组成时,则析晶主要为方石英。因此,矿化剂促使石英转变为鳞石英能力的大小主要取决于液相的数量及其性质,即液相开始形成温度、液相数量、黏度、润湿能力和结构等。

在实际生产中,通常可以根据矿化剂与 SiO_2 能否形成二液区以及液相开始形成温度小于鳞石英稳定温度(1470 ℃)作为判据来选择矿化剂,广泛采用的矿化剂有石灰(CaO)、铁鳞($FeO+Fe_2O_3$)、MnO 等。石灰往往是以石灰乳的形式加入,由于石灰乳具有黏性,它能使松散的硅砖泥料黏结在一起,产生一定的塑性,有利于砖坯成型和提高强度。

(2) 硅砖的生产工艺要点

硅石原料分为结晶硅石和胶结硅石两大类,其中以结晶硅石为主。一般硅石最大颗粒粒径应小于 3 mm,选择临界粒度时应以砖在烧成时不发生松散破裂、致密稳定为宜。此外,由于细颗粒在烧成过程中较易转变为鳞石英,因此要求细粉比较多。矿化剂多用 FeO、CaO、MnO 等,如焦炉硅砖可加 2%CaO、2%MnO,高密度高硅质硅砖可加0.8%FeO、0.2%CaO,CaO、FeO 分别以石灰乳和铁鳞或铁屑形式引入,而黏结剂可使用木质磺酸盐与石灰乳等。

硅砖的烧成设备有倒焰窑与隧道窑。近年来,由于节能与环境保护的要求,我国硅砖生产绝大部分都改用隧道窑烧成。硅砖在烧成过程中发生许多相变,有很大的体积变化,加上砖坯在烧成温度下所形成的液相量很少(为 6%～12%),因此硅砖的烧成较其他耐火材料困难得多,必须制定严格的烧成曲线。各国产硅砖的理化性能指标见表 2.44。

表 2.44 各国产硅砖的理化性能

	中国		德国	日本	美国	英国
	LPBG-96	LBG-96	DIDER	旭硝子	VEGA	皮尔金顿
SiO₂ 含量(%)	97.6	96.54	95.9	98.5	95.64	96.18
Fe₂O₃ 含量(%)	0.35	0.67	0.48	0.9	0.71	0.52
熔融指数(%)	0.35	0.41	0.54		0.64	0.39
真密度(g/cm³)	2.33	2.33	2.32	2.33	2.32	2.33
显气孔率(%)	17	18	21.7	20	20.3	22
常温耐压强度(MPa)	45	38	32		35.6	56.8
0.2 MPa 荷重软化开始温度(℃)	1690	1680	1680	1675	1690	1680
重烧线变化率 1450 ℃×2 h(%)	+0.2	+0.1	+0.19			
方石英含量(%)	55		35～40		55	
残余石英含量(%)	2		0		3～5	

2.2.27 硅线石族矿物及其应用

硅线石族矿物包括天然蓝晶石、硅线石和红柱石,俗称"三石",其化学组成均为 Al₂O₃·SiO₂,但晶体结构差异很大。硅线石、红柱石与蓝晶石在加热过程中都会分解为莫来石与无定形 SiO₂,有杂质存在时形成高硅氧玻璃,并伴随一定的体积膨胀。由于它们在晶体结构上的差别,分解温度、分解速率、莫来石晶粒的生长方式以及热膨胀量的大小都不相同。一般来讲,蓝晶石的转化温度最低,转化速度最快,转化过程中产生的热膨胀量也最大;硅线石开始转化的温度最高,转化速度较慢,而红柱石的体积膨胀最小。

硅线石族矿物可以直接用于生产耐火材料制品,如硅线石砖、红柱石砖或蓝晶石砖。但在实际生产中,全部以硅线石族矿物为原料制造耐火制品的情况并不多,通常将它们作为膨胀组分添加到高铝制品中,改善制品的某些高温性能,如蠕变速率、抗热震性等。这类制品可用于钢铁、玻璃、陶瓷、水泥等工业生产中,如热风炉、脱硫喷枪、混铁炉或鱼雷车内衬、水泥回转窑窑口内衬及过渡带等。

2.2.28 碳化硅砖耐火材料有哪些理化性能指标

碳化硅砖是以碳化硅为原料,加入耐火黏土及石英为结合剂而制成的。它具有耐高温(耐火度约为 1800 ℃,荷重软化温度在 1620～1640 ℃)、热胀系数小、抗热震性好、耐磨等特性,适用于水泥回转窑冷却带及窑口。各种碳化硅砖理化性能指标见表 2.45。

表 2.45 各种碳化硅砖的理化性能

理化性能指标	SiC 含量(%)				
	50	70	80	90	95～97(再结晶)
体积密度(g/cm³)	2.3	2.3～2.4	2.35～2.45	2.4～2.55	2.2～2.85
显气孔率(%)	20	20～23	17～20	18～24	10～31

续表 2.45

理化性能指标	SiC 含量(%)				
	50	70	80	90	95～97(再结晶)
荷重软化温度(℃)	1500	1600	1650	>1700	>1700
耐压强度(MPa)	50～80	80～90		>100	
1000 ℃导热系数[W/(m·K)]	4.06	6.15	8.47	10.56	12.76～15.08

2.2.29 莫来石及其制品

莫来石是 Al_2O_3-SiO_2 二元系统中唯一稳定的二元矿物相。其化学组成为 $3Al_2O_3 \cdot 2SiO_2$(简写为 A_3S_2),理论上铝氧化物与硅氧化物的质量比为 71.88:28.12。莫来石的熔点高、强度大、热胀系数小、抗化学腐蚀能力强。用纯莫来石制成的耐火砖用于回转窑的过渡带,荷重软化温度高、耐高温强度大、热胀系数小、抗热震性好、抗化学腐蚀能力强,由于其挂窑皮性能不佳,用于烧成带效果不理想。工业用的莫来石均是人工合成的,按热加工方法分为烧结合成莫来石和电熔合成莫来石。莫来石及其制品的相关理化性能见表 2.46、表 2.47。

表 2.46 国产烧结莫来石耐火制品的理化性能

理化性能指标		I	II	III	IV
化学成分(%)	Al_2O_3 含量	72.0	≥74	80.94	≥75
	SiO_2 含量		≤25	18.2	
	Fe_2O_3 含量	0.3	≤0.8	0.76	≤1.5
显气孔率(%)		20.5～23.9	≤18	15.6～16.5	≤21
体积密度(g/cm³)		2.36～2.49	≥2.55	2.77～2.79	≥2.60
荷重软化开始温度(℃)		>1700			
耐火度(℃)			≥1850	≥1790	
1550 ℃、50 h时的蠕变率(%)				0.08	≤1
耐压强度(MPa)		75.2～79.2	≥78.4	197～267	≥98

表 2.47 水泥行业推荐的硅莫砖的理化性能

理化性能指标	A	B	C
Al_2O_3(%)	≥60	≥63	≥70
(SiO_2+SiC)(%)	≥35		
体积密度(g/cm³)		≥2.60	≥2.80
显气孔率(%)	≤20		
耐压强度(MPa)	≥80	≥90	≥80
荷重软化温度(℃)	≥1600	≥1600	≥1600
抗热震性,1100 ℃水冷循环次数(次)	≥20		≥15
耐磨系数(cc)		8.2	
耐火度(℃)		≥1790	≥1790

2.2.30 碳复合耐火材料主要品种

（1）镁炭质耐火材料

镁炭（MgO-C）质耐火材料是由镁砂和石墨为主要原料，加入少量添加剂，用沥青或树脂等有机结合剂黏结而成的碳复合耐火材料。镁炭质耐火材料主要用于炼钢工业中的转炉、交流电弧炉、直流电弧炉的内衬，以及钢包的渣线等部位。

由于引入了高导热性、低膨胀性及对炉渣不湿润的石墨，补偿了镁砖耐剥落性差的缺点，使其具有抗渣能力强、抗热震性好、高温蠕变低等优异性能。但镁炭质耐火材料与所有的含炭耐火材料一样，其抗氧化性差。

（2）铝炭质耐火材料

铝炭质耐火材料是指以氧化铝和炭素为原料，大多数情况下还加入添加剂，如 SiC、单质硅等，用沥青或树脂等有机结合剂黏结而成的碳复合耐火材料。铝炭质耐火材料按其生产工艺不同可分为不烧铝炭质耐火材料和烧成铝炭质耐火材料。

不烧铝炭质耐火材料属于炭结合型耐火材料，在高炉、铁水包等铁水预处理设备中得到广泛应用。烧成铝炭质耐火材料属于陶瓷结合或陶瓷与炭复合结合型耐火材料，由于其强度高、抗侵蚀性和抗热震性好，因而大量用于连铸用滑动水口系统的滑板砖、钢包上下水口、中间包水口及连铸三大件中（所谓连铸三大件，即长水口、浸入式水口和整体塞棒）。连铸三大件在炼钢生产中处于十分重要的位置，它们质量的好坏对于连铸乃至整个钢厂生产的连续性与稳定性有重要的意义。

为了满足连铸工艺对多炉连铸用滑板的要求。在铝炭质耐火材料的基础上，通过添加具有低热胀系数的锆莫来石以及具有优良抗侵蚀性能的锆刚玉制成铝锆炭质耐火材料。铝锆炭质耐火材料强度高且具有优良的抗侵蚀性和抗热震性。

（3）铝镁炭质耐火材料

铝镁炭质耐火材料是指以高铝矾土熟料（或各种刚玉）、镁砂（或镁铝尖晶石）和石墨为主要原料，用沥青或树脂等有机结合剂黏结而成的不烧炭复合耐火材料，在炼钢钢包系统中广泛应用。

（4）铝碳化硅炭质耐火材料

Al_2O_3-SiC-C 质耐火材料是指以 Al_2O_3、SiC 和炭素原料为主要成分，用有机结合剂或水泥结合制得的定形或不定形碳复合耐火材料，常用于高炉出铁沟、铁水包和鱼雷罐中。

Al_2O_3-SiC-C 质耐火材料中的 Al_2O_3 一般以高铝矾土、电熔刚玉或烧结刚玉的形式引入。Al_2O_3 是一种对各种处理剂和铁鳞都有极好抗侵蚀性的氧化物。但 Al_2O_3 热胀系数大，耐剥落性差，基质部分易被熔渣渗透蚀损，导致骨料暴露，剥落而落入渣中。因而单纯的 Al_2O_3 耐火材料不能满足铁水预处理及铁沟料的要求，需要引入碳化硅和炭素原料来改善其性能。炭素原料一般采用沥青、石墨等。

2.2.31 氧化物耐火材料

高熔点氧化物约有 60 种，但作为特种耐火材料，除了具有高熔点外，还要具备其他理化性能和成熟的制造工艺。作为特种耐火材料应用的氧化物有十余种，如氧化铝、氧化镁、氧化铍、氧化锆、氧化钙、氧化硅、氧化钍、氧化铀、莫来石、锆英石、尖晶石等。

氧化物耐火材料除了具有较高的耐火性能外，在高温下还具有优良的机械强度、耐磨、耐冲刷、耐热冲击、耐化学腐蚀等性能。一些氧化物耐火材料与熔融金属接触具有相当好的稳定性，可用作冶炼金属的耐火材料。下面介绍几种常见的氧化物耐火材料。

（1）氧化铝耐火材料

氧化铝耐火材料是指 Al_2O_3 含量大于 98% 的耐火材料，是特种耐火材料中开发最早、用途最广的一种特种耐火材料。其主晶相为 α-Al₂O₃,故又称刚玉质耐火材料。生产中主要采用工业纯氧化铝、高纯氧化铝、烧结氧化铝、电熔氧化铝等原料,可以用陶瓷工艺生产(如注浆法生产坩埚、管子等),也可以用传统耐火材料方法生产(如机压法生产高纯刚玉砖)。氧化铝制品具有很高的机械强度,常温抗折强度可达 250 MPa 左右,在 1000 ℃时仍有 150 MPa 左右。高纯氧化铝制品的耐火度大于 1900 ℃,极限使用温度为 1950 ℃。化学稳定性也极为优良。

氧化铝制品应用极为广泛,利用其耐高温、耐腐蚀、高强度等性能,可以制备冶炼高纯金属或生长单晶、玻璃拉丝用的坩埚,以及各种高温窑炉的结构件(炉墙、炉管)、理化分析用器皿、航空火花塞、耐热涂层等。利用其高温绝缘性,可以制作热电偶的套丝管和保护管、原子反应堆用的绝缘瓷,以及其他各种高温绝缘部件。前面提及的氧化铝中空球和氧化铝纤维也属于特种氧化铝制品。

(2)熔融石英制品

熔融石英制品是以熔融二氧化硅(石英)为原料经成型、烧结等工序制得的特种耐火材料,也称石英玻璃陶瓷。熔融二氧化硅是以高纯脉石英、水晶等天然矿石为原料,经 1800～2000 ℃的高温熔化而成的玻璃态的二氧化硅。

石英玻璃陶瓷具有低热胀系数(约为 0.54×10^{-6}/℃)、低导热系数[约为 2.09 W/(m·K)]、良好的化学稳定性、良好的抗热震性等优点,在化工、轻工业中,可以制作耐酸、耐蚀容器和化学反应器的内衬、玻璃窑熔池砖、流环、柱塞、垫板以及辊棒和隔热材料等;在金属冶炼中,可以制作盛放金属熔体的容器、浇铸口、高炉热风管内衬等;在炼钢中可用作连铸用长水口和浸入式长水口等,但机械强度较低、荷重软化温度较低以及在高温下烧成或使用时会发生析晶现象。

(3)氧化镁制品

氧化镁制品是指主要成分为 MgO、主晶相为方镁石的特种耐火材料。氧化镁抗熔融金属的还原作用特别强。氧化镁制品具有优异的热化学性质,可作为冶炼有色金属和贵金属(如铂、铑、铱)以及高纯放射性金属(铀、钍)、铁及其合金的坩埚、浇铸金属用的模子、高温热电偶的保护管,以及高温炉的炉衬等。但是在潮湿的空气中,氧化镁制品易水化生成氢氧化镁。这为其生产和使用带来了困难和限制。

(4)氧化钙制品

氧化钙制品是以 CaO 为主要成分制得的特种耐火材料。其原料主要由碳酸钙原料经煅烧或电熔而得。氧化钙制品可以采用机压、等静压及泥浆浇注等方法成型。氧化钙制品具有高温性能好,抗碱性炉渣侵蚀强,对金属熔液具有精炼净化作用等优点,因此,在冶炼特种合金和高纯金属时常作为首选材料,但与水或水汽极易发生反应,这为其生产、储存和使用都带来了困难。

2.2.32 非氧化物及其复合耐火材料

非氧化物耐火材料包括高熔点的碳化物、氮化物、硼化物、硅化物、硫化物等。下面以碳化硅材料和氮化物材料为主进行介绍。

(1)碳化硅耐火材料

碳化硅材料具有很多优良性能,如在较大温度范围内的高强度、抗热震性好、优良的耐磨性能、高热导率、耐化学腐蚀性等。但碳化硅耐火材料的抗氧化能力差,易造成高温下体积胀大、变形等问题,从而降低其使用寿命。

按不同的结合方式主要将碳化硅制品分为以下几类:黏土结合制品、氧化物结合制品、碳化硅结合制品及自结合制品等。

① 黏土和氧化物结合碳化硅制品

是指以可塑性较强的耐火黏土(10%～15%)与碳化硅(50%～90%)等瘠性耐火材料为主要原料,以亚硫酸纸浆废液或糊精等作为结合剂制得的制品。

此种制品可用于陶瓷匣钵、棚板等窑具及焦炉碳化室,还可作为高炉炉腰、炉腹和炉身内衬,金属液的出液孔砖和输送金属液的通道砖和管砖、加热炉内衬等。

② 自结合和再结晶碳化硅制品

自结合碳化硅耐火制品是指原生的碳化硅晶体之间由次生的碳化硅晶体结合为整体的制品。再结晶碳化硅耐火制品是原生的碳化硅晶体经过再结晶作用而结合为整体的制品。

此种制品可广泛用于高温和承受重负荷以及受磨损和有强酸、熔融物侵蚀的部位,如用于热处理的电加热炉、均热炉和加热炉的烧嘴及滑轨,以及各种高温焙烧炉内的辊道和高负重窑具等,其中以再结晶碳化硅制品的使用效果尤为突出。

（2）氮化物结合耐火材料

氮化物是工程陶瓷中研究得较多的非氧化物材料。在耐火材料中,氮化物的应用主要限于作为结合相与添加剂。最常见的有氮化物结合的碳化硅及刚玉耐火材料。它们是以碳化硅或刚玉等颗粒为骨料,以氮化硅（Si_3N_4）、氧氮化硅（Si_2N_2O）和赛隆为结合相的高级耐火材料,根据结合方式的不同,分为 Si_3N_4 结合碳化硅制品、赛隆结合碳化硅制品、赛隆结合刚玉制品和 Si_2N_2O 结合碳化硅制品等。

与氧化物耐火材料相比,氮化物结合耐火材料具有耐高温强度高、抗高温蠕变能力和抗渣侵蚀能力强的特点,广泛应用于大型炼铁高炉、铝电解槽、陶瓷窑具和锅炉等行业。

① 氮化硅结合碳化硅制品

氮化硅（Si_3N_4）结合碳化硅制品是指以单质硅粉和不同粒度级配的碳化硅为主要原料,经混练成型在氮气气氛中通过氮化反应原位形成以 Si_3N_4 为结合相的碳化硅制品。氮化硅结合碳化硅制品一般采用反应烧结的方法,此种制品可以完全代替氧化物结合的碳化硅制品,用于各种高温设备中,而且适用于工作温度更高、负荷和温度急剧变化的条件。

② 赛隆结合碳化硅制品

赛隆（Sialon）结合碳化硅制品是以单质硅粉、氧化铝粉和不同粒度级配的碳化硅为主要原料,经混练成型在氮气气氛中通过氮化反应烧结形成以 β-Sialon 为结合相的碳化硅制品。

赛隆结合碳化硅制品的主晶相为碳化硅,次晶相为 β-Sialon。在显微结构上,赛隆结合碳化硅与氮化硅结合碳化硅存在较大差异,β-Sialon 晶体主要呈条柱状或短柱状,并在三维空间形成连续的网络将碳化硅颗粒包围,而氮化硅结合碳化硅制品中,Si_3N_4 晶体主要为纤维状,比表面积大、活性高,抗氧化性和抗渣侵蚀性不如柱状 β-Sialon 晶体好。因此,赛隆结合碳化硅制品比氮化硅结合碳化硅制品的抗氧化性和抗渣性更好,是现代大型高炉炉腹、炉腰和炉身等部位用的耐火材料。

③ 赛隆结合刚玉制品

赛隆结合刚玉制品是以单质硅粉、氧化铝粉和不同粒度级配的刚玉为主要原料,经混练成型在氮气气氛中通过氮化反应烧结成以 β-Sialon 为结合相的刚玉制品。其主晶相为刚玉,次晶相为 β-Sialon。由于 β-Sialon 是在富铝的环境下形成的,晶体生长发育程度好于赛隆结合碳化硅制品中的 β-Sialon,呈典型的六方长柱状,柱状 β-Sialon 相互交织,将刚玉颗粒结合在一起。

④ 氧氮化硅结合碳化硅制品

氧氮化硅结合碳化硅制品是以单质硅粉、二氧化硅和不同粒度级配的碳化硅为主要原料,经混练成型在氮气气氛中通过氮化反应烧结形成以氧氮化硅作为结合相的碳化硅制品。其主晶相为碳化硅,次晶相为氧氮化硅。显微结构特征为六方板状氧氮化硅结合相以 [SiN_3O] 四面体包裹并与碳化硅粗颗粒形成紧密结合,这种显微结构对材料的长期抗氧化性有利。

2.2.33　碱性耐火材料的主要品种及应用

镁质耐火制品的一般生产过程是以较纯净的菱镁矿或由海水、盐湖水等提取的氧化镁为原料,经高温煅烧制成烧结镁砂,或经电熔制成电熔镁砂等熟料,然后将熟料破（粉）碎,根据制品品种经相应配料、坯料制备、成型、干燥和烧成等工艺过程成为制品。主要品种有:

（1）镁砖

镁砖是指 MgO 含量在 80％以上，以烧结镁砂为主要原料制备的碱性耐火制品，分为烧成镁砖和不烧镁砖，根据结合相不同，又可以分为硅酸盐结合、直接结合和再结合镁砖。烧成镁砖一般在隧道窑中烧成。由于镁砖能经受高温热负荷、流体的流动冲击和钢液与强碱性熔渣的化学侵蚀，因此，凡遭受上述作用的冶炼炉的内衬，如转炉、电炉、化铁炉、有色金属冶炼炉、均热炉和加热炉的炉床，以及水泥窑和玻璃窑蓄热室等设备，都可使用此种耐火制品。但因其抗热震性较差，故不宜用于温度急剧变化之处。另外，由于其热膨胀性较大和荷重软化温度较低，用于高温窑炉炉顶时必须采用吊挂方式。

（2）镁铬质耐火材料

镁铬质耐火材料是由镁砂与铬铁矿制成的且以镁砂为主要成分的耐火材料，其主要物相为方镁石和尖晶石，按照化学组成分为铬砖[$w(Cr_2O_3) \geqslant 25\%, w(MgO) < 25\%$]、铬镁砖[$25\% \leqslant w(MgO) < 55\%$]和镁铬砖[$55\% \leqslant w(MgO) < 80\%$]，按结合方式分为普通镁铬砖、直接结合镁铬砖、再结合镁铬砖、半再结合镁铬砖、熔铸镁铬砖等。镁铬质耐火制品耐火度高、高温强度大、抗热震性优良、抗碱性渣侵蚀性强，对酸性渣也有一定的适应性，且具有良好的挂窑皮性，因此，主要用于钢铁冶金中的炉外精炼炉、有色金属冶炼炉和水泥回转窑过渡带、烧成带以及玻璃窑的蓄热室等部位。

镁铬砖在碱性条件下使用容易产生六价铬，这在水泥回转窑中更显著，由于六价铬对环境及人体的危害，自 20 世纪 80 年代后期以来，镁铬质耐火材料的生产和使用出现下降趋势，无铬化成为发展趋势。

（3）方镁石-尖晶石耐火材料

方镁石-尖晶石耐火材料是指以方镁石与尖晶石为主晶相的耐火材料，通常方镁石的含量较高。镁铝尖晶石是 MgO-Al_2O_3 二元系统中唯一的中间化合物，其化学式为 MgO·Al_2O_3，理论含量为 MgO 28.3％、Al_2O_3 71.7％。实践表明，Al_2O_3 含量为 5％～12％的方镁石-尖晶石制品耐高温、抗侵蚀性强、抗热震性好，可用作炼钢用中间包挡渣墙、钢包滑板等；Al_2O_3 含量为 10％～20％的方镁石-尖晶石制品抗热震性优良，适于水泥窑和石灰窑过渡带、烧成带等；Al_2O_3 含量为 15％～25％的方镁石-尖晶石制品抗 SO_3 和碱性硫酸盐侵蚀的能力优越，可作为玻璃窑蓄热室格子砖等。

方镁石-尖晶石耐火材料被认为是镁铬制品的重要替代材料之一。但方镁石-尖晶石制品热导率比镁铬制品的高，制品中的尖晶石组分在过热条件下易与水泥熟料中的 C_3S 或 C_3A 反应生成低熔点的 $C_{12}A_7$，导致窑皮烧流，造成制品蚀损和挂窑皮性能差，若用于低品位煤和替代燃料的回转窑系统中，其使用寿命需要进一步评估。

（4）方镁石-铁铝尖晶石耐火材料

在方镁石-铁铝尖晶石材料中，铁以二价铁离子的形式存在于铁铝尖晶石（$FeAl_2O_4$）构造内，可增强材料的韧性和弹性。而且与水泥熟料接触后，铁铝尖晶石与水泥反应形成铁酸钙及铁铝酸四钙相，这些新相非常有助于在耐火砖工作面形成稳定窑皮。因此，方镁石-铁铝尖晶石制品自出现以来已经获得较好的使用效果，成为一种性能优良且具有发展前景的无铬碱性耐火材料。

（5）白云石质耐火材料

白云石质耐火材料是指以白云石熟料为主要成分的碱性耐火材料。白云石熟料是以天然镁和钙的碳酸盐或氢氧化物经煅烧后形成的致密均匀氧化钙与氧化镁混合物，是现代钢铁工业中，特别是不锈钢冶炼中最重要的耐火材料。由于具有良好的挂窑皮性能，在水泥窑烧成带中也有应用，但抗水化能力差，在运转率低的回转窑中使用寿命会大大降低。

2.2.34 耐碱砖的组成及特性

耐碱砖是一种新型的耐碱黏土质（或半硅质）耐火材料。

在水泥回转窑生产中，来自原（燃）料的钾、钠、硫、氯等有害成分，在高温带形成的硫酸盐和氯化物随窑气后逸，除对烧成带、过渡带的碱性窑衬造成侵蚀损害外，到窑尾烟室、分解炉、预热器等处由于温度降低而凝结富集,可渗入普通黏土砖内,与砖体产生化学反应,生成钾霞石(KAS_2)、白榴石(KAS_4)和正长石(KAS_6)等膨胀性矿物,使黏土砖开裂剥落,形成"碱裂"破坏。此外,由于出窑熟料温度高,碱从熟料内继续挥发,侵蚀篦冷机热端、窑头烟室及窑门罩的黏土砖,形成"碱裂"。

为此,德国首先研制成功了 Al_2O_3 含量为 $25\%\sim28\%$ 的耐碱黏土砖,使窑气中的碱在砖面上凝集后迅速与砖面发生化学反应,形成一层高黏度的釉面层,封闭了碱向砖体内部继续侵蚀的孔道,从而防止了"碱裂"。同时,在窑气中含氯较多时,可适当提高砖中 SiO_2 含量,增大砖面与氯碱结合黏挂的能力,制成耐氯碱侵蚀的耐碱黏土砖;为适应预分解窑二次风管中带熟料粉尘的高速气流对衬里的冲涮,亦可制成高强度的耐碱黏土砖;为满足窑体隔热要求,还可制成轻质耐碱黏土砖(如德国牌号 Orylex 砖,日本牌号 G1ASil 砖)等。这些耐碱砖广泛用于悬浮预热窑及预分解窑系统,用量达 $30\%\sim40\%$。

20 世纪 90 年代以来,为适应大型预分解窑的需要,进一步提高了碱性砖的耐火度、耐化学侵蚀性能,进一步降低氧化铁含量至 1.5%,在固定设备部位有被浇注料代替之势。

2.2.35 耐火泥的种类

耐火泥主要可以分为以下几种:

(1)铸性火泥

也称为气凝性火泥。使用在窑头燃烧器,作为保护耐火层,在预热机的某些部分作耐火衬料,一般以灌浆的方式进行施工。

(2)绝缘性火泥

用于窑壳变形的平面处进行修复平整,或者用于冷却机的顶棚作隔热。

(3)耐火泥

又称为热凝性火泥,主要是在砌砖时使用。使用耐火泥时,必须要加玻璃水进行搅拌(硅酸钠、水)。一般 DiDOTECT 135(耐 1350 ℃以上的高温),在窑尾时用 SK34;DiDOTECT 150(耐 1500 ℃以上的高温),高温时用 SK35;Couprit 160h,主要用在窑头喷煤嘴处;Couprit 135h,主要用在预热器及冷却机中。

2.2.36 耐火浇注料有哪些种类

耐火浇注料有下列几种:

(1)硅酸盐耐火浇注料。它具有材料易得、造价低的优点,适用于窑炉内衬及烟囱烟室内衬,适用温度在 $700\sim1200$ ℃。它是以普通硅酸盐水泥、矿渣硅酸盐水泥和硅酸盐水泥为胶结剂与耐火集料、掺料配制而成。

(2)铝酸盐耐火浇注料。它具有快硬高强、抗热震性好、耐火度高的特点,适用于一般窑炉和热工设备,其最高使用温度为 $1400\sim1600$ ℃。它是以铝酸盐水泥为胶结剂与耐火集料配制而成,因胶结剂不同,它又分为矾土水泥耐火浇注料、铝-60 水泥耐火浇注料、低钙铝酸盐水泥耐火浇注料和纯铝酸钙水泥耐火浇注料等。按耐火集料品种不同,又分为高铝质耐火浇注料和黏土质耐火浇注料。

(3)矾土耐火浇注料。它与硅酸盐耐火浇注料相比具有较高的耐火性能,工艺流程简单,适用于加热炉系统,最高使用温度为 1400 ℃。它是以矾土水泥为胶结剂与耐火集料和粉料配制而成的。

(4)低水泥耐火浇注料。它的含钙量仅为传统耐火浇注料的 1/4~1/3,是低钙耐火浇注料。它是通过降低水泥掺入量和采用超细粉技术,达到耐高温、体积收缩性小、抗热震性好的目的,适于水泥回转窑窑口、三风道燃烧器保温层、单风道燃烧器(喷煤管)保温层、冷却机弯头、篦冷机入料喉口等。

(5)水玻璃结合耐火浇注料。它具有强度高,抗热震性好,耐高温、耐磨、耐蚀性好的特点,最高使用温度为 1200 ℃,适用于特殊要求部位。它是以水玻璃为胶结剂与各种耐火集料配制而成的。

(6)磷酸和磷酸盐耐火浇注料。它具有强度高、抗热震性好、抗化学侵蚀性好、耐冲击和荷重软化温度高等特点,适用于各种窑炉及热工设备。由于配用耐火集料的不同,其使用温度在 1000~2000 ℃ 之间,性能优于其他耐火浇注料,超过耐火砖。它是由磷酸或磷酸盐溶液与耐火集料配制而成的,用磷酸拌料叫作磷酸耐火浇注料,用磷酸盐中的磷酸铝溶液拌料叫作磷酸铝耐火浇注料。其牌号的理化指标见表 5-34。它通常用的耐火集料有矾土熟料、黏土熟料、锆质原料及刚玉、莫来石、铬渣、碳化硅等。因耐火集料不同,所以磷酸耐火浇注料的品种也不一样,如铬质耐火浇注料、锆质耐火浇注料、磷酸刚玉耐火浇注料、磷酸铝刚玉浇注料、磷酸碳化硅浇注料等,它们都属于磷酸或磷酸盐作为胶合剂的高级浇注料。

(7)黏土质和高铝质耐火浇注料。它是以黏土质或高铝质原料为耐火集料,加入胶合剂而制成的,最高使用温度在 1300~1450 ℃,适用于窑门及人孔门、链条带、箅冷机两侧。

《粘土质和高铝质致密耐火浇注料》(YB/T 5083—2014)中规定黏土质和高铝质致密耐火浇注料的理化性能指标应符合表 2.48 的规定。

表 2.48 黏土质和高铝质致密耐火浇注料的理化性能

项　　目		理化性能指标						
		NTJ-40	NTJ-45	GLJ-50	GLJ-60	GLJ-65	GLJ-70	GLJ-80
Al_2O_3 含量(%)		≥40	≥45	≥50	≥60	≥65	≥70	≥80
耐火度(℃)		≥164	≥170	≥170	≥172	≥172	≥172	≥178
体积密度(g/cm³)	110 ℃× 24 h	≥2.05	≥2.10	≥2.15	≥2.30	≥2.40	≥2.45	≥2.65
常温抗折强度(MPa)		≥4.0	≥4.0	≥4.0	≥5.0	≥6.0	≥6.0	≥7.0
常温耐压强度(MPa)		≥25	≥25	≥25	≥30	≥35	≥35	≥40
加热永久线变化 (试验温度×3 h)(%)		±0.8 (1300 ℃)		±0.8 (1350 ℃)	±0.8 (1400 ℃)			±0.8 (1500 ℃)

(8)耐碱耐火浇注料。它是以耐火黏土熟料为集料,以铝酸盐水泥为胶结剂配制而成的,适用于碱侵蚀较重的部位,如水泥窑预热器系统、管道系统及窑尾碱侵蚀严重的衬料部位。

(9)钢纤维增强型耐火浇注料。它是在耐火浇注料中加入短细的耐热钢纤维配制而成的。它具有抗磨、耐热冲击、抗高温强度好的性能,适用于冷却带拔销部位、窑口及箅冷机喉口、喷煤管保持层等处。其理化性能指标如表 2.49 所示。

表 2.49 钢纤维增强型耐火浇注料的理化性能

项　　目	理化性能指标		
	BGL-85	BGL-80	BGL-70
Al_2O_3 含量(%)	≥85	≥80	≥70
耐火度(℃)	≥1790	≥1790	≥1660
体积密度(g/cm³) 110 ℃×24 h 烘干后	≥2.6	≥2.5	≥2.3
烧后线变化(%) 1500 ℃×3 h 烧后	≤2.0	≤2.0	≤2.0
常温耐压强度(MPa) 110 ℃×24 h 烘干后	≥40	≥35	≥30
常温抗折强度(MPa) 110 ℃×24 h 烘干后	≥15	≥10	≥6
最高使用温度(℃)	1650	1550	1400

2.2.37 高强度耐火浇注料

以刚玉、碳化硅等为骨料和粉料,以铝酸盐水泥为结合剂,掺入添加剂配制而成,具有高强度的水硬性耐火浇注料,称为高强度耐火浇注料。

高强度耐火浇注料按 Al_2O_3 和 SiC 含量分为 GQ-92、GQ-85 两类。

高强度耐火浇注料主要用于热工窑、炉易磨损的部位,如窑口、喷煤管等处。但这种浇注料在浇注过程中容易出现气孔,分次浇注易出现剥离,强度增长得比较缓慢,在浇注和之后的养护、烘干、升温过程中,应更加认真和精细。《高强度耐火注料》(JC/T 498—2013)对其主要理化性能指标规定见表 2.50。

表 2.50　高强度耐火烧注料的理化性能

项　目		理化性能指标	
		GQ-92	GQ-85
Al_2O_3＋SiC 含量(%)		≥92	≥85
CaO 含量(%)		≤4	≤4
常温耐压强度(MPa)	110 ℃×24 h 烘干后	≥80	≥60
	1110 ℃×3 h 烧后	≥100	≥70
	1500 ℃×3 h 烧后	≥120	≥100
常温抗折强度(MPa)	110 ℃×24 h 烘干后	≥8	≥6
	1110 ℃×3 h 烧后	≥9	≥7
	1500 ℃×3 h 烧后	≥10	≥9
加热永久线变化(%)	1110 ℃×3 h 烧后	≤±0.5	≤±0.5
	1500 ℃×3 h 烧后	≤±0.5	≤±0.5
体积密度(g/cm³)	110 ℃×24 h 烘干后	2.90	2.85

2.2.38　耐碱耐火浇注料

以硅铝质材料为骨料和粉料,铝酸盐水泥作为结合剂,掺入适当外加剂配制而成的具有耐碱性的水硬性浇注料,称为耐碱耐火浇注料。其按性能指标分为 NJ-1、NJ-2 和 NJ-3 三个牌号。

与轻质耐碱浇注料相比,耐碱浇注料的强度、耐火度都要高些,而且导热系数相对要大,在使用中要有所区别。《耐碱耐火浇注料》(JC/T 708—2013)对其物理性能指标规定见表 2.51。

表 2.51　耐碱耐火浇注料的物理性能

项　目		物理性能指标		
		NJ-1	NJ-2	NJ-3
耐碱性(不低于)		一级	一级	一级
常温耐压强度(MPa)	110 ℃×24 h 烘干后	≥100	≥80	≥70
	1110 ℃×3 h 烧后	≥100	≥80	≥70
常温抗折强度(MPa)	110 ℃×24 h 烘干后	≥10.0	≥8	≥7
	1110 ℃×3 h 烧后	≥10.0	≥8	≥7
加热永久线变化(%)	1110 ℃×3 h 烧后	±0.5	±0.5	±0.5

2.2.39　轻质耐碱浇注料

水泥预分解窑生产线中,轻质耐碱浇注料作为耐碱隔热衬里,主要用于有碱侵蚀的部位,如预热器分解炉管道系统及普通干法回转窑预热分解带。优等品适用于既有耐碱要求,又有高强耐磨要求的部位。《轻质耐碱浇注料》(JC/T 807—2013)所规定的理化性能指标见表 2.52。

表 2.52 轻质耐碱浇注料的理化性能

产品等级	型号	耐碱性（最低等级）	110 ℃烘干体积密度（kg/m³）	常温抗折强度（MPa）		常温抗压强度（MPa）		3 h 恒温后线变化不大于 1.5% 的试验温度（℃）
				110 ℃烘干	1110 ℃烧后	110 ℃烘干	1110 ℃烧后	
优等品	Q-12D	一级	≥1650	≥4.0	≥3.5	≥35	≥30	1200
	Q-13D	一级	≥1700	≥4.0	≥3.5	≥40	≥35	1300
一等品	Q-12	二级	≥1600	≥2.5	—	≥25	—	1200
	Q-13	二级	≥1650	≥3.0	—	≥30	—	1300

2.2.40 熔铸耐火材料

熔铸耐火材料是一种生产工艺、显微结构与其他耐火材料有显著差异的耐火材料。常见的熔铸耐火材料制品包括熔铸氧化铝制品、锆刚玉(AZS)制品、莫来石制品及氧化锆制品等。这类制品大多应用于玻璃熔窑,其组成与性能列于表 2.53 中。

熔铸耐火材料的生产工艺流程如下:配料→混合→压块→煅烧→粗碎→熔炼→浇铸→退火→精加工→检验→成品。它的显微结构较一般耐火材料均匀。在性能方面,除了要有与一般耐火材料相同的物理性能与使用性能外,还有一些特殊性能要求,比如玻璃相渗出温度及侵蚀速度等。由于熔铸耐火材料具有致密的显微结构且纯度较高,因此,熔铸耐火材料的强度、荷重软化温度以及热导率都较高,化学稳定性好,抗侵蚀性能也较好,但抗热震性能较差。

表 2.53 国内外部分熔铸耐火材料组成与性能

性能指标		熔铸氧化铝制品				熔铸锆刚玉制品			
		日本东芝 α-Al₂O₃ 质	法国西普 α-β-Al₂O₃ 质	法国西普 β-Al₂O₃ 质	中国某厂 α-β-Al₂O₃ 质	法国西普 AZS 质		中国某厂 AZS 质	
		Monofrax	Jargal M	Jargal M		ER1681	ER1711		
化学成分（%）	Al_2O_3	98.3	93.4	94.5	94.2	50.6	45.5	49.80	43.92
	SiO_2	0.1	2.85	0.1	1.2	15.6	12.2	15.50	12.80
	ZrO_2	0	0	0	0	32.5	41	32.90	41.50
	Na_2O	0.7	3.65	5.2	3.8	1.1	1.0	1.40	1.26
矿物相（%）	莫来石	—	—	—	—	—	—	—	—
	α-氧化铝	95	40~50		45	47	42	47	43
	β-氧化铝	5	50~60	>97.5	53	—	—	—	—
	斜锆石	—	—	—	—	32	41	32	40
	玻璃相	0~1	2.34	0.5	2	21	17	21	17
体积密度(g/cm³)		3.96	3.43	3.26	3.34	3.80~4.00	4.05~4.25	3.84	4.10
显气孔率(%)		0.5~5	2.27	3~5	<2	0~1	0~1	<1	<1
荷重软化温度(℃)		1750	1750	1750	1750	1700	1700	1700	1700

续表 2.53

性能指标	熔铸氧化铝制品				熔铸锆刚玉制品			
	日本东芝 α-Al$_2$O$_3$ 质	法国西普 α-β-Al$_2$O$_3$ 质	法国西普 β-Al$_2$O$_3$ 质	中国某厂 α-β-Al$_2$O$_3$ 质	法国西普 AZS 质		中国某厂 AZS 质	
	Monofrax	Jargal M	Jargal M		ER1681	ER1711		
玻璃相析出温度(℃)	—	—	—	—	>1400	>1400	>1400	>1400
气泡析出率(%)(1100 ℃,钠钙玻璃)	0	0	0	0	1~2	1~2	1.40	1.0

(1) 铝锆硅系熔铸耐火材料制品

铝锆硅系熔铸耐火材料制品常称为熔铸锆刚玉砖。主要原料有工业氧化铝和锆英石砂(或经脱 SiO$_2$ 处理),其主要成分为 Al$_2$O$_3$、ZrO$_2$ 和 SiO$_2$,主要晶相为斜锆石及斜锆石和刚玉共晶,SiO$_2$ 主要存在于玻璃相中,且 SiO$_2$ 属于受限组分,材料中含量不宜太多,其显微结构见图 2.9。因此,通常用 AZS 来表示熔铸锆刚玉砖,常见的牌号有 AZS-33、AZS-36 和 AZS-41,牌号后的数字表示 ZrO$_2$ 的含量。由于高 ZrO$_2$ 含量熔铸耐火材料表现出高抗蚀性,AZS 材料向高 ZrO$_2$ 含量方向发展的趋势明显,但增加 ZrO$_2$ 的含量将给熔制带来困难。

(2) 熔铸氧化铝耐火材料

熔铸 Al$_2$O$_3$ 耐火材料包括熔铸 α-Al$_2$O$_3$ 耐火制品、熔铸 α-β-Al$_2$O$_3$ 耐火制品及熔铸 β-Al$_2$O$_3$ 制品。熔铸氧化铝耐火材料的原料主要为工业氧化铝、纯碱、石英砂以及少量添加剂,纯 Al$_2$O$_3$ 熔体浇铸后迅速凝固形成 α-Al$_2$O$_3$ 晶体。在 Na$_2$O 存在的情况下,Al$_2$O$_3$ 熔体浇铸后会形成 β-Al$_2$O$_3$ 晶体(Na$_2$O·11Al$_2$O$_3$)。而 α-β-

图 2.9 典型 AZS 制品的显微结构

白色相—斜锆石;

灰色相—斜锆石和刚玉共晶;

深色相—玻璃相

Al$_2$O$_3$ 熔铸耐火制品同时含有 α-Al$_2$O$_3$ 与 β-Al$_2$O$_3$ 两相,容易发生偏析。在高温下,α-β-Al$_2$O$_3$ 熔铸制品的抗侵蚀能力不如 AZS 制品,但是在 1350 ℃ 以下时,它们的区别甚微。熔铸 α-β-Al$_2$O$_3$ 制品有较强的耐碱性,同时,它们的玻璃相含量很少。

β-Al$_2$O$_3$ 熔铸耐火材料中的 Al$_2$O$_3$ 含量在 93%～94% 之间,Na$_2$O 的含量在 5%～6% 之间。Al$_2$O$_3$ 全部为 β-Al$_2$O$_3$,呈发育良好、平板状的大晶体,它们互相交错,形成网络状结构。β-Al$_2$O$_3$ 熔铸耐火材料中的玻璃相很少,但显气孔率较高,因此,强度较低且抗热震性较好。由于 β-Al$_2$O$_3$ 中 Na$_2$O 已饱和,因此,它具有优良的抗碱蒸汽侵蚀的能力,常用于玻璃熔窑的上部。

(3) 熔铸 ZrO$_2$ 耐火制品

熔铸 ZrO$_2$ 耐火制品中 ZrO$_2$ 的含量通常在 90%～99% 之间。所谓 ZrO$_2$ 熔铸制品,实际上并非纯 ZrO$_2$ 制品,其中仍含有少量 Al$_2$O$_3$、SiO$_2$ 以及其他元素,从化学组成上仍属于 ZrO$_2$-Al$_2$O$_3$-SiO$_2$ 体系。最常见的为 ZrO$_2$ 含量在 94% 左右。它是一种适合超高温熔制玻璃熔窑用耐火材料。

2.2.41 不定形耐火材料

不定形耐火材料,是指由骨料、细粉、结合剂与添加剂按照一定的比例和颗粒级配组成的混合物。通常以散料状的形式送到现场,以浇注、捣打、涂抹、喷射、振动等方法施工制作或修补炉衬。不定形耐火材料优点较多:(1)不需要成型、干燥与烧成,有利于节能减排且生产工艺简单、劳动生产率高。(2)容易施工,通常不受窑炉结构形状限制,可以很方便地制作成不同形状的炉衬。(3)炉衬的整体性与气密性好。(4)可以机械化施工。(5)易于修补,可以方便地作为炉衬修复材料。

不定形耐火材料的作业性能也称为施工性能,它表示不定形耐火材料施工操作的难易程度,对于不定形耐火材料成型后的结构与性质也有很大影响。不定形耐火材料的作业性能很多,主要包括和易性、稠度、触变性、流动值、铺展性、可塑性、附着率、塑性值、凝结性、硬化性等。不同品种的不定形耐火材料与不同的施工方法对施工性能的要求也不同,如浇注料要求有较好的流动性,可塑料要求有较好的可塑性等。

不定形耐火材料分类的方法有很多,按材质分类,有高铝质浇注料、铝镁质浇注料等;按结合剂分类,有铝酸钙水泥结合浇注料、磷酸盐结合捣打料等。最常见的还是按施工方法分类。按施工方法可将不定形耐火材料分为耐火浇注料、可塑料、喷射料、涂抹料、干式振动料等。其中,耐火浇注料用量最大,用途也最广,在水泥、玻璃、钢铁、石油化工、电力以及垃圾危害物焚烧等工业中都有广泛应用。

(1)不定形耐火材料的结合剂

结合剂是指添加到不定形耐火材料中,使其具有作业性能和生坯强度或干燥强度的物质。在不定形耐火材料与不烧制品中,除了考虑结合剂的结合性能外,还必须考虑到它们在加热过程中的变化、与被结合材料在高温下的反应以及对后者组成、显微结构与性能的影响。

不定形耐火材料结合剂有很多,其分类方法也有多种。按化学成分与性质分类,结合剂可分为无机结合剂与有机结合剂两大类。无机结合剂有水玻璃、铝酸钙水泥、磷酸与各种磷酸盐等;有机结合剂包括淀粉、糊精、纸浆废液、焦油、沥青与蒽油等。按硬化条件分类,结合剂可以分为水硬性结合剂、气硬性结合剂和热硬性结合剂。下面介绍几种最常见的结合剂。

① 铝酸钙水泥

铝酸钙水泥是目前使用最广泛的结合剂,它是以氧化铝或矾土与碳酸钙为原料经煅烧或电熔而得到的。近年来出现了用氧化铝或矾土与白云石为原料生产的含镁铝尖晶石的新型铝酸钙水泥。近年来,虽然耐火材料工作者试图降低浇注料等耐火材料中 CaO 的含量,以减少其对高温性能的影响,生产出低水泥浇注料(CaO 的含量 2.5%～0.2%)、超低水泥浇注料(CaO 的含量 1.0%～0.2%)与无水泥浇注料(CaO 的含量小于 0.2%),使水泥在浇注料中的用量减少。但是,它仍然是最广泛使用的结合剂,与其他的结合剂相比,其优点之一是可以短时间(6～24 h)内获得高强度。

② 磷酸及磷酸盐结合剂

磷酸与磷酸盐结合剂是传统的优良结合剂,在耐火材料中广泛用作不定形耐火材料及不烧制品的黏结剂,如火泥、捣打料等。由于铝酸钙水泥等结合剂的出现,磷酸盐作为浇注料结合剂已逐渐减少,但在不烧制品中仍应用广泛。在磷酸盐结合剂中磷酸铝最重要。磷酸作为结合剂时,通常也是先与被结合的刚玉或矾土反应生成磷酸铝,再起结合作用。

③ 水玻璃结合剂

水玻璃是由碱金属硅酸盐组成的,它是一种既具有胶体特征又具有溶液特征的溶液。其化学式为 $R_2O \cdot nSiO_2$,根据碱金属氧化物种类分为钠水玻璃($Na_2O \cdot nSiO_2$)、钾水玻璃($K_2O \cdot nSiO_2$)和钾钠水玻璃($K_2O \cdot NaO \cdot nSiO_2$)。根据水玻璃中的含水量分为以下三类:块状或粉状水玻璃、含有化合水的固体水玻璃和液体水玻璃,其中液体水玻璃最为常用。

水玻璃水解形成的溶胶具有良好的胶结能力,因而被广泛地用作耐火材料的结合剂。以水玻璃为结合剂的不定形耐火材料具有强度高、抗热震性、耐磨性和耐碱腐蚀性较好的特点。但由于 K_2O、Na_2O 的引入会降低耐火材料高温性能,因此,多用于中、低温用材料。

④ 亚硫酸纸浆废液结合剂

亚硫酸纸浆废液结合剂是用生产纸浆的废液经发酵提取酒精后得到的,市场上供应的纸浆结合剂有固、液两种形式。纸浆废液中起结合作用的主要是木质素磺酸盐,其分子量对纸浆的黏度与结合强度有一定影响。分子量太小时,黏度低,结合强度也小;分子量太大时,黏度太高,纸浆废液在混合过程中易分布不均,强度也会下降。因此,一般控制其分子量在 41000～51000 之间为宜。用于耐火材料的纸浆废液的木质素磺酸盐的平均分子量在 31000～51000 之间,黏度为 1.0～29.0 Pa·s。

纸浆废液被广泛作为半干法生产耐火材料制品的结合剂及不烧耐火制品的结合剂,可以单独使用,也可以与其他结合剂联合使用。

⑤ 纤维素结合剂

纤维素结合剂是用含有纤维素的天然植物原料经碱化、醚化所得到的具有黏结性的高分子化合物,如工业中最常用的甲基纤维素(MC)与羧甲基纤维素(CMC)。甲基纤维素的分子式为 $(C_6H_{12}O_5)_n$;羧甲基纤维素是纤维素醚的一种,分子式为 $(C_6H_9O·OCH_2COOH)$。

甲基纤维素为白色的无味无毒的纤维状有机物,可溶于水、乙醇、乙醚及冰醋酸等有机溶剂,水溶液有黏性,随温度升高黏性下降,加热到某一温度有突然凝胶化现象发生,但冷却后又会呈溶胶状。甲基纤维素可以作为耐火制品生坯及不烧耐火制品的临时结合剂,经热处理后几乎不在制品中残留有害的杂质,因而适合制备高纯制品。在不定形耐火材料(如泥浆)中,它可以作为悬浮剂,使泥浆中的粉粒不沉淀,还可改善泥浆的铺展性并提高黏结力。此外,甲基纤维素又是一种非离子型表面活性剂,因此,它还可以起到减水剂与增黏剂的双重作用。

羧甲基纤维素是一种合成的聚合物电解质,其性质主要取决于聚合纤维链的长度与取代度,可以作为结合剂、分散剂与稳定剂。它可以很好地润湿耐火材料颗粒,增强颗粒之间的黏结,提高坯体强度。

(2) 典型浇注料品种及应用

浇注料是由骨料、细粉和结合剂组成的混合料,曾被称为耐火混凝土。浇注料通常以干态交货,加水或其他液体混合后进行浇注施工,浇注成型后经一段时间养护,经结合剂水化、凝固后即获得一定的强度,再经烘烤后使用。根据流动特性及施工方式不同,浇注料可分为下列几种:

① 振动浇注料。流动性较差,需经过机械振动才能使泥料流动,充满模型。

② 自流浇注料。流动性好,靠重力或位能差产生流动,能自动充满模型。

③ 泵送浇注料。流动性及防偏析性能好,和流态混凝土类似,可以用泥浆泵将浇注料远距离输送,并能很好地注满模型。

按结合剂的种类与数量,浇注料又可分为低水泥浇注料、超低水泥浇注料、无水泥浇注料、磷酸盐结合浇注料,以及凝聚结合浇注料等。

① 铝镁质浇注料

是以氧化铝与氧化镁为主要成分的浇注料,主要用于钢铁冶金钢包内衬和 RH 精炼炉等设备中,氧化镁可以铝镁尖晶石的形式或镁砂形式加入。铝镁质浇注料是使用量较大且研究得较深入的浇注料之一,可分为普通铝镁质浇注料与纯铝镁质浇注料两类。前者以矾土熟料为主要原料,也称为矾土基铝镁浇注料;后者以电熔刚玉或烧结刚玉为主要原料,杂质成分较少,称为纯铝镁浇注料。目前,铝镁质浇注料常采用铝酸钙水泥、$MgO-SiO_2-H_2O$、水化氧化铝或凝胶结合。

② $Al_2O_3-SiC-C$ 系浇注料

是以 Al_2O_3、SiC 与碳质原料为主要成分构成的浇注料,主要用于高炉出铁沟等部位,也是用量较大的浇注料之一。Al_2O_3 的来源主要有电熔致密刚玉、棕刚玉等。碳化硅一般采用含量不小于 97% 的黑碳化硅,通常以小颗粒与细粉的形式加入,碳素材料可用沥青、焦炭或石墨等,也可以用废石墨电极粉等。氧化铝-碳化硅-碳质浇注料主要选用铝酸盐水泥作为结合剂,作为高炉出铁沟用的浇注料要求有较好的抗热震性、抗冲刷能力与抗氧化性。

③ 轻骨料浇注料

是指以轻质材料为骨料而得到的浇注料,也称为轻质浇注料。轻质骨料包括膨胀蛭石、膨胀珍珠岩、陶粒、多孔耐火材料以及氧化铝空心球等。传统轻质浇注料多用于保温隔热。

使用温度越高,对材质要求越高。按使用温度可将轻质浇注料分为三类:①低温轻质浇注料,使用温度在 900 ℃ 以下;②中温轻质浇注料,使用温度在 900～1200 ℃ 之间;③高温轻质浇注料,使用温度高于

1200 ℃。

（3）其他不定形耐火材料

不定形耐火材料的种类有很多,除前述不定形耐火材料外,使用较多的其他品种还有耐火可塑料、耐火捣打料、喷射耐火材料、涂抹料、干式振动料、耐火泥等。

① 耐火可塑料

简称可塑料,是由骨料、细粉、结合剂和液体组成,具有良好的可塑性等作业性能,按交货状态直接使用的不定形耐火材料。可塑料广泛应用于制作各种工业窑炉的内衬,也可用于热工设备内衬的局部修补。可塑料种类根据使用主材料材质和结合剂种类确定,使用最广泛的是硅酸铝质耐火原料,结合剂多采用黏土和水玻璃、硫酸铝、磷酸铝等。

可塑料通常制成条状或软块状,用手工或机械捣打方式施工,施工后经自然干燥或烘烤后获得强度。可塑料对可塑性要求很高,且通常需要有较长的保存期。

可塑料的凝结硬化程度主要取决于结合剂的作用。可塑料在高温下具有良好的烧结性和较高的体积稳定性,硬化前可塑性较高,硬化后具有一定的强度。

② 耐火捣打料

简称捣打料,是由骨料、细粉、结合剂和必要的结合剂或胶结剂组成,用捣打方式施工的不定形耐火材料。结合剂根据材质和使用要求选定,常见的有硅酸钠、硅酸乙酯、硅胶和氯化镁、硫酸盐、磷酸盐,以及沥青、树脂、软质黏土、磷酸、磷酸铝等。

捣打料常采用强力捣打方法进行施工成型,与可塑料的区别在于捣打料可塑性很低或几乎无塑性。捣打料的种类有很多,通常在常温下施工,用风镐或机械捣打,其缺点是劳动强度高、施工速度慢。

③ 喷射耐火材料

简称喷射料,是指用喷射方法施工的由骨料、细粉与结合剂组成的混合料。在喷射过程中,高速气流将物料喷射到施工面上,经干燥或烘烤而获得强度。按喷射方式及含水量不同,可分为干法、半干法、湿法等,主要用于冷态下的修补和修筑炉衬,有的喷射料也可以在高温下施工,用于热态下修补。

喷射料的附着性是其重要性质之一。影响附着性最主要的因素是混合料本身的黏结性,黏结性好的混合料附着性强,其性能与材质有关。

④ 涂抹料

是由细耐火骨料、细粉与结合剂混合而成的可涂抹的不定形耐火材料,多呈膏状或泥浆状,可以用手工或机械方法涂抹或喷涂在工作表面。

⑤ 干式振动料

也称干式料,在干燥状态下采用振动或捣打施工的不定形耐火材料。这类材料中多含有某种临时性结合剂,经烘烤后脱模。

⑥ 耐火泥

耐火泥是由粉状物料和结合剂制成的不定形耐火材料,主要用作砌筑耐火砖砌体的接缝和涂层材料。通常根据粉料的材质将耐火泥分为黏土质、高铝质、硅质和镁质等。

粉状物料可选用材质与砌体或基底材料相同或相近的耐火原料,其粒度依使用要求而定,极限粒度一般小于 1 mm,有的还小于 0.5 mm 或更小,通常可按砖缝或涂层厚度而定,一般不超过最小厚度的 1/3。制造普通耐火泥用的结合剂为塑性黏土,如要求耐火泥在常温和中温下具有较快的硬化速率和较高的强度,同时又要求其在高温下仍具有优良性质,应掺入适当的化学结合剂,如水玻璃、水泥和磷酸,配制成化学结合耐火泥或复合耐火泥。

2.2.42　钢纤维增强耐火浇注料

以高铝矾土熟料或刚玉为骨料和粉料,加入结合剂、2%～4%（质量百分数）的耐热钢纤维和外加剂配制而成的耐火浇注料,称为钢纤维增强耐火浇注料。

钢纤维增强耐火浇注料按性能指标可分为 F1、F2、F3 三类。

钢纤维在耐火浇注料中大大改善了耐火浇注料的抗剥落性能。钢纤维的分布状态对混凝土的质量影响极大,以随机无序分布为佳,因此,振捣的时间不宜过长。钢纤维浇注料必须一次性浇注完成,否则两层之间剥离的可能性很大。《钢纤维增强耐火浇注料》(JC/T 499—2013)规定的理化性能指标见表2.54。

表 2.54　钢纤维增强耐火浇注料的理化性能

项　　目		F1	F2	F3
Al_2O_3 含量(%)		≥80	≥70	≥65
常温抗折强度(MPa)	110 ℃×24 h 烘干后	≥12.0	≥10.0	≥6.5
	1110 ℃×3 h 烧后	≥12.0	≥10.0	≥6.5
常温耐压强度(MPa)	110 ℃×24 h 烘干后	≥90	≥80	≥70
	1110 ℃×3 h 烧后	≥90	≥80	≥50
1100 ℃急冷急热水循环 5 次后的抗折强度(MPa)		≥5.5	≥5.0	≥5.0
加热永久线变化(%)	1110 ℃×3 h 烧后	±0.5	±0.5	±0.5

2.2.43　隔热耐火材料的分类

隔热耐火材料是指低导热系数与低热容量的耐火材料,其特点是显气孔率高、体积密度小,因此也称轻质耐火材料。传统隔热耐火材料主要用于保温,随着对节能减排要求的提高,对于能在工作面直接使用的高强度、耐高温、抗侵蚀的隔热耐火材料的研究开发日益受到重视。

隔热耐火材料可按其化学与矿物组成、使用温度、存在形态与显微结构进行分类。

(1)按化学与矿物组成分类

按化学与矿物组成分类,有黏土质隔热耐火材料、高铝质隔热耐火材料、硅质隔热耐火材料、硅藻土隔热耐火材料、蛭石隔热耐火材料、氧化铝隔热耐火材料与莫来石隔热耐火材料等。

(2)按使用温度分类

隔热耐火材料的使用温度通常是指重烧收缩不大于 1% 或 2% 的温度。常见的各种隔热耐火材料的使用温度如图 2.10 所示。按使用温度可将隔热耐火材料分为三类:①低温隔热材料小于 600 ℃;②中温隔热材料 600～1200 ℃;③高温隔热材料大于 1200 ℃。这是工业炉窑最常用的隔热材料。

(3)按存在形态分类

隔热耐火材料按存在的形态分类,如表 2.55 所示。

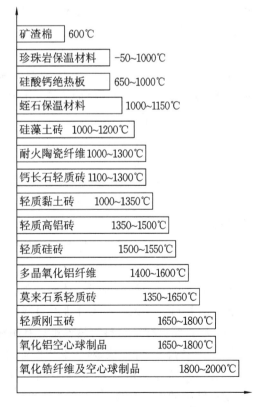

图 2.10　各种隔热耐火材料的使用温度

表 2.55　隔热耐火材料按形态分类

类别	特　征	举　例
粉粒散状隔热材料	粉粒散状隔热材料和粉粒散状不定形隔热材料	膨胀珍珠岩、膨胀蛭石、硅藻土等,氧化物空心球,氧化铝粉
定形隔热材料	多孔、泡沫隔热制品	轻质浇注料
纤维状隔热材料	棉状和纤维隔热材料	石棉、玻璃纤维、岩棉、陶瓷纤维、氧化物纤维及制品
复合隔热材料	纤维复合材料	绝热板、绝热涂料、硅钙板

2.2.44　隔热耐火制品的主要品种

隔热耐火材料的品种很多,下面简单介绍几种常见品种的性能及应用。

（1）氧化铝隔热耐火制品

氧化铝隔热耐火制品主要包括两种:一种是以氧化铝为主要原料,用烧烬法或发泡法制得的多孔隔热耐火材料;另一种为氧化铝空心球制品。前者是由电熔或烧结氧化铝、工业氧化铝粉为主要原料,用烧烬法、发泡法或其他方法制得的 Al_2O_3 含量在 90% 以上的隔热制品。根据使用要求的不同,其 Al_2O_3 含量可达 99%。但是,一般情况下,Al_2O_3 含量愈高,制品的抗热震性愈差。根据组成与结构的差异,刚玉隔热制品的使用温度可达 1600 ℃以上。随着体积密度的降低,制品的强度下降,其导热系数也下降,隔热性能提高。

（2）高铝质、莫来石质与黏土质隔热耐火材料制品

它们同属于硅酸铝系隔热耐火材料,是目前应用范围最广的隔热耐火材料。根据其组成、结构与生产方法的差别,它们的性质与质量变化范围很大,使用温度的范围也很广,为 1000～1600 ℃。

（3）耐火纤维

耐火纤维是纤维状的耐火材料,是一种新型的高效绝热材料。它既具有一般纤维的特性,如柔软、强度高、可加工成各种棉、绳、带、毡、毯等,又具有普通纤维所没有的耐高温、耐腐蚀性能,并且大部分耐火纤维抗氧化,克服了一般耐火纤维的脆性。目前,耐火纤维的生产和应用得到迅速发展,各种高温窑使用耐火纤维后,节能效果显著。

① 耐火纤维的性能

耐火纤维的主要性能有:

a. 耐高温。最高使用温度可达 1250～2500 ℃。

b. 低导热系数。耐火纤维在高温下导热能力很低,导热系数很小,如 1000 ℃时,硅酸铝质耐火纤维的导热系数仅为黏土砖的 20%,为轻质黏土砖的 38%。

c. 体积密度小。耐火纤维的体积密度仅为 0.1～0.2 g/cm³,为一般黏土砖的 1/10～1/20,为轻质黏土砖的 1/5～1/10。

d. 化学稳定性好。除强碱、氟、磷酸盐外,几乎不受其他化学物质的侵蚀。

e. 抗热震性好。无论是耐火纤维材料或制品,其抗热震性都比耐火砖的好。

f. 热容小。耐火纤维材料的热容量只有耐火砖的 1/72,为轻质黏土砖的 1/42。用耐火纤维作窑衬,蓄热损失小、节省燃料、升温快,对间歇式作业窑炉尤为明显。

另外,耐火纤维还具有柔软、易加工、施工方便等特点。

② 耐火纤维的生产方法

耐火纤维的生产方法有很多,主要有以下几种:

a. 熔融喷吹法。将原料在高温电炉内熔融,形成稳定的流股引出,用压缩空气或高压蒸汽喷吹成纤维丝。

b. 熔融提炼法和回转法。高温炉熔融物料形成流股,再进行提炼,或通过高速回转的滚筒形成纤维。

c. 高速离心法。用高速离心机将流股甩成纤维。

此外,还有胶体法、载体法、先驱体法、单晶拉丝法和化学法等。

③ 耐火纤维的分类和使用温度

耐火纤维的分类和使用温度如图 2.11 所示。

④ 耐火纤维制品及应用

为了简化施工操作和满足使用要求,耐火纤维还可加工成棉、绳、带、毡等各种制品。冶金、建材、石油化工、电子、机械、交通等行业对高品质耐火纤维的需求量很大。

(4) 氧化铝、氧化锆空心球及其制品

空心球材料的体积密度小、热容量小,可以提高高温炉的热交换效率,缩短生产周期,还能大大减小炉体的质量,高纯、高质量的空心球材料可以直接作为高温窑炉的内衬。其中,氧化铝和氧化锆空心球制品是代表性产品。

图 2.11　耐火纤维的分类和使用温度

将氧化铝原料用电弧炉熔融至 2000 ℃左右,将熔融液倾倒出来,与此同时,用高压空气吹散液流,使熔融液分散成小液滴,在空中冷却的过程中,因表面张力作用形成氧化铝空心球。用空心球制成的砖或制品,除了耐高温、保温性能好以外,还具有较好的抗热震性和较高的强度。氧化铝空心球制品可以直接作为一般高温窑炉、热处理炉及高温电炉的内衬材料,也可作为轻质耐火浇注料的骨料、填料,以及化工生产中的触媒载体等。由于氧化铝空心球制品在氢气等还原气氛中非常稳定,国外已经将其使用在石油化工工业中,作为气体分解炉的内衬。

氧化锆的热导率约为氧化铝的一半,其隔热性能更好。氧化锆空心球及其制品可以直接作为2200～2400 ℃高温炉的内衬。国外氧化锆空心球及其制品主要用作超高温炉的炉衬材料,以及真空感应炉的充填材料。除此以外,氧化锆空心球还可在电子工业中用于制造陶瓷电容器的烧成用耐火架子砖。

2.2.45 水泥工业常用的耐火纤维

水泥工业中常常将耐火纤维称为陶瓷纤维。人工合成的耐火纤维产品,其化学组成以硅酸铝纤维居多,通常用于膨胀缝的填塞、作为一些密封制品(如高温纤维绳、高温纤维毡等)的材料,以及用于高温状态下法兰缝隙的密封填塞。由于这些纤维自身的强度不高,不能直接承受高温物料的摩擦和高温气流的冲刷。其热工特性如下:

(1) 耐火度高。其使用温度随矿物组成及密度的差异而变,范围在 1000～1400 ℃。

(2) 隔热性能好。高温下导热系数在 0.1～0.4 W/(m・K)之间。

(3) 抗热震性好。

(4) 易于变形,质地柔软,是理想的填充材料。

(5) 体积密度小。体积密度一般为 0.1～0.2 g/cm³。

2.2.46 纤维隔热材料有哪些理化性能指标

硅酸铝纤维毯及耐火纤维板是隔热材料,起隔热保温作用,用于箅冷机、分解带、电收尘外壳、管道等处的保温,其化学成分和理化性能指标见表 2.56、表 2.57。

表 2.56 硅酸铝纤维毯化学成分

牌号	化学成分(%)		
	Al_2O_3	$Al_2O_3 + SiO_2$	Fe_2O_3
LT	≥40	≥95	≤2.0
RT	≥46	≥95	≤1.3
HT	≥52	≥96	≤0.3

表 2.57 硅酸铝纤维毯的理化性能

项 目	牌号		
	LT	RT	HT
密度(kg/m³)	64＋16	64＋16	
	96±16	96±16	96±16
	128±16	128±16	128±16
耐火度(℃)	≥1590	≥1760	≥1790
纤维直径(μm)	2～4	2～4	2～4
加热线收缩,保温 6 h 不大于 4% 的试验温度(℃)	1000	1200	1340

外形尺寸及公差要求:毯的厚度尺寸一般为 10 mm、15 mm、20 mm、25 mm、30 mm、40 mm、50 mm。某耐火材料研究院生产的耐火材料纤维板的理化指标见表 2.58。

表 2.58 耐火材料纤维板的理化性能

项　　目		理化性能指标	
		硅酸铝板	高铝板
长期使用温度(℃)		1000	1200
化学成分(%)	$Al_2O_3+SiO_2$	≥95	≥97
	Al_2O_3	>45	>58
	Fe_2O_3	≥1.3	<0.5
	R_2O	<0.5	<0.3

2.2.47　隔热砖有哪些种类及理化性能指标

隔热砖的种类如表 2.59 所示,理化性能指标如表 2.60 所示。

表 2.59　隔热砖的种类

种　　类		符　　号
A 类	1 种	A1
	2 种	A2
	3 种	A3
	4 种	A4
	5 种	A5
	6 种	A6
	7 种	A7
B 类	1 种	B1
	2 种	B2
	3 种	B3
	4 种	B4
	5 种	B5
	6 种	B6
	7 种	B7
C 类	1 种	C1
	2 种	C2
	3 种	C3

表 2.60　隔热砖的理化性能

种类		重烧收缩率不超过 2%时的温度(℃)	体积密度(g/cm³)	耐压强度(MPa)	平均温度 350 ℃±10 ℃下导热系数[W/(m·K)]
A 类	1 种	900	≤0.50	≥0.49	≤0.15
	2 种	1000	≤0.50	≥0.49	≤0.16
	3 种	1100	≤0.50	≥0.49	≤0.17
	4 种	1200	≤0.55	≥0.78	≤0.19
	5 种	1300	≤0.60	≥0.78	≤0.20
	6 种	1400	≤0.70	≥0.98	≤0.23
	7 种	1500	≤0.75	≥0.98	≤0.26

续表 2.60

种类		重烧收缩率 不超过2%时的温度(℃)	体积密度 (g/cm³)	耐压强度 (MPa)	平均温度350℃±10℃下 导热系数[W/(m·K)]
B类	1种	900	≤0.70	≥2.45	≤0.20
	2种	1000	≤0.70	≥2.45	≤0.21
	3种	1100	≤0.75	≥2.45	≤0.23
	4种	1200	≤0.80	≥2.45	≤0.26
	5种	1300	≤0.80	≥2.45	≤0.27
	6种	1400	≤0.90	≥2.94	≤0.31
	7种	1500	≤1.00	≥2.94	≤0.36
C类	1种	1300	≤1.10	≥4.90	≤0.35
	2种	1400	≤1.20	≥6.86	≤0.44
	3种	1500	≤1.25	≥9.81	≤0.52

隔热砖用耐火泥的配制:耐火泥或硅藻土与经稀释的水玻璃以1:1的比例拌匀调成需要的稠度,或者加高标号水泥以1:2或1:3的比例用水调配亦可。

2.2.48 何为复合硅酸盐保温涂料

复合硅酸盐保温涂料,是一种高效、轻质的保温材料。它是以硅酸镁、铝为基料,掺和一定量的辅助原料和填充材料,再加入适量的化学添加剂,经拌和而成的一种灰白色纤维稠糊状膏体,易黏结,具有良好的可塑性。复合硅酸盐保温涂料喷涂成型、干燥后,成为一种固体基质、封闭微孔联结的网状结构材料,其特点是弹性好、质地松软、使用年限长、导热系数和密度小。

该涂料在静态的热工设备上广泛应用,生产厂家也很多。但是,由于该涂料的黏结强度还不能满足动态保温的需要,因此,选用该种涂料时必须注重其实际的品质。

某保温材料厂生产的 MJ-800 型硅酸镁保温涂料的实际品质如下:

(1)浆体密度 815 kg/m³;

(2)干燥密度 200 kg/m³;

(3)导热系数 0.1175 W/(m·K)[(400℃±10℃)×6 h];0.1831 W/(m·K)[(800℃±10℃)×4 h];

(4)黏结强度 0.26 MPa[(110℃±10℃)×24 h];

(5)抗压强度 0.95 MPa;

(6)抗折强度 0.38 MPa;

(7)工作温度 -50~800℃;

(8)pH=7;

(9)浆体线收缩率 1.14%(150℃×48 h);

(10)耐酸、耐碱、耐油、耐水,抗冻性能良好,不燃烧。

2.2.49 何为示温涂料,其有何用途

示温涂料是由变色颜料、填料、漆基和溶剂配制而成的。变色颜料主要是一些能在一定的温度下起物理或化学反应,颜色同时产生显著变化的有机或无机化合物。

示温涂料适用于测量一般温度计无法或难以测温的复杂构件和运转部件,及时进行超温监测和报警,使操作人员能及时警惕,采取措施。

示温涂料的变色范围最低为 35℃,最高为 960℃,分为熔融型、单变色不可逆型和多变色不可逆型,

有数十个品种。所用的变色颜料及其变色的温度不同,原色和变色也都不一样。变色温度在 110～168 ℃ 之间的变色颜料就有表 2.61 所示的 8 种化合物。

表 2.61 110～168 ℃的变色颜料表

编号	化合物名称	变色温度(℃)	原色	变色
1	枸橼酸钴	110	粉红	紫
2	甲酸钴	116	粉红	紫
3	乙烯二胺·氯化铬	117～120	黄	红
4	吡啶·硫氰酸铜	117～122	绿	棕
5	乙烯二胺·硫氰酸铬	115～124	黄	红
6	磷酸铵镍	120	亮绿	灰绿
7	磷酸钴	140	粉红	天蓝
8	钒酸钴	128～134	白	粉红
		160～168	粉红	黑

热工设备保温后,一旦温度超过安全极限温度时就难以监测。保温层表面涂刷示温涂料后,示温涂料的变色温度即为筒体接近安全极限温度时的保温层表面温度。也就是说,示温涂料一旦变色,热工设备温度已接近安全极限温度,操作人员必须立即采取措施,以确保热工设备的安全。鉴于示温涂料价格昂贵,一般设备内热气流和筒体温度不高、骤升可能性很小的部位可以不用示温涂料。

2.3 耐火材料砌筑与浇筑

2.3.1 砌砖的方法及注意事项

耐火砖的砌筑方法,按是否使用胶泥分为干砌、湿砌两种。

干砌即不使用胶泥砌砖。砌筑镁质砖时,要在砖缝间插入 1～15 mm 厚的空心钢片,提供膨胀空隙,钢片顶端在高温下被烧熔,起到黏合剂作用,把砖紧密地黏结起来,成为一个整体。

湿砌时,先在筒体内壁上抹一层厚 3～5 mm 的耐火胶泥,砌放耐火砖时,砖的四面也抹上胶泥,然后按砌砖要求砌筑。镶砌时耐火砖出现歪扭、出台、筒体内壁不平等,均需用耐火胶泥调正,以达到砌砖要求。

按镶砌砖缝形状可分为环砌法和纵向交错法两种。

环砌法就是沿圆周方向成圈地镶砌(图 2.12),适用于换砖次数较多的烧成带、冷却带、窑口及拔销部位。这种砌法的最大特点是砌筑速度快、便于拆除,但一砖脱落,全圈皆垮,因此砌筑时一定要加倍注意。

纵向交错砌筑法是沿窑体轴向砌筑,像砌墙一样使上下砖缝纵横交错(图 2.12)成为整体,牢固可靠,但换砖时拆除困难、费力费时。此法适用于不常换砖的分解带、干燥预热带及烟室。

注意事项:

(1)砌砖前要做好准备工作,需用的工具和材料如压机、压机木、木楔、锤、铲、撬棍、钻子、泥桶、耐火泥等,都应准备妥当。

(2)为了使砖不沿轴向传动,镶砌牢固,并能分段镶拆,要在筒体内壁每隔 5～10 m 加焊挡砖圈一道。

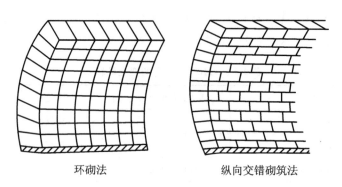

环砌法　　　　　　　　纵向交错砌筑法

图 2.12　耐火砖的砌筑方法

（3）镶砌段杂物要清理干净。

（4）第一排砖是基础，将影响整个砌砖质量，所以镶砌第一排砖时要拉线，以保证行直、砖正、用灰均匀，保证砖平，为以后的砌筑奠定良好的基础。

（5）砌砖应符合砖缝直、灰口均、弧面平、接头紧的要求，严禁耐火砖大小头颠倒或横放。小头灰缝不得大于大头灰缝，纵缝不大于 3 mm，横缝不大于 5 mm。砌筑中砖面出台时或缝宽不一致时，应用耐火泥调整、找平。砖出台时应适当加厚大头砖面的垫泥，减薄小头砖面的垫泥，逐渐找平。砖缝宽时，可调整多块砖缝，逐渐达到要求，不要因调整砖缝而造成个别砖缝过宽的现象。总之，耐火泥的使用，不但要起到黏结作用，还要起到调整砌砖质量的作用。在砌到挡砖圈处时，应用异形砖（牙口砖）使挡砖圈不露出来，以防烧坏。如遇筒体不平或焊缝过高及有螺钉、螺栓时，都应先用稠的耐火泥填平后才能砌砖，防止底部不平实，出现晃动或松动现象，影响砌砖质量。

（6）锁缝砖应错开位置，不应在同一排砖上。锁缝砖（亦叫插头砖）厚不应小于半块砖，更不允许使用小半块砖或一条厚 20～30 mm 的薄片砖砌入，以避免在使用中砖被挤碎发生掉砖。锁缝砖应从纵向放入，一般不采用从上向下放砌。最后一块砖，因大小头一样，插入前应用稀泥灌满砖孔，然后把砖插入，若松动时可加与砖规格一样的厚 3 mm 的钢板，一缝只允许加一块，但可多缝加，直至挤紧为止。砌砖质量只能以砌砖所要求控制砖缝合格为宗旨，不能以加铁板为主要手段来控制砖不松动，如果铁板加得过多，不但影响砖的质量和使用寿命，而且造成浪费。砌筑中，每砌一块砖都应用木槌或橡皮锤把砖砸紧，禁止使用铁锤直接砸打，以防止砖表面完好，内部砸碎。环砌砖时，如果横缝过大，纵缝必须挤紧，以防止砖掉落。

（7）砌砖时，应避免从两头向中间砌，否则易产生锁口错位，大小不一，增加锁口难度和锁口砖数量。一般应从前向后砌，前后砖高低相差 3～5 块，最后砌平，只剩锁口部位。

（8）分段砌筑的每段长度可为 5～10 m，不得过多，避免镶砌过程中发生抽签现象。

（9）顶压机时，要顶在半圆上，不要过头或不及。

（10）新砖插头或新旧砖交接插头时，插头砖与插头处旧砖都必须大于砖的一半，不够一半时需打掉。砖插头时必须使用两大半块砖，不得使用一整块和一小半块砖。

（11）插头时砖应从侧面放入，不得从上面向下放，以免火砖受损或松动。最后一块或两半块插头砖不得由上而下放入，但要灌浆、加铁板，保证砖牢固不松动。

（12）干砌时，每环砖接头（横缝亦是垂直轴线方向）加 3 mm 厚的纸板或沥青毡，砖与砖缝间（纵缝亦是沿轴线方向）加 1～1.5 mm 的铁板，防止砖受热膨胀时被挤碎断裂。干砌一般用于耐碱砖，如镁铬砖等。某厂在砌单筒冷却机时采用干砌法，砖缝不加任何东西，结果一开窑受热，砌砖很快断裂，使用寿命很短。

（13）机械砌砖。砌砖机砌砖一般用于直径不大于 4 m 以上的窑。使用砌砖机砌窑时，一无须转窑；二可避免抽签掉砖现象，减少耐火砖的损失；三可克服窑筒体顶变形的弊病。砌砖时，首先找准窑的最低点（就是窑下部筒体的中心位置），拉线铺上第一层砖，其长度 6 m 左右，砌好约 60% 砖后，再支架砌砖机，进行上部砌筑及合拢工作，每次一圈，砌完后移动支架和作业台，进行下环砖砌筑。当耐火砖砌到顶部时,留240～300 mm空档,用油压千斤顶顶两侧耐火砖(此时托砖板不得顶得过紧,应一边加压,一边将托砖板稍松动,用木槌或橡皮锤敲砖面,将砖挤紧,使砖紧贴窑体)。油压应根据砖的品种进行控制(镁铬砖控制为44 MPa;黏土砖、高铝砖控制为27.4 MPa)。顶压后取走油泵将空档砌上,并加上钢板,以此类推,直到砖砌筑完毕。每次砌砖长度应视具体情况而定,一般不超过6 m。

2.3.2　如何砌筑回转窑的耐火材料

为保证回转窑的刚度和强度,使回转窑正常运转,回转窑空载试运转合格后,在窑体内砌筑不同规格型号的耐火砖,保护回转窑筒体在使用过程中不被高温烧损、不被物料流磨损。

耐火砖的砌筑按其排列可分为纵砌环缝交错和环砌纵向交错两种形式,前者不常采用,较常采用的是后一种方式。

耐火砖按砌筑方式又可分为干砌和湿砌两种。

干砌:砌筑时耐火砖一块紧挨一块,砖与砖之间不留缝隙,只在插砖时用钢片挤紧。

湿砌:砌筑时在窑筒体内表面用耐火胶泥铺底,再将耐火砖的四周抹上耐火胶泥进行砌筑。

(1)砌筑前的准备

① 认真阅读技术文件、技术要求,掌握各种规格型号的耐火砖的性能、用途及砌筑的部位。

② 砌筑前必须把各种工具准备齐全,如支撑顶杠、道木、跳板、木楔子、小车、木槌、瓦刀、撬棍、砂轮切割机、磨砖机;其中,支撑顶杠是一种专用设备,结构形式如图2.13所示。

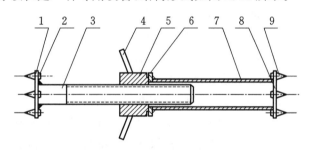

图2.13　支撑顶杠的结构形式
1,8—圆盘;2—锥钉;3—丝杠;4—扳把;5—螺母;6—垫;7—支撑管;9—锥钉

③ 耐火材料的准备和要求

a. 一般回转窑所用耐火材料由设计部门选定,对到货的耐火材料应检查它的规格、性能是否符合设计要求,有无出厂合格证。

b. 检查耐火砖有无缺棱、掉角、风化、裂纹、歪斜、扭曲、凹凸不正,或尺寸误差较大,凡有如上缺陷均不得使用。

c. 砌耐火砖用的耐火泥,其性质、成分在设计无要求时,应当采用与耐火砖相同成分的耐火土,其粒度不允许超过0.5 mm,水泥与耐火土的配比一般为1∶2～1∶3,耐火泥与水的比例一般为1∶1.7(体积比),耐火泥必须搅拌均匀,并在2 h内用完。

d. 耐火砖存放时应注意防雨、防潮、通风良好,不可堆放在有雨水或有冰雪的湿地上。

(2)耐火砖的砌筑

① 耐火砖的砌筑应分段进行,从窑头或窑尾开始,一般工作长度段为5～10 m,烧成带一般每段为3～5 m。

② 依据窑筒体内原有的等分点在内筒体底部中间位置画出几条平行于窑体轴线的母线。

③ 铺砖时应顺着画出的母线进行。

④ 每个工作段都应当从窑筒体底部中间沿圆周的两边同时向上砌,为避免两侧压力不均而使已砌好的砖滑动,在砌过半圆后(超过半圆一行到两行砖),在砌砖的半圆位置的砖上垫道木,用支撑顶杆顶紧

（在道木与砖接触不实的地方用木楔打紧，见图 2.14(b)，然后把窑体转动 1/4 周，见图 2.14(c)；再砌筑 1/4 周，见图 2.14(d)；在垂直于已顶好的支撑顶杠上再加一顶杠，方法要求如前，见图 2.14(e)；转动窑体 1/4 周，见图 2.14(f)；砌筑最后 1/4 周的耐火砖，当砌到还有 2 行砖时，进行插砖、锁紧）。

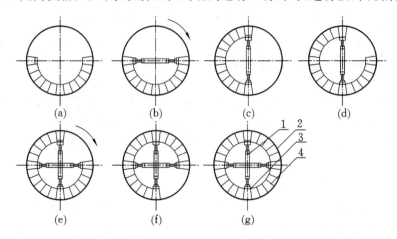

图 2.14　耐火砖的砌筑

1—顶杠；2—回转窑筒体；3—道木；4—耐火砖

⑤ 插砖

a. 从剩下的最后 2 行砖进行，要从旁侧插入，不允许从上口插入（从上口插不进去）；

b. 用卡钳和钢板尺量出 b、B 的尺寸，见图 2.15；

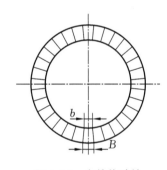

图 2.15　窑筒体砖缝

c. 用磨砖机加工插砖，加工后插砖的厚度不小于原厚度的 3/4，插砖的表面必须平直，与相邻砖面要完全吻合；

d. 插进去的砖要紧密，如有小于 2～4 mm 的缝隙时，允许用厚度不超过 2 mm 的铁片塞紧，但在同一砖缝中塞入的铁片不超过两层，铁片的面积与耐火砖的面积相同，铁片的宽度略小于耐火砖的宽度，铁片必须插到底。

⑥ 砌筑时要严格保证砖缝的规定，尤其在烧成带时更要注意。砌砖时要随时用木槌敲击，使砖紧密接合，不得有空隙、缺浆和摆动现象，同时注意砖的位置必须放正，砌筑后的纵向砖缝应当与窑筒体轴向中心线相平行，横向砖缝应当垂直于窑筒体的轴线，砌筑完的耐火砖表面应当平整，相邻两块砖的高差不得超过 3 mm。

⑦ 小于原有规格的厚度或长度 3/4 的耐火砖不得使用。

⑧ 回转窑的砌筑应尽量避开冰雪季节，如不得已必须在冬季进行，则需要对砌筑的环境进行采暖保温，温度不得低于 5 ℃；对耐火材料亦要加热、保温，一直保持在 5 ℃以上；使用的耐火胶泥，应当用热水搅拌，使用时温度不低于 5 ℃。砌筑后，应当进行保温，直至砌筑的耐火材料干透。

（3）不转窑耐火材料砌筑

砌筑回转窑耐火材料时，砌筑到一定程度时需用支撑顶杠将耐火砖顶紧，然后将回转窑转动一个角度，再进行砌筑，如此反复，直至砌完。

不转窑砌筑，就是窑筒体耐火材料砌筑的全过程中不需要转动筒体，而是借助一套可移动、可拆卸的支架来完成砌筑到窑筒体上半部耐火砖的支撑。有以下两种方法：

一种方法是：仍然以筒体底部中心为起点，起点的两侧同时沿圆周向上砌筑（两侧砌筑速度应当相等），当从起点砌筑到约 110°时，再向上砌筑的每一块耐火砖都要用支撑架上的小顶杆进行支撑。其他操作及要求与前相同。

另一种方法是：在砌筑筒体上半部耐火砖时，采用液压钢模板拱架支撑进行砌筑。以上方法不仅容易保证质量，而且安全可靠，同时极大地提高了工效。

2.3.3 砌筑耐火材料时应注意哪些事项

耐火材料的保质是一项不可忽视的工作,保管得好,可防止耐火砖变质,减少砖的损坏。所以耐火材料应有专人保管,各种砖应分类堆放,防止风吹雨淋、受潮变质,尤其应注意保管耐火泥、浇注料及镁砖。耐火砖库存量应保持一次大修用量,至少是备有烧成带应换砖的一次用量。耐火砖在长途运输过程中,必须用草绳包扎结实,镁铬砖应用纸箱包装,装卸时应轻拿轻放,防止摔碰、砸角掉边。不同类型的砖应用在不同部位,不能混放、混用。

2.3.4 回转窑砌筑耐火砖时如何选择和使用压机木

(1)压机木的材质应用韧性较佳的松木。压机木的规格应根据窑直径而定,窑直径 $\phi(3\sim4)$ m,应选用厚 $100\sim120$ mm、宽 $180\sim200$ mm、长 $5\sim7$ m 的压机木;窑直径 $\phi<3$ m,应选用厚 $60\sim100$ mm、宽 $100\sim150$ mm、长 $4\sim5$ m 的压机木。压机木表面无须刨光,但要平。

(2)压机木顶放的位置应在窑直径的 1/2(砖数为一圈砖的一半)处。摆放压机木时,必须放在(顺窑方向)第一排砖的部位,不得一头高一头低斜放,以防止顶滑落。另一根压机木放在一圈砖另一头的一半位置上,压机木放好后前后各顶一压机,中间距离均分,每个压机以纵向间隔 $0.8\sim1$ m 为宜。窑直径超过 3.5 m 时,最好在砖砌到 3/4 时平顶第二排压机,两排压机互相垂直呈十字形。当压机木基本顶住而不下落时,每行砖与压机木间可加一块木楔或花加(压机木两侧隔一加一,即上加第一排,下加第二排,上加第三排,下加第四排……如此反复至加满为止),加木楔后将压机顶紧,以压机顶头入木 $3\sim5$ mm 为宜,以防止由于砖或压机木表面不平造成顶不紧,转窑时出现砖松动下滑或抽签。一旦有抽签,应用木楔把抽签的砖两边夹紧,防止继续抽,待到转窑时把抽签部位转到下边,可用木槌或橡皮锤将抽签砖打进,用铁锤打时应垫上木板,防止把砖面打坏。打不进去的砖(耐火泥硬结),应扒掉重砌。

(3)耐火砖若一次不能全部砌完,则应分段砌筑。分段砌筑时,应注意压机木长不要超过最后一排砖,防止砌第二段砖接头时因压机木的超出而不能进行,影响砌砖顺利进行。压机木不能过薄或过宽,薄时易顶断,宽时接触面过大不易顶紧。

(4)砌砖过程中要慢转窑,窑因重心不稳,停窑后会发生回转,如不解决此问题,砌砖将被转松,窑也不能停在要求位置上,砌砖将无法进行。因此在转窑后停车时,在顺窑转动方向一侧的托轮与轮带间加木楔(加顶地方为 $1\sim2$ 处),防止窑回转,以控制窑停车在需要的位置上。

2.3.5 回转窑砌砖时若出现异常情况应如何处理

若窑砖尺寸偏差或砌砖操作不当,砖面也会出现不平或倾斜等异常。此时可以调整砖的配比,或用较长的砖,下部涂上耐火泥进行调整,这样可使窑砖的接触面积更大,使砖面趋于平整。有时也可在火砖之间加入一些小铁片进行调整,两块砖之间最多只能垫一块。有的砖侧面有小纸片,在高温时它会烧化,余下的空隙供砖膨胀用,必要时也可以去除一部分纸片来调整。

如果窑筒体表面有氧化层或杂物导致其不平,可以用电磨或其他工具将其去除。在一些窑筒体变形的地方,通常都是在耐火砖的底部涂耐火泥,也可以将窑砖去除一小部分边角进行整平。关键是砖圈与砖圈之间、砖与窑筒体之间要密实。

在新旧砖交接处,砖的侧面应用砌砖锤敲打整平,避免凹凸不平。如果需要锯砖,锯过以后的耐火砖厚度不能太小(小于 130 mm),必要时可通过锯 $2\sim3$ 圈的砖,使砖的厚度逐渐过渡。同时,在旧砖圈还要留有一定间隙,供涂火泥或加铁板用,尽量做到新旧砖圈全面接触。

对于焊缝处的砌砖处理,可以通过窑砖轴向的调整,使焊缝成为两块砖的交接处,不允许有一块砖位于焊缝上部,否则会使得砖面不平整。如使用长砖,可调整长度使焊缝成为两砖圈的交界;也可以在焊缝低的一侧加耐火泥,使砖面能够平整。

从以上可以看出,砌砖质量的好坏及技术的高低主要取决于耐火砖轴向、径向的排列,以及凹凸不平处的砌砖、焊缝处的处理、收尾砖的处理、新旧砖交接处的处理。

2.3.6　耐火砖砌筑前需要做哪些准备工作

耐火砖砌筑前,应先准备好砌筑工具,如大铲、瓦刀、扁铲、錾子、木槌或橡皮锤、小撬棍、木楔、压机、压机木、拌灰槽或缸、橡皮桶或铁筒、照明灯、低压变压器等,如使用机械设备,则应准备切砖机、搅拌机、震动棒等,以免砌砖开始后手忙脚乱、误工误时。

2.3.7　常用的回转窑窑衬砌筑方法有哪几种

（1）黏结剂砌筑法

黏结剂砌筑法首先出现在美国,瑞典、德国、荷兰、比利时等国也相继采用。黏结剂是一种无溶剂的变形合成树脂,主要是以 α-环氧丙烷和乙苯基丙烷为基础。由于树脂本身不能硬化,还需要另一种硬化剂或交织剂,使树脂从低分子状态进入高交织性和难熔的状态。为了使树脂不加热也能硬化,采用的是一种低温硬化剂,树脂与硬化剂平时分开存放,使用时按固定比例调配,并在规定时间内将调配好的黏结剂用完。在使用黏结剂砌筑法时,首先要清扫窑体、除去铁锈油污等,再在窑体轴向段划出轴线,在轴线上固定长角钢以限定开始砌砖的区段,然后开始砌砖,在砌砖时,窑内每隔一定距离要有一条黏结带,黏结带的耐火砖用黏结剂黏到窑的筒体上,两个黏结带之间的干砌耐火砖即被卡牢。例如,以 L 表示用黏结剂黏结的耐火砖排数,用 N 表示不用黏结剂而采用干砌的耐火砖排数,则在 $\phi5.8 \text{ m} \times 97 \text{ m}$ 窑上砌砖时两者的间隔方式可选定为 6L＋10N＋5L＋12N＋5L＋15N＋4L＋15N＋3L＋15N＋3L＋15N＋3L＋27N＋3L＋30N,即窑径每周 171 排砖中有 32 排使用黏结剂,139 排不使用黏结剂砌筑。由于这种方法使用了一种胶结力很强、并能在短时间内硬化的黏结剂将耐火砖与窑体黏结,窑转动时也不会脱落,从而省去了支撑结构,砌筑速度快,安全、方便,对窑体规整度要求也不甚严格,故应用广泛。

（2）槽钢螺栓压固法

槽钢螺栓压固法首先出现在瑞典,日本等国也普遍采用。采用这种方法时,在砌砖前要在窑体上焊上螺母,旋上螺杆,当螺栓周围耐火砖砌好之后,将带圆孔的木板及槽钢依次套在螺杆上压住耐火砖,并用螺母拧紧,使耐火砖牢固地紧贴在筒体上作为拱的一端,另一端则靠砖的自重和砖与筒体间的摩擦力平衡。使用这种方法时,既不需要压紧又不需要黏结剂,简单、方便、可靠,几十米内可以同时作业。但对窑体的平整度、耐火砌筑规格和砌筑技术要求较高。

（3）砌砖机砌筑法

采用砌砖机砌筑法时必须采用砌砖机,结构比较复杂,投资较多,故使用上受到一定限制。

（4）顶唧支撑法

顶唧支撑法在我国水泥窑中普遍采用。它对较小直径的回转窑比较实用,简单易行,因此具有较强的竞争力,即使在日本等发达国家,仍是一种较受欢迎的方法。

此外,国外也采用在窑筒体焊上短钢条,使每圈火砖都能借钢条作用自行卡牢的砌筑方法及采用大型砌块（每一砌块 30 块砖）砌筑的方法,但应用不太普遍。

2.3.8　窑头出料口耐火泥的砌铸

某回转窑出口处,鼻圈与挡砖圈之间没有使用耐火砖,而使用耐火泥,因为在窑头出料口磨损得很厉害,此处窑砖很容易掉落。窑头耐火泥的端部是一圈可耐 1500 ℃ 的铸件,内部是挡砖圈。施工时需要的工具主要有电焊机、气动锤、电撞、刮耙、木锯、膨胀缝压板等。

在耐火泥中间设有暗卡挂钩使耐火泥更稳固。在暗卡挂钩的顶部有一个塑料套(有的地方也使用胶布),挂钩的外部涂有一层油类。窑内升温时,暗卡挂钩的膨胀系数要比耐火泥的大。塑料套与油质在高温下都会被烧化,正好给暗卡膨胀留有空间,否则暗卡膨胀会将耐火泥结构破坏。

在窑圈上焊设分格板,将整个窑圈分成 12 等份,即 30°一份。每次施工只能浇注一份,浇注耐火泥的施工步骤如下:

(1) 依图面位置焊装挂钩、间隔板及螺栓。

(2) 将间隔板与木模固定好,清理施工部分的窑壳表面。

(3) 将♯80AB 的耐火泥打散,要施工的部分用木框围住,逐层加入耐火泥。每一层的厚度在 50～80 mm 之间,用气动锤将耐火泥打实,直到比较平实。再用刮耙松动表面 10 mm 左右的一层粗糙面,使层间能更好接触。在粗糙面上加一层耐火泥,如此反复进行,直到到达要求的厚度为止,总共 5 层耐火泥左右即可完成。

(4) 用电钻每隔 150 mm 钻出 ϕ(3～5) mm 的透气小孔(深度为耐火泥厚度 2/3 左右),还要用铁板在窑壳的中心线位置打出一道 3 mm×50 mm 缝隙,这主要是为耐火泥的膨胀留有余地。

(5) 在螺栓上套上夹板,用螺母将夹板固定好。

(6) 完成以上步骤后转窑 30°,使施工部位置于最低点。

重复以上的步骤,直到整个圈完成。

2.3.9　窑头罩衬料的砌筑

由于窑头罩是固定设备,因此它的砌筑可以采用耐火材料和保温材料分别承担耐火和隔热两种功能。窑头罩耐火层可以采用耐火砖砌筑,也可采用耐火浇注料。砌筑前应认真检查测温和测压管是否敷设,并采取防堵措施;高温摄像机和其他观察孔位置是否已设定,是否已经预埋模芯;壳体应认真清扫和除锈。现将硅盖板粘贴在壳体上,然后进入砌筑。

(1) 窑头罩拱顶的砌筑

窑头罩拱顶与窑门罩前门墙均须架起拱胎架,依托拱胎架进行砌筑。

砌筑时应先砌直墙和拱角砖,砌好后架起拱胎架。对于弓形拱(小于半圆),拱角砖应在水平方向上有可靠的定位,以防止出现拱角砖向外侧位移而造成弓形拱坍塌。砌前门拱时,应自两边开始向中间砌。拱圈锁紧时,与窑筒体锁紧砖的砌筑方法类似。

拱胎架的宽度为拱砖宽的 1～2 倍,待砌好一排拱时将拱胎架移到下一位置再砌下一排。

窑头罩上部有预留孔的,最后一圈拱圈应设置在其下部,封顶砖可通过预留孔从上至下牢牢嵌入,然后用硅盖板将预留孔严密封塞。

最后一排拱圈,如果架起拱胎架无法砌砖时,可一边砌砖一边作支架。

设备上有安装仪表需要的预留孔时,要先对耐火砖加工处理后再砌筑;或将此位置空开,用浇注料封堵。

(2) 大面积直墙的砌筑

对于直墙要布置足够的锚固砖,锚固材料应使用不低于 Cr20Ni15 牌号的耐热钢。锚固作业结束后,用陶瓷耐火纤维浆锚固件将孔塞实。

应在直墙接缝处设置⌐形膨胀缝。长度超过 2 m 的直墙,还应在中间适当位置也设置膨胀缝,膨胀缝的设置应注意结合托砖板的位置来设置,托砖板的缝隙应使用陶瓷耐火纤维塞紧。

如果采用耐火浇注料进行窑头罩的砌筑,应特别注意膨胀缝的预留,或在砌筑作业完成后,采用切割机在适当位置切割出一定宽度的膨胀缝,其深度应基本割穿浇注料。

（3）窑头罩与箅冷机之间的补偿

窑头罩和箅式冷却机往往由两个生产厂家生产，中间连接的是错开一定水平距离的下料溜子，通常作为非标件处理，这个非标件应有效补偿设备金属外壳的膨胀。通常的做法是，设置一个膨胀节或采用一个预留膨胀缝的砂封；在膨胀节或砂封的位置设置托砖板，并预留膨胀缝，在进行耐火材料砌筑时，留出适当宽度的膨胀缝，并使用陶瓷耐火纤维塞紧。

2.3.10 在热工容器平壁上应如何镶砌耐火衬料

当预热器、窑或管道镶砌衬料时，因为容器都是圆形而产生拱力，因此砌筑时只要将衬料挤紧，就不会发生脱落。但如果遇到箅冷机或方形上升管道时，平面墙体的衬料砌筑就会由于温度反复变化而拱起，经常导致脱落。

此时采用整体浇注，可以靠扒钉的力量弥补平面缺少的拱力。但这种方式砌筑成本高、时间长，还需要养护。如果用耐火砖砌筑，就要采取锁砖的办法，即每十余块砖中心要有一块锁砖与容器钢板上焊接的挂钩挂牢。锁砖的背面有可以与钢板预埋件连接的预留孔洞，四侧砖面要有一定的斜度，将周围斜度相同、方向相反的砖紧紧拉向钢板，但是锁砖的强度也难以满足要求，所以，现在已很少使用。

如果热工容器不得不使用方形，则平壁镶砌衬料不可避免，建议还是采用砖与浇注料相间镶砌的办法，圆形管道也可使用此方法，能延长使用时间。

［摘自：谢克平. 新型干法水泥生产问答千例（操作篇）. 北京：化学工业出版社，2009.］

2.3.11 旋风预热器和分解炉系统衬料的砌筑

（1）施工一般性要求

由于旋风预热器和分解炉均是固定设备，且主要承受粉状物料的摩擦，其耐火衬料的强度要求可相应降低。通常采用复合衬料，即采用有一定的耐火度、抗碱并能抵御粉尘和高温气流冲刷的耐火材料作为工作层，用导热系数很低的保温材料作为保温层。

旋风预热器和分解炉使用的耐火材料制品种类比较多，尤其是各级旋风筒的锥形料斗，锥角不一，因而具有大量外形相似、颜色差别不大的耐火砖应用于预热器和分解炉系统，应注意材质和外形的细微差别，按照设计逐一对照选择。

原则上直砖和锚固砖用于直墙，仅在一个方向上有锥度的楔形砖用于圆柱体表面，而在两个方向上有锥度的楔形砖用于锥形料斗的砌筑。浇注料一般用于大面积易于坍塌的直墙、顶板平面，隔热板、隔热砌块用于处在较高温度的耐火砖或浇注料与钢制壳体之间，作为保温填塞材料。由于是两层保温材料，砌筑时原则上应错缝砌筑，但实际上很难实行。硅盖板的耐火砖砌筑时，两层材料各自的缝隙和两层材料之间的缝隙必须填塞和注满黏结剂和耐火泥。如耐火砖或耐火浇注料须设膨胀缝，应避免设置直通缝，以有效保护其中填塞的耐火纤维材料。

从工艺布置看，旋风预热器和分解炉是从上至下，温度按一定梯度升高的。除耐火制品的适应温度有较大变化外，耐火砖的锚固件也有所不同。最高温度在分解炉和窑尾烟室处，其锚固件的耐热钢牌号应不低于 Gr25Ni20，上部预热器锚固件采用牌号为 1Gr18Ni9Ti 的耐热钢即可。

旋风预热器和分解炉有凸起部分，这部分支撑较少，属于砌筑中的薄弱环节。通常使用耐火浇注料进行砌筑，应根据控制缝的设置原则，在凸起最高处的 200 mm 部位设置控制缝，并适当加大控制缝两侧的扒钉分布密度，尤其是凸起部位的扒钉分布密度。

（2）烟室的浇筑

在所有仪表、清灰孔相应埋件以及空气炮的炮管入料端被固定好后，方可进行浇注料的浇筑。如有必要，可临时拆下窑尾下料锥形体的 2～3 块扇形板，为位于烟室密封处的框架浇筑提供足够的空间，待砌筑完成后恢复。烟室的大面积直墙,无论是采用耐火砖砌筑,还是采用耐火浇注料砌筑,均应考虑膨胀缝和托砖板的恰当设置。直墙应与下料管进料口一起砌筑,以确保其整体性和较高的整体强度。在完成了这部分的砌筑之后,可进行烟室顶板的砌筑,其要点参照算冷机顶板的砌筑。

进行下料舌头的砌筑时,入料端的浇注料应一次浇筑并保证表面平滑地进入窑内,不应留有与模板相连的棱槽,以保证物料通行顺畅。对于个别处,允许采用补洞作业和用便携式砂轮进行打磨,但不允许进行大面积的、相当于二次浇注的修补。对于较长的入料端,应在耐火浇注料浇注时留膨胀缝。

由于入料端为悬臂结构,与烟室连接处将承受很大的弯矩。浇注料出料除要求平整光滑外,浇注料自重也要有所控制。过重的下料舌头,在高温条件下由于挠度过度增加,与窑筒体的耐火材料可能发生不应有的摩擦,严重时可导致耐火材料的损坏,甚至导致设备的损坏。

(3)空气炮管预埋处的衬料浇注

炮管必须一直插至衬料模板的表面,并焊接在壳体上。如果管子插入衬料的地方为浇注料,管子周围的一段区域可不使用保温材料,以确保这一区域内耐火材料的整体强度。应焊好扒钉,并使用一定厚度的纸板或硅钙板封堵炮管的开口,避免在浇注过程中浇注料进入炮管凝固,难于清理。炮管和扒钉表面涂敷沥青漆,以预留膨胀空间。将模板支好后就可以进行浇注作业。测压管和测温管的埋设,也应参照这一原则进行。

(4)旋风预热器和分解炉底部锥面料斗及缩口的衬料浇注

旋风预热器和分解炉底部锥面料斗及缩口是测压管分布比较集中的区域,也较容易棚堵,是吹扫管比较集中的区域。对其进行浇注时应注意以下要点:

① 砌筑前,应组织工艺和仪表专业人员对各个孔洞和埋管进行全面检查,看是否有遗漏,安装是否可靠,管材牌号是否与设计的一致,安装的位置和角度是否与设计的一致,吹扫管的头部是否有可靠的封堵措施,所有深入浇注料的金属材料必须涂敷沥青漆,留出膨胀空间。

② 锥形料斗容易发生积料,一旦有积料发生,熔点相对较低的生料在锥体表面有了小面积的立脚点,就会在发生积料的区域衍生出大面积的"圈地",最终导致料斗的堵塞。因此,要保证料斗锥面的平滑。

③ 锥形料斗通常采用耐火砖和浇注料两种材料分别砌筑其上部和下部。采用耐火砖砌筑时,由于锥体料斗每一圈耐火砖均有一个适宜的上下、内外比例,如果需要砌筑理想的锥面,每一层耐火砖均需有一个特定的尺寸。实际工作中,耐火砖的外形尺寸通常是根据最上一层和最下一层分别计算出两种砖型来进行砌筑的,而最上和最下两层耐火砖的中间地带,均采用上述两种砖型近似拼凑出来的方式,以一个个近似的圆周粗略拼凑出一个基本平整的近似锥面。从锥面看,它是以一个个小的锥度相近的圆台锥面组成一个基本完整的大的圆台锥面。因此,各层砖之间不共面的情况必须有所控制。在砌筑时,应注意层与层之间的连接绝不容许出现导致积料的凸台。为此,在砌筑时如果做不到层与层之间的平滑连接,应进行耐火砖和砖缝的调整,允许出现下层砖相对于上层砖圆台锥面的退缩,但绝不容许下层砖的凸起(图2.16)。

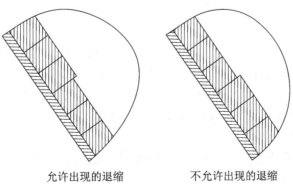

允许出现的退缩　　　　　不允许出现的退缩

图2.16　耐火砖与砖缝的调整

④ 对于采用浇注料的部分,应精细安装模板,并检查注模预留的浇注空间厚度。模板的连接要紧密,以防空洞的产生;模板的支撑要坚固,不允许发生模板错位和凸起,破坏锥面料斗表面的平滑。在模板上涂一层石蜡或润滑脂,或直接覆盖一层聚乙烯薄膜,以利于后续的拆模和浇注料表面的光滑。浇注料浇注完毕后,应调整浇注料上表面使其垂直于挡板并检查高度,以利于上部耐火砖的后续砌筑。待浇注料凝固后拆除模板,在拆除模板的同时,应检查浇注料表面是否光滑,如有小孔,应用浇注料填平;如有凸起,应在强度可实行作业时仔细铲除和打磨,以保证表面的光滑。在浇注料和耐火砖之间的过渡段也应保证平滑,且不应有任何凸起。二者之间如出现不共面的情况,其变通的方法如上段耐火砖的处理办法。对于空气炮的炮管以及测压、测温管,要认真清理防堵材料。

(5)旋风筒顶盖(上升管道)的衬料浇注

在上升管道直墙的砌筑上,应考虑必要的、足够的锚固砖和恰当布置的托砖板和膨胀缝,以防止直墙的凸起和坍塌。

预热器和分解炉多为圆形,上顶盖中间多布置有管道。因此,其顶盖膨胀缝的布置除沿圆周布置外,控制缝多为沿圆心到外圆呈放射性布置,将整个顶盖分割成若干个扇形小区。在顶盖上切割浇注孔,应考虑浇注孔对扇形小区浇注时的覆盖程度。

预热器和分解炉与箅冷机不同,它是工作在窑尾框架的半露天状态,在高负压的条件下工作。因此切割开的浇注孔盖应保存好,待砌筑结束、烘干作业完成后,重新密封焊接,防止因浇注料孔处漏风和雨水的进入而降低热交换效率,增加风机负荷。

其余浇注事项可参照箅冷机的浇注方法。

(6)下料管衬料的砌筑

从第二级预热器及其下料管道,内部有 100 mm 左右厚的浇注料。由于下料管道细长,一次性全部浇注有困难,通常将其分割为不大于 2.0 m 的分段进行浇注,养护脱模后再进行对接。

为了保证分段浇注的管道能正确拼装,应将空下料管整体试装完成后,再分解成功浇注的若干分段管道。分解时,应留有清晰的、不易破坏的对接记号。各个分段应放置在预热器操作平台或吊放在地坪上进行浇注作业。浇注时,保证衬料内表面光滑,管道孔同心和衬料厚度在整个管道长度范围内保持基本一致是非常重要的,这样就可保证安装后在各段的连接处不出现凸台和错缝。

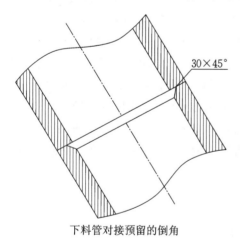

下料管对接预留的倒角

图 2.17 下料管对接预留的倒角

砌筑时应将管道平口朝下,放在涂有机油的平整钢板上,以保证浇注料交接面的平整。应保证内模安装时与管道同心和固定方式可靠,避免在浇注过程中内模的错动。内模上涂一层机油或包裹一层沥青纸,以方便内模的拆除及保证内孔的光滑。为避免出现凸台,在分段管道上部接口处应设置 30×45°的倒角(图 2.17)。通常供货厂家已经将下料管道的翻板阀用浇注料砌筑完毕,可直接安装;如未砌筑,可按一般砌筑原则处理。四、五级翻板工作温度较高,使用的耐火浇注料应较其他翻板高一个档次。

(7)喷煤管的砌筑

由于喷煤管处在高温及熟料颗粒的高温磨琢状态下,喷煤管的扒钉应采用 Gr25Ni20 高牌号的耐热钢制作,并采用相应的不锈钢焊条焊接。扒钉应涂敷不小于0.2 mm 的沥青,耐火浇注料应采用刚玉为骨料的高强低水泥浇注料砌筑。由于喷煤管的浇注空间小,浇注和振捣较困难,应避免加大搅拌用水量,可考虑使用减水剂。

喷煤管砌筑完成后,应养护至 70%的强度条件下脱模。脱模后应继续养护,并尽可能长时间地保持干燥(20~30 ℃),且不低于 1 d。

（8）三次风管的砌筑

三次风管有平行和 V 形两种形式，由于二者所要求的管道风速不同，在耐火材料的选择和砌筑上也有所不同。三次风管的砌筑较为简单，粘贴完硅钙板后，直管按耐火砖砌筑的要求进行，风管拐弯处多以耐火浇注料砌筑。

对于平行风管，由于要求风速高，应选择耐磨性较高的耐火材料，尤其是弯头部分，应选择 110 ℃ 烘干后质点强度（骨料）和结合剂强度均较高的浇注料。

对于 V 形风管，在沉降室部位有大面积的直墙，应配置足够的锚固砖或采用耐火浇注料砌筑。

三次风管的调节阀门前后 1 m 处，也是三次风管的易磨损处，应设置挡砖板，便于该部位耐火砖的局部更换。

2.3.12　如何使用粘贴法在窑内砌筑耐火砖

采用粘贴法砌筑耐火砖在国内还很少采用，此方法因作业部位总是处于最佳位置，其劳动强度较低、砌筑质量相对较好，减少了设备机具的投入，因此，在国外已经广泛使用。把窑分成数个区段（图 2.18），每隔一段用黏结剂将耐火砖与窑筒体粘贴，而相邻一段则可直接铺在筒体的钢板上，靠粘贴的砖支撑，最后垫圈闭锁。当窑口等少数部位与窑口护铁对接不平整，或窑径较大不易用顶杠及镶砖机工作时，都可推荐这种方法砌筑耐火砖。具体做法如下：

① 在窑中心线的最低处焊接一根角钢。使欲砌筑的第一行砖的侧面与角钢的直角边紧贴，角钢的长度为欲砌砖的长度，一般为 800 mm，第一段砖的弧长建议为 600 mm。

② 将第一段准备砌筑的砖加工好，并标注好砌筑顺序。一旦在窑钢板上涂抹黏结剂，就要在 15 min 内将这部分砖全都按预先设定的位置摆到黏结剂上。

③ 拌和含两种冷凝成分的环氧树脂材料作为黏结剂，专门用于耐火砖与金属黏结的高强度胶。将这种胶快速均匀地涂抹在窑钢板上，然后有序地将第一段砖全部铺到钢板上。

图 2.18　粘贴法砌筑步骤示意

④ 再向窑钢板上砌筑不用黏结剂的第二段耐火砖，弧长约 1 m。

⑤ 再继续镶砌第三段、第四段用胶及不用胶的耐火砖，方法同②～④。只是不用胶的区域由 1 m 可逐步增至 1.5 m，2 m；粘贴区的弧长由 600 mm 缩减至 500 mm。

⑥ 整圈砖接口后，将窑的锁砖位置转至最下方偏 20°～30°，完成锁砖过程。

［摘自：谢克平．新型干法水泥生产问答千例（操作篇）．北京：化学工业出版社，2009．］

2.3.13　水泥窑内耐火砖的砌筑规则和膨胀缝留设方案

（1）水泥回转窑耐火砖的砌筑法

按照砖缝的不同，水泥回转窑耐火砖的砌筑法分为环向和交错两种砌砖方式，如图 2.19 所示。

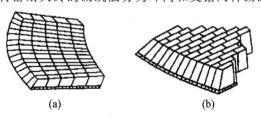

(a) (b)

图 2.19　水泥回转窑耐火砖的砌筑法

（a）环向；（b）交错

筒体用砖以环砌为好。环砌的优点是易砌筑、易拆除,但必须保证砖型和砖缝尺寸满足要求。如砖缝过大,则易于发生窑衬的错位、变形,甚至抽签、掉砖等事故;如砖缝过小,衬砖使用时将受过大热应力而提前损坏。交错砌筑法的主要缺点:一是砌筑和局部修复困难;二是对于尺寸和外形不够规整的砖,砌筑质量不好。目前,只有一些小型回转窑上维修周期很长的部位才使用这种方法。

(2)干砌和湿砌

干砌主要是用钢板和锁砖砌筑回转窑用砖,只是不得已时才使用少量耐火泥砌砖。湿砌主要是用耐火泥砌砖,只是锁砖时才使用钢板。

一般情况下,碱性砖多使用干砌,特别是白云石砖因容易水化只能使用干砌。干砌的优点是砌筑速度快,但对砖形尺寸要求严,衬料整体性差,易于产生应力集中,挤伤砖块。所以,遇到窑体形状不规则处,或砖形尺寸误差而产生空隙,要设法用火泥填平。

一般情况下,铝硅质材料多用湿砌,因为其热胀系数较低,比较容易发生抽签、掉砖,所以,需要用耐火泥黏结砖块,提高衬料的整体性。使用高强磷酸盐耐火泥砌筑是提高铝硅质耐火材料的整体性,防止抽签、掉砖的有效措施。

(3)膨胀缝

① 砖的布置

升温以后,水泥回转窑的窑体、耐火砖都会膨胀。但是,钢板和耐火砖的热胀系数不同,耐火砖各部位的温度也不相同,这就产生了膨胀差。膨胀差可以产生空隙,使砖块松动;也可以产生应力,使砖块挤坏。如果砖块之间不挤紧,就会发生抽签、掉砖事故;如果砖块挤得太紧,挤压力超过了砖的强度,就会破坏窑衬。所以,既不能抽签、掉砖,又不能把砖挤坏,就要研究膨胀缝的留设问题。回转窑内耐火砖的布置如图 2.20 所示。

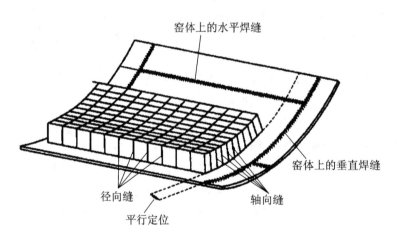

图 2.20 回转窑内耐火砖的布置

由图 2.20 可知,膨胀缝的留设主要是解决不同耐火材料的径向缝和轴向缝的留设问题。

② 膨胀差异

金属材料和耐火材料具有不同热胀系数,耐火材料热端和冷端具有不同的温度。热膨胀量的计算见下式,不同材料的热胀系数见表 2.62。

$$S = a\Delta TL$$

式中 S——膨胀量;

   a——热胀系数;

   ΔT——温度差;

   L——原始长度。

表 2.62　金属和常见耐火砖热胀系数

性能	黏土砖	高铝砖	碱性砖	普通钢	304 耐热钢
温度范围(℃)	20～1000	20～1000	20～1000	20～300	20～300
热胀系数($\times10^{-1}K^{-1}$)	4.5～5	7～8	10～14	12.1～12.5	10.1～12.2

从砖的冷端看,黏土砖、高铝砖的热胀系数低于窑体;碱性砖的热胀系数和窑体相当。从冷热端对比来看,大小头温差为 1000 ℃时,碱性砖的相对膨胀高达 1.2%,高铝砖的相对膨胀仅为 0.75%。因此,黏土砖、高铝砖更容易发生抽签、掉砖事故;碱性砖的热端则更容易被挤坏。因此,为防止抽签、掉砖,黏土砖、高铝砖常用耐火泥砌筑。为防止热端被挤坏,碱性砖则常用干法砌筑。

如果热态下,窑体外壳的膨胀量是 $S_{壳}$,衬体热端的膨胀量是 $S_{热}$,冷端的膨胀量是 $S_{冷}$,膨胀缝的留设就要参考下式确定:

$$\Delta S = S_{热} - S_{壳}$$

式中　ΔS——窑衬热端相对窑体的膨胀差值。

对于碱性砖,大小头温差 1000 ℃时,冷端的膨胀量和窑体一致,热端对冷端产生 1.2% 的相对膨胀。所以,必须用膨胀缝进行补偿。对于高铝砖,大小头温差 1000 ℃、小头升温 200 ℃时,冷端发生 0.1% 的收缩,热端发生 0.7% 的膨胀。由于冷端发生收缩,砖和窑体之间出现空隙,热端相对膨胀只有 0.6%,一旦耐火砖的热端受热后发生较大收缩,就有可能发生抽签、掉砖。所以,一般不在窑内铝硅质耐火砖窑衬中留设膨胀缝,只在铝硅质整体性耐火材料中留设一定的膨胀缝。

③ 曲率直径

根据回转窑用耐火砖的尺寸,图 2.21 所示的耐火砖的曲率直径 D 和耐火砖大头尺寸 L_2、耐火砖小头尺寸 L_1、耐火砖的高度 h 之间满足以下关系:

$$\frac{l_2}{\frac{D}{2}} = \frac{l_1}{\frac{D}{2}-h} \quad D = \frac{2l_2}{l_2-l_1}$$

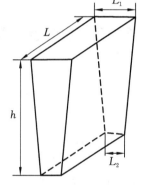

图 2.21　耐火砖的尺寸

如用一种砖砌窑,当砖的曲率直径大于窑的曲率直径,砌窑后砖的小头就会处于挤压状态,大头就会处于放松状态。升温中,砖的小头受到强烈的挤压;使用中,小头损耗以后,如砖的剩余部分不能挤紧,就会发生抽签、掉砖事故。当砖的曲率直径小于窑的曲率直径时,砌窑后砖的大头处于挤紧状态,小头处于放松状态。升温中,砖的小头预留有一定的空间,可以容纳热端的膨胀;使用后,砖的小头损耗以后,大头还能挤紧。从以上可知,理想的状态是大头挤紧,小头适度放松,但为防止"爬坡",还需在砖的小头垫薄钢板条或涂抹火泥。

如果采用两种砖砌窑,可多选一些曲率直径小的砖,少选一些曲率直径大的砖,在砖的小头垫钢板或涂抹耐火泥以留设膨胀缝,也可以实现"大头挤紧、小头留缝"。留缝后,务必打足钢板,以紧锁衬砖和防止掉砖。

④ 膨胀缝的留设

干砌碱性砖时,径向缝设置为窑长的 1%,即在每块长 200 mm 砖的两端垫 2 mm 厚的纸板;轴向缝设置为每块砖约 0.1 mm。为防止掉砖,5000 t/d 以上水泥窑也可以不设轴向缝。设置方法:制作厚度 1 mm、长和宽较砖的大面略小的钢板,用量为砖块的 1/10 左右。受热后,钢板受压后变形,可吸收砖的热膨胀。但是,钢板氧化又会产生膨胀,固不宜多用钢板。

由以上可知,砖衬径向缝的补偿作用较强,但轴向缝的补偿作用很弱。所以,一些耐火材料企业研制了"柔性"(弹性模量低的)碱性耐火材料,并取得了一定效果。

2.3.14　如何对有变形及椭圆的窑筒体进行耐火砖镶砌

对于发生过红窑或局部高温使筒体小面积不平的窑,在镶砌耐火砖时,总会在凸凹部分无法使砖的大头紧贴窑筒体,此时只有通过耐火泥将不平部位找平至原筒体圆弧位置,然后再通过不同型号砖的搭配,满足对砖的砌筑基本要求。

对旧的回转窑,在砌筑耐火砖之前,有必要检查窑的椭圆度是否超出允许范围。随着窑径的增加,窑内耐火砖相互支撑的拱力变小,这种检查就更为必要。而且当轮带冷态间隙过大时,窑内耐火砖可能断裂分层,更减小了这种拱力。所以,窑的椭圆度对耐火砖的镶砌牢固程度有很大的影响。

窑筒体椭圆度 W_s 允许范围的计算公式是:

$$W_s = 1000W \cdot D$$

式中　W——窑筒体允许的最大椭圆度(%),应不大于 $D/10$;

　　　D——窑筒体内径(m)。

窑筒体最大椭圆度一般集中于轮带的附近。当窑的椭圆度超出允许范围时,应该通过更换轮带垫板或浮动垫板来减小椭圆度,使其恢复过量的变形;否则,耐火砖的砌筑就不应当进行。

[摘自:谢克平.新型干法水泥生产问答千例(操作篇).北京:化学工业出版社,2009.]

2.3.15　回转窑衬料的砌筑

回转窑衬料的使用寿命很大程度上取决于砖的质量和砌筑衬料的工作质量,同时也取决于原料的成分、燃料的性质、火焰的调节和窑的热工制度稳定等。衬料设计图纸通常明确指出窑中烧成、过渡等各带所有衬料的材质、质量要求,并附有简要的技术说明。

(1) 衬砖

耐火砖在存储的过程中,既不得受压、受冲击而造成机械损伤,也不得淋雨与受潮。为避免出现掉角缺边,在耐火砖堆放及运输过程中要轻拿轻放。如果耐火砖受潮,当它在加热时,将有可能超出耐火砖的应力而造成衬砖的损坏。碱性砖受潮,意味着耐火砖中的氧化镁反应生成了氢氧化镁,发生了不可逆转的破坏性,耐火砖内部这种晶型变化将引起体积膨胀,从而造成耐火砖受潮部位的永久性损坏。

(2) 回转窑衬料砌筑要求

由于回转窑是一个高温动态的窑炉,因而对耐火材料的砌筑有较高的要求。在砌筑衬料前,应认真检查窑筒体内焊缝的凸起程度是否符合窑筒体的焊接技术要求,对于超出规定限度的焊缝应用手提砂轮进行打磨。砌筑前回转窑应进行彻底的清扫,保持清洁与干燥,做到无灰、无锈、无油迹和无水迹;对于金属锈蚀,必须采用钢丝刷进行清除,保证耐火砖与窑筒体之间有良好的结合。

砌筑过程中,耐火砖应紧贴窑筒体,并相互靠紧,砖缝直、交圈准、锁砖牢、不错位、不下垂脱空。在砖的底面靠紧筒体的前提下,确保砖的侧面能相互靠紧,即所谓"耐火砖四角着地"(耐火砖四角与窑筒体接触),确保所有砖缝延长线汇集于窑筒体轴线,不允许出现"四角不着地"或耐火砖缝不聚中的斜置现象,也不允许出现相邻耐火砖没有完全接触,耐火砖的大头和小头未靠紧的张口现象。这种"四角不着地"和张口现象,在运转过程中容易使耐火砖松动,逐渐演变成下垂脱空,直至抽芯掉砖。确保耐火砖与窑筒体靠紧的同时,耐火砖之间也能无间隙地靠紧,推荐采用 ISO 和 VDZ 标准型砖,使耐火砖拼成的弧的曲率尽量符合窑筒体的曲率,提高砌筑质量。

由于耐火砖有出现整环相对筒体微小旋转的可能,因此耐火砖在砌筑时允许轴向砖缝的错缝,但决不允许出现径向砖缝的错缝,以免出现径向旋转趋向时将切断耐火砖的凸出部分。为保证不出现径向错缝,在确保砖的外形尺寸符合国家或行业标准的前提下,还需要精心选配耐火砖和适当填塞耐火泥来调整。

（3）砌筑前的放线

回转窑耐火砖砌筑前必须放线，并以精确的定位线为基准，分阶段地对砌筑校验和检查。回转窑轴向基准线沿圆周大约 1.5 m 放一条线，轴向基准线要与回转窑轴线平行。回转窑径向基准线每 10 m 放一条，径向控制线每 1 m 放一条。闭合的径向线所成平面要相互平行，且垂直于回转窑轴线。这些定位线将是砌筑过程中常规检验的标准。多次检验并及时调整和纠偏，将有效地防止砌筑过程中累积较大偏差。回转窑轴线的放线，应由专业测量人员实施，使用认可的测量仪器进行测量放线。

（4）耐火砖的干砌与湿砌

对于直接结合镁铬砖及白云石砖、磷酸盐等外形尺寸偏差很小的耐火砖，可采用干砌法，也可采用湿砌法。干砌法简单、工效高，湿砌法有利于窑筒体对腐蚀气体的防护；也可利用有较高强度的耐火胶泥填充，弥补耐火砖砖型的缺陷。外形尺寸偏差较大的耐碱隔热砖必须采用湿砌法。

磷酸盐砖可采用干砌法砌筑。当采用湿砌法砌筑时，应采用磷酸盐胶泥进行砖与砖之间的砌筑，从而强化耐火砖拱圈的整体性和砌体的气密性；而采用高铝胶泥填塞磷酸盐砖与窑筒体之间的间隙时，避免磷酸盐胶泥对窑筒体的腐蚀。

（5）锁紧砖，楔紧钢板和砌筑

窑拱圈最后一块楔入的砖对于一个排列紧密、稳定的圆拱圈至关重要，被称为锁砖。锁砖必须使其两个斜面与两侧的耐火砖斜面完全吻合，毫无间隙地充满预留空间。如果原砖不满足需要，不能实行有效锁紧；或外形尺寸过大，不能楔入预留的空间时，就应根据预先码砖的结果，确定加工砖的尺寸，用切砖机精确加工。加工砖厚度应不小于原砖的 2/3，如满足不了要求，就加工两块砖。加工后的两块砖应隔开 3 块以上原砖布置，选择未加工过的原砖作为锁砖，再由两块原砖之间留出的空隙沿轴向楔入。这样有利于减小锁砖作业的摩擦，确保耐火砖有较高的强度。

最后一排砖由于没有空间让锁砖从轴向楔入，而只能从径向楔入。为保证拱圈的稳定，必须采用特殊的处理方式。最后一圈砖，其长度不小于原砖的 1/2，如果小于 1/2，应加工两圈砖。干砌法砌筑时，应精确预留空间，这个空间可以通过砖的切割使空间断面为矩形，最后一块砖楔入后，应接着在两旁用钢板揳紧。用湿砌法砌筑时，可用挤出过量耐火泥的方法固定，并及时楔入钢板。最后楔入的位置，应在回转窑正下方左右各 60° 的范围内。由于耐火浇注料凝结时间过长，不能对周围的耐火砖有锁紧作用，原则上不用耐火浇注料取代最后一块砖。

由于回转窑的尾部一般采用耐火浇注料砌筑，因此最后一块砖砌筑的问题就绕过去了。相邻的环带，锁砖的位置应错开 2～3 块砖。

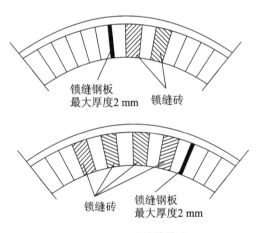

图 2.22 正确的锁缝法

在拆除支撑和慢转窑筒体后，若发现松动的环带，应使用楔紧钢板最后揳紧。楔紧钢板长、宽应比耐火砖的小 10 mm，厚度为 2 mm，每条砖缝不能超过一块钢板。楔紧钢板应平整、无毛刺，并在楔入端磨削出 6° 的楔角，以方便钢板的楔入。

（6）膨胀缝

对于热胀系数较大的碱性砖，应考虑预留轴向膨胀空间。每环（长度约 198 mm）应考虑在每块砖长度方向上塞入 2 mm 厚的纸板，以预留膨胀空间。由于径向上的膨胀可以由砖缝和回转窑筒体的膨胀得以补偿，因此不再留膨胀缝。

碱性砖的热胀系数比较大，由于工作表面温度高、膨胀量大，有的专家建议在碱性砖的砖形设计上，对于砖热面的棱适当倒角，给碱性砖膨胀最大的热面以更大的膨胀空间。

（7）挡砖圈的衬砖及砌筑（图 2.23）

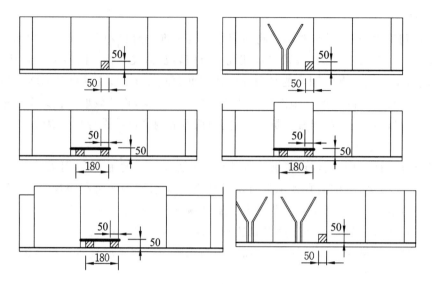

图 2.23   几种挡砖圈的砌筑

窑筒体的前方一般设有一道挡砖圈,在后方依条件而定,可能还有一至两道挡砖圈。挡砖圈的间距通常不小于 10 m,且不在轮带和大齿轮中心线 4 m 范围内。在烧成带和过渡带要求窑皮稳定存在的范围内,也不应设置挡砖圈。特制的挡砖通常砌筑在挡砖圈的下部,也就是挡砖圈指向窑头的方向。如果没有特制的挡砖,可对挡砖圈中的挡砖进行现场切割,切掉的部位比挡砖圈厚度窄 8 mm,比挡砖圈深度深 5 mm。为了避免开裂,切出的部分应有较大的圆角,应在砖与挡砖圈之间插入 3 mm 厚的纸板。在可靠性方面,较矮的两道挡砖圈比一道较高的挡砖圈好,前者可以采用原砖砌筑,以提高安全水平。挡砖可选用强度较高、性能较稳定的耐火砖。

在窑头部分,可以采用延长耐火浇注料浇注长度的方法,从而以普通砖取代前过渡带异型挡砖的配置,这样也可以改善第一排取代挡砖的耐火砖的受力状态,有效地延长挡砖的使用寿命。具体见图 2.24。

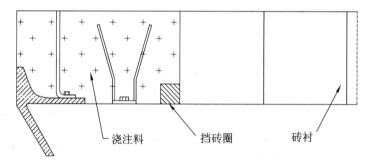

图 2.24   窑头挡砖圈部位耐火材料的砌筑

（8）支撑方法

① 螺旋千斤顶法

优点:

适合于小型窑;

易于在斜部连接部分支撑衬料;

适合于各种厚度的衬料。

缺点:

需盘动摇体;

不适合于直径大于 5 m 的窑;

分段长度不得超过 5 m。

② 窑架法

优点：

砌筑速度快；

适用于大口径窑；

无须转窑。

缺点：

设备价格高，一次投资额大；

不适合少量的修补工作。

③ 粘贴法

优点：

适用于各种直径的窑；

无特殊设备；

对于修补工作较为便利。

缺点：

黏结剂的消耗量较大；

对于某些黏结剂，砌筑速度受影响。

(9) 回转窑特殊部位的砌筑

① 回转窑筒体焊接高出部位的砌筑

可直接用耐火泥垫在耐火砖下面，使耐火砖和窑筒体及两侧的耐火砖贴紧即可。耐火砖下部所垫火泥厚度不应超过 8 mm，否则会影响耐火砖的稳定定位和拱圈的稳定性。

如出现焊接部位超过 8 mm，则采用以下措施：

对于局部焊缝较高的，可用手提砂轮打磨去除；

对于焊缝有较长部分较高的，可用磨砖机将耐火砖被焊缝垫高的部分磨削去除，使耐火砖的四角能紧贴筒体；

对于较长焊缝高出筒体，如高出不多，上述方法可结合使用。

② 回转窑筒体变形部位的砌筑

回转窑在经过一段时间的运转后，筒体往往因为局部红窑而变形，在这种情况下，很难保证砌筑质量，应根据具体情况采取相应措施，但必须保证纵向砖缝与轴线平行，环向砖缝与轴线垂直并共面。对于变形不大的情况，应根据局部曲率半径的变化采用两种不同曲率的砖进行新的组合，使耐火砖尽量适应变形部位的曲率。采用与耐火砖相匹配的耐火泥，使耐火砖适应变形的窑筒体。采用这种方法砌筑时，耐火砖之间的最大缝隙不应超过 1.5 mm，耐火砖与壳体之间的耐火泥厚度不超过 8 mm。

③ 入料端耐火浇注料的砌筑

入料端耐火浇注料的砌筑方法与窑头端的砌筑方法相似，必须注意的是：浇筑高度应高出窑尾密封圈不小于 50 mm，使耐热钢制作的密封圈退缩在耐火浇注料中间。这样，过多的热量就不会通过密封圈传导到窑筒体。这部分浇注料因缺乏金属壳体的支持，强度将受到一定的影响，应在膨胀缝以及扒钉的设置给予强化。

耐火浇注料与窑尾烟室的喂料舌头之间应有不小于 40 mm 的间隙。这样能满足以下条件的补偿：

a. 喂料舌头与窑筒体之间的热膨胀；

b. 喂料舌头在高温条件下，由于刚度的降低导致挠度的增加，喂料舌头下垂；

c. 窑筒体在安装和运转中轴线出现偏斜。但这个间隙不应大

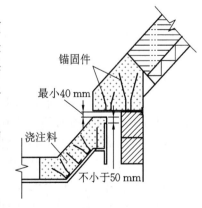

图 2.25 窑尾入料端耐火材料的砌筑

于 50 mm,过大的间隙将造成喂料舌头下部过大的气体流速和流量,将过多的物料带进密封腔内,加大窑尾密封漏料的趋势。

（10）回转窑耐火材料的砌筑检查

回转窑的耐火材料砌筑完成后,应进行认真检查。干砌的耐火砖之间应无黏结物,有可能会出现个别砖松动的现象,应按一次 90°的旋转幅度进行检查,松动的部位揳入 2 mm 厚的钢板收紧。松动的部位应做好记号,转移到上部时进行揳紧。每一条缝只容许揳入一块钢板,如砌体松动,应在距离揳入第一块钢板的 4~5 块砖处再揳入第二块钢板。钢板应力争全部揳入,如实在揳入不进去,最后应用气割枪将漏出部分割除。

应恰当安排窑内衬的砌筑计划,砌筑完成后应尽快点火烘窑并投入生产。主要因为：

① 窑筒体在砌筑完成后,荷载大大增加,在静荷载作用下会产生疲劳变形;

② 碱性砖在长期搁置时,因吸收水分使 MgO 向 $Mg(OH)_2$ 转化,因体积膨胀而损坏。镁砖是如此,白云石砖更是如此。

③ 干砌的耐火砖会发生定向压缩下沉,上部的耐火砖会发生松动。如实在不能即时点火,应定期慢转窑体来调整位置,防止窑体变形。对于白云石砖采取铺撒生石灰的办法,防止白云石砖受潮降低耐火砖的质量,缩短使用寿命。在点火前应认真检查窑衬松动情况,必要时应用钢板揳紧。

2.3.16　箅冷机衬料的砌筑　

（1）各部位的材质

箅冷机因受到磨琢性很强的熟料颗粒的冲刷,因此在耐火材料的配置和施工过程中,必须考虑耐火材料的强度和硬度。箅冷机高温区采用含量为 60%~65% Al_2O_3 或 80%~85% Al_2O_3 的高铝砖,低温区采用含量为 35%~40% Al_2O_3 的黏土砖（不能做表面层）,在活动壁板的区段采用高耐磨高铝砖（Al_2O_3 含量80%~85%）或刚玉砖（Al_2O_3 含量 85%~90%）来砌筑,或直接使用高强耐磨浇注料作为耐磨层,以硅盖板作为隔热层。

（2）箅冷机各部位砌筑时的注意事项

箅冷机墙的面积较大,并有较大面积的直墙,必须在合适的位置设置相应的膨胀缝。对于大面积直墙,要防止耐火砖内外膨胀不均造成凸肚现象而坍塌。应在热胀系数较大的高强耐火砖的大面积直墙上采用一定数量的锚固砖,以强化大面积直墙的稳定性,锚固砖的数量每平方米应不少于 6 块。

以浇注料砌筑的部位必须设置相应的扒钉和膨胀缝或控制缝,在凸起的部位应按要求设置控制缝,并适当加大扒钉的密度,以免在不应出现裂纹的部位出现较大的裂纹,或因过大的热应力造成浇注料的损坏。

箅冷机内部进行检修时,应保证处于砌筑部位上部的砖衬可靠固定,以便单独更换壁板上的损坏部分。损坏部位如采用耐火浇注料,必须正确评价是否可以延续到第二次检修,应将该部分的浇注料清理干净,检查该部位的扒钉是否完好,必要时应予以更新。除修补部位自身需要设置膨胀缝外,修补的部位和原有的浇注料之间也必须设置膨胀缝。

（3）顶盖的砌筑

目前,箅冷机最适合的顶盖是由相互锁紧的定形砖砌筑成的吊顶,应保证在高温区的支撑钢结构由高耐热钢材制成,在合适的部位必须设置相应的垂直和水平膨胀缝。

壁板宽度在 2 m 以内的箅冷机顶盖可采用耐火砖砌筑成拱形,但拱脚必须支撑在相应的支柱上,并依靠拱脚的有效定位来平衡拱脚因受热而产生的水平侧向推力。

以上两种顶盖的砌筑方式,仅需有定形的耐火材料制品,但平顶需要有复杂的结构;采用拱顶形的炉顶,不但有较大的水平推力需要平衡（半圆拱不允许水平推力进行平衡,但需要较高的高度）,而且拱顶形必须增加设备的高度,使建筑成本增加。

随着近年耐火浇注料价格的下降和质量的提高,水泥行业采用耐火浇注料对箅冷机顶部直接浇注成平顶型已成趋势,下面介绍用耐火浇注料直接浇注算冷机顶盖的砌筑。这种砌筑方法具有普遍性,以下设备的平顶炉砌筑,除不同的要求外应参照以下方法执行:

① 顶盖的浇注料孔应开设在算冷机的顶板上,浇注料孔的面积应为 200 cm²,圆形和正方形均可。浇注料孔的间距应保证耐火浇注料的浇注能对顶盖的所有部位进行有效的填充、振捣,一般在 500～600 mm 之间。顶盖也可采用完全开放式的浇注孔,仅按一定密度布置的型钢桁架用扒钉固定在上面,这种开放式的结构,有利于浇注料的浇注和振捣。一般的程序为先粘贴硅盖板,再进行浇注,也可调整为在焊接好扒钉、支好模板后,进行浇注工作,然后在浇注料的表面覆盖硅盖板,用耐火泥将硅盖板的缝隙填塞紧,同时用黏结剂将缝隙填满即可。

② 硅盖板在进行敷设之前,应全面检查扒钉的布置及焊接质量,并在扒丁的表面涂敷沥青漆。硅盖板是向上贴在顶板上的,因此可提前在硅盖板上涂敷防水剂,待干燥后再粘贴。

为保证硅盖板不至于脱落,可在扒钉之间用铁丝绑扎固定。硅盖板之间如有过大的间隙,用小块的硅盖板涂敷黏结剂塞紧、填实。

③ 看火孔洞的留设,一是采用预埋预制的耐热钢材质的管材直接埋设,二是设置易破碎的材料制作成通道内模,埋入浇注料,脱模后,将其破碎取出后进行修正。

④ 在大面积浇筑顶盖时,应根据面积和对角线的长度将整个顶盖划分为若干小区,小区之间设置膨胀缝。小区对角线的长度不宜超过 2 m。顶盖和直墙的交接处,应设置└形膨胀缝,缝内塞入耐火纤维。必须在浇注料凝固前完成同一小区的全部浇注和振捣,也可在全部浇注完成后用切割机切割膨胀缝,并塞入耐火纤维。

⑤ 算冷机顶盖和进料口连接处,是较为薄弱的凸出部位,应恰当设置控制缝,并适当在两侧加大扒钉的布置密度。

2.3.17　回转窑窑尾锥体部分应如何砌耐火砖

在回转窑窑尾与进料室交接处,窑口有一段为锥形,主要是与进料室配合,使料从小管进到大管中具有一定的斜度,速度减缓比较顺畅,不会在死角淤料、溢料。窑尾锥体的耐火砖形状要求比较特殊,最后共有 5 圈砖,此处的窑砖不能用砌砖机进行,只能采用旋转法砌砖。

首先将 5 圈砖都砌到一半的高度。因为窑砖呈斜面,不可能用窑撑直接与窑砖接触,中间要加木垫。5 圈砖利用 3 个窑撑、2 块木垫将窑砖固定。3 个窑撑的长度不一样,可利用两端的螺纹来调节窑撑的长度,从而达到将砖圈顶紧的效果。2 块木垫与 5 圈砖都有接触,窑撑放在木垫上,通过木垫将撑力传到窑砖,使窑砖稳固。木垫端部不能超过进料室托板的范围,因为在转窑的过程中,木垫会撞到托板,使得整个窑圈垮掉。撑窑时一定要撑好,工作人员要特别注意安全,以免发生掉砖。

将窑砖顶紧后转窑 90°,然后进行砌砖。将窑砖砌完 1/4 左右时再将窑转动,使砌好的 1/4 窑砖位于下面,进行最后收尾。

2.3.18　预热器如何砌砖

预热器中的砌砖主要分成三部分进行,即直筒、顶棚及下料管。预热器中的耐火材料的工作温度及负荷比窑内要低一些,一般很少损坏。在建预热器的时候就可进行耐火砖砌筑,砖是由下向上砌,在旋风筒的外壁上都留有一些孔,供砌砖时搭架使用。

在预热器内砌砖时,旋风筒锥体面与直筒部分的砌砖比较方便。在旋风筒顶棚,一般都采用耐火泥、扒钉固定耐火砖,表面或缝隙加耐火泥,要特别注意耐火砖与耐火泥的热胀系数要一致,否则两者受热膨胀不均匀会造成掉砖。

使用耐火泥时,要注意观察与其接触的材料是否有吸水性,否则耐火泥会因脱水过多而降低固化效果和强度,此时可在其交接面涂一层防水剂。

2.3.19　如何在北方寒冷的冬天砌窑砖

　　某水泥厂地处黑龙江北部严寒地带,年终检修正处于数九寒冬,这种低温气候对立窑检修十分不利,每年冬检,窑内喇叭口砖和直筒砖都需重新砌筑。由于窑内的温度一般在-20 ℃左右,在砌窑时,刚刚拌和好的砌缝胶泥接触耐火砖时,耐火泥就急速冷却,甚至凝固,用力堆砌也难以保证砌缝厚度和均匀性,更难以保证砖与砖之间的结合质量要求,直接影响窑的使用寿命,不得不在年终检修时重新砌窑。

　　后来采用喷灯预热砌窑砖,得到了很好的效果,具体介绍如下:

　　根据砌砖人员数量,可配备喷灯1~2盏。在砌砖时先预热已摆放好的耐火砖,待砌缝表面达到7~15 ℃,然后抹上胶泥砌筑,依次砌下去。该操作与正常温度时的砌砖效果基本相同,操作省工省力,且保证了砌缝(缝厚2~3 mm)均匀整齐,与过去相比又节约耐火材料。

　　采用上述办法砌窑,使用一年后窑砖没有发生损坏,保证了全年生产的正常进行。

2.3.20　如何确定回转窑内砖的厚薄及烧成带砌砖长度

　　水泥回转窑由于直径不一样,用砖厚薄也不同,总的原则是做到窑体散热损失小、使用寿命长、窑的传热面积大。经验数据如下:窑内径为3~4 m时,用砖厚度为180~230 mm,一般为200 mm;窑内径为1.8~3 m时,砖厚以150~180 mm为宜,最厚不超过180 mm。每块砖重最好不要超过10 kg,便于镶砌。烧成带砌砖长度一般为:湿法窑(3~5)D(D为窑直径),最好为4D左右;立波尔窑、干法窑为(3~3.5)D。

　　上述数字仅供参考,各厂应根据窑型、火焰长短、煤质的实际情况而定。

2.3.21　回转窑换砖挖补的原则是什么

　　(1)凡局部耐火砖有严重炸裂、松动或不足高度一半者应进行挖补。

　　(2)大部分严重歪斜、缝宽、炸裂、松动严重而无法加铁板来补救的,以及不足耐火砖厚度一半的应换新砖。

　　作为预分解窑的窑内耐火窑衬,由于它的窑速快,窑皮基本光滑平整,窑衬的磨损与烧蚀也较均匀,理应少有挖补的机会。如果总靠挖补延长使用周期,则说明操作或管理中有值得改进的环节:窑速低、调整过多;火焰不稳、不当;升温与冷窑速度过快等。因为挖补需要停窑、冷窑后才能进行,所以挖补本身对其他窑衬寿命就是一种损伤。如果只为挖补而停窑,其经济损失并不小,严格来说,窑衬运转周期已经中断。

　　如果仅由于其他原因停窑,有必要对窑衬状况进行检查,并对薄弱位置挖补。在挖补工作中需要注意如下几点:

　　① 尽量保护窑皮及不需要更换的窑衬。烧成带中凡低于新砖高度60%的旧砖都要更换,过渡带以后的旧砖厚度不低于80 mm的可以保留。同时,挖补的砖量不能多于二环,多于二环的量应分批备紧后进行。

　　② 镶补新砖前,要在老砖的接触面上先抹871型高温胶泥;新老砖之间不能插备铁板。

　　③ 新补的砖不能有过多加工面,每块新砖的铁板备紧面也只能有一面。

　　④ 轮带部位挖补时,要注意剩余旧砖是否存在大面积断层或扭曲严重的现象。如果存在,必须检查轮带间隙和筒体椭圆度,同时对该部位的砖应整体更换。如果轮带间隙过大或筒体椭圆度过大,必须对轮带的浮动板进行更换,对窑中心线进行检测记录。在窑连续满转和开窑后,必须在轮带浮动板上加二硫化钼润滑脂,还要在开窑后观察窑筒体与轮带之间的轮带滑移量,轮带最大允许相对滑移量的经验值

要不大于窑筒体内径/2×1000（mm）。

[摘自：谢克平．新型干法水泥生产问答千例（操作篇）．北京：化学工业出版社，2009．]

2.3.22　镶砌窑衬时对耐火泥有什么要求

镶砌窑衬时，对耐火泥有以下要求：

（1）施工性能要好，应具有适当的细度、黏性、延伸性、保水性，易于得到所要求的砖缝厚度。

（2）黏结力要强，在操作温度下具有很强的黏结力和硬度，耐气体的侵蚀和磨损。

（3）不能因干燥和烧成引起膨胀或收缩，从而造成砖缝开裂。

（4）化学成分要与砌筑用砖相同。

（5）要具有必要的耐火度。

2.3.23　耐火泥浆如何与耐火砖相匹配

耐火泥浆必须与耐火砖性能匹配，不同类别的耐火砖和耐火泥浆不得相互配用，耐火砖与耐火泥浆匹配的要求应符合表 2.63 的规定。

表 2.63　耐火砖与耐火泥浆匹配的要求

耐　火　砖	耐　火　泥　浆
黏土砖	黏土质耐火泥
系列耐碱砖	耐碱耐火泥
系列高铝砖（含普通型和抗剥落型）磷酸盐结合及特种高铝砖	高铝质耐火泥、磷酸盐结合耐火泥、PA-80 型高铝质耐火泥等
镁铬砖	镁铬质耐火泥、镁铁耐火泥
尖晶石砖	镁质及尖晶石质耐火泥
硅藻土砖	硅藻土砖用气硬性耐火泥
硅酸钙板	专用胶结剂

2.3.24　耐火浇注料的施工

（1）耐火浇注料的搅拌

搅拌机和其他设备在使用前必须清扫，其他种类的杂物都可能对浇注料的性能造成很大的影响。

拌合水必须是清洁的。在常温条件下，为减少水分过度蒸发和过高的温升，在拌和过程中，必须避免过度的通风、加热和阳光的直射。在温度较低的情况下，应注意适当升温，防止物料温度过低。混凝土的拌和必须采用强制式拌和机，以降低拌和水分和提高拌和质量，不允许通过加水来改善已部分凝结的拌合物的可浇注性，这将使浇注料丧失大部分强度指标。

为保证搅拌均匀和尽量降低拌和水分，保证浇注料有较高的强度和均匀状态，必须在干燥的状态下拌和 1 min，加入 50％的水继续搅拌 1 min，然后根据需要将剩余的水徐徐加入，以寻求在所要求的加水量80％～100％之间的适宜值。根据厂家的要求，加水后拌和时间大约为 5 min，应尽可能降低加水量，超量的拌合水将导致泌水和料浆、骨料的离析，造成料浆损失，使砌体强度大幅度下降。每次拌和的浇注料量应为最小包装批次的整倍数，也就是 100～300 kg。

加水量的适宜程度，可用下述方法来进行校验。加水搅拌后，大约 4 min 就可以达到一定的黏稠度，此时可以用手捏成一个混凝土球，当用手指合拢挤压 5～6 次后再张开手心，它便失去形状并慢慢在手心摊开,以加水量不会从张开的指间流淌为宜。

（2）浇注

将拌和好的浇注料倒入模板中,由底部开始不停地振动,直至所有的空气被排出,浇注料均匀成一体。但上述作业不可过度,以免出现表面泌水和料浆离析。过长时间的振捣,还会造成耐火钢纤维在浇注料中有序排列(应是杂乱无章的),从而造成耐火钢纤维在浇注料中应发挥的抗剥落能力下降。

被膨胀缝分割的小区内的浇注料必须一次连续浇注完成。应不停加入浇注料并振动,直至模板全部充满,浇筑工作在划定的小区内没有完成之前不得停顿,必须在小区内的浇注料任一部分开始凝结前,完成浇注和振捣作业。

尽量不分层浇注。如未得到不分层浇注,第二层的浇注必须在第一层浇注料凝结前完成。在已凝固的浇注料上涂抹浇注料毫无意义,在低温阶段就会脱落。

在振动过程中,浇注料表面将趋于水平,如需特殊形状,可将振动器按所需加工的表面平行推移,按要求的方向推动物料。

2.3.25 如何控制浇注料的用水量

一般浇注料生产厂家已经明确了每种浇注料的用水量,每袋浇注料上也有重量标明,很容易配制出符合水胶比要求的浇注料。第一盘配制合格后,以后的配制就可比照第一盘的黏稠度控制。

在具体配制用水量时,要考虑影响施工用水量的几个因素:

① 现场支撑模板材质的吸水性,事先应该用水湿润欲浇注位置周围的旧耐火衬料及模具。

② 搅拌机及使用的输送工具,在第一次浇灌前要用水将其湿润。

③ 在搅拌机内搅拌时,注意水及浇注料是否有流失情况,包括已经破漏的袋子会流失浇注料。

用水量多的具体表征是:搅拌后的浇注料能有较好的流动性;搅拌机能轻易地一次拌和 150 kg 以上的物料;振捣很容易。以上表征都说明用水量已经过大。也可用人工检查:用手将泥料握成球后,如果浆体可以顺着指缝流出,就表明用水量必须减少。

［摘自:谢克平.新型干法水泥生产问答千例(操作篇).北京:化学工业出版社,2009.］

2.3.26 浇注料的硬化和养护

在浇注料开始凝结之后,常温条件下硬化时间不少于 24 h,在某种程度上,延长硬化时间至 48 h 或更长时间有利于增进混凝土的强度。对于少水泥浇注料,其凝结时间往往更长一些。对于使用高强度浇注料的部位,如喷煤管、窑口等,应适当延长养护和脱模时间。

在硬化之前,应防止水分蒸发,可以在衬料表面覆盖一层薄塑料或湿草垫,也可用敷设泥水的方法进行养护。在此期间,由于混凝土强度较低,应防止过大的机械作用力造成混凝土的破坏。

在硬化之后应使浇注料在 15～30 ℃的环境温度下干燥一段时间(24～48 h),温度越低,硬化时间越长。如气温低于 10 ℃,应考虑加温措施来改善养护条件。

对于水玻璃和磷酸盐浇注料(表 2.64),应在干燥环境中养护,可利用水玻璃的脱水来增大强度,无须浇水养护。

表 2.64 水玻璃和磷酸盐浇注料

品种	养护环境	适宜养护温度(℃)	养护时间(d)
硅酸盐水泥耐火浇注料	潮湿养护	15～25	＞7
	冬季蒸汽养护	60～80	0.5～1
高铝水泥耐火浇注料	潮湿养护	15～25	＞3

品种	养护环境	适宜养护温度(℃)	养护时间(d)
水玻璃耐火浇注料	干燥环境养护	15~30	7~14
磷酸盐耐火浇注料	干燥环境养护	20~25	3~7
黏土耐火浇注料	干燥环境养护	15~35	>3

脱模时间应恰当选择:

不承重的模板,应在浇注料强度不致引起冷觉脱落时脱模。

承重的浇注料,应在强度达到 70% 时再考虑脱模。

强度较高的芯模,应在不至于造成混凝土破坏时及时脱模,以免浇注料强度过高造成脱模困难。

2.3.27 耐火浇注料容易发生的浇注缺陷

耐火烧注料容易发生的浇注缺陷如表 2.65 所示。

表 2.65 耐火浇注料容易发生的浇注缺陷

序号	问题	产 生 原 因
1	表面脱落	模板太干(木模板)、模板表面涂敷脱模剂不到位或模板表面有黏附。脱模过晚也有可能引起这一缺陷
2	麻面	搅拌质量差或模板表面处理不好
3	蜂窝	浇注料搅拌干湿不匀或振捣不到位
4	空洞	振捣不到位
5	小孔	搅拌时加水过多。此时应进一步检查浇注料的强度
6	裂纹	养护不好。如裂纹宽度大于 0.2 mm、长度大于 40 mm,应考虑返工
7	颜色不均匀	搅拌不均匀
8	起砂	水泥过期或搅拌水过多,造成泌水、跑浆。对于过搅拌的浇注料,也可能是由于粉料在锅壁上黏附过多。浇注料未完全凝固,冲水养护也会造成水泥浆的流失而起砂
9	鼓肚	模板刚度不足或模板支撑不妥。在重要部位影响到物料的正常运动,应对成型的浇注料进行修整
10	走型	模板未支好,严重时返工
11	掉角、缺棱	未充分凝固,提前拆模

2.3.28 浇注料"吊模"外部修复施工方法

(1)通过检修门和外部参照物确定开孔位置,用割枪割开铁板,拆除烧损的耐火材料,开孔大小的原则是尽可能保证烧损浇注料拆除到边、角,形成一个整体。

(2)无论施工点是什么形状,新裁剪的铁板要按照施工点高度平均分为三层准备,便于木工支设模板和查看浇注料浇注情况。

(3)在原铁板上补加锚固件时要紧贴老浇注料形成一个整体,新铁板上焊接锚固件时要充分考虑老浇注料形状,尽量减少锚固件与浇注料间距,特别是浇注料脱空位置下方,要焊接一排锚固件托住浇注料(见图 2.26 左边箭头),待新浇注料凝固后能够形成一个整体。

(4)模板高、宽均要比施工点多 300~400 mm,后部支撑可使用木方或者 ϕ10 mm 钢筋,一般采用双

图 2.26 新铁板锚固件布置要求及浇注料施工位置要求

道支撑,间距 200 mm 穿铁丝便于模板固定,铁板同时要和模板穿铁丝位置保持一致并进行开孔,如浇注料拆除面积大于原铁板时,一定要在紧贴老耐火材料铁板上开铁丝眼,以此保证模板的牢固性,模板固定后四周用耐火纤维棉填塞,避免浇注料漏浆,如图 2.27 和图 2.28 所示。

图 2.27 模板穿铁丝位置

图 2.28 模板固定后四周用耐火纤维棉填塞

(5) 为避免出现施工点漏浆、胀模等现象,无论施工点面积大小,浇注料时要分 2 次施工(遇到脱空浇注料时第一次施工要超过该位置 100 mm 左右,见图 2.26 左边箭头),2 次浇注间隔时间至少 30 min 以上,使第一次浇注的浇注料出现初凝,在环境温度低时可考虑加设碘钨灯来提高凝结速度。

(6) 施工期间为缩短施工时间,可在焊接时采取段焊方式,待浇注结束后再进行满焊,避免运行中系统漏风。最后一块铁板焊接后中间开一个孔洞,保证施工点打满浇注料,如图 2.29 所示。

2.3.29 耐火浇注料施工中应注意的事项

(1) 加水量

一般耐火浇注料在出厂后都会提供一份施工说明,其中对浇注料在施工中的加水量有明确规定。在实际施工中,一定要控制搅拌过程中的加水量(最好不要超过推荐值的上限),以保证浇注料有足够的流动性,但又不能让浇注料流淌。如果仅为了方便施工,不要求加水量,那浇注料的整体性能将会受到影响,为浇注料强度随加水量而变化的情况。

(2) 搅拌时间

浇注料搅拌时间与施工时的加水量有密切相关,一般要求搅拌时间控制在 3~5 min,搅拌机转速最

图 2.29　最后焊接铁板的孔洞

好在 19 r/min 以上。在相同加水量的前提下,搅拌时间越长,浇注料的流动性越好。

（3）锚固件的焊接和热膨胀处理

锚固件的焊接环节,首先应保证其布置合理,受力方向符合要求;同时,焊接所用的不锈钢电焊条要按照规范要求执行,焊缝应光滑且饱满,并要做好锚固件的热膨胀处理。

（4）施工操作的注意事项

① 模板的选择和支设。施工模板无论采用木模板还是钢模板,都要满足强度的要求;支设过程中要严格按照图纸尺寸来执行,振捣过程中不能出现鼓模、胀模、跑模的情况。

② 浇注料的养护。浇注料的带模养护时间和脱模养护时间应符合规范要求,一般在环境温度5～35 ℃情况下,带模养护时间不低于 24 h,脱模养护时间不低于 24 h,才能保证浇注料的早期强度。

③ 浇注料的烘烤。浇注料在使用前一定要进行烘烤,烘烤时应满足烘烤制度,保证浇注料中的自由水和结晶水能够充分排出,以免在投料或使用的前期出现脱皮、爆裂情况,影响浇注料的正常使用。对于一些特殊的部位,最好在整体烘烤之前进行单独的烘烤,对于一些关键(如前窑口、窑头罩、冷却机的热段等)部位,可以使用竹棍预留排气孔。

2.3.30　浇注料小面积修补的方式

（1）外部背包修复

外部背包修复就是对烧损(红)处外部焊包厢(背包),再打上浇注料的方式进行处理。

优点:省时省力、施工人员安全系数高、费用低。

缺点:影响预热器的整体美观;运行一段时间后铁板烧通,包厢周边漏风;由于内部废气运动方向为旋向,随着时间的推移,内部耐火材料烧损面积越来越大,旋风筒料气分离效率降低,系统拉风量居高不下,系统电耗、热耗增加,增加了后续检修的劳动量。

（2）内部搭设脚手架修复

以分解炉锥体施工为例介绍内部搭设脚手架的修复方法。正常情况下该方法的施工顺序如下:

① C_4、C_5 筒确认畅通,翻板阀压死;

② 分解炉内部结皮清理;

③ 脱空的浇注料拆除;

④ 分解炉弯头积料清理;

⑤ 搭设脚手架;

⑥ 作业点以上设三层安全防护(满铺竹篦笆或彩钢瓦);

⑦ 施工期间预热器其他作业点全停,避免异物垮落或灰尘影响施工;

⑧ 工作结束后进行内部检查,确认拆除防护(架子)等。

优点:内部浇注料形成一个整体,浇注期间有漏浆等现象时方便人员再处理,便于彻底清除烧损的浇注料到边、角。

缺点:费用高、程序烦琐,有一定危险性,大修期间影响其他位置施工、延长检修时间。

(3)"吊模"外部修复

"吊模"外部修复是模拟内部搭设脚手架的修复方式所采取的内部"吊模"浇注。

优点:外表美观;内部耐火材料形成一个整体,延长了耐火材料的使用寿命;避免出现"背包"处铁板烧通漏风后出现的一系列后续问题。

缺点:施工时间略长,对木工有一定经验要求。

2.3.31 高铝耐火浇注料如何施工

在高铝耐火浇注料施工中,一定要按设计要求进行,所焊锚固件应安全牢固,如有缺损或不结实的应补焊加固。模板表面应平滑、按要求支撑,浇注面一次为 1.5～2.0 m² 。施工中应严格控制用水量,每浇注一段都要及时用震动棒振实,最好一次打完,如果浇注不完,接头应留毛茬,再浇注时接头处适当洒些水,以便黏结牢固,防止出现两张皮。施工完毕后,料体表面不应有露珠。实体硬化后,应洒水养护 24 h,然后用小火烘干或自然干燥。

2.3.32 如何防止水泥窑用耐火浇注料爆裂

(1)产生爆裂的原因

① 由于生产任务重,大部分水泥厂存在检修就要抢时间的情况,为了早日开窑生产,不得不压缩浇注料的养护和烘烤时间。

② 目前,我国的水泥窑用耐火浇注料材质以 SiO_2、Al_2O_3 系统为主,其结合剂是以铝酸盐水泥为主的快硬早强型水泥。这就要求浇注料在施工完毕后有充足的养护时间和合理的烘烤制度,其所需的时间较长。

③ 我国水泥行业的检修基本上委托筑炉公司来进行,施工队伍的专业水平、施工是否规范都对耐火浇注料的施工质量和使用效果有较大的影响。

④ 水泥窑的一些特殊部位,如前窑口、窑头罩、箅冷机顶部和侧墙等,存在着烘烤难度大的问题。对这些部位,有些水泥企业不用木柴烘烤,部分企业只是进行短时间的烘烤,在使用燃烧器烘窑阶段,由于水泥窑工艺参数的控制,热气流都以一定的速度向窑尾系统流动和辐射,而对窑头罩和箅冷机只有部分辐射的热能,这部分热量不足以使浇注料中的自由水充分排出。开始投料生产时,系统中的热气流在短时间内向窑头回流;同时,高温熟料(1300 ℃以上)开始在窑头罩底部堆积,导致窑头罩、箅冷机部位温度急剧升高,此时,最容易发生浇注料爆裂、脱落的现象。

(2)爆裂的机理分析

目前,我国水泥生产线的窑头罩、箅冷机热段及前窑口部位浇注料容易产生爆裂的现象。分析其原因,主要是在烘窑阶段,由于升温过快而导致窑内温度迅速攀升,耐火材料的自由水在短时间内由液态变为气态,并随着衬里温度的升高而形成一定的蒸气压,当衬里内部的水蒸气不能及时扩散时,就会造成压力的增加;当衬里内部的水蒸气压力失去平衡时,就会发生浇注料剥落、脱皮,甚至爆裂的现象。

耐火材料制造商在水泥行业普遍加入 0.1%～0.3% 的有机纤维,来防止浇注料爆裂现象的发生。有机纤维在 160 ℃ 受热熔化或燃烧后形成贯穿,均匀分布的微细狭长气孔增加了衬里材料的透气性,起到加速排水、缓冲水蒸气压力的作用,防止在烘烤和开窑投料阶段,温度急剧变化引发衬里爆裂现象。但是,使用有机纤维存在着浇注料不易分散、加入量多、影响强度等问题。

(3) 解决爆裂问题的措施

① 由于各水泥生产企业在检修期间均存在着设备维修、浇注料施工等各方的交叉作业,因此各部门必须协调好,做好水泥窑各部位浇注料施工进度的时间安排。对一些难以烘烤部位(算冷机、窑头罩和前窑口)的浇注料,要优先浇注施工,预留足够的养护时间;同时要做好对施工单位的监督工作,浇注料的搅拌、加水量、支模、养护等各方面要严格按照施工说明书进行。

② 窑头罩部位施工时,最好留出排气孔,具体打孔要求:间距 300 mm×300 mm,并用 ϕ5 mm 木条嵌入,深度为浇注料的一半。

③ 窑头罩浇注孔封闭以后,要保留 8 个通气孔并做好防水。同时,为确保前窑口部位耐火浇注料在烘烤中不出现爆裂的现象,施工中最好也要用 ϕ3 mm 的竹棍留好排气孔,排气孔的布置为每平方米100 个。

④ 对水泥窑的中修、大修,在使用燃烧器喷油烘窑以前,一些特殊部位(窑头罩、算冷机、前窑口)最好使用木柴进行烘烤,烘烤时间不低于 12 h。同时,在烘窑的过程中升温速度不能过快,对于低水泥系列耐火浇注料,内衬厚度在 200~400 mm 时,最佳升温速度每小时不大于 15 ℃就完全可以满足内衬升温的需要。

⑤ 在抢修、事故停窑检修无烘烤时间时,可以采用磷酸盐结合耐火浇注料,如 PA-852 磷酸盐浇注料。此类产品具有免烘烤的优点,随着温度的上升,强度不断增加。但需要指出的是,该类产品也具有自身的弱点,如耐磨性能差、使用寿命短等缺点。

总之,浇注料的爆裂问题是一个复杂的问题,与许多因素密切相关,尤其是在冬季施工时,更应注意。在浇注料中加入 0.1%~0.3%的防爆纤维,可以改善产品的防爆性能。前窑口、算冷机、窑头罩等易发生浇注料爆裂的部位,只要做到合理安排施工,做好施工环节的质量控制、预留排气孔、烘烤等各环节,耐火衬里的爆裂现象是完全可以避免的。

2.3.33 浇注料中添加防爆剂有什么好处

低水泥浇注料是高密度、低气孔率的材料,尽管在浇注过程中,要严格控制水胶比,但由于窑系统的检修养护时间有限,升温过程又急于加快,因此常由于所含水分未能及时排出而造成浇注料炸裂。

所谓防爆剂,就是防爆纤维,它在干燥状态下和耐火浇注料的分散性很好,在湿态下的柔和性又很强。如果将它加入浇注料中,这些长度为 3 mm、直径为 30 mm 的纤维就会在浇注料内形成无定向分布的网状结构,起到微细配筋作用,大大改善浇注料抗冲击、耐拉伸的整体性能。随着窑内温度不断升高,纤维开始软化、收缩、熔化、碳化,使浇注料内形成了数万条细长微孔,为内部的水与水蒸气排出打开了通道,从而防止浇注料的爆裂现象。

[摘自:谢克平. 新型干法水泥生产问答千例(操作篇). 北京:化学工业出版社,2009.]

2.3.34 喷涂浇注料的使用特点与应用范围是什么

采用喷涂工艺施工的浇注料,即使是垂直面及顶面的浇注,使用时直接喷涂,不用支模板。它硬化速度快、养护期短,可直接升温,甚至可以不止火、只止料地快速热补。因此,在某些情况下,是其他浇注料所不能取代的,但它需要专用的一整套工具,如喷涂机、喷枪、高压胶管、水泵及压缩空气与水箱等。为了适应各种使用条件的要求,生产厂家开发出一系列产品,其特性见表 2.66。

表 2.66 喷涂浇注料的产品特性

产品名称	化学成分(%)		最高使用温度(℃)	体积密度(g/cm³)	耐压强度(MPa)			线收缩率(%)		热导率(600 ℃)[W/(m·K)]	加水量(%)
	Al_2O_3	Fe_2O_3			110 ℃	1000 ℃	最高使用温度	1000 ℃	最高使用温度		
轻质绝热料 85	31.6	5.6	1300	1.92	3.0	1.9	2.8	0.6	0.6	0.24	32～35
喷涂料 130	43.2	2.3	1300	1.92	12.4	9.0	10.9	0.3	0.8	0.72	19
喷涂料 140	45.6	2.2	1400	1.85	5.3	5.1	26.7	0.3	1.5	0.79	17～19
喷涂料 160	50.3	1.2	1600	2.13	34.5	24.2	34.5 (1500 ℃)	0.3	+1.5/ 1550 ℃	0.79	11～14
喷涂料 170	65.3	1.0	1700	2.21	20.7	10.0	34.5/ (1550 ℃)	0.2	1.5/ 1550 ℃	0.79	12～14

施工程序如下:

① 铲除、清理原衬里,按 200 mm 间距焊接锚固件;

② 镶砌硅酸钙板之前,在钙板背面抹上耐火泥后将其贴紧钢板;

③ 将硅酸铝纤维毡填充于托砖板上、下两侧,并用线绳缠绕锚固件,将硅酸钙板固定牢;

④ 在锚固件与硅酸钙板上刷抹一薄层沥青漆,并适当用 3 mm 厚的胶合板做膨胀缝;

⑤ 准备喷涂料,按 25% 的反弹量考虑,且有 10% 的富余量,一次喷涂厚度为 170 mm。

此项工艺要求在环境温度 5 ℃ 以上进行,用水水质必须达到饮用水标准,操作人员必须熟练掌握喷涂技术。需要不停产喷涂时,如前窑口护铁上的浇注料,更要注意操作区有稳定的系统负压,风压与水压都要增大等。

[摘自:谢克平.新型干法水泥生产问答千例(操作篇).北京:化学工业出版社,2009.]

2.3.35 钢纤维和低水泥耐火浇注料应如何施工

对钢纤维、低水泥耐火浇注料的施工要求更为严格,因为施工好坏将直接影响到使用寿命,施工中应注意下列事项:

加红外线灯烘烤不得少于 40 h,若选用 250 W 红外线灯烘烤,灯与浇注料距 80～100 mm,灯距为 250～300 mm。烘烤温度为 0～300 ℃ 时,烘 20 h;为 300～600 ℃ 时,烘烤 10 h。这种施工温度要求往往很难做到,那就应根据经验,小火逐渐烘烤,水分基本蒸发即可,一般烘烤时间大于 24 h。

低水泥耐火浇注料的施工方法与钢纤维耐火浇注料的相同,只是加水量更低,一般控制在 6.5%。

由于烘烤时间、温度难以达到要求(尤其是中修停窑时间亦不允许),一些厂家焊铁架,在铁架上用木柴烘烤 24 h 以上,但架木柴时一定由少到多,逐渐升温烘干浇注料体。此外,把浇注料做成砌块,可克服烘干难的问题。

2.3.36 如何进行预分解系统耐火内衬的喷涂施工

不定形耐火材料喷涂工艺与传统使用定形的耐火材料砌筑工艺或浇注料浇注工艺相比,具有便于机械化施工、整体性能好的优点,对于较复杂的不规则的曲面内衬尤其适用。

(1)喷涂用材料

① 喷涂料

喷涂料的选择应按设计要求进行,不同的使用部位和不同的环境要求喷涂料有不同的理化性能。对于喷涂料来讲,除了要求有良好的工作性能,重要的是还必须具有良好的施工性能,包括硬化速度适当、回弹量小、黏结性能好、粉尘小,不易产生颗粒分层现象等。

② 锚固件

喷涂施工工艺与浇注工艺相似,需要设置锚固件,这是为了使喷涂料牢固地黏结在喷涂面上,并在各种荷载、热应力、热气流冲刷下保持稳固的整体性。锚固件的形式、尺寸和材质按锚固厚度和温度决定,一般采用"Y"形"V"形和"L"形锚固钩,材质有普通钢和耐热钢等。施工顺序是:焊锚固钩→粘贴硅酸钙板→焊金属丝管→在硅酸钙板、锚固钩、金属网管表面刷 0.2～0.4 mm 厚的沥青漆。在硅酸钙板表面刷沥青漆的目的是防水,在锚固钩、金属丝管表面刷沥青漆的目的是高温下减缓膨胀作用。

锚固件间距,一般按原厚度的 1.5～2.5 倍考虑,直墙部位的间距比顶部的间距大些,按梅花形或"田"字形布置。

喷涂料层厚度按设计进行。某厂分解炉下锥体的为 260 mm,C_3、C_4 筒的为 100 mm,三次风管沉降室的为 100 mm。

(2) 喷涂施工机具

喷涂施工机具主要包括喷涂机、空压机、风仓、水泵、水桶、高压胶管等,其配置比较简单。

① 空压机和风仓

耐火材料喷涂施工所需的风由空压机供给,空压机的风量和风压取决于喷涂料输送量、管径和长度,以及空压机与喷涂部位的相对位置等。目前,国内喷涂机一般要求空压机风量为 9 m³/min,工作压力为 0.6 MPa。

② 喷涂机

目前,国内喷涂耐火材料常用的机具是转子Ⅲ型、Ⅳ型、Ⅴ型喷涂机,根据使用经验,对转子Ⅲ型喷涂机稍加改进便可喷涂耐火喷涂料。喷涂耐火喷涂料时,常采用半干法,即先加入 2%～4% 的水与喷涂料强制拌匀后送入喷涂机。

③ 水泵和水桶

水泵向喷枪供水,其选型是根据供水量及供水压力来确定,一般水压要求为 0.20～0.30 MPa 以上,水桶(或储水池)向给水泵供水。

④ 喷枪及高压胶管

喷枪合适与否,直接影响到喷涂层质量、回弹量以及施工粉尘大小等,如无不定形耐火材料的专用喷涂机及喷枪,用户可自行对喷枪加以改进或重新制作。例如某厂对转子Ⅳ型喷涂机配套的喷枪进行了改进,并增加了弹道式拢料管,使用效果较好。

喷涂用的高压胶管如输料管、风管、水管均要求耐压值在 0.5 MPa 以上,一般采用的是直径 30～50 mm、夹 7～10 层帆布的耐压胶管。

(3) 喷涂施工工艺

① 模拟喷涂试验

喷涂前,应先进行模拟试喷,通过检测不同料压、风压、水压时喷涂层的密度、颗粒分布情况、强度等指标来确定最佳操作参数。

② 喷涂施工工艺(图 2.30)

③ 喷涂注意事项

a. 由于喷涂施工质量与喷射操作人员的水平有很大关系,必须配备熟练的喷射手。

b. 喷射时压力参数:输料压力一般保持在 0.18～0.25 MPa 以上,水压要高于输料压力,以保证水料混合均匀,不堵塞水眼,风压不宜低于 0.4 MPa,风量尽可能稳定。

c. 加水量一般控制喷涂料的水胶比在 0.42～0.48 之间,实际喷涂操作中不允许出现干料和流淌现象。

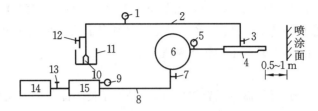

图 2.30　耐火材料喷涂施工工艺示意图

1—水压表；2—水管；3—调水阀；4—喷枪；5—压力表；6—喷涂机；7、13—调节阀；
8—风管；9—风压表；10—潜水泵；11—水桶；12—压水阀；14—空压机；15—风仓

d. 喷枪操作距离与喷枪喷出速度有关，一般要求在 0.8～1.2 m 之间，不宜小于 0.6 m。

e. 喷枪操作方法：喷涂方向垂直于受喷面，喷枪嘴不停地作螺旋式移动。

f. 喷涂方法：分区喷涂，一次喷到设计厚度。

g. 喷涂面的修整：初凝后，可以对喷涂表面进行整平，一般先清除局部凸出部位，再用刮板找平。

h. 回弹料的处理：一般每喷完一个区随即清理回弹料，经筛分后骨料可以回收利用。

i. 膨胀缝留设：取决于喷涂料的性能及使用部位温度等，一般按设计留设。如设计无要求，可参考同类型浇注料规范进行，喷涂前应将预留膨胀缝的木条或硬纸板固定牢固，防止喷涂时脱落。

j. 施工缝留设：分区喷涂，当喷涂中断时需留施工缝、留直槎，接槎时用水湿润，但施工缝尽量少留。

k. 喷涂试块留取：在实际喷涂现场以同样的操作参数及厚度在模板上喷涂一大块，按相同条件养护，以大板切割法切取试块，留作检验。

l. 喷涂层的养护制度：取决于环境温度和湿度，一般可参考同类型浇注料的规范养护制度，通常是从喷涂后 2～3 h 开始喷雾养护 3 d 以上。

m. 喷涂层的烘烤：主要目的是脱水，使喷涂料中所含水分在暴露于服务温度之前消失，以免喷涂层在水汽蒸发时爆裂。烘烤制度的建立着重于喷涂层的厚度与体积。对于水泥预分解窑系统内衬，一般小于 250 mm 厚的喷涂层，通常可缓慢升温到 105 ℃，保温 6～8 h 使自由水蒸发，再以 20 ℃/h 的温升升至 300～600 ℃，保温 6～8 h，以消除结合水，实现脱水过程。

2.3.37　如何粘贴耐火纤维毡

耐火纤维毡起隔热保温作用及用于砖的膨胀缝。其粘贴可与砖同步进行，砌一段粘贴一段，粘贴的纤维毡应平整。粘贴剂可使用工作温度为 800 ℃ 以上的高温粘贴剂，也可采用水玻璃配制的耐火泥。

2.3.38　隔热衬料硅酸钙板的施工

（1）施工前的准备

硅酸钙板容易受潮，受潮后性能没有改变，但影响砌筑和施工工序，如干燥时间延长，影响耐火泥的凝结和强度的发挥。在施工现场发料时，对于怕受潮的耐火材料，原则上应不超过当天的需要量，施工现场应有防潮措施。保存应按不同牌号、不同规格分类堆放，不宜过高或与其他耐火材料堆放，防止重压损坏。砌筑前应先将设备砌筑表面清扫干净，除掉铁锈与尘土等污物，必要时可用钢丝刷进行清除，确保黏结质量。

（2）砌筑用黏结剂的准备

硅酸钙板砌筑用的黏结剂由固体与液体调配而成，固、液两种物料调配比例必须合适，做到黏度适宜，既能很好涂抹，又不流淌。

（3）对砌缝和底泥的要求

硅酸钙板之间的砌缝用黏结剂连接，一般为 1～2 mm。

硅酸钙板与设备壳体之间的黏结剂厚度为 2～3 mm。

硅酸钙板与耐热层之间的黏结剂厚度为 2～3 mm。

（4）硅酸钙板的砌筑

硅酸钙板施工前,应认真检查硅酸钙板的材质规格是否与设计一致,禁止将低耐火度的硅酸钙板用于高耐火度的硅酸钙板。

当硅酸钙板粘贴在壳体上时,先将硅酸钙板按所需形状精细加工,尽量减少避让扒钉等情况下造成的空隙。加工好后将黏结剂在硅酸钙板上均匀涂一层,粘贴在壳体上,用手按压以排除空气,使硅酸钙板与壳体紧密接触。硅酸钙板砌筑好后不应再移动,避免由于砌筑的敲打或挤压而损伤硅酸钙板。

应使用手锯或电锯加工硅酸钙板,禁用泥刀砍削。当在顶盖上砌好的硅酸钙板下面浇注耐火材料时,为了避免黏结剂强度起作用前硅酸钙板脱落,可用金属丝捆扎在扒钉上先行固定硅酸钙板。

进行双层硅酸钙板砌筑时,应错缝砌筑。当在砌筑好的硅酸钙板上进行浇注料施工时,应事先在硅酸钙板上喷涂一层防水剂,以防止硅钙板受潮和耐火浇注料因缺水而水化不足。对于顶部使用的硅酸钙板,由于仰视向上喷涂防水剂困难,应在粘贴前在与浇注料接触的一面喷涂防水剂。

在已砌筑好的硅酸钙板上砌筑耐火砖时,施工必须错缝砌筑,若有缝隙,必须用黏结剂填实。对直立筒体或直面,以及直立的锥面处,施工中均以下端为基准,由下而上进行粘贴。

对每个部位,砌筑完成后应全面检查,如有缝隙或粘贴不牢处,就用黏结剂填实粘牢。

对于可塑性较大的硅酸钙板,不考虑留设膨胀缝,托砖板下部用硅酸钙板和黏结剂塞紧。

2.4　耐火材料的使用与维护

2.4.1　窑内为何要镶砌耐火材料

回转窑内砌筑耐火材料,一是保护筒体不被烧坏;二是挂上窑皮减少筒体散热;三是蓄热,以利于热交换。窑筒体由钢板卷制而成,窑筒体强度随温度的升高而降低。回转窑所用筒体钢板熔化温度为 1400～1500 ℃,而煅烧熟料正常温度则为 1450 ℃,气流温度高达 1700 ℃左右,烧高火时（煅烧中不可避免的现象）熟料煅烧温度则高达 1500 ℃以上,气流温度在 1800～1900 ℃,远远超过窑筒体钢板的熔化温度,把钢板烧红变形或者烧穿、烧熔。

2.4.2　预热器和分解炉对耐火材料的要求

结构按两层材料配置,外层为导热系数低、强度也较低的保温材料,工作面为有一定强度且能够较好抵抗碱性物质侵蚀的耐火材料。

形状复杂处,多采用耐火浇筑料,大面积直墙由于冷热交替的作用容易坍塌,应考虑锚固措施;其他部位多采用耐火砖直接砌筑。

对于一、二级预热器,可采用黏土质耐碱耐火材料,以降低成本和提高保温效果;对于三级以下的预热器,应考虑耐火度为 1100 ℃以上的耐碱耐火材料。耐火材料的强度,取决于气流的速度,气流速度较快处,采用较高强度的耐火材料。

在碱含量达到一定数量并有可能逐步富集的部位,如分解炉和四、五级预热器,应在满足较高耐火度的前提下,采用耐碱耐火材料。耐火材料的配置实例如表 2.67 所示。

表 2.67　2500 t/d 生产线耐火材料配置

序号	预热器和分解炉	耐火保温材料材质	浇注料材质
1	一级预热器	NJ-30(Al_2O_3 含量为 30% 的水泥窑用耐碱砖)	GT-13NL(高强耐碱浇注料)
2	二级预热器		
3	三级预热器		
4	四、五级预热器	Al_2O_3 含量为 40%～45% 的高强耐碱砖	GT-13NL(高强耐碱浇注料)
5	分解炉上部		
6	分解炉下部	Al_2O_3 含量为 85% 的高铝砖	GJ-15B(高铝质低水泥浇注料)
7	窑尾烟室	Al_2O_3 含量为 48% 的高强耐碱砖	GT-13NL(高强耐碱浇注料)

2.4.3　预分解窑耐火材料配置图示例

（1）2000 t/d 级回转窑（$\phi 4\times 60$ m）

尖晶石混凝土： LN-70 0.68 m (防爆刚玉质 GJ-180)	高耐磨砖： HMS 1.2 m	直接结合 镁铬砖： DMC-9A 16 m	方镁石尖 晶石砖： EMC-65 13 m	直接结合 镁铬砖： DMC-9A 4 m	抗剥落高铝砖： YRS-70 24.38 m	混凝土：G-16 0.74 m

0　　　　　　　0.68　　　　　1.88　　　　17.88　　　　　30.88　　　　　34.88　　　　　59.26　　　　60 m

（2）4000 t/d 级回转窑（$\phi 4.7\times 75$ m）

尖晶石混凝土： LN-70 0.71 m (防爆刚玉质 GJ-180)	高耐磨砖： HMS 0.58 m	镁铬砖：Px83 22.71 m	尖晶石砖：Fg90 9 m	镁铬砖：Px83 7 m	国产抗剥落 高铝砖： K3 34.3 m	国产磷酸盐砖： K5-8 0.7 m

0　　　　　　　0.71　　　　　1.29　　　　24　　　　　　33　　　　　　40　　　　　　74.3　　　　75 m

（3）5000 t/d 级回转窑（$\phi 4.8\times 74$ m）

尖晶石混凝土： LN-70 0.6 m (防爆刚玉质 GJ-180)	高耐磨砖： HMS 1 m	进口镁铬砖： Px83 20.4 m	进口尖晶石砖： Fg90 12 m	国产镁铬砖： Px83 8 m	国产抗剥落 高铝砖 31.2 m	国产混凝土： G-16 0.8 m

0　　　　　　　0.6　　　　　1.6　　　　22　　　　　　34　　　　　　42　　　　　　73.2　　　　74 m

（4）8000 t/d 级回转窑（$\phi 5.6\times 86$ m）

板状刚玉混凝土： GT-18 0.6 m	尖晶石砖： Ag85 0.58 m	镁铬砖：Px83 22.71 m	尖晶石砖： Ag85 9 m	镁铬砖：Px83 7 m	国产抗剥落 高铝砖 34.3 m	国产混凝土： G-16 0.7 m

0　　　　　　　0.71　　　　　1.29　　　　24　　　　　　33　　　　　　50　　　　　　85　　　　86 m

（5）10000 t/d 级回转窑[$\phi(5.8/6/6.4)\times90\ m$]

板状刚玉混凝土： GT-18 0.4 m	尖晶石砖： Ag85 14.6 m	镁铬砖：Px83 18 m	尖晶石砖： Ag85 10 m	镁铬砖：Px83 12 m	国产抗剥落 高铝砖： 34 m	国产混凝土： G-16K 1.0 m
0 0.4	15	33	43	55	89	90 m

2.4.4 如何合理选择回转窑各部位的耐火衬料

大型预分解窑内的耐火材料，由于承受的热负荷增加、各种应力和腐蚀作用加剧，所处的工作环境十分恶劣，因此对耐火衬料要严格选择和合理匹配。

（1）窑的卸料口和卸料带

这两处所用的衬料受到炽热熟料、携带粉尘和碱的二次热空气，以及火焰辐射作用的影响，机械磨损和化学侵蚀都很严重。因此，要求用于这些部位的衬料具有良好的抗磨蚀性和抗温度急变性能。卸料带一般使用 Al_2O_3 含量为 80%～90% 的高铝砖、抗热震高铝砖、尖晶石砖和镁铬砖；卸料口使用高铝砖、刚玉为骨料的耐热混凝土，有时也使用碳化硅砖。

（2）烧成带

烧成带的衬料主要承受高温冲击和化学侵蚀，特别是大型窑的热负荷增高，更加剧了它们的破坏作用。因此，烧成带使用的耐火材料，除要求有足够的耐火度外，还要求在高温下易于黏挂窑皮，保护衬料。目前，烧成带普遍使用的镁铬砖等碱性耐火材料，热胀系数较大、弹性较差，若无窑皮保护，由于砖内温差应力太大，易于炸裂，剥落。一般来说，碱性砖内 C_2S 和 C_2F 含量较高时，有利于砖体与熟料之间的反应，用铁镁耐火泥或薄钢板作为间隙材料来镶砌衬料，有助于窑皮的黏挂。同时，为使得衬料与窑皮间黏挂密实，碱性砖的气孔率也不宜太小，以 16%～20% 较为适宜。

烧成带衬料的化学侵蚀是由于高温下熟料液相、熔融煤灰以及窑气中硫化物、氯化物等物质引起的。在镁砖和水泥熟料的接触面上，形成一个由 C_2S 组成的反应边缘，铁从方镁石晶体中分离出来并产生聚集结晶，使砌体工作区域凝缩和脆化。镁铬砖的热端亦有熟料与煤灰反应形成的主要由 C_2S 组成的反应棱，Cr_2O_3 与碱结合形成 $K_2Cr_2O_7$，使热端 Cr_2O_3 减少，从而使镁铬尖晶石中的 MgO 发生重结晶，导致热面层结构密实化和脆化，其热胀系数增加，热态抗折强度减小，在窑皮塌落时砖的热面亦容易随之剥落。在原（燃）料 R_2SO_4 及 RCl 含量高时，碱的侵蚀层更深，对砖质影响更大。同时，在窑内氧化及还原气氛变化频繁时，原（燃）料在还原气氛下形成钾铁硫化物，在砖的冷侧孔隙和缝隙中沉积，氧化气氛会使硫分燃烧，使砖面鼓起，最终导致其随窑皮剥落，故原（燃）料含钾、钠、硫、氯较高时，使用镁砖、镁铬砖时更需注意煅烧制度的稳定和对窑皮的维护。

常温及高温下的力学强度，对于烧成带衬料也是一个重要指标。由于窑的金属筒体并不完全是刚性的，特别是在轮带部位发生的或大或小的变形，窑回转时，由于温度发生周期性变化而产生温差应力（或称热应力）。因此，需要衬料具有足够的强度以增强抵抗各种应力作用的能力，特别是在使用碱性砖时，由于导热系数大，热膨胀系数及弹性模量较黏土、高铝等砖种高出很多，抗热震性又差，这个指标更为重要。高温及超高温烧成的直接结合镁铬砖，由于系高温煅烧，尖晶石、方镁石相直接结合，冷态和热态强度均较高，抗热震性也较好，因此，已被广泛地采用。

（3）过渡带

该带与烧成带相邻，常常经受着比烧成带更为严峻的工作条件。由于窑皮时挂时脱，温度变化频繁，筒体温度较高，化学侵蚀也比较严重，因此要求窑衬能够承受高温冲击，有较高的热态抗折强度和较小的弹性模量。该带常用的砖种有以刚玉和 50%～80% Al_2O_3 的铝矾土制成的高铝砖、直接结合镁铬砖、普通镁铬砖和尖晶石砖等。

（4）分解带

在分解带与预热带相连的部分，由于热应力与化学应力较小，可使用各种质量的黏土砖、高铝砖煅烧成化学结合轻质砖或普通镁铬砖；在与过渡带相连的高磨损、高温区域内，可采用 Al_2O_3 含量 50%～60% 的高铝砖、普通镁铬砖或尖晶石砖。

（5）预热带

预热带衬料需具有足够的耐碱和隔热性能，一般使用耐碱隔热黏土砖。在采用轻质砖时，窑筒体温度可比使用相同厚度的黏土砖降低 60%～100%；对于干法窑来说，单位热耗可降低 21～38 kJ/kg。

（6）预热预分解系统

耐碱和隔热性能对于预热器系统的衬料同样十分重要。一般在预热器及分解炉的直筒、锥体部分以及连接管道内，采用耐碱黏土砖及硅铝质耐磨砖，并加隔热复合层，以耐火泥砌筑；顶盖部分可采用耐火砖挂顶，背衬材料为矿棉，亦可采用混凝土浇筑；各处弯头多使用浇注料；窑尾上升管道等处采用结构致密的半硅质黏土砖，防止碱的侵蚀。

（7）冷却机系统

箅冷机系统采用的耐火材料有耐火砖、轻质浇注料、隔热砖、隔热板材等。下料喉部区域及高温区域可采用普通镁铬砖、高纯高铝砖和普通高铝砖；中、低温区域可采用黏土砖等。

2.4.5 预分解窑常用的耐火材料有哪些

预分解窑内各带、各段所用的耐火材料不同，必须分带、分段进行设计。常用的耐火材料有高铝砖、黏土砖、镁铬砖、磷酸盐砖等。表 2.68 所示为预分解窑常用耐火材料统计表。

表 2.68　预分解窑常用耐火材料

使用部位	耐火材料品种	使用比率（%）
预热器	耐火黏土砖	25.41
	隔热砖	7.32
	耐火浇注料	10.84
	绝热材料	0.45
分解炉	耐火黏土砖	5.86
	隔热砖	1.21
	耐火浇注料	1.21
	隔热浇注料	0.28
三次风管	耐火黏土砖	8.09
	隔热浇注料	2.83
旋转窑	铬镁砖	16.91
	高铝砖	4.77
	耐火黏土砖	2.02
窑头	铬镁砖	0.77
	高铝砖	1.376
	隔热砖	0.587

使用部位	耐火材料品种	使用比率（%）
燃烧器	耐火浇注料	0.202
冷却机	铬镁砖	0.971
	耐火黏土砖	2.31
	隔热砖	0.38
	耐火浇注料	2.57
其他	—	0.794
合计		100.00

图 2.31 所示为预分解窑内的各带划分及其各段长度的比例参考。后窑口为预分解生料进入处，熟料从前窑口卸出。窑衬设计方案举例如下：

方案一：

前窑口　　CA-23　　C 型钢纤维浇注料

冷却带＋烧成带前端　　BA-11 直接结合镁铬砖

烧成带　　BA-32 化学结合镁铬砖

分解带　　AL11 磷酸盐砖

预热带　　FC-14 隔热耐碱砖

后窑口　　CA-21　　A 型钢纤维浇注料

方案二：

前窑口　　FA-21　　A 型钢纤维浇注料

冷却带＋烧成带前端　　直接结合镁铬砖

烧成带　　聚磷酸钠结合不烧镁铬砖

分解带　　磷酸盐砖或 TP-1 特种磷酸盐砖和隔热耐碱砖

预热带　　FC-14　　隔热耐碱砖

后窑口　　CA-2　　A 型钢纤维浇注料

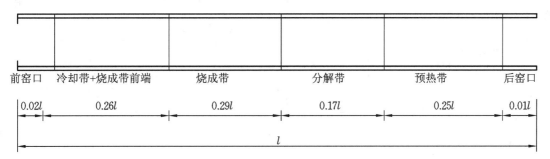

图 2.31　预分解窑各带长度划分（参考）

2.4.6　单筒冷却机耐火内衬的配置经验

水泥窑单筒冷却机是最早使用的冷却机，其结构简单、运行可靠、热交换效率高，无废气收尘的问题，但是筒体散热较多、传导热损失较大，出冷却机熟料温度较高（约 200 ℃）。随着多筒冷却机和箅式冷却机的出现，单筒冷却机逐渐被取代。20 世纪 70 年代末，对环境保护的要求日益严格，以及熟料预分解技术的兴起，单筒冷却机又得到了重新发展。由于其使用和维修的方便、操作成本的低廉等优点，经常被用于日产 500～1500 t/d 中小型回转窑。据报道，国外单筒冷却机的先进指标已达 75% 的热交换效率、二次风温 850 ℃以上,出单筒冷却机熟料温度小于 150 ℃。目前,国产 1000 t/d 的新型干法水泥窑也较多采用单筒冷却机,但从国内水泥厂近几年使用情况来看,其使用效果并不十分理想,普遍存在以下问题:

(1) 出单筒冷却机熟料温度过高(250～300 ℃);

(2) 入窑二次风温较低(约 500 ℃);

(3) 冷却筒热端区起推料和扬料作用的凸起的耐火砖易掉头;

(4) 冷却筒中部钢扬料斗基座和耐火砖混砌区频繁掉砖,使筒体过热导致停窑。

这些问题严重影响了窑的运转率,使单筒冷却机的优点未能充分发挥。为此,操作人员对水泥厂日产 700 t/d 预分解窑的 $\phi 3.2\ \mathrm{m} \times 40\ \mathrm{m}$ 单筒冷却机进行了改造,加强冷却机筒体的保温隔热;用增韧增强耐火材料作凸起结构,加强熟料翻扬,提高热交换效率;在混砌区使用新型结构和施工方法等手段,获得了显著的效果。从八个月的运行情况看,经分解炉改造后窑产量高达 700～800 t/d,单筒冷却机经受住了该热负荷的考验;凸起耐火扬料砖基本完好无损,二次风温高达 700 ℃以上,出冷却机熟料温度低于 200 ℃。因此,该改造措施促进了窑系统向低能耗、高产量、高运转率的状态转化,可供同类设备改造时参考。

(1) 单筒冷却机热端耐火材料的选择和结构

单筒冷却机内耐火砖所受熟料的冲击、磨琢等机械应力在窑系统中最大。国内目前的常规方法是选用磷酸盐结合的高铝质耐磨砖作为窑衬,且在单筒冷却机热端耐火砖衬区设置高低砖,呈螺旋凸起状,起到翻搅、推走熟料的作用,使物料充分冷却,并快速向有钢扬料斗区移动,以减轻窑头至单筒冷却机落料斜坡的积料。磷酸盐耐磨砖因其韧性不足,高砖的凸起部分在熟料的机械冲击和热冲击下极易掉头。根据对实际使用厂家的调查,大多在三个月左右高砖的凸起部分就被破坏,无法满足使用的要求。为此,新开发的一种增强增韧型磷酸盐耐磨砖可用于单筒冷却机内作为螺旋凸起状耐火材料,其理化性能见表 2.69。

表 2.69 增强增韧型及常规耐磨砖、高强及常规磷酸盐耐火泥的理化性能

磷酸盐耐磨砖			磷酸盐耐火泥			
项　　目	增强增韧型	常规型	项　　目		高强型	常规型
Al_2O_3 含量(%)	≥75	≥77	Al_2O_3 含量(%)		≥75	≥75
体积密度(g/cm³)	≥2.7	≥2.7	体积密度(g/cm³)		1.9～2.3	1.3～1.7
常温抗压(MPa)	≥85	≥65	耐火度(℃)		>1750	>1750
			显气孔率(%)		22～28	40～55
常温抗折强度(MPa)	≥20	≥10	黏结抗折强度(MPa)	150 ℃干燥	3～4	<1
荷重软化 $T_{0.6}$(℃) 1100 ℃→水	≥1350	≥1300		600 ℃烧后	3～4	<1.5
				1300 ℃烧后	<4	1～2
10 次残余抗压/抗折强度(MPa)	≥80/6	≥60/1	1300 ℃×8 h 线变化(%)		+1～-1	-7～-15
适用部位	单冷机、窑口、轮带	单冷机过渡带	适用砖种		铝砖、磷酸盐砖、黏土砖	

(2) 隔热保温衬的选择和配置

单筒冷却机的隔热保温衬不但可降低筒体散热、提高热效率和入窑二次风温,还可改善筒体变形对耐火砖衬造成的机械破坏。钢的热胀系数为 1.6×10^{-5},而高铝质耐火材料仅为 6×10^{-6},且磷酸盐结合耐磨砖属于不烧砖,高温时尚有少量的收缩和蠕变。所以,在工作温度时砖环的膨胀小于钢筒体的膨胀,彼此间将产生空隙,在 2～3 r/min 的转速下会出现砖衬和筒体的转速差,由此将导致砖衬出现错位和局部松动,引起掉砖及筒体过热的事故。采用隔热保温衬里可降低钢筒体温度,以缓解上述不利影响。

常规的隔热保温衬里的配置结构(图 2.32)有如下几种:

a. 工作砖衬下铺垫耐火纤维毡。该结构在施工时不易保证砌筑质量,且砖环和筒体之间总是有相对运动,并把强度低的隔热毡碾碎。另外,耐火纤维毡本身在高温下还有重结晶粉化的问题,故该方法在实际中很少采用。

b. 工作砖衬和隔热砖双层组合结构。其在施工时更不易保证砌筑质量,砖环不易砌紧,运行中易掉砖。隔热砖的强度较低,在工作砖衬和筒体的机械力双面夹击下易被破坏,故该结构在实际使用中也不易采用。

c. 复合耐火砖作窑衬。该砖是由耐火材料和隔热材料复合制得,但由于两种材质的热胀系数不同,使用时在砖内两种材料的交接处易出现裂纹导致破坏,复合砖的制造成本也较高。

d. 板凳状耐火砖作工作砖衬,内嵌隔热硅酸钙板。该耐火砖两条腿直接接触筒体,施工时和普通耐火砖一样可把砖环充分砌紧,且嵌入的隔热衬处于砖环的保护下而不承受机械力。此处若使用硅酸钙板,在工作温度下具有优良的化学稳定性,可持久地发挥隔热作用。尽管该结构在筒体上的隔热面积相对较小,但它是目前唯一可实际使用的可靠方法。

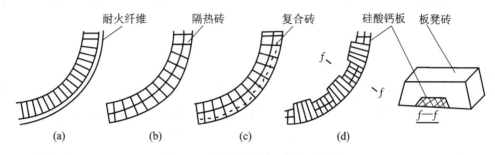

图 2.32　隔热保温衬里的配置结构

(3) 混砌区耐火材料的选择和配置

在单筒冷却机中段钢扬料斗和耐火砖混合砌筑区,钢扬料斗将熟料提升和抛撒,使物料与空气充分接触和换热。此处是单筒冷却机热效率高低的关键部位,也是耐火材料工作条件最苛刻之处。在钢基座热膨胀的挤压、熟料的冲刷和砸击、筒体变形的机械应力等综合作用下,钢扬料斗间砌筑的耐火砖极易发生机械损坏。国内单筒冷却机在实际使用中,该区域频繁出现掉砖及红筒体事故,严重影响窑的运转率。

常规的方法是采用耐火砖或耐火浇注料整体浇注[图 2.33(a)、图 2.33(b)]。由于扬料斗钢基座在安装时沿筒体轴向不可能平齐,故砌筑在其间的耐火砖各部位松紧不一,在运行中受挤压的程度也不同,易导致破坏和掉砖。大面积整体浇注对施工和养护的要求很严格,不易保证质量。实践证明,大面积使用整体浇注时效果不好,剥落严重,为此采用浇注料和耐火砖混砌的新配置结构[图 2.33(c)],浇注料可消除钢基座不平齐的问题,小面积浇注易保证质量。耐火砖则主要起抵抗熟料冲击和磨琢的作用,砖缝还可吸收部分砖衬的应力。另外,将此处耐火砖设置成带腿的板凳砖,内嵌隔热材料以降低筒体温度,提高其刚性,从而减轻筒体变形对耐火砖衬的机械应力。在此应指出,板凳状耐火砖必须使用增韧增强耐磨砖,该新型配置结构经过近九个月的实际运行被证明是成功的,基本未发生掉砖现象。

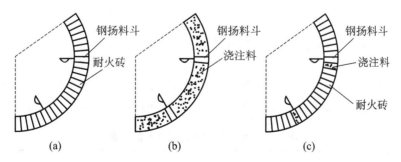

图 2.33　单筒冷却机中段钢扬料斗间耐火衬里的配置

(4) 单筒冷却机耐火材料的配置方案

根据以上几方面的分析,结合水泥厂 $\phi 3.2\ m \times 40\ m$ 单筒冷却机耐火砖衬的实际使用情况,推荐图 2.34 所示的单筒冷却机耐火和隔热衬里的配置方案。

建议将单筒冷却机冷端的铸铁衬板也制成空心状,内嵌隔热材料以减少筒体散热,其结构见图 2.35。

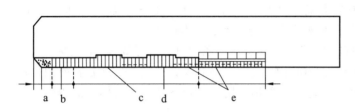

图 2.34　单筒冷却机内耐火和隔热衬里的配置方案

a—钢纤维增强高铝浇注料;b—普通磷酸盐耐磨砖;

c—增韧增强磷酸盐耐磨砖；d—高强耐火泥；e—硅酸钙板隔热层

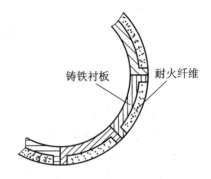

图 2.35　单筒冷却机冷端铸铁衬板的空心结构

（5）施工中应注意的事项

单筒冷却机内的耐火材料主要是不烧的磷酸盐耐磨砖,在高温时砖环和筒体间有间隙和转速差,使耐火砖衬局部松动或掉砖。所以,一方面,在砌筑时要将砖之间挤紧,多用橡皮榔头敲打,严锁砖环,必要时应及时打入钢板;另一方面,应选用高温收缩率低且黏结强度高的高强火泥,使耐火砖环保持较好的整体性,减少掉砖现象。耐火砖砌到半圆高打撑时,打撑处的耐火砖应使用无腿的平砖,以免因撑力过大使腿砖中间断裂。

2.4.7　箅冷机耐火材料应用实例　

箅冷机耐火材料的应用实例参见表 2.70。

表 2.70　我国部分工厂箅式冷却机耐火材料配置

一室		二室		三室	
上部	下部	上部	下部	上部	下部
高铝砖	表面为高强耐火浇注料,填充黏土砖	高铝砖	表面为高强耐火浇注料,填充黏土砖	高铝砖	高强耐火浇注料
高强耐碱砖	表面为高铝质低水泥浇注料,填充黏土砖	高强耐碱砖	表面为高铝质低水泥浇注料	高强耐碱砖	高强耐火浇注料

2.4.8　单筒冷却机如何配置耐火材料　

单筒冷却机的进料口区,衬砖以抗高温熟料的热侵蚀和化学侵蚀为主;凸形砖区因熟料翻滚,以抗磨蚀和抗热侵蚀为主;扬料板火砖区则以抗磨蚀为主。单筒冷却机耐火材料配置可参考表 2.71。

表 2.71　单筒冷却机耐火材料的配置

部位名称	耐火材料品种
进料口区	刚玉质浇注料、抗剥落高铝砖、特种高铝砖、硅酸钙板
凸形砖扬料区	碳化硅砖、碳化硅复合砖
扬料板火砖区	磷酸盐砖、特种高铝砖

单筒冷却机在生产时作回转运动,与回转窑相同,但单筒冷却机冷却熟料又与回转窑不同,因而在衬砖砖型设计时,筒体规则部位可用 ISO 标准,不规则部位的砖型另行设计。衬砌可按窑内衬砖的衬砌方式及砖缝要求进行。单筒冷却机内衬砖的厚度可参考表 2.72 所示的数值,衬砖长度宜为 198 mm。

表 2.72　单筒冷却机衬砖厚度　　　　　　　　　　　　　　　　单位:mm

项　　目	数　　值		
筒体内径	2500	3000	4000
凸砖厚度	200~220	220~240	250~280
平砖厚度	160~180	180~200	200~220
扬料板区砖厚	120	150	150

2.4.9　预分解窑固定设备耐火材料如何配置

预分解窑入窑的二次空气温度高达 1000~1200 ℃,窑尾废气温度在 950 ℃以上,入窑物料温度在 900 ℃左右,出窑熟料温度高达 1350~1400 ℃,窑内温度高,整个窑内衬砖遭受热侵蚀较严重。窑筒体表面温度高,筒体易变形,易对衬砖产生机械应力,窑速高,衬砖所受的磨蚀较严重。碱、氯、硫等有害成分的挥发、循环,在窑尾及预热器系统形成结皮,渗入砖的内部,造成碱侵蚀;上述没有挥发的有害成分,进入窑内后,由于其熔点较低,易形成液相,并与窑内物料生成窑皮,此时碱性物料易对衬砖造成碱盐渗入。鉴于这种情况,预分解窑系统窑体和固定设备耐火材料品种的配置,可参考表 2.73 选用。

表 2.73　预分解窑系统固定设备耐火材料的配置

部位名称	隔热层	工　作　层
预热器、分解炉、上升烟道	硅酸钙板	普通耐碱砖、耐碱浇注料、抗剥落高铝砖、高强浇注料
三次风管	硅酸钙板	高强耐碱砖、耐碱浇注料
窑门罩	硅酸钙板	抗剥落高铝砖、高铝质浇注料
箅冷机	硅酸钙板、高强隔热砖	抗剥落高铝砖、碳化硅复合砖、黏土砖、耐碱浇注料、高铝质浇注料、钢纤维增强浇注料
喷煤管		刚玉质浇注料

2.4.10　窑头罩、喷煤管与三次风管耐火材料配置

表 2.74　我国水泥厂窑头罩、喷煤管与三次风管耐火材料配置

序号	窑头罩	喷煤管	三次风管
1	硅酸钙板+低水泥高铝耐火浇注料	刚玉质高强低水泥耐火浇注料	硅酸钙板+高强耐碱砖+高强耐火浇注料
2	硅酸钙板+高铝砖+低水泥高铝耐火浇注料	刚玉质高强低水泥耐火浇注料	硅酸钙板+高强耐碱砖+刚玉质高强耐火浇注料
3	硅酸钙板+磷酸盐结合高铝砖+低水泥高铝耐火浇注料	刚玉质高强低水泥耐火浇注料	硅酸钙板+高强耐碱砖+刚玉质高强耐火浇注料

2.4.11　预分解窑固定设备衬料设计时应注意哪些事项

（1）圆柱体和锥体衬砖宜采用两种砖型搭配设计；若为平面墙体，宜用直形砖和锚固砖搭配设计；若平面墙体按弧形面设计，宜用直形砖和楔形砖搭配设计。

（2）衬体高度较高时，必须设置托砖板分段砌筑。托砖板在工作温度下应有足够的强度，板面应平整。托砖必须与托砖板匹配，应使托砖板不直接接触热气流。

（3）所有墙体砌筑，均应设置隔热层。

（4）工作层耐火砖厚度及隔热砖厚度宜为 65 mm、114 mm、230 mm 或 75 mm、124 mm、250 mm。

（5）隔热层厚度应根据工作温度、筒体表面温度的要求和所选用隔热材料的导热系数来确定。当工作温度小于 1000 ℃ 时，隔热层宜选用硅酸钙板，其单层厚度小于 80 mm；当要求厚度大于 80 mm 时，宜将两层硅酸钙板相结合，单层厚度应大于 30 mm；当工作温度大于 1000 ℃ 时，应采用隔热砖。

（6）锚固件在工作温度下应具有足够的强度，必须选配相应的锚固砖；锚固件焊在壳体上，其设置的数量及位置的确定，应使墙体上衬砖牢固，紧靠壳体。

（7）固定设备墙体砌筑时，衬砖应错砖，砖缝不得大于 2 mm，隔热层与工作层之间的缝隙宜取 1～2 mm。

（8）墙体应留有膨胀缝，其纵向膨胀缝宽度不大于 10 mm，二道缝膨胀的间距应经计算确定，隔热层不设膨胀缝。每排托砖板与下层墙体之间应留有膨胀缝，缝内堵塞耐高温的陶瓷纤维棉。

（9）各固定设备墙体的直墙、顶盖、孔洞四周以及形状复杂的部位，宜使用耐火浇注料，其厚度不小于 50 mm；耐火浇注料与金属筒壁之间的隔热层宜选用硅酸钙板；使用耐火浇注料时应配置锚钉，锚钉形状及数量、排列方式以固定浇注料为准，并应预留振捣位置及设置结构缝和膨胀缝。

2.4.12　新型干法水泥窑预热器用耐火砖的设计

新型干法水泥窑预热器一般由五级预热器组成，每级预热器呈"三心"大旋壳构造。"三心"是指在垂直方向上气流出口中心、物料出口中心、预热器的几何中心在空间呈 120°分布。

预热器与预分解窑炉的温度（主要指设置在设备壁面的热偶测试出的温度），从第一级预热器到第五级预热器和预分解窑炉的温度依次为不高于 450 ℃、650 ℃、750 ℃、900 ℃、1100 ℃ 和 1100 ℃。

传统的水泥回转窑，预热带中物料温度为 150～800 ℃，气体温度为 450～850 ℃。对于新型干法窑，从第一级到倒数第二级旋风收尘器都是预热带。

针对新型干法水泥窑，预热器用耐火砖的设计主要包括以下内容：

（1）锚固砖

为防止预热器直筒的衬里与壳体脱开，需要在直墙内安装锚固件，即在壳体上装锚固钉，锚固钉拴住埋设在墙中的锚固砖，锚固砖拉住了直墙。在直墙上，锚固砖每隔一定间距设置一组，使直墙和壳体牢固地黏结成一体，这就防止了直墙与壳体脱开，避免塌落事故发生。锚固砖的安装如图 2.36 所示。

（2）托板砖

大型窑固定设备的直径一般大于 5 m，高度在 10 m 以上，其内衬的膨胀量和热应力都很大。为了减少热应力和便于检修，需要将窑衬分成区段，并设置膨胀缝，这就需要设计托砖板。一般情况下，托砖板的间距小于 2.5 m；在高温区其间距小于 2 m。托砖板的结构如图 2.37 所示。

由图 2.37 可知，耐热钢托砖板托住托砖，托砖托住耐火砖和隔热砖，耐火砖和上一块托砖板之间的缝隙中塞有轻质耐火物，这就吸收了热膨胀，防止直墙的损坏。根据 $S = \alpha_z t_z L$ 可以推算出膨胀缝的高度 S_3 应满足下式：

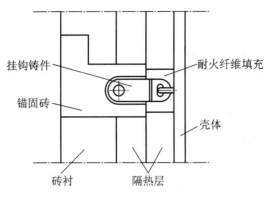

图 2.36 直墙锚固砖的安装

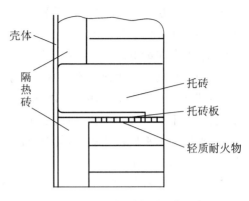

图 2.37 托砖板的结构

$$S = \alpha_z t_z L$$
$$S_1 = \alpha_k t_k L$$
$$S_3 = S - S_1 - S_2$$

式中 S_3——膨胀缝高度;

S——耐火砖热端膨胀量;

S_1——壳体膨胀量;

S_2——耐火泥能够提供的最大蠕变;

α_z——耐火砖的热胀系数;

t_z——耐火砖热端温度;

L——托砖板间距;

α_k——壳体的热胀系数;

t_k——壳体的温度。

2.4.13 水泥回转窑耐火材料使用注意事项

（1）耐火砖衬按砖缝大小及操作精细程度可划分为四类。其类别和砖缝大小分别为Ⅰ类,不大于 0.5 mm;Ⅱ类,不大于 1 mm;Ⅲ类,不大于 2 mm;Ⅳ类,不大于 3 mm。回转窑系统耐火衬里用耐火泥砌筑,其灰缝应在 2 mm 以内,施工时应从严掌握。固定设备衬里的灰缝中耐火泥应饱满,且上下层与内外层的砖缝应错开。

（2）调制砌砖用耐火泥浆应遵照以下原则:

① 砌砖前应对各种耐火泥浆进行预试验和预砌筑,确定不同泥浆的黏结时间、初凝时间、稠度及用水量。

② 调制不同泥浆要用不同的器具,并及时清洗。

③ 调制不同泥浆要用清洁水,水量要称量准确,调和要均匀,随调随用。已经调制好的水硬性和气硬性泥浆不得再加水使用,已经初凝的泥浆不得继续使用。

④ 调制磷酸盐结合泥浆时要保证规定的困料时间,随用随调,已经调制好的泥浆不得任意加水稀释。这种泥浆具有腐蚀性,不得与金属壳体直接接触。

（3）耐火砖的品种和布局依据设计方案砌筑。

砌筑时应力求砖缝平直、弧面圆滑、砌体密实。必须确保窑筒体耐火衬里砖环与窑筒体同心,应保证砖面与窑筒体完全贴紧,砖间应是面接触且结合牢固。砌筑固定设备的砖衬,耐火泥浆饱满度要求达到 95% 以上,表面砖缝要用原浆勾缝,但要及时刮除砖衬表面多余的泥浆。

（4）砌砖时要使用木槌、橡皮锤或硬塑料槌等柔性工具,不得使用钢锤。

（5）砌筑耐火隔热衬里时应避免下列通病:

① 错位:即层与层、块与块之间的不平整;

② 倾斜:即水平方向上不平整;

③ 灰缝不均:即灰缝宽度大小不一,可通过适当选砖来调整;

④ 爬坡:即在环向墙面表面有不平整的现象,应控制只错开 1 mm 以内;

⑤ 离中:即在弧形砌体中砖环与壳体不同心;

⑥ 重缝:即上下层灰缝相叠合,两层之间只允许有一条灰缝;

⑦ 通缝:即内外水平层灰缝相合,甚至露出金属壳体;

⑧ 张口:即弧形砌体中灰缝内小外大;

⑨ 脱空:在固定设备的衬里中,灰浆在层间、砖间及壳体间不饱满;

⑩ 毛缝:即砖缝未勾抹,墙面不清洁;

⑪ 蛇行弯:即纵缝、环缝或水平缝不呈直线,而呈波浪形弯曲;

⑫ 砌体鼓包:设备变形而导致,应在砌筑时修平设备有关表面,砌筑双层衬里时可用隔热层找平;

⑬ 混浆:错用了泥浆。

(6)砌筑固定设备的耐火隔热复合衬里时要分层分段砌筑,严禁混层混浆砌筑。砌筑隔热衬里时同样要满浆满缝,遇到孔洞和铆焊件时要加工砖或板,缝隙处要用耐火泥填实。禁止任意铺砌,到处留空隙或不用泥浆的做法。在隔热层中,凡处于锚固砖下和拱脚砖后、空洞周围以及接触膨胀的地方,均应改用耐火砖砌筑。

(7)耐火砖衬中的膨胀缝,必须按设计留设,不得遗漏。膨胀缝的宽度不宜出现负公差,缝内不得留有硬块杂物,并用耐火纤维将缝填满,要避免外满内空的现象。隔热层中一般可不设膨胀缝。

(8)重要部位和外形复杂部位的衬里应先进行预砌筑;对结构极其复杂且砖加工量太大的衬里可考虑改为浇注料衬里。

(9)砖衬中留设的外露金属件,包括托砖板、挡砖板等部位要用异形砖、浇注料或耐火纤维封闭起来,不得将其在使用中直接暴露在热窑气中。

(10)锚固砖是砌体的结构砖,要按设计规定来留设,不得遗漏。挂孔周围不得使用有裂纹的锚固砖,金属挂钩要放平挂实。挂孔与挂钩不能卡死,所留间隙可用耐火纤维填实。

(11)砌筑封顶砖、接头砖和弯道砖时,若用原砖不能满足封口要求时,要用砌砖机对砖进行精加工,不得使用手工加工砖。加工砖的尺寸:在回转窑及托砖板下的封顶砖应不小于原砖的 70%;在平面的接头砖和弯道砖中,不得小于原砖的 1/2,必须用原砖锁口。砖的工作面严禁加工。

2.4.14 窑用耐火材料的选用原则

(1)回转窑各带耐火材料的选用原则

① 预热带、分解带

预热带和分解带的温度相对较低,要求砖衬的导热系数小、耐磨。在这个区域来自原(燃)料的硫酸碱和氯化碱开始挥发,在窑内凝聚和富集,并渗入砖的内部。普通黏土砖与碱反应形成钾霞石和白榴石,使砖面疏松,砖体内产生热膨胀,致使其开裂、剥落(这个损坏现象统称为"碱裂")。而含 Al_2O_3 25%~28%和 SiO_2 65%~70%的耐碱砖或耐碱隔热砖在一定的温度下与碱反应时,砖的表面立即形成一层高黏度的釉面层,封闭了碱向砖内渗透的通道,防止了"碱裂",又增大了砖面对窑研磨的抵抗力,变"碱害"为"碱利"。但这种砖不耐 1200 ℃以上的使用温度。

所以,预热带一般采用磷酸盐结合高铝砖、抗剥落高铝砖,也可以采用耐碱砖。分解带一般采用抗剥落高铝砖,硅莫砖在性能上优于抗剥落高铝砖,寿命比抗剥落高铝砖长约 1 倍,但价格较高。窑尾进料口宜采用抗结皮的碳化硅浇注料。

② 过渡带和烧成带

过渡带:该带窑皮不稳,要求窑衬抵抗氧化/还原气氛变化能力好、抗热震性好、导热系数小、耐磨。国外推荐采用镁铝尖晶石砖,但该砖的导热系数大、筒体温度高,相对热耗要大,不利于降低能耗。国内的硅莫砖导热系数小、抗磨,其性能在一定程度上与进口材料相媲美。

烧成带:该带温度高,火焰温度达 1700 ℃ 以上,化学反应激烈,高温下熟料液相、熔融燃料灰渣的渗入以及随窑气渗入的硫酸碱和氯化碱等对各种耐火材料都有很强的化学侵蚀能力,在氧化-还原气氛频繁交替的窑中形成硫化物,并凝聚在砖内,停窑时转化为氧化气氛,硫化物转化成硫酸盐,体积增大,如此反复循环,破坏了砖的结构,引起砖的开裂。因此,在烧成带,要求砖衬抗熟料侵蚀、抗 SO_3、CO_2 能力强。国外一般采用镁铝尖晶石砖,但该砖挂窑皮比较困难,而白云石砖抗热震性不好、易水化。国外的镁铁尖晶石砖挂窑皮效果较好,但造价太高,国内采用低铬的方镁石复合尖晶石砖使用情况较好。

③ 冷却带和窑口

冷却带和窑口处气温高达 1400 ℃ 左右,又没有稳定窑皮,温度波动较大,受到熟料的研磨和气流的冲刷很严重。冷却带和窑口要求砖衬的导热系数小,耐磨、抗热震性好。

抗热震性优良的碱性砖(如尖晶石砖)或高铝砖适用于冷却带内。国外一般推荐使用尖晶石砖,但尖晶石砖的导热系数大且耐磨性不好,国内近年多采用硅磨砖和抗剥落耐磨砖。

窑口部位要采用抗热震性好的浇注料,如耐磨、耐热震性的高铝砖或钢纤维增强的浇注料,以及低水泥型高铝质浇注料,但在窑口温度极高的大型窑上宜采用普通的或钢纤维增强的刚玉质浇注料。

(2)窑衬材料的选用要点

① 有良好的抗热震性能

耐火材料的抗热震性随着它的导热系数和力学强度的增加而增强,随着它的热胀系数、弹性模量、比热和体积密度的增加而降低。

耐火砖的热胀系数和弹性模量由其物理性质所决定,因此必须适当地提高耐火砖的强度来提高砖的抗热震性。

② 在环境温度和使用温度下均有足够的力学强度

窑筒体并不完全是刚性的,加上窑椭圆度过大的影响,在转动中窑筒体特别是轮带部位发生或大或小的变形,在窑衬内产生压应力、拉应力和剪应力,加上耐火砖相互间持续出现的相对位移和局部应力,导致砖断裂、开裂、剥落,甚至"抽签"、掉砖。

窑衬在加热、冷却过程中产生温差应力(热应力),也会导致砖的开裂和剥落;还有化学侵蚀形成的某些新矿物,产生体积变化,也在砖内产生新的机械应力。以上现象都要求耐火砖在常温和高温下均有足够的强度才能正常使用。

③ 要有正确的砖型和尺寸

窑筒体内耐火砖目前普遍选用两种砖型,即 VDZ 型(或称 B 型)和 π/3 型(或 ISO 型)。VDZ 型是全德水泥厂协会所制定的标准,这种砖尺寸较小,单重 7~8 kg,大、小头间楔形度小,砌成窑衬后砖缝较多,能较好吸收砖体受热膨胀后的应力,回转窑内的碱性砖应采用这种砖型。但这种砖大小头宽度之差小,砌筑中必须严禁大小头倒置,以免发生掉砖事故。π/3 型是国际标准,这种砖大头宽度统一为 103 mm,因而单重较大,回转窑用的高铝砖和黏土砖宜采用这一砖型。

2.4.15 影响窑衬安全运转周期的操作因素是什么

有窑皮的烧成带窑衬,主要取决于挂窑皮的火候、次数及窑皮挂得是否牢固;对于无窑皮的其他各带,则取决于温度变化的速率,以及物料对其磨损的程度。

在操作上,如下因素会对窑衬的使用周期有直接影响:

(1)投料挂窑皮的操作。目前,大多数操作者习惯低温挂窑皮,即烧成带尚未具备挂窑皮温度时,生料已经到达烧成带。这种窑皮会很快脱落,只是在窑温逐渐转入正常后又重新补挂。

(2)点火升温过程中要科学制定并严格遵循升温曲线,严防窑内温度不稳、窑皮脱落、窑衬炸裂。

(3)正常运行时要保持操作的稳定,尽量减少生料及原煤成分的波动,减小窑皮脱落的机会。窑皮每脱落一次,为重新挂窑皮,砖的表面就会蚀薄至少 20 mm。

(4)窑速快且稳定可使窑皮与窑衬在窑每转一周的过程中表面温度变化最小。

(5)窑头罩处于正压或负压是算冷机的排风机形成的,由于火焰不顺,窑口及窑门罩的窑衬寿命变短。

(6)窑内如果有结圈或"大球"产生,会加速窑皮后面的窑衬磨蚀。

(7)停窑次数多、升温及冷窑速率太快都会对窑衬与窑皮产生威胁。

人们在操作中很容易忽视上述各种因素,因为窑衬的消耗快慢并非在短期内可以看出,而且操作人员习惯将窑衬安全周期短的原因归咎到窑衬的自身质量及镶砌质量上。

[摘自:谢克平.新型干法水泥生产问答千例(操作篇).北京:化学工业出版社,2009.]

2.4.16　窑衬的正常使用寿命是多久

由国内外水泥工业的实践可知,正常条件下回转窑系统衬里寿命,烧成带和过渡带应达 1 年,预热系统的主体部位应达 10 年,窑相应的年运转率应达 80% 以上,每吨熟料的耐火材料消耗量应不大于 1 kg,其中碱性砖应不大于 0.5 kg。

2.4.17　窑衬在加热升温时有何要求

窑在点火后缓慢而稳定地加热升温,以防止掉砖、炸裂和窑衬倒塌事故,延长衬料使用寿命,尤其在使用碱性砖时更是如此。窑的加热升温必须按规定的升温曲线进行。加热前期,升温必须缓慢,使碱性砖间的轴向接缝纸板逐渐燃烧,耐火砖逐渐膨胀以补偿纸板空隙,如果加热过快,纸板来不及完全燃烧而砖体膨胀过快,则容易把砖挤碎;温度进一步升高后,砖与砖间的径向接缝铁板开始缓慢地同砖体发生化学反应,形成耐高温的铬铁化合物的新结晶相,并使耐火砖连成整体。因此,窑的加热升温期间必须防止任何原因所造成的加热中断,以避免耐火砖损失,甚至造成倒塌。

窑的加热升温曲线视砖种不同而异,一般加热升温时间为 24~48 h。对于加热升温的控制,应以耐火砖温度为准,在生产操作条件相对固定的条件下,实际是用窑尾温度或最低一级旋风筒出口气体温度作为控制指标,窑内耐火砖温度则用肉眼观察。

此外,当悬浮预热器系统新投入生产或大修之后重砌耐火衬料时,对耐火砖及隔热材料亦需进行烘干,其烘干加热在窑尾单独进行,一般参照设备容积和窑内面积来决定需要的烘干时间及燃料用量、烘干加热工作,一般使预热器系统出口气体温度高于 100 ℃,即认为水分已被清除,烘干作业已经完成。

2.4.18　回转窑系统耐火材料需承受哪些应力

水泥窑系统的耐火衬料在不同部位均承受着许多复杂的应力,由于生产工艺的不同,应力的大小也不相同。这些应力的产生,有的来源于火焰和被煅烧的物料,有的则来源于运转着的窑筒体。耐火衬料承受的应力主要有以下几个方面。

(1)热应力

回转窑内火焰的最高温度 1700~1800 ℃,热量主要通过辐射传递给衬料,使衬料表面温度可达 1500 ℃以上。由于窑的转动,实际上衬料表面温度随窑的回转而发生周期性的波动。窑的筒体表面温度由于衬料的热导率、窑皮厚度、冷却情况等不同,也有所变化。窑每回转一次,窑衬料表面温度差可达

200 ℃以上,当窑皮脱落时温度变化增大,停窑时急剧冷却。由于温度变化,窑衬内部产生热应力,这是造成衬料损坏的原因之一。

（2）机械和热机械应力

窑内衬料受到煅烧物料的摩擦,以及气流中尘粒的冲刷、剥蚀,特别是在分解炉及预热器内这种冲刷更为剧烈。同时,窑的金属筒体,特别是烧成带筒体,由于温度较高失去刚性,椭圆度增加而发生形变,从而在衬料内产生压应力、拉应力和剪应力,致使衬砖之间发生相对运动,出现应力高峰,造成衬料裂开、剥落和脱开、掉下。

（3）化学腐蚀

窑衬受到的化学腐蚀,主要来自煅烧物料和燃烧气流两个方面。煅烧物料的组分以熔融状态扩散或渗入衬料内部,从而引起化学和矿物的变化;燃烧气流中除含有煤灰外,还含有碱、氯、硫等挥发物,当它们在窑尾或预热器等低温部分凝聚、富集时,形成硫化碱、氯化碱等熔体,渗入耐火材料内部,引起所谓的"碱裂"破坏。

（4）结圈或结皮

回转窑烧成带衬料寿命,在很大程度上取决于窑皮的形成及其稳定程度。窑皮的形成对于保护窑衬抵抗高温冲击、温度变化以及化学侵蚀影响有很大作用。但窑皮过厚将会影响生产操作,特别是结圈(如烧成带始末的熟料圈、过渡带的中间圈、分解带的生料圈等)以及预热器内的结皮现象,都会给生产带来十分不利的影响。结圈、结皮的处理及其剥落,将会使衬料受到剧烈的温度冲击,影响其使用寿命。

2.4.19 影响耐火混凝土使用性能的因素有哪些

（1）水胶比

配制耐火混凝土时,在满足施工要求的条件下应尽量降低水胶比,因水胶比对耐压强度、荷重软化温度等性能都会产生不同的影响,见表 2.75、图 2.38。

表 2.75　不同水胶比对耐火混凝土理化性质的影响

水胶比		0.4	0.43	0.5
耐度强度 （MPa）	烘后	76.7	54.9	29.4
	1000 ℃烧后	31.2	30.4	14.7
	1300 ℃烧后	28.9	24.5	9.8
1300 ℃残余线变化（%）		−0.38	−0.4	−0.88
显气孔率 （%）	110 ℃	18	19	21
	1300 ℃	25	27	30
荷重软化温度 （℃）	$T_{0.6}$	1330	1320	1270
	T_4	1430	1410	1360

因此,在保证施工和易性的前提下,尽量减少耐火混凝土的用水量是可取的。

（2）水泥和粉料的用量

水泥和粉料是决定耐火混凝土强度的主要因素之一,其用量又直接影响耐火混凝土的抗高温性能,增加水泥用量不利于耐火混凝土的抗高温性能,见图 2.39。

在保持大体相同的施工和易性的前提下,水泥与粉料的比值是影响耐火混凝土抗高温性能的主要因素之一,粉料所占比重越大,则烧后耐压强度和荷重软化温度越高,烧后收缩越小,水泥与粉料比值不变时,则水泥用量多,烘干耐压强度高,而对烧后耐压强度和荷重软化温度并无明显益处。因此,在满足条件要求时水泥用量应尽量减少。

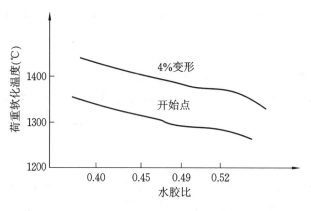

图 2.38 水胶比对耐火混凝土的荷重软化温度的影响

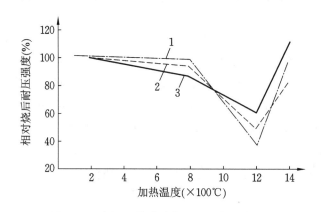

图 2.39 水泥用量对耐火混凝土烧后的影响
1—水泥用量 15%；2—水泥用量 20%；3—水泥用量 25%

（3）耐火骨料颗粒和颗粒级配

耐火骨料是耐火混凝土的重要组成部分，占混凝土总量的 70%～75%。耐火骨料的品种、杂质含量以及烧结程度等对耐火混凝土性能有重要影响。骨料颗粒和颗粒级配也是影响耐火混凝土性能的因素之一。

采用纯铝酸钙水泥时，一般采用特级或一级矾土熟料；刚玉、莫来石、氧化铝空心球等作骨料时均采用 5% 以下的颗粒。在耐火混凝土组成和工艺条件相同的情况下，耐火骨料的最大粒径和颗粒级配不同，对耐火混凝土的密实性和高温性能也有一定影响，见图 2.40。

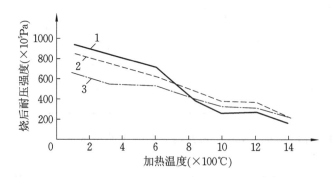

图 2.40 耐火骨料最大粒径不同对耐火混凝土烧后耐压强度的影响
1—粒径为 8 mm；2—粒径为 12 mm；3—粒径为 15 mm

从图 2.40 的曲线对比看，烧后耐压强度有些降低是大颗粒与水泥和粉料间产生明显分离所致。要根据具体情况来确定颗粒级配，纯铝酸钙耐火混凝土中水泥用量 12%～20%，而大部分是耐火集料，因此耐火混凝土的耐火度在很大程度上取决于集料。骨料颗粒级配的好坏最终反映在耐火混凝土的性能上,当耐火骨料最大粒径为 5 mm 时,其颗粒级配对耐火混凝土的影响见表 2.76。

表 2.76 骨料颗粒级配对耐火混凝土性能的影响

编号	骨料颗粒级配(%)			耐压强度(MPa)				水胶比（%）	显气孔率（%）	烘干容重（kg/m³）
	5～1.2 mm	1.2～0.3 mm	<0.3 mm	常温	110 ℃烘后	1000 ℃烧后	1300 ℃烧后			
1	40	40	20	38	72	37	27	0.53	24	2650
2	55	20	25	41	72	40	29	0.53	23	2700

注:110 ℃、1000 ℃、1300 ℃均为烧后耐压强度。

由表 2.76 可见,2 号颗粒级配较好,其显气孔率低、容重大、强度较高,热稳定性好。另外,还可以看到足够数量的小颗粒能填充空隙,并有利于耐火混凝土的高温烧结,因此有较好的强度。

综上所述,配制铝酸钙水泥耐火混凝土时,骨料颗粒级配适当,在 45%～55% 范围内可获得性能良好的结果。一般粗、中、细三种骨料要分别生产,然后组成需要的颗粒级配,这可减少颗粒偏析,有利于配制优良的耐火混凝土。

2.4.20 如何保护回转窑烧成带的耐火砖

回转窑耐火砖的主要作用是保护窑筒体不受高温气体和高温物料的损害,保证生产的正常进行。在工业生产中,烧成带耐火砖的使用寿命很短,往往导致计划外停窑检修,是影响水泥窑优质、高产、低耗和年运转率的关键因素。

（1）耐火砖的侵蚀机理

无论是湿法窑,还是新型干法回转窑,在熟料煅烧过程中,由于窑内气体温度比物料温度高得多,窑每旋转一圈,窑衬表面受到周期性的热冲击,温度变化幅度为 150～250 ℃,在窑衬 10～20 mm 表层范围内产生热应力。窑衬还承受由于窑的旋转而产生的砖砌体交替变化的径向和轴向机械应力,以及煅烧物料的冲刷、磨损。由于同时产生硅酸盐熔体,在高温环境下很容易与窑衬耐火砖表面相互作用形成窑皮初始层,并同时沿耐火砖的孔隙渗入耐火砖的内部,与耐火砖黏结在一起,使耐火砖表层 10～20 mm 范围内的化学成分和相组成发生变化,降低耐火砖的技术性能。当物料的烧结范围较窄或者形成短焰急烧产生局部高温时,会使窑皮表面的最低温度高于物料液相凝固温度,窑皮表面层即从固态变为液态而脱落,并且由表及里深入到窑皮的初始层,连同耐火砖表面薄层一起脱落,过后又形成新的窑皮初始层。当这种情况反复出现时,烧成带窑衬就逐渐由厚变薄,甚至完全脱落,导致局部露出窑筒体而红窑。实际上,烧成带窑衬损坏情况正是如此,在高温区域残砖厚度大体上呈曲率半径较大的弧线分布,有时弧底就落在窑筒体的内表面上。

（2）耐火砖的保护

① 耐火砖物理性能的影响

抗渣性是指耐火材料抵抗化学侵蚀的能力,在形成窑皮初始层以及当物料黏性大或产生局部高温促使窑皮脱落的情况下,抗渣性就显得非常重要。

孔隙率及导热系数对于形成窑皮初始层有着重要的作用,并且在窑皮局部脱落时,孔隙率和导热系数较大的耐火材料有助于窑皮的及时补挂。但同时又有可能表现出极大的破坏作用,使耐火砖剥离的薄层脱落。

耐火砖在其生产过程中,其物理化学变化一般都未达到烧成温度下的平衡状态。也有烧成不充分的耐火砖,因而在回转窑中再受高温作用时,大多数耐火砖由于其本身液相的产生及孔隙的填充,发生不可逆的重烧收缩。因此,在选用烧成带耐火砖时必须考虑高温体积稳定性。

热表面层状剥离是回转窑烧成带窑衬经受热震后被损坏的主要形式,若同时发生局部窑皮脱落,就会使耐火砖使用寿命大为缩短。

② 燃烧与燃料喷嘴对耐火砖的影响

用煤作为燃料时,煤的挥发分和灰分起着决定性的作用,直接影响火焰形状。挥发分较高而灰分较低的煤粉,可使黑火头缩短,形成低温长焰煅烧。这对保护窑衬一般是有利的,但挥发分过高,着火太快,使出窑熟料温度高达 1260 ℃ 以上,二次风温超过 900 ℃,极易烧坏喷嘴,使其变形或烧破出现缺口,产生紊乱的火焰形状,在其被更换之前就损伤了窑衬。煤的挥发分过低(小于 10%)、灰分太高(大于 28%),大量煤粉的不完全燃烧就会沉降在物料内燃烧并放出大量的热,也会损伤窑皮。

燃料喷嘴结构在生产中往往未受到足够的重视,喷嘴形状和出口尺寸主要影响煤粉同一次风的混合程度与喷出速度,有时为加强风、煤的混合,还可在喷嘴内加装风翅,但要避免旋流风旋转幅度过大,扫伤窑皮。

③ 生料成分波动对耐火砖的影响

当铝氧率过高、液相黏度大时,窑皮大量垮落,操作不易控制,对保护窑衬不利,生产实践中铝氧率一般控制在 1.5～1.7;当采取高石灰饱和系数、高硅酸率、低液相配料时易产生黏散料冲刷、磨蚀窑皮,窑皮严重变薄时会损伤窑衬。熟料三率值一般控制在石灰饱和系数为 0.91±0.01、硅酸率为 2.6±0.1、铝氧率在 1.5～1.7 之间,对保护耐火砖使用寿命和提高熟料强度极为有利。

生料喂料量的波动对窑衬的危害较大。当窑内来料太多时,就不得不关小窑尾排风量、加大煤粉用量,进行逼火强烧,使烧成带热负荷迅速增加,使窑衬受到严重损害。当窑内来料太少时,煤粉火焰明显下倾,该区的窑皮在高温下就会脱落、变薄,扑向较薄的料层,若不及时调整风量和用煤量,极易烧坏窑皮和耐火砖。另外,生料喂料量的波动又会导致窑内热工制度不稳定、温度过高,使窑皮脱落或受损。

④ 机械损坏对耐火砖的影响

窑转动中,位于托轮处的砖受到挤压,位于窑筒顶部的砖受窑皮自重带来的拉伸。砖在窑内受到的是压、拉、扭、剪的综合机械应力。窑的转动、筒体椭圆度、衬砖和筒体之间及砖与砖之间的挤压、扭动、窑筒体变形,都会在砖衬之间产生机械应力。当筒体与轮带间隙较大,使窑筒体椭圆度增大,衬砖受到的交变应力增加,轮带部位所受的机械应力最为严重。某厂在更新砖后曾发生窑筒体弯曲,剧烈振动再加上窑衬时有局部过热,引起筒体变形挤压内衬,而且托轮调整费时较长,在距窑前 6 m 整三号轮带处发生红窑,耐火砖在一个部位大面积脱落,挖补后调整托轮,使窑体不再振动,此后再未发生红窑现象。

⑤ 急冷急热对耐火砖的影响

碱性砖热胀系数大,在升温过程中产生巨大热应力,因此在烘窑时升温要慢,使窑筒体膨胀补充砖的膨胀发挥补偿作用,这是使用碱性砖的关键所在。某厂在实际生产中难以接受 10～20 h 的烘窑时间,发现问题时就直接启动高温风机进行快速凉窑,冷却后进窑发现没有窑皮的镁铬砖发生了剥落损坏,硅莫砖全部发生表面剥落,断裂处表面坚硬,有的断片明显张挂在砖上。烧成带的镁铬砖由于窑皮缓冲了升温波动,损伤较小。如果检修后为了抢产量,要求快速冷窑则必然导致砖的损坏,为二次筒体温度升高埋下了诱因,耐火砖必然事故频发。

⑥ 煤质频繁变化对耐火砖的影响

只有在工况稳定的窑上,才能在砖衬上黏附和维持坚实的窑皮,窑衬的寿命才得以保证,而热工制度的稳定又要求煤质的稳定。如某厂由于煤的供应困难,煤的灰分在 32%～45% 之间变化。起初为了适应高灰分煤,入窑生料石灰饱和系数较高,但煤灰分变化太频繁,又没有煤均化堆场,使入窑生料与煤灰分很难对应,对窑内工况的稳定产生很大影响。检修后投料,牢固的窑皮有 20 m 左右,镁铬砖完全在窑皮之下。但由于煤质的波动,窑皮末端频繁地黏挂和脱落,窑皮脱落时连带砖体层一同剥落,使砖体变薄,窑皮缩短至 16 m 左右,使部分镁铬砖失去窑皮保护,液相量较少的生料在此处冲涮、侵蚀镁铬砖,使耐火砖寿命大幅缩短。

2.4.21 使用镁铬砖对环境有何危害

镁铬砖在水泥窑内使用时,在碱(和硫)的作用下,生成水溶性的毒性较大的六价铬盐化合物 R_2CrO_4 和 $R_2(Cr,S)O_4$,通过水泥窑的废气和粉尘排放,特别是残砖在存放时受水淋溶而外渗,污染环境,特别是水源。

2.4.22 回转窑选用镁砖时应注意哪些事项

(1)注意防潮。镁砖耐潮性不良,受潮变质开裂会造成损失,因此镁砖进厂时要放在干燥的地方,并盖上苫布。存放时力求不过期,不烧镁砖在南方雨季最好不超过 3 个月,在北方不超过半年;烧结镁砖可以稍长些。搬运时防止扔摔,避免碰撞。

(2)烧成带最好选用与筒体膨胀量相一致的镁砖,避免镁砖内产生较大的应力而炸裂。

(3)因镁砖热胀系数比黏土砖、高铝砖约大一倍,砌砖时应留有适当砖缝,防止温度升高时砖块膨胀挤裂。砖与砖之间缝宽 2~3 mm,圈与圈之间缝宽 5~6 mm。

(4)烘窑和点火时,镁砖抗热震性差,热胀系数和导热系数都较大,为防止升温太快,火砖炸裂,要有相应的烘窑制度,即烘窑升温速度慢,最好取 120 ℃/h,最快不超过 200~250 ℃/h,等窑衬内附着的水分完全烘干时,再喷煤逐渐升温。

(5)挂好"窑皮",保护好"窑皮",避免露砖红窑。

(6)做好临时停窑的保温工作,当临时停窑修理设备或抢补其他部位火砖时,必须关掉两头风,使窑内温度逐渐下降,尤其当"窑皮"不太好或有露砖时保温更重要。如计划停窑,可事先补挂好"窑皮",保护好镁砖。

2.4.23 如何储存耐火砖

储存耐火材料时,要特别注意防潮、防水。如果有水进入或空气很潮湿时,窑砖吸水则会发生粉化或内部结构被破坏。窑砖在储存、装卸及运输的过程中,尽量不要碰撞或摔倒。如果有损坏,砌砖的过程中要仔细检查,尽量不要使用,否则会留下隐患。

2.4.24 如何判断耐火砖质量并保管耐火砖

耐火砖形状规则、光滑、尺寸准确、棱角完好,表面气孔少,很少或无炉渣色的熔孔,说明杂质含量少、强度高、显气孔率低、质量好。

耐火砖的保管是一项不可忽视的工作,保管得好,可防止耐火砖变质、损坏,否则就会造成不同程度的损坏。耐火砖的保管必须注意以下几个方面:

(1)耐火砖必须有专库存放,由专人负责保管。各种砖要分类堆放,防止风吹雨淋、受潮变质。耐火砖库存量最低要保持一次大修用量,烧成带要保持半年至一年用量。

(2)耐火砖出厂发运前,每块都要用草绳包扎结实,装(卸)车时要轻拿轻放,防止摔碰、砸角掉边。

(3)耐火砖在使用前,凡有掉大角(砖的大头)、裂缝的,不得使用;尺寸误差应小于 3 mm,以免给砌砖带来困难。

(4)不同类型的砖只能用在不同部位,不得把黏土砖和镁质砖混在一起用。

2.4.25　影响耐火浇注料使用效果的因素有哪些

耐火浇注料是不定形耐火材料的一种,因其生产工艺简单、施工方便,在水泥行业中得到广泛应用。目前,耐火浇注料主要使用在变形的前后窑口、冷却机、预热器旋风筒锥体和下料管,以及三次风管中一些形状复杂、难以砌砖的部位。近年来一些企业正逐步把砖易倒塌的部位(如混合室)也改用浇注料,使人们对耐火浇注料的施工重视程度几乎等同于窑内的耐火砖砌筑。但是耐火浇注料在使用过程中时有剥落、炸裂等事故发生,影响耐火浇注料使用效果的因素主要有以下几点。

(1) 锚固件的设计及施工质量

对于浇注料衬里,锚固件(扒钉)是其附着在壳体上的基础。它的设计及施工质量直接影响耐火浇注料的使用寿命,生产中常遇到锚固件材质选择不当或者设计当量直径太小的问题,这样可能使锚固件在使用温度下不能承受耐火浇注料的作用力而软化变形,造成整块浇注料倒塌的事故。同样,如果锚固件布置得太密或膨胀缝留设太小,也会出现耐火浇注料与锚固件在加热时由于热膨胀失配而产生内应力,严重时导致耐火浇注料疏松、剥落。有的企业在锚固件焊接时忽视焊接质量(如壳体严重氧化而使焊接质量不合格),也使浇注料在使用一段时间后发生事故。因此,设计及施工锚固件时,应根据耐火浇注料的使用温度、厚度及使用部位等具体条件来选择材质、型式及布置方式,并处理好锚固件膨胀缝预留及焊接质量等工作。

(2) 耐火浇注料施工中的含水率

耐火浇注料由耐火骨料、细粉、结合剂组成,但它的许多性质在相当大的程度上取决于结合剂的品种和数量。但许多耐火浇注料在出厂时已配好高铝水泥,施工时能调整的参数仅为加水量,因此,控制好加水量是保证耐火浇注料强度的关键。从图 2.41 可以明显看到强度与加水量关系。

实际施工中,影响加水量的因素是混料时间及振捣技术水平。混料时一般都采用强制式搅拌机,应先干混均匀后再加 80% 水搅拌 2~3 min,视干湿情况加剩余的 20% 的水,至流动性符合振捣要求,总时间应不少于 5 min。搅拌时间与流动性的关系见图 2.42,可见加水量在搅拌 3 min 以后才开始发挥作用。这段时间一般素料约为 3 min,钢纤维增强型浇注料约 3.5 min。而有些单位从加水至出料振捣整个过程仅为 3 min,甚至更短。这样虽可加快施工进度,但加水量却大大超过参考水量,并且在振捣过程中,多余水分夹带着细粉排出,改变了颗粒合理级配,加大了浇注料气孔率,从而影响浇注料强度。另一方面,振捣水平也会影响加水量。技术不熟练的振捣工,为了振匀浆层,要求浆体流动性高,在同样条件下加大水量,因此,耐火浇注料施工时要严格控制加水量,并安排熟练振捣工施工,为浇注料发挥其优异性能打好基础。

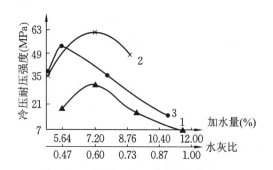

图 2.41　各种水泥配制的浇注料强度
与含水率(水胶比)的关系

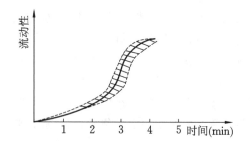

图 2.42　一定含水率耐火浇注料的
流动性与搅拌时间的关系

(3) 浇注料的养护

养护是影响浇注料使用性能的重要因素之一,也是最易被忽视的一个因素。养护是为了给浇注料中的结合剂一个凝固和硬化时间,从而获得足够的初期强度。养护制度与浇注料的结合剂种类有关。高铝水泥的水化速度快,成型后的水化热多集中在 10 h 内释放,发热量集中,内部热量不易散发,还易使近表面处的水泥的水分蒸发,阻碍其继续水化,同时也易使浇注料本体内因产生内应力而破坏。因此,浇注料施工完毕后应及时进行养护,视具体情况来决定拆模与否。养护时,可用湿麻袋或湿席铺盖在浇注料表面,并及时洒水保持湿润状态;对不方便铺盖的部位(如立墙、顶墙),可用喷雾器在浇注料表面喷水养护,养护时间不少于 2 d,并且第 1 d 内要勤洒水。

(4)耐火浇注料的烘烤

烘烤是影响耐火浇注料使用性能最为直接和关键的因素。烘烤是为了排除较多的游离水和化学结合水。若烘烤恰当,可以提高耐火浇注料的使用寿命;但烘烤不当,升温过快,也会因水分排出不顺畅而导致耐火浇注料产生裂纹、剥落甚至爆裂事故。许多企业为了尽快投料,盲目缩短烘烤时间而发生耐火浇注料炸裂事故,反而延长了投料时间。

烘烤所遵循的升温制度是根据耐火浇注料种类、厚度并参考在加热过程中某些晶型转化等因素综合考虑而制定的。一般来说,在低温阶段,慢升温并应具有较长的保温时间。考虑到气流与浇注料之间有一定温差,排除游离水的温度定为 150 ℃,排除化合水和结晶水的温度定在 350~500 ℃,所以 600 ℃ 以前应严格控制升温速度,尤其是不加钢纤维的素料。在 600 ℃ 以上,只要保证耐火浇注料内外温差不大,则可以快速升温。图 2.43 所示是一条典型的耐火浇注料升温曲线。

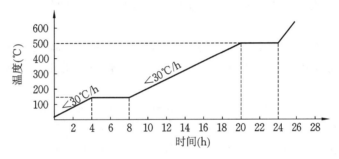

图 2.43 耐火浇注料升温曲线

对于预热器内的浇注料,在保证 600 ℃ 以下慢升温的基础上可以和窑内耐火砖一起烘烤,否则必须单独进行。对于冷却机内的新施工浇注料,最好先用烘灯或木柴烘烤,投料后也要采取措施降低二、三次风温,以免升温过快、浇注料内外温差太大而产生内应力,导致事故发生。

2.4.26 影响窑衬寿命的主要因素有哪些

首先,窑衬的工作环境和条件,即其所服务的窑采用的生产工艺和设备必须稳定。如窑所用原料和燃料及其加工程度和对窑的供应情况,以及两者的对应性不能保证连续、稳定和均匀(目前国内大部分传统窑问题比较严重,特别是煤质严重不均已严重威胁到水泥的稳定生产);如喷煤嘴位置不当、工作不良,窑内火焰和烧成带的位置、气氛和温度都不能正常稳定;如窑筒体中心线偏移,椭圆度过大,窑体很不规整;如窑系统主、辅机事故频繁发生,经常停运。

其次,耐火材料的正确选材和配套。如选材不当,该部位窑衬使用寿命太短,检修频繁,窑的经济效益不佳,或大材小用,增大生产成本。

窑衬处于一定的温度负荷、机械负荷和化学侵蚀等综合效应之下,还要承受若干次开窑时升温膨胀和停窑时冷却收缩的影响。窑衬设计与施工的恰当与否,对寿命影响很大。

最后,窑衬的正确使用与否也严重影响其寿命。

2.4.27 耐火材料损毁的主要原因

(1)水泥熟料的侵蚀

对耐火材料来讲,水泥熟料是侵蚀介质之一,烧成带耐火材料是水泥窑中损毁最严重的耐火材料。稳定的窑皮是耐火材料长寿的关键,回转窑大型化导致保护性窑皮的稳定性变差,从而加剧了水泥熟料对耐火材料的侵蚀。过渡带由于无法形成稳定窑皮,因此该区域耐火材料的损毁及选取也很关键。

(2)碱及硫、氯等挥发性组分的侵蚀

水泥熟料煅烧过程中,原料和燃料中含有的具有挥发凝聚性质的微量组分,如钾、钠、硫和氯的化合物会进入窑气中,这些化合物挥发、凝聚反复循环,在窑内产生富集。在预热器、分解炉、上升烟道、三次风管、下料斜坡、窑筒体后部等部位比较显著,所用的黏土砖和高铝砖受到侵蚀,在砖内形成钾霞石、白榴石等新矿物,伴随较大的体积效应,使得耐火制品疏松、开裂、剥落。

(3)热震损毁

预分解窑较之相同直径的传统窑产量提高 3 倍以上,窑的转速也大大提高。转速提高不仅导致机械应力增加,而且由于周期性温差频繁地增加,热应力导致的热震破坏也同时加剧,因此预分解窑耐火材料所受到的综合应力破坏效应比传统窑的大得多。

(4)还原或还原-氧化反应

当窑内热工制度不稳时,易产生还原火焰或存在不完全燃烧,使镁铬砖内的 Fe^{3+} 还原成 Fe^{2+},发生体积收缩,而且 Fe^{2+} 在方镁石晶体中迁移扩散的能力比 Fe^{3+} 强得多,这又进一步加剧了体积收缩效应,从而使砖内产生孔洞、结构弱化、强度下降。同时,窑气中还原与氧化气氛的交替变化使收缩与膨胀的体积效应反复发生,使砖产生化学疲劳。这一过程主要发生在无窑皮保护的镁铬砖带。

(5)过热

当窑热负荷过高,使砖面长时间失去窑皮的保护时,热面层基质在高温下熔化并向冷面层方向迁移,从而使砖衬冷面层致密化,热面层则疏松多孔(一般易发生于烧成带的正火点区域),从而不耐磨刷、冲击、震动和热疲劳,易损坏。

近年来,在冷却带和过渡带,有不少企业使用了硅莫砖,大部分事故是由于硅莫砖过烧造成的。硅莫砖主要由碳化硅和莫来石构成,而且碳化硅起着非常重要的作用,理论上当温度上升到 2500 ℃ 左右,碳化硅开始分解为硅蒸气和石墨,实际上在窑内还原气氛条件下,碳化硅在 1700 ℃ 左右已开始分解,对硅莫砖造成致命的破坏。

(6)热疲劳

窑运转中,当砖衬没入料层下,其表面温度降低;而当砖衬暴露于火焰中,则其表面温度升高。窑每转一周,砖衬表面温度升降幅度可达 150～230 ℃,影响深度 15～20 mm。如预分解窑转速为 3 r/min,这种周期性温度升降每月达 130000 多次。这种温度升降多次导致碱性砖的表面层发生热疲劳,加速了砖的剥落、损坏。

(7)挤压

回转窑运转时,窑衬受到压应力、拉应力、扭力和剪应力等机械应力的综合作用。其中,窑的转动、窑筒体的椭圆度和窑皮垮落,使砖受到动力学负荷;砖和窑皮的自重及砖自身的热膨胀,使砖承受静力学负荷。此外,砖衬与窑筒体之间、砖衬与砖衬之间的相对运动,以及挡料圈和窑体上的焊缝等,均会使砖衬承受各种机械应力作用。当所有这些应力之和超过了砖的结构强度时,砖就会开裂损坏。这种现象发生于预分解窑的整个窑衬内。

(8)磨损

预分解窑窑口卸料区没有窑皮保护时,熟料和大块窑皮较硬,会对该部位的砖衬产生较严重的冲击和磨蚀损坏。

实际上,在有条件的情况下保持冷却带有一定的窑皮,不但能有效保护窑口砖,而且对拓宽窑的操作弹性、稳定产(质)量都是有好处的。

2.4.28 减少耐火材料损耗的措施

(1)耐火材料配置优化

根据不同材料的性能指标合理优化水泥窑耐火材料配置,最大限度地发挥材料自身性能,延长其使用寿命,是有效延长耐火材料寿命、降低其消耗的前提。某水泥厂经过多年多条生产线的数据统计,其基本的窑衬砖配置见表2.77。

表 2.77　某水泥窑衬砖配置

各带划分	窑口冷却带		下过渡带	烧成带	上过渡带	安全带	预热分解带
带描述	窑口浇注料	窑口砖	窑口砖后窑皮不稳定区	稳定窑皮区域	窑皮不稳定区域（一般7～10 m长）	上过渡带后10 m	安全带后直至窑尾
衬里配置	窑口专用浇注料	高耐磨砖、电熔镁铝尖晶石砖、硅莫（红）砖	镁铝尖晶石砖	镁铁尖晶石砖、镁铁铝尖晶石砖	镁铝尖晶石砖	硅莫砖1680	硅莫砖1650
φ4.7 m以上窑位置	0.6～1.0 m	0.6～1.6 m	1.6～1.3 m	3(4)～24(25) m	24(25)～31(35) m	31(35) m之后的10 m	41(45)m直至窑尾
φ4.7 m以下位置	0.6～1.0 m	0.6～1.6 m	1.6～1.3 m	3(4)～18(22) m	18(22)～25(32) m	25(32) m之后的10 m	35(42)m直至窑尾
极限寿命（月）	12	12	10～12	12	10～12	24	≥36

表中有几个关键点是烧成技术人员必须根据每条窑的具体工况适当调整的。

① 窑口浇注料。窑口浇注料的寿命不能以损坏窑口端节为代价，必须切实起到保护窑口端节的作用。每次更换时必须详细检查窑口铁螺丝是否松动、窑口铁外端面有无裂纹，如有则必须更换窑口铁，避免因窑口铁松动而影响窑口浇注料寿命。

② 窑口砖的长度。窑口砖是强度高但荷重软化温度较低的一种砖，砌筑在窑口浇注料后保护窑口浇注料，但不宜配置过长，否则一旦火焰调整不合适或出现液相，容易产生烧砖事故。窑口砖使用不当的结果见图2.44。

典型凹透镜　　　　　　　典型鸡窝状

图 2.44　窑口砖使用不当的结果

③ 烧成带。烧成带即主窑皮区域，也即窑皮稳定区域。窑皮除受原（燃）料和火焰控制影响外，同时也受挂窑皮、砖配置长短的影响。配置的原则是按照4.5～5.2倍窑径掌握，煤质好时选下限，煤质差时选上限。

④ 上、下过渡带砖与烧成带的分界。下过渡带是否适当配置部分镁铝尖晶石砖完全取决于该部分是否长窑皮，以及停窑后该处窑皮是否脱落。如果该处窑皮消长频繁，则说明有明显过渡带，宜配置镁铝尖晶石砖；反之则应配置烧成带用的易结窑皮砖。上过渡带同理，也需要详细观察窑内副窑皮分布区域，有副窑皮区域时应配置镁铝尖晶石砖。但因为镁铝尖晶石砖导热系数大，其后期筒体温度高达370～380 ℃，热耗高且对窑筒体热侵蚀严重，所以在上过渡带配置该砖宜短不宜长。

⑤ 原则上轮带下方不更换耐火砖品种，因为不同耐火砖导热系数不同，筒体温度不同，对轮带滑移量影响较大。

（2）耐火材料选用

① 客观真实的数据是评价、选择产品的最重要依据。

② 严格的质量验收环节是对供需双方都负责的做法。到货的表观质量、尺寸、重量等验收和第三方性能指标验收是事前质量控制的重要一环。

（3）耐火材料施工

耐火材料施工应严格按照《耐火材料生产安全规程》执行，保证施工质量有利于降低耐火材料消耗。总结多年的经验发现，施工管控始终是耐火材料管理的难点和重点，应明确砌筑标准、监督内容、检查标准、考核条款等实现过程控制，从而保证耐火材料施工质量。

在窑衬砖砌筑时，环向放线和木槌的使用两个环节需继续加强，这两点实施不好，仍会出现窑砖扭斜（图 2.45）的现象，影响使用寿命。

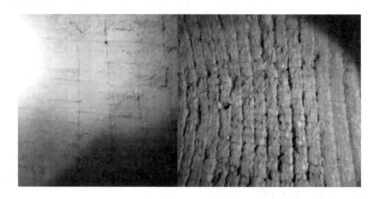

图 2.45　窑砖扭斜

在浇注料施工时，加水量控制和膨胀缝留设两个环节规范施工落地性差，导致箅冷机矮墙等部位浇注料的寿命不长，见图 2.46。水泥窑烧成系统的浇注料施工，除了料管等小物件，都不是在地上施工，箅冷机矮墙的使用寿命除了材料选择，合理的养护、透气孔的留设、适当的升温曲线也是重要的影响因素。

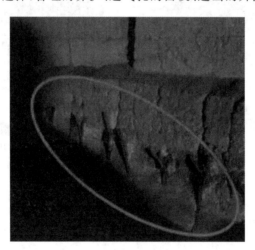

图 2.46　箅冷机矮墙等部位浇注料出现磨损

（4）耐火材料使用与维护

市场饱和、窑运转率逐渐降低、开停频次增加都增大了对耐火材料的维护难度，如果缺乏耐火材料保护意识，势必会导致耐火材料寿命短、消耗增加。

① 升降温养护

严格控制升降温，任何情况下都坚决避免急冷、骤热，明确规定好升降温速率，完全冷窑时低温段升温速率必须控制在 50 ℃/h 以内。故障停窑时，以窑保温为主要控制原则。以完全冷窑升温为例，其常温至 400 ℃ 按 30 ℃/h 速率升温，400～600 ℃ 按 40 ℃/h 速率升温，600 ℃ 恒温 1.5 h 左右（具体视检修情况而定,如果预热器或窑内有耐火材料施工,则恒温延长至 3 h,提高 400～600 ℃升温区间的升温速率,40～55 ℃/h 均可),600 ℃至投料温度按 75 ℃/h 速率升温。图 2.47 所示的例子,是升温过快导致耐火砖炸头,最厚的炸头达 80 mm。

图 2.47　升温过快导致耐火砖炸头

② 工艺运行稳定

为确保筒体扫描工作正常,应密切关注筒体温度变化,尤其是窑衬砖使用 12 个月以后,以小调、微调工艺为主,避免窑皮过厚而频繁脱落的情况,更应避免火焰烧砖或熟料烧流、烧砖现象。

③ 滑移量维护

建立滑移量测量机制,定期测量轮带滑移量,确保其在正常范围内,异常时及时控制筒体温度或调整垫板厚度。

(5)耐火材料寿命数据分析

对所有周期性损坏部位的耐火材料应建立数据台账,跟踪其施工、养护、损坏现象分析、寿命数据、筒体温度,每条线数据持续可追溯;多条线则可同部位对标,年度单耗对标,找到薄弱环节,分析原因,有针对性地制定解决方案,降低消耗,如表 2.78 所示。

表 2.78　耐火材料的台账数据模板

年度	检修时间	具体位置	更换量	单价	总额	换下材料		使用时间段	使用寿命	残厚(最薄厚度)	停窑前筒体温度	损坏状态描述	原因分析(备注)	综合评价	换上材料	
						规格型号	供应商简称								规格型号	供应商简称
年	月/日	m	1	元/吨	元	规格型号	供应商简称	年/月/日—年/月/日	月	mm	℃				规格型号	供应商简称

总之,材料品质、施工质量和工艺维护三大方面共同决定了水泥回转窑的耐火材料使用质量,某一个环节失控都会导致材料寿命异常、消耗高。其控制要领是:必须重视耐火材料配置优化、选用、施工和使用维护,还要建立详细的寿命数据台账,对耐火材料寿命数据进行分析,有针对性地制定解决方案,达到降低消耗的目的。

2.4.29　回转窑耐火内衬损坏原因与措施

（1）回转窑耐火内衬的作用

① 防止高温火焰或气流对窑体的直接损伤，保护窑筒体。

② 防止有害物质（CO、SO_2）对窑体的侵蚀。

③ 防止物料、气流对窑体的侵蚀。

④ 降低窑体温度，防止窑体被氧化侵蚀。

⑤ 具有蓄热保温的作用。

⑥ 能够改善挂窑皮性能。

（2）耐火内衬损坏的形式

① 常见损坏形式

回转窑耐火内衬因长期承受转动状态下的机械应力、物料摩擦、热应力、气流以及化学侵蚀的综合效应，常导致下列问题的发生：

a. 扬料块长期经受机械转动重力离心率效应、高温效应，以及石料的冲击摩擦而导致预制块扭曲，耐火材料脱落、厚度减薄，使扬料块间填充的耐火砖变形、脱落。

b. 高温煅烧结层的熔损。

c. 窑体内温差大的气流使粉尘经高温烧结成块状黏结在耐火材料表面，在窑体转动时其自重使耐火材料部分剥离、砖衬变薄，窑体温度升高，钢结构不同程度地发生变化，降低窑体的使用寿命。

② 各种损坏发生的概率

德国耐火技术公司对使用后的耐火材料进行了大量的试验研究，并统计了主要损坏原因出现的概率：

a. 机械应力占 37%：由于筒体变形和砖的热膨胀作用引起。

b. 化学侵蚀占 36%：由于熟料硅酸盐以及碱盐的侵蚀作用引起。

c. 热应力占 27%：由于过热和热震作用引起。

随着窑型、操作的不同以及窑衬在窑内位置的不同，以上三种因素所起的作用也不相同，主要取决于火焰、窑料和窑筒体在运转中的变形状态，从而使衬里承受各种不同的应力。

③ 耐火砖损坏的原因分析及应对措施

A. 机械应力损坏

a. 热膨胀挤坏耐火砖

在窑温升到一定程度时，热膨胀在窑轴向会产生压力，造成相邻耐火砖之间相互挤压，当压力大于耐火砖的强度时，就会导致耐火砖面剥落，此时应采取以下措施：

ⓐ 干砌耐火砖，设置合理侧纸板；湿砌耐火砖，留设 2 mm 火泥缝。

ⓑ 留设合适的挡砖圈。

b. 铁板应力损坏

在耐火砖的热端，贴面铁板与镁砖内的氧化镁在高温下发生化学反应，生成镁铁化合物，使体积增大，挤压耐火砖，造成水平状断裂。针对这种情况，应改掉耐火砖贴面铁板的做法或用耐火泥代替。

c. 耐火砖大面积扭斜错位

由于砌筑过松、频繁开停窑，导致窑筒体变形，使窑筒体与衬砖冷面相对运动，造成衬砖扭斜错位和砖面炸裂、掉角，此时应采取以下措施：

ⓐ 砌筑时，耐火砖大面用木槌敲实，锁砖时应锁紧，二次加楔铁。

ⓑ 保持稳定的热工制度。

ⓒ 窑筒体变形部分用高温胶泥平整。

d. 椭圆度应力挤压

因回转窑轮带垫铁间隙增大而使筒体产生较大的椭圆度,造成耐火砖挤压。应定期检测筒体椭圆度,如椭圆值超出窑直径的 1/10 时,应更换垫板或增加垫铁调整轮带间隙。

e. 锁口铁应力挤压

锁砖时,锁口铁过多、过紧,均会形成锁口处砖沟,应采取以下措施:

ⓐ 在同一锁口处,锁口铁的数量不超过 3 块。

ⓑ 锁口铁间距尽量分散。

ⓒ 锁砖时里外口应松紧一致。

ⓓ 锁口铁应尽量远离薄锁砖。

f. 挡砖圈挤压耐火砖

挡砖圈处的挡砖(异型砖)因受挤压断裂和出现裂缝,针对这种情况应改单道挡砖圈为双道挡砖圈,在挡砖圈上砌整砖避免加工异型砖。

B. 热损坏

a. 过热现象

窑内温度局部过热导致耐火砖熔化形成凹坑。为避免这种情况,应正确调节燃烧器和在不同部位选择合理的耐火材料。

b. 热震现象

由于温度突然变化产生热应力而造成砖面剥落、开裂,主要是由于频繁开停窑、冷热交替导致的,应稳定生产操作,制定合理的升温冷窑制度。

C. 化学侵蚀损坏

a. 碱侵蚀

气相碱盐化合物渗入砖体空隙内冷凝和固化,在砖体内形成碱盐的水平渗透层,在生产中应减少入窑碱盐含量。

b. 水化现象

MgO 与水反应生成 $Mg(OH)_2$,耐火砖体积增加,从而导致整体结构被破坏。由于含 MgO 和 CaO 的耐火砖会有水化反应,所以在耐火砖的储存、运输和砌筑时应避免受潮。

从以上耐火砖的损坏机理可以看出:耐火材料施工的规范性能够有效延长耐火材料的使用寿命,而专业、敬业的砌筑人员是保证耐火材料施工质量的重要因素。

(3) 耐火材料砌筑的质量要求

① 砌筑前控制

a. 耐火材料在搬运过程中,应将耐火砖的破损率控制在 3% 以内。

b. 应做好放线工作,窑轴向基准线沿圆周以"十"字形对称性放四条,每条线与窑轴线平行;环向基准线每 2 m 放一条,每条线均应平行且垂直于窑轴线。

c. 确保窑体钢板洁净,铲除腐蚀的铁皮,严禁边、角损伤超过控制范围的耐火砖投入使用。

② 砌筑过程控制

a. 在施工过程中,确保耐火材料不受潮,加工砖采用切砖机进行加工。经切割后砖的长度必须超过原砖长度的 50% 以上,厚度必须达到原砖厚度的 70% 以上。

b. 采用环砌法进行砌筑,砖紧贴窑体,必须保证砖的四角均与窑体接触。

c. 砌筑中应避免下列通病:大小头倒置、抽签、混浆、错位、倾斜、灰缝不均、爬坡、离中、重缝、通缝、张口、脱空、毛缝、蛇形弯、砌体鼓包、缺棱掉角。

d. 耐火砖砌筑时要使用木槌或橡皮锤,严禁使用铁锤。

e. 调制耐火泥浆时采用清洁水,准确称量、调和均匀,随调随用,已调制好的泥浆不得任意再加水使用,已初凝的泥浆不得再继续使用,调制不同泥浆时要将工(器)具及时清洗干净。

③ 砖圈锁缝控制

a. 只能用原状砖来锁砖,不得使用加工砖。

b. 如果用几块砖来锁缝时,锁缝砖不得相互连用,要用标准型耐火砖与之相间;每环耐火砖每种类型的锁缝砖不超过两块。

c. 在锁缝带内要保证砖的水平缝与窑轴向平行。

d. 锁缝金属板的厚度不大于 2 mm。

e. 每条缝内只能使用一块锁缝钢板,如需几块钢板时,应将其均布在整个锁砖区内,每环锁缝钢板的块数不超过四块。

(4)耐火材料的选用原则

耐火材料在选型时,应保证下列要求得到满足:

① 耐高温性。能长期在 800 ℃ 以上的环境运行。

② 高强度和良好的耐磨性。回转窑内的耐火材料必须具有一定的机械强度,以承受高温时的膨胀应力以及回转窑壳体变形所形成的应力。同时,因炉料及烟气对耐火材料的磨损,因而耐火材料需具有较好的耐磨性。

③ 具有良好的化学稳定性。以抵抗烟气中的化学物质的侵蚀。

④ 良好的热稳定性。能够承受焚烧状态下的交变应力,在停炉、起炉以及旋转运转状态不稳定的情况下,窑内的温度变化比较大,不能有龟裂或剥落的情况发生。

⑤ 受热膨胀稳定性。回转窑壳体的热胀系数虽然大于回转窑耐火材料的热胀系数,但壳体温度一般都在 150~300 ℃,而耐火材料承受的温度一般都在 800 ℃ 以上,这样可能会导致耐火材料比回转窑壳体膨胀要大,容易脱落。

⑥ 显气孔率要低。如果显气孔率高,烟气会渗透进入耐火材料中,侵蚀耐火材料。

总之,若回转窑内耐火砖的配置方案、耐火砖的质量、耐火砖的存放、耐火砖砌筑、回转窑烘窑、生产各个环节处理不当均会影响回转窑的使用寿命,通过采用一系列措施对耐火砖进行维护,有助于使用最经济的窑衬达到最佳的使用效果。

2.4.30 降低预分解窑窑衬消耗的措施

(1)窑衬损坏机理及影响因素

一般将预分解窑窑内分为四个带,即分解带、过渡带、烧成带和冷却带,或只将预分解窑划分为分解带和烧成带(包括放热反应带、烧成带、冷却带)。就机理而言,两种划分方法是一致的。四个带中,烧成带窑衬最为关键,目前在预分解窑烧成带中主要采用碱性砖。

热应力、机械应力和化学反应三种因素构成了窑衬内的应力并导致其破坏。随窑型、操作及窑衬在窑内位置的不同,上述因素的破坏作用亦不同。其中起决定性作用的是火焰、窑料和窑筒体的变形状况,它们使窑衬承受各种不同的应力。对碱性砖,有八种破坏因素,但这八种因素对窑内不同带砖衬的破坏作用各有不同,现根据窑衬损坏机理对这八种因素分别进行阐述。

① 熟料熔体渗入

熟料熔体主要源自窑料和燃料,渗入相主要是 C_2S、C_4AF。其中渗入变质层的 C_2S 和 C_4AF 会强烈地溶蚀镁铬砖中的方镁石和铬矿石,析出次生的 CMS 和镁蔷薇辉石(C_3MS_2)等硅酸盐矿物,有时甚至会析出钾霞石;而熔体则会充填砖衬内气孔,使该部分砖层致密化和脆化,在热应力和机械应力双重作用下使砖极易开裂、剥落。因 C_2S、C_4AF 在 550 ℃ 以上即开始形成,而预分解窑入窑物料温度已达 800~860 ℃,因此熟料熔体的渗入贯穿于整个预分解窑内,即熟料熔体对预分解窑各带窑衬均有一定的渗入侵蚀作用。

② 挥发性组分的凝聚

预分解窑内,碱性硫酸盐和氯化物等组分挥发凝聚,反复循环,导致生料中这些组分的富集。由生产实践可知,窑尾最低级预热器中生料的 R_2O、SO_3 和 Cl^- 含量分别是原生料中的 5 倍、3～5 倍和 80～100 倍。当热物料进入窑筒体后部 1/3 部位(800～1200 ℃区段)时,物料中的挥发性组分将会在所有砖面及砖层内凝聚沉积,使该处高度致密化,并侵蚀除方镁石以外的相邻组分,导致砖渗入层的抗热震性显著减弱,形成膨胀性的钾霞石、白榴石,使砖碱裂损坏,并在热-机械应力综合作用下开裂、剥落。因预分解窑从窑尾至烧成带开始整个无窑皮带,越靠近高温带,窑衬受碱盐侵蚀的程度越深,窑衬损坏得就越严重,因此要特别注意对该部位窑衬的选型。

③ 还原或还原-氧化反应

当窑内热工制度不稳时,易产生还原火焰或存在不完全燃烧,使镁铬砖内的 Fe^{3+} 还原成 Fe^{2+},发生体积收缩,而且 Fe^{2+} 在方镁石晶体中迁移扩散能力比 Fe^{3+} 强得多,这又进一步加剧了砖的体积收缩效应,从而使砖内产生孔洞,结构弱化、强度下降。同时,窑中还原气氛与氧化气氛的交替变化使砖的收缩与膨胀的体积效应反复发生,砖便产生化学疲劳,这一过程主要发生在无窑皮保护的镁铬砖带。

④ 过热

当窑热负荷过高,使砖面长时间失去窑皮的保护时,热面层基质在高温下熔化并向冷面层方向迁移,从而使砖衬冷面层致密化,热面层则疏松多孔(一般易生成于烧成带的正火点区域),从而不耐磨刷、冲击、热震和热疲劳,易于损坏。

⑤ 热震

当窑运转不正常或窑皮不稳定时,碱性砖易受热震而损坏。窑皮的突然垮落致使砖面温度骤增(高达 1000 ℃),从而使砖内产生很大的热应力。此外,窑的频繁开停使砖内产生交变热应力。当热应力一旦超出砖衬的结构强度时,砖就突然开裂,并沿其结构弱化处不断加大、加深,最后使砖碎裂。窑皮掉落时带走处于热面层的碎砖片,使砖不断损坏。热震现象极易发生在靠近窑尾方向的过渡带区域。

⑥ 热疲劳

窑运转时,当砖衬没入料层下,其表面温度降低;而当砖衬暴露于火焰中,则其表面温度升高。窑每转一周,砖衬表面温度升降幅度可达 150～230 ℃,影响深度 15～20 mm。如预分解窑转速为 3 r/min,这种周期性温度升降每月达 130000 多次。这种温度重复升降多次导致碱性砖的表面层发生热疲劳,加速了砖的剥落、损坏。

⑦ 挤压

回转窑运转时,窑衬受到压力、拉力、扭力和剪切应力等机械应力的综合作用。其中,窑的转动、窑筒体的椭圆度和窑皮垮落,使砖受到动力学负荷;砖和窑皮的重量及砖自身的热膨胀,使砖承受静力学负荷。此外,衬砖与窑筒体之间、砖衬与砖衬之间的相对运动,以及挡料圈和窑体上的焊缝等,均会使砖衬承受各种机械应力作用。当这些应力之和超过了砖的结构强度时,砖就会开裂、损坏。该现象发生于预分解窑整个窑衬内。

⑧ 磨损

预分解窑窑口卸料区没有窑皮保护,而熟料和大块窑皮又较硬,会对该部位的砖衬产生较严重的冲击和磨蚀损坏。

(2)降低窑衬消耗的措施

① 注重衬料的选型和合理匹配

新型干法窑特别是大型预分解窑,使用了热回收效率在 60% 以上的高效冷却机,以及燃烧充分且一次风比例较少的多通道喷煤嘴(火焰火力集中、灵活可调),并且窑头和窑罩又加强了密闭和隔热,因此,出窑熟料温度可高达 1400 ℃,入窑二次风温可高达 1200 ℃,从而造成系统内过渡带、烧成带、冷却带及窑门罩、冷却机高温区以及燃烧器外侧等部位的工作温度远高于传统窑。因此,烧成带正火点可使用直接结合镁铬砖、特种镁砖或白云石砖;正火点前后两侧,视设备、操作和原(燃)料情况,可采用与正火点相同的砖或普通镁铬砖;过渡带则主要使用尖晶石砖、富铬镁砖或氧化锆增韧白云石砖。窑卸料口内衬是大型窑窑衬中最薄弱的环节之一,新窑或规则的窑可用碳化硅砖、尖晶石砖或直接结合镁铬砖。对于窑口温度较低的窑,可使用抗热震性优良的高铝砖或磷酸盐结合高铝砖;若窑口变形时,则可用刚玉质浇注料或钢纤维增强刚玉质浇注料或低水泥型高铝质浇注料。

② 把好进货质量关和窑衬施工质量关

要严格遵守"水泥回转窑用耐火材料使用规程"中的相关要求,选购耐火材料时,应要求供货商提供产品质量担保书,并应取样送相关权威监测部门复检,以杜绝假冒伪劣产品进厂。与此同时,对施工质量亦要进行严格的监督,以确保窑衬的耐火性、密封性、隔热性、整体性、耐久性。应重点对耐火泥的配制、砖缝和膨胀缝处理等一系列技术问题严格把关。首先,更换窑衬前要编制施工方案,按砌筑要求在窑内划出轴向和环向控制线;其次,每天召开有关负责人协调会,及时解决施工中出现的问题;再次,实行项目负责制,设立专人跟班监督;最后,要求砌筑选用的耐火砖,不得缺角、少棱。

③ 准确把握局部挖补与整段更换窑衬的界限

两者界定的一般原则为:掉砖处周围的厚度不低于 100 mm,且掉砖处周围砖的结构未发生裂缝和排列错乱现象,这时可采用挖补的方法,否则就需要进行整段更换。正确的判断,不仅可以降低窑衬消耗、缩短停窑的时间,而且可以提高窑的运转率。

④ 坚持合理的烘窑升温制度

窑衬砌筑好后还须妥善烘烤,烘烤时升温速率不能过快,以免产生过大的热应力而导致砖衬开裂、剥落。由于耐火砖的品种较多,根据实践及文献介绍,使用 B 型砖时,因砖数量较多,对砖衬膨胀的补偿量较大,按 0.5～1 ℃/min 区段内的升温制度烘烤时,砖衬内压应力总是低于砖的强度,非常安全。因此,预分解窑一般都选择 B 型砖作为窑衬。

对于 2000 t/d 熟料的窑内新砌碱性砖衬,烘烤时升温速率以 30 ℃/h 较为适宜,更换砖衬长度在 30 m 以内时,取 50 ℃/h;停窑后燃烧带内仍保持 300 ℃ 以上温度时可取 125 ℃/h。上述三种烘烤制度升温至 1400 ℃ 所需的烘烤时间分别为 48 h、25 h 和 10 h。对于能力及砖型更大的窑,还应增加 10%～20% 的烘烤时间。

烘烤时窑速的控制原则一般为:温度在 300～500 ℃ 范围内每 30 min 转窑 1/3 圈,600～800 ℃ 范围内每 15 min 转窑 1/2 圈,900～1100 ℃ 范围内以最低速连续转窑,从 1200 ℃ 至工作温度可渐增至正常窑速。若新砌的砖衬为高铝黏土轻质砖,则应适当加快窑速,但应采取与砖质相应的升温制度。

有些厂家更换窑衬后急于投料生产,常采用 6～8 h 的快速烘窑制度,加之缺乏必要的措施来保护窑体和窑衬的安全,导致窑体及窑衬损坏。若欲快速烘窑,必须采取以下措施:

a. 控制好窑体变形。控制好窑体,特别是从窑头起第二挡轮带处窑体不变形,同时为了消除窑体和轮带升温过程中温差所造成的耐火砖及窑体的损坏,必须用风机强制冷却第二挡轮带的两侧窑体。

b. 控制废气温度。快速烘窑煤耗较大,窑废气温度高。为了降低废气温度,开窑时就要开动增湿塔系统。

c. 选用适当的耐火砖。碱性砖在实际使用中必须保持应有的结构韧性,显气孔率不能太小,厚度亦应严格控制。其中直接结合镁铬砖对 6～8 h 的快速烘窑不适应,应注意。

窑衬烘烤时必须连续进行直至完成,且要做到"慢升温,不回头"。为此,烘烤前必须对系统设备联动试车,还要确保供电。此外,停窑时窑衬的冷却制度亦对未更换的砖的使用寿命有很大影响,因此停窑不换砖时必须慢冷以保证窑衬安全。对于大型预分解窑,在停窑时可用辅助传动进行慢转窑、扣风,并在 24 h 后打开窑门进行快速冷却。

⑤ 窑皮的黏挂及保护

烧成带及其两侧过渡带砖衬上窑皮的稳定与否,是影响砖衬使用寿命的决定性条件。

新砖砌好后,按正常升温制度达投料温度后即进行投料。第一层窑皮的形成就是从物料进入烧成带及前后过渡带时开始,必须严格控制熟料结粒细小、均齐,配料合理;耐火砖热面层中应形成少量熔体,使熟料与砖面牢固地黏结。黏结后,砖衬表面层温度降低、熔体量减少,黏度增大,黏结层与砖衬面间黏结力就越大;而熟料继续粘到新黏结的熟料上,使窑皮不断加厚,直至窑皮过厚、窑皮表面温度过高造成该处熟料中熔体含量过多,熟料不再相互黏结为止。第一层窑皮黏挂的质量优劣对延长窑衬寿命有重要的作用。窑正常运行时,入窑燃料的质和量及其燃烧性状,以及耐火砖在高温下的形态是不断变化的。因此,为了挂好窑皮且保护好窑皮(包括补挂好窑皮),必须采取相应的保护措施:

a. 砌完砖必须进行窑内清理,投料后应严格保证系统温度及烧成带温度,使第一批窑料和该处耐火砖同时处于良好的挂窑皮状态;同时,挂窑皮时喂料量为正常量的80%即可。

b. 开窑前要严格检查燃烧控制系统、喷煤嘴结构和位置及火焰形状,并使之保持正常。预分解窑挂窑皮时间一般为1 d。

⑥ 减少停窑次数,提高预分解窑的运转率

由于频繁地非计划开(停)窑,往往是紧急止料停窑,会造成衬砖热面层迅速冷却,收缩过快,砖内产生严重的破坏应力。应力随多次停窑频繁作用于砖内,导致其过早开裂损坏;再次开窑时,砖热面层往往随窑皮剥落,还使窑衬内砖位扭曲,降低窑衬使用寿命。频繁开(停)窑多发生于系统存在重大问题或刚完成系统检修期间,采取以下措施可以减少停窑次数:

第一,在严把进厂配件、材料质量关的基础上,检修时每个子项目由专人负责,并实行专业化管理,以确保检修质量。每次检修完毕后,应进行系统联动试车,及时发现问题、及时处理。

第二,精心操作,根据入窑生料、燃料质量、熟料结粒状况等综合因素动态地调整系统,做到"预先小调整,防止大波动",确保热工制度稳定,以避免系统大量掉窑皮。

第三,应坚持日巡检制度,要求各车间、专业、系统每日至少进行一次巡检,做到"全员参与,全面巡检",发现问题及时处理,确保生产线正常运转。

⑦ 稳定窑的热工制度

窑在运转时,如热工制度不稳定,会造成窑内衬料忽冷忽热,窑皮时长时塌,极易发生耐火砖开裂剥落、炸头等现象,使用寿命大大缩短。因此,必须采取以下措施:

a. "五稳保一稳",即入窑生料成分稳定,入窑喂料量稳定,燃料成分稳定,燃料喂入量稳定和设备运转稳定,只有实现这"五个稳定",方能保证窑系统热工制度稳定。

b. 风、煤、料和窑速的合理匹配。四者相互联系又相互制约,相互适应、相互匹配,才能保证窑系统热工制度的稳定。

c. 多通道喷煤管必须针对不同煤质、不同窑况等进行合理的动态操作调整,得到合适的火焰,以保证窑系统热工制度稳定。

d. 合理调整箅冷机的操作,保证稳定的二、三次风量及风温,同时兼顾与窑的同步操作,达到稳定窑系统热工制度的目的。

[摘自:王俊.降低预分解窑窑衬消耗的措施.水泥工程,2001(2):14-18.]

2.4.31　回转窑耐火砖鸡窝坑的成因及预防

(1) 鸡窝坑形成的原因及分析

① 通风不畅、顶料硬烧。此时火焰会在窑内某处产生高温,破坏该处窑皮,漏出耐火砖的地方在高温的作用下表面软化并被烧流,在窑内回转气流的作用下把表层已经软化烧流的耐火砖扫掉。因为被烧耐火砖的四周尚有窑皮及热传导作用,温度相对较低,而中部温度较高,所以四周熔得浅,中间熔得深,正好符合形成鸡窝坑的条件。

② 原料成分不稳,石灰饱和系数波动大,熟料 KH 值在 0.85～0.95 波动。过高时,熟料难烧,操作上为了烧出合格的熟料顶头煤烧,使局部形成高温;过低时,因没有及时采取减煤措施,造成烧高温,损坏窑皮,烧蚀烧成带砖。

③ 原煤燃烧特性不好,混合好后的煤挥发分为 12% 左右,细度控制在 ≤4%。由于没有煤均化堆场,由铲车混合好后,经过皮带送入原煤仓再入磨,这样的煤粉成分不稳定,进入窑内致使温度不稳定,造成局部温度过高,损坏窑皮。

④ 燃烧器调节不当,所用燃烧器内风间隙过大,造成高温点前移,火焰短粗,热应力过于集中,外风包不住火,扫窑皮,致使窑砖烧坏。

⑤ 产量增加后,窑头排风机及电收尘系统能力不够,造成窑头常处于正压状态。

(2) 预防措施

① 如发现窑内通风不畅,必须检查处理。若是窑尾预热器系统造成的,必须对窑尾烟室缩口及斜坡处进行清理;若是窑内结圈,必须减产烧圈;若是窑尾漏风所致,必须堵漏;必要时或开机不能处理时,必须停窑处理,保证窑内通风顺畅,避免对耐火砖的损害。

② 控制进厂原(燃)料,稳定原料成分,利用老线均化库增加均化时间及效果,把 KH 值控制在 0.91 ± 0.02,保证原(燃)料的易烧性适中。

③ 原煤采购时,应做到矿点固定,保证煤的热值稳定、储量稳定和燃烧特性稳定,未经均化的煤严禁使用。

④ 把燃烧器在窑口中心两个方向的定位控制在偏料 $0 \sim 20$ mm 以内,燃烧器中心线力求与窑平行;需调整时,也要保证燃烧器中心线与窑下部的交点不小于 50 m;火焰的粗细、长短,可根据燃烧情况调整,以不扫窑皮为准。

⑤ 年底大修时,在箅冷机顶部增加喷头六根,安装在三室上方,为了不增加设备,在增湿塔水泵出口处增加一阀门,引出一根水管连接箅冷机喷水装置,降低熟料温度,减少箅冷机冷端风机风量;在箅冷机出口管道与电收尘链接中间增加一沉降室,减少进入电收尘的粉尘,增加电收尘的收尘效果。

⑥ 中控室操作人员、巡检人员必须时刻关注筒体温度,一旦发现垮窑皮、筒温升高,必须报告主管领导,分析查明原因,采取降温措施,必要时减产运行,甚至停产处理,避免红窑事故的发生。

⑦ 稳定二次风温,并将其控制在 1150 ℃±50 ℃ 以内,避免大起大落,因火焰不稳定损坏窑皮。

⑧ 保证投料稳定,如遇预热器塌料,要减料生产,必要时可止料把料烧掉,再恢复正常生产。

2.4.32 水泥窑用耐火材料使用过程中应注意的关键环节

(1) 窑皮的黏挂及保护

烧成带及两侧过渡带砖衬上窑皮的稳定与否,是影响窑衬使用寿命的决定性条件。窑皮是在窑烧成带及部分过渡带砖表面附着形成的熟料保护层。其正常厚度约 150 mm,组成成分与熟料基本相同,以 C_2S、C_3S 为骨架,填充熔剂矿物 C_3A、C_4AF 以及 MgO、Na_2O、K_2O 和 SO_3 等。稳定的高质量窑皮是延长耐火砖使用寿命的前提条件。为确保新窑挂好头窑的优质窑皮,首先要控制好生料的质量,确保入窑生料化学成分稳定、细度合格。通常做法是:首先,用正常生产生料或石灰饱和系数稍高的生料挂窑皮,保证有合适的液相量,以"难烧但不发散,好烧但不起块"为标准控制;其次,要稳定窑的操作,控制好熟料立升重,既不能欠烧或跑生料,也不能过烧结产生大块,应当保持熟料结粒细小、均匀。挂窑皮期间熟料产量维持 70% 负荷,窑速比正常情况稍慢。

回转窑外分解窑挂窑皮通常以 3~5 个台班为宜。此外,在初次投料操作时应当控制好操作节奏,长时间烘窑后系统煤灰富集会对熟料成分产生影响,以大料量、快窑速起步可防止物料(混合较多煤灰)过烧结团或结大块。正常生产中应维持窑工况稳定,保护好窑皮,避免系统频繁开停。经常观察窑皮是否正常,严格监测烧成带和过渡带窑体的表面温度,如发现窑皮蚀薄严重,甚至露砖,窑体表面温度过高,必须补挂窑皮,达到正常。补挂窑皮时窑的运作自如,必要时也应适当减喂生料,并且不考核补挂期间的小时产量和台班产量,做到开窑时挂好窑皮,正常生产中维护好窑皮,必要时还要补挂好窑皮。

（2）提高窑炉系统运转率

在生产过程中,如窑炉系统故障频繁,会造成频繁开、停窑,窑温聚变,冷热交替,往往会使窑皮脱落、窑砖开裂或剥落一层,次数越多,窑砖越容易损坏。在窑皮脱落的同时,如窑砖砌筑不牢或窑砖较薄的情况下,很容易一起被带下,造成红窑事故。窑口浇注料是开（停）窑最大的受害部位,窑连续运转率越高,窑的使用寿命越长,一旦出现预热器堵塞等异常故障,窑口内衬表面温度将从 1400 ℃ 左右降低到 100～200 ℃,故障排除后,又急剧升温到正常温度,如此强烈的冷热交替、反复进行,浇注料高温组织结构遭到破坏,易炸裂、剥落,会对窑的使用寿命产生极大的影响。因此,可采取以下措施减少非计划性停窑次数:

① 加强机械、电气设备的维护,强化岗位巡查,尤其是在更换耐火砖期间必须对全部设备、工艺系统、工艺管道等彻底检查一遍,发现问题及时处理,为窑系统下一个运转周期的长期、稳定、高效运行提供保障。

② 注重检修质量,实行大（中）修项目负责制,检修项目中每个子项目都有责任人,项目检修完毕后,先进行单机试车,以便及时发现问题、及时处理。同时严把进厂配件、材料质量关,以保证设备的运转率和完好率。

③ 加强工艺管理,提高预见性,稳定操作,以风、煤、料、窑速的合理匹配来稳定窑况、稳定热工制度;时刻关注原（燃）料的变化,当入窑生料成分变化时,及时调整操作,使煤、料对口,系统稳定,避免工艺故障的发生。

2.4.33 如何延长耐火衬料的安全运转周期

传统窑的耐火衬料安全运转周期是指全窑窑衬开始使用,直到有部分更换为止的纯累计运转时间。它曾作为综合衡量窑衬使用效果的指标,也是分析窑衬消耗在熟料成本中所占比例的依据。该窑运转周期越长,说明窑衬管理具有较高水平。预分解窑生产中,应该对预热器、窑、算冷机三大部分分别统计计算。如果严格计算周期的长短,只要停窑更换了砖,该周期即为终止;衬砖使用寿命只是指煅烧熟料的运转时间,而不包括造成停窑的日历时间。目前,粗糙计算者多,较先进的运转周期指标是:窑内衬砖 1 年;预热器及算冷机衬料 5 年以上;但国内大多生产线的窑在 6～8 个月,预热器也仅为两三年而已。

耐火衬料安全运转周期的长短是衬料质量、镶砌质量及使用质量的综合结果。任何一个环节的疏忽都会有很大的影响。因此,延长该周期将涉及如何选择优质耐火衬料、如何验收耐火衬料镶砌质量及如何在工艺上正确操作三个方面的问题。

［摘自:谢克平.新型干法水泥生产问答千例（操作篇）.北京:化学工业出版社,2009.］

2.4.34 耐火浇注料的适宜范围及一般要求

作为无定形耐火材料,耐火浇注料经常使用在形状和表面复杂的部位,因为这些部位不宜用耐火砖进行砌筑,并且很难保证工作状态下的稳定。

浇注料是借助于固定在钢壳体上的扒钉与壳体结合在一起的。在水泥行业中,常用的耐热钢扒钉有 V 形和 Y 形两种,常用的材料有 1Cr18Ni19Ti 和 Cr25Ni20 等。

用于一般部位的钢扒钉,可使用材质为 1Cr18Ni19Ti 的钢筋制造,在材质的选择上,除考虑材料的高温强度外,也应考虑材料在高温条件下的氧化锈蚀带来的破坏性膨胀。在部分低温部位,虽然普通钢筋可满足工作温度的强度要求,但氧化腐蚀的氧化皮却有可能产生巨大的膨胀应力,把耐火浇注料胀坏,特别是高温区,如喷煤管和窑口部位,应采用高温强度较高的 Cr25Ni20 耐热钢制作扒钉。

为避免浇注料因凝固过程中的收缩和加热过程中的膨胀而造成浇注料的损坏,对于大面积的浇注料,应按划分一定长宽的小区依次进行砌筑（每个小区的面积应在 1.5 m² 以内）,这些小区彼此间应用施工缝分隔开,并在其中填塞耐火纤维,形成膨胀缝和开裂控制缝。膨胀缝和开裂控制缝应避开重要或薄弱的部位,或主要受力部位。

每个小区的耐火浇注料要一次浇筑完毕,两次浇筑则很难保证两层浇注料之间的结合强度。

衬里的表面要力求光滑平整,不平整的表面造成积料,进而引起结大块和堵塞。对易于发生堵塞的锥体部分,应特别注意。砌筑模板时应有足够的强度,支撑要牢靠,表面光洁。钢模板应涂敷脱模剂,木模板应涂敷防水漆,或直接涂敷聚乙烯薄膜。

2.4.35　新筑耐火砖掉砖原因分析及解决措施

（1）锁砖不紧

锁砖不紧是造成耐火砖掉砖的主要原因。造成锁砖不紧的原因主要有:

① 使用胶泥不当

在砌筑过程中需要用胶泥来黏结窑砖,还需要用胶泥来找平窑砖,当胶泥涂抹不够均匀时容易导致耐火砖的型号比例失调,造成砖面倾斜、砖的大小头松紧度不一致。胶泥使用不当的影响在冬季施工时尤为突出,由于环境温度降低,耐火胶泥的流动性变差,存在冻结现象,当用锁紧铁板锁紧整环时胶泥已经冻结,而在升温过程中胶泥开始融化,砖缝内的胶泥在耐火砖的重力挤压下流失,造成环形砖缝增大,增大到一定程度时耐火砖松动并脱落,造成掉砖事故。

② 砌筑时每环耐火砖的锁紧度不够

使用砌砖机砌筑时,为赶工期经常采取的办法是在每环砖锁口时并未一次性锁紧到位,只是适当锁紧便开始砌筑下一环,全部砌筑完毕后在砌砖机上由窑尾向窑头方向用大锤在窑内耐火砖的顶部补打一遍铁板即可。这种砌筑方法存在一个弊端:由于最初没有锁紧,耐火砖在自重的作用下势必会产生向下的滑移,造成耐火砖底面没有紧贴窑体内壁,存在脱空现象,当脱空现象形成后补打锁紧铁板只会增加环向耐火砖之间的紧密程度,并不会改善脱空现象,当窑温升高到一定程度需要间断翻转回转窑时,脱空现象加剧。

③ 砌砖机工作压力不足

砌砖机工作压力不足以顶住耐火砖,无法使其紧靠窑筒体,导致出现轻微的脱空现象。在施工过程中必须确保空压机的供气压力在 0.55～0.65 MPa。冬季施工时由于连接砌砖机的压缩空气管路较长,连接管道的粗细不同、出空压机的油水分离问题、储气罐没有经常放水、连接管路漏风等问题都会导致砌砖机的供气压力不足,进而导致砌砖机的顶砖压力不足,形成耐火砖底部脱空。

（2）砌筑手法问题

耐火砖有两个标准:VDZ 和 ISO 标准。每个标准里耐火砖的规格和配比根据窑型的不同而不同,施工人员不能盲目按照设计砌筑配比施工,要综合考虑窑筒体的椭圆度和耐火砖存在外观尺寸的偏差。

① 切砖部位砌筑不合理

因砌筑预见性不强,导致砌到最后时需要加工砖,尤其是加工砖长度小于原砖长度的 60% 时,加工砖单独砌筑一环标准砖在运行中发生扭曲和掉砖的概率很高。如果发生加工砖长度小于原砖长度的 60% 时,应拆除相邻的一环标准砖,用标准砖与加工砖小砖交错砌筑,消除环缝。

② 环缝扭曲,最后收尾时加工砖长度偏差大

主要是因为砌筑前未进行筒体放线和环向缝控制不当造成的。在铺底和砌砖机封口时没有调整环向缝,或者没有根据环线进行调整,造成砖环砌筑后的环向缝不在一个平面上,最后收口时上下、左右的距离不一,严重时偏差达到 100 mm 以上,这种情况下该环必须重砌,否则砌筑质量难以保证。

（3）砌砖机的缺陷

使用螺旋丝杠砌筑时其锁紧部位都在回转窑的中心线以下,中心线以下部位的耐火砖由于自重的原因,砖的底面都会紧贴窑体内壁,此时的锁紧部位会起到应有的效果。而用砌砖机砌筑完毕后,回转窑中心线以上的耐火砖由于自重的原因,无法使耐火砖紧靠窑筒体内壁,存在轻微脱空的现象。环向紧固工

作也仅针对顶部的锁砖部位补打铁板,而此时即使补打铁板也无法使耐火砖紧贴筒体内壁,耐火砖依然处于松动状态。

用螺旋丝杠砌筑窑砖时,窑砖的端面都紧贴于窑筒体的内壁,而且砌筑的每一个阶段窑砖都在筒体中心线以下的部位,砖体的自重也使耐火砖紧紧贴靠于筒体内壁,而紧固窑砖补打铁板时也全在窑筒体半径以下,如此紧固的效果是砖的底面一定和筒体内壁紧贴,但过于紧固将导致耐火砖断裂,这是使用螺旋丝杠砌砖时经常出现的问题。

由于砌砖机压力不够、耐火砖自重,只在顶部补打锁紧铁板会导致顶部的耐火砖和筒体内壁贴不严实,砌砖的时候看不出来,而当回转窑运转时便会产生相对的滑移量,导致耐火砖松动、脱落。

(4)解决措施

① 加强对设备的保养和维护

针对砌砖机工作压力不足的情况,必须加强对设备的保养和维护。要确保油水分离器的使用效果,储气罐要勤放水,在施工过程中要保证空压机正常运行,确保压缩空气的压力在 0.55～0.65 MPa 范围内。

② 锁砖须知

锁砖时一定要使窑砖底面尽可能紧贴窑体内壁,锁紧一环后再开始砌筑下一环,全部砌筑完毕后要阶段性转窑加锁紧铁板,加锁紧铁板时尽可能在回转窑中心线以下部位进行紧固,确保窑圆周的 90°、180°、270°、360° 4 个点都有锁紧铁板,但同一环内不能超过 3 块铁板,相邻两环之间的锁砖不能相邻。

③ 解决环缝扭曲问题

砌筑前在窑筒体内每隔 2 m 放设一道环向线,环向线要与筒体每节的环向焊缝平行。在耐火砖铺底时必须以轴向线和环向线为基准进行施工,每铺底 5 环时应进行检查,测量环缝与环向线的各点距离是否一致,根据距离偏差来调整后几环砖,不允许一步调整到位,要逐步调整,同时要控制环缝在 2 mm 以内,在调整时还必须确保轴线的重合度。

④ 避免加工砖

尽可能避免加工砖,如果加工砖厚度小于原砖厚度的 60% 时,应拆除相邻的标准砖,用标准砖与锁缝砖交错砌筑以消除环缝,交错砌筑时必须湿砌,采用高温胶泥效果更好。如加工砖厚度小于原砖厚度的 50% 时,可以采用加厚砖(砖厚 298 mm)来加工砌筑,效果较好,砌筑时也必须采用高温胶泥湿砌。

⑤ 综合考虑窑筒体变形等情况

在砌筑过程中要综合考虑窑筒体的变形情况和砖尺寸不规则的因素,既不能严格按照配砖比例来砌筑,又不能盲目砌筑,总之要掌握两个原则:耐火砖的表面不能有台阶;耐火砖的底面一定要和窑筒体内壁充分接触。

2.4.36 窑衬的烘烤和冷却

(1)窑系统的烘烤

① 烘窑前的准备

a. 预热器、分解炉和回转窑在点火烘干前应作全面检查,排除杂物。关闭三次风管上的所有阀门(三次风管和箅冷机的衬料可以在调试初期窑产量较低时利用熟料的余热进行烘干);打开各级旋风筒下料管的翻板阀并用铁丝吊起,使其处于常开状态。

b. 自窑头起 15 m 范围内铺厚度为 10～15 mm 的生料粉,以免油滴入砖缝产生爆燃,损坏耐火砖。

c. 打开一级旋风筒的人孔门作为烘干废气和水蒸气的排放口,关闭其余各级旋风筒人孔门和窑尾高温风机进口的电动蝶阀。

d. 打开各级旋风筒顶盒分解炉顶上供水蒸气排放的孔洞(指砌筑完成后,有的工厂为防止雨淋而将切割下来的砌筑孔盖虚掩在浇注料孔上)。

e. 打开箅冷机检修门,为烘干燃料提供燃烧空气。

f. 将分解炉燃烧室的加煤口以及入窑生料输送装置的下料口末端脱开,并用盲板封死。如果利用窑尾废气作为生料磨和煤磨的烘干热源,需关闭生料磨和煤磨的热风阀门,防止水蒸气在上述系统内发生冷凝。

g. 打开增湿塔人孔门,排出早期烘烤作业可能经高温风机泄漏的潮湿气体,避免在电收尘器中结露,造成电收尘极板的锈蚀。

h. 通知窑头燃油系统做好供油准备,并将窑头喷煤管置于合适位置。

i. 在两个一级旋风筒柱体的适当位置各开一个 6~8 mm 的测温孔,其深度应穿过硅酸钙板到浇注料的表面,插入一根测温范围为 0~200 ℃的水银温度计,直抵浇注料表面,并用耐火纤维塞紧,以便检测耐火衬料的温度。

j. 准备适当的木柴和柴油。

② 烘干升温曲线

a. 升温速度

窑内及预热器系统首次砌筑和大面积更换耐火材料,烘烤时间一般需 72 h(依照预热器和分解炉系统自然干燥时间的长短,以及雨雪影响等前提条件确定所需烘烤时间),平均升温速率控制在 30 ℃/h(以窑尾温度为基准)。

窑内换砖 10 m 以内且预热器没有修补时,烘烤时间可缩短到 16~20 h,平均升温速率可加快到 45 ℃/h。

b. 升温曲线

升温原则是:均匀缓慢升温,不得中途停顿、回头。当窑头喷油系统出现故障时,由于不得不将升温作业暂停下来,此时必须注意系统的保温,尽量设法减小降温速率。一旦修复,应按当时的温度为起点,按既定方案重新升温。一般情况下,升温时间在 16 h 以内,升温速率按升温曲线进行;超过 16 h,碱性砖此时的温度约为 400 ℃。而碱性砖在 400~800 ℃范围内膨胀率最大,产生热应力最大的温度区段,因此平均升温速率原则上进一步减缓,也可在一定温度上保温一段时间。虽然窑尾气体温度保持稳定,但回转窑内的耐火砖温度却在缓慢上升,并且有部分热量传至窑砖的另一侧,并使窑筒体钢板升温,及时向外膨胀,从而抵消了耐火砖内部的热应力和筒体对耐火砖的挤压应力。

当回转窑烘烤作业与分解炉、预热器系统烘干作业结合进行时,应在窑尾温度达到 700 ℃时实行保温作业。经检查,确认分解炉、预热器系统的烘烤已完成(预热器测温点温度达到 100 ℃,并保温 24 h;一级预热器人孔门处烟气用玻璃片检测没有水汽冷凝,再继续烘烤 6 h;以上两个条件均满足时,可认为预热器、分解炉系统的烘烤作业完成),再实行升温作业。

c. 烘烤操作

在窑内烧成带前端 1/3 处将木柴堆成井字形,撒上少许轻柴油点燃。根据升温曲线不断从窑头向火点添加木柴,约 8 h 后关好窑门,启动油路系统改烧柴油。开始油量不宜过大,要求做到不漏油、不冒黑烟、不涮窑皮,火焰细长,防止烧成带过热。

窑头负压控制在 -30~-10 Pa 之间。在窑尾高温风机启动前,可以用两个一级旋风筒人孔门的开度调节通风量。

③ 烘烤期间窑的慢转

启动窑传动的润滑系统。

现场手动操作辅传离合器。

启动辅传电机,推杆制动器自动断开。

回转窑在加热过程中,上部和下部筒体的受热程度是不一样的。为防止窑筒体由于受热不匀而变形,因此必须保证回转窑定期转换位置,随温度的升高,转动速率也应加快。

窑尾温度 300~400 ℃时,每 1 h 转窑一次,每次转 120°;

窑尾温度 400~600 ℃时,每 30 min 转窑一次,每次转 120°;

窑尾温度 600～700 ℃时,每 15 min 转窑一次,每次转 120°;

窑尾温度 700～800 ℃时,每 5 min 转窑一次,每次转 120°。

在烘烤预热器期间,窑尾温度应控制在 800 ℃以内。降小雨时,转动时间间隔减半,窑筒体温度较高;降大雨时,启动辅传连续转窑。

④ 烘窑作业的安全检查

每 30 min 检查一次窑衬并记录窑尾和一级旋风筒废气温度,监视窑支撑轴承、减速机轴承温度。为避免烧成带耐火砖局部过热,应控制窑内的温度不大于 1000 ℃,筒体表面温度不大于 300 ℃。如果烧成带温度高,而预热器温度不高,则可在不减少燃料的情况下通过适当加大系统排风的方法控制烧成带温度。

⑤ 窑尾高温风机的启动和运转

关闭事先打开的增湿塔人孔门。

启动电收尘风机,根据需要调节进风口阀门开度。

将液力耦合器的注油管提至最高位置,以便于高温风机的空负荷启动。

启动高温风机后,调节其进口阀门,关闭一级旋风筒人孔门,调节冷风阀门开度,确保窑尾高温风机入口温度低于 350 ℃,最高不超过 400 ℃,并根据燃烧情况,调节液力耦合器注油管插入深度,加快风机的转速,提高助燃空气量。

⑥ 箅冷机冷却风机的运转。

⑦ 箅冷机排风机的运转。

⑧ 增湿塔喷水。

(2)烘烤结束后的工作

升温和降温速率的控制目的是通过温度的缓慢变化,使耐火材料的热应力保持在较低的水平,避免耐火材料的损坏。

烘烤作业的灭火:设备停机后,关闭所有阀门和窑门,尽量降低自然冷却的速度。

0～1 h,辅传连续慢转;

1～2 h,每 10 min 转 120°;

2～3 h,每 15 min 转 120°;

3～4 h,每 20 min 转 120°;

4～12 h,每 30 min 转 120°;

12～24 h,每 1 h 转 120°;

灭火 24 h 后打开窑门,适当加快回转窑的冷却速度,并保持回转窑每 2 h 转 120°,直至烧成带筒体表面温度低于 100 ℃。

当回转窑温度较高而环境温度很低,或遭遇大雨、大风时,可在此基础上加快窑速,必要时可连续慢转。

预热器各级翻板阀恢复至关闭位置。

系统自然冷却后,操作人员佩戴好防护用品,进入回转窑、预热器和分解炉进行全面检查,并做好记录。如发现耐火砖大面积脱落、炸裂,其深度在耐火砖厚度 1/3 以上者,应将剥落部分的砖重新更换;如有松动现象,楔入钢板紧固。

恢复分解炉加煤口和入窑生料的下料管口,取出盲板。

密封焊接各级旋风筒顶部的浇注孔。

2.4.37　如何验收耐火衬料的质量

耐火衬料入厂后的质量验收是确保在窑内安全使用的第一步,应做到如下几点:

① 检查耐火材料在运输过程中包装是否破损,如无破损,可打开包装抽查是否受潮或材料硬化,特别如镁铬砖、镁钙砖及浇注料等材料绝对不能受潮,否则不能使用。

② 砖的外形是否规整,尤其是外形尺寸的偏差应该在合同规定的范围内,国产砖尺寸偏差在 ±1 mm 以内,进口砖则应在 ±0.5 mm 以内。

③ 对新的供货商的重要材料的理化指标,包括碱性砖的强度、荷重软化温度及抗热震性,应当取样送国家耐火材料检测中心检测。

[摘自:谢克平.新型干法水泥生产问答千例(操作篇).北京:化学工业出版社,2009.]

2.4.38 水泥回转窑耐火材料的烘烤升温制度

(1)烘烤升温目的

① 排除窑衬或其他耐火材料内的水分。

② 使窑衬与筒体均匀同步受热,消除由于热膨胀应力的不同而使窑衬疏松、脱落,或窑衬受热膨胀挤压形成内裂,缩短窑衬的使用寿命。

③ 为窑系统正常运行提供前期热量、温度的保证。

(2)烘烤升温要求

① 烘烤前必须明确更换窑衬的量及其他耐火材料更换施工的面积,以此来决定烘烤的时间和制定科学的升温曲线。

② 窑衬更换大于 20 m,前期必须用木柴进行烘烤,烘烤起始点以新旧窑衬交接点往新窑衬方向 5 m 为准,1 h 盘窑 90° 进行,直至木柴火堆移至窑口,才能使用燃烧器点火进行烘烤升温。

③ 燃烧器点火油煤混烧后,必须严格按照制定好的升温曲线进行烘烤升温。

④ 烘烤过程中必须遵循慢升温、不回头的原则。

(3)升温曲线的制定

① 对于新建项目或更换大量耐火砖和浇注料,烘烤制度可参考图 2.48 执行。

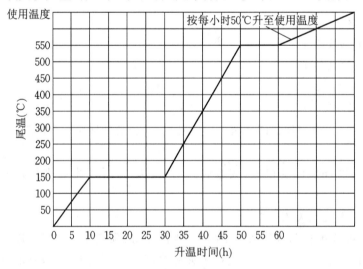

图 2.48　升温曲线(一)

② 对于更换部分耐火砖或少量的浇注料,烘烤制度可参考图 2.49 执行。

③ 未更换耐火砖或浇注料,烘烤制度可参考图 2.50 执行。

(4)烘窑点火操作步骤

① 确认各阀门位置

a. 高温风机入口阀门、窑头电收尘器风机入口阀门全关(考虑到环保要求,可先开启窑尾电收尘器风机,调整电收尘器风器阀门和窑尾高温风机阀门,保持窑头罩微负压状态)。

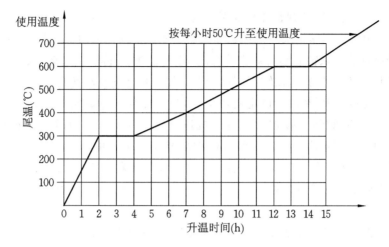

图 2.49　升温曲线（二）

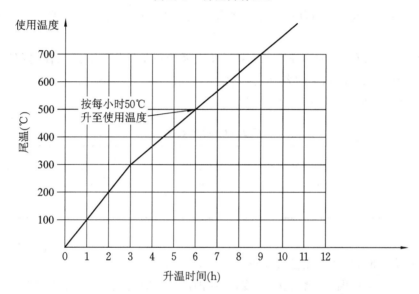

图 2.50　　升温曲线（三）

b. 箅冷机各风机入口阀门全关。

c. 窑头煤管各风道手动阀门全开。

② 在外部条件（水、电、燃料供应）具备,并完成细致的准备工作后可开始烘窑升温操作。

③ 将一根 8 m 长的钢管端部缠上油棉纱,作为临时点火棒。

④ 将喷煤管调至离窑口 30 mm 的位置,连接好油枪、气管,确认油枪供油阀门全关,启动临时供油装置,确保高位油桶满油（各厂供油方式不同,可按现行方法执行）。

⑤ 在调试好油枪后,将临时点火棒点燃后自窑门罩点火孔伸入窑内,全开进油,确认油路畅通后,慢慢关小油阀,调整油量至最小。

⑥ 等油焰稳定后,开起窑头送煤风机及煤秤,加入适量的煤（一般 1 t/h,按窑型进行调节）进行油煤混烧。

⑦ 随着用煤量的增加,适时开启一次风机,慢慢提高转速。注意观察窑内火焰形状和燃烧状况,调整窑尾电收尘器风机阀门,保持窑头微负压。

⑧ 控制用煤量的大小,按回转窑升温制度规定的升温速率进行升温。

⑨ 烘窑初期窑内温度较低且没有熟料出窑,二次风温亦低,因此煤粉燃烧不稳定,操作不良时有爆燃回火危险,窑头操作时应防止烫伤。

⑩ 烘窑升温过程应遵循"慢升温,不回头"的原则,为防止尾温忽升,应慢慢加大喂煤量,并注意加强窑传动支撑系统的设备维护,仔细检查各润滑点润滑情况和轴承温升,在烘干后期要注意窑体窜动,必要

时调整托轮,投入窑筒体扫描仪,监视窑体表面温度变化。

⑪ 烘窑升温过程中不断调整窑头一次风量和电收尘器风机阀门开度,注意火焰形状,保持火焰稳定燃烧,防止窑筒体局部过热。烘窑升温后期应控制内、外风比例,保持较长火焰,按回转窑制度升温。

⑫ 启动回转窑主减速机稀油站,按转窑制度调至中控室自动慢驱动转窑。

⑬ 随着燃料量的逐步加大,尾温沿设定趋势上升,当燃烧空气不足或窑头负压较高时,可关闭冷却机人孔门,启动篦冷机一室风机,逐步加大一室风机进口阀门开度。当阀门开至60%而仍感风量不足时,逐步启动一室的两台固定篦床充气风机和二室风机,增加入窑风量。

⑭ 烘窑后期可根据窑头负压和窑尾温度、窑筒体温度、窑火焰状况加大排风量。

⑮ 视情况启动窑口密封圈冷却风机。

⑯ 当窑尾温度升到600℃时,在恒温运行期间做好如下准备工作:

a. 预热器各级翻板要每隔1h进行人工活动,以防受热变形卡死。

b. 检查预热器烘干状况。

⑰ 升温后期仪表调试人员应重新校验系统的温度、压力仪表,确认仪表回路接线正确,数字显示准确无误。

⑱ 经检查确认烘干温升至950℃时,如无特殊情况系统正常操作。如果筒体局部温度较高,则说明内部衬料出了问题,应熄火、停风,关闭各阀门,使系统自然冷却并注意转窑。

(5) 烘窑升温期间盘窑制度(表2.79)

表2.79　盘窑制度

窑尾温度(℃)	100～250	250～450	450～650	650～900
盘窑间隔(min)	60 min	30 min	15 min	辅传连续慢转
旋转量(°)	90	90	120	

说明:

① 如遇大雨或大风时,酌情缩短盘窑间隔或连续盘窑。

② 盘窑操作要结合窑尾温度及窑筒体温度,筒体温度较高时适当缩短盘窑间隔。

2.4.39　如何延长三次风管弯管处浇注料的寿命

大中型预分解窑的三次风管入分解炉的弯管处浇注料的磨损非常快,几个月就会将钢板磨穿、磨漏,可采用以下的防治措施,寿命可达两年:

① 用耐热钢制作若干组弧形抗磨板,其结构如图2.51所示。

② 在打浇注料之前,将制作好的弧形抗磨板与耐热钢材质的扒钉按图2.52所示交错相间地焊接在弯管处的钢板内壁上。为了保证浇注料的整体强度,抗磨板不宜直接与弯管的钢板焊接,应将浇注料切割成若干块。

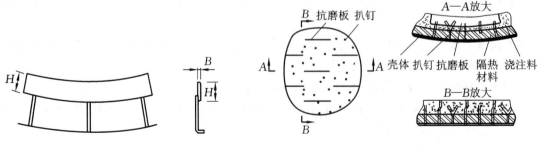

图2.51　弧形抗磨板结构　　　　图2.52　弧形抗磨板布置图

③ 考虑到抗磨板的热膨胀量,浇灌浇注料之前,应在抗磨板两侧面设置形状与之相同的 3～5 mm 厚的硬纸板作为预留膨胀缝。

④ 浇灌浇注料的施工要求不变,但浇灌量应与抗磨板等高或略低一些。

[摘自:谢克平.新型干法水泥生产问答千例(操作篇).北京:化学工业出版社,2009.]

2.4.40 用硅酸钙板作预热器保温层有何好处

某水泥厂为了更好地降低能耗、提高产量,在 2000 t/d 窑外分解窑系统中采用新型耐高温硅酸钙板耐火材料作保温层,热耗降低达 120 kJ/kg 熟料,每天可节约煤粉量约 11 t,上述煤粉量可减少废气量约 12500 m³/h(400 ℃),由此降低气流阻力达 1471 Pa,大大降低了电耗。由于硅酸钙板工作温度高(1050 ℃),相应需要保温层厚度就薄,而它本身容重轻(200 kg/m³),因此,预热器筒体自重比改造前降低达 100 t(表 2.80),有效地解决了窑长期过负荷的弊端。

表 2.80 预热器筒体质量(t)

项　目	使用前	使用后
一级旋风筒	113.8	113.8
二级旋风筒	122.3	108.7
三级旋风筒	133.6	121.4
四级旋风筒	146.7	138.2
分解炉	212.3	163.3
合　计	728.7	645.4

因硅酸钙板显气孔率达 90% 以上,所以导热系数很小(最大是 0.05),因此,预热器表面散热损失明显降低(表 2.81)。

改造前该厂同时采用隔热砖和陶瓷隔热毡等,品种多且复杂,耐火砖用隔热砖,浇注料用陶瓷隔热毡等;而硅酸钙板则使用灵活,既可作耐火砖的保温层,又可作浇注料的保温层,并且它的型号多,根据不同需要可选用不同厚度。在施工过程中,工人还可以直接锯出各种形状,施工速度比改造前提高近 1 倍,有效地降低了劳动强度。

表 2.81 预热器表面散热损失

项　目	使用前表皮温度(℃)	用硅酸钙板表皮温度(℃)	前后温度之差(℃)	使用前辐射热(kJ/kg)	使用后辐射热(kJ/kg)
三级旋风筒	115	55～65	40～60	33.7	24.5
四级旋风筒	120	50～80	50～70	33.6	23.7
分解炉	130	40～45	85～90	74.3	31.1

参 考 文 献

[1] 林宗寿.水泥十万个为什么:1～10卷[M].武汉:武汉理工大学出版社,2010.

[2] 林宗寿.水泥工艺学[M].2版.武汉:武汉理工大学出版社,2017.

[3] 林宗寿.无机非金属材料工学[M].5版.武汉:武汉理工大学出版社,2019.

[4] 林宗寿.胶凝材料学[M].2版.武汉:武汉理工大学出版社,2018.

[5] 林宗寿.矿渣基生态水泥[M].北京:中国建材工业出版社,2018.

[6] 林宗寿.水泥起砂成因与对策[M].北京:中国建材工业出版社,2016.

[7] 林宗寿.过硫磷石膏矿渣水泥与混凝土[M].武汉:武汉理工大学出版社,2015.

[8] 周正立,周君玉.水泥矿山开采问答[M].北京:化学工业出版社,2009.

[9] 周正立,周君玉.水泥粉磨工艺与设备问答[M].北京:化学工业出版社,2009.

[10] 王燕谋,刘作毅,孙钤.中国水泥发展史[M].2版.北京:中国建材工业出版社,2017.

[11] 陆秉权,曾志明.新型干法水泥生产线耐火材料砌筑实用手册[M].北京:中国建材工业出版社,2005.

[12] 王新民,薛国龙,何俊高.干粉砂浆百问[M].北京:中国建筑工业出版社,2006.

[13] 王君伟.水泥生产问答[M].北京:化学工业出版社,2010.

[14] 贾华平.水泥生产技术与实践[M].北京:中国建材工业出版社,2018.

[15] 黄荣辉.预拌混凝土生产、施工800问[M].北京:机械工业出版社,2017.

[16] 张小颖.混凝土结构工程300问[M].北京:中国电力工程出版社,2014.

[17] 夏寿荣.混凝土外加剂生产与应用技术问题[M].北京:化学工业出版社,2012.

[18] 徐利华,延吉生.热工基础与工业窑炉[M].北京:冶金工业出版社,2006.

[19] 谢克平.新型干法水泥生产问答千例(操作篇)[M].北京:化学工业出版社,2009.

[20] 谢克平.新型干法水泥生产问答千例(管理篇)[M].北京:化学工业出版社,2009.

[21] 文梓芸,钱春香,杨长辉.混凝土工程与技术[M].武汉:武汉理工大学出版社,2004.

[22] 周国治,彭宝利.水泥生产工艺概论[M].武汉:武汉理工大学出版社,2005.

[23] 于兴敏.新型干法水泥实用技术全书[M].北京:中国建材工业出版社,2006.

[24] 诸培南,翁臻培,王天顿.无机非金属材料显微结构图谱[M].武汉:武汉工业大学出版社,1994.

[25] 丁奇生,王亚丽,崔素萍.水泥预分解窑煅烧技术及装备[M].北京:化学工业出版社,2014.

[26] 彭宝利,朱晓丽,王仲军,等.现代水泥制造技术[M].北京:中国建材工业出版社,2015.

[27] 宋少民,王林.混凝土学[M].武汉:武汉理工大学出版社,2013.

[28] 戴克思.水泥制造工艺技术[M].崔源声,等译.北京:中国建材工业出版社,2007.

[29] 陈全德.新型干法水泥技术原理与应用[M].北京:中国建材工业出版社,2004.

[30] 李楠,顾华志,赵惠忠.耐火材料学[M].北京:冶金工业出版社,2010.

[31] 陈肇友.化学热力学与耐火材料[M].北京:冶金工业出版社,2005.

[32] 高振昕,平增福,张战营,等.耐火材料显微结构[M].北京:冶金工业出版社,2002.

[33] 李红霞.耐火材料手册[M].北京:冶金工业出版社,2007.

[34] 郭海珠,余森.实用耐火原料手册[M].北京:中国建材工业出版社,2000.

[35] 顾立德.特种耐火材料[M].3版.北京:冶金工业出版社,2006.

[36] 韩行禄.不定形耐火材料[M].2版.北京:冶金工业出版社,2003.

[37] 明德斯·弗朗西斯·达尔文.混凝土[M].2版.吴科如,张雄,等译.北京:化学工业出版社,2005.

[38] 梅塔.混凝土微观结构、性能和材料[M].覃维祖,王栋民,丁建彤,译.北京:中国电力出版社,2008.

[39] 冯乃谦.高性能混凝土结构[M].北京:机械工业出版社,2004.

[40] 蒋亚清.混凝土外加剂应用基础[M].北京:化学工业出版社,2004.

[41] 金伟良,赵羽习.混凝土结构耐久性[M].北京:科学出版社,2002.

[42] 张誉.混凝土结构耐久性概论[M].上海:上海科学技术出版社,2003.

[43] 水中和,魏小胜,王栋民.现代混凝土科学技术[M].北京:科学出版社,2014.

[44] 王俊.降低预分解窑窑衬消耗的措施[J].水泥工程,2001(2):14-18.